Adobe Illustrator 2023 经典教程 彩色版

[美] 布莱恩 · 伍德（Brian Wood）◎ 著
张敏 ◎ 译

人民邮电出版社
北京

图书在版编目（CIP）数据

Adobe Illustrator 2023经典教程：彩色版 /（美）布莱恩·伍德（Brian Wood）著；张敏译. -- 北京：人民邮电出版社，2024. 9. -- ISBN 978-7-115-64659-0

Ⅰ. TP391.412

中国国家版本馆CIP数据核字第202403HP47号

版权声明

◆ 著　［美］布莱恩·伍德（Brian Wood）
译　张　敏
责任编辑　王　冉
责任印制　马振武

◆ 人民邮电出版社出版发行　北京市丰台区成寿寺路11号
邮编　100164　电子邮件　315@ptpress.com.cn
网址　https://www.ptpress.com.cn
临西县阅读时光印刷有限公司印刷

◆ 开本：787×1092　1/16
印张：25.5　2024年9月第1版
字数：697千字　2024年9月河北第1次印刷

著作权合同登记号　图字：01-2023-2766号

定价：149.80元

读者服务热线：(010)81055410　印装质量热线：(010)81055316
反盗版热线：(010)81055315
广告经营许可证：京东市监广登字20170147号

内容提要

本书由 Adobe 产品专家编写，是 Adobe Illustrator 2023 的经典学习用书。

本书分为 17 课，主要内容为 Adobe Illustrator 的基础知识和基本使用方法，提供大量的提示，以帮助读者高效地使用 Adobe Illustrator。读者可以按照顺序逐课阅读，也可以挑选感兴趣的课程学习。

本书适合 Adobe Illustrator 初学者、插画设计师、网页设计师等有相关学习需求的人员参考，也适合相关培训机构的学员及广大爱好者学习。

前 言

Adobe Illustrator 是一款用于印刷、多媒体和在线图形设计的工业标准插图设计软件。无论您是制作出版物、印刷图稿的设计师，插图绘制技术人员，设计多媒体图形的艺术家，还是网页、在线内容的创作者，Adobe Illustrator 都能为您提供专业级的作品制作工具。

关于本书

本书是由 Adobe 产品专家编写的 Adobe 图形和出版软件官方系列培训教程之一。本书讲解的功能和练习均基于 Adobe Illustrator 2023（以下简称为 Adobe Illustrator）。

本书内容和结构经过精心设计，方便读者按照自己的节奏学习。如果读者是 Adobe Illustrator 的初学者，将从本书中学到使用该软件所需的基础知识。即使读者具有一定的 Adobe Illustrator 使用经验，也可从本书中学到许多高级技能，包括新版本 Adobe Illustrator 操作提示和使用技巧。

本书中的每一课都提供了完成特定项目的具体步骤，还为读者预留了探索和试验的空间。读者可以从头到尾阅读本书，也可以只阅读感兴趣和需要的内容。此外，第 1 ～ 16 课的最后都有复习题，方便读者检验本课知识的掌握情况。

先决条件

在阅读本书之前，读者应对计算机及其操作系统有所了解，读者需要知道如何使用鼠标、标准菜单和命令，以及如何打开、存储和关闭文件。如果读者需要查阅这些技术知识，请参考 macOS 或 Windows 的帮助文档。

安装软件

在阅读本书之前，请确保系统设置正确，并且成功安装了所需的软件和硬件。读者必须单独购买 Adobe Illustrator。有关安装软件的完整说明，请访问 Adobe 官网。读者需要按照屏幕上的操作说明，通过 Adobe Creative Cloud 将 Illustrator 安装到计算机中。

注意 当命令因平台而异时，本书会先叙述 macOS 命令，再叙述 Windows 命令，同时用括号注明操作系统。例如，按住 Option 键（macOS）或 Alt 键（Windows），然后在图稿范围外单击。

还原默认首选项

每次打开 Adobe Illustrator 时，首选项文件控制着软件设置及界面显示方式；每次退出 Adobe Illustrator 时，面板位置和某些设置会记录在不同的首选项文件中。如果想将工具和设置还原为默认设置，可以重置当前的 Adobe Illustrator 首选项文件。

每课开始之前，建议读者还原 Adobe Illustrator 的默认首选项设置。这可确保 Adobe Illustrator 的工具功能和设置完全如本书所述。

重置当前 Adobe Illustrator 首选项文件

① 启动 Adobe Illustrator。

② 选择 Illustrator>“首选项”>“常规 ”(macOS) 或“编辑”>“首选项”>“常规 ”(Windows)。

③ 在“首选项”对话框中单击“重置首选项”按钮，如图 1 所示。

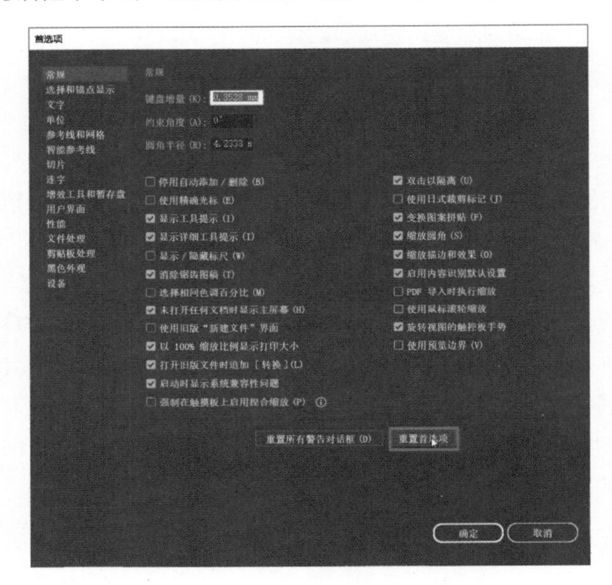

图 1

④ 单击“确定”按钮。

⑤ 在弹出的警告对话框中单击“立即重新启动”按钮，如图 2 所示。

图 2

此时，Adobe Illustrator 将重新启动。Adobe Illustrator 启动后，首选项被重置。

目　录

30
BIRTHDAY
PARTY

MOUNTAIN

Adventure For All
Picture yourself here
Explore Now

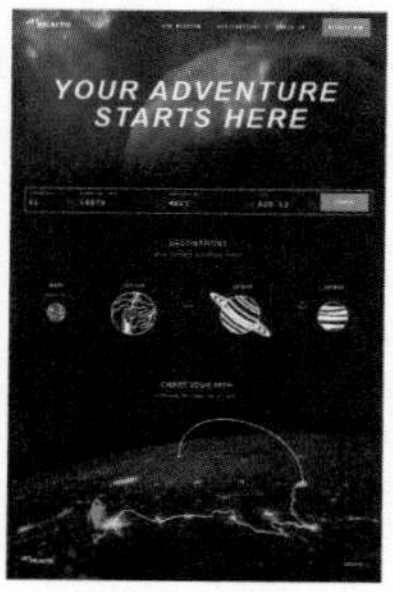
YOUR ADVENTURE
STARTS HERE

第 0 课

快速了解 Adobe Illustrator 2023

本课概览

本课将以交互的方式演示 Adobe Illustrator 2023 的具体操作，帮助您快速了解它的主要功能。

学习本课大约需要 30 分钟

您将在本课创建一张广告图稿，并开始熟悉 Adobe Illustrator 2023 的一些基本功能。

0.1 开始本课

在本课您将快速了解 Adobe Illustrator 中使用广泛的工具和功能，为之后的操作奠定基础。同时，本课还将带您创建一张美术用品广告图稿。请打开最终图稿，查看本课将要创建的内容。

❶ 为了确保您计算机上工具的功能和默认设置完全如本课所述，请重置 Adobe Illustrator 的首选项文件。

❷ 启动 Adobe Illustrator。

❸ 选择“文件”>“打开”，或在主页中单击“打开”按钮。打开 Lessons > Lesson00 文件夹中的 L00_end.ai 文件。

❹ 选择“视图”>“画板适合窗口大小”，查看您将在本课中创建的美术用品广告图稿，如图 0-1 所示。让此文件一直处于打开状态，以供参考。

图 0-1

0.2 创建新文件

在 Adobe Illustrator 中，可以根据需要使用一系列预设选项创建新文件。

本课中创建的广告图稿将发布于社交媒体，因此需要选择 Web 预设来创建新文件。

❶ 选择“文件”>“新建”。

❷ 在“新建文档”对话框顶部选择 Web 预设类别，如图 0-2 所示。

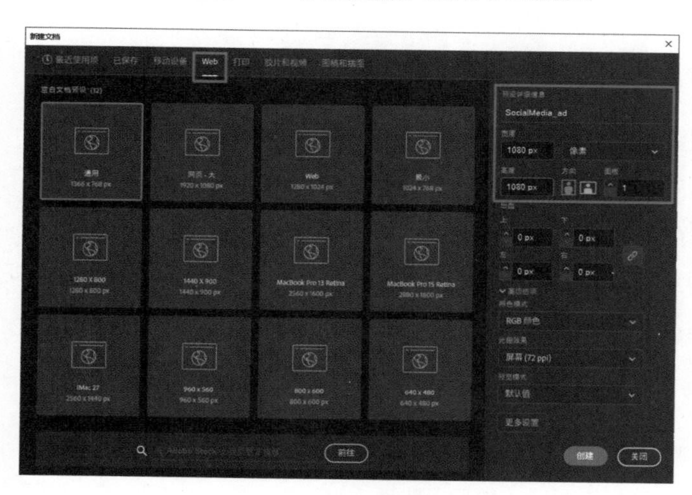

图 0-2

Web 预设为您提供了在设计 Web 项目时可能使用的文档大小。在右侧的“预设详细信息”区域设置以下内容。

- 名称（在“预设详细信息”下方）：SocialMedia_ad。
- 宽度：1080 px。
- 高度：1080 px。

❸ 单击“创建”按钮，创建一个新的空白文档。

④ 选择“文件”>“存储”。

如果弹出云文档对话框，请单击“保存在您的计算机上”按钮，以将文件保存在计算机上，如图 0-3 所示。

提示 第 3 课将介绍有关云文档的更多内容。

⑤ 在“存储为”对话框中设置以下选项（见图 0-4）。

图 0-3

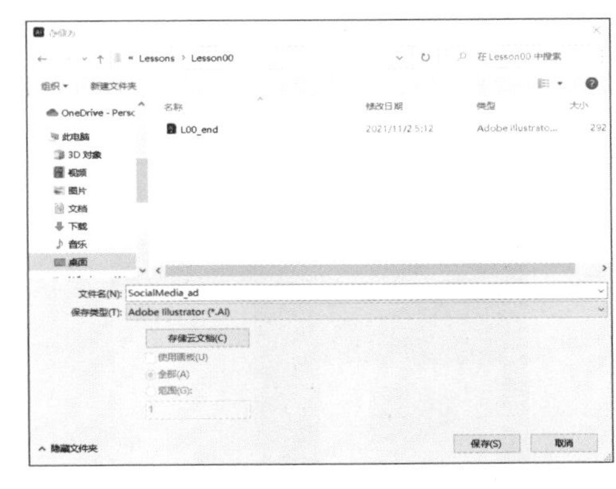

图 0-4

- 名称保持 SocialMedia_ad。
- 定位到 Lessons > Lesson00 文件夹。
- 将“格式”设置为 Adobe Illustrator（ai）（macOS）或者将“保存类型”设置为 Adobe Illustrator（*.AI）（Windows）。

单击“保存”按钮。

⑥ 在弹出的“Illustrator 选项”对话框中保持默认设置，单击“确定”按钮。

⑦ 选择“窗口”>“工作区”>“基本功能”，然后选择“窗口”>“工作区”>“重置基本功能”以重置工作区。

⑧ 选择“视图”>“画板适合窗口大小”。

界面中的白色区域称为画板，如图 0-5 所示，它是绘制图稿的区域。画板类似于 Adobe InDesign 中的“页”或真实的纸张。一个文件中可以有多个画板，每个画板的大小可以不同。

图 0-5

0.3　绘制形状

绘制形状是 Adobe Illustrator 中的基础操作，本书中有较多绘制形状的操作。下面将创建几个形状，这些形状将成为广告图稿中的马克笔图形。

提示 第 3 课将介绍有关创建和编辑形状的更多内容。

❶ 在左侧的工具栏中选择“矩形工具”，如图 0-6 所示。

❷ 将鼠标指针移动到画板顶部的中心位置，按住鼠标左键拖动以制作一个将成为马克笔笔尖图形的小矩形。当鼠标指针旁边的灰色测量标签中显示的宽度和高度大约为 80px 和 110px 时（见图 0-7），松开鼠标左键。

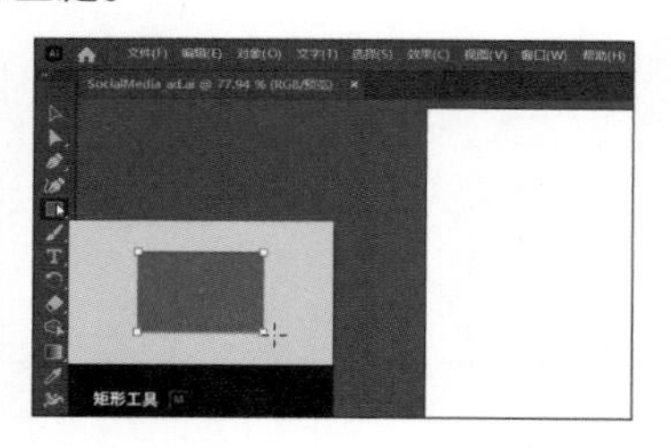

图 0-6

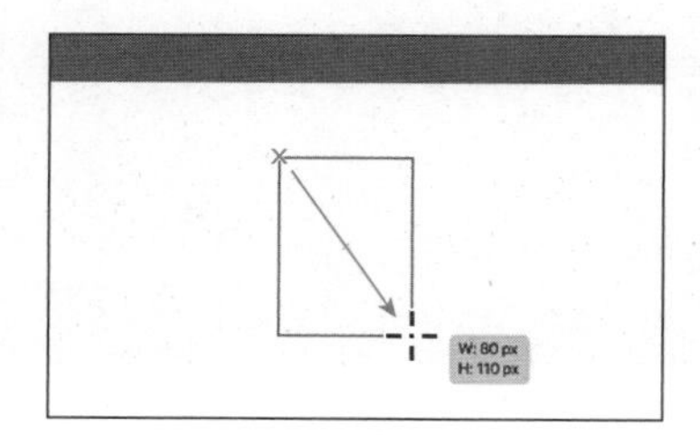

图 0-7

注意 如果您没有看到测量标签，请确保智能参考线已打开。可通过选择“视图”>“智能参考线”将其打开，若“智能参考线”旁边显示复选标记，则表示它已打开。

绘制形状时，显示形状大小的灰色测量标签是智能参考线的一部分，默认情况下处于打开状态。下面将复制一个矩形作为马克笔图形的顶部形状。

❸ 选择“编辑”>“复制”，然后选择“编辑”>“就地粘贴”，将副本粘贴到原矩形的上层。

❹ 按住鼠标左键并拖动副本矩形中心的实心蓝点，将矩形向下移动到图 0-8 所示的位置，此时您会看到一条垂直的洋红色对齐参考线，表示副本与原图形对齐。

❺ 在副本矩形下方，按住鼠标左键拖动以创建一个更大的矩形。

本例绘制的矩形宽为 280 px、高为 602 px，如图 0-9 所示。

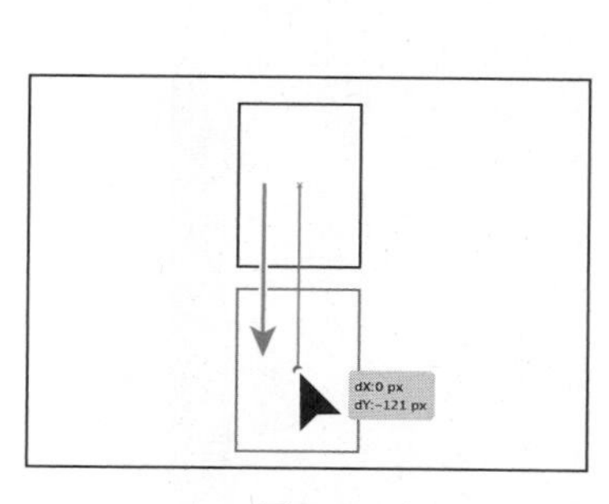

图 0-8

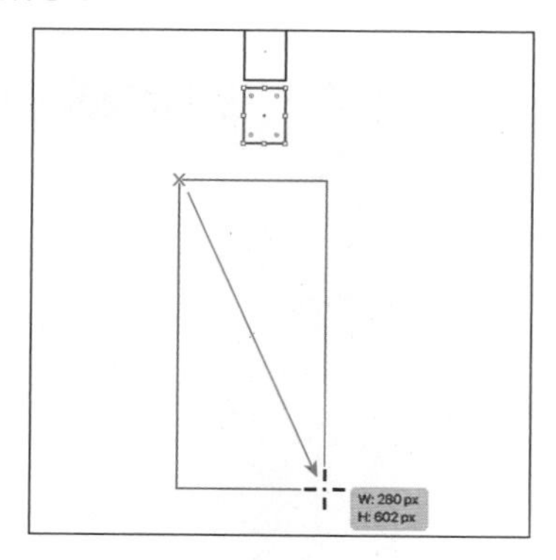

图 0-9

❻ 在左侧的工具栏中，使用鼠标左键长按“矩形工具”查看工具菜单。从工具菜单中选择“椭圆工具”，如图 0-10 所示。

❼ 按住 Shift 键并按住鼠标左键拖动，以创建一个适合最大矩形的圆形，如图 0-11 所示。创建完成后，松开鼠标左键和 Shift 键。

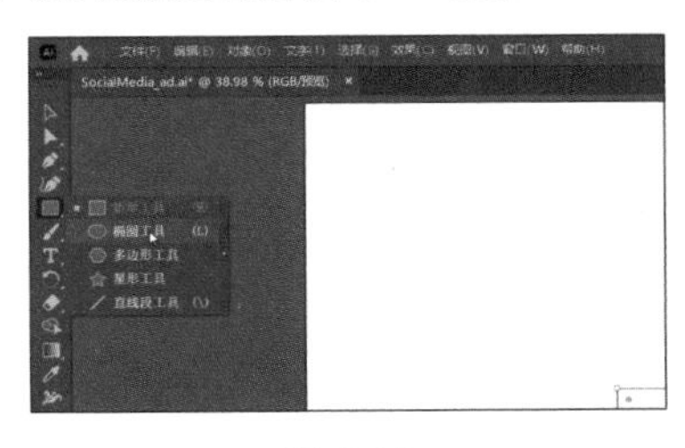

图 0-10

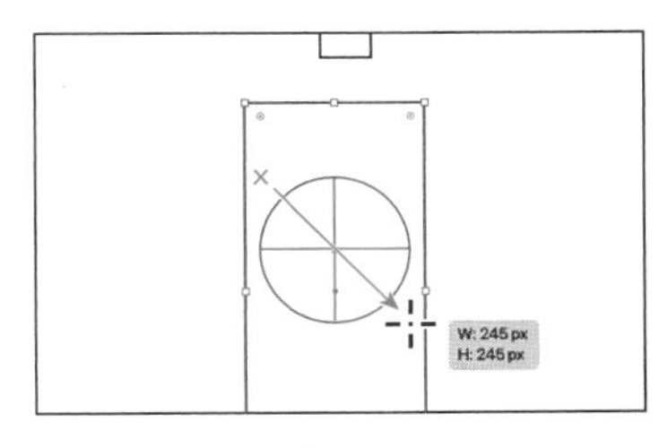

图 0-11

0.4　编辑形状

Adobe Illustrator 中创建的大多数形状都是实时形状，这意味着在使用绘制工具创建形状之后仍可以继续编辑它们。接下来将编辑圆形和最大的矩形。

提示 第 3 课和第 4 课将介绍更多关于编辑形状的内容。

❶ 在圆形处于选中状态的情况下，按住鼠标左键并拖动圆形中心的实心蓝点，使圆形的左边缘对齐（贴合）到最大矩形的左边缘。

当圆形的左边缘与最大矩形的左边缘对齐时，会显示垂直的洋红色对齐参考线，如图 0-12 所示。

❷ 按住 Shift 键的同时将圆形定界框的右侧中点向右拖动，如图 0-13 所示，使圆形与最大矩形等宽。当鼠标指针贴合到最大矩形的右边缘时，松开鼠标左键和 Shift 键。

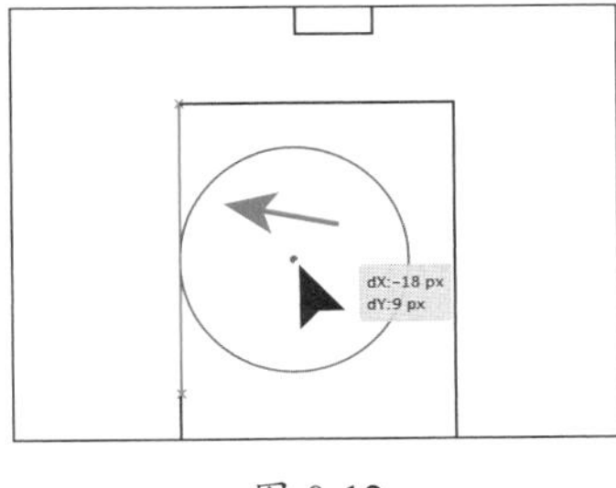

图 0-12

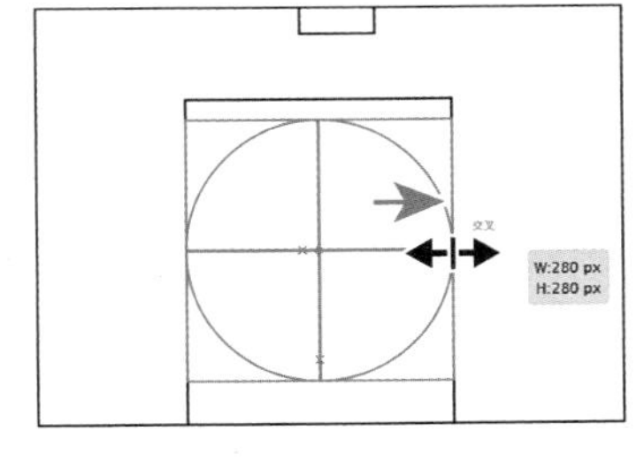

图 0-13

❸ 在圆形仍处于选中状态的情况下，按住鼠标左键并向上拖动其中心的实心蓝点，使圆形中心与最大矩形的顶部对齐（贴合）。

当圆形中心与最大矩形的顶部对齐时，会显示洋红色参考线，如图 0-14 所示。

❹ 选择左侧工具栏中的“选择工具”▶。

❺ 选中最大的矩形，按住鼠标左键向下拖动其定界框的底部中点，直到鼠标指针旁边的灰色测量标签中显示的高度为 670 px，如图 0-15 所示。

注意 如果形状超出了画板（白色区域），不用担心，稍后会移动它。

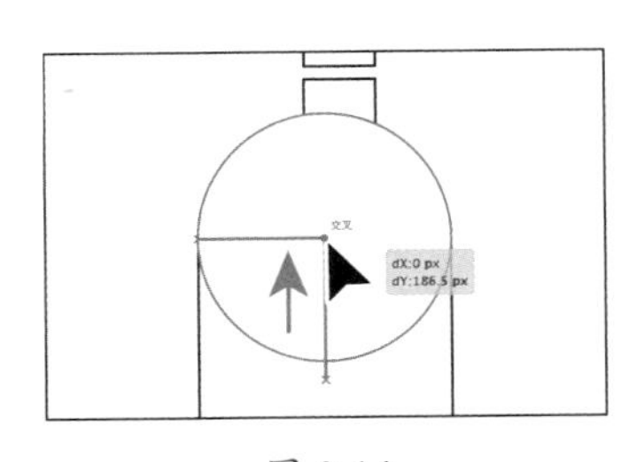

图 0-14

⑥ 选中其中一个小矩形，在按住 Shift 键的同时单击另一个小矩形，以便将这两个较小的矩形移动到合适的位置。

注意 如果小矩形被覆盖，可以先选中圆形，然后按住 Shift 键单击大矩形，松开 Shift 键，拖动它们至小矩形显示。

⑦ 按住鼠标左键将两个小矩形拖到圆形上，并确保它们与圆形垂直居中对齐。当对齐时，将显示一条垂直的洋红色参考线，如图 0-16 所示。

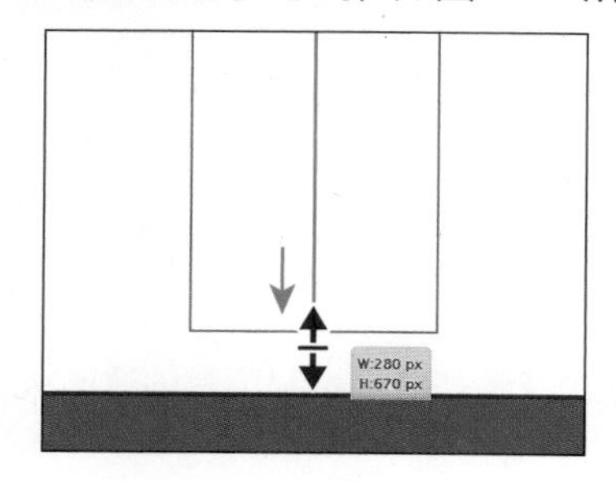

图 0-15

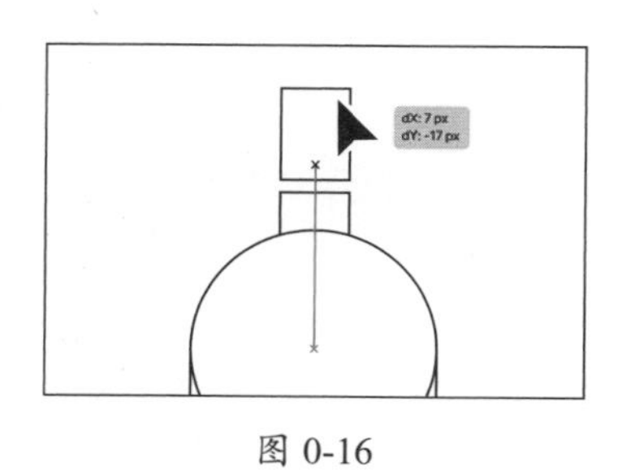

图 0-16

⑧ 选择“文件”>“存储”，保存文件。

0.5 使用“形状生成器工具”组合形状

形状生成器是一种通过合并和擦除简单形状来创建复杂形状的工具。下面将合并圆形、最大的矩形和一个小矩形来制作马克笔主体图形。

① 在画板中框选 3 个形状，如图 0-17 所示。

② 在左侧的工具栏中选择“形状生成器工具”。

③ 将鼠标指针移动到图 0-18（a）所示的位置，按住鼠标左键并沿图 0-18（b）所示路径拖过选中的 3 个形状，松开鼠标左键即可合并形状，效果如图 0-18（c）所示。

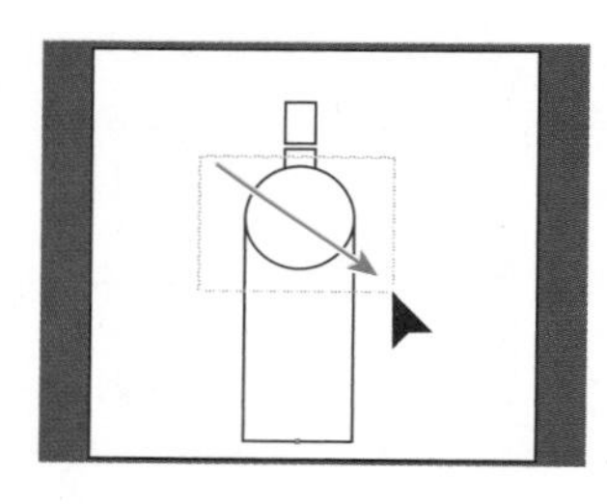

图 0-17

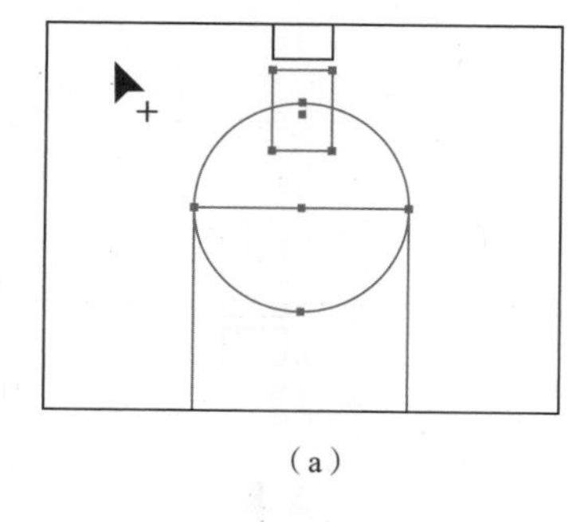

（a）

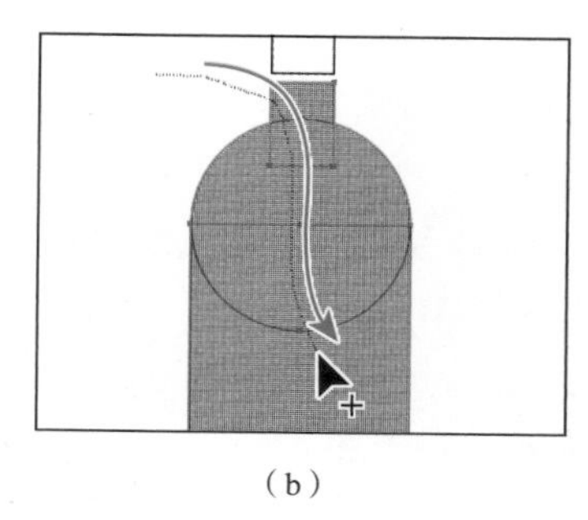

（b）

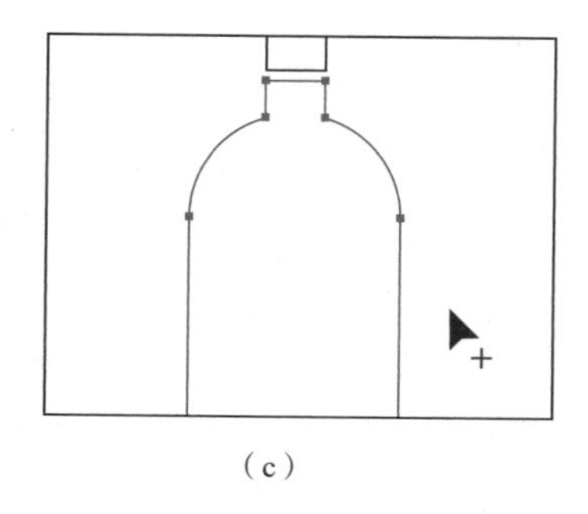

（c）

图 0-18

接下来将圆化“瓶子”图形的边角。由于只需要圆化几个边角，因此可以使用“直接选择工具”选中特定的锚点进行处理。所选形状边缘的蓝色小方块称为锚点，用于控制路径的形状。

提示 第 7 课将介绍更多关于路径和锚点的内容。

您还会看到一些被称为“边角半径控件”的双圆图标，它们可用来控制边角的圆度。下面选择两个边角上的锚点来一次性圆化这两个边角。

4 在工具栏中选择“直接选择工具”▷。

5 按住鼠标左键，框选图 0-19 所示的两个锚点。

6 选中任意一个双圆图标，如图 0-20 所示，按住鼠标左键向外拖动即可进行圆角化处理，如图 0-21 所示。

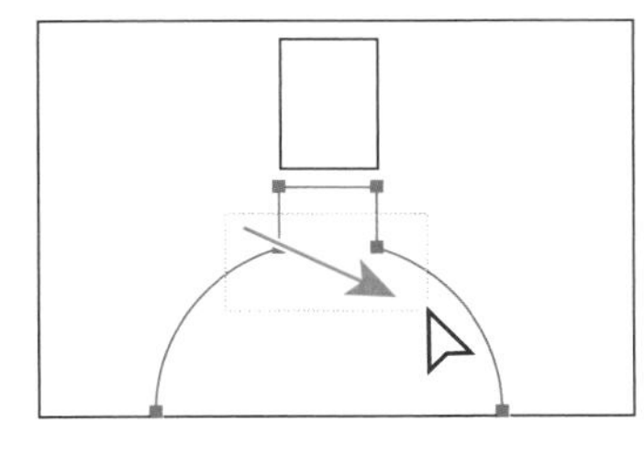

图 0-19

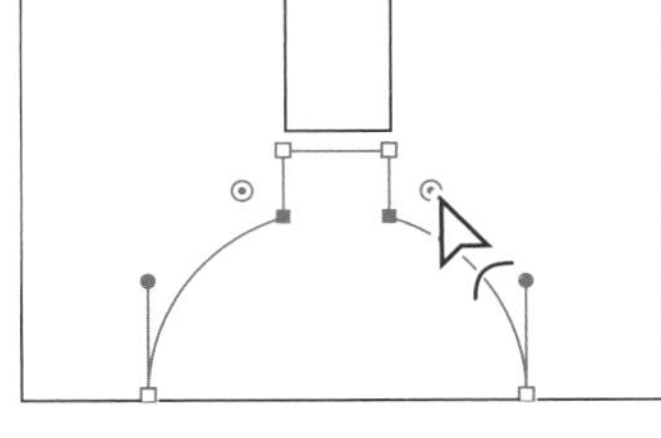

图 0-20

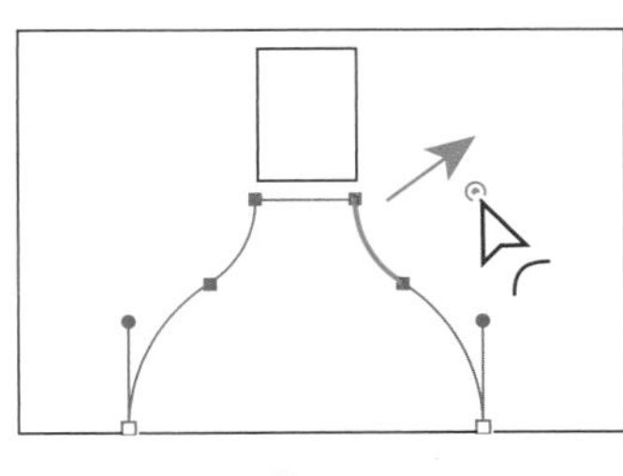

图 0-21

如果拖得太远，路径会变成红色，提示圆角已经达到最大限度。

7 选择“文件”>“存储”，保存文件。

0.6 应用和编辑颜色

为图稿着色是创造性表达的好方法。创建好的图形有一个围绕边缘的描边，并且可以填充颜色。您可以通过色板为图形指定颜色。色板保存了您制作的颜色或文件默认提供的颜色。

提示 第 8 课将介绍有关填充和描边的更多内容。

1 在工具栏中选择“选择工具”▶。

2 选中马克笔笔尖图形。

3 单击“属性”面板中的“填色”框，在弹出的“色板”面板中，确保选择了顶部的“色板”选项▦。将鼠标指针移动到色板上，会弹出屏幕提示显示颜色值。选择值为“R=247 G=147 B=30”的橙色，如图 0-22 所示，更改笔尖图形的填充颜色，如图 0-23 所示。

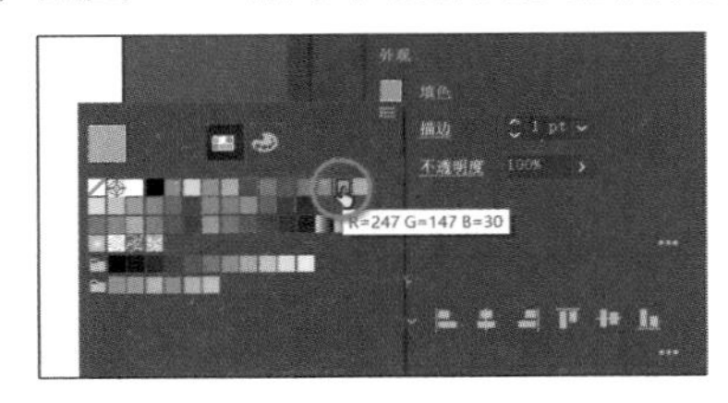

图 0-22

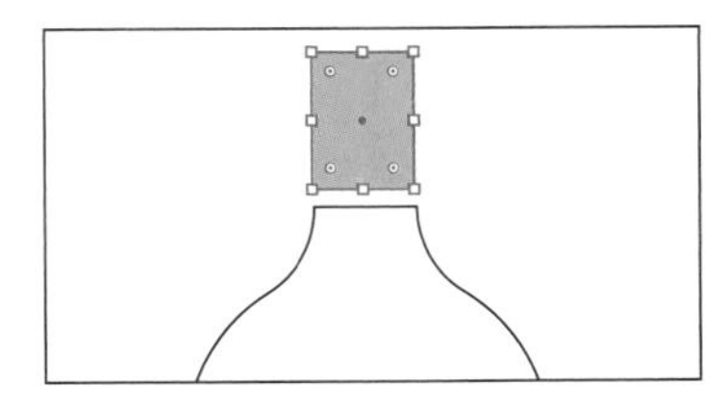

图 0-23

您可以使用默认色板，也可以自定义颜色并将它们保存为色板，以供日后重复使用。

注意 在继续操作之前需要隐藏面板，如“色板”面板，您可以按 Esc 键来完成此操作。

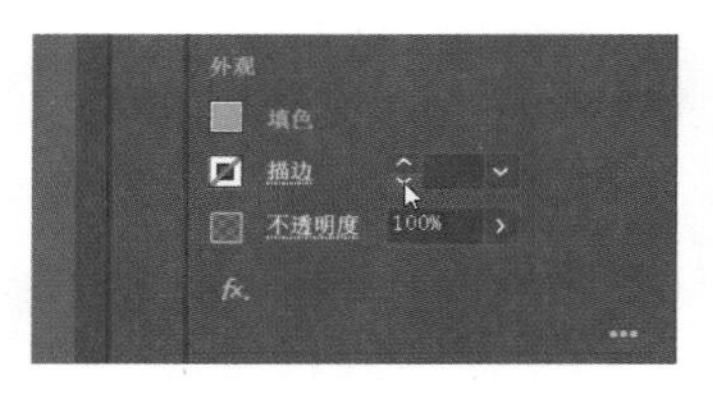

图 0-24

④ 在“属性”面板中单击“描边”右侧的第一个向下箭头按钮，如图 0-24 所示，直到描边消失，即删除形状的描边。

⑤ 选择马克笔主体图形。

⑥ 单击“属性”面板中的“填色”框，在“色板”面板中选择橙色，如图 0-25 和图 0-26 所示。

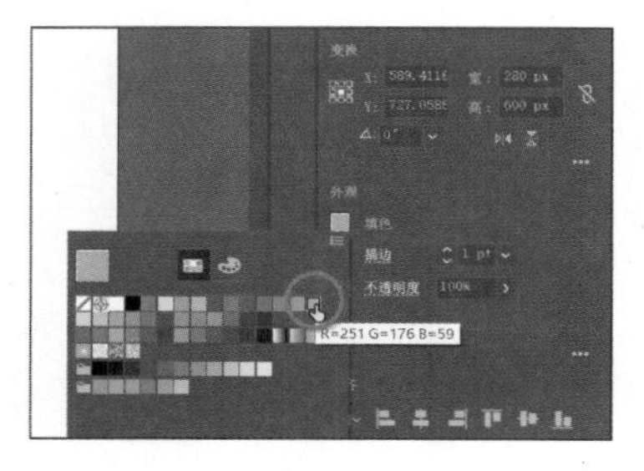

图 0-25

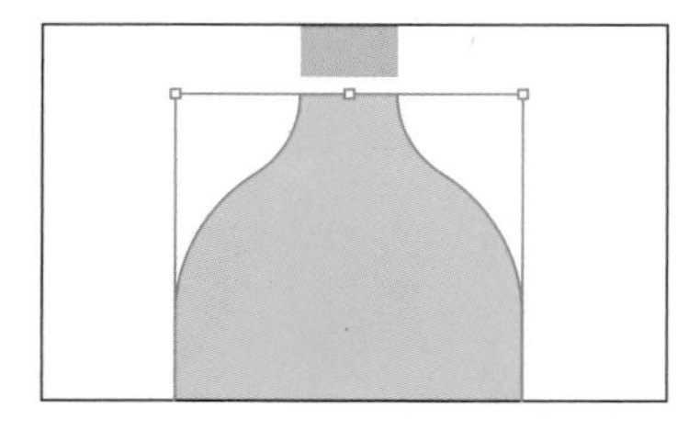
图 0-26

⑦ 在“色板”面板中双击刚刚应用的色板（它周围有一个白色边框），如图 0-27 所示。

⑧ 在弹出的“色板选项”对话框中，勾选“预览”复选框，查看对马克笔主体图形的更改。向右拖动 G（绿色）滑块，使颜色更黄、更亮，如图 0-28 所示。

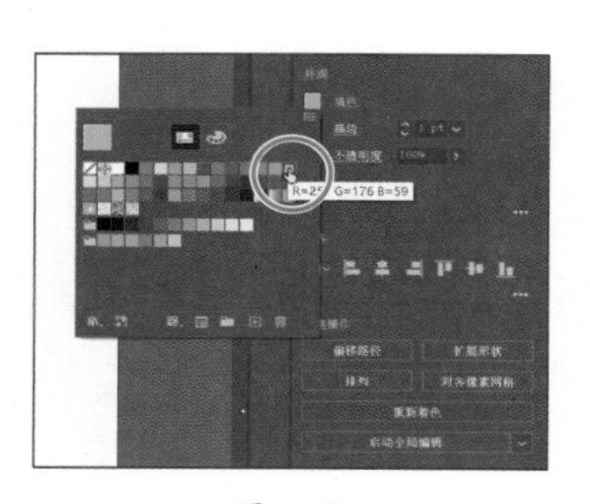
图 0-27

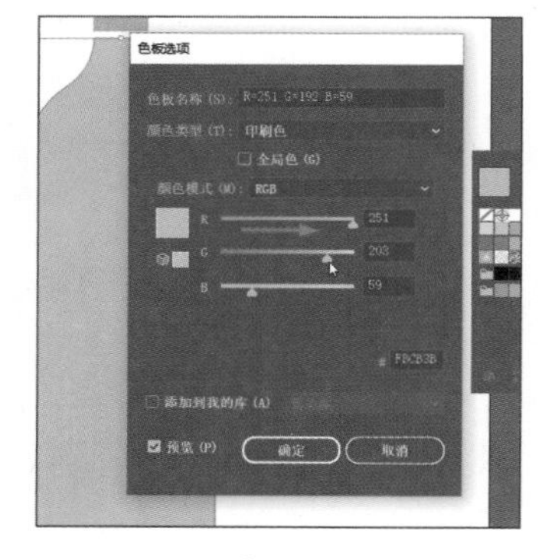

图 0-28

⑨ 单击“确定”按钮，保存对色板所做的更改。

⑩ 在“属性”面板中单击“描边”右侧的第一个向下箭头按钮，直到描边消失，即删除形状的描边。

0.7 变换图稿

在 Adobe Illustrator 中，通过变换图稿，如旋转、缩放、移动、剪切和镜像等，能够创建独特的创意项目。接下来改变马克笔笔尖的形状，然后制作几个马克笔图形的副本，更改图形的颜色并旋转。

① 选中马克笔笔尖图形。

② 选择工具栏中的“直接选择工具”▷，单击小矩形左上角的锚点，如图 0-29 所示。按住鼠标左键向下拖动选中的锚点，使马克笔笔尖图形具有轮廓分明的外观，如图 0-30 所示。

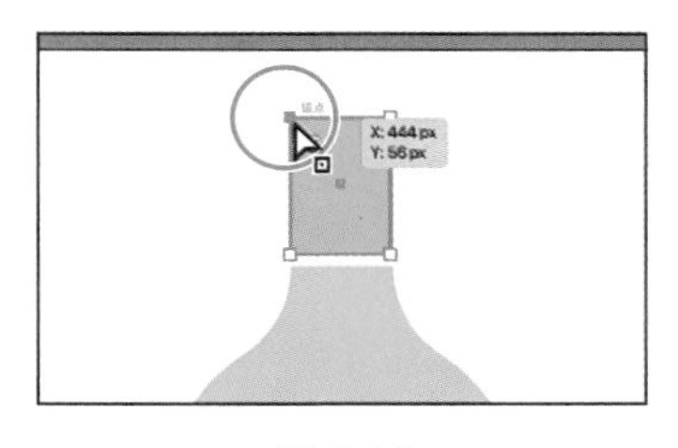

图 0-29

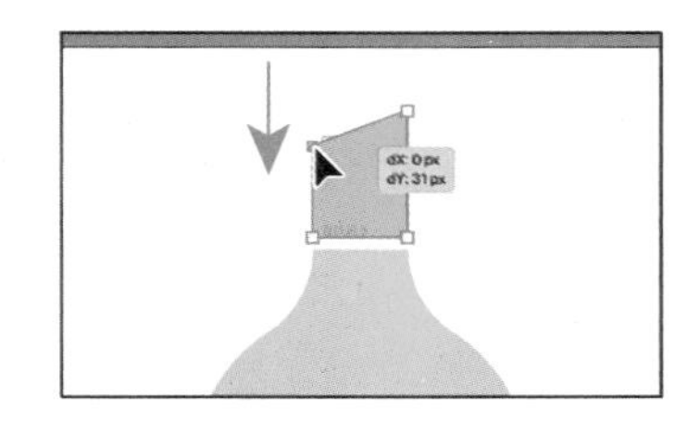

图 0-30

注意 当拖动锚点时，文档窗口的顶部可能会出现一条关于“形状扩展”的信息。第 3 课将介绍有关实时形状的更多内容。

3 选择工具栏中的“选择工具”▶。

4 选择“选择”>“取消选择”，取消选择所有内容。

5 选择“选择”>“现用画板上的全部对象”，选择画板上的两个图形。

6 单击右侧“属性”面板底部的“编组”按钮，如图 0-31 所示。

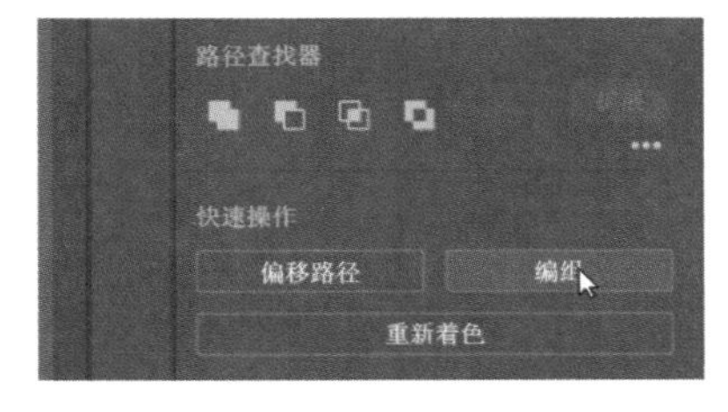

图 0-31

编组表示将所选对象视为一个整体。下次想同时选择马克笔笔尖图形和主体图形时，只需单击其中一个即可将它们成组选中。

注意 如果马克笔图形不在画板中间，可以把它拖到画板中间。

7 选择“编辑”>“复制”，然后选择“编辑”>“粘贴”，复制出一个马克笔图形副本。

8 按住鼠标左键将马克笔图形副本向左拖动，如图 0-32 所示。

9 将鼠标指针移至马克笔图形副本定界框一角的外侧，当看到弯曲的双向箭头时，如图 0-33 所示，按住鼠标左键并沿逆时针方向拖动，稍微旋转图形，如图 0-34 所示。

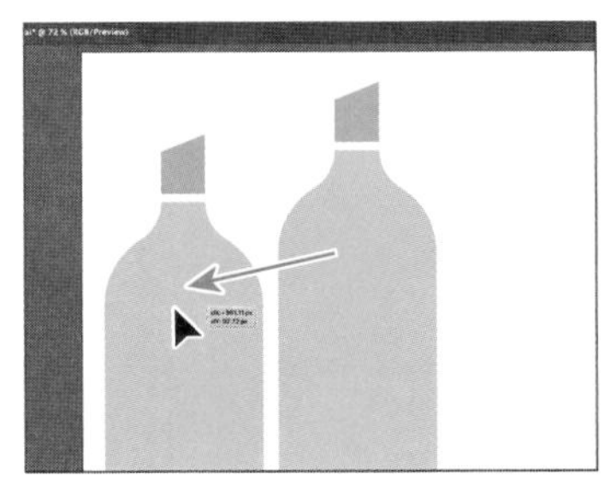

图 0-32

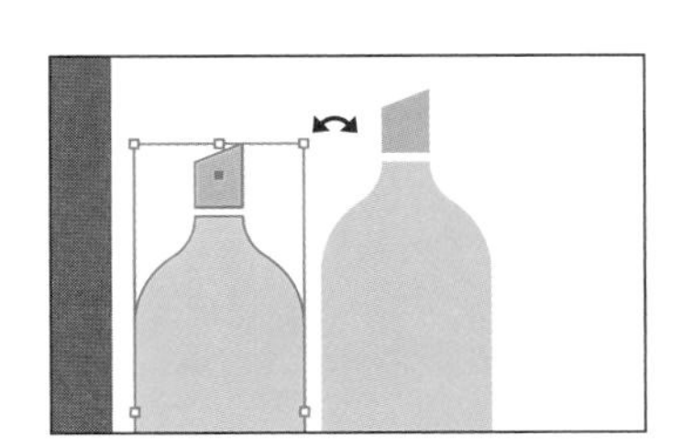

图 0-33

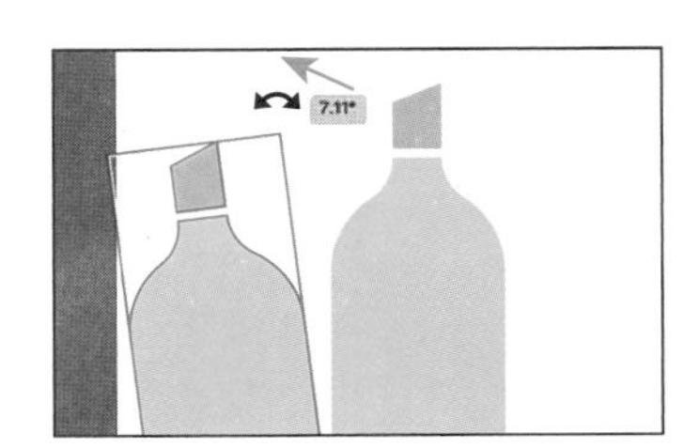

图 0-34

当前有了一个马克笔图形副本，下面将根据此副本制作另一个副本并将其翻转，使其位于原始马克笔图形的另一侧。

10 在马克笔图形副本处于选中状态的情况下，选择“编辑”>“复制”对其进行复制。这一次，选择“编辑”>“就地粘贴”，在马克笔图形副本上层制作新的副本。

11 在“属性”面板中单击“水平翻转”按钮，翻转新的图形副本，如图 0-35 和图 0-36 所示。

12 按住 Shift 键，将新的图形副本拖到原始马克笔图形的右侧，如图 0-37 所示。松开鼠标左键和 Shift 键。保持新的图形处于选中状态。

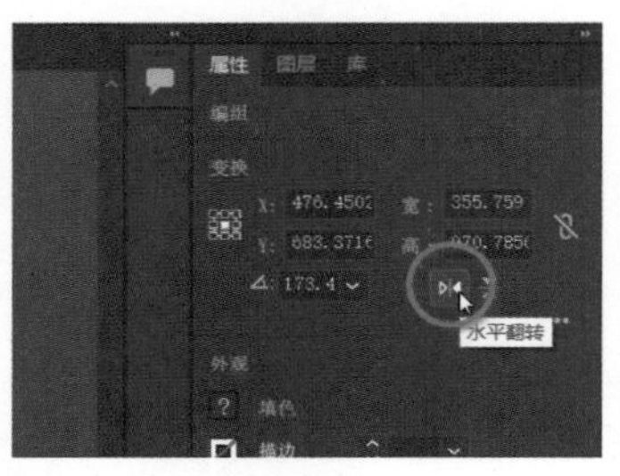

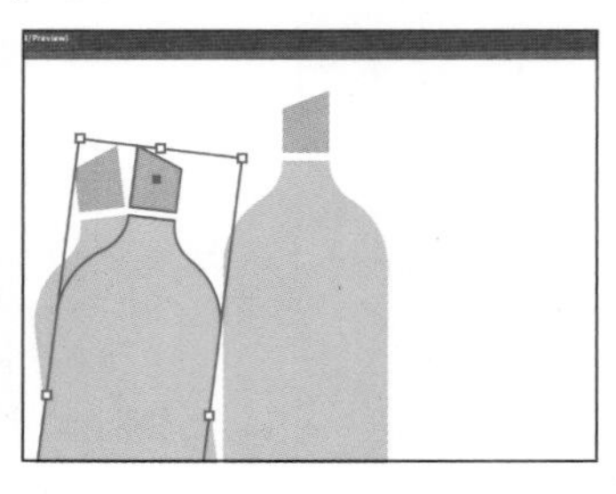

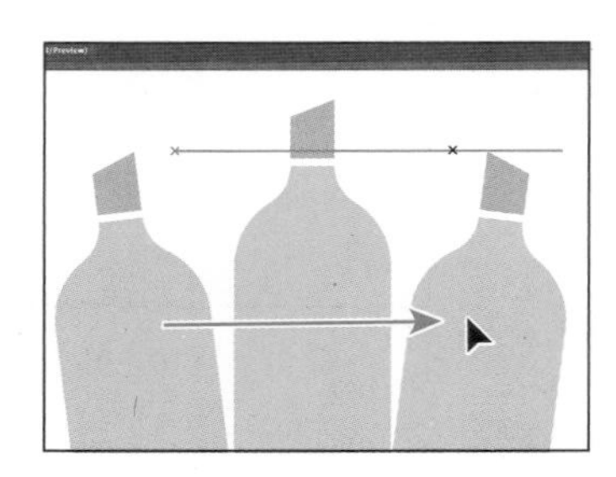

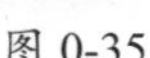

图 0-35　　图 0-36　　图 0-37

0.8　重新着色图稿

在 Adobe Illustrator 中，可以使用“重新着色图稿”对话框轻松地为图稿重新着色。接下来将为两个马克笔图形副本重新着色。

❶ 按住 Shift 键并单击最左侧的马克笔图形，以选择两个马克笔图形副本。

❷ 单击“属性”面板底部的“重新着色”按钮，如图 0-38 所示，打开“重新着色图稿”对话框，如图 0-39 所示。

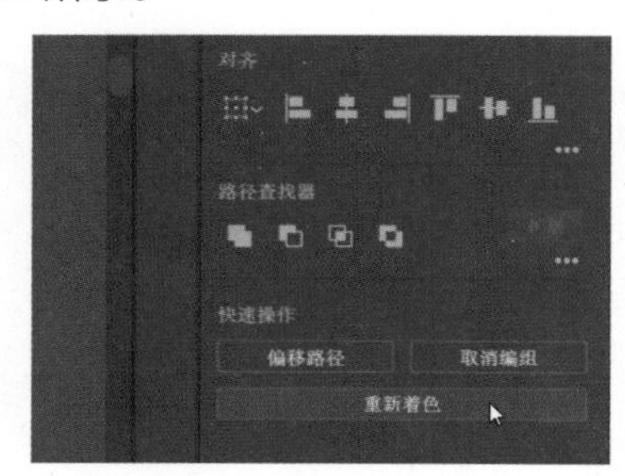

图 0-38

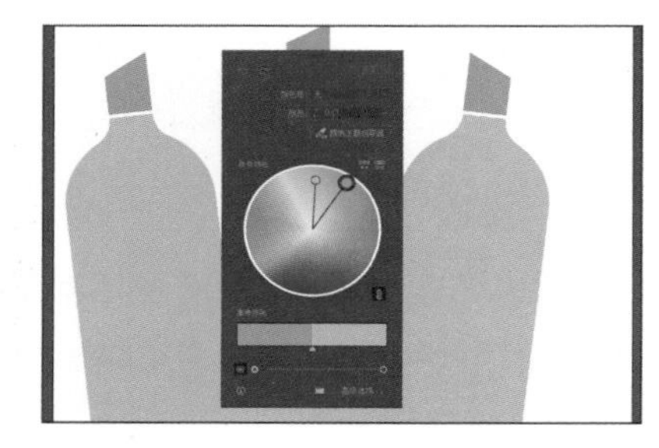

图 0-39

注意 如果单击“重新着色图稿”对话框外的地方，该对话框将关闭。如需再次打开它，请确保选择了对象，然后单击“属性”面板中的“重新着色”按钮。

您可以看到马克笔图形中的两种颜色——橙色和浅橙色，对话框中间的色轮上显示有圆圈标记。在“重新着色图稿”对话框中可更改所选图稿的颜色。接下来将打开文档色板来更改这两种橙色。

❸ 从“颜色库”下拉列表中选择“文档色板”选项，如图 0-40 所示。

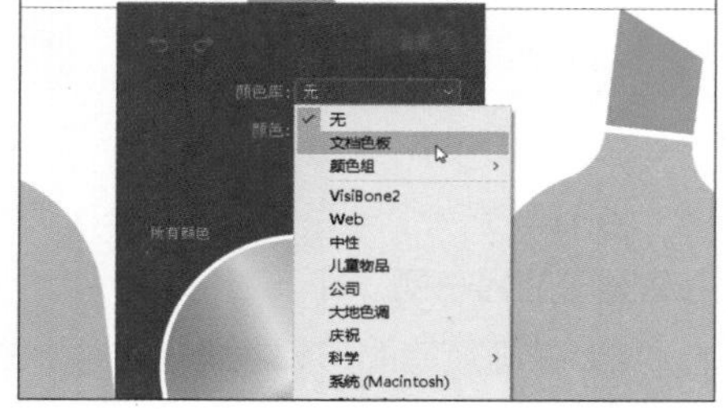

图 0-40

此时，色轮中显示了您在“属性”面板中编辑图稿的填充颜色时看到的色板。您可以拖动色轮中的小色环（手柄）来更改所选图稿中的相应颜色。但是，默认情况下，所有色环会一起被拖动。

❹ 要单独编辑这两种橙色，请单击色轮下方的链接图标，使其变为，即解除链接，如图 0-41 红圈部分所示。

⑤ 分别将每个橙色色环拖动到不同的红色区域中以更改图稿颜色，如图 0-42 所示。

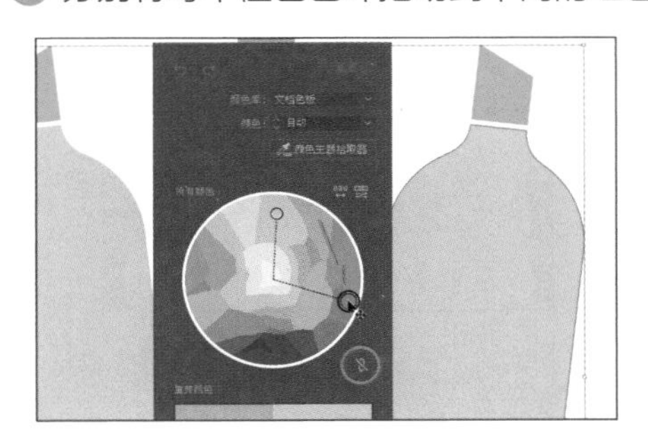

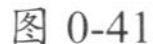

图 0-41

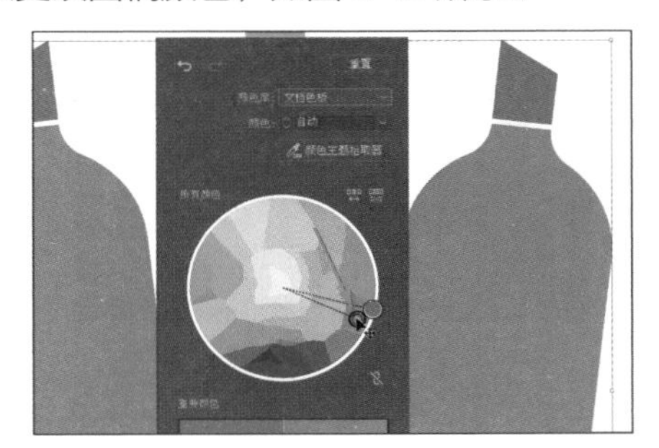

图 0-42

注意 要获得一个较深的颜色，请确保拖动色环到色轮的边缘位置（见图 0–41）。

⑥ 单击“重新着色图稿”对话框外的地方，将其关闭。

⑦ 选择“选择”>“现用画板上的全部对象”，选择所有马克笔图形。

⑧ 选择“对象”>“编组”，将所选图形编组。

如果您需要编辑其中一个马克笔图形，可以随时单击“属性”面板中的“取消编组”按钮，将马克笔图形组解除组合。

⑨ 选择“选择”>“取消存储”。

⑩ 选择“文件”>“保存”。

0.9 创建和编辑渐变

渐变是从一种颜色逐渐混合变化到另一种颜色，可用于图稿的填色或描边。接下来，您将开始“色彩游戏”并将渐变应用到横幅上。

提示 第 11 课将介绍有关使用渐变的更多内容。

① 选择“视图”>“缩小”，以便更容易看到画板的边缘。

② 在工具栏中选择“矩形工具”▭。

③ 从画板的左边缘开始，按住鼠标左键拖动到右边缘，绘制一个与画板等宽的矩形，其高度约为 375 px，如图 0-43 所示。

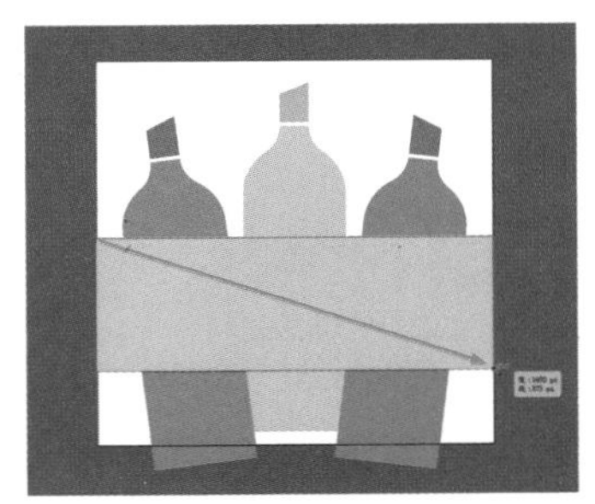

图 0-43

注意 不要担心绘制的矩形颜色与图 0–43 不一样，接下来会改变它。

④ 在“属性”面板中单击“填色”框，在“色板”面板中选择“白色，黑色”渐变色板，如图 0-44 红圈所示，效果如图 0-45 所示。

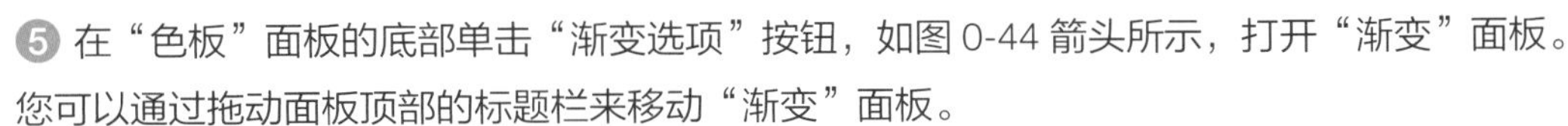

⑤ 在“色板”面板的底部单击“渐变选项”按钮，如图 0-44 箭头所示，打开“渐变”面板。您可以通过拖动面板顶部的标题栏来移动“渐变”面板。

⑥ 在“渐变”面板中执行以下操作。

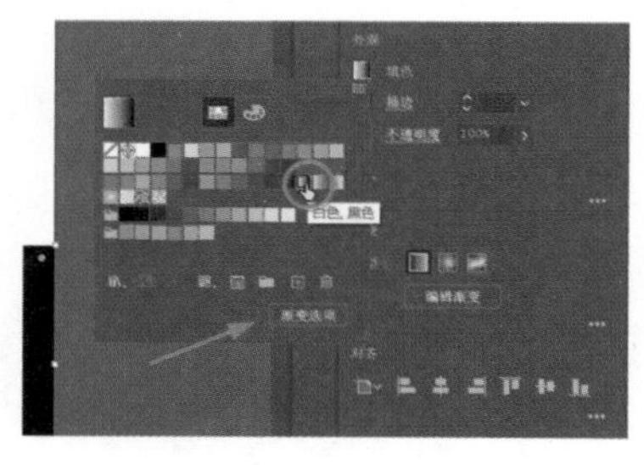

图 0-44

图 0-45

- 单击“填色”框，确保您正在编辑填充颜色，如图 0-46 上方红圈所示。
- 双击“渐变”面板中渐变条右侧的黑色色标，如图 0-46 箭头所示。
- 在弹出的面板中单击“色板”按钮，并选择深蓝色色板，如图 0-46 下方红圈所示。
- 双击“渐变”面板中渐变条右侧的白色色标，如图 0-47 箭头所示。
- 在弹出的面板中选择较浅的蓝色色板，如图 0-47 红圈所示。

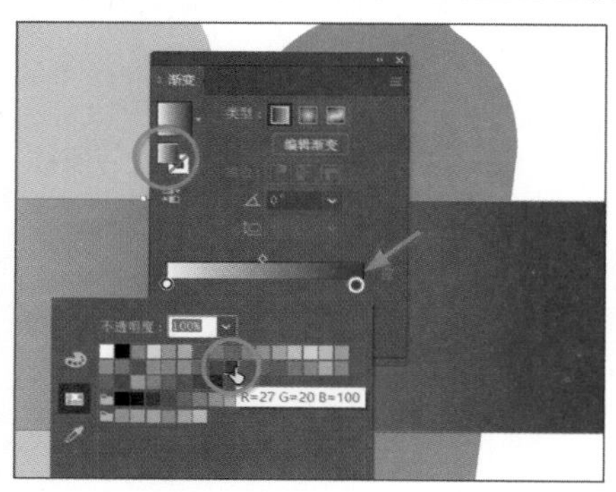

图 0-46

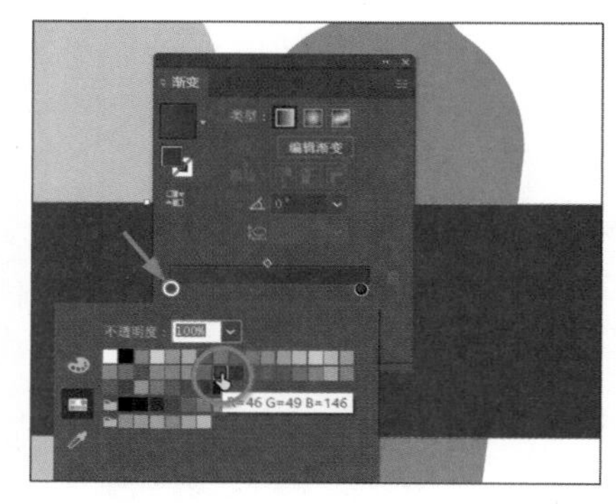

图 0-47

渐变具有多种创意可能性，如将渐变应用于对象的描边（边框）或使填色透明等。

7 单击“渐变”面板顶部的“关闭”按钮将其关闭。

0.10 编辑描边

描边是形状和路径等图形的轮廓（边框）。描边的很多外观属性都可以更改，如宽度、颜色和虚线样式等。本节将调整横幅矩形的描边。

提示 第 3 课将介绍更多有关描边的内容。

1 在矩形处于选中状态的情况下，单击“属性”面板中的“描边”文本。

在“属性”面板中单击带下画线的文本时，面板中会出现更多选项。

2 在“描边”面板中更改以下选项，如图 0-48 所示。

- 描边粗细：11 pt。
- 单击“使描边内侧对齐”按钮，将描边与矩形边缘的内侧对齐。

3 在“属性”面板中单击“描边”框，然后选择“白色”色板，如图 0-49 所示，效果如图 0-50 所示。

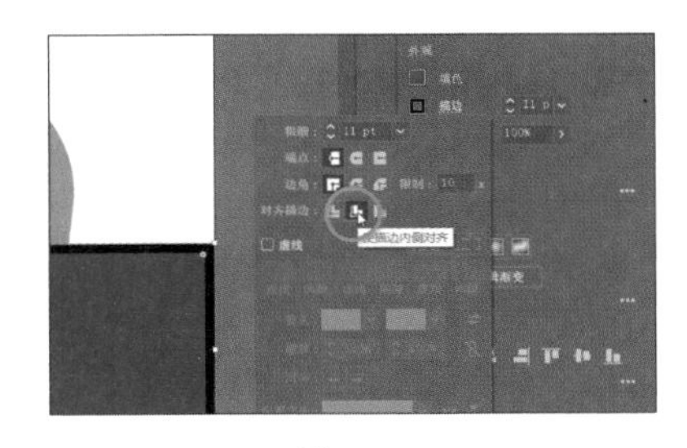

图 0-48

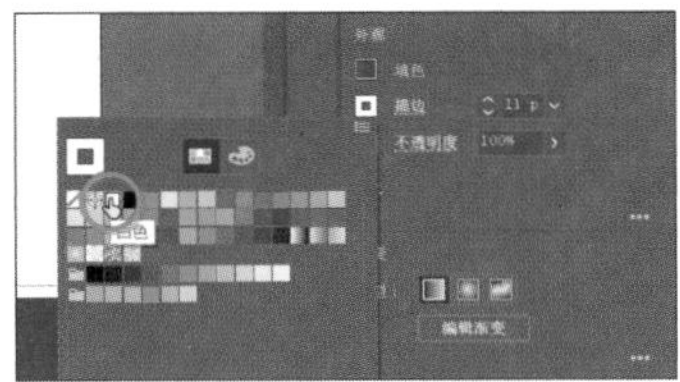

图 0-49

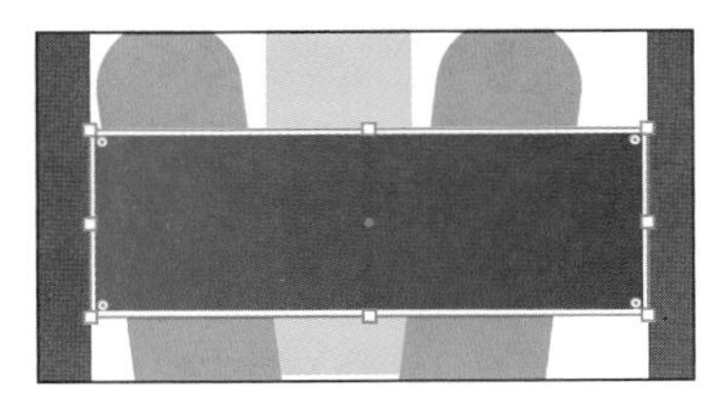

图 0-50

❹ 选择“选择”>“取消选择”。

0.11 使用“曲率工具”

使用“曲率工具”可以绘制和编辑光滑、精细的路径和直线。本节将使用“曲率工具”创建马克笔涂鸦笔迹。

提示 第 6 课将介绍更多有关使用“曲率工具”的内容。

❶ 在工具栏中选择“曲率工具”。

在开始绘图之前，删除填色并更改描边颜色。

❷ 单击“属性”面板中的“填色”框，在弹出的“色板”面板中选择“无”色板来删除填色，如图 0-51 所示。

❸ 在“属性”面板中单击“描边”框，在弹出的“色板”面板中选择橙色色板来更改描边颜色，如图 0-52 所示。

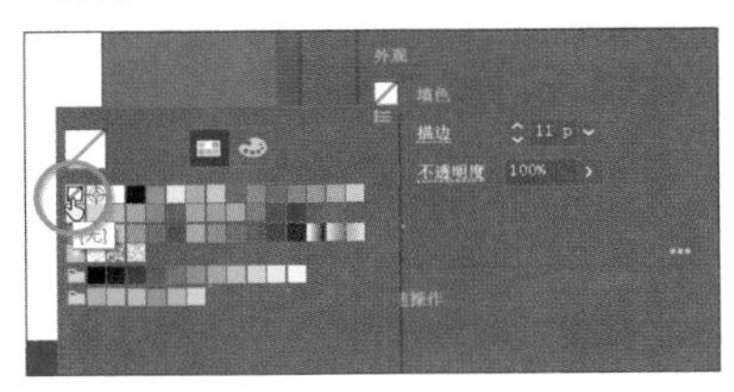

图 0-51

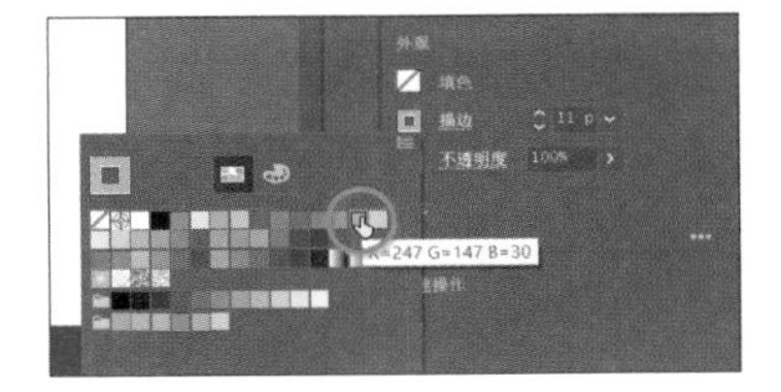

图 0-52

❹ 将鼠标指针移动到马克笔笔尖图形的中间，如图 0-53（a）所示，单击并开始绘制形状。

注意 如果鼠标指针形状与图 0–53 所示不同，请确保 Caps Lock 键未激活。

❺ 制作蛇形（如 s 形）路径。将鼠标指针向左移动，在左侧的马克笔笔尖图形上方单击，如图 0-53（b）所示。单击后将鼠标指针移开以查看弯曲的路径，如图 0-53（c）所示。

（a）

（b）

（c）

图 0-53

每次单击都会创建锚点（路径上的圆圈）。如前所述，锚点可用于控制路径的形状。

> **提示** 创建路径后，您可以拖动路径上的任意锚点来编辑路径。

❻ 通过向右、向左再向右单击继续进行涂鸦笔迹的绘制，如图 0-54 所示。

❼ 按 Esc 键停止绘图。

保持路径处于选中状态，接下来将更改图稿内容的顺序，将该路径放在画板上其他内容的下层。

❽ 单击“属性”面板的“快速操作”选项组中的“排列”按钮，选择“置于底层”命令，如图 0-55（a）所示，将该路径置于其他所有内容下层，效果如图 0-55（b）所示。保持该路径处于选中状态。

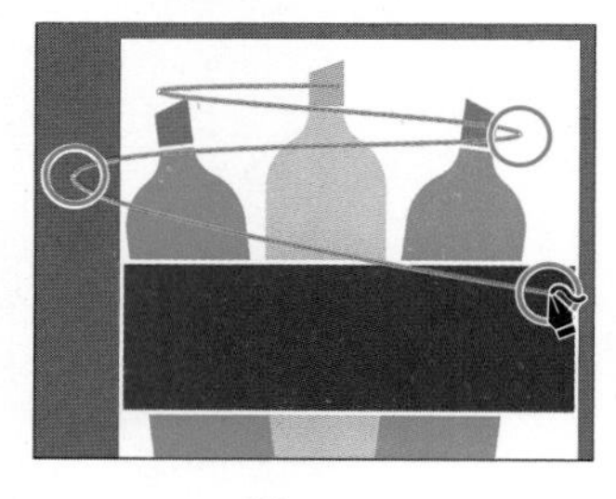

图 0-54

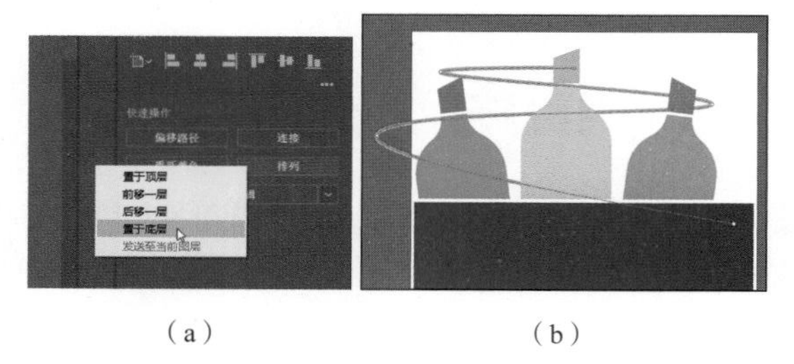

（a）　（b）

图 0-55

0.12　使用画笔

使用画笔时，可以用图案、图形、画笔描边、纹理或有角度的描边来装饰路径。您可以通过修改 Adobe Illustrator 提供的画笔来创建自己的画笔。接下来，对刚刚绘制的路径应用画笔，使其看起来更像马克笔涂鸦笔迹。

> **提示** 第 12 课将介绍有关画笔创意应用的更多内容。

❶ 选择工具栏中的“选择工具”▶。

❷ 在 0.11 节绘制的路径处于选中状态的情况下，选择“窗口”>“画笔库”>“艺术效果”>“艺术效果 _ 油墨”。

在打开的面板中，您会看到 Adobe Illustrator 自带的一些画笔。

❸ 在“艺术效果 _ 油墨”面板中单击名为“标记笔”的画笔以应用它，如图 0-56 所示。

❹ 在“属性”面板中单击“描边”文本右侧的向上箭头按钮，将“描边粗细”更改为 6 pt，如图 0-57 所示。

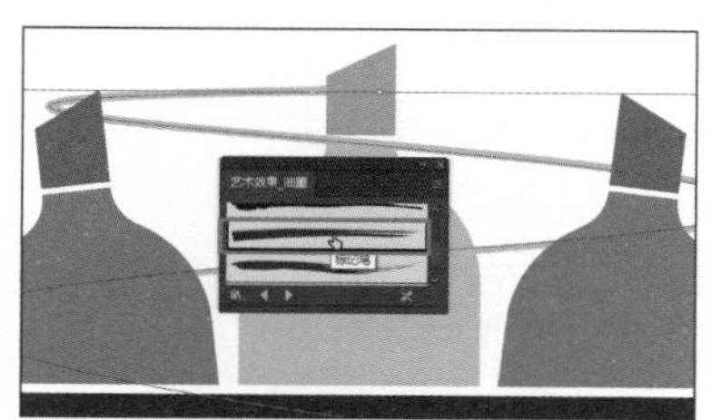

图 0-56

（a）

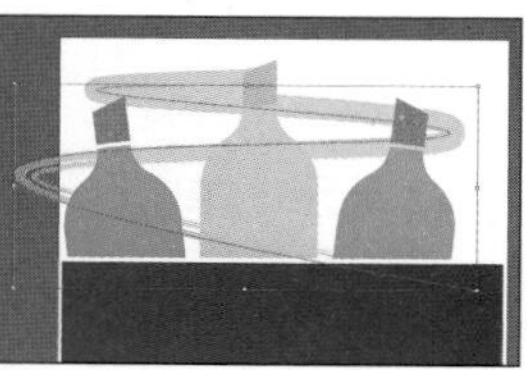

（b）

图 0-57

❺ 单击面板右上角的“关闭”按钮，关闭“画笔”面板。

❻ 选择“文件”>“存储”，保存文件。

0.13　使用文本

本节将为项目添加文本并更改其格式。

提示 第 9 课将介绍有关使用文本的更多内容。

❶ 选择左侧工具栏中的“文字工具”T，单击带有渐变填色的大矩形，将显示已选中的占位文本“滚滚长江东逝水”，如图 0-58 所示。

❷ 输入“ART SUPPLIES”。

此时文本很小，且很难在渐变填色中阅读。下面来解决这个问题。

❸ 选择“选择工具”▶，选择文本对象。

❹ 单击“属性”面板中的“填色”框，在“色板”面板中选择橙色色板，如图 0-59（a）所示，效果如图 0-59（b）所示。

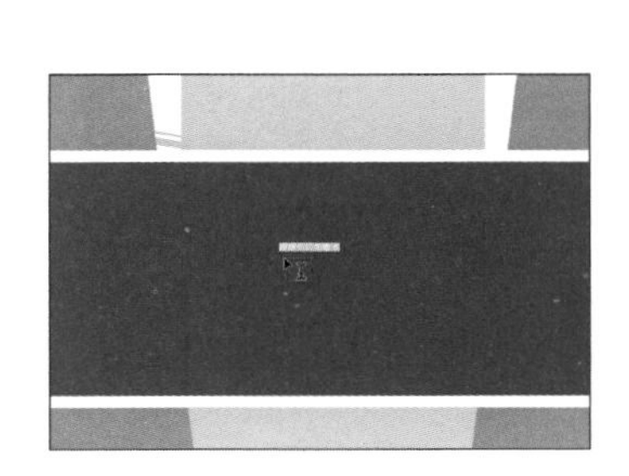

图 0-58

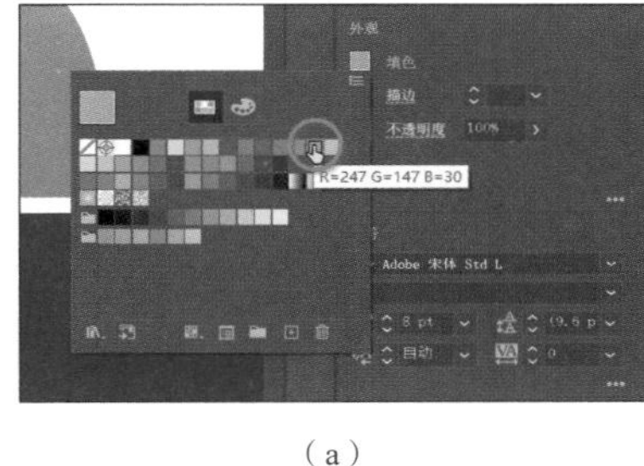

（a）

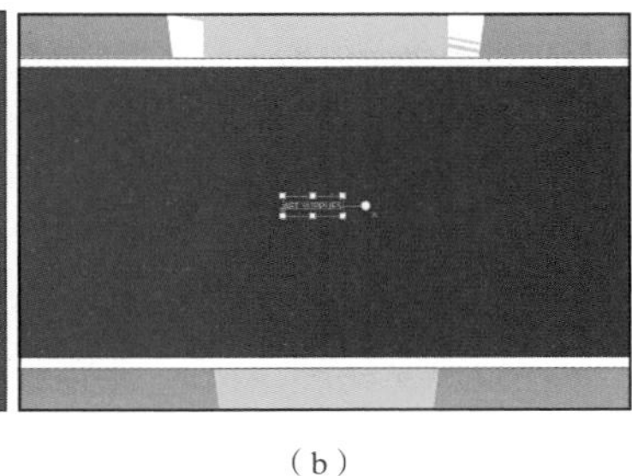

（b）

图 0-59

❺ 在“属性”面板的“字符”选项组中，设置字号为 73 pt，按 Enter 键确认字号的更改。

❻ 在“属性”面板的同一部分，更改“字距”值为 30，如图 0-60 所示。按 Enter 键确认字距的更改。

图 0-60

设置字距是调整字符间距的方法。保持文本处于选中状态。

0.14　文本变形

使用封套可以将文本变形为不同的形状，从而创建一些出色的设计效果。您可以使用画板上的对象制作封套，也可以将预设的变形形状或网格作为封套。

提示 第 9 课将介绍有关文本变形的更多内容。

1 在文本仍处于选中状态的情况下，选择“选择工具”，选择“编辑”>“复制”，然后选择“编辑”>“粘贴”，复制所选文本。

2 拖动两个文本框，使它们仍处在矩形的边界内，并且一个文本框位于另一个文本框的上方。

3 选择“文字工具”T，将鼠标指针移到顶部的文本上，单击 3 次以将其选中。输入 CRAFTY，如图 0-61 所示。

图 0-61

4 使用“选择工具”选择 CRAFTY 文本。

5 在右侧的“属性”面板中将字号更改为 190 pt，如图 0-62 所示。

图 0-62

6 选择“对象”>“封套扭曲”>“用变形建立”，弹出“变形选项”对话框。在该对话框中更改以下内容，如图 0-63 所示。

- 样式：拱形（不是弧形）。
- 弯曲：20%。

图 0-63

7 单击“确定”按钮。文本现在处于形状中，但仍可编辑。

8 选择“选择工具”后，将弯曲的 CRAFTY 文本和 ART SUPPLIES 文本拖动到合适的位置，如图 0-64 所示。

9 选择“选择”>“取消选择”。

图 0-64

提示 单击“属性”面板的“快速操作”选项组中的“变形选项”按钮，可以在“变形选项”对话框中再次编辑变形选项。

0.15　使用效果

“效果”可以在不更改基础对象的情况下改变对象的外观。本节将对制作的横幅应用效果。

提示　第 13 课将介绍更多有关效果的内容。

图 0-65

❶ 用鼠标左键长按“矩形工具”，然后选择“椭圆工具”。

❷ 在横幅矩形的顶部，按住 Shift 键进行拖动，创建图 0-65 所示的圆形。绘制完成后松开鼠标左键和 Shift 键。

❸ 单击“属性”面板中的“填色”框，在弹出的面板中选择浅蓝色色板，如图 0-66 所示。

图 0-66

❹ 在“属性”面板中单击“选择效果”按钮，然后选择“扭曲和变换”>“波纹效果”，如图 0-67 所示。

❺ 在“波纹效果”对话框中勾选“预览”复选框以实时查看效果，然后设置以下选项，如图 0-68 所示。

- 大小：9 px。
- 绝对值：绝对。
- 每段的隆起数：9。
- 点：尖锐。

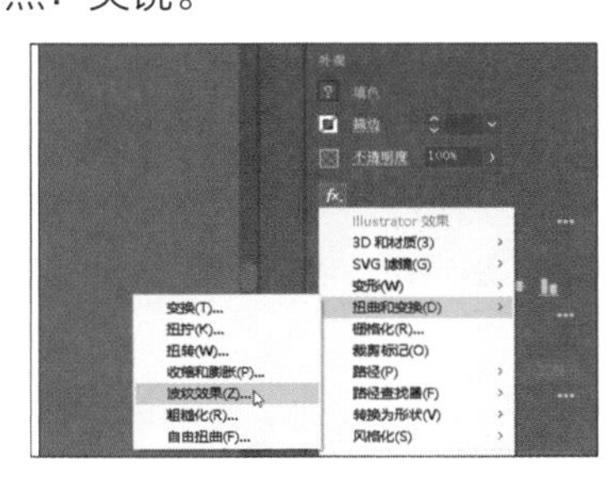
图 0-67

图 0-68

❻ 单击“确定”按钮。

0.16　添加更多文本进行练习

下面进行一些练习，尝试在圆形的上面方添加文字，并对其应用前面学过的格式和更多选项。

❶ 选择“文字工具”T，单击以添加文本框。输入 30%，按 Enter 键换行，然后输入 OFF。

❷ 选择“选择工具”▶，选择文本对象。

❸ 在“属性”面板中设置以下选项。

- 填色更改为白色。
- 字号更改为 60 pt。
- 行距更改为 50 pt，如图 0-69 中红框所示。
- 在“属性”面板的“段落”选项组中单击“居中对齐”按钮，如图 0-69 所示，使文本居中对齐，效果如图 0-70 所示。

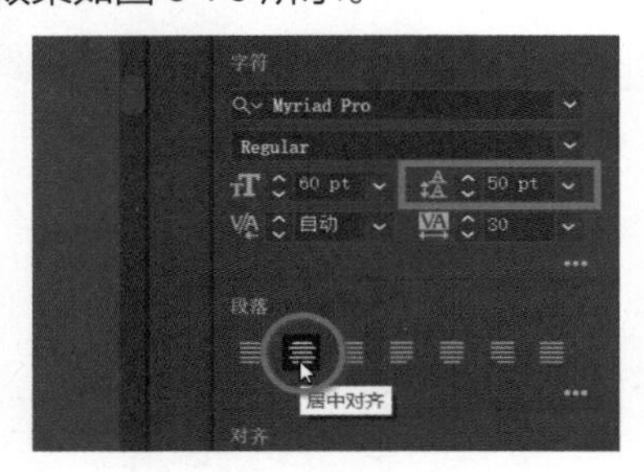

图 0-69

图 0-70

❹ 拖动文本，使其大致位于圆形中心。

❺ 按住 Shift 键，单击蓝色圆形以同时选中文本和蓝色圆形。

> **注意** 如果圆形太小，可以按住 Shift 键并拖动定界框的某个角锚点使其变大。完成之后先松开鼠标左键，再松开 Shift 键。

❻ 单击“属性”面板的“快速操作”选项组中的“编组”按钮，将它们组合在一起，如图 0-71 所示。

图 0-71

0.17　对齐对象

在 Adobe Illustrator 中，可以轻松地对齐（或分布）所选对象、对齐画板或对齐关键对象。本节将移动画板中的所有形状到指定位置，并将其中的部分形状与画板的中心对齐。

> **提示** 第 2 课将介绍有关对齐图稿的更多内容。

❶ 选择“选择工具”▶，单击马克笔图形组。

❷ 按住 Shift 键，然后选择横幅矩形、CRAFTY 文本和 ART SUPPLIES 文本，如图 0-72 所示。

❸ 在“属性”面板中，单击“对齐”选项组中的“选择”按钮，然后在下拉列表中选择“对齐画板”选项，如图 0-73（a）所示，需要对齐的所有内容都将与画板的边缘对齐。

❹ 单击“水平居中对齐”按钮，如图 0-73（b）所示，将所选内容与画板水平居中对齐，如图 0-73（c）所示。

图 0-72

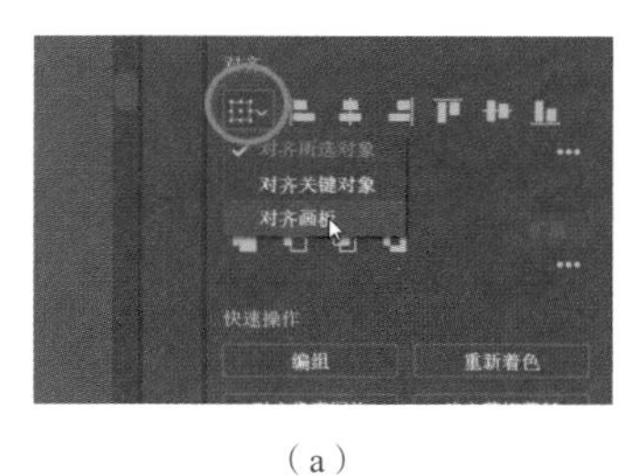

（a）

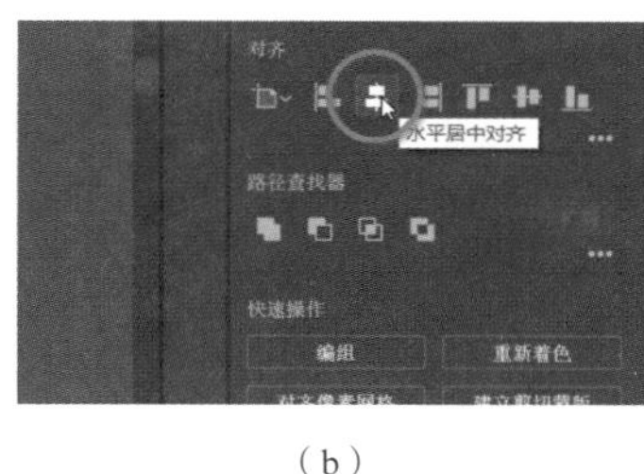

（b）

（c）

图 0-73

❺ 如有必要，将马克笔涂鸦图形和横幅图形拖动到合适的位置，最终结果如图 0-74 所示。

图 0-74

❻ 选择“文件”>“存储”，然后选择“文件”>“关闭”。

第1课

认识工作区

本课概览

本课将认识 Adobe Illustrator 工作区并学习以下内容。

- 打开 AI 文件。
- 使用工具栏。
- 移动工具栏。
- 使用面板。
- 重置并保存工作区。
- 使用视图命令缩放图稿视图。
- 使用导航器面板。
- 旋转画布视图。
- 导航多个画板和文件。
- 排列多个文件。

学习本课大约需要 45 分钟

为了充分利用 Adobe Illustrator 强大的描线、填色和编辑功能，您需要学习如何在工作区中轻松、有效地导航。

1.1 矢量图和位图

Adobe Illustrator 主要用于创建和使用矢量图（有时称为矢量形状或矢量对象）。矢量图由称为“矢量”（Vector）的数学对象定义的直线和曲线组成，图 1-1（a）所示为矢量图示例。在 Adobe Illustrator 中，可以调整矢量图的大小来覆盖建筑物侧面，或者将矢量图用作社交媒体图标，而不会丢失细节或降低清晰度。图 1-1（b）所示为编辑中的矢量图。

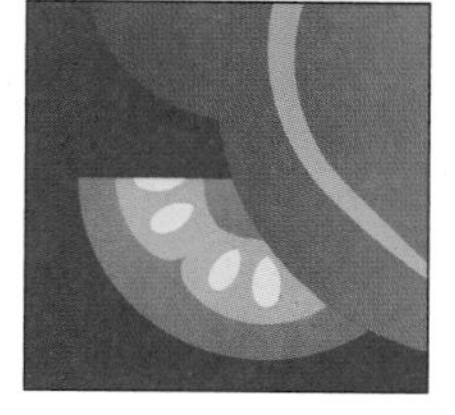

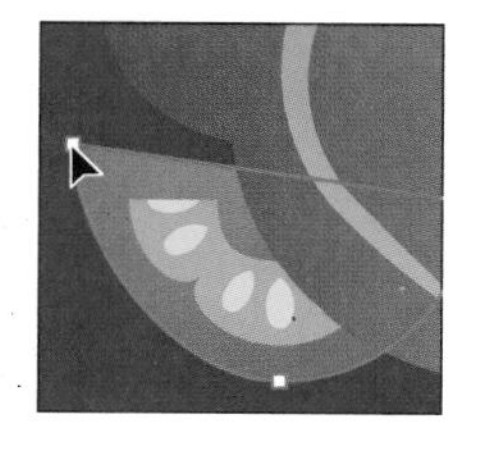

（a）矢量图示例　　（b）编辑中的矢量图

图 1-1

矢量图在传输到 PostScript 打印机、保存在 PDF 文件中或导入基于矢量图的应用程序中时，都会保持清晰的边缘。因此，矢量图是绘制徽标等图稿的最佳选择，这些图稿可用于各种尺寸和各种输出媒介。

Adobe Illustrator 中也可以使用位图（技术上称为栅格图像），这些图像由图片元素（像素）的矩阵网格组成。图 1-2 所示为位图和被选中区域的像素放大效果，每个像素都有特定的位置和颜色值。

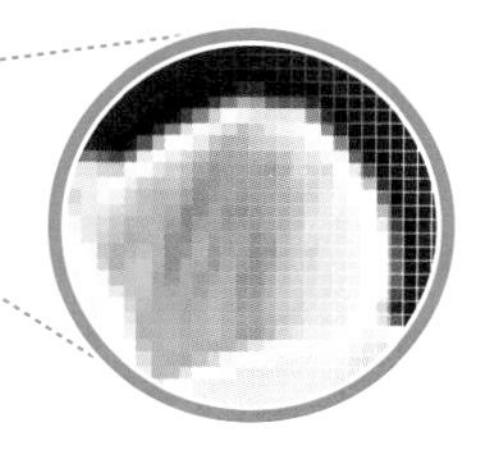

位图和被选中区域的像素放大效果

图 1-2

使用手机摄像头拍摄的照片就是位图，可以在 Adobe Photoshop 等软件中创建和编辑位图。

提示 要了解有关位图的更多信息，请在“Illustrator 帮助”（选择“帮助”>“Illustrator 帮助”）中搜索“导入位图”。

1.2 打开 AI 文件

在本节，您将打开一个 AI 文件，通过导航、缩放和浏览该文件的工作区来熟悉 Adobe Illustrator。

首先，您需要还原 Adobe Illustrator 的默认首选项。这是每课开始时都要做的事情，这样可以确保 Adobe Illustrator 中的工具和默认值的设置完全如本课所述。

1. 要重置 Adobe Illustrator 的首选项文件，请参阅本书“前言”中的“还原默认首选项”部分。
2. 双击 Adobe Illustrator 图标，启动 Adobe Illustrator。

打开 Adobe Illustrator 后，您将看到“主页”界面，里面会显示预设文件大小、Adobe Illustrator 资源等内容。

3. 选择“文件”>“打开”或单击主页中的“打开”按钮，如图 1-3 所示。
4. 在 Lessons > Lesson01 文件夹中选择 L1_start1.ai 文件，然后单击“打开”按钮，打开该鞋子广告设计文件。

在文件打开的情况下，请重置 Adobe Illustrator 界面，以使您看到的内容如本书所述。

5. 选择“窗口”>“工作区”>“基本功能”，确保已勾选该复选框（名称旁边会出现一个复选标记）。
6. 选择“窗口”>“工作区”>“重置基本功能”来重置工作区。

图 1-3

“重置基本功能”命令可确保将包含所有工具和面板的工作区还原为默认设置。您将在 1.4.2 小节中了解更多有关重置工作区的内容。

⑦ 选择“视图”>“画板适合窗口大小”。

画板是包含可打印图稿的区域，类似于 Adobe InDesign 或 Microsoft Word 中的“页”。“画板适合窗口大小”命令可使整个画板适合文档窗口大小，以便查看整个设计，如图 1-4 红框所示。

图 1-4

1.3 了解工作区

当启动 Adobe Illustrator 并打开文件时，应用程序栏、面板、工具栏、文档窗口、状态栏会出现在屏幕上，这些元素一起组成工作区，如图 1-5 所示。

首次启动 Adobe Illustrator 时，您将看到默认工作区。您可以根据需要自定义工作区，还可以创建和保存多个工作区（例如一个工作区用于编辑图稿，另一个工作区用于查看图稿），并在工作时在各个工作区之间切换。

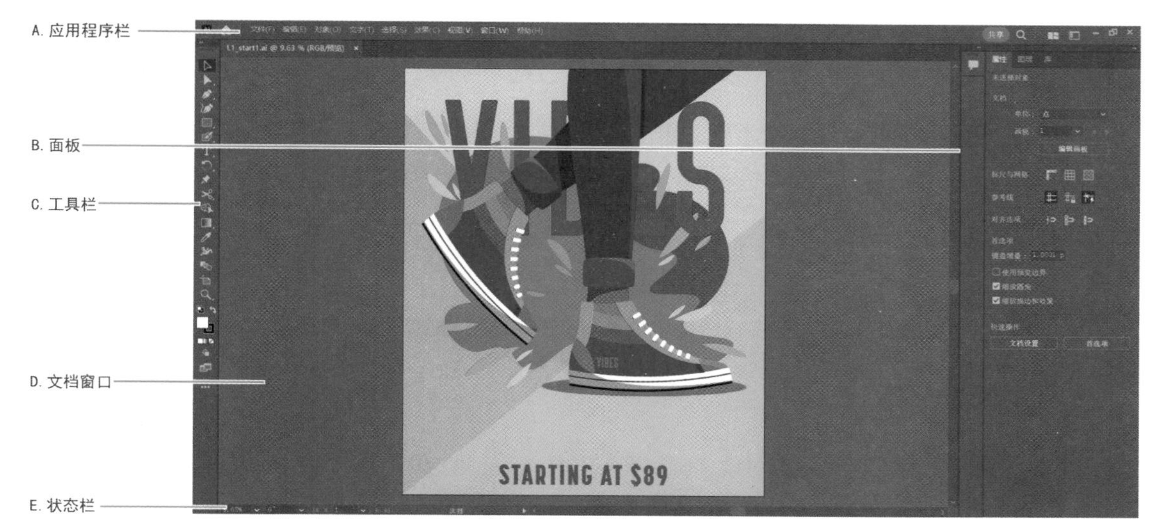

图 1-5

A. 默认情况下，顶部的应用程序栏包含应用程序控件、工作区切换器和搜索框。在 Windows 操作系统中，应用程序栏还会显示菜单栏和标题栏，如图 1-6 所示。

注意 本课的图片是在 Windows 系统下截取的，如果您使用的是 macOS，则您看到的可能与本书略有不同。

B. 面板可帮助您监控和修改您的操作。某些面板默认显示在工作区右侧的面板停靠栏中。您可以通过“窗口”菜单显示或隐藏面板。

图 1-6

C. 工具栏包含用于创建和编辑图像、图稿、画板元素等的工具。相关工具被归置在同一工具组中。

D. 文档窗口显示您正在处理的文件。

E. 状态栏位于文档窗口的左下角，显示文件信息、缩放情况和导航控件。

1.3.1 了解工具

工作区左侧的工具栏包含用于选择、绘制、上色、编辑和查看的工具，也有“填色”框、“描边”框、绘图模式切换和屏幕模式切换等工具。在完成本书的学习之后，您将了解其中许多工具的具体功能。

下面将使用所选工具对设计图稿进行一些更改。

❶ 将鼠标指针移到左侧工具栏中的“选择工具”▶上。

请注意，工具提示中会显示工具名称（选择工具）和快捷键（V），而且在大多数情况下，还会显示有关该工具的更多信息，如图 1-7 所示。

图 1-7

提示 您可以通过选择 Illustrator >“首选项”>“常规”（macOS）或“编辑”>“首选项”>“常规”（Windows）来显示或取消显示工具提示。

② 单击 STARTING AT $89 文本将其选中，按住鼠标左键向上拖动，使其更靠近鞋子下方的区域，如图 1-8 所示。

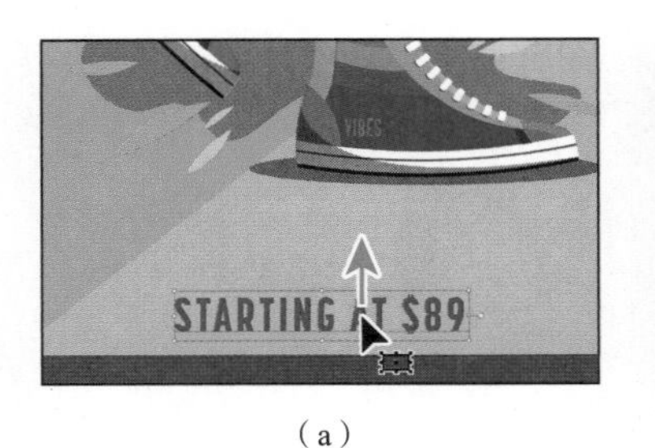

（a）

（b）

图 1-8

“选择工具”常用于移动图形对象、调整图形对象大小、缩放和旋转图稿。

③ 将鼠标指针移动到左侧工具栏中的“矩形工具”上，按住鼠标左键以显示工具菜单，如图 1-9（a）所示，选择“星形工具”，如图 1-9（b）所示。

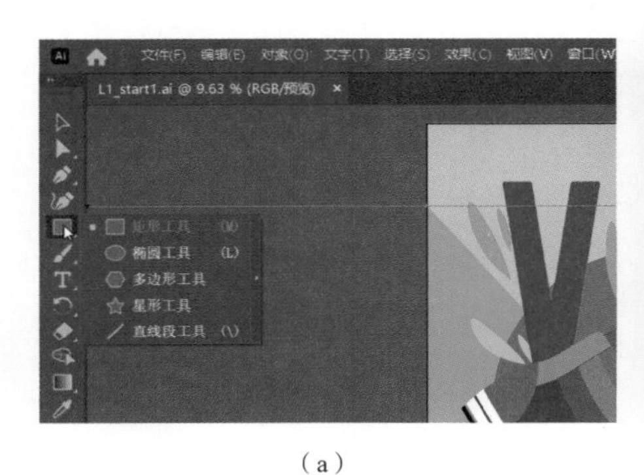

（a）

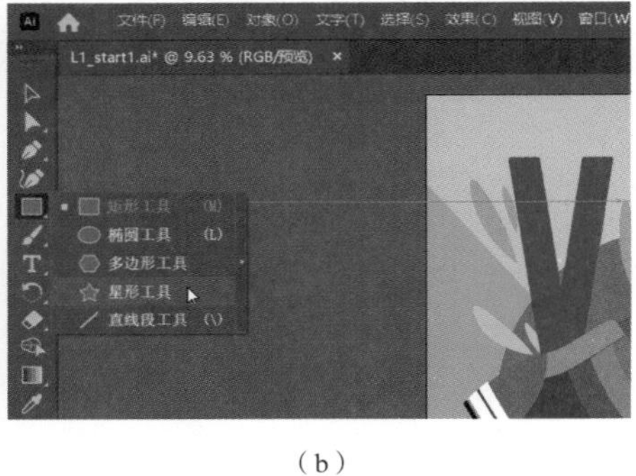

（b）

图 1-9

工具栏中工具图标右下角显示的小三角形表示这是一个工具组，还包含其他工具，可以通过上述方式选择其他工具。

④ 在 STARTING AT $89 文本的左侧，按住鼠标左键拖动以绘制一个小星星，如图 1-10 所示。

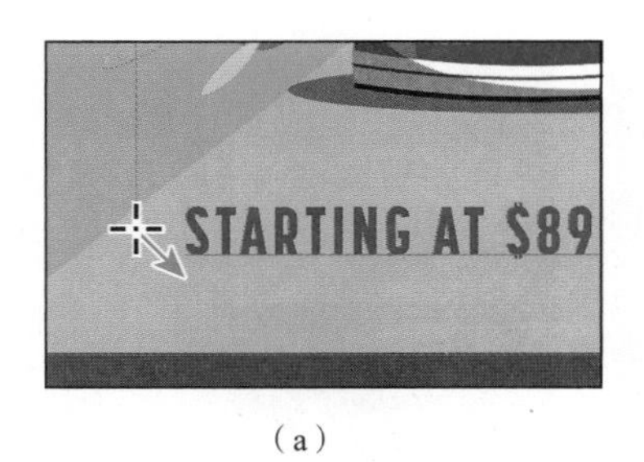

（a）

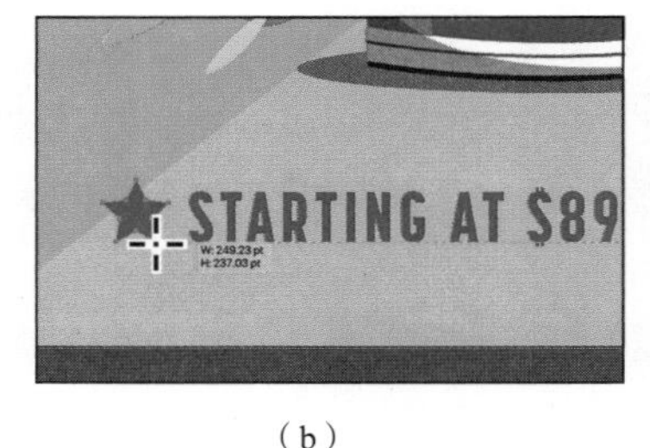

（b）

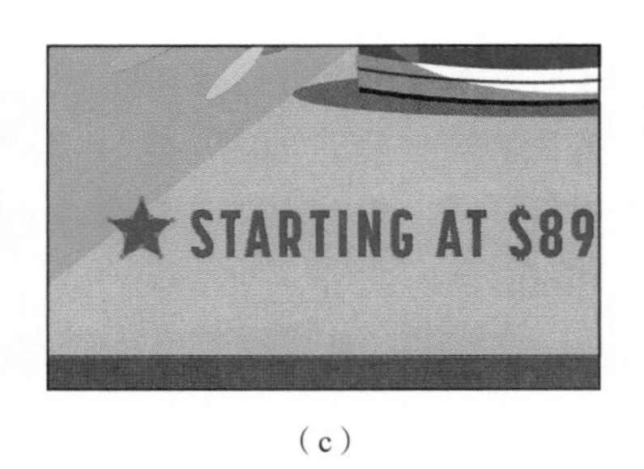

（c）

图 1-10

请注意，您绘制的星星可能是紫色的。这是因为在绘制星星之前选择了紫色的文本。

提示 若不满意星星的位置，可以使用“选择工具”移动它。

1.3.2 使用“属性”面板

在 Adobe Illustrator 中打开文件时，默认情况下您将在工作区右侧看到“属性”面板。在未选择任何对象时，“属性”面板会显示当前文件的属性；当选择了对象时，其会显示所选对象的外观属性。“属性”面板把所有常用的选项组合在一起，是一个使用频繁的面板。

使用“属性”面板，您可以更改海报中星星的颜色。

1. 选择工具栏中的“选择工具”▶，然后查看右侧的“属性”面板。

2. 选择“选择”>“取消选择”，这样星星图形就不再被选中。

在“属性”面板的顶部，您将看到“未选择对象”，如图 1-11 所示。这是选择指示器，是查看所选对象类型（如果有的话）的地方。

图 1-11

在未选择文件中任何对象的情况下，“属性”面板会显示当前文件属性和程序首选项。

3. 单击背景中的 VIBES 文本，如图 1-12 所示。

图 1-12

在“属性”面板中，您现在应该可以看到所选对象的外观属性。

通过面板顶部的“编组”区域，您可以更改所选对象的大小、位置、颜色等。

4. 单击“属性”面板中的“填色”框，显示“色板”面板，如图 1-13 所示。

5. 在弹出的面板中，确保选中了顶部的“色板”选项，如图 1-13 中左边红圈所示，然后单击要应用的颜色。这里选择稍浅的紫色。

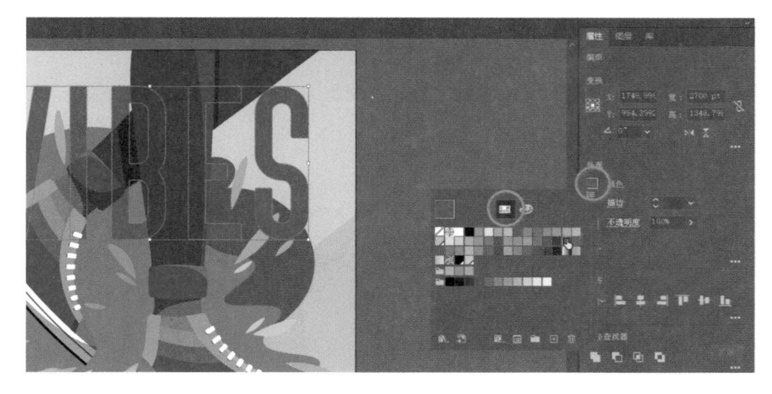

图 1-13

6. 按 Esc 键隐藏面板。

1.3.3 发现更多工具

在 Adobe Illustrator 中，默认工具栏中并未包含所有可用的工具。随着往后阅读本书，您将了解到其他的工具，所以您需要知道如何访问它们。在本小节中，您将学习如何访问这些工具。

1 在工具栏的底部单击“编辑工具栏”按钮•••，如图 1-14 所示。

此时，将弹出一个显示所有可用工具的面板。显示为灰色的工具（您无法选择它们）表示已经存在于默认工具栏中。您可以按住鼠标左键将面板中的其他工具拖动到工具栏中，然后选择并使用它们。

2 将鼠标指针移到显示为灰色的工具上，如顶部的“选择工具”（您可能需要向上拖动滚动条才能看到该工具）。

此时，“选择工具”将在工具栏中突出显示，如图 1-15 所示。同样，如果将鼠标指针悬停到“椭圆工具”（属于“星形工具”组）上，“星形工具”将突出显示，表示“椭圆工具”属于该工具组。

图 1-14

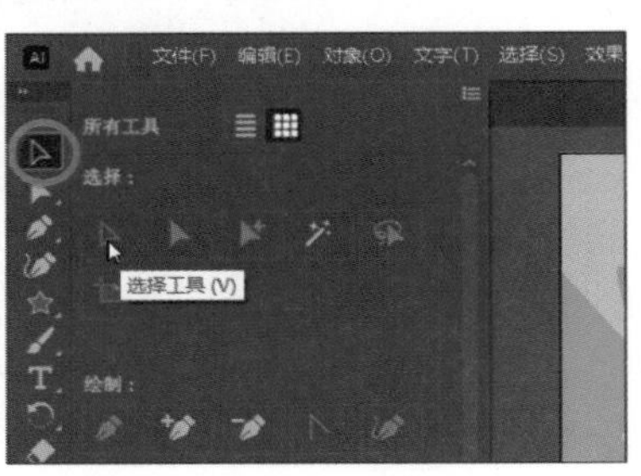

图 1-15

3 向下拖动滚动条，直到在底部看到“美工刀”工具，如图 1-16（a）所示。如果要将其添加到工具栏中，需要按住鼠标左键将其拖动到工具栏的两个工具图标之间；当两个工具图标之间出现空白区域时，松开鼠标左键，如图 1-16（b）和图 1-16（c）所示。

（a）

（b）

（c）

图 1-16

4 按 Esc 键隐藏工具面板。

“美工刀”工具现在将一直位于工具栏中，除非您将其删除或重置工具栏。接下来将使用“美工刀”工具在背景图形中切割一个形状，以便更改其颜色。

> **提示** 单击“编辑工具栏”按钮•••后，您可以通过单击弹出的面板上方的菜单图标并选择“重置”命令来重置工具栏。

5 在工具栏中选择“选择工具”▶。单击 STARTING AT $89 文本后面的浅橙色形状，如图 1-17 所示。

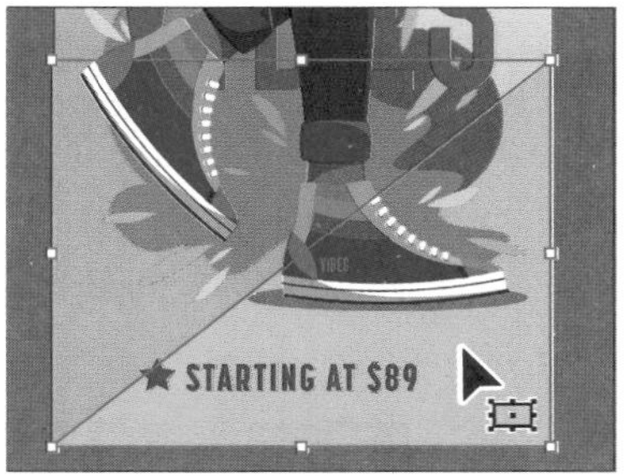

图 1-17

您将在第 4 课中了解有关如何使用“美工刀”工具的更多内容，但现在，只需要剪切选中的内容。

6 选择刚刚添加到工具栏中的“美工刀”工具。

7 选择“视图”>“缩小”一次或两次，缩小视图并保证足够的工作空间。

8 按住鼠标左键在选中的形状上拖动以将其切成两部分，拖动位置如图 1-18 所示。

切割线不会完全笔直——这是“美工刀”工具的工作方式。

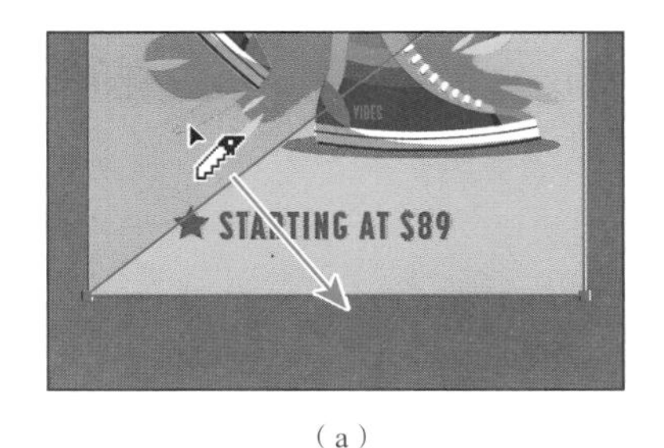

（a）

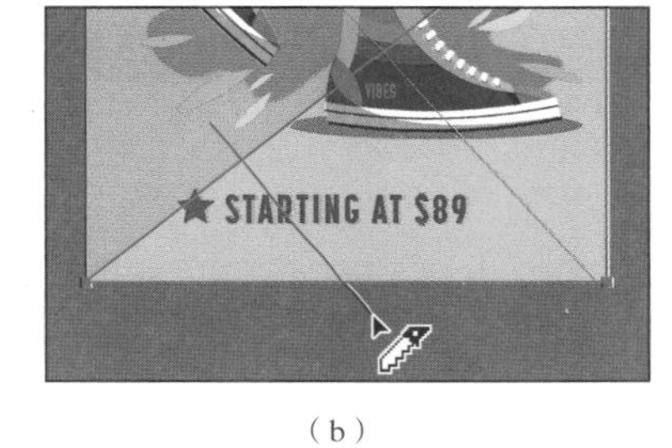

（b）

图 1-18

9 选择“选择”>“取消选择”，这样形状的两个部分就不再被选中。

10 在工具栏中选择“选择工具”▶，单击 STARTING AT $89 文本后面较小的橙色形状，如图 1-19 所示。

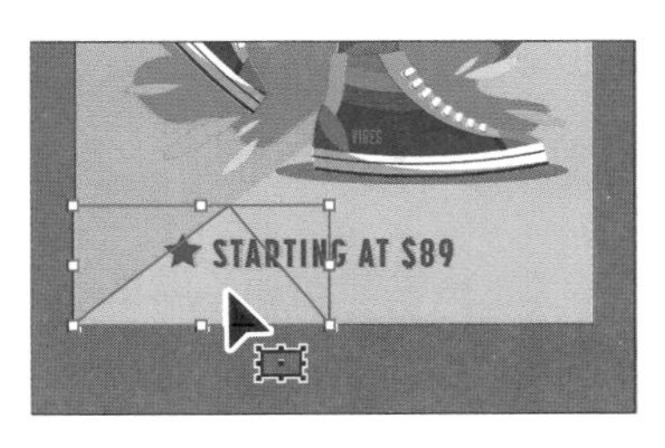

图 1-19

11 单击“属性”面板中的“填色”框，显示“色板”面板。

12 确保选中了顶部的“色板”选项，然后单击要应用的颜色，这里选择浅橙色，如图 1-20 所示。

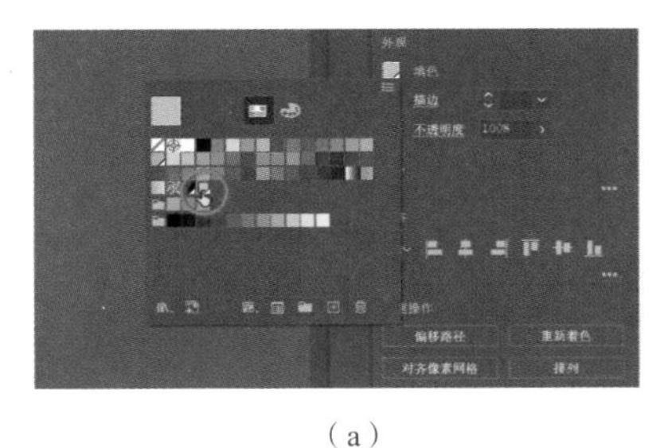
（a）

（b）

图 1-20

1.4 使用面板

在工作区的右侧，“属性”面板默认与其他几个面板组合在一起。接下来，您将学习如何最小化这些面板以及如何让它们恢复原样。

❶ 单击“属性”面板选项卡右侧的“图层”面板选项卡，如图 1-21 所示。

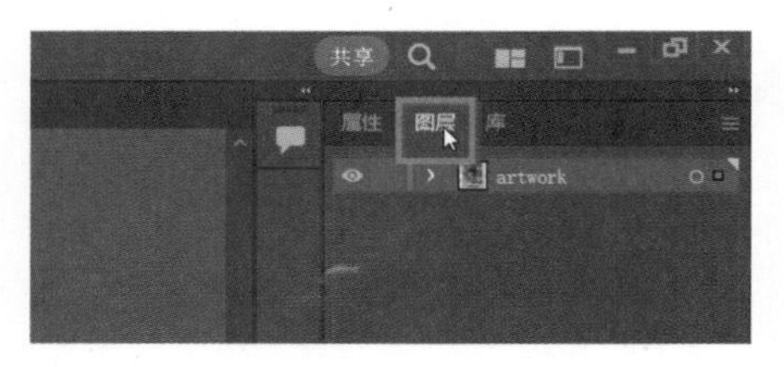

图 1-21

“图层”面板与其他两个面板（“属性”面板和“库”面板）组合在一起。

❷ 单击面板组顶部的双箭头按钮以折叠面板，如图 1-22 所示。

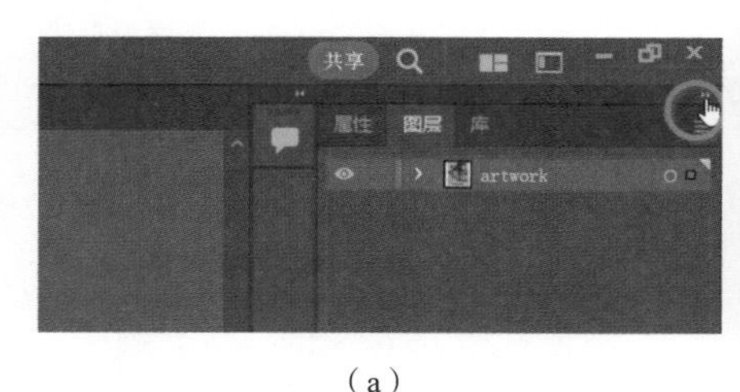

（a）

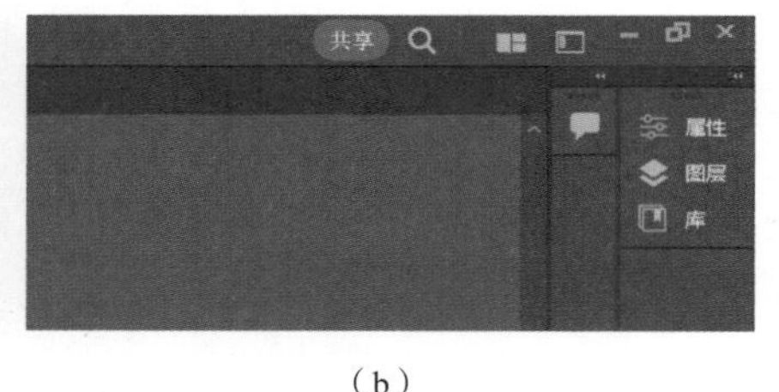

（b）

图 1-22

> **提示** 按 Tab 键可以在隐藏和显示所有面板之间切换。您也可以一次隐藏或显示除工具栏外的所有面板，方法是按 Shift+Tab 组合键。

通过将面板折叠，我们可以拥有更大的工作区域来处理图稿。您将在 1.4.2 小节中了解更多有关面板停靠的内容。

> **提示** 也可以双击面板顶部的停靠标题栏来展开或折叠面板。

❸ 将停靠面板（属性、图层和库）的左边缘向右拖动，直到面板中的文本消失，如图 1-23 所示。

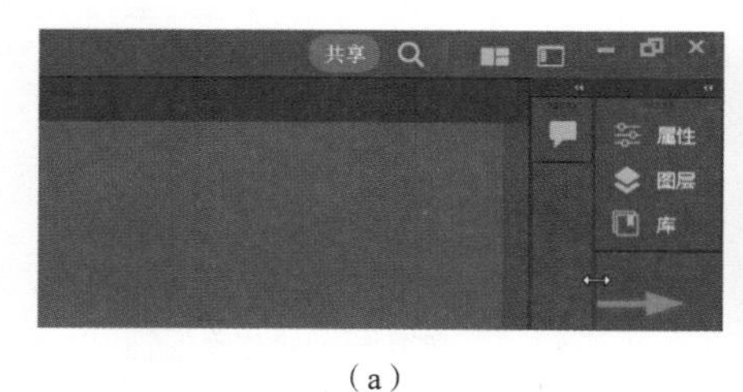

（a）

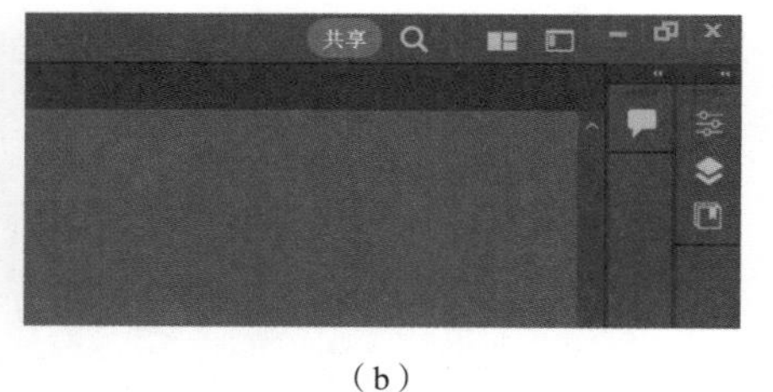

（b）

图 1-23

这将隐藏面板名称，并将面板折叠为图标。

❹ 单击背景中的 VIBES 文本。

❺ 单击“属性”面板图标将其显示出来，如图 1-24 所示。

图 1-24

现在，您将再次更改文本的颜色。

❻ 单击“属性”面板中的“填色”框，显示“色板”面板，然后选择另一种颜色，这里选择了原来的紫色，如图 1-25 所示。

图 1-25

❼ 单击“属性”面板图标，如图 1-26 所示，隐藏“属性”面板。

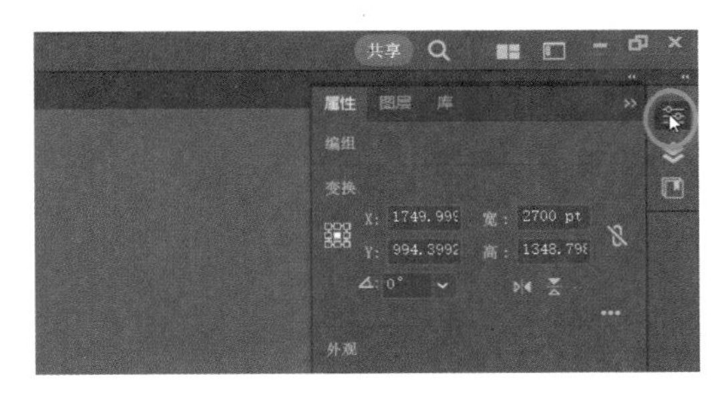

图 1-26

注意 您很可能需要单击该图标两次，第一次隐藏“色板”面板，第二次隐藏“属性”面板。

❽ 再次单击双箭头按钮以展开面板，如图 1-27 所示。

（a）　　（b）

图 1-27

❾ 选择“窗口”>“工作区”>“重置基本功能”，重置工作区。

您将在 1.4.2 小节了解有关切换和重置工作区的更多内容。

1.4.1　移动和停靠面板

在 Adobe Illustrator 中，我们可以在工作区中移动面板并将其组织起来。本小节将打开一个新面板，并将其与工作区右侧的默认面板停靠在一起。

❶ 选择“视图”>“画板适合窗口大小”，使画板适应窗口大小。

❷ 单击屏幕顶部的“窗口”菜单可查看 Adobe Illustrator 中所有可用的面板。在“窗口”菜单中选择“色板”，打开“色板”面板及默认情况下与其同组的面板。

提示 “窗口”菜单中面板名称旁边的复选标记表示该面板已经打开，并且位于面板组中其他面板的前面。如果您选择了一个名称旁已有复选标记的面板，该面板及其所在的面板组将被关闭或折叠。

您打开的面板未显示在默认工作区中，是自由浮动的，这意味着它们还没有停靠，可以四处移动。您可以把自由浮动的面板停靠在工作区的右侧或左侧。

③ 将鼠标指针移动到面板名称上方的标题栏处，按住鼠标左键拖动“色板”面板组，使该面板组更靠近右侧的停靠面板，如图 1-28 所示。

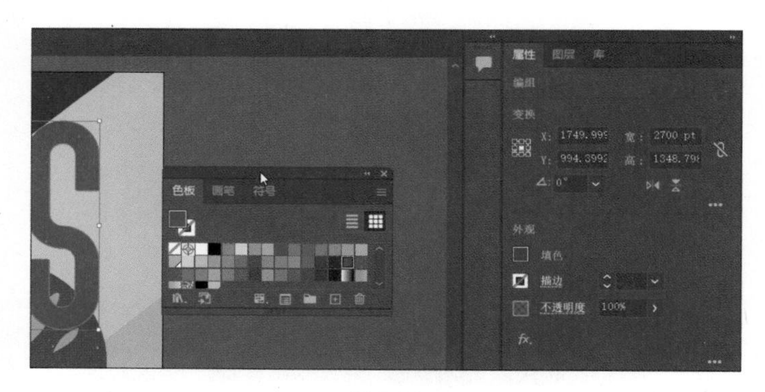

图 1-28

接下来把“色板”面板停靠到“属性”面板组中。

④ 将“色板”面板的选项卡拖到右侧的“属性”、“图层”和“库”面板选项卡上。当整个面板组周围出现蓝色区域时，如图 1-29 所示，松开鼠标左键，将面板停靠在该面板组中。

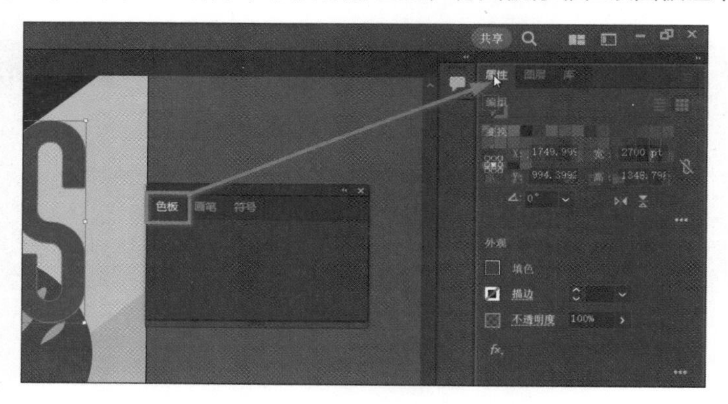

图 1-29

注意 将面板拖动到右侧面板停靠区时，如果在停靠面板的上方看到一条蓝线，则将创建一个新的面板组，而不是将面板停靠在已有面板组中。

⑤ 单击自由浮动的“画笔”和“符号”面板组顶部的“关闭”按钮将其关闭，如图 1-30 所示。

提示 如果要从停靠区中删除面板，可以将面板选项卡拖离停靠区。

您可能会想，“‘色板’面板的颜色与我在‘属性’面板中单击‘填色’框时看到的颜色一样。既然能在‘属性’面板的‘填色’处看到同样的东西，为什么要把‘色板’面板单独放在这里？”将“色板”面板放在这里是因为在“属性”面板中需要选择图稿才能看到色板。如果想在没有选择任何对象的情况下更改颜色，就需要使用“色板”面板。

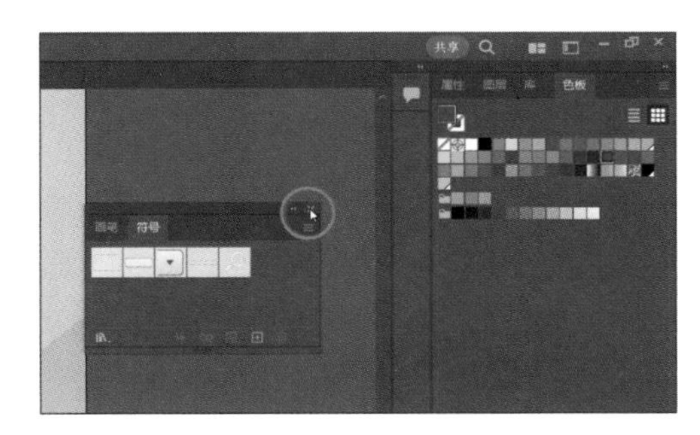

图 1-30

缩放用户界面

Adobe Illustrator 启动时，会自动识别显示器的分辨率并调整用户界面的缩放程度。您可以根据显示器的分辨率来缩放用户界面，以使工具、文本和其他 UI 元素显示得更清楚。

选择 Illustrator> “首选项” > “用户界面”（macOS）或“编辑” > “首选项” > “用户界面”（Windows），更改“UI 缩放”设置，如图 1-31 所示，更改将在重新启动 Adobe Illustrator 后生效。

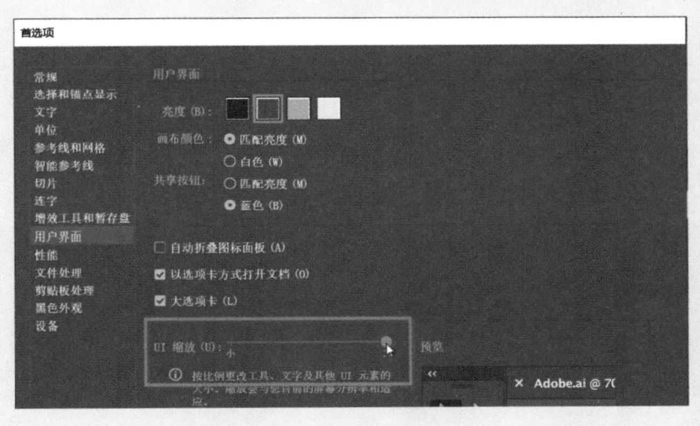

图 1-31

1.4.2 切换和重置工作区

如前文所述，您可以自定义工作区的各个部分，如重新排列面板。当对工作区进行更改时，如打开和关闭面板以及更改其位置（或其他操作）等，您可以将这些更改保存为新的工作区，并在不同工作区之间切换。Adobe Illustrator 提供了许多为各种任务量身定制的工作区。

本小节将介绍切换工作区的操作和一些新面板。

❶ 单击应用程序栏右侧、停靠在面板上方的“工作区切换器”按钮，如图 1-32 所示。

图 1-32

您将看到工作区切换器中列出了许多工作区，每个工作区都有特定的用途，选择不同的工作区将打开由特定面板组成的工作空间。

提示 您还可以选择“窗口”>“工作区”，从中选择一个工作区。

② 在工作区切换器中选择“版面”选项以更改工作区。

您会看到工作区中出现了一些重大变化，最大的变化是“控制”面板停靠在了文档窗口的上方，如图 1-33 所示。与“属性”面板类似，它可以帮助您快速访问与当前选择的内容相关的选项、命令和其他面板。

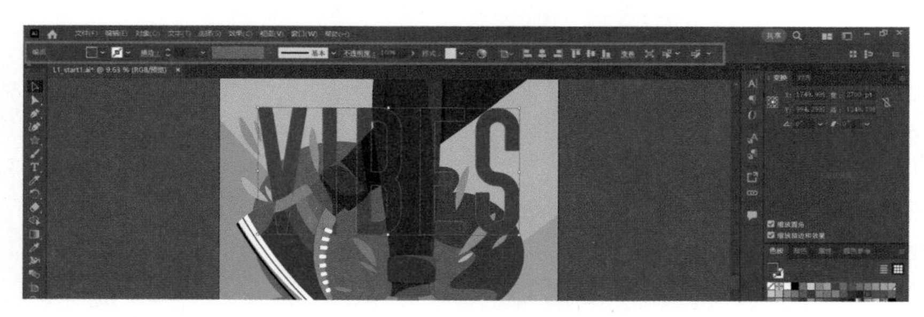

图 1-33

此外，还要注意工作区右侧所有折叠的面板图标。在工作区中，您可以将一个面板堆叠到另一个面板上以创建面板组，从而展示更多的面板。

③ 单击停靠面板区上方的“切换工作区”按钮，选择“基本功能”选项，切换回“基本功能”工作区，如图 1-34 所示。

请注意，“色板”面板仍在停靠区中。

④ 在应用程序栏的工作区切换器中选择“重置基本功能”选项，如图 1-35 所示。

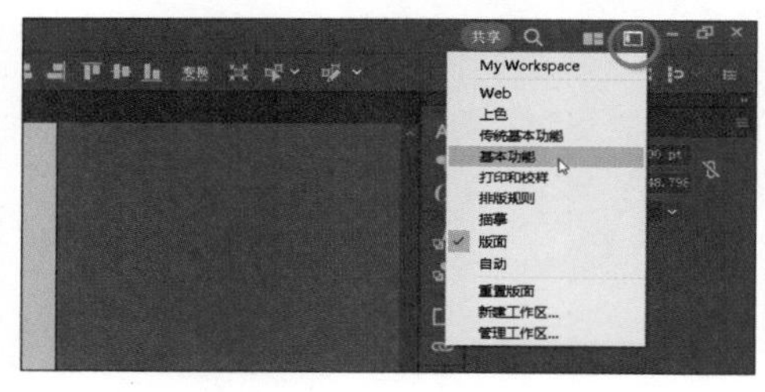

图 1-34

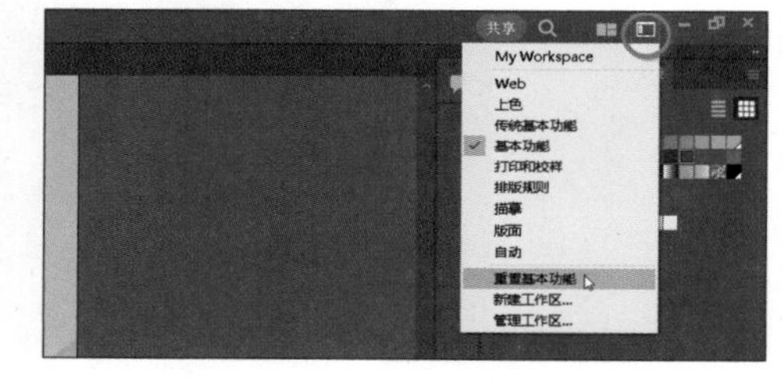

图 1-35

当您选择切换回之前的工作区时，系统会记住您对当前工作区所做的更改，如对“色板”面板进行分组。在本例中，要想完全重置“基本功能”工作区，使其回到默认设置，您需要选择“重置基本功能”选项。

保存自定义工作区

如果您打开了所有想要的面板并已将它们设置在需要的位置，您可以保存自定义工作区。

如果需要保存自定义工作区，请确保所有面板位于它们应在的位置，然后选择“窗口”>“工作区”>“新建工作区”。在“新建工作区”对话框中更改工作区的名称，然后单击“确定”按钮。

之后便可以从工作区切换器中选择到该工作区。

1.4.3 使用面板菜单和快捷菜单

Adobe Illustrator 中的大多数面板在面板菜单中都提供了更多可用选项，这些选项可用于更改面板显示，添加或更改面板内容等。可以通过单击面板右上角的面板菜单按钮☰或☰来访问这些选项。本小节将使用面板菜单来更改“色板”面板的显示内容。

❶ 在工具栏中选择“选择工具”▶，选择 VIBES 文本。

❷ 单击“属性”面板中的“填色”框，如图 1-36 所示。

❸ 在弹出的“色板”面板中，确保面板顶部选择了“色板”选项▦，单击右上角的面板菜单按钮☰，在面板菜单中选择“小列表视图”选项，如图 1-37（a）所示。

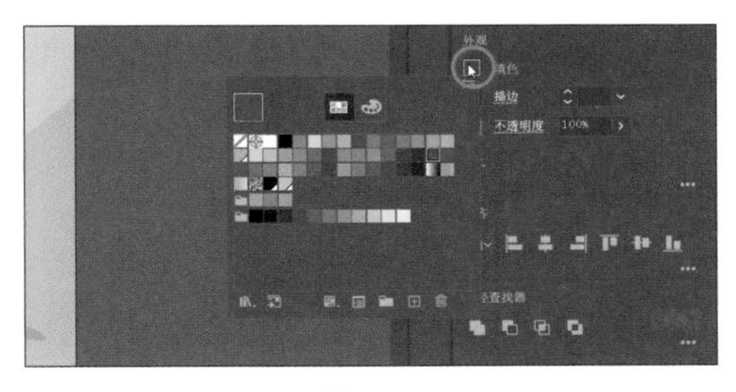

图 1-36

“色板”面板将显示色板名称及缩略图，如图 1-37（b）所示。由于面板菜单中的选项仅适用于当前面板，所以只有“色板”面板视图受到影响。

❹ 单击“色板”面板中的面板菜单按钮☰，然后选择“小缩览图视图”选项，如图 1-37（c）所示，使“色板”面板返回初始状态。

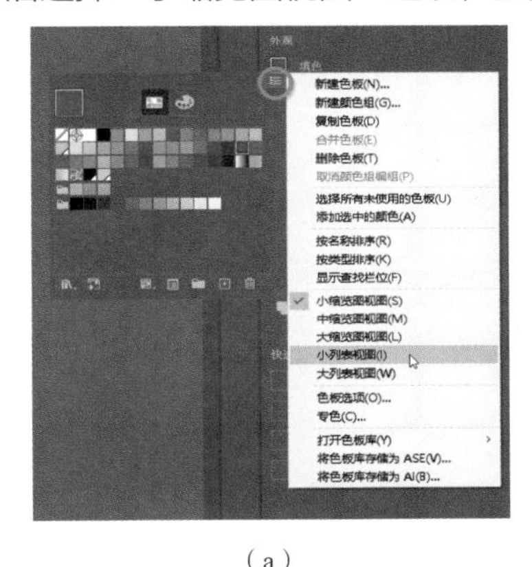

（a）

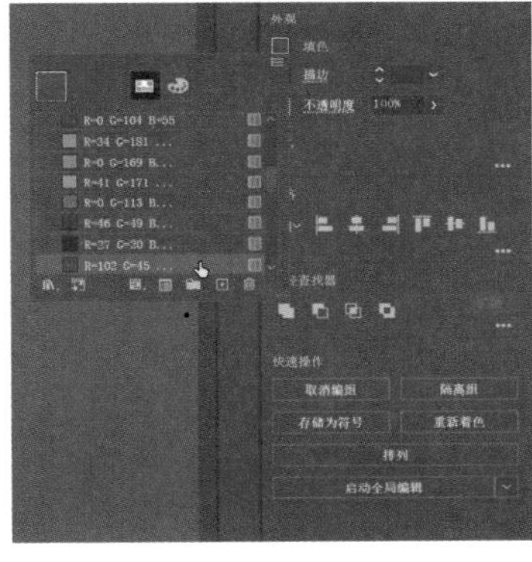

（b）

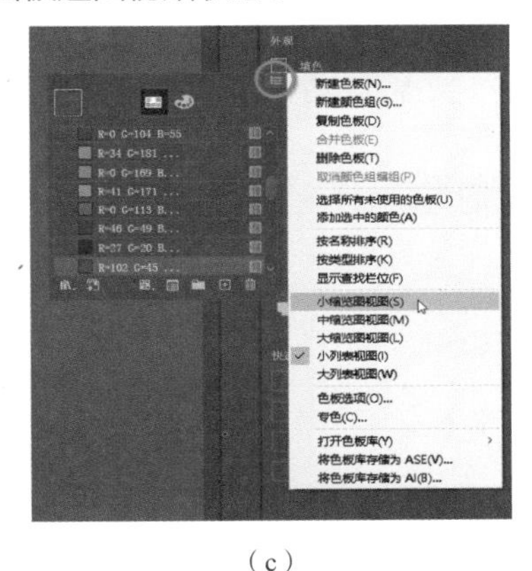

（c）

图 1-37

除了面板菜单外，快捷菜单也包含与当前工具、选择的对象或面板相关的选项。通常，快捷菜单中的选项在工作区的其他部分也可找到，但使用快捷菜单可以节省时间。

❺ 按 Esc 键隐藏“色板”面板。

选择“选择”>“取消选择”，不再选中文本。

要显示快捷菜单，可以单击鼠标右键。

> **提示** 如果将鼠标指针移动到面板的标题栏上，然后单击鼠标右键，则可以在弹出的快捷菜单中选择“关闭”或“关闭选项卡组”选项。

❻ 将鼠标指针移到广告图稿周围的深灰色区域上，单击鼠标右键，弹出带有特定选项的快捷菜单，如图 1-38 所示。

❼ 选择“缩小”选项，如图 1-39 所示，使广告图稿视图缩小。

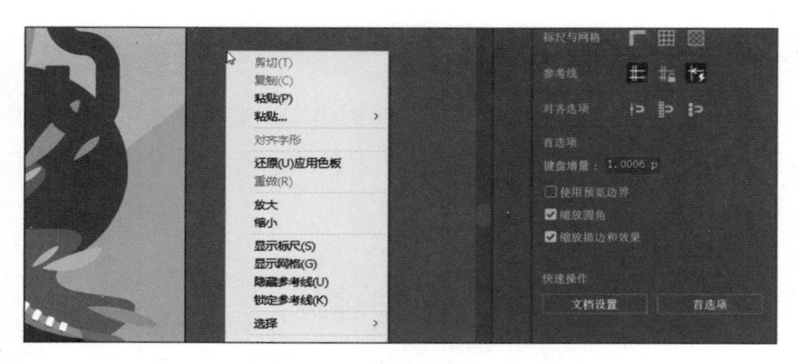

图 1-38

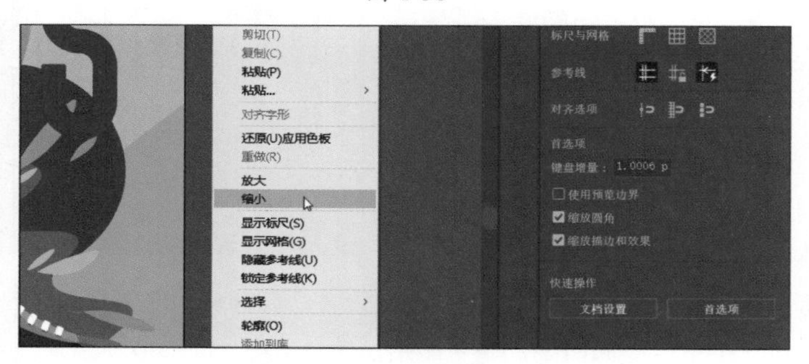

图 1-39

快捷菜单的内容将根据鼠标指针所处位置的不同而发生改变。

调整用户界面的亮度

与 Adobe InDesign、Adobe Photoshop 类似，Adobe Illustrator 支持对用户界面进行亮度调整。这是一个程序首选项设置，可以从 4 个预设级别中选择亮度设置。

若要调整用户界面的亮度，可以选择 Illustrator>“首选项”>“用户界面”（macOS）或“编辑”>“首选项”>“用户界面”（Windows），如图 1-40 所示。

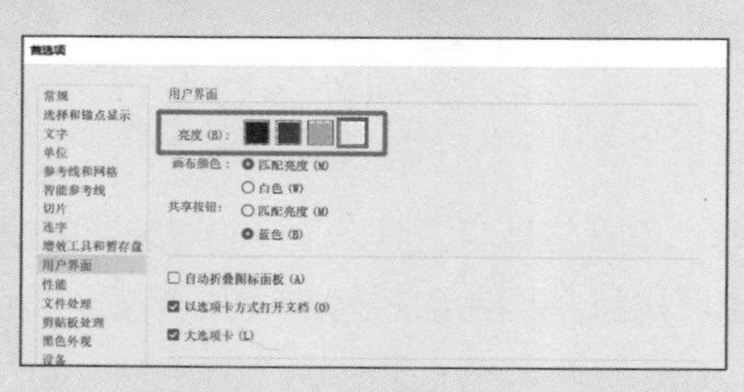

图 1-40

1.5 更改图稿视图

在处理文件时，您可能需要更改缩放比例并在不同的画板之间切换。Adobe Illustrator 中可用的缩放比例范围为 3.13% ～ 64000%，缩放比例显示在标题栏（或文档选项卡）的文件名旁边和文档窗口的左下角。

在 Adobe Illustrator 中，有很多方法更改缩放比例，本节将介绍几种常用的方法。

1.5.1 使用视图命令

视图命令位于“视图”菜单中，是放大或缩小图稿视图的简便方法。本书常使用这些命令来放大和缩小图稿视图。

❶ 选择“视图”>“放大”两次，放大图稿视图。

使用视图工具和命令仅影响图稿视图的显示，而不会影响图稿的实际大小。每次选择缩放命令时，图稿视图的大小都会调整为最接近预设的缩放级别。预设缩放级别显示在文档窗口左下角，百分数旁边有向下箭头按钮。

提示 放大视图的组合键是 Command + +（macOS）或 Ctrl + +（Windows），缩小视图的组合键是 Command + –（macOS）或 Ctrl + –（Windows）。

❷ 选择“视图”>“画板适合窗口大小”，再次查看整个图稿，如图 1-41 所示。

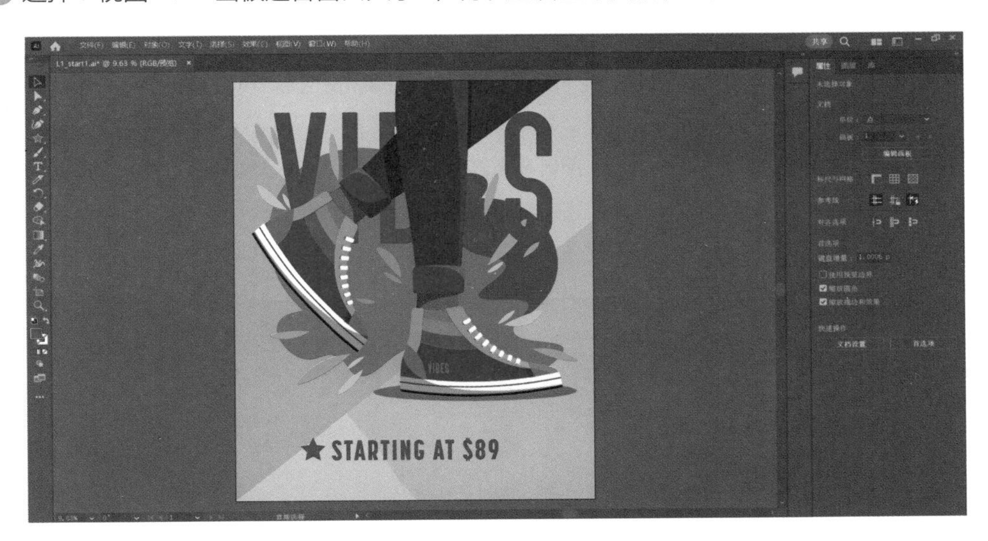

图 1-41

提示 选择“视图”>“实际大小”，图稿视图将以实际大小展示。

选择“视图”>“画板适合窗口大小”，或者按 Command + 0（macOS）或 Ctrl + 0（Windows）组合键，整个画板将在文档窗口中居中显示。

如果需要放大图稿的特定区域，如 STARTING AT $89 文本，可以先选择该内容，然后使用“视图”>“放大”命令放大所选内容。

❸ 单击 STARTING AT $89 文本，选择“视图”>“放大”，效果如图 1-42 所示。

❹ 按住 Shift 键，单击星星图形，将其也选中。

❺ 选择“对象”>“编组”，将文本和星星图形组合在一起。您将在第 2 课学习有关编组的更多内容。

❻ 选择“视图”>“画板适合窗口大小”，查看整个图稿。

❼ 选择“选择”>“取消选择”，不再选择该编组。

图 1-42

1.5.2　使用“缩放工具”

除了可以使用“视图”菜单中的命令外，还可以使用“缩放工具”按预设的缩放级别来缩放视图。

❶ 选择“缩放工具”，然后将鼠标指针移到文档窗口中。

请注意，选择“缩放工具”时，鼠标指针的中心会出现一个加号（+）。

❷ 将鼠标指针移到鞋子上的 VIBES 文本上，然后单击，效果如图 1-43 所示。

图 1-43

图稿会以更高的放大倍率显示，具体倍率取决于屏幕的分辨率。请注意，单击的位置现在位于文档窗口的中心。

❸ 在相同的 VIBES 文本上再单击两次。

视图进一步放大，单击的区域位于文档窗口的中心，可以更容易查看细节，也可以更容易选择对象。

❹ 在“缩放工具”仍处于选中状态的情况下，按住 Option 键（macOS）或 Alt 键（Windows），鼠标指针的中心会出现一个减号（-），如图 1-44 所示。按住 Option 键（macOS）或 Alt 键（Windows），单击图稿两次，缩小视图。

图 1-44

使用“缩放工具”🔍时，您还可以在文档窗口中按住鼠标左键并拖动进行放大和缩小。默认情况下，如果计算机满足 GPU（Graphics Processing Unit，图形处理单元）性能的系统要求并已启用 GPU 性能，则能进行动画缩放。若要了解您的计算机是否满足系统要求，请参阅后面的“GPU 性能”部分。

> **提示** 选择“缩放工具”🔍后，如果将鼠标指针移动到文档窗口中并按住鼠标左键停顿几秒，则可以使用动画缩放来放大视图。

❺ 选择“视图”>“画板适合窗口大小”。

❻ 在“缩放工具”🔍仍处于选中状态的情况下，按住鼠标左键从图稿左侧向右侧拖动以放大视图，放大过程为动画缩放，如图 1-45 所示。

图 1-45

以这种方式缩放一开始可能具有一定难度。如果在拖动之前停顿，图稿视图会不受控制地缩放。

> **注意** 如果您的计算机不满足 GPU 性能的系统要求，则在使用“缩放工具”拖动时，您将绘制出虚线矩形，该矩形被称为“选取框”。

❼ 选择“视图”>“画板适合窗口大小”，使画板适应文档窗口。

在编辑过程中会经常使用“缩放工具”来放大和缩小图稿视图。因此，Adobe Illustrator 允许用户随时使用键盘临时切换到该工具，而无须先取消选择正在使用的任何其他工具。

- 要使用键盘访问“放大工具”，请按空格键 +Command（macOS）或 Ctrl+ 空格键（Windows）。
- 要使用键盘访问“缩小工具”，请按空格键 +Command+Option（macOS）或 Ctrl+Alt+ 空格键（Windows）。

> **注意** 在某些版本的 macOS 中，按调用“缩放工具”的快捷键会打开“聚焦”（Spotlight）或“查找”（Finder）功能。如果您决定在 Adobe Illustrator 中使用这些快捷键，则可能需要在 macOS 首选项中关闭或更改这些快捷键的原始功能。

GPU 性能

GPU 是一种位于显示系统中视频卡上的专业处理器，可以快速执行与图像操作和显示相关的命令。GPU 加速计算可在各种设计、动画和视频应用中提供更好的性能。

如果此功能在兼容 macOS 和 Windows 的计算机上可用，系统将获得巨大的性能提升。

新版本 Adobe Illustrator 默认启用此功能，可以通过选择 Illustrator> “首选项” > “性能”（macOS）或 “编辑” > “首选项” > “性能”（Windows）来访问首选项中的 GPU 性能。

1.5.3 浏览文件内容

在 Adobe Illustrator 中可以使用 “抓手工具” 来浏览文件内容。“抓手工具” 可以让您像移动办公桌上的纸张一样随意查看文件内容。当需要在包含多个画板的文件中移动文档，或者在放大后的视图中移动文档时，该工具特别有用。在本小节中，您将学习访问 “抓手工具” 的几种方法。

① 选择 “选择工具” 并再次单击 STARTING AT $89 文本。

② 选择 “视图” > “放大” 两次，放大文本。

现在，假设需要查看图稿的顶部。您无须先缩小再放大其他区域，只需平移或拖动即可查看。

③ 在工具栏中使用鼠标左键按住 “缩放工具”，选择 “抓手工具”。

④ 在文档窗口中按住鼠标左键并向下拖动，如图 1-46 所示。拖动时，画板及其上的图稿也会随之移动。

图 1-46

与 “缩放工具” 一样，您也可以使用键盘快捷键临时切换到 “抓手工具”，而无须先取消选择当前工具。

⑤ 选择工具栏中除 “文字工具” 以外的任何工具，将鼠标指针移动到文档窗口中。按住空格键，临时切换到 “抓手工具”，按住鼠标左键拖动，将文件拖回视图中心；松开空格键。

> **注意** 当选择 “文字工具” 且光标位于文本框中时，调用 “抓手工具” 的快捷键将不起作用。要在光标位于文本框中时使用 “抓手工具”，需按住 Option 键（macOS）或 Alt 键（Windows）。请注意，本文档中的文本不是可以编辑的文本——它是形状，所以上述快捷方式在本文档中不起作用。

⑥ 选择 “视图” > “画板适合窗口大小”。

1.5.4 旋转视图

在包装设计、徽标设计或任何包含旋转文本或图片的项目中，常常需要临时旋转视图。想一想对于纸上的大型绘图，如果您想编辑其中的某个部分，可以把桌子上的纸转过来，对应软件绘图，就是旋转视图。本小节将介绍如何使用旋转视图工具旋转画布并轻松地编辑文本。

❶ 选择“文件”>“打开”。在“打开”对话框中定位到 Lessons > Lesson01 文件夹，然后选择 L1_start2.ai 文件。单击“打开”按钮，查看广告图稿的另外两个版本。

❷ 选择“视图”>“全部适合窗口大小”，查看两个不同的广告图稿。

❸ 使用鼠标左键按住工具栏中的“抓手工具”，然后选择“旋转视图工具”。

❹ 在文档窗口中按住鼠标左键顺时针拖动以旋转整个画布。拖动时，按住 Shift 键则以 15° 为增量旋转视图。当您在灰色的测量标签中看到 –90.00° 时，如图 1-47 所示，松开鼠标左键，然后松开 Shift 键。

画布上的画板也会跟着画布旋转。

> 提示 若要自动将画布视图与要旋转的对象对齐，可以选择“视图”>“针对所选对象旋转视图”。

❺ 在工具栏中选择“文字工具”T。现在，您将编辑 STARTING AT $89 文本。按住鼠标左键拖动选择“89”文本，如图 1-48（a）所示，输入“98”以替换它，文本现在显示为“STARTING AT $98”，如图 1-48（b）所示。

图 1-47

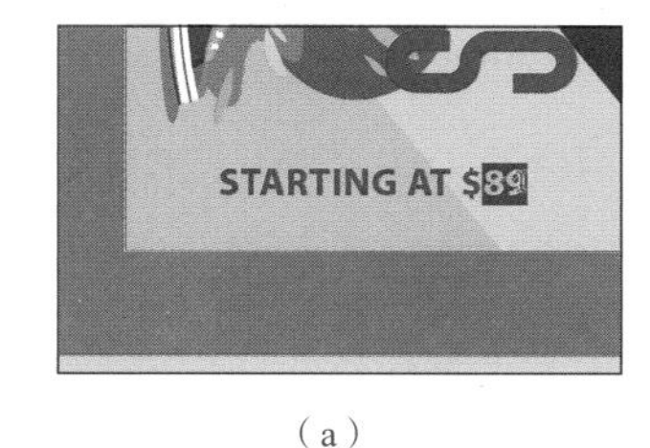

（a）

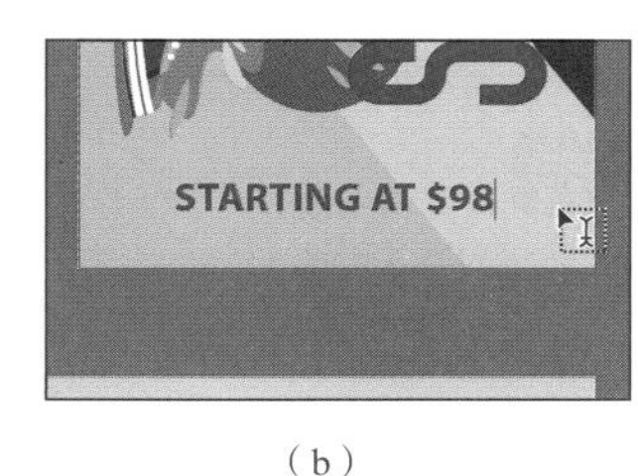

（b）

图 1-48

完成后，您可以重置画布。

❻ 使用“选择工具”单击空白区域以取消选择。

❼ 单击文档窗口下方状态栏中 –90° 右侧的向下箭头按钮，显示画布旋转角度值下拉列表。在该下拉列表中选择 0° 选项，将画布设置为默认旋转角度，如图 1-49 所示。

图 1-49

提示 要重置旋转的画布视图，您还可以按 Esc 键，选择“视图” > “重置旋转视图”，或按 Shift + Command + 1 组合键（macOS）或 Shift + Ctrl + 1 组合键（Windows）。

8 选择“视图” > “全部适合窗口大小”。

1.5.5 查看图稿

当打开文件时，图稿默认以预览模式显示。Adobe Illustrator 还提供了其他查看图稿的模式，如轮廓模式和像素预览模式。本小节将介绍查看图稿的不同模式，并讲解为什么可能需要以这些模式查看图稿。

在处理大型或复杂的文件时，您可能只想查看文件中对象的轮廓或路径。这样，每次进行修改时无须重新绘制对象，这就是轮廓模式。

轮廓模式有助于选择对象，您将在第 2 课中体会到这一点。

1 选择“视图” > “轮廓”。

此时，文档窗口中将只显示对象的轮廓，如图 1-50 所示。您可以使用该模式来查找和选择可能隐藏在其他对象后面的对象。您看到图 1-50 所示广告图稿中非常小的文本“VIBES”了吗？它隐藏在其他对象的背后。

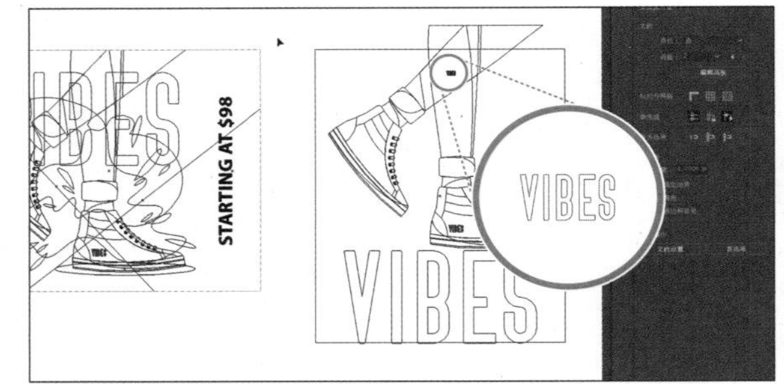

图 1-50

提示 您可以按 Command+ Y 组合键（macOS）或 Ctrl + Y 组合键（Windows）在预览模式和轮廓模式之间切换。

2 单击该小文本，然后按 Delete 键或 Backspace 键将其删除。

在轮廓模式下，选择“视图” > “预览”（或“GPU 预览”），可再次查看图稿的所有属性。

3 选择“视图” > “像素预览”。

4 选择“选择工具”，然后单击右侧鞋子上的白色鞋带图形，如图 1-51 所示。

5 在文档窗口左下角的缩放级别下拉列表中选择 600%（或附近的值），如图 1-52 所示。

图 1-51

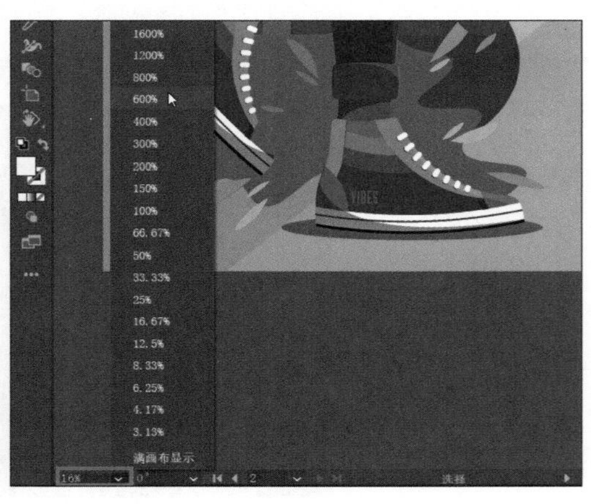

图 1-52

在软件窗口的左下角可以更轻松地查看图稿的边缘。

像素预览模式可用于查看对象被栅格化后通过 Web 浏览器在屏幕上显示的效果，注意图 1-53 所示的锯齿状边缘。

⑥ 选择“视图” > “像素预览”，关闭像素预览模式。

⑦ 选择“选择” > “取消选择”，不再选中鞋带图形。

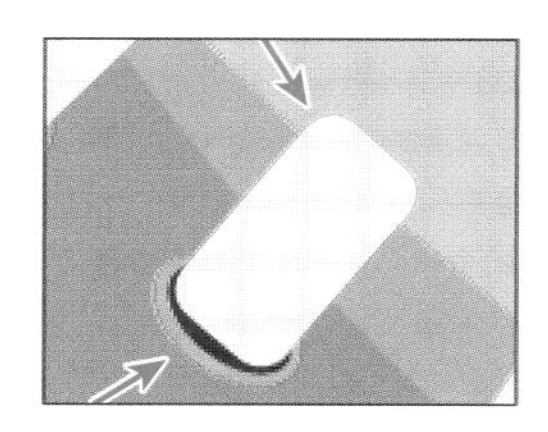

图 1-53

1.6 多画板导航

前文提到，画板包含将要输出的图稿，类似于 Adobe InDesign 中的页面。您可以使用画板来裁剪要输出或置入的区域，也可以建立多个画板来创建各种内容，如多页 PDF、具有不同大小或元素的打印页面、网站的独立元素、视频故事板、组成 Adobe Animate 或 Adobe After Effects 动画的各个项目。

Adobe Illustrator 允许文件中最多包含 1000 个画板。最初创建 AI 文件时，可以添加多个画板，也可以在创建文档后添加、删除和编辑画板。本节将介绍如何在包含多个画板的文件中导航。

① 选择“视图” > “全部适合窗口大小”，确保可以看到两个广告图稿，如图 1-54 所示。

图 1-54

请注意，文档中有两个画板，这是来自 L1_start1.ai 作品的两个不同版本。

提示 第 5 课将介绍更多关于使用画板的知识。

文件中的画板可以按任何顺序、方向或大小排列，甚至可以重叠排列。假设要创建一个 4 页的小册子，您可以为小册子的每一页创建一个不同的画板，所有画板具有相同的大小和方向。它们可以水平或垂直排列，也可以以您喜欢的任意方式排列。

② 在工具栏中选择“选择工具” ，然后单击左侧画板上的垂直文本 STARTING AT $98。

③ 选择“视图” > “使画板适合窗口”，效果如图 1-55 所示。

选择对象后，对象所在画板会成为当前画板。选择“视图” > “画板适合窗口大小”，当前画板会自动调整到适合文档窗口的大小。文档窗口左下角状态栏中的“画板导航”下拉列表中会标识当前画板，目前是画板 1，如图 1-56 所示。

4 选择“选择”>“取消选择”，取消选择文本。

5 在“属性”面板的“画板”下拉列表中选择 2 选项，如图 1-57 所示。

图 1-55

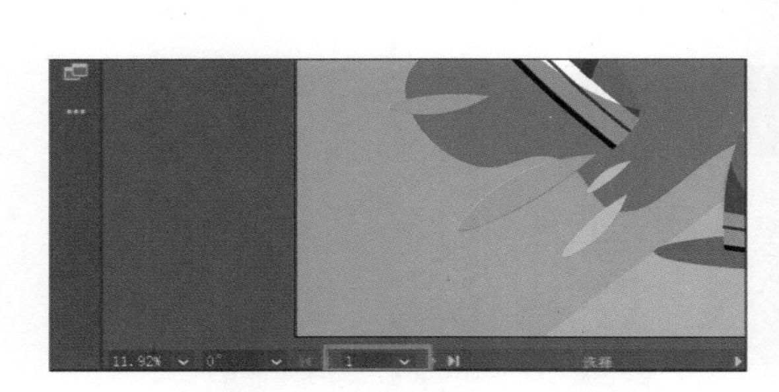

图 1-56

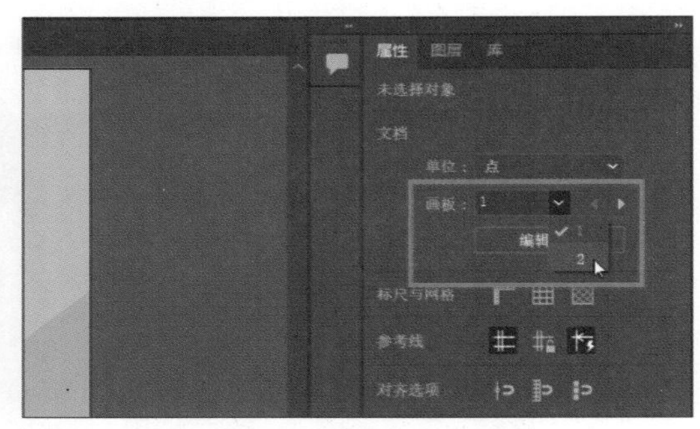

图 1-57

请注意“属性”面板中“画板”下拉列表右侧的箭头按钮、，您可以使用它们导航到上一个画板或下一个画板。

6 单击文档窗口下方状态栏中的“上一项”按钮，如图 1-58 所示，可在文档窗口中查看上一个画板（画板 1）。

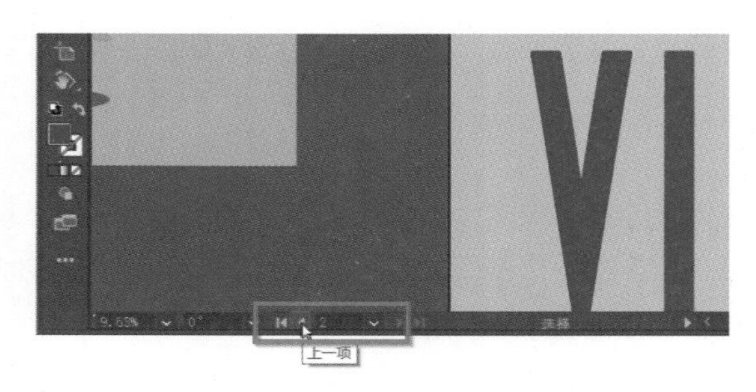

图 1-58

“画板导航”下拉列表和箭头按钮始终显示在文档窗口下方的状态栏中，只有在非“画板编辑”模式下，选择了“选择工具”且未选择任何内容时，它们才会显示在右侧的“属性”面板中。

> **注意** 您将在第 5 课中学习更多有关画板切换及浏览的内容。

复习题

1. “属性”面板有什么用？
2. 描述两种缩放文件视图的方法。
3. 如何保存面板的位置和可见性？
4. 描述在 Adobe Illustrator 中画板之间导航的几种方法。
5. 如何旋转画布视图？

参考答案

1. Adobe Illustrator 中的“属性”面板位于默认工作区，它可以让用户在未选择任何内容时访问整个文件的设置和工具，以及当前任务或工作流程的设置和工具。
2. 可以在“视图”菜单中选择命令来放大或缩小文件视图，或使其适合屏幕大小；也可以使用“缩放工具”在文件中单击或拖动，以实现视图缩放。此外，还可以使用键盘快捷键来缩放文件视图。
3. 可以选择“窗口”>“工作区”>“新建工作区”来创建自定义工作区，达到保存面板位置和可见性首选项的目的，这样在查找所需控件时会更方便。
4. 在 Adobe Illustrator 中导航画板的方法有：①在文档窗口左下方的“画板导航”下拉列表中选择画板编号；②在未选择任何内容且未处于画板编辑模式时，在“属性”面板的“画板”下拉列表中选择画板编号；③在“属性”面板中单击“画板”下拉列表右侧的箭头按钮；④使用文档窗口左下角状态栏中的箭头按钮切换到第一个、上一个、下一个和最后一个画板；⑤使用“画板”面板浏览各个画板；⑥使用“导航器”面板中的“代理预览区域”，通过按住鼠标左键并拖动在画板之间导航。
5. 要旋转画布视图，可以使用“旋转视图工具”，或者在状态栏的旋转角度值下拉列表中选择一个旋转角度值，还可以在“视图”>“旋转视图”菜单中选择一个旋转角度值。

第 2 课

选择图稿的技巧

本课概览

本课将学习以下内容。

- 区分各种选择工具并使用不同的选择方法。
- 识别智能参考线。
- 存储所选内容以备将来使用。
- 隐藏、锁定和解锁对象。
- 使用工具和命令对齐对象。
- 编组对象。
- 在隔离模式下工作。
- 排列对象。

学习本课大约需要 45 分钟

在 Adobe Illustrator 中选择图稿是您需要掌握的最重要的操作之一。在本课中，您将学习如何使用“选择工具”来选择对象，如何通过隐藏、锁定和编组对象来保护对象，还将学习如何对齐对象。

2.1 开始本课

创建、选择和编辑是在 Adobe Illustrator 中绘制图稿的基础操作。在本课中，您将学习使用不同的方法选择、对齐和编组图稿。

您需要先还原 Adobe Illustrator 的默认首选项，然后再打开课程文件。

❶ 为了确保您计算机上工具的功能和默认值完全如本课所述，请重置 Adobe Illustrator 的首选项文件。具体操作请参阅本书“前言”中的“还原默认首选项”部分。

❷ 启动 Adobe Illustrator。

❸ 选择“文件”>“打开”，选择 Lessons> Lesson02 文件夹，找到 L2_end.ai 文件，然后单击“打开”按钮。

此文件包含您将在本课中完成的明信片终稿，如图 2-1 所示。

❹ 选择“文件”>“打开”，找到 Lessons>Lesson02 文件夹，打开 L2_start.ai 文件，如图 2-2 所示。

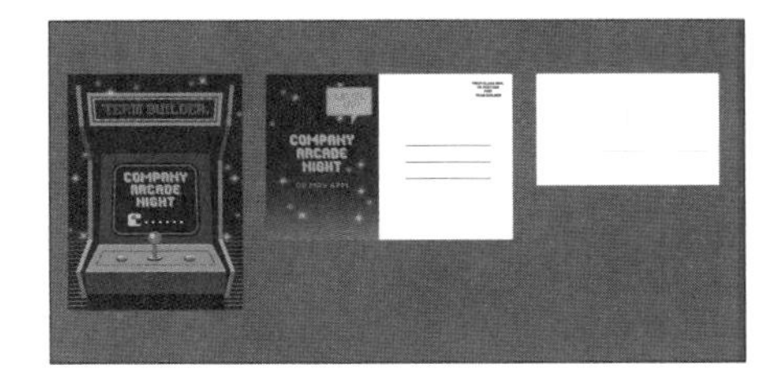

图 2-1

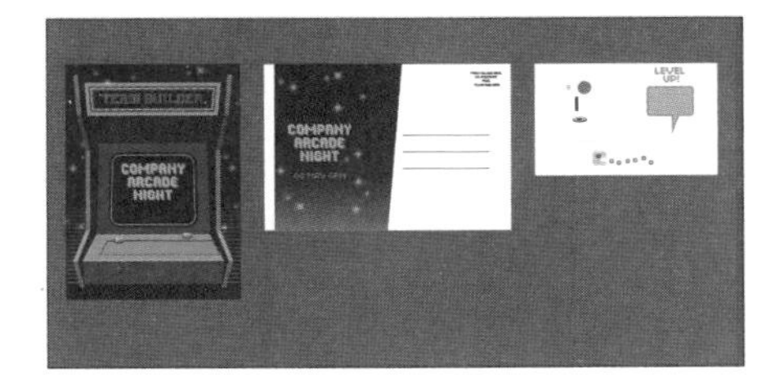

图 2-2

保存此初始文件，以便对其进行处理。

❺ 选择“文件”>“存储为”。

在 Adobe Illustrator 中保存文件时，可能会看到图 2-3 所示的对话框，您可以根据需要单击“保存到 Creative Cloud”按钮或者“保存在您的计算机上”按钮。若要了解有关云文档的详细内容，请参阅第 3 课“使用形状制作 Logo”中的“什么是云文档”部分。

本课中，请将课程文件保存到您的计算机上。

❻ 如果打开云文档对话框，请单击“保存在您的计算机上”按钮，如图 2-3 所示，以显示“存储为”对话框。

图 2-3

❼ 在“存储为”对话框中，将文件重命名为 GameNight.ai，并将其保存在 Lessons > Lesson02 文件夹中。在“格式”下拉列表中选择 Adobe Illustrator（ai）选项（macOS）或在“保存类型”下拉列表中选择 Adobe Illustrator（*.AI）选项（Windows），单击“保存”按钮。

❽ 在“Illustrator 选项”对话框中保持默认设置，单击“确定”按钮。

❾ 选择“窗口”>“工作区”>“基本功能”，然后选择“窗口”>“工作区”>“重置基本功能”，以重置工作区。

2.2 选择对象

在 Adobe Illustrator 中，无论是从头开始创建图稿还是编辑现有图稿，您都需要熟悉选择对象的操作，这有助于您更好地了解矢量图稿。Adobe Illustrator 中有许多方法和工具可以实现这一操作。本节将介绍一些常用的方法，主要包括使用“选择工具”▶ 和使用“直接选择工具”▷。

2.2.1 使用“选择工具”

“选择工具”▶常用于选择、移动、旋转对象和调整对象大小。在本小节中，您将使用“选择工具”将街机操纵杆图稿的部件图形组合在一起。

❶ 在文档窗口下方的“画板导航”下拉列表中选择“3 Pieces”，如图 2-4 所示。

图 2-4

这将使得画板大小适应文档窗口。如果画板没有适应文档窗口的大小，可以选择“视图”>“画板适合窗口大小”。

❷ 在左侧工具栏中选择“选择工具”▶，如图 2-5 所示。将鼠标指针移动到画板中的不同对象上，但不要单击。

鼠标指针经过对象时会变为▶形状，表示有可以选择的对象。将鼠标指针悬停在某对象上时，该对象的轮廓会以某种颜色显示，以与其他对象进行区分，如本例中为蓝色，如图 2-6 所示。

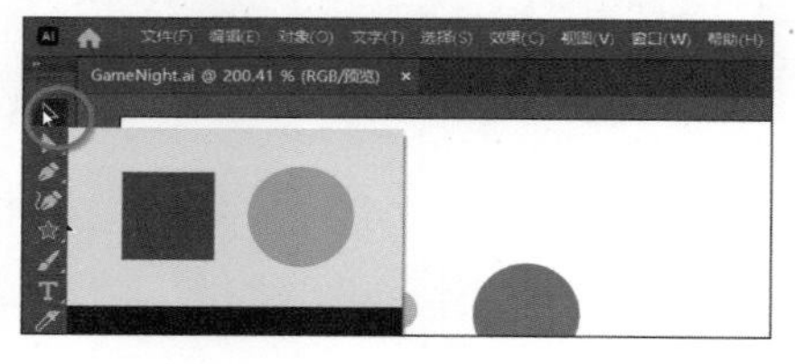

图 2-5

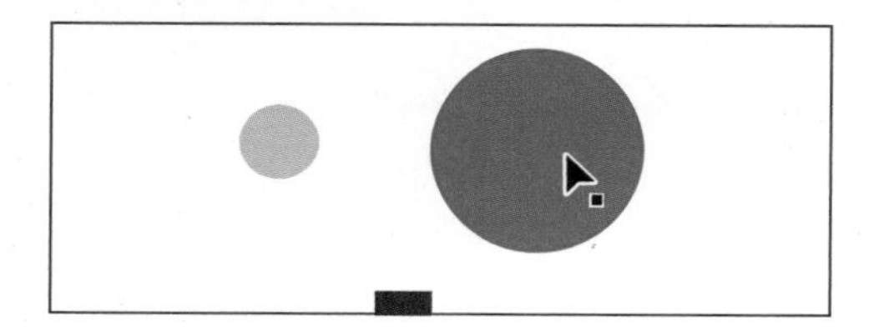
图 2-6

❸ 将鼠标指针移到较大的绿色圆形的边缘，如图 2-7 所示。

鼠标指针旁边会出现“路径”或“锚点”等文本，因为智能参考线默认处于开启状态。

智能参考线是临时显示的对齐参考线，有助于对齐、编辑和变换对象或画板。

❹ 单击较大的绿色圆形内的任意位置以将其选中。

所选圆形周围会出现一个带有 8 个控制点的定界框，如图 2-8 所示。所有内容在选中时都会显示定界框，用于对所选内容进行更改，如调整大小或进行旋转。

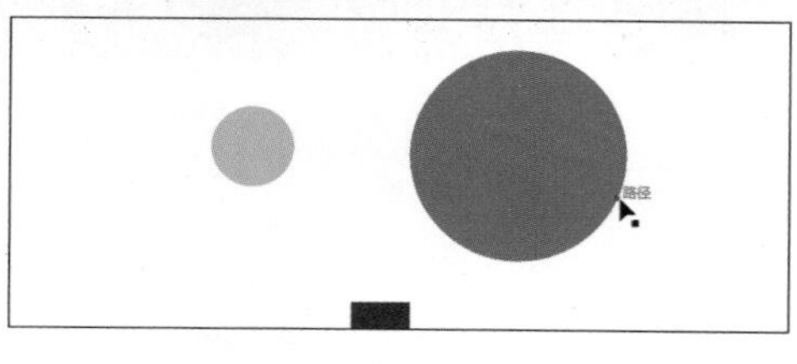

图 2-7

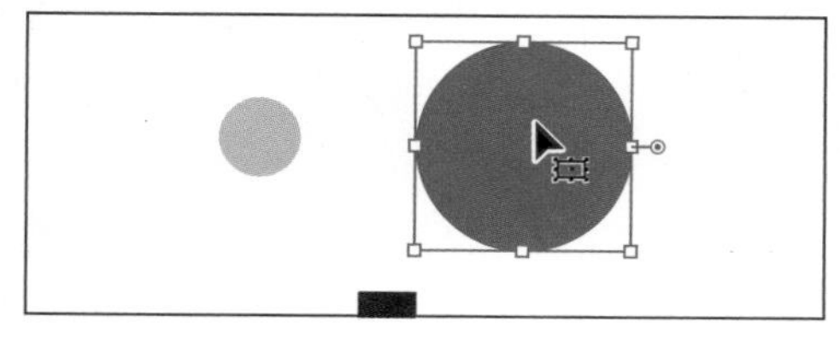
图 2-8

提示 定界框的颜色表示对象在哪一图层。图层将在第 10 课“使用图层组织图稿”进行介绍。

❺ 单击左侧较小的浅绿色圆形，如图 2-9 所示。

请注意，现在取消选择了较大的圆形，只选择了较小的圆形。

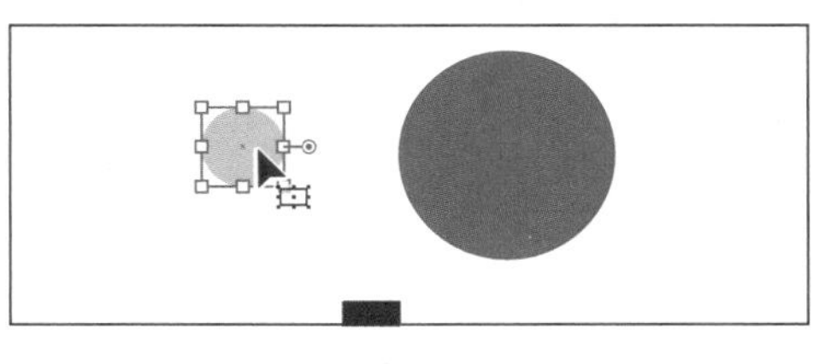

图 2-9

❻ 将较小的圆形拖到较大的圆形上，如图 2-10（a）所示。

❼ 按住 Shift 键的同时单击较大的圆形，将其添加到所选内容中，然后松开 Shift 键，如图 2-10（b）所示。

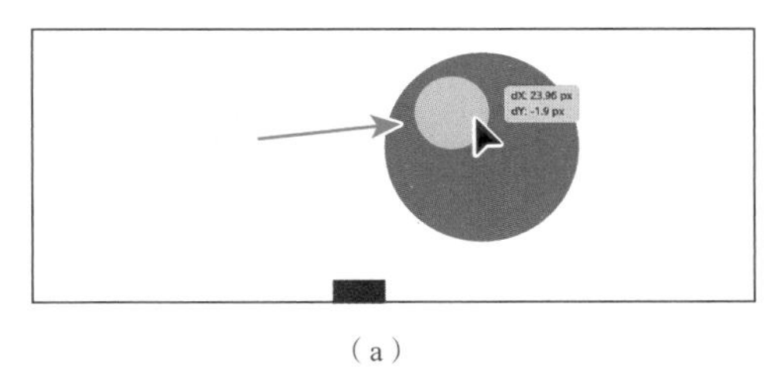

（a）

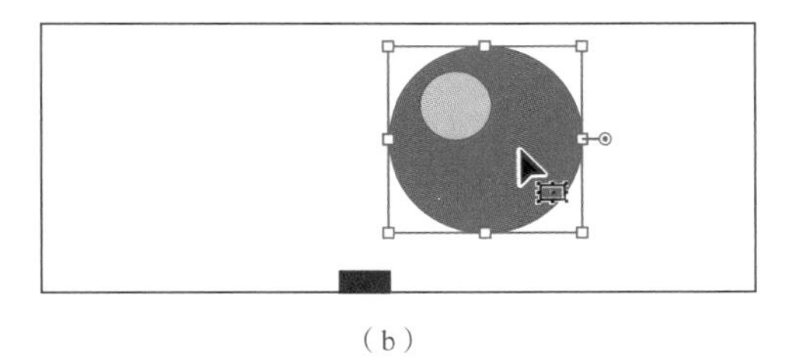

（b）

图 2-10

现在，两个圆形都处于选中状态，并且两个圆形的周围出现了一个较大的定界框。

❽ 在任意一个所选圆形中按住鼠标左键并拖动，拖动两个圆形到深灰色矩形手柄图形上，如图 2-11 所示。拖动时，可能会出现洋红色的线条（对齐参考线）和灰色测量标签。它们可见是因为智能参考线处于开启状态，智能参考线能帮助您对齐文档中的其他对象，而灰色测量标签则用于提示拖动的距离。

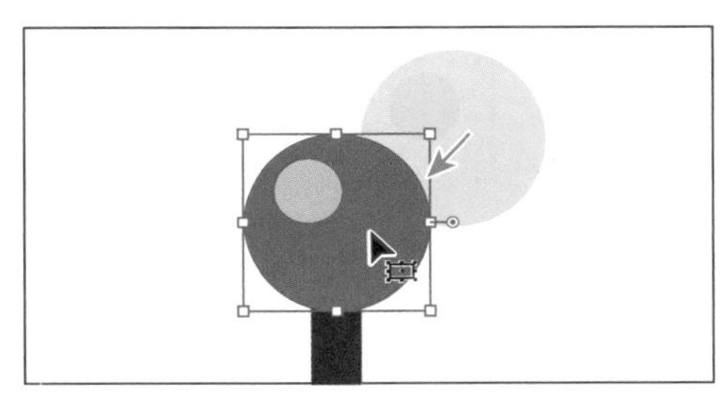

图 2-11

2.2.2 使用“直接选择工具”进行选择和编辑

形状和路径由锚点（有时简称为点）和路径段组成。锚点用于控制路径的形状，其作用就像固定线路的针脚。

创建的图形如果是正方形，则由至少 4 个锚点及连接锚点的路径段组成，如图 2-12 所示。

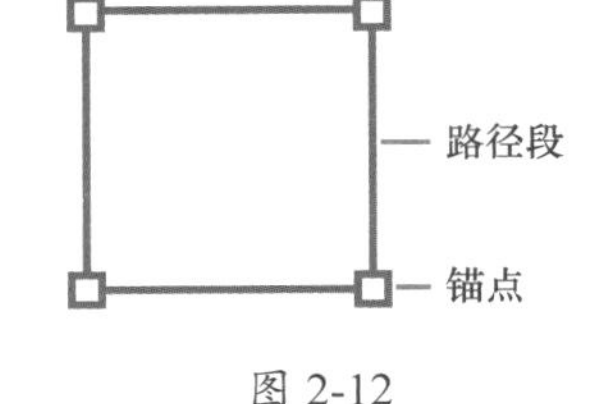

图 2-12

更改路径或形状的一种方法是使用“直接选择工具”▷拖动其锚点或路径段。接下来将介绍如何使用“直接选择工具”▷选择锚点来调整对话气泡图形。

❶ 在左侧工具栏中选择“直接选择工具”▷，如图 2-13 所示，单击粉红色的对话气泡图形以显示其锚点，如图 2-14 所示。

图 2-13

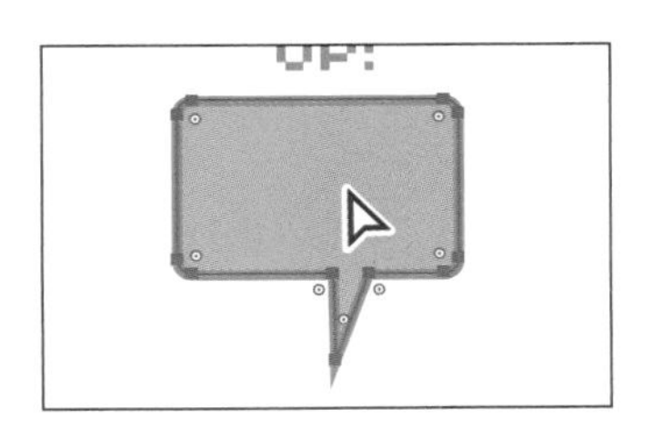

图 2-14

请注意，图形边缘的方形锚点都是用蓝色填充的，这意味着它们都处于选中状态。图形中的小双圆圈用于圆化锚点周围的路径。

❷ 选择“视图”>“放大”，以便查看图形。

❸ 将鼠标指针直接移到对话气泡尾部末端的锚点上，如图 2-15 所示。

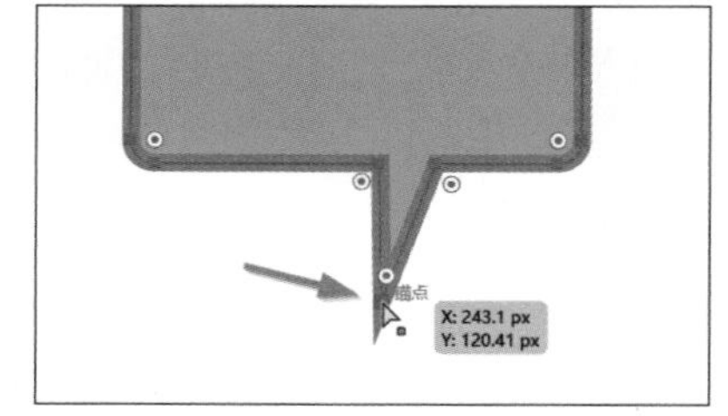

图 2-15

选择“直接选择工具”后，当鼠标指针正好位于锚点上时，会显示“锚点”文本。

另请注意鼠标指针旁边的小白框▷，该小白框中心的小圆点表示鼠标指针正位于锚点上。

❹ 单击该锚点，如图 2-16（a）所示，然后将鼠标指针移开，如图 2-16（b）所示。

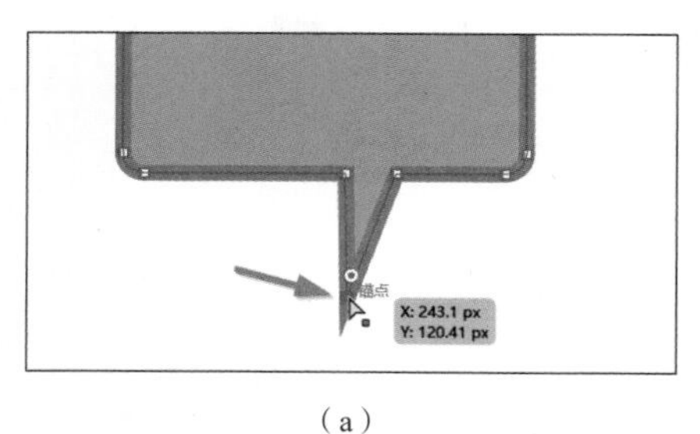

（a）

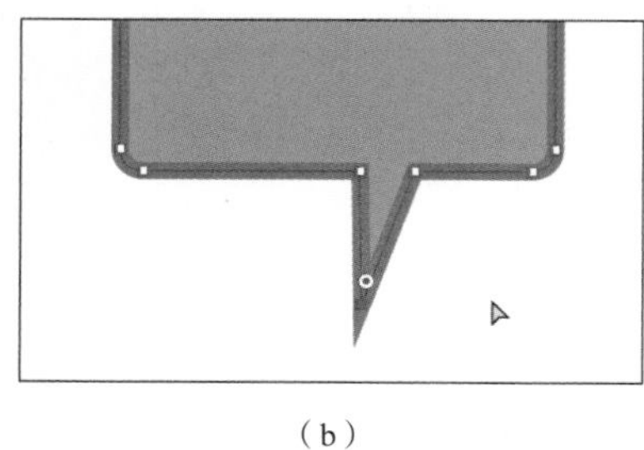

（b）

图 2-16

请注意，现在只有单击的锚点填充了蓝色，这表示该锚点已被选中，图形中的其他锚点是空心的（填充了白色），表示未被选中。

❺ 在“直接选择工具”仍处于选中状态的情况下，将鼠标指针移动到所选锚点上，如图 2-17（a）所示，按住鼠标左键拖动该锚点，使对话气泡的尾部变短，如图 2-17（b）所示。

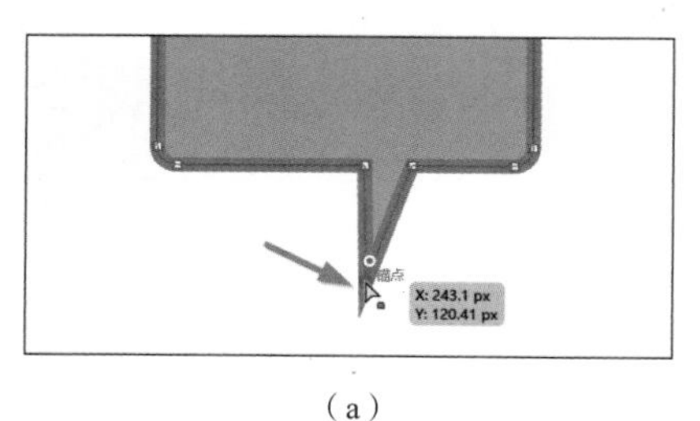

（a）

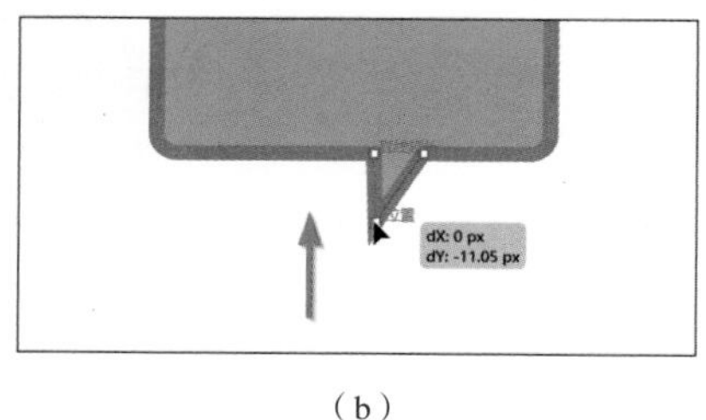

（b）

图 2-17

❻ 单击该图形上的另一个锚点。请注意，选中新锚点后，原来选择的锚点将不再处于选中状态，如图 2-18 所示。

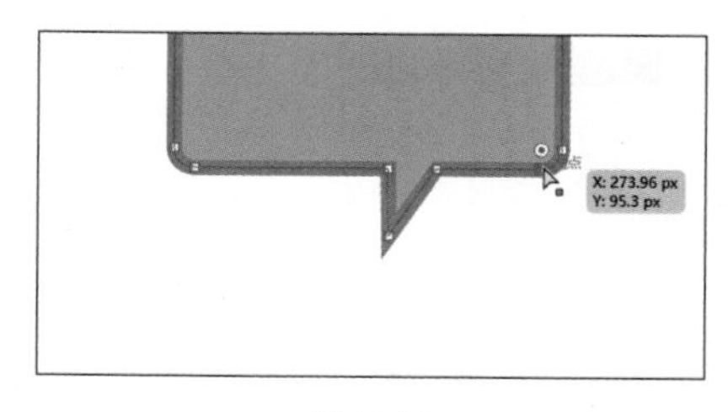

图 2-18

注意 拖动锚点时灰色测量标签上会显示 dX 和 dY 值。dX 值表示鼠标指针沿 x 轴（水平方向）移动的距离，dY 值表示鼠标指针沿 y 轴（垂直方向）移动的距离。

7 选择“选择”>“取消选择”，不再选择锚点。

更改锚点、手柄和定界框的大小

锚点、手柄和定界框的控制点有时可能很难看到，您可以在 Adobe Illustrator 首选项中调整它们的大小。

- 在 macOS 中，选择“Illustrator”>“首选项”>“选择和锚点显示”。
- 在 Windows 中，选择“编辑”>“首选项”>“选择和锚点显示”。

拖动“大小”滑块来更改锚点、手柄和定界框的大小。

2.3 使用选框进行选择

选择图稿的另一种方法是环绕要选择的内容拖出一个选框（此操作称为框选），您可以使用“选择工具”或“直接选择工具”来进行框选。

1 选择“视图”>“画板适合窗口大小”。

2 在工具栏中选择“选择工具”▶。

3 要选择构成操纵杆主体的圆形和矩形，请将鼠标指针移动到需选择的所有对象的左上方，按住鼠标左键向右下方拖动，创建一个至少部分或全部覆盖所需图形的选框，松开鼠标左键，如图 2-19 所示。

框选与按住 Shift 键单击选择多个对象的效果相同。

使用“选择工具”▶进行框选时，只需包含对象的一小部分即可将对象选中。

提示 当所选内容靠近操纵杆底座图形时，您可能会看到洋红色的对齐参考线。这是智能参考线，可以帮助您将拖动的内容与其他内容对齐。

4 将所选内容向下拖动到粉红色的操纵杆底座图形上，如图 2-20 所示。

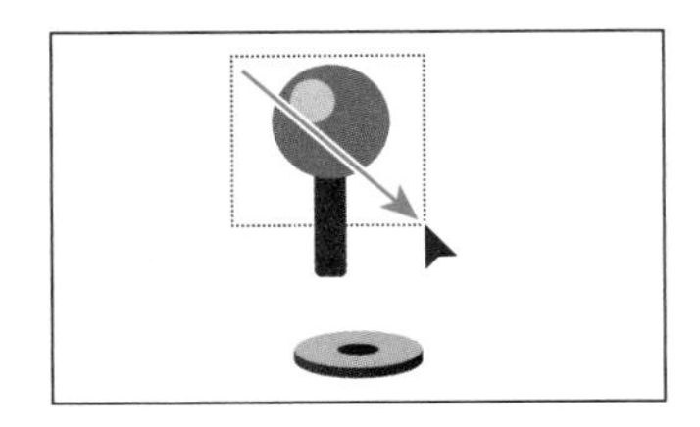

图 2-19

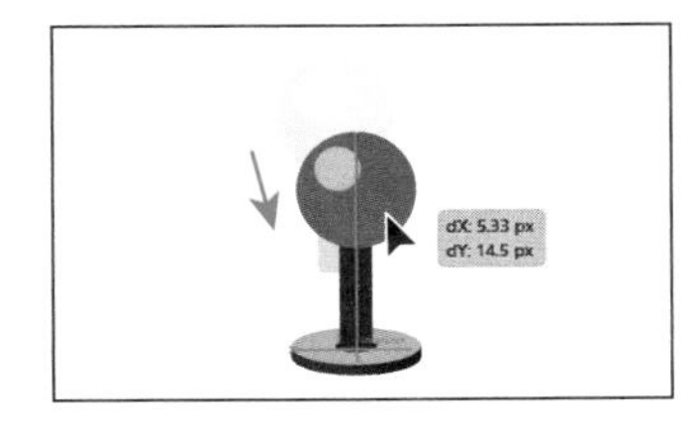

图 2-20

对话气泡需要调短一些。使用“直接选择工具”可以选择多个锚点并将它们作为一个整体进行编辑。

5 在工具栏中选择“直接选择工具”▷。

❻ 按住鼠标左键框选粉色气泡图形的下半部分，如图 2-21（a）所示，然后松开鼠标左键，效果如图 2-21（b）所示。

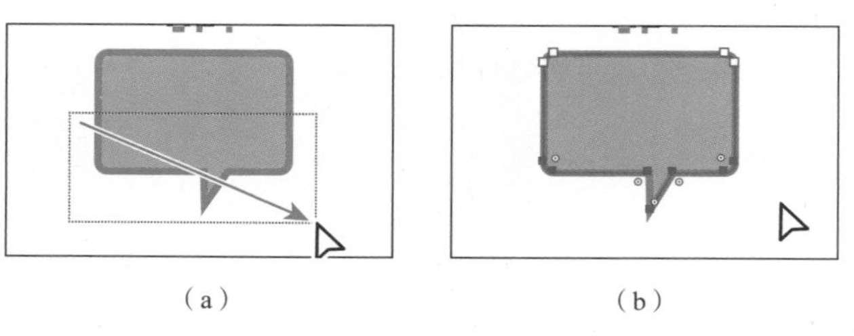

（a）　　　　（b）

图 2-21

❼ 按几次向上箭头键，所选锚点将一起向上移动，如图 2-22（a）所示。图 2-22（b）中添加了一条虚线，该虚线用来表示所选锚点的原始位置。

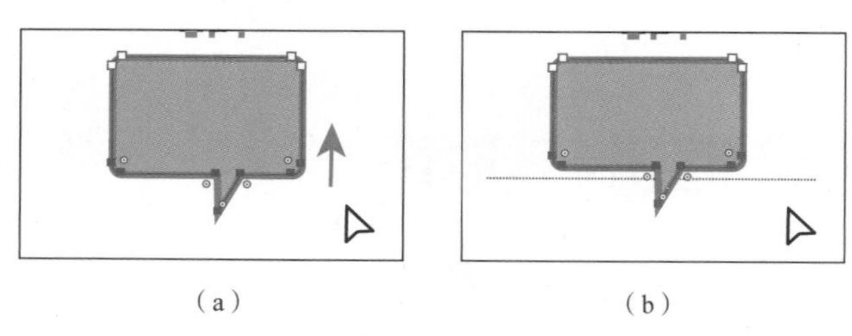

（a）　　　　（b）

图 2-22

提示 为什么不像之前那样直接拖动锚点呢？这是因为在智能参考线开启的情况下，拖动会将锚点贴附到其他对象上，将它们准确放在所需位置具有一定难度。

图 2-23

❽ 选择“选择工具”▶，向下拖动 LEVEL UP! 文本，将其放到对话气泡上，并尽可能居中，如图 2-23 所示。

❾ 选择“选择”>“取消选择”，然后选择“文件”>“存储”。

2.3.1　锁定对象

在 Adobe Illustrator 中，当一个对象堆叠在另一个对象上或一个小区域中有多个对象时，要选择某个对象可能会比较困难。在本小节中，您将学习一种通过锁定内容使对象更容易被选择的方法。

在本例中，您将在明信片图稿中选择一堆线条，以便移动它们。

❶ 在左下角的“画板导航”下拉列表中选择 1 Postcard Front 选项，如图 2-24 所示。

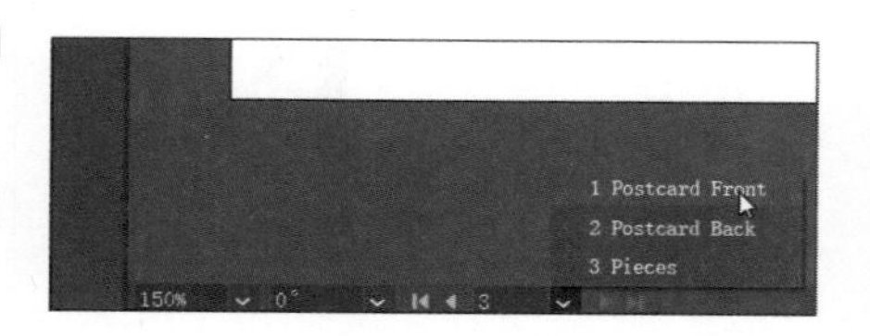

图 2-24

❷ 选择“选择工具”▶，选择背景中的黑色形状，如图 2-25 所示。

❸ 选择“对象”>“锁定”>“所选对象”。

锁定对象后，不可对该对象进行选择和编辑操作。

提示 您也可以按 Command+2 组合键（macOS）或 Ctrl+2 组合键（Windows）来锁定所选对象。

4 单击街机游戏图稿左侧非常小的星星图形，如图 2-26（a）所示。按住 Shift 键，单击同一区域中的另一个星星图形，将其也选中，如图 2-26（b）所示。

图 2-25

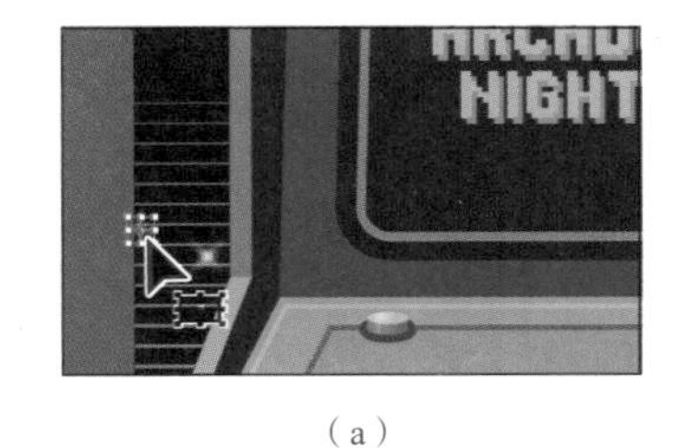

（a）

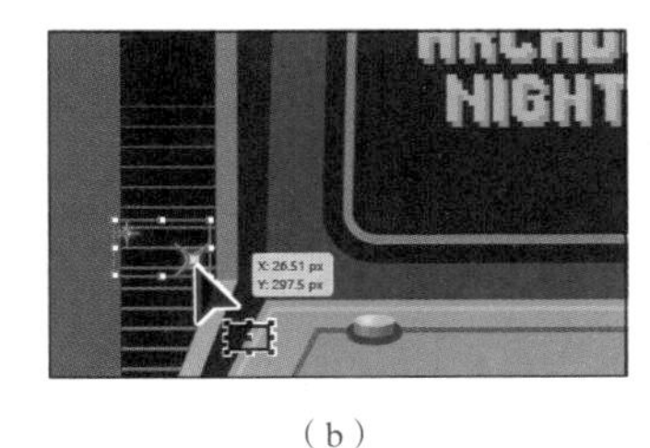

（b）

图 2-26

5 选择“对象”>“锁定”>“所选对象”。

6 从明信片的左边缘开始，按住鼠标左键朝着明信片的底边框选所有线条，如图 2-27 所示。注意不要选到街机图稿，如果您选择了线条以外的对象，请选择“选择”>“取消选择”并重新框选。

7 向下拖动所选线条，使底部的线条位于明信片的底边，如图 2-28 所示。

要拖动所有线条，您需要用鼠标左键按住其中一根线条进行拖动，而不是在线条之间拖动。

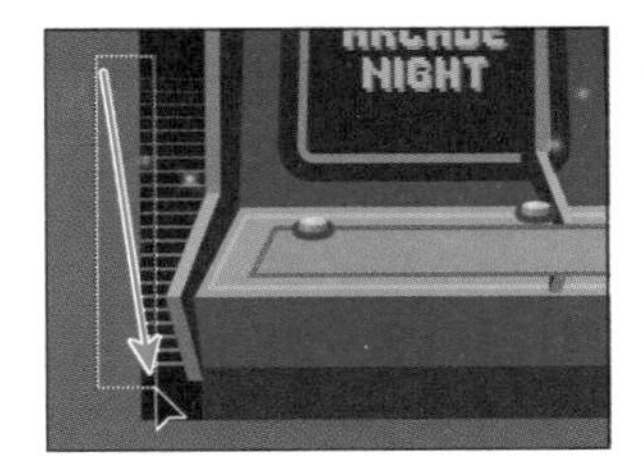

图 2-27

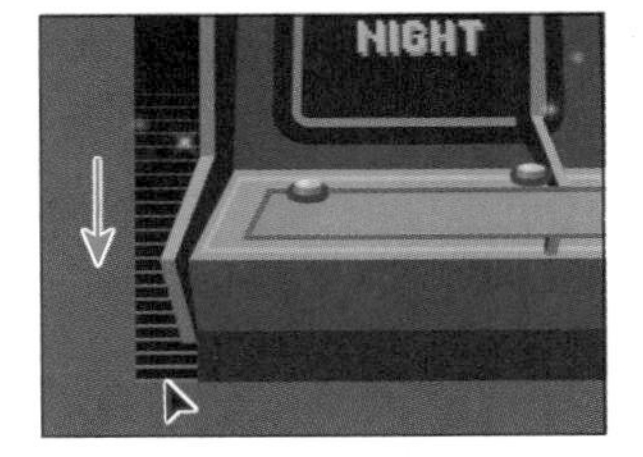

图 2-28

2.3.2 解锁对象

如果需要编辑已锁定的对象，可将其解锁。在本例中，背景中的黑色形状需要填充不同的颜色，为此，需要先将其解锁。

1 选择“对象”>“全部解锁”，解锁文档中的所有对象。

2 选择“选择”>“取消选择”。

3 选择背景中的黑色形状。

4 单击“属性”面板中的“填色”框，然后选择一种新颜色，如图 2-29 所示。

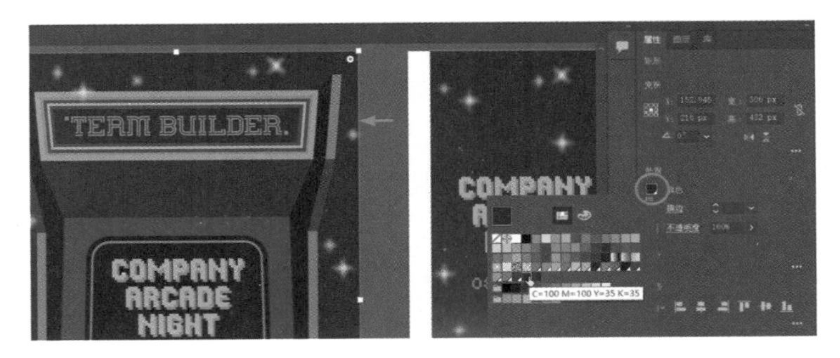

图 2-29

提示 在第 10 课中，您将了解如何使用“图层”面板解锁单个对象。

⑤ 选择“对象” > “锁定” > “所选对象”，再次锁定背景形状。

2.3.3 选择类似对象

使用“选择” > “相同”命令，可以基于类似的填色、描边颜色、描边粗细等来选择对象，这使得选择具有相似外观的对象变得更加容易。本小节将选择具有相同填色和描边的多个对象。

① 在文档窗口下方的“画板导航”下拉列表中选择 3 Pieces 选项。

② 使用“选择工具”单击画板底部橙色字符右侧的白色方块，如图 2-30 所示。

③ 选择“选择” > “相同” > “填色和描边”。

现在，选择了所有具有相同填充颜色和描边粗细 / 颜色的形状，如图 2-31 所示。

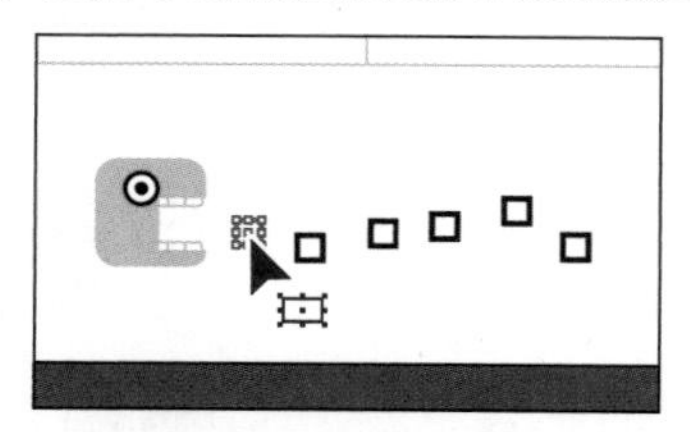
图 2-30

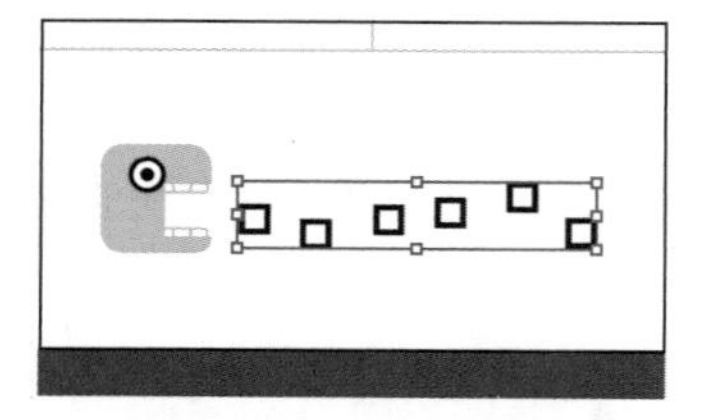
图 2-31

如果接下来的操作中需要再次选择某系列对象，可以保存该选择。

提示 在第 14 课中，您将了解另一种使用全局编辑方式选择相似对象的方法。

保存所选内容是轻松进行相同选择的快速方法，并且它们仅与当前文件一起保存。

接下来将保存当前所选内容。

④ 在图形仍处于选中状态的情况下，选择“选择” > “存储所选对象”。在“存储所选对象”对话框中，将“名称”设置为 Dots，然后单击“确定”按钮，如图 2-32 所示。

现在您已经存储了所选内容，在以后需要时就能通过“选择”菜单中的命令快速、轻松地再次选择相应内容。

⑤ 选择“选择”>“取消选择”，然后选择“文件”>“存储”。

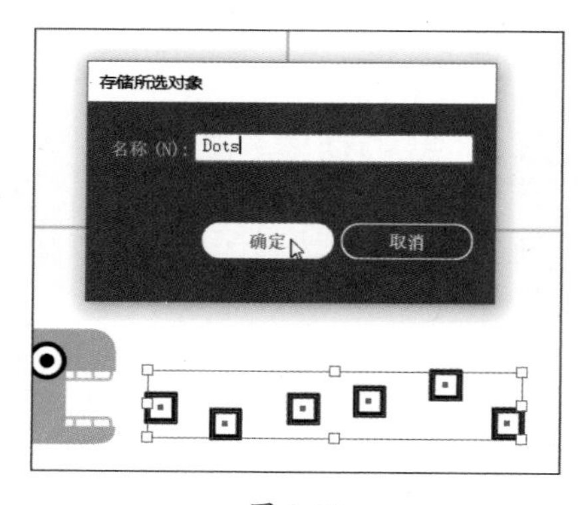

图 2-32

2.3.4 隐藏对象

暂时隐藏不需要的对象，可以使选择对象更加容易。接下来将隐藏星星图形，以便更轻松地选择街机图稿。

① 在文档窗口下方的“画板导航”下拉列表中选择 1 Postcard Front 选项。

② 单击背景中的某个星星图形。

③ 选择“选择” > “相同” > “外观”，选择文件中的所有星星图形，如图 2-33 所示。

④ 选择“对象” > “隐藏” > “所选对象”，效果如图 2-34 所示。

图 2-33

图 2-34

提示 您也可以按 Command+3 组合键（macOS）或 Ctrl+3 组合键（Windows）来隐藏所选对象。

现在，星星图形被隐藏起来了，这样您就可以更轻松地选择其他对象，如街机图稿。

2.3.5 在轮廓模式下选择

默认情况下，Adobe Illustrator 会显示所有对象的绘图属性，如填色和描边（边框）。但是，您也可以在轮廓模式下查看图稿，该模式下的图稿只显示轮廓（或路径），而填色和描边等属性则不可见。

如果要轻松地选择一系列堆叠对象中的某个对象，轮廓模式会很方便。接下来将使用轮廓模式来选择一系列字母对象。

❶ 选择“视图”>“轮廓”，查看图稿的轮廓。

❷ 使用“选择工具”框选 COMPANY ARCADE NIGHT 文本，如图 2-35 所示。

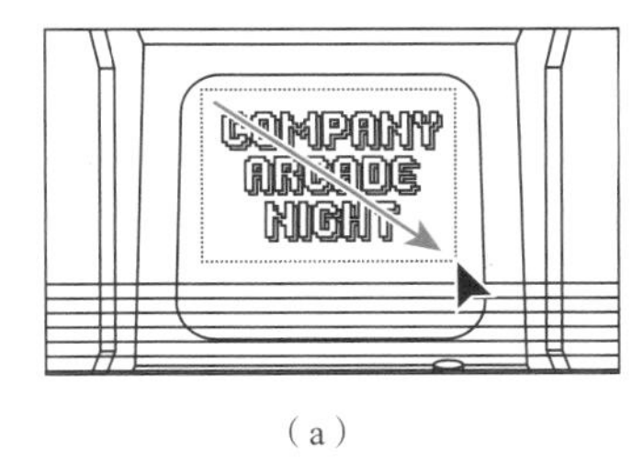

（a）

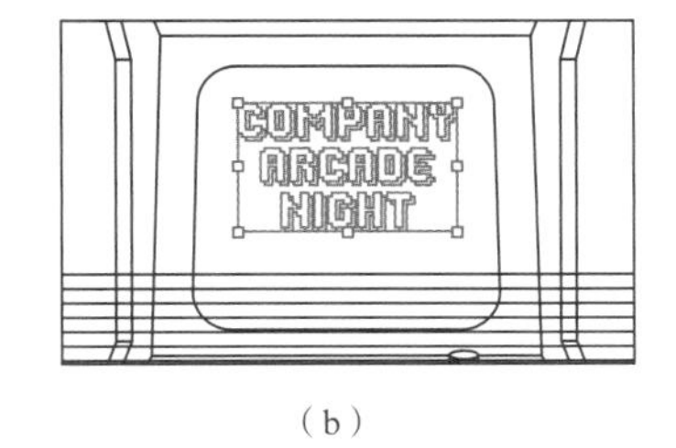

（b）

图 2-35

❸ 按几次向上箭头键将文本向上移动一点。

❹ 单击“属性”面板中的“编组”按钮，如图 2-36 所示，将文本形状编组在一起。您将在后面的学习中了解更多有关编组的内容。

图 2-36

⑤ 选择“视图”>“在 CPU 上预览”(或“GPU 预览”),查看绘制的图稿。

2.4 对齐对象

假设您制作了一堆栅栏柱，需要将它们排成一行，或者需要将图稿与海报的中心对齐。在 Adobe Illustrator 中，可以很方便地进行对齐对象、对齐到关键对象、分布对象、对齐锚点、对齐到画板等操作。在本节中，您将了解对齐对象的不同方式。

2.4.1 对齐所选对象

在 Adobe Illustrator 中，可以将多个所选对象进行对齐。例如，将一系列选中的对象的顶部边缘对齐。接下来，需要将白色方块相互对齐。

① 在“画板导航”下拉列表中选择 3 Pieces 选项。

② 选择“选择”>“Dots”，重新选择 3 Pieces 画板上的白色方块。

③ 在右侧的“属性”面板中单击“垂直居中按钮”，如图 2-37(a)所示。

请注意，所有选定的对象都将垂直居中对齐，但它们之间的水平距离仍然不一样，如图 2-37(b)所示。接下来将使用分布操作来解决这个问题。

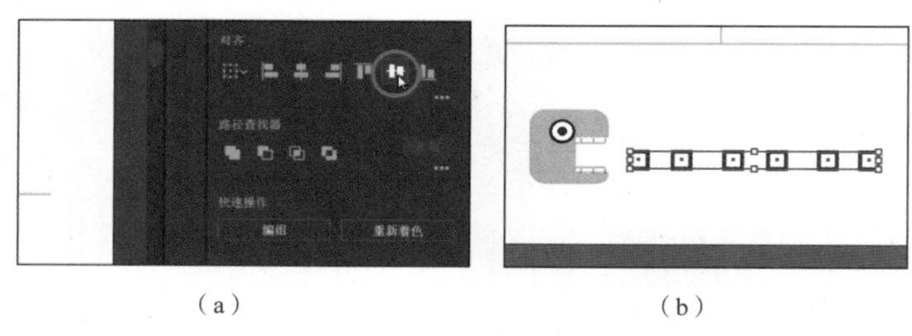

(a)　　　　(b)

图 2-37

2.4.2 对齐到关键对象

关键对象是其他对象要与之对齐的对象。当您想对齐一系列对象，并且其中一个对象已经处于最佳位置时，对齐到关键对象这一操作将非常有用。选择要对齐的所有对象(包括关键对象)，然后单击关键对象，就可以指定关键对象。接下来使用关键对象将按钮与游戏控制台面板部分对齐。

① 在文档窗口下方的“画板导航”下拉列表中选择 1 Postcard Front 选项。

② 单击画板下半部分的一个绿色按钮图形，如图 2-38(a)所示。

> **注意** 关键对象的轮廓颜色由对象所在的图层颜色决定。您将在第 10 课中了解图层的相关内容。

③ 按住 Shift 键，单击另一个绿色按钮图形和它们后面的粉红色图形，将它们加选到所选对象，松开 Shift 键。

按钮需要与粉红色图形对齐，而该图形已经在合适的位置，不能移动。可以使粉红色图形成为关键对象，以便按钮与其对齐。

④ 单击粉红色图形，如图 2-38(b)所示。

该对象现在是关键对象。指定关键对象后，关键对象具有更粗的轮廓，这表示其他对象将与之对齐。

❺ 在“属性”面板中单击“垂直居中按钮”，如图 2-38（c）所示。

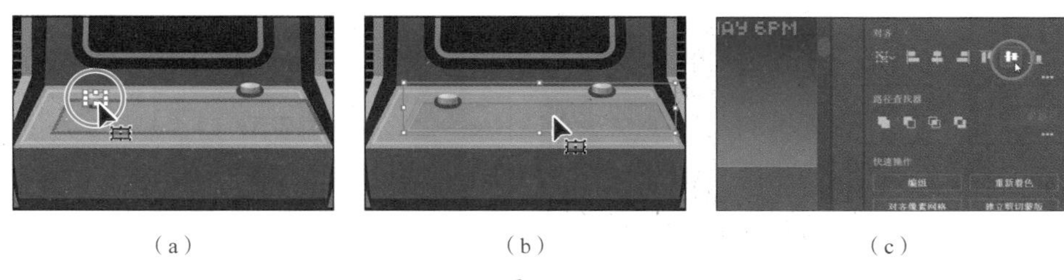

（a）　（b）　（c）

图 2-38

按钮图形将基于粉红色关键对象垂直中心对齐，效果如图 2-39 所示。

图 2-39

2.4.3 分布对象

分布对象可以平均分布对象的中心或边缘间距。例如，网页设计中可能有一系列图标需要均匀分布，这时就需要用到分布对象功能。

接下来进行调整，使方块之间的距离相同。

❶ 在文档窗口下方的“画板导航”下拉列表中选择 3 Pieces 选项。

❷ 选择“选择”>“Dots”，再次选择白色方块。

❸ 在“属性”面板的“对齐”选项组中单击“更多选项”按钮，在弹出的面板中单击“水平居中分布”按钮，如图 2-40（a）所示。

注意 此时需要隐藏面板才能继续操作，按 Esc 键即可。本书不会总是提醒您隐藏面板，您需要养成这个好习惯。

除了第一个和最后一个图形，其他图形会移动位置，以使图形之间的中心间距相等，效果如图 2-40（b）所示。如果图形需要更靠近一点儿，您可以通过以下操作来设置该距离。

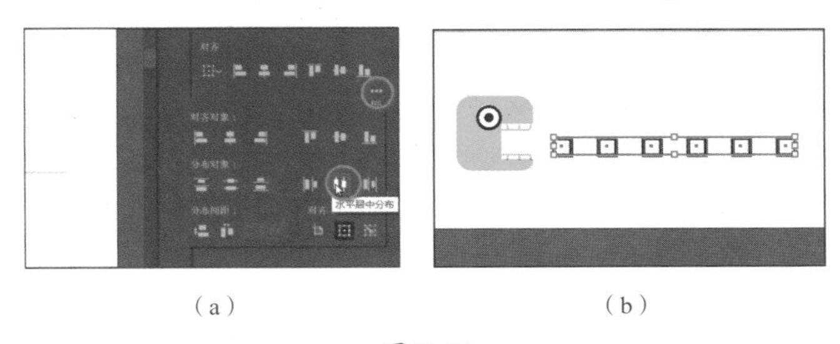

（a）　（b）

图 2-40

④ 在图形仍处于选中状态的情况下，单击最左侧的图形使其成为关键对象。

⑤ 在“属性”面板的“对齐”选项组中单击“更多选项”按钮，将“分布间距”设置为 7 px，然后单击“水平分布间距”按钮，如图 2-41（a）所示，效果如图 2-41（b）所示。

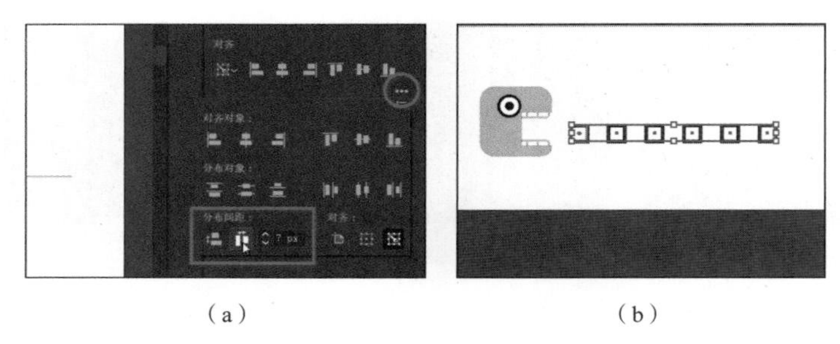

（a）　　（b）

图 2-41

“分布间距”用于设置所选对象之间的边缘距离，而“分布对象”则用于设置所选对象的中心间距。设置“分布间距”值是指定对象之间距离的一种好方法。

⑥ 单击“属性”面板中的“编组”按钮，将图形组合在一起。

⑦ 选择“选择”>“取消选择”，然后选择“文件”>“存储”。

2.4.4 对齐锚点

本小节将使用“对齐”选项将两个锚点对齐。与 2.4.2 小节中设置关键对象的操作类似，您也可以设置关键锚点并使其他锚点与之对齐。

① 在文档窗口下方的“画板导航”下拉列表中选择 2 Postcard Back 选项。

② 选择“视图”>“缩小”，以便看到明信片周围的更多区域。

③ 选择工具栏中的“直接选择工具”，然后选择背景中具有颜色渐变（从浅蓝色到靛蓝色）的形状以查看其锚点，如图 2-42 所示。

图 2-42

④ 单击形状右上角的锚点，如图 2-43（a）所示。

⑤ 按住 Shift 键，然后单击加选相同形状的右下角的锚点，如图 2-43（b）所示。

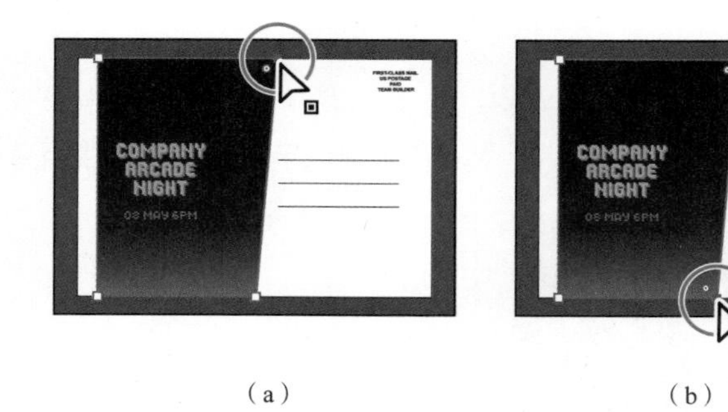

（a）　　（b）

图 2-43

⑥ 在文档右侧的“属性”面板中单击“水平右对齐按钮”，如图 2-44（a）所示。

最后选择的锚点是关键锚点，其他锚点将与该锚点对齐，形状的右边缘变得笔直，如图 2-44（b）所示。

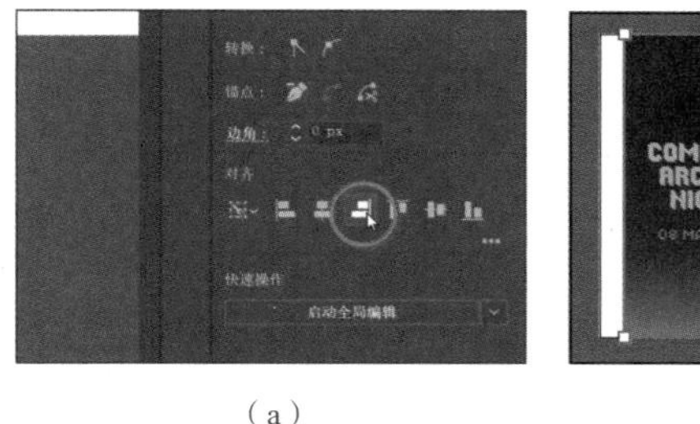

（a）

（b）

图 2-44

❼ 选择“选择”>“取消选择”，然后选择“文件”>“存储”。

2.4.5 对齐到画板

您还可以使所选对象与当前画板对齐，与画板对齐时，每个选择的对象将分别与画板的边缘对齐。

本小节会将所选形状与画板的左边缘对齐。

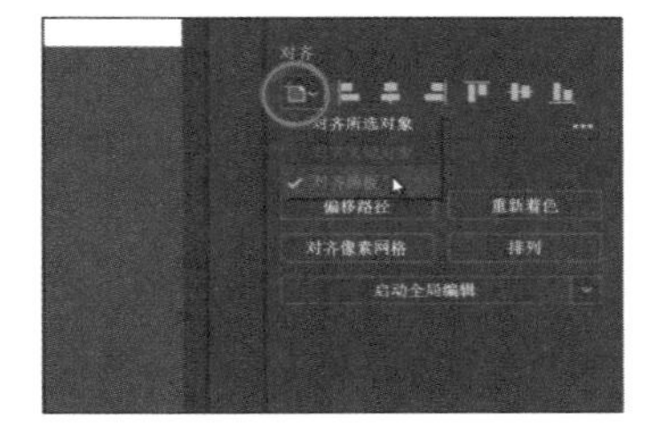

图 2-45

❶ 选择工具栏中的“选择工具”，然后选择 2.4.4 小节编辑的形状。

看到它和画板左边缘的白色间隙了吗？您可以直接将其拖动到画板的边缘。但要确保它准确对齐，最好使用以下方法。

❷ 在“属性”面板的“对齐”选项组中单击“对齐到”按钮，并在弹出的下拉列表中选择“对齐画板”，如图 2-45 所示。

您对齐的任何内容现在都会与画板对齐。

❸ 在“属性”面板的“对齐”选项组中单击“水平左对齐按钮”，然后单击“垂直居中”按钮，如图 2-46（a）所示，将形状与画板的左边缘对齐，然后垂直中心对齐，效果如图 2-46（b）所示。

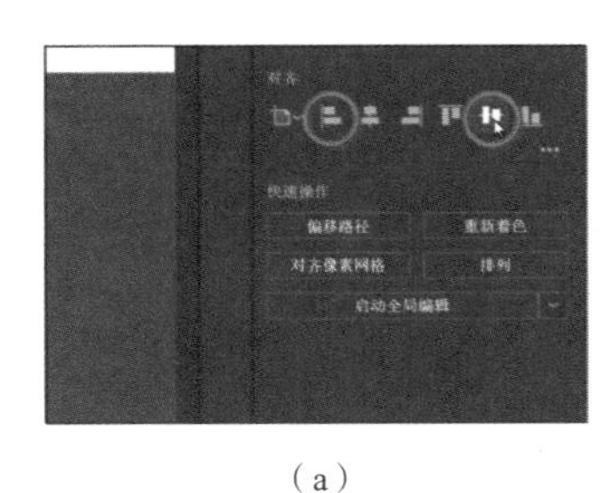

（a）

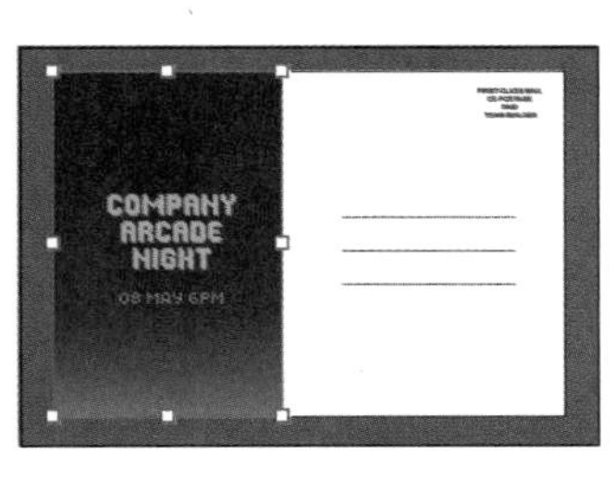

（b）

图 2-46

❹ 选择“选择”>“取消选择”，然后选择“文件”>“存储”。

2.5 使用编组

前面的学习中，您对一些对象进行了编组。将多个对象编组后，它们将被视为一个整体。这样，您就可以同时移动或变换多个对象，而不会影响它们各自的属性和相对位置。这种方式还可以让对象的选择变得更为简便。

2.5.1 编组对象

本小节将选择操纵杆图形的各个部分并将它们编组。

❶ 在文档窗口下方的“画板导航”下拉列表中选择 3 Pieces 选项。

❷ 按住鼠标左键框选整个操纵杆图形，如图 2-47（a）所示。

❸ 单击右侧“属性”面板的“快速操作”选项组中的“编组”按钮，如图 2-47（b）所示，将选定的图形编组。

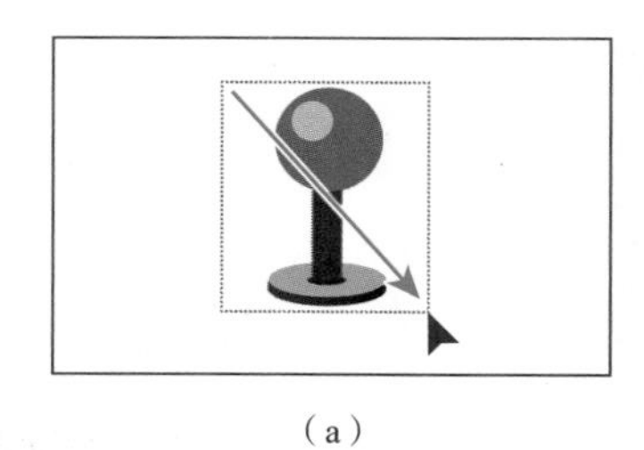

（a）

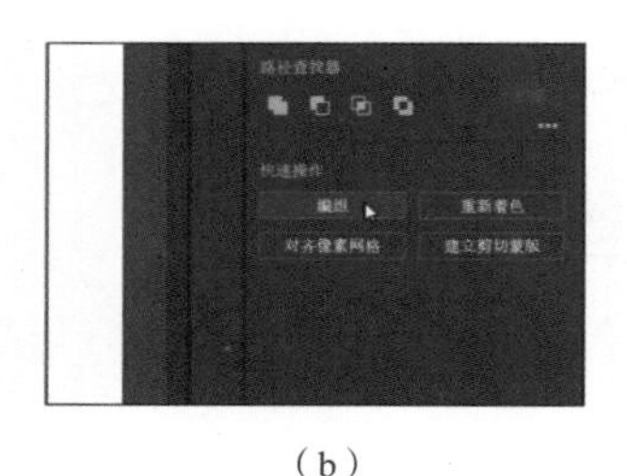

（b）

图 2-47

> **提示** 执行此操作后，“属性”面板中的“编组”按钮会显示为“取消编组”。单击“取消编组”按钮将使对象从编组中解散出来。

❹ 选择“选择”>“取消选择”。

选择“选择工具”▶，单击新编组的操纵杆图形中的某个图形。因为组成操纵杆的所有图形被编组在一起，所以现在它们都会被选中。

通过编组 LEVEL UP! 文本和粉红色的气泡图形来进行编组练习，框选它们并单击“属性”面板中的“编组”按钮。

2.5.2 在隔离模式下编辑编组

在隔离模式下可以隔离编组（或子图层），您可以在不取消对象编组的情况下，轻松地选择和编辑特定对象或对象的一部分。在隔离模式下，除隔离编组之外的所有对象都将被锁定并变暗，它们不会受到您所做编辑的影响。在本小节中，您将使用隔离模式编辑编组。

> **注意** 您将在第 10 课中了解更多有关图层的内容。

❶ 双击操纵杆图形组的任意部分进入隔离模式，如图 2-48 所示。

请注意，此时文件中的其余内容显示为灰色（您将无法选择它们）。文档窗口的顶部会出现一个灰色条，上面有“Layer 1”和“< 编组 >”字样。

这表示您已经隔离了一组位于 Layer1 图层的对象，这组对象现在被临时取消了编组。

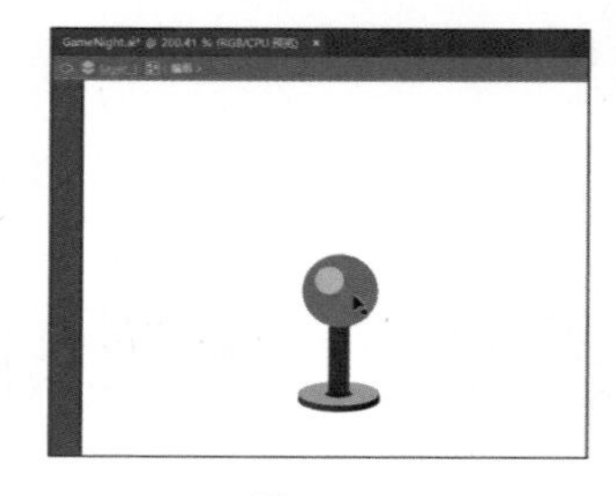

图 2-48

② 单击深灰色矩形（绿色球和底座的连接部分），再单击右侧“属性”面板中的“填色”框，然后在弹出的面板中确保选择了“色板”选项，选择不同的颜色，这里选择浅灰色，如图 2-49 所示。

图 2-49

③ 双击编组形状以外的区域，退出隔离模式。

若要退出隔离模式，还可以单击文档窗口左上角的灰色箭头，或在隔离模式下按 Esc 键。现在对操纵杆图形再次进行编组，您也可以选择其他对象。

④ 选择“视图”>“全部适合窗口大小”。

⑤ 单击操纵杆图形组，将其拖到按钮所在的游戏控制面板上，如图 2-50 所示。

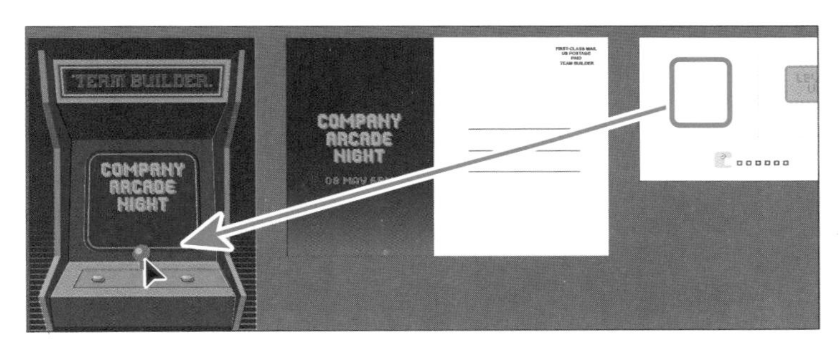

图 2-50

您可能会注意到操纵杆图形位于粉红色形状的后面。别担心，后面会解决这个问题。

2.5.3 创建嵌套编组

编组的对象还可以嵌套到其他对象中，形成更大的组。嵌套编组是设计图稿时常用的一种技巧，也是将相关内容放在一起的好方法。在本小节中，您将了解如何创建嵌套编组。

① 在文档窗口下方的“画板导航”下拉列表中选择 3 Pieces 选项。

② 选择“视图”>“画板适合窗口大小”。

③ 单击画板底部橙色字符旁边的任意白色形状，以选择整个编组。

接下来，您将把橙色字符与白色形状组编组在一起。

④ 单击构成橙色字符的任意形状，如图 2-51（a）所示。

如果查看“属性”面板顶部，可以发现它已经是一个编组，因为它在“选择指示器”中显示为“编组”，如图 2-51（b）所示。

⑤ 按住 Shift 键，单击右侧的白色形状组，如图 2-52（a）所示。

⑥ 单击“属性”面板中的“编组”按钮，如图 2-52（b）所示。

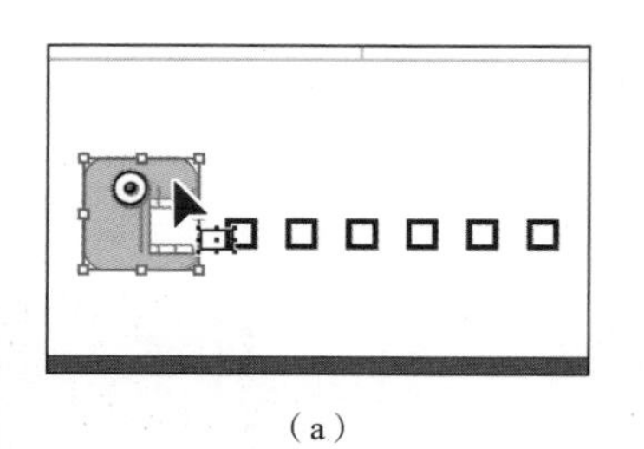
（a）

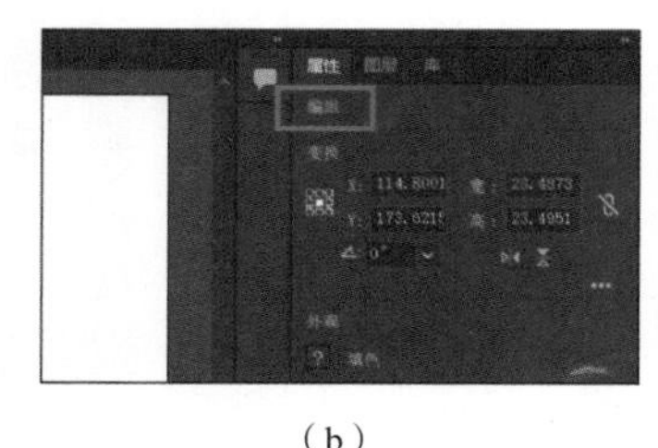
（b）

图 2-51

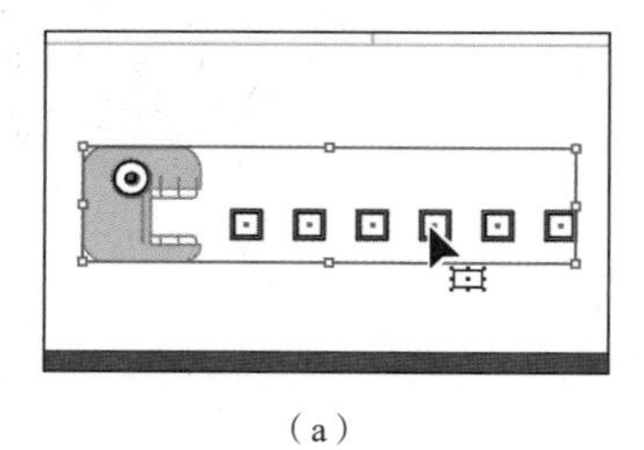
（a）

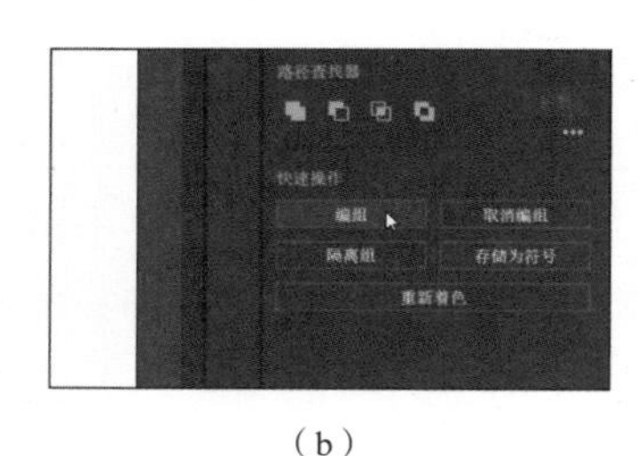
（b）

图 2-52

您已经创建了一个嵌套编组，即将所选对象与其他对象或组组合形成的更大的对象编组。

7 选择“选择”>“取消选择”。

2.5.4 编辑嵌套编组

您可以像编辑编组中的内容一样编辑嵌套编组中的内容，下面进行介绍。

> 提示 要选择组中的内容，除了可以取消编组或进入隔离模式，您还可以使用“编组选择工具”进行选择。“编组选择工具”在工具栏的“直接选择工具”组中，该工具允许您选择组中的对象、多个组中的一个对象或一组编组对象。

1 使用“选择工具”单击橙色字符或白色形状以选择嵌套编组。

2 双击橙色字符进入隔离模式，如图 2-53 所示。

3 单击橙色字符，并确保它仍处于编组状态。

4 双击橙色字符，此时可编辑该编组中的内容。

5 单击橙色形状。

6 单击“属性”面板中的“填色”框并选择另一种颜色，如图 2-54 所示。

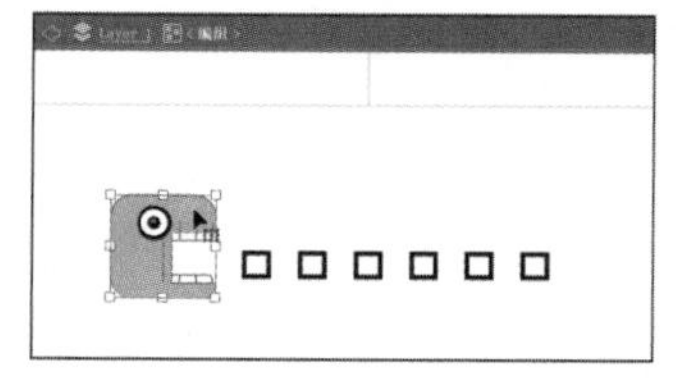
图 2-53

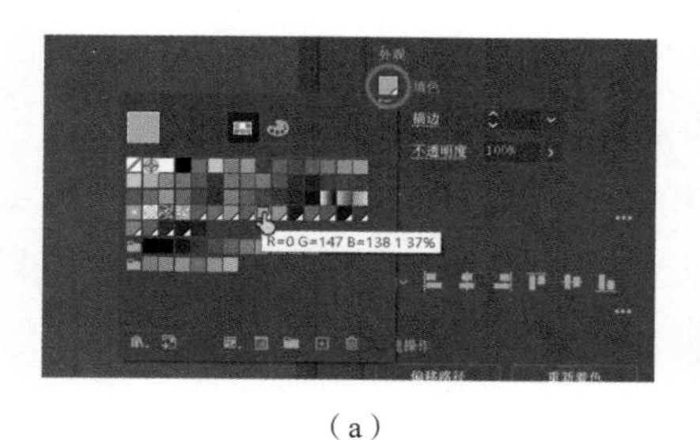
（a）

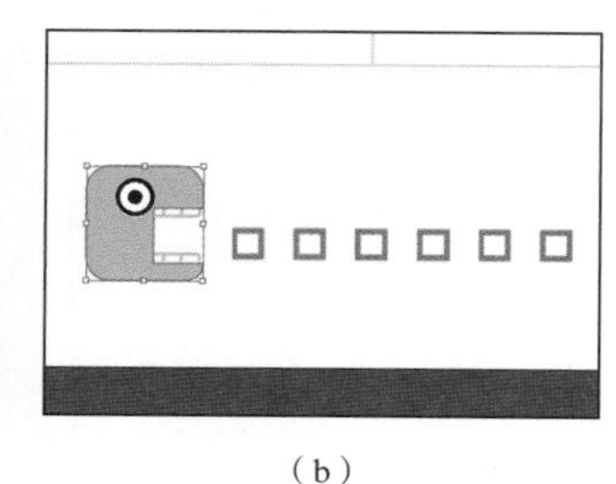
（b）

图 2-54

7 双击编组图形以外的区域，退出隔离模式。接下来将该嵌套编组拖动到合适的位置。

8 选择“视图”>“全部适合窗口大小”。

9 将嵌套编组拖动到最左侧画板上的 COMPANY ARCADE NIGHT 文本的下方，如图 2-55 所示。

图 2-55

10 将文本编组 LEVEL UP！ 拖动到中间画板的 COMPANY ARCADE NIGHT 文本的上方，如图 2-56 所示。

图 2-56

2.6 了解对象排列

在 Adobe Illustrator 中创建对象时，所创建的对象会从第一个对象开始按顺序堆叠在画板上，如图 2-57 所示。对象的这种顺序称为“堆叠顺序”，它决定了对象在重叠时的显示方式。您可以随时使用“图层”面板或排列命令来更改图稿中对象的堆叠顺序。

图 2-57

排列对象

接下来，您将使用排列命令来完成明信片图稿。

1 在“画板导航”下拉列表中选择“1 Postcard Front”。

2 使用“选择工具”单击操纵杆图形组，如图 2-58（a）所示。现在，它在粉红色矩形后面，需要将它移动到前面。

3 单击“属性”面板中的“排列”按钮，选择“置于顶层”命令，如图 2-58（b）所示，效果如

图 2-58（c）所示。

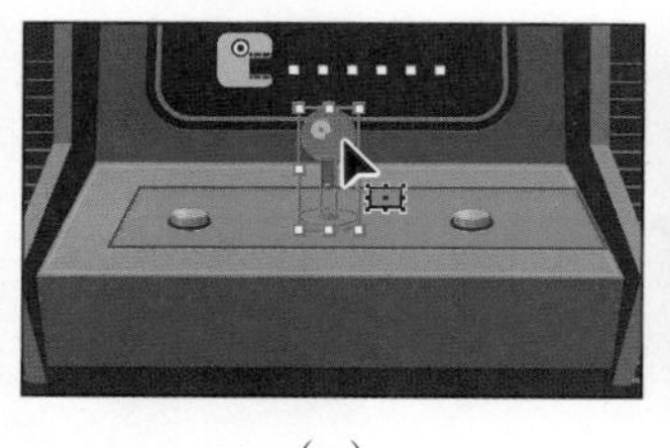

（a）

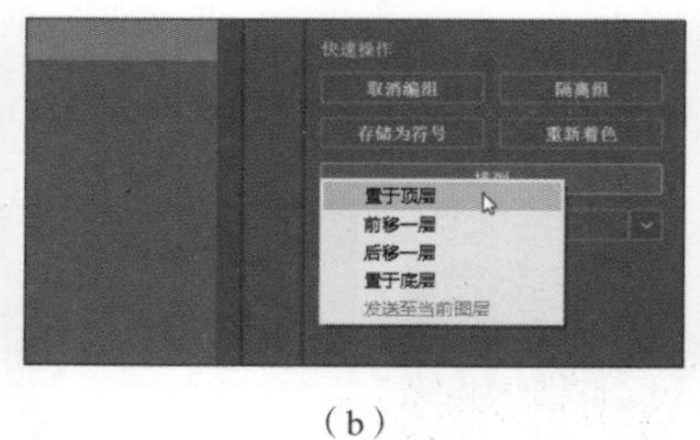

（b）

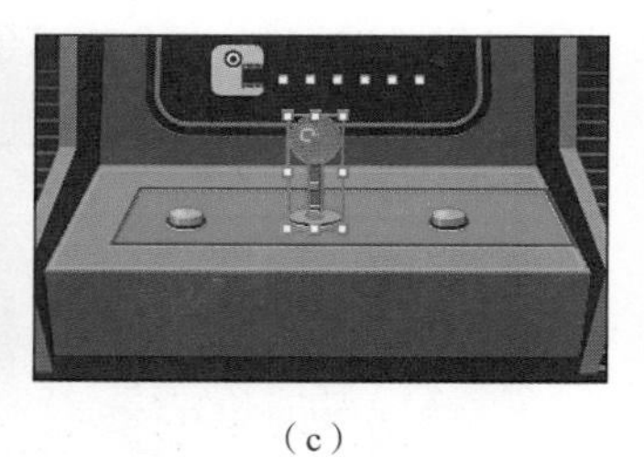

（c）

图 2-58

❹ 选择操纵杆和按钮后面的粉红色矩形。

❺ 单击“水平居中对齐”按钮将它们居中对齐，如图 2-59 所示。

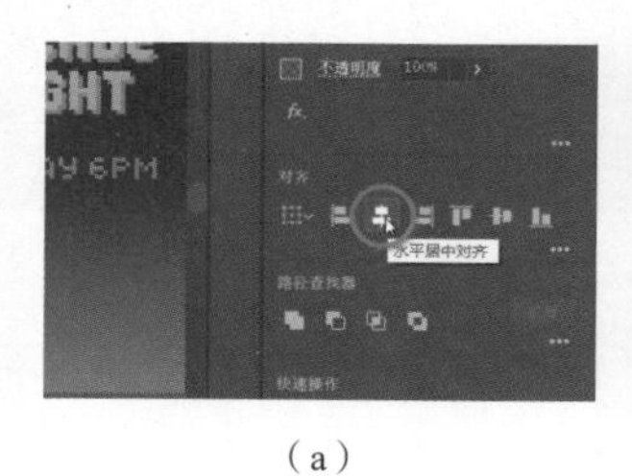

（a）

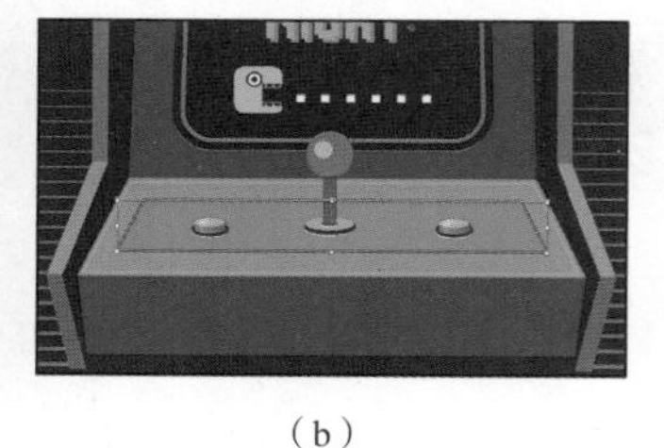

（b）

图 2-59

❻ 选择“对象”>“显示全部”，查看之前隐藏的左侧画板上的星星图形，如图 2-60 所示。

图 2-60

❼ 选择“视图”>“全部适合窗口大小”，在文档窗口中查看明信片。

❽ 选择“选择”>“取消选择”。

❾ 选择“文件”>“存储”，然后选择“文件”>“关闭”。

复习题

1. 简述如何在不取消编组的情况下选择编组中的对象。
2. 在两个选择工具（选择工具▶和直接选择工具▷）中，哪个允许您编辑对象的单个锚点？
3. 要将对象与画板对齐，在选择对齐选项之前，需要先在“属性”面板或“对齐”面板中更改什么内容？

参考答案

1. 选择“选择工具”▶，双击编组图形以进入隔离模式，根据需要进行编辑后，按 Esc 键或双击编组图形以外的空白区域退出隔离模式。第 10 课将介绍如何使用图层进行复杂选择。此外，可以使用“编组选择工具”▷⁺选择编组图形中的各个对象。
2. 使用“直接选择工具”▷可以选择一个或多个独立锚点，进而对对象的形状进行更改。
3. 要将对象与画板对齐，应先选择“对齐画板”选项。

第 3 课

使用形状制作 Logo

本课概览

本课将学习以下内容。

- 创建新文件。
- 使用工具和命令创建各种形状。
- 理解实时形状。
- 绘制圆角。
- 使用绘图模式。
- 使用“置入”菜单命令。
- 使用图像描摹创建形状。
- 简化路径。

学习本课大约需要 60 分钟

基本形状是创建 AI 图稿的基础。在本课中，您将创建一个新文件，然后使用形状工具为 Logo 创建和编辑一系列形状。

3.1 开始本课

在本课中，您将了解使用形状工具和其他方式绘制 Logo 的方法。

❶ 为了确保工具的功能和默认值完全如本课所述，请重置 Adobe Illustrator 的首选项文件。具体操作请参阅本书“前言”中的“还原默认首选项”部分。

❷ 启动 Adobe Illustrator。

❸ 选择“文件”>“打开”，选择 Lessons> Lesson03 文件夹，找到名为 L3_end.ai 的文件，然后单击“打开”按钮。

此文件包含您将在本课中创建的 Logo 终稿，如图 3-1 所示。

❹ 选择“视图”>“画板适合窗口大小”。

保持文件处于打开状态，将其作为参考，或者选择“文件”>“关闭”。

图 3-1

3.2 创建新文件

首先，您需要创建一个新文件。

❶ 选择“文件”>“新建”，创建一个新文件。

在“新建文档”对话框中更改以下选项，如图 3-2 所示。

- 在对话框顶部选择“打印”选项卡。
- 选择 Letter 选项（如果尚未选择）。

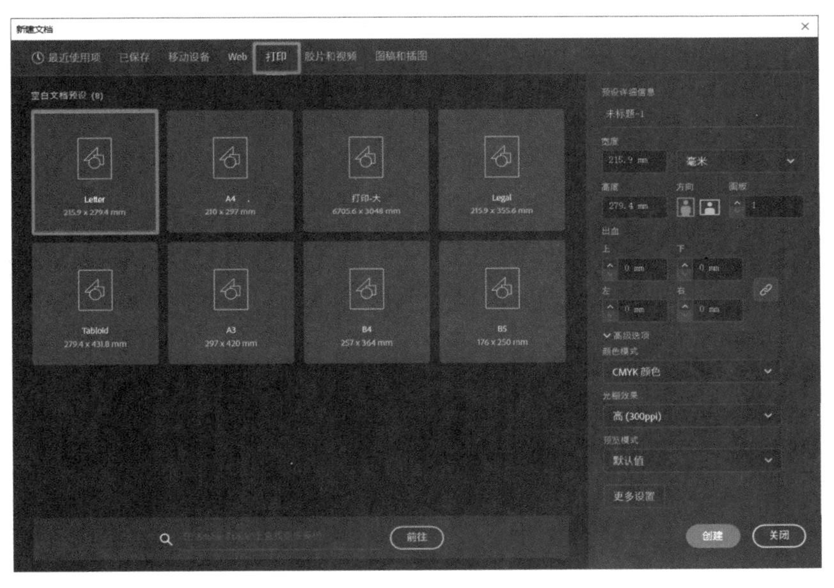

图 3-2

通过选择预设类别（如打印、Web、胶片和视频等），您可以为不同类型的输出需求设置文件类型。

例如，如果您正在设计传单或海报，您可以选择“打印”类别并选择所需文档预设（尺寸）。以点为单位（最有可能），颜色模式为 CMYK，光栅效果为高（300 ppi）——这是所有打印文档的最佳设置。

② 在对话框右侧的“预设详细信息”区域中更改以下内容，如图 3-3 所示。

- 在“预设详细信息”下的空白处输入文档的名称：ToucanLogo。

该名称将在您存储文件时作为 AI 文件的名称。

- 单位：英寸。
- 宽度：8 in。
- 高度：8 in。
- 方向：纵向。
- 画板：1（默认设置）。

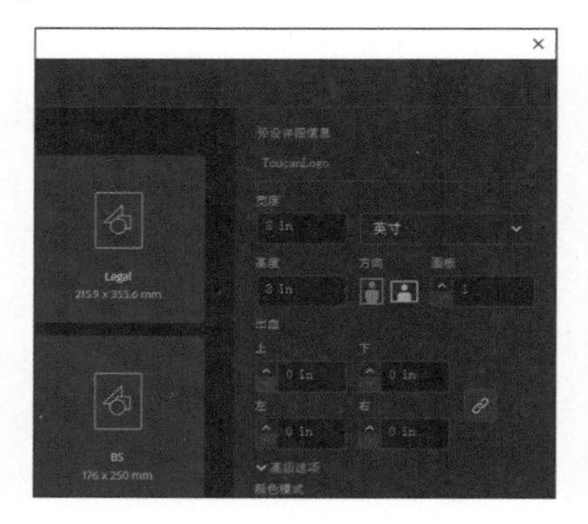

图 3-3

> 注意　您可以根据需求设置单位，本课使用的是英寸。

之后将讲解“出血”选项。在“新建文档”对话框右侧的“预设详细信息”区域的底部，您还将看到“高级选项”栏和“更多设置”按钮（您可能需要拖动滚动条才能看到它们）。它们包含更多的创建设置，您可以自行浏览。

③ 单击“创建”按钮创建新文件。

3.3　保存文件

在 Adobe Illustrator 中打开新文件后，可以将其保存在本地。

① 选择“文件”>“存储为”。

② 如果弹出“云文档”对话框，请单击“保存在您的计算机上”按钮，将文件保存在本地计算机，如图 3-4 所示。

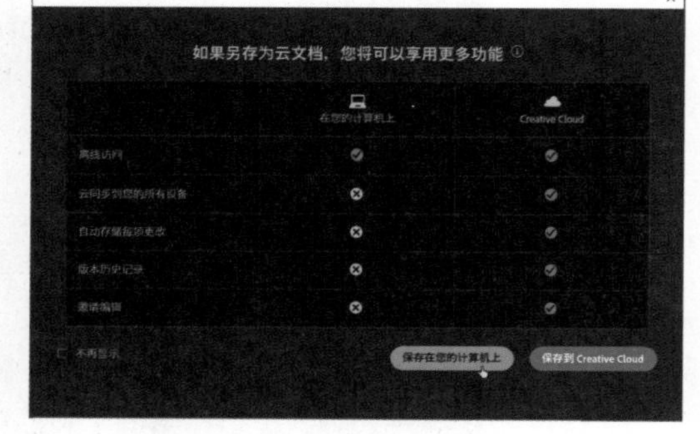

图 3-4

③ 在打开的“存储为”对话框中，确保文件名称为 ToucanLogo.ai，并将其保存在 Lessons > Lesson03 文件夹中。在“格式”下拉列表中选择 Adobe Illustrator（ai）选项（macOS）或在“保存类型”下拉列表中选择 Adobe Illustrator（*.AI）选项（Windows）。

④ 单击“保存”按钮。

Adobe Illustrator（.ai）被称为源格式，也是您的工作文件格式。这意味着它保留了所有数据，您可以在以后编辑所有数据。

⑤ 在弹出的“Illustrator 选项”对话框中保持默认设置，单击“确定”按钮。

“Illustrator 选项”对话框中是有关保存 AI 文件的各个选项，包括指定保存的版本及嵌入与文档链接的任意文件等。

⑥ 选择“窗口”>“工作区”>“基本功能”（如果尚未选择）。

⑦ 选择“窗口”>“工作区”>“重置基本功能”，重置工作区。

❽ 单击“属性”面板（“窗口”>“属性”）中的“文档设置”按钮，如图 3-5 所示。

“文档设置”对话框是您可以在创建文档后更改文档选项的地方，如单位、出血等。我们通常会为需要一直打印到纸张边缘的印刷图稿在画板中添加出血区域。

❾ 设置“文档设置”对话框中的“出血”选项，将“上方”文本框中的值更改为 0.125 in，这一步操作将更改 4 个出血值，单击“确定”按钮，如图 3-6 所示。

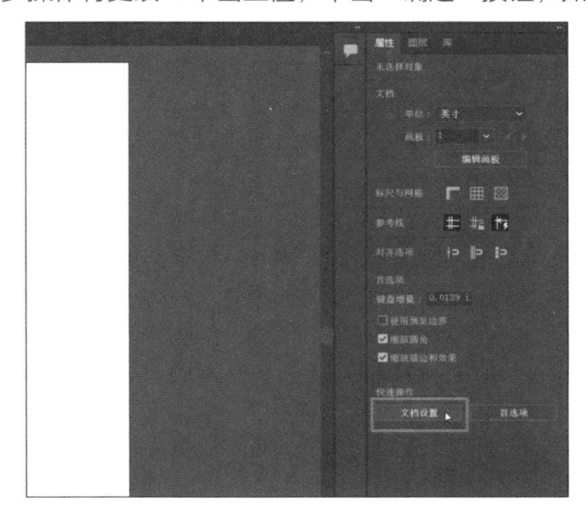

图 3-5

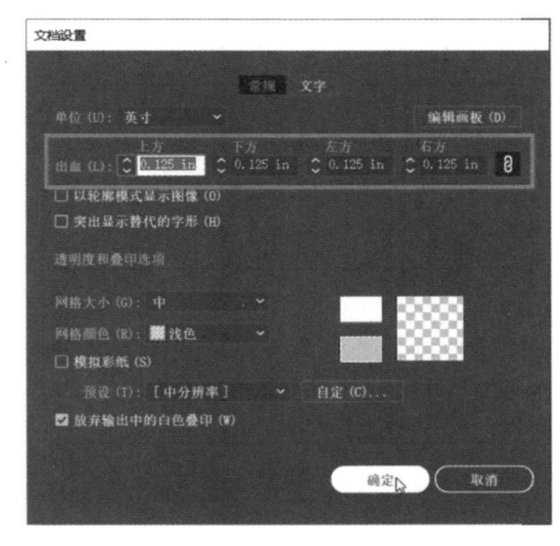

图 3-6

“出血”是指超出打印页面边缘的区域，添加出血可确保最终裁切页面后没有白色边缘。

❿ 选择“视图”>“画板适合窗口大小”，使画板（页面）适应文档窗口。

画板周围的红线和白色画板边缘之间的区域是出血区域，如图 3-7 所示。

图 3-7

什么是云文档？

除了可以在本地保存 AI 文件外，还可以将它们存储为云文档。云文档是存储在 Adobe Creative Cloud 中的 AI 文档，您可以在任何设备中登录到 Adobe Creative Cloud 来访问云文档。

创建新文件或在磁盘中打开文件后，选择“文件”>“存储为”，可以将文件保存到云端。

首次执行此操作时，您将看到一个云文档对话框，其中包含“保存到 Creative Cloud”和“保存在您的计算机上”按钮，如图 3-8 所示。单击“保存到 Creative Cloud”按钮。

如果您看到的是“存储为”对话框而不是云文档对话框，但您希望将文件存储为云文档，则可以单击“存储云文档”按钮，如图 3-9 所示。

图 3-8

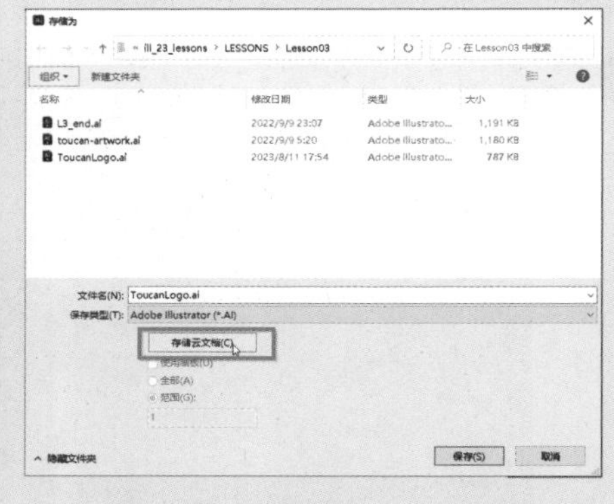

图 3-9

在弹出的对话框中，您可以更改文件名并单击“保存”按钮将文档保存到云端。如果您改变主意，希望将文件保存在本地，可以在该对话框中单击“在您的计算机上”按钮，如图 3-10 所示。

当您在云文档中操作时，任何更改都会自动被保存，因此文档始终是最新的。在“版本历史记录”面板（选择“文件”>“版本历史记录”）中，您可以访问以前保存的文件版本，如图 3-11 所示。您可以为特定版本添加标记和名字，标记和名字将显示在面板的“已标记版本”栏中。单击某个版本，将在面板顶部的预览窗口中打开对应版本，以便用户查看版本差异。未标记版本可保留 30 天，而标记版本可无限期使用。

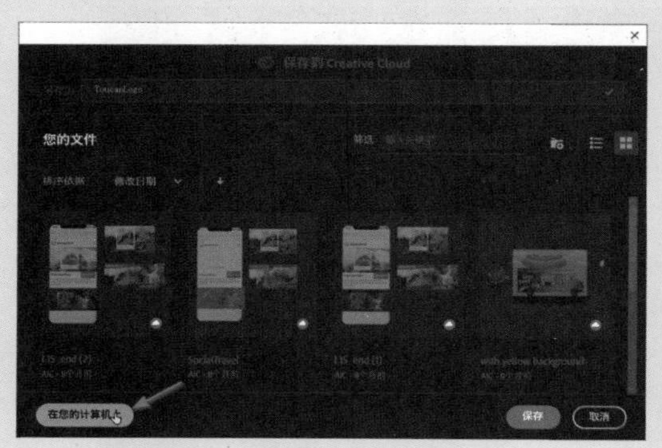

图 3-10

图 3-11

如果要打开云文档，请选择“文件”>“打开”。在“打开”对话框中单击“打开云文档”按钮，然后您可以从弹出的对话框中打开云文档。启动 Adobe Illustrator 时，您也可以从“主页”界面单击并查看保存到 Adobe Creative Cloud 的文档。

3.4 使用基本形状

本节将创建一系列基本形状，如矩形、圆角矩形、椭圆、多边形、星形和线条等。创建的形状由锚点和连接锚点的路径组成。例如，基本正方形由拐角上的 4 个锚点以及连接锚点的路径组成，如图 3-12 所示，这种形状被称为闭合路径，因为路径的首末两端是相连的。

路径可以是闭合的，也可以是开放的，开放路径两端各有一个锚点（称为“端点”），如图 3-13 所示。开放路径和闭合路径都可以应用填色、渐变和图案。

图 3-12　　图 3-13

3.4.1　创建矩形

Logo 主体是一只巨嘴鸟。您将使用两种不同的方法来创建矩形，并用矩形来创建巨嘴鸟图形。

❶ 在工具栏中选择“矩形工具”▭。

先创建一个较大的矩形作为鸟的身体。

❷ 将鼠标指针移动到画板中，按住鼠标左键向右下方拖动，创建一个宽度和高度大约为 2 in 的矩形，如图 3-14 所示，然后松开鼠标左键。不要纠结矩形的具体大小，后面会调整其大小。

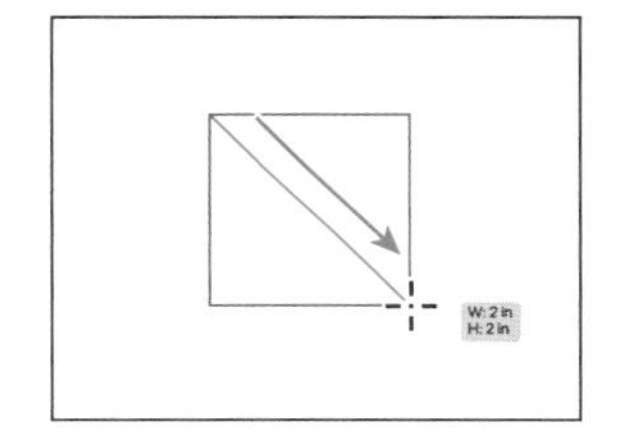

图 3-14

如果您画出了一个正方形，形状的对角线上会出现一条洋红色的线。此外，在创建形状时，您可以从出现在鼠标指针旁边的灰色测量标签中看到其尺寸提示。

洋红色线条和测量标签是智能参考线的一部分。

❸ 将鼠标指针移到矩形中心的小蓝点（称为中心控制点）上，如图 3-15（a）所示。当鼠标指针变为形状时，按住鼠标左键将形状向上拖动到画板的上半部分，如图 3-15（b）所示。

接下来，您将创建一个较小的矩形作为巨嘴鸟的喙。

❹ 在“矩形工具”▭仍处于选中状态的情况下，在所选矩形右侧的画板上单击，打开“矩形”对话框。

❺ 将“宽度”更改为 0.56 in,“高度”更改为 1 in，单击“确定”按钮创建一个新矩形，如图 3-16（a）所示，效果如图 3-16（b）所示。

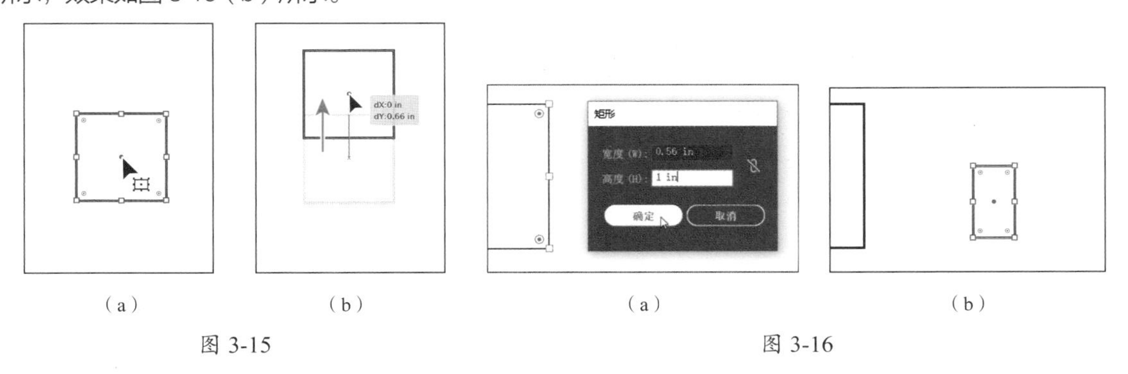

（a）　（b）　（a）　（b）

图 3-15　　图 3-16

> 注意 如果您之前设置的单位不是英寸，此处可以直接输入值和单位（in），如“0.65 in”，Adobe Illustrator 会自动将其转换为您选择的单位的对应值。

在知道所需形状的大小时，通过单击创建矩形非常有用。对于大多数形状工具，您可以直接使用工具绘制形状或者通过单击创建指定大小的形状。

3.4.2 编辑矩形

除“星形工具”和“光晕工具”之外，其他所有形状工具都可以创建实时形状。实时形状支持即时编辑宽度、高度、旋转角度和边角半径等属性值，而无须切换正在使用的形状工具。创建两个矩形后，您将对它们进行一些更改，使它们看起来更像鸟的身体。

1. 在工具栏中选择“选择工具”▶。
2. 单击较大矩形中的任意位置以将其选中。
3. 移动鼠标指针到该矩形上边缘的中心点处，按住鼠标左键向下拖动矩形顶边的中间点，使矩形变短。当灰色测量标签中的高度大约为 1.75 in 时，松开鼠标左键，如图 3-17 所示。

此外，您可以通过拖动来调整矩形的大小，也可以在“属性”面板中更精确地执行此操作，如图 3-18 所示。

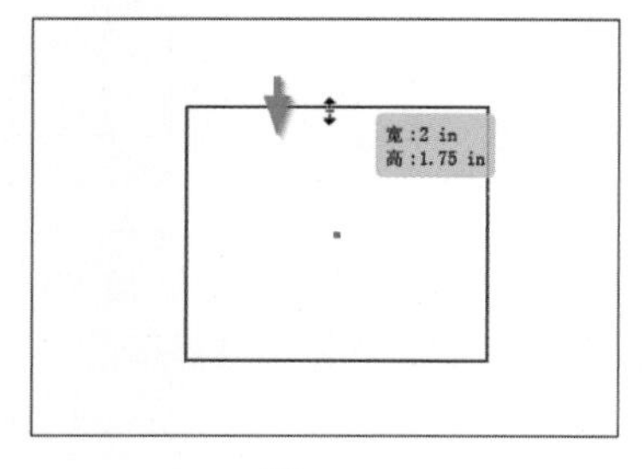

图 3-17

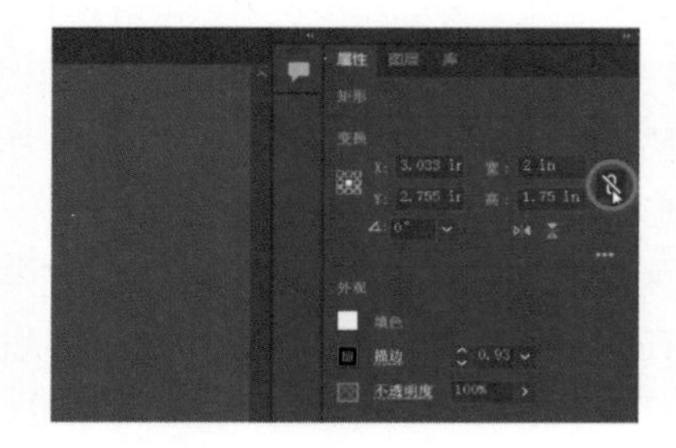

图 3-18

> 注意 您将在第 5 课“变换图稿”中了解更多有关这些选项的内容。

4. 在右侧“属性”面板的“变换”选项组中，确保“宽”和“高”右侧的“保持宽度和高度比例”按钮没有启用（此时该按钮显示为▣）。当您更改形状的高度或宽度并希望按比例改变对应的宽度或高度的时候，启用“保持宽度和高度比例”按钮非常有用。
5. 将“宽”更改为 0.88 in，“高”更改为 1.75 in，按 Enter 键确认更改，如图 3-19 所示。

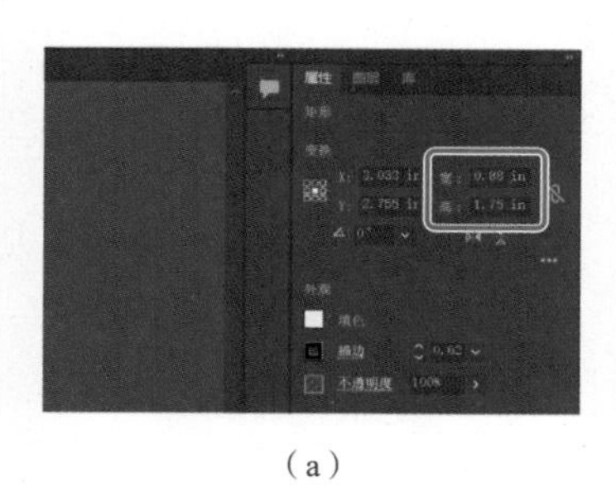

（a）　（b）

图 3-19

现在需要旋转较小的矩形。

⑥ 单击较小的矩形，如图 3-20（a）所示。

⑦ 将鼠标指针移动到该矩形的一角外，当鼠标指针变成↶形状时，按住鼠标左键并沿逆时针方向拖动以旋转形状，如图 3-20（b）所示。拖动时，按住 Shift 键可将旋转角度增量限制为 45°。当测量标签中显示为 90° 时，松开鼠标左键和 Shift 键，如图 3-20（c）所示。保持此形状处于选中状态。

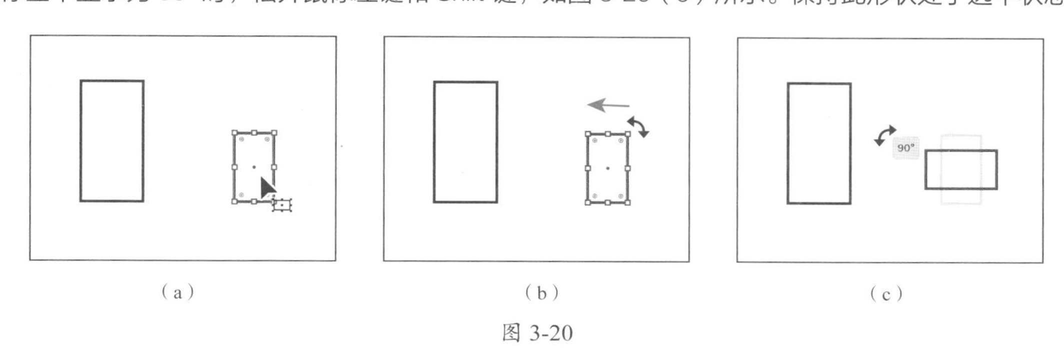

（a）（b）（c）

图 3-20

注意 可以使用“选择工具”从形状边界内的任何位置拖动形状。

⑧ 选中小矩形的中心控制点，将其拖到大矩形上。将小矩形上边缘与大矩形的上边缘对齐，如图 3-21 所示。

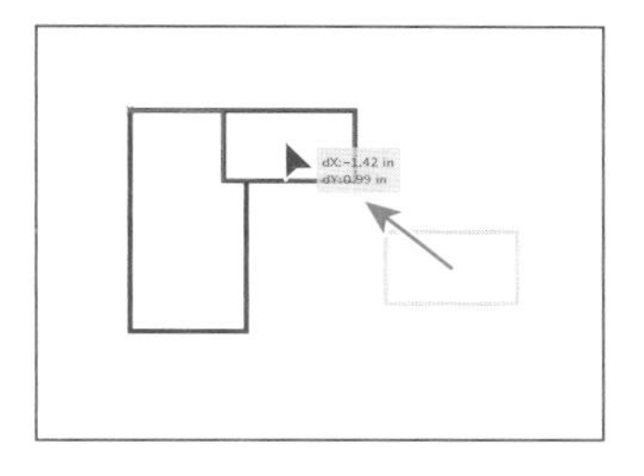

图 3-21

当它们对齐时，顶部边缘会显示洋红色的参考线。

3.4.3 更改形状的颜色

默认情况下，绘制的形状填充为白色并具有黑色描边（边框）。下面对两个矩形的颜色进行更改。

① 在较小的矩形仍处于选中状态的情况下，单击右侧“属性”面板中的“填色”框。

② 在弹出的面板中，确保在顶部选择了“色板”选项▦，选择绿色来填充形状，如图 3-22 所示。按 Esc 键隐藏“色板”面板。

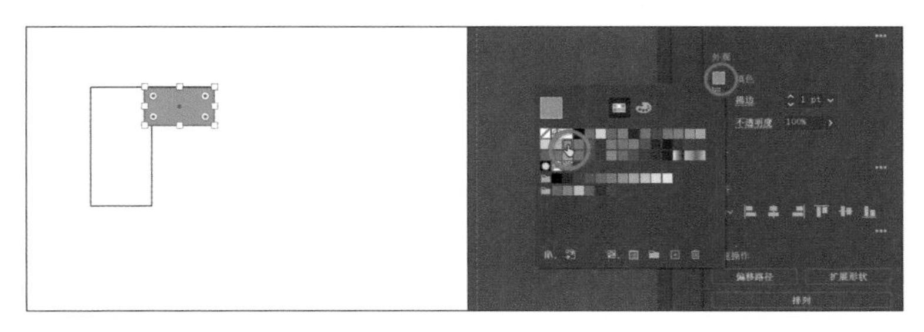

图 3-22

③ 单击“属性”面板中的“描边”框，确保在弹出的面板中选择了“色板”选项▦，选择“无”色板，删除矩形的描边，如图 3-23 所示。

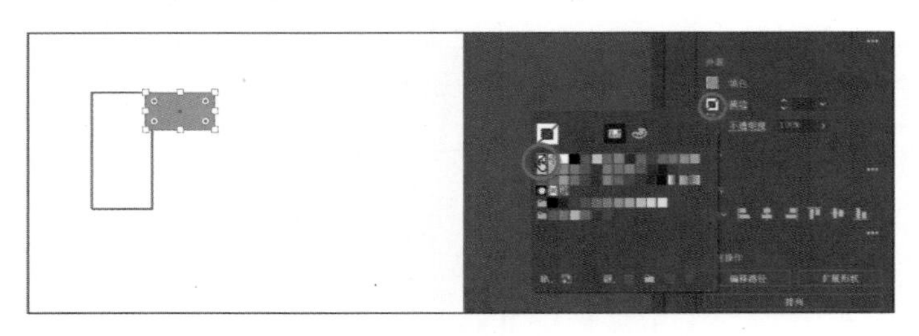

图 3-23

④ 单击较大的矩形。

⑤ 单击右侧“属性”面板中的“填色”框，确保在弹出的面板中选择了“色板”选项▦，选择黑色来填充矩形，如图 3-24 所示。

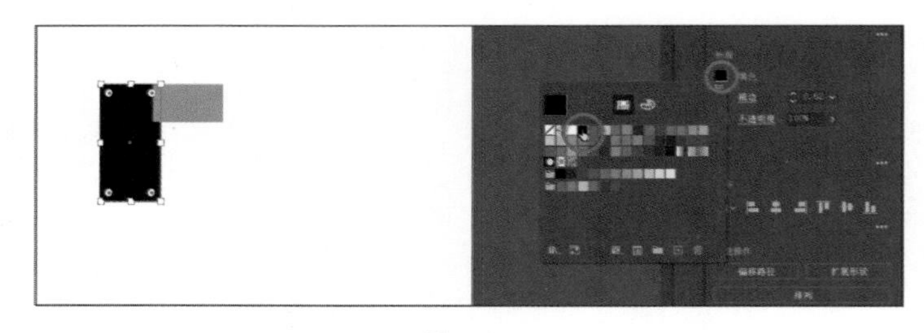

图 3-24

⑥ 按 Esc 键隐藏“色板”面板。

⑦ 单击“属性”面板中的“描边”框，确保在弹出的面板中选择了“色板”选项▦，选择“无”色板，删除矩形的描边。按 Esc 键隐藏“色板”面板。

⑧ 选择“选择”>“取消选择”，然后选择“文件”>“存储”，保存文件。

3.4.4 使用“选择工具”圆化角

现在创建的矩形看起来还不太像鸟。我们可以很容易地将矩形的边角圆化，从而制作出更有趣、更实用的形状。下面我们将圆化矩形的角。

① 使用“选择工具”单击较大的矩形。

② 多次选择“视图”>“放大”。

您需要确保能看清矩形的实时圆角控制点⊙。如果视图缩小到一定程度，形状中的实时圆角控制点⊙会被隐藏，因此，放大视图直到看到它们。

③ 按住鼠标左键，将矩形中的任意一个实时圆角控制点⊙朝矩形中心拖动，使所有角稍微变圆，如图 3-25 所示。

朝中心拖动得越多，角就越圆。如果实时圆角控制点⊙拖动得足够远，会出现一条红色圆弧，表示已达到最大圆角半径。

④ 单击较小的绿色矩形，然后拖动其任意一个实时圆角控制点⊙，使其 4 个角稍微变圆，如图 3-26 所示。

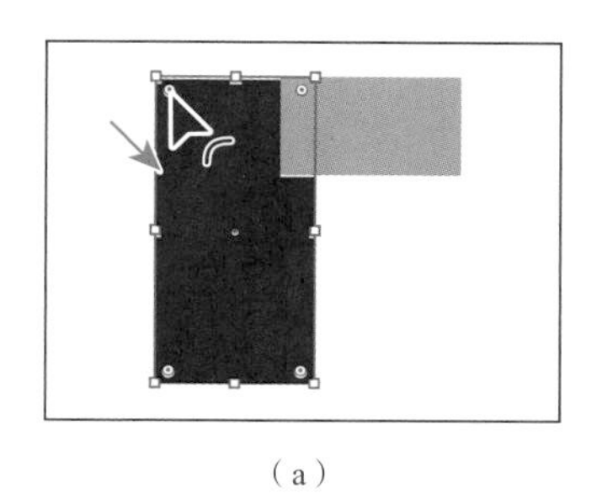

（a）

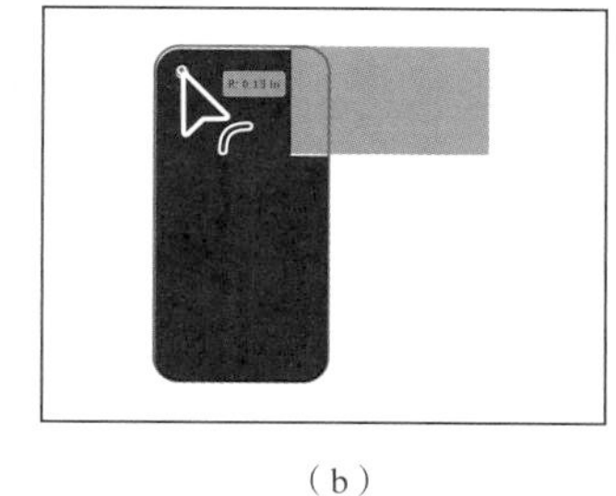

（b）

图 3-25

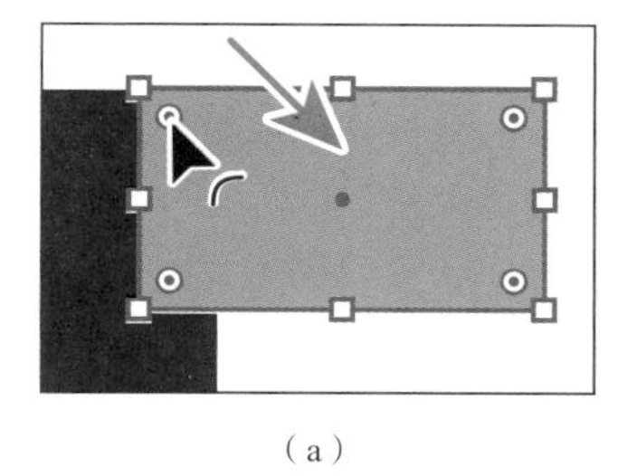

（a）

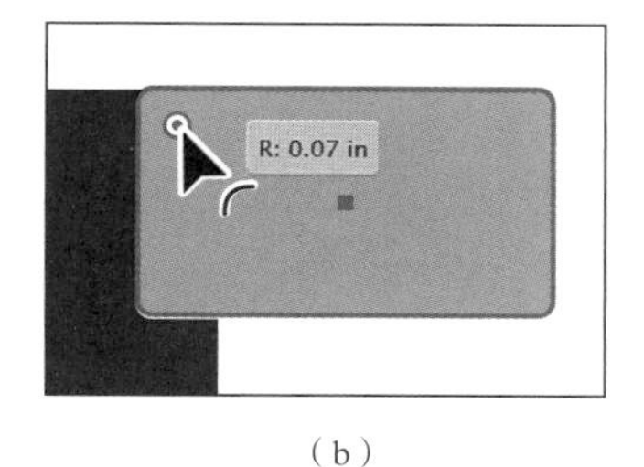

（b）

图 3-26

3.4.5　“属性”面板中的圆角

除了通过拖动来更改角半径外，您还可以在“属性”面板中更改所有或单个角的半径。

❶ 选择较大的矩形。

❷ 在“属性”面板中单击“变换”选项组中的“更多选项”按钮 ，如图 3-27 小红圈所示，显示更多选项的面板。

❸ 确保“链接圆角半径值”按钮处于禁用状态 ，如图 3-27 大红圈所示。面板中的每个角分别对应形状中的角。

❹ 单击左上角的向下箭头按钮，使值变为 0 in，移除圆角半径。

❺ 对矩形的左下角执行相同的操作，移除圆角半径。

图 3-27

❻ 多次单击右下角的向上箭头按钮，直到值大约变为 0.525 in，如图 3-28 所示。也可以直接输入准确的值。

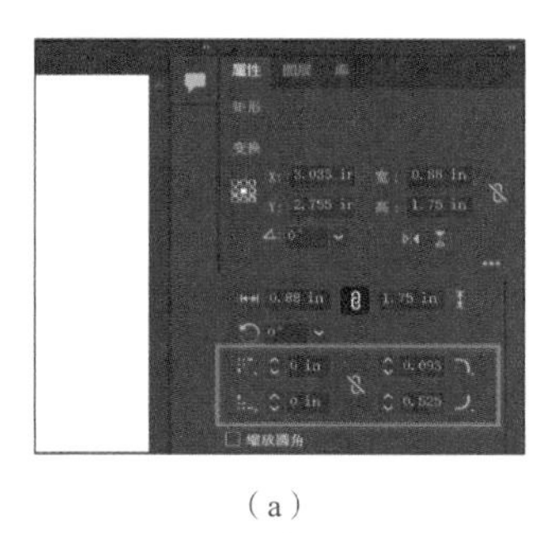

（a）

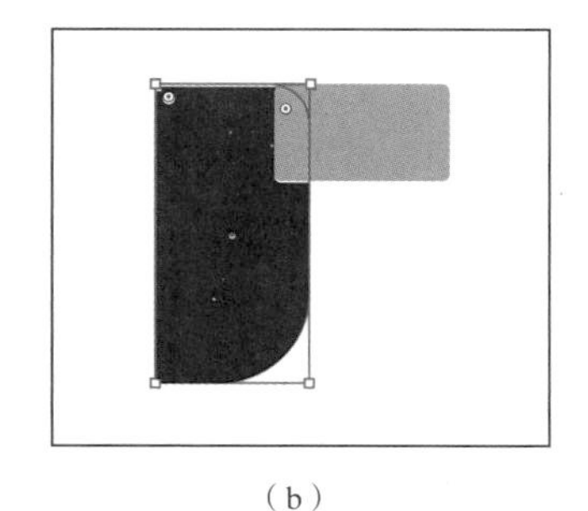

（b）

图 3-28

除了可以改变角的半径值，还可以改变边角类型，可以选择的边角类型有圆角（默认）、反向圆角和倒角。

❼ 单击较小的矩形。

❽ 在“属性”面板中单击“变换”选项组中的“更多选项”按钮 。

注意图中调整的是哪个角。由于绿色形状之前被旋转过，因此“属性”面板中角的位置不再与形状中角的位置一一对应。

❾ 确保“链接圆角半径值”按钮处于禁用状态 ，将矩形右上角的圆角半径（注意：“属性”面板中修改的是右下角的圆角半径值）尽可能改大一点儿，如图 3-29 所示。

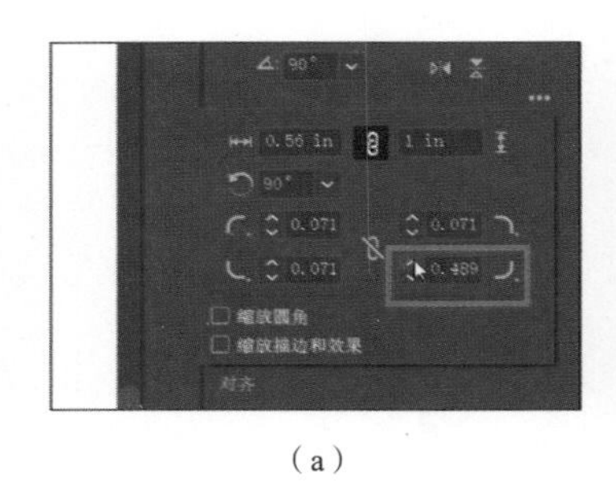

（a）

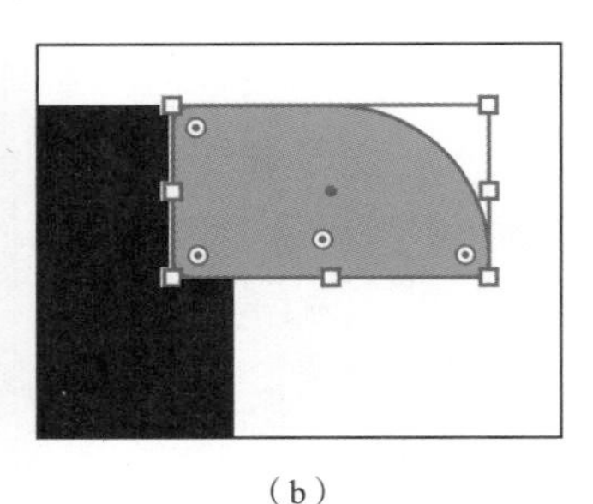

（b）

图 3-29

❿ 打开左下角（注意：“属性”面板中修改的是左上角的圆角半径值）的“边角类型”菜单，选择“倒角”选项 ，如图 3-30（a）所示。

⓫ 增大左下角的圆角半径（注意：“属性”面板中修改的是左上角的圆角半径值），查看倒角效果，如图 3-30（b）所示。

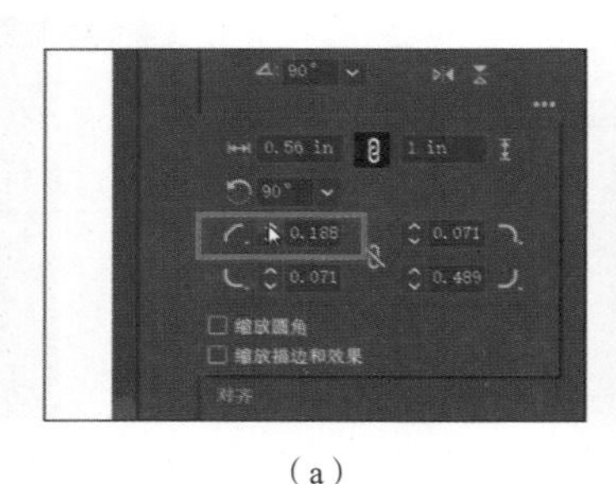

（a）

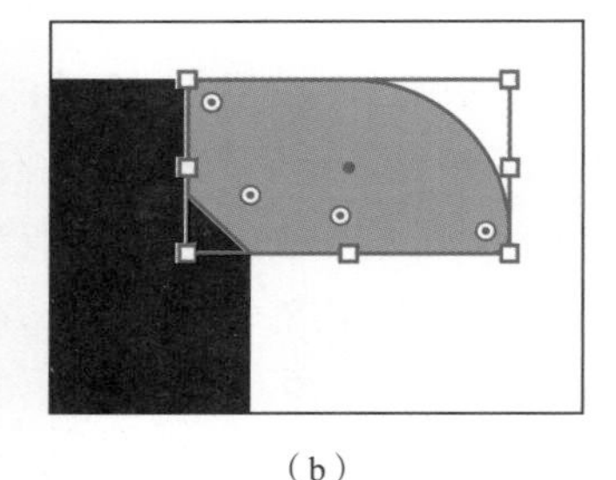

（b）

图 3-30

⓬ 按 Esc 键关闭“属性”面板，并选中较小的矩形。

3.4.6　使用“直接选择工具”圆化单个角

还可以使用“直接选择工具”对单个角进行圆化。如果需要在文件中直观地圆化一个或多个角，这种方法将很有用。下面将对较小的矩形的各个角进行圆化处理。

❶ 在工具栏中选择“直接选择工具” 。

❷ 在较小的矩形仍处于选中状态的情况下，双击矩形左上角的实时圆角控制点 。

> **提示** 您可以在按住 Option 键（macOS）或 Alt 键（Windows）的同时单击矩形中的实时圆角控制点，以循环切换不同的圆角类型。

❸ 在弹出的“边角”对话框中，将“半径”值更改为 0 in，单击“确定”按钮，如图 3-31 所示。

请注意，此时只有一个角发生了变化。

> **注意** “边角”对话框还允许您设置“圆角”为“绝对”或“相对”。“绝对”圆角表示圆化“半径”值固定不变，“相对”圆角则表示圆化“半径”值将基于圆角的角度来确定。

④ 单击矩形右下角的实时圆角控制点⊙，如图 3-32（a）所示。

⑤ 按住鼠标左键将其拖离形状的中心，以移除圆角，如图 3-32（b）所示。

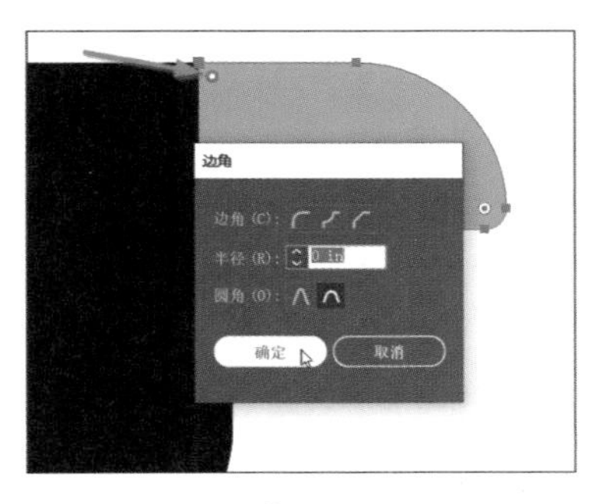

图 3-31

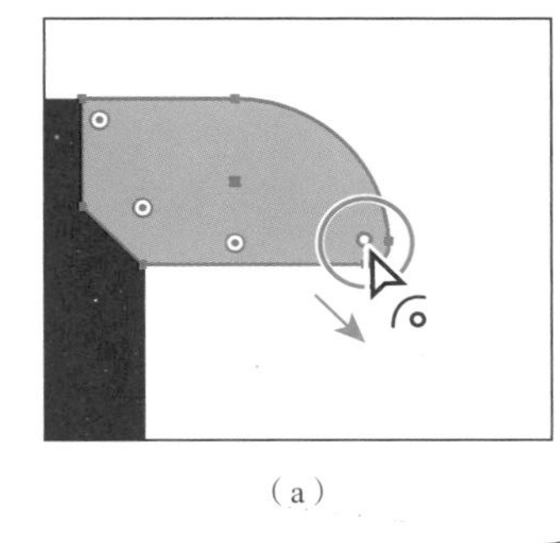

（a）

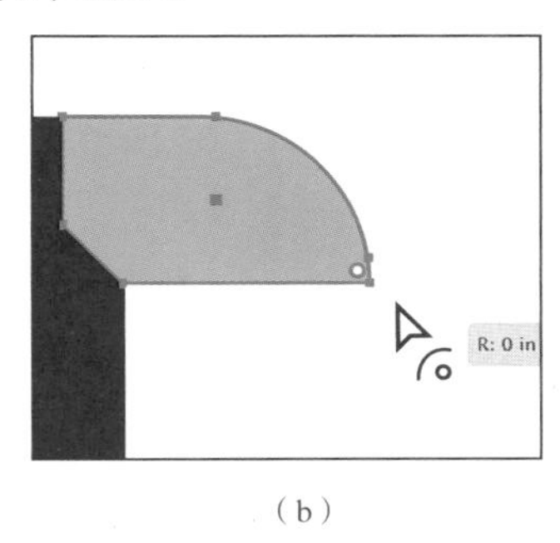

（b）

图 3-32

⑥ 选择“选择”>“取消选择”，然后选择“文件”>“存储”。

3.4.7 创建和编辑椭圆

“椭圆工具”用于创建椭圆和圆形。下面将使用“椭圆工具”创建几个椭圆，在鸟的主体上制作一个彩色区域。

① 在工具栏中的“矩形工具”上按住鼠标左键，然后选择“椭圆工具”。

② 在绿色矩形的右侧，按住鼠标左键拖动以创建一个宽度和高度大约为 1.18 in的圆形，如图3-33所示。绘制椭圆时，如果画成了圆形，则很可能会在形状中间看到洋红色的十字线。

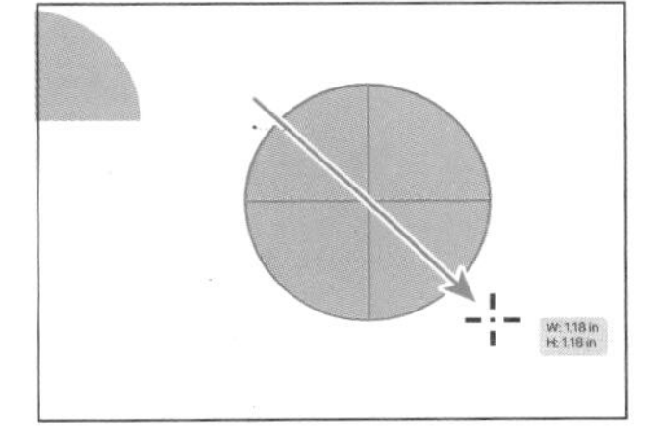

图 3-33

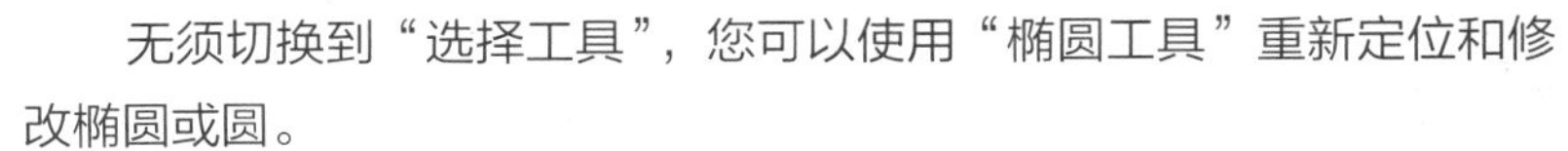

无须切换到“选择工具”，您可以使用“椭圆工具”重新定位和修改椭圆或圆。

③ 单击右侧“属性”面板中的“填色”框，在弹出的面板中确保选择了“色板”选项，选择白色、黑色渐变颜色来填充形状，如图 3-34 所示。

④ 通过拖动蓝色中心点（中心控制点）将圆形拖到矩形上，如图 3-35 所示。

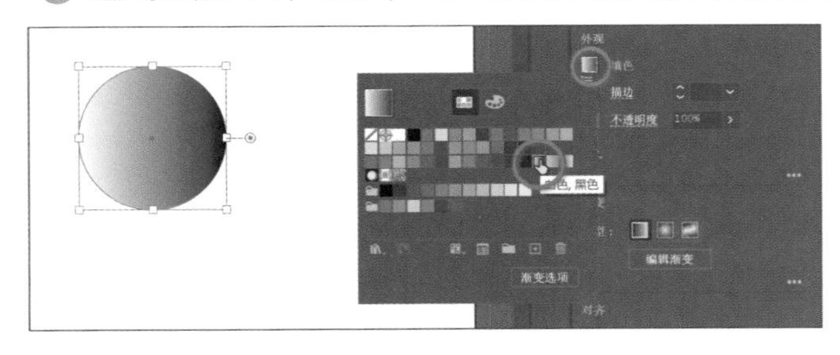

图 3-34

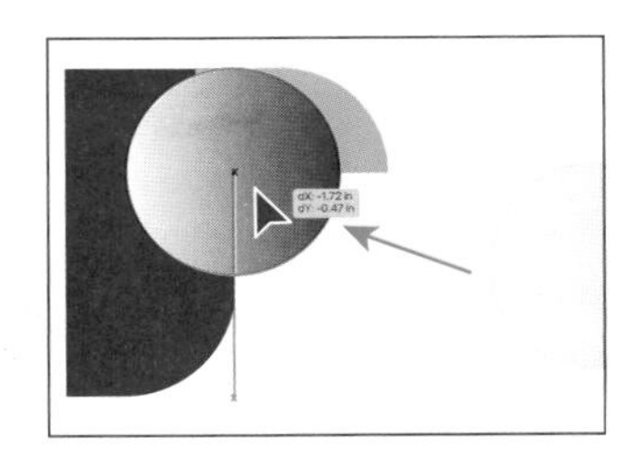

图 3-35

圆形将覆盖矩形。

5 选择“选择”>“取消选择”，然后选择“文件”>“存储”。

3.4.8 练习制作鸟的眼睛

下面将练习使用“椭圆工具”◯创建一个圆形来制作鸟的眼睛。

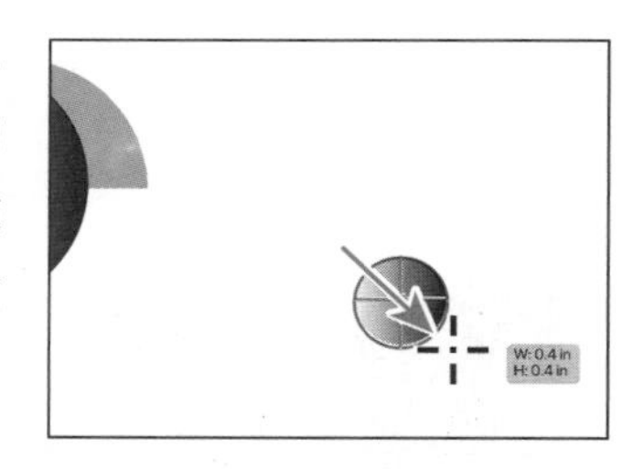

图 3-36

1 在“椭圆工具”◯仍处于选中状态的情况下，将鼠标指针移动到小鸟右侧，按住鼠标左键并拖动以绘制椭圆。拖动时，按住 Shift 键将绘制圆形。当宽度和高度都大约为 0.4 in 时，松开鼠标左键，然后松开 Shift 键，如图 3-36 所示。

2 单击右侧“属性”面板中的“填色”框，在弹出的面板中，确保在顶部选择了“色板”选项，选择黑色来填充形状，如图 3-37 所示。

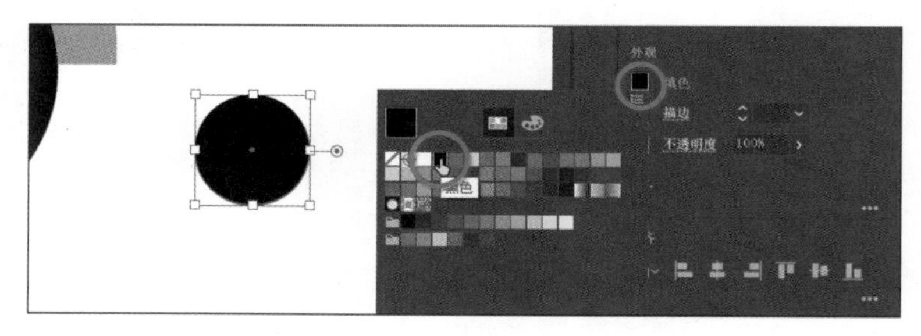

图 3-37

3 按 Esc 键隐藏“色板”面板。

4 单击“属性”面板中的“描边”框，确保在弹出的面板中选择了“色板”选项，然后选择一种黄色来改变描边颜色，如图 3-38 所示。

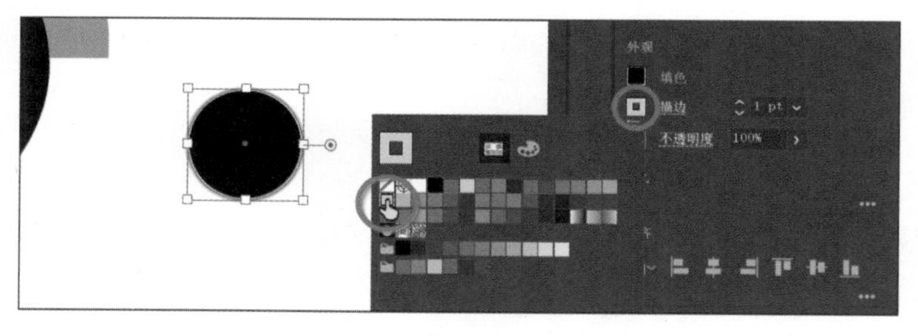

图 3-38

5 将“属性”面板中的描边粗细更改为 6 pt，如图 3-39 所示。

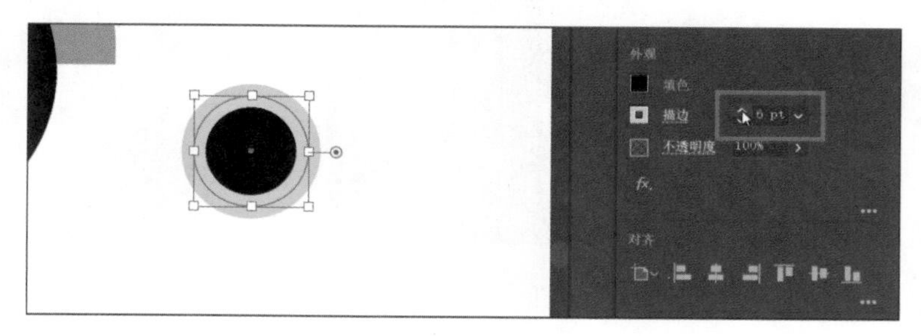

图 3-39

接下来将圆形移动到合适的位置，并使其变小。

6 使用鼠标左键按住圆形中心点，将圆形拖动到鸟的头部以制作眼睛，如图 3-40（a）所示。

7 在右侧“属性”面板的“变换”选项组中，确保激活了“宽”和“高”右侧的“保持宽度和高度比例”按钮，这样图形将按比例变化。将任一值更改为 0.09 in，如图 3-40（b）所示。

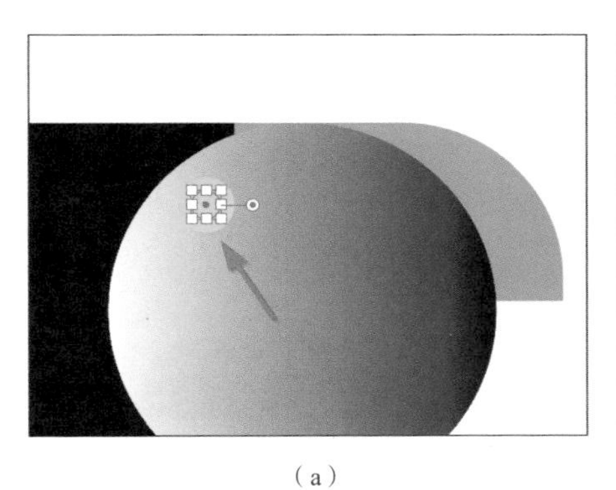

（a）

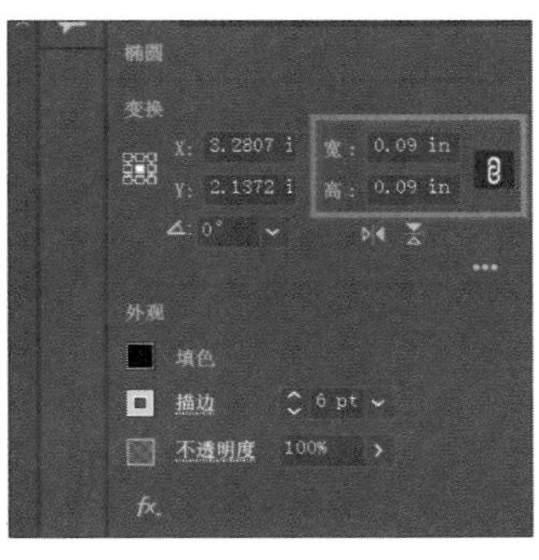

（b）

图 3-40

请注意，当缩小圆形时，描边粗细（大小）不会改变，且填色似乎已经消失。接下来您将了解其原因。

3.4.9 更改描边对齐方式

如前所述，描边是对象或路径的可见轮廓或边界。默认情况下，描边以路径为中心，这意味着沿着路径，一半的描边在路径一侧，另一半在路径另一侧。您可以调整此对齐方式使描边居中对齐（默认）、使描边靠内侧对齐或使描边靠外侧对齐。接下来，您将学习更改描边的对齐方式，以便看到眼睛的填色。

1 在小圆形仍处于选中状态的情况下，单击“属性”面板中的“描边”文本以打开“描边”的相关选项的面板。

2 在“描边”面板中单击“使描边外侧对齐”按钮，将描边与圆形的外边缘对齐，如图 3-41 所示。

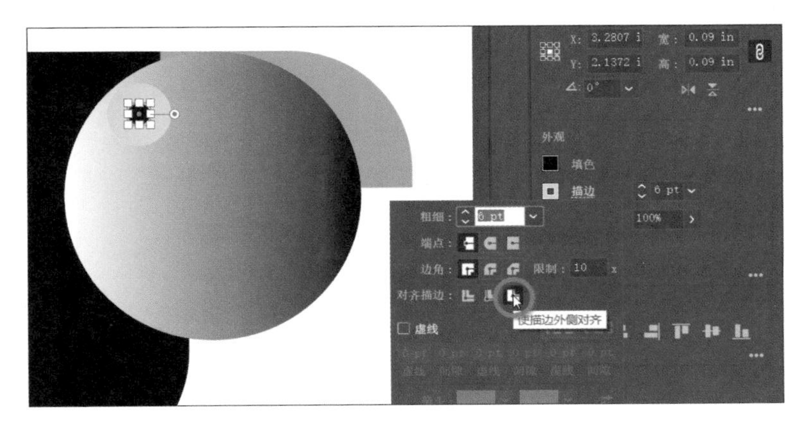

图 3-41

图中的圆形很小，当描边靠外边缘对齐时，希望您可以看到差异。如有必要，您可以放大视图。

③ 选择“选择”>“取消选择”。

3.4.10 基于椭圆创建饼图形状

椭圆（圆也属于椭圆）有两个饼图控制点，可以拖动它们来创建饼图形状。接下来，您将使用这些饼图控制点将填充了渐变的圆修改为半圆。

① 选择“选择工具”▶，然后单击填充了渐变的圆形。选择圆形后，在其右侧会看到饼图控制点⊸。

② 按住鼠标左键将饼图控制点⊸顺时针拖动到圆的下方一点儿，然后松开鼠标左键，如图 3-42 所示。

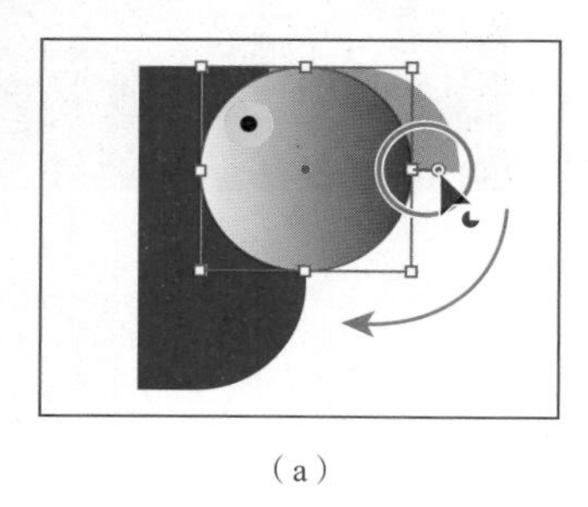

（a）

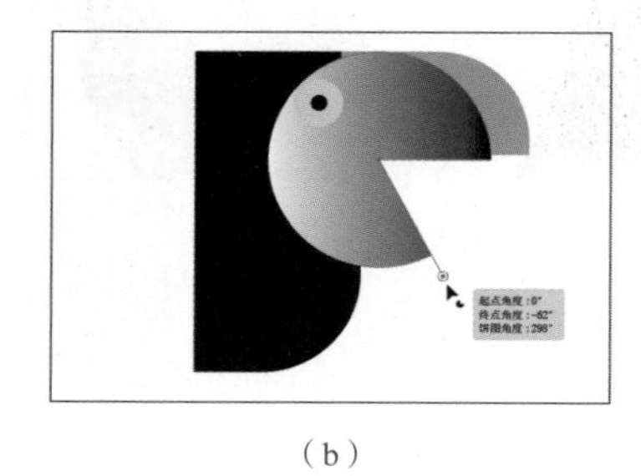

（b）

图 3-42

请注意，在开始拖动饼图控制点的同一位置还有另一个控制点。刚刚拖动的饼图控制点控制饼图起点角度，另一个饼图控制点控制饼图终点角度。

③ 从同一位置沿逆时针方向拖动另一个饼图控制点（饼图终点角度），如图 3-43 所示。

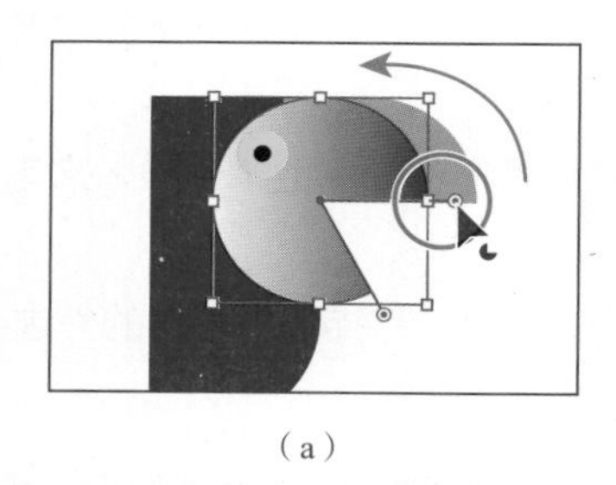

（a）

（b）

图 3-43

如果恰好能看到圆的一半，图形看起来会最好。这需要您拖动两个饼图控制点，使它们之间的角度为 180° 。您可以在“属性”面板中进行精确调整。

④ 在右侧的“属性”面板的“变换”选项组中单击“更多选项”按钮•••，显示更多选项。从“饼图起点角度”下拉列表中选择 90° 选项。

⑤ 从“饼图终点角度”下拉列表中选择 270° 选项，如图 3-44 所示。

注意 图 3–44 为饼图终点角度为 270° 的效果。

⑥ 按 Esc 键隐藏面板。

⑦ 单击“属性”面板中的“排列”按钮，然后选择“后移一层”命令，如图 3-45（a）所示，将饼图移动到鸟嘴矩形的后方。

❽ 拖动填充了渐变的半圆，使其右边缘与黑色形状对齐，如图 3-45（b）所示。

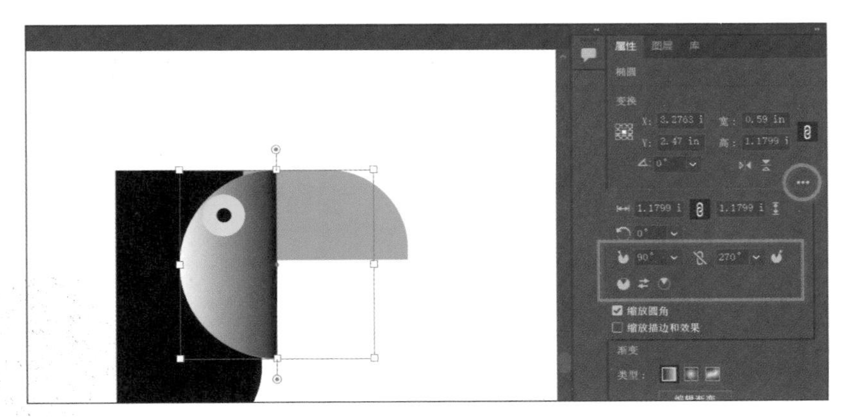

图 3-44

❾ 选择黄色眼圈，单击“属性”面板中的“排列”按钮，然后选择“后移一层”命令，将其移动到绿色的喙形状的后方。如有必要，将形状拖动到图 3-46 所示的位置。

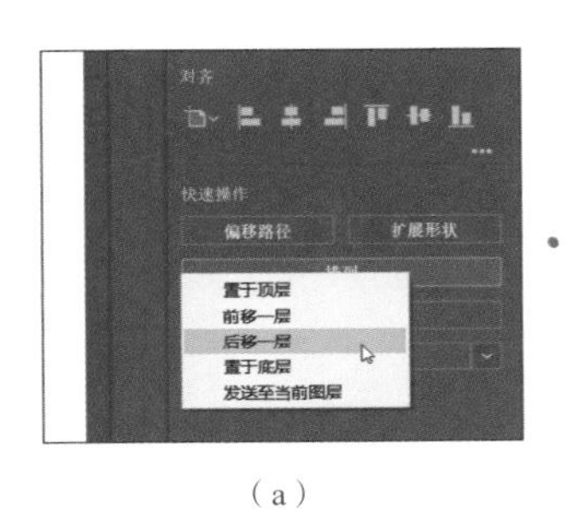

（a）

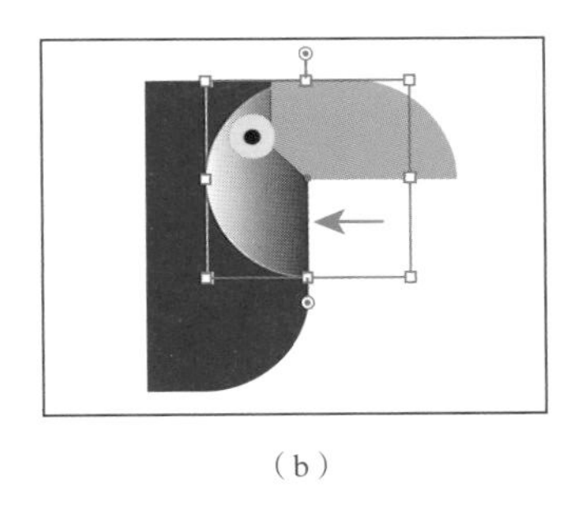

（b）

图 3-45

图 3-46

3.4.11　创建多边形

使用“多边形工具” 可以创建具有多个直边的形状。使用“多边形工具” 默认绘制的是六边形，并且是从中心开始绘制所有形状。多边形也是实时形状，这意味着该图形在创建之后，其“大小”“旋转角度”“边数”等属性仍是可编辑的。

下面将创建几个多边形来制作鸟的尾羽和脚。

❶ 在工具栏中的“椭圆工具” 上按住鼠标左键，然后选择“多边形工具” 。

❷ 选择“视图”>“智能参考线”，将智能参考线关闭。

❸ 将鼠标指针移到鸟的右侧，按住鼠标左键并向右拖动，开始绘制多边形，注意不要松开鼠标左键，如图 3-47（a）所示。按向下箭头键一次，将多边形的边数减少到 5，该过程中同样不要松开鼠标左键，如图 3-47（b）所示。按住 Shift 键将形状摆正，如图 3-47（c）所示。松开鼠标左键和 Shift 键，保持形状处于选中状态。

请注意，此时不会看到灰色测量标签，因为灰色测量标签是刚刚关闭的智能参考线的一部分。智能参考线在某些情况下非常有用（如需要提高精度时），您可以根据需要开启或关闭智能参考线。

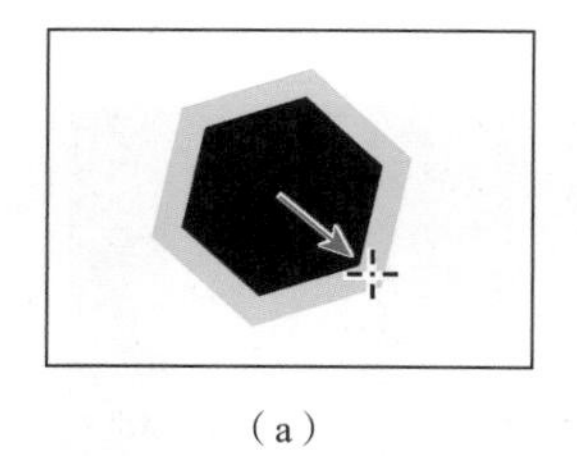

（a）

（b）

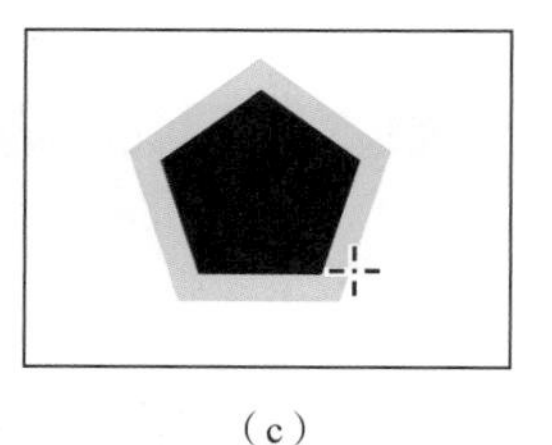

（c）

图 3-47

❹ 单击“属性”面板中的“描边”框，确保在弹出的面板中选择了“色板”选项，选择“无”选项，删除黄色描边。

❺ 选择“视图”>“智能参考线”，重新开启智能参考线。

❻ 在“多边形工具”仍处于选中状态的情况下，向下拖动定界框右侧的控制点◇，在灰色测量标签中将边数更改为 6，如图 3-48 所示。

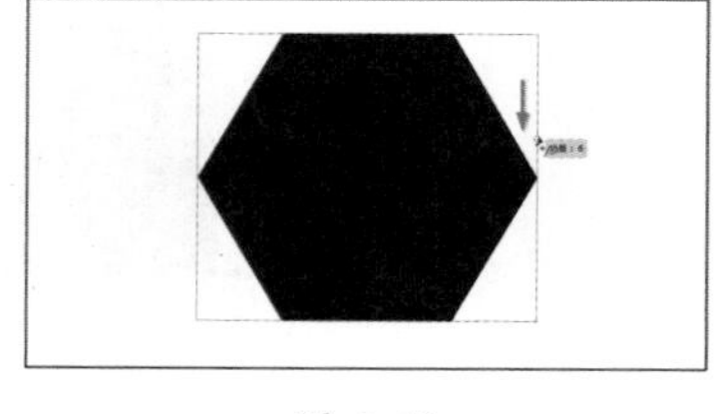

图 3-48

❼ 选择“文件”>“存储”。

3.4.12 编辑多边形

下面将更改多边形的大小并创建尾羽。

❶ 在右侧“属性”面板的“变换”选项组中，从“旋转”下拉列表中选择 90 选项，旋转多边形，如图 3-49 所示。

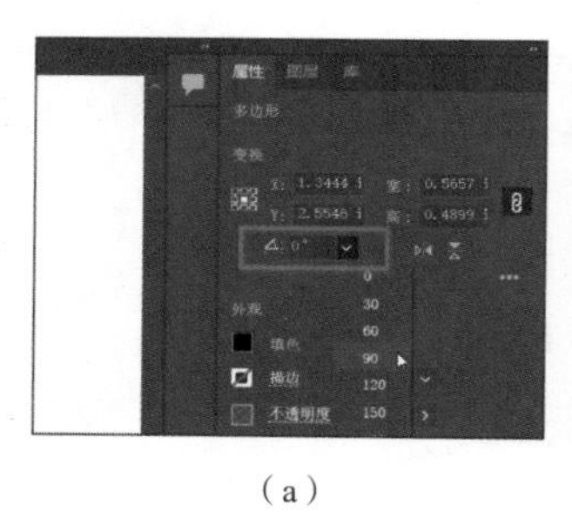

（a）

（b）

图 3-49

❷ 按住 Shift 键并拖动多边形的一个角以等比例更改其宽度和高度。当灰色测量标签中显示的高度大约为 1.07 in 时，如图 3-50 所示，松开鼠标左键，松开 Shift 键。

> **注意** 您需要根据多边形的初始大小，在此步骤中将多边形变大或变小，以匹配本书中建议的高度。

❸ 在右侧的“属性”面板中，确保“宽”和“高”右侧的“约束宽度和高度比例”按钮处于禁用状态。

❹ 将“宽”设置为 0.31 in，如图 3-51 所示。按 Enter 键确认更改。

> **注意** 按 Enter 键确认并非对所有字段的修改都有效，您可以单击另一个字段来确认值的更改。

现在创建了多边形，您可以圆化一些角，以使其看起来更像一根羽毛。因此先选择要圆化的角。

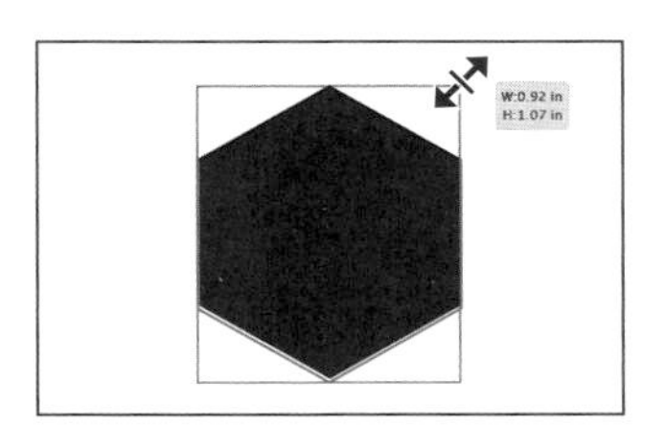
图 3-50

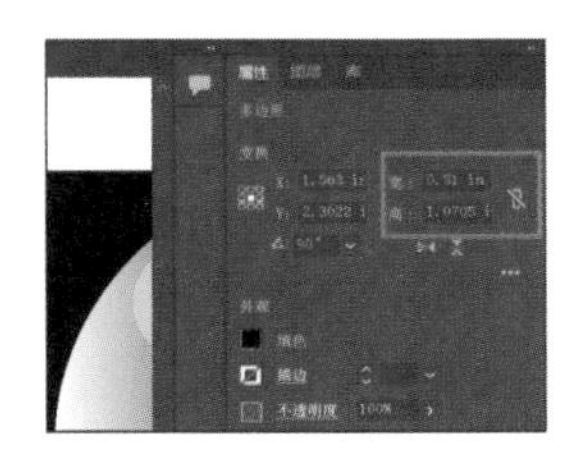
图 3-51

❺ 在工具栏中选择“直接选择工具”▷。

❻ 框选形状中间的 4 个锚点，如图 3-52（a）所示。选择这些锚点后，可以看到它们的实时圆角控制点⊙，如图 3-52（b）所示。

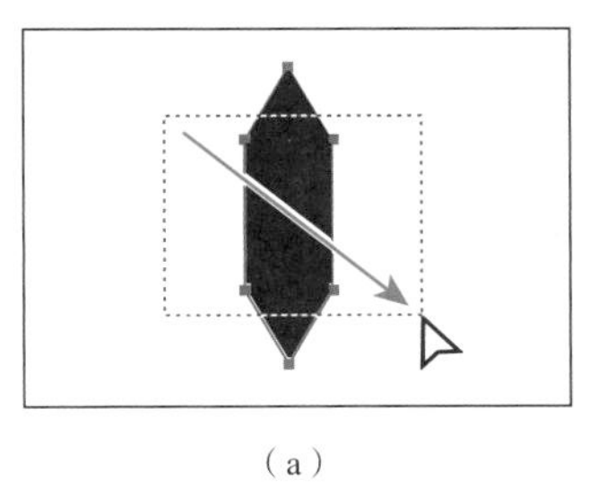
（a）

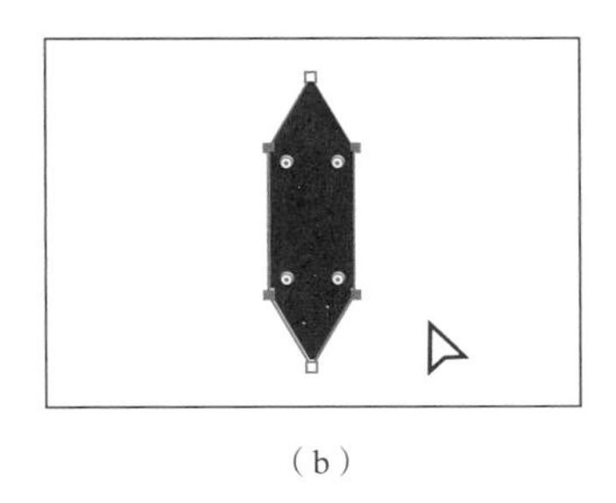
（b）

图 3-52

现在，在每个角处都能看到实时圆角控制点⊙，如果没有看到它们，请放大视图。您需要圆化 4 个角。

❼ 将选定的实时圆角控制点⊙之一拖向形状的中心，如图 3-53（a）所示。越过形状中心继续拖动，直到看到红色曲线，如图 3-53（b）所示，这表示无法再进一步圆化。现在的形状就像一根尾羽，如图 3-53（c）所示。

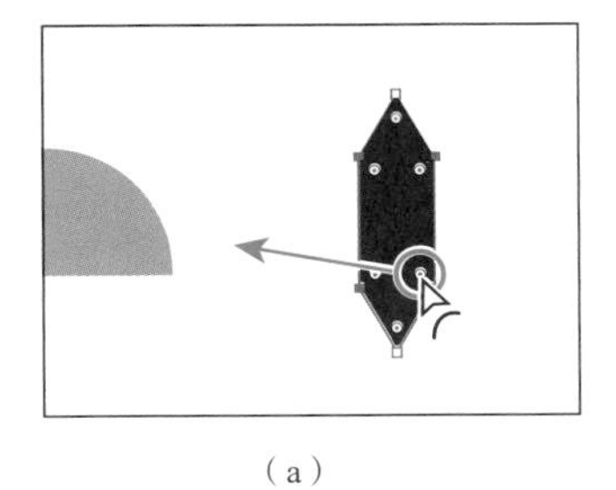
（a）

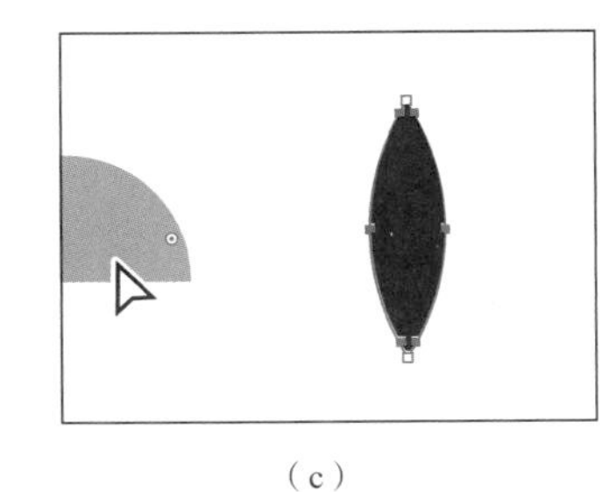

（b）

（c）

图 3-53

3.4.13 制作尾羽副本

下面将制作尾羽的副本，并将它们旋转移动到合适的位置。

❶ 在多边形仍处于选中状态的情况下，选择“选择工具”▶，从“属性”面板的“旋转”下拉列表中选择 120° 选项，旋转多边形，如图 3-54 所示。

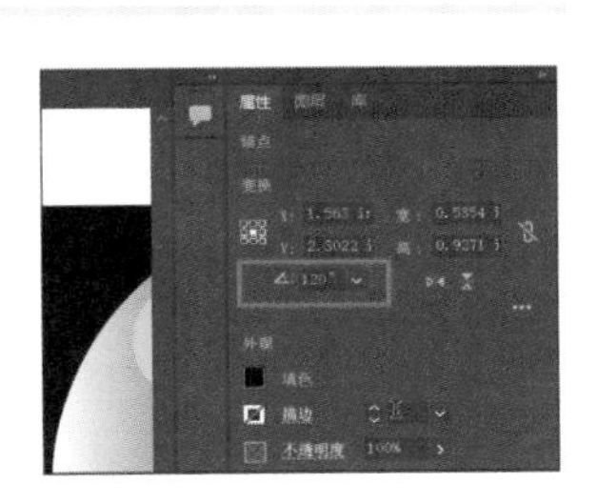
图 3-54

❷ 将多边形拖动到图 3-55（a）所示的位置。

❸ 选择“编辑”>“复制”，然后选择“编辑”>“贴在前面”，制作

多边形副本且该副本位于原形状上方。

4 从“属性”面板的“旋转”下拉列表中选择 150° 选项，旋转副本。

5 将副本拖动到图 3-55（b）所示的位置。

注意 在第 4 课“编辑和合并形状与路径”中，您将学习如何围绕特定点旋转对象，这样您就不必将第二根羽毛拖动到图 3-55（b）所示的位置了。

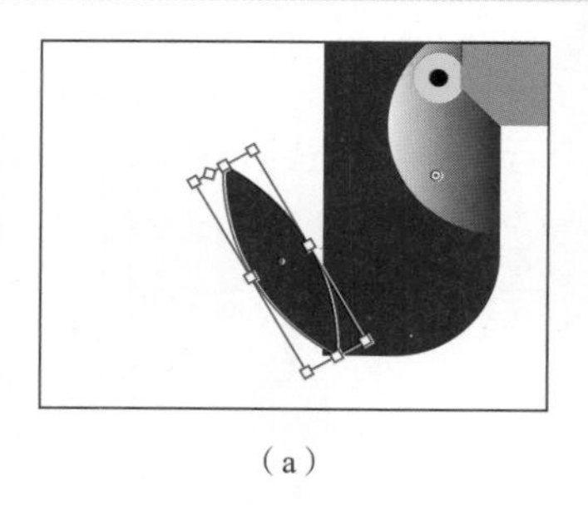
（a）

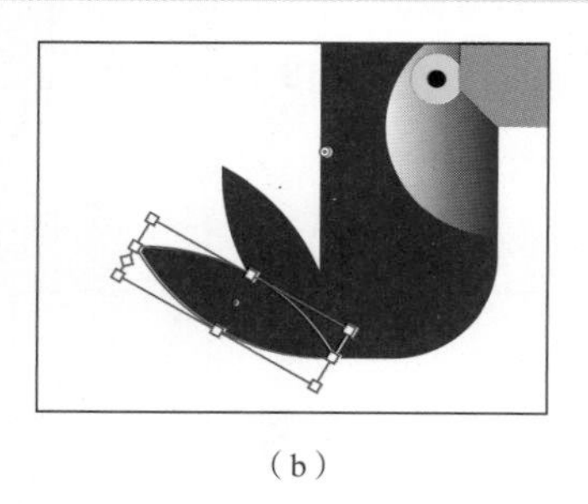
（b）

图 3-55

操作时可能需要放大尾羽形状，以便更轻松地定位它。

3.4.14 练习用多边形制作鸟的脚

下面将练习创建和编辑多边形，并用多边形制作鸟脚。

1 选择“多边形工具”，将鼠标指针移动到小鸟的右侧。

- 按住鼠标左键并向右拖动，开始绘制多边形，直到您在测量标签中看到宽度为 1 in，但不要松开鼠标左键。
- 根据需要多次按向下箭头键，将多边形的边数减少到 3（三角形），并且不要松开鼠标左键。
- 按住 Shift 键拉直形状。
- 松开鼠标左键，然后松开 Shift 键。保持形状处于选中状态，如图 3-56 所示。

2 从中心点拖动多边形到鸟的身体下方，形成一只脚。

3 单击右侧“属性”面板中的“填色”框。在打开的面板中，确保选中了顶部的“色板”选项，选择橙色来填充形状，结果如图 3-57 所示。

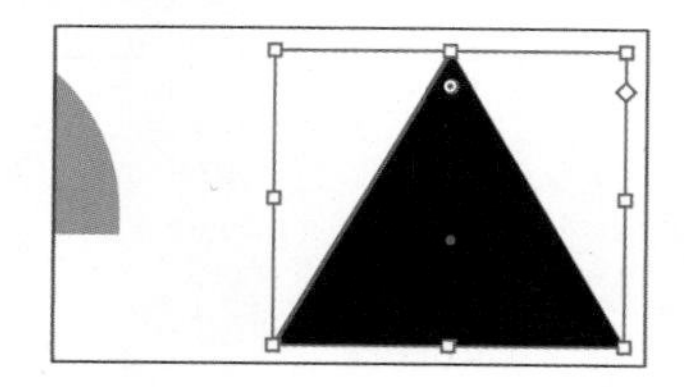
图 3-56

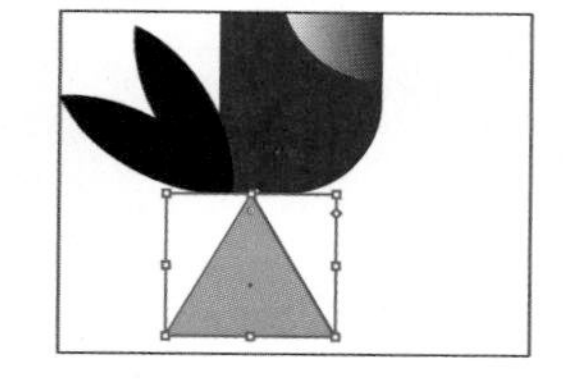
图 3-57

稍后将编辑三角形，使其变小，且让鸟有两只脚。

3.4.15 创建星形

本小节将使用“星形工具”创建一个星形，作为鸟头上的羽毛。目前，“星形工具”不能创建实时形状，这意味着编辑星形可能有一定难度。

使用“星形工具”绘图时，您将使用修饰键得到需要的芒点数，并更改星形的半径（星臂长度）。

以下是本小节绘制星形时用到的修饰键以及它们的作用。

- 箭头键：在绘制星形时，按向上箭头键或向下箭头键，会添加或删除星臂。
- Shift 键：使星形摆正（强制）。
- Option 键（macOS）或 Ctrl 键（Windows）：在创建星形时，按住该键的同时拖动鼠标，可以改变星形的半径（使星臂变长或变短）。

创建星形需要使用一些修饰键，并且不要太快松开鼠标左键。这可能需要多尝试几次。

❶ 在工具栏中的“多边形工具”⬡上按住鼠标左键，然后选择“星形工具”☆。

❷ 在鸟的右侧，按住鼠标左键并拖动以创建一个星形。拖动到测量标签中显示宽度大约为 1.14 in，如图 3-58（a）所示。不要松开鼠标左键！

提示 您也可以在选中“星形工具”的情况下在文档窗口中单击，在“星形”对话框中编辑相关选项来绘制星形。

❸ 按几次向上箭头键，将星形的芒点数增加到 8，如图 3-58（b）所示。不要松开鼠标左键！

❹ 按住 Command 键（macOS）或 Ctrl 键（Windows），然后按住鼠标左键向星形中心的反方向拖动，如图 3-58（c）所示。停止拖动，松开 Command 键（macOS）或 Ctrl 键（Windows），但不要松开鼠标左键。

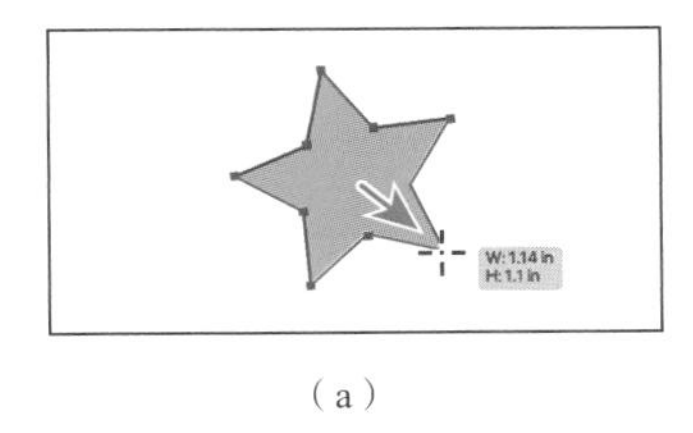
（a）

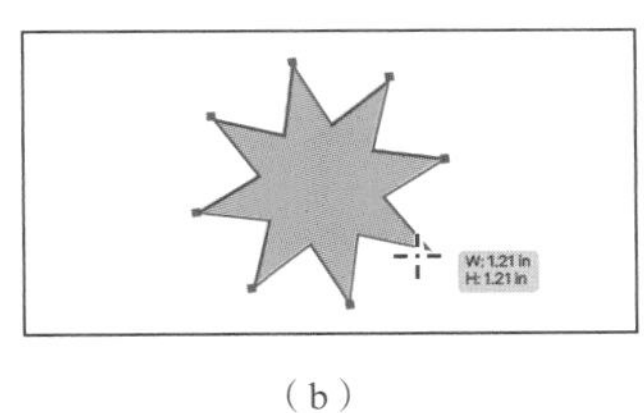
（b）

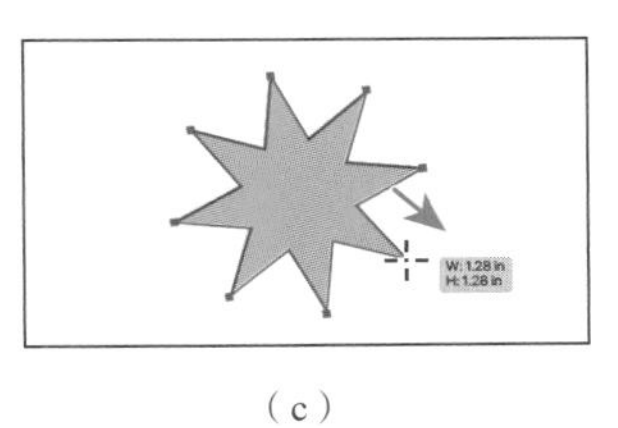
（c）

图 3-58

绘制星形时按住 Command/Ctrl 键可在保持星形内径不变的情况下，使星臂变长或变短（具体取决于您的拖动方式）。

❺ 按住 Shift 键将星形摆正，松开鼠标左键，然后松开 Shift 键，结果如图 3-59 所示。

❻ 选择“选择工具”▶，然后将星形拖到鸟头上，如图 3-60（a）所示。

❼ 单击右侧“属性”面板中的“填色”框，在弹出的面板中，确保选中了顶部的“色板”选项▦，选择黑色来填充形状，如图 3-60（b）所示。

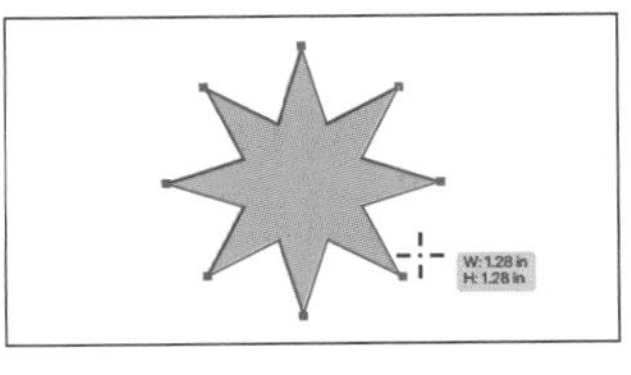
图 3-59

❽ 按住 Shift 键并拖动星形的一个角，使其变小一点儿，如图 3-60（c）所示。

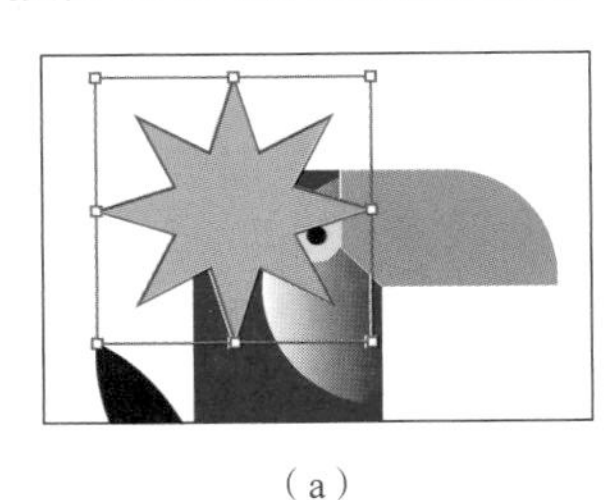
（a）

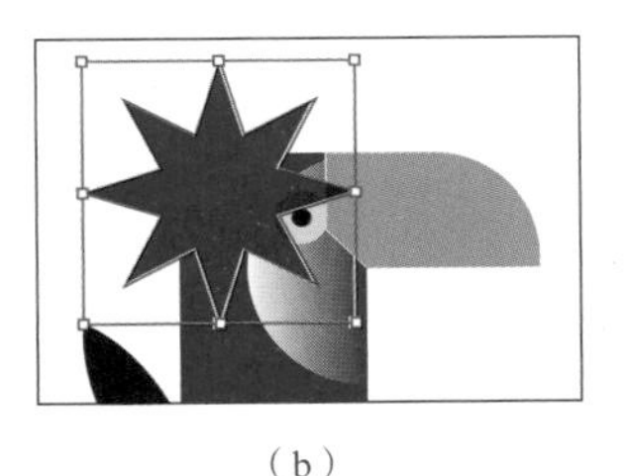
（b）

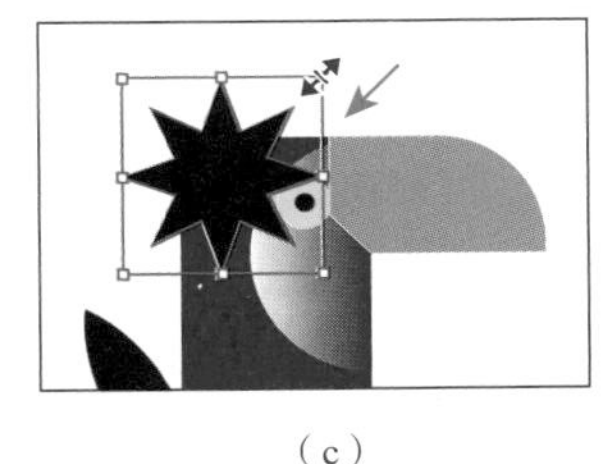
（c）

图 3-60

⑨ 单击“属性”面板中的“排列”按钮，然后选择“置于底层”命令，将星形置于组成鸟的其他形状的后面。

⑩ 将星形拖动到图 3-61 所示的位置。

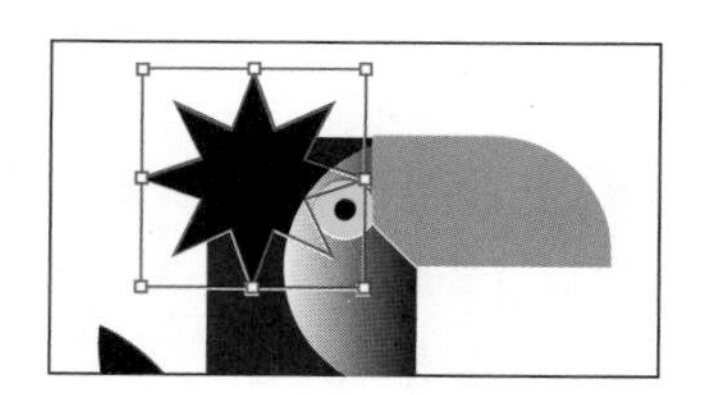

图 3-61

3.4.16 绘制线条

使用“直线段工具”创建的线条是实时线条，与实时形状类似，它们在绘制之后有许多属性可编辑。本小节将使用“直线段工具”创建线条（称为开放路径），这条线会很短，用来完成鸟脚的绘制。

① 在工具栏中的“星形工具”☆ 上按住鼠标左键，然后选择“直线段工具”／。

② 在橙色三角形（鸟脚）的右侧，按住鼠标左键并向任意方向拖动以绘制一条线，如图 3-62（a）所示，不要松开鼠标左键。

③ 拖动时，按住 Shift 键可将线条的旋转角度限制为 45° 的倍数。拖动时请注意灰色测量标签中的长度和角度，直接向右拖动，直到线的长度约为 0.4 in，如图 3-62（b）所示。松开鼠标左键，然后松开 Shift 键。

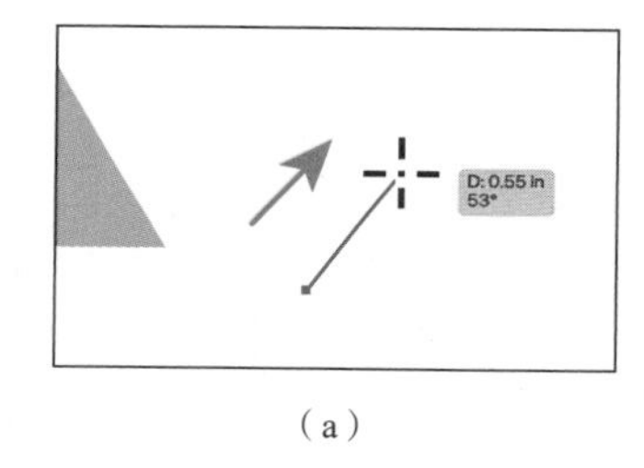

（a）

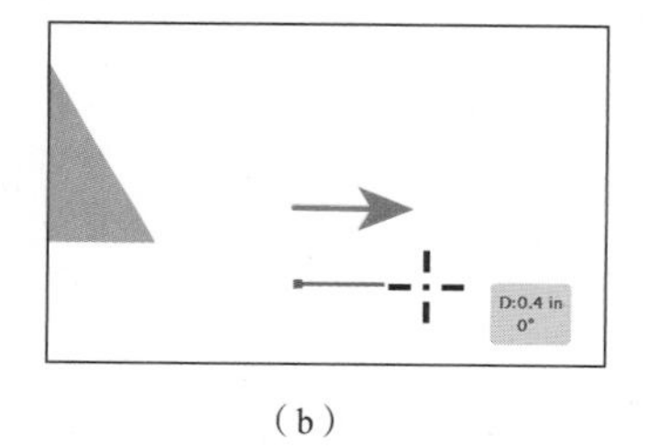

（b）

图 3-62

④ 选择线条后，在文档右侧的“属性”面板中将描边粗细更改为 13 pt。

⑤ 单击“属性”面板中的“描边”框，并确保在弹出的面板中选择了“色板”选项，选择较深的橙色。

⑥ 选择新绘制的线条，将鼠标指针移动到线条顶端之外。当鼠标指针变为形状时，按住鼠标左键并向逆时针方向拖动，如图 3-63 所示，直到灰色测量标签中显示 90° 。这将使线条从水平状态变为竖直状态。

默认情况下，线条围绕其中心点进行旋转。

⑦ 在工具栏中选择“选择工具”▶，然后在线条中心点上按住鼠标左键，将线条拖到橙色三角形上，如图 3-64 所示。

注意 如果以与原始路径相同的轨迹拖动直线，则会在直线的两端看到“直线延长”和“位置”提示，出现这些提示是因为打开了智能参考线。

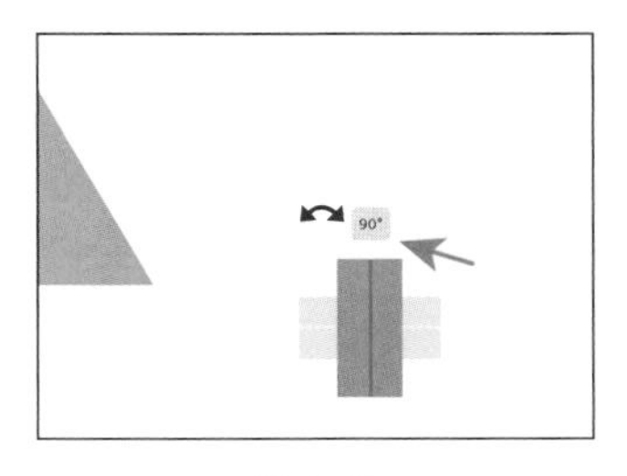

图 3-63

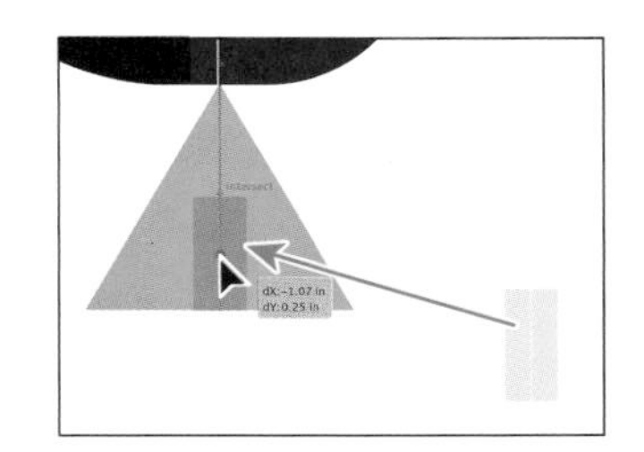

图 3-64

⑧ 框选构成脚的线条和橙色三角形，单击“属性”面板中的“编组”按钮将它们组合在一起。

接下来，您将缩放脚部图形。深橙色线条有描边，其描边默认不随图形一起缩放。所以，如果直接缩小线条，描边粗细将仍然保持为 13 pt。要在缩放线条时缩放描边，您需要进行以下操作。

⑨ 在“属性”面板的“变换”选项组中单击“更多选项”按钮 ，在弹出的面板中勾选“缩放描边和效果”复选框，如图 3-65 所示。

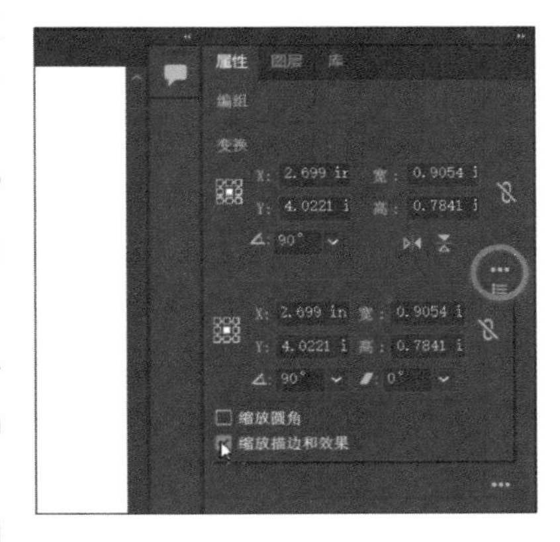

图 3-65

⑩ 回到脚部图形组。按住 Shift 键，在图形组定界框的中心点上按住鼠标左键从底部向上拖动，使其变小。当宽度约为 0.2 in 时，松开鼠标左键，然后松开 Shift 键，如图 3-66（a）所示。

⑪ 按住 Option 键（macOS）或 Alt 键（Windows），将图形组拖动到右侧以制作副本，如图 3-66（b）所示。松开鼠标左键，然后松开 Shift 键。

⑫ 调整脚的位置，使它们更符合实际情况，效果如图 3-66（c）所示。

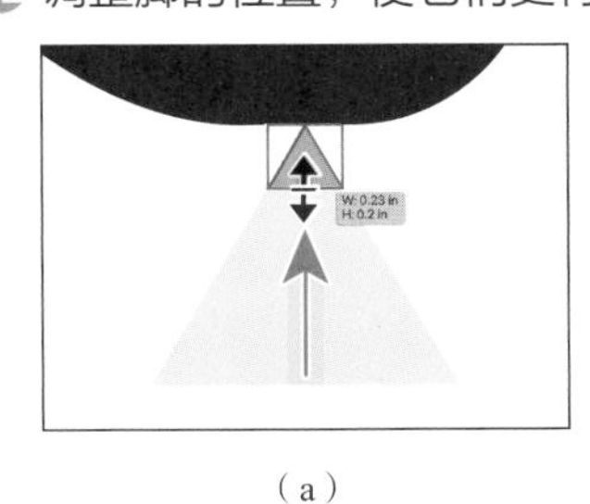

（a）

（b）

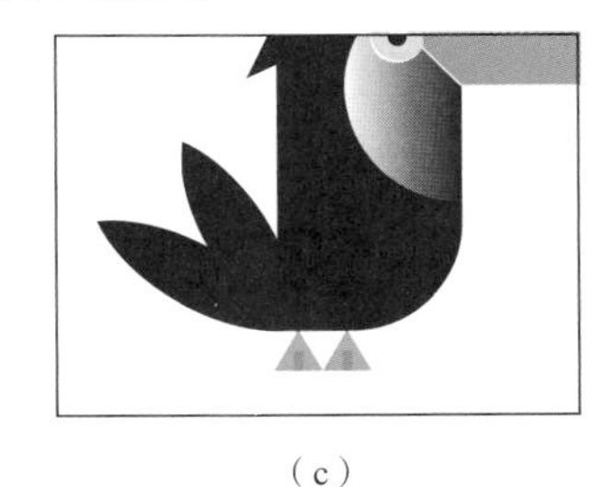

（c）

图 3-66

3.5 使用绘图模式

Adobe Illustrator 有 3 种不同的绘图模式：正常绘图模式、背面绘图模式和内部绘图模式。您可以在工具栏的底部找到它们，如图 3-67 所示。绘图模式允许您以不同的方式绘制形状。

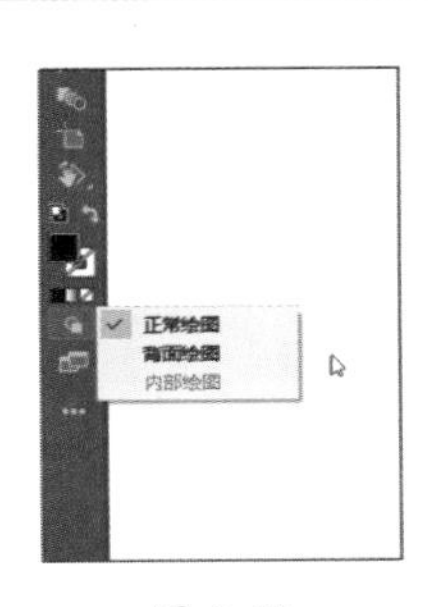

图 3-67

- 正常绘图模式：默认在正常绘图模式下绘制形状，该模式下形状彼此堆叠。
- 背面绘图模式：如果未选择任何对象，则此模式允许您在所选图层上所有图形的底层进行绘制；如果选择了对象，则会直接在所选对象的下层绘制新对象。

- 内部绘图模式：此模式允许您在其他对象内部绘制对象或置入图像，并自动为所选对象创建剪切蒙版。

> 注意　剪切蒙版是一种隐藏图稿其他部分的形状的方式。您将在第 15 课“置入和使用图像”中了解更多有关剪切蒙版的内容。

3.5.1　从另一个文件复制图稿

接下来，您将复制来自其他 AI 文件的图稿，其中包含您将添加到巨嘴鸟嘴巴处的形状和一些手写文本。

❶ 选择“文件”>“打开”。在“打开”对话框中，选择 Lessons>Lesson03 文件夹中的 toucan-artwork.ai 文件，然后单击“打开”按钮。

> 提示　画板的右上角是由一个圆、一个星形以及一系列线条组成的一组彩色形状。

❷ 在工具栏中选择“选择工具”▶。选择“选择”>“现用画板上的全部对象”，选择当前画板上的所有内容，选择“编辑”>“复制”。

❸ 单击 ToucanLogo.ai 选项卡返回 Logo 文档。

❹ 选择“视图”>“画板适合窗口大小”。

❺ 选择“编辑”>“就地粘贴”，将所选图稿粘贴到与它们在原 AI 文件中相同的位置，效果如图 3-68 所示。

图 3-68

❻ 选择“选择”>“取消选择”。

3.5.2　使用内部绘图模式

本小节将使用内部绘图模式，把从 taucan-artwork.ai 文件复制的图稿添加到绿色的鸟喙形状内部。如果您想要隐藏（遮挡）部分图形，这个模式将非常有用。您可以在此模式下将内容绘制、置入或复制到形状中。

> 注意　如果工具栏显示为双列，则可以在工具栏底部看到所有的 3 个绘图模式按钮。

❶ 单击绿色的鸟喙形状。

❷ 从工具栏底部的“绘图模式”下拉列表中选择“内部绘图”选项，如图 3-69 所示。

❸ 使用“选择工具”▶选择粘贴进来的彩色图形组，如图 3-70 所示。选择“编辑”>“剪切”。

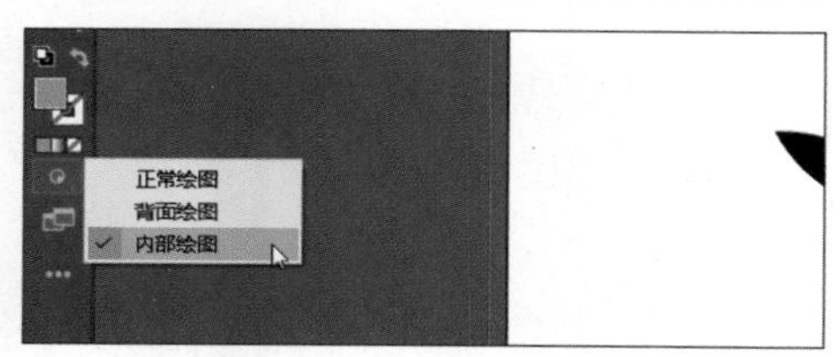

图 3-69

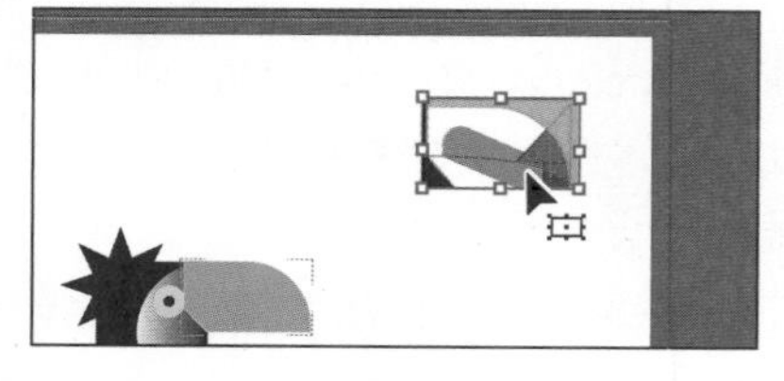
图 3-70

> 提示　您可以通过选择“对象”>“剪切蒙版”>“释放”来分隔形状，这会使两个对象堆叠起来。

❹ 选择“编辑”>“粘贴”，效果如图 3-71 所示。

彩色图形组将被粘贴到绿色鸟喙形状中，因为进入内部绘图模式时已选择鸟喙图形。

❺ 单击工具栏底部的“绘图模式”按钮，选择“正常绘图”选项，如图 3-72 所示。

添加完形状后，可以返回正常绘图模式，以便正常绘制（是堆叠而不是在内部绘制）新形状。

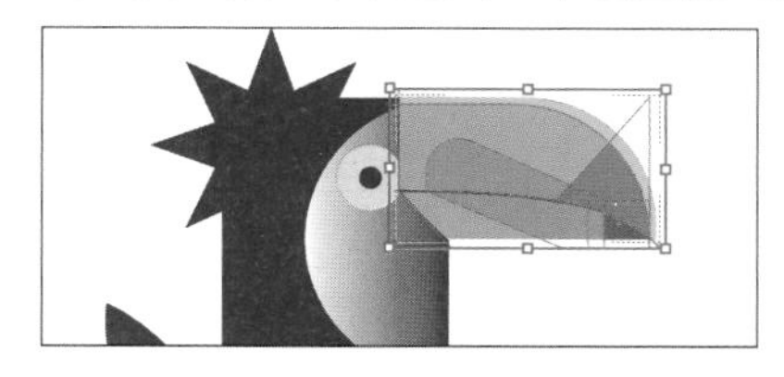

图 3-71

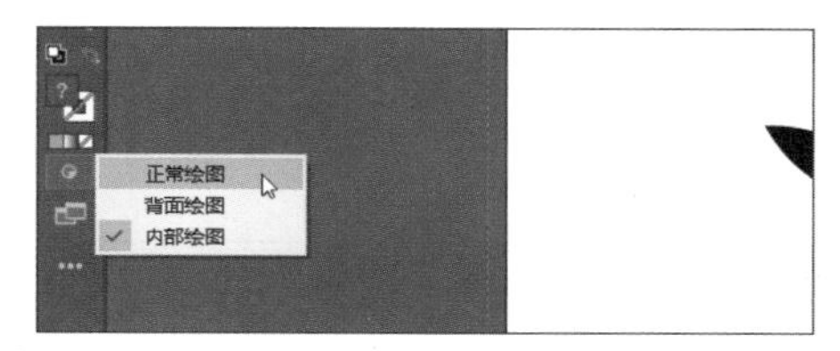

图 3-72

❻ 选择“选择”>“取消选择”，然后选择“文件”>“存储”。

3.5.3 编辑内部绘图的内容

本小节将编辑鸟喙形状内的彩色图形组，介绍如何编辑内部绘图的内容。

❶ 选择“选择工具”，单击鸟喙末尾的粉红色部分，如图 3-73 所示。请注意，现在选择的是整个绿色鸟喙形状。鸟喙形状现在是一个蒙版，也称为“剪切路径”。鸟喙形状和彩色图形组一起构成了一个“剪切组”。在“属性”面板的顶部可看到“剪切组”文本。与其他编组一样，如果要编辑剪切路径（即包含内部绘制内容的对象，此处是鸟喙形状）或其内部内容，可以双击剪切组对象。

❷ 在选择“剪切组”的情况下，单击“属性”面板中的“隔离蒙版”按钮进入隔离模式，如图 3-74 所示，此时能够选择剪切路径（鸟喙形状）或其内部的彩色图形组。

图 3-73

图 3-74

提示 与编组类似，也可以双击“剪切组”进入隔离模式。

❸ 再次单击鸟喙的粉红色部分，如图 3-75 所示，拖动调整其位置，也可以使用箭头键来移动它。

❹ 按 Esc 键退出隔离模式。

❺ 选择“选择”>“取消选择”。

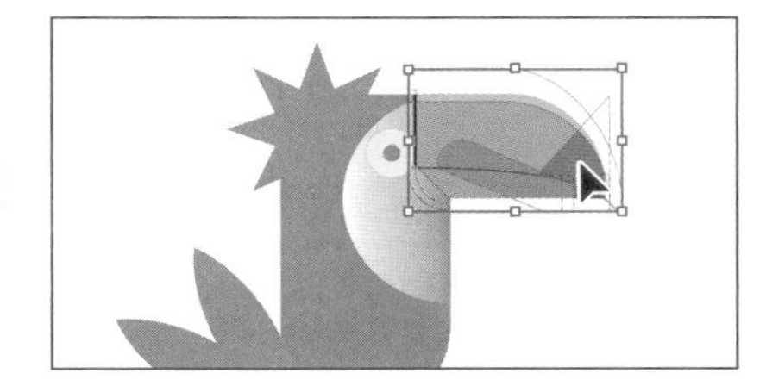

图 3-75

注意 如果不小心拖动了整个对象，请选择“编辑”>“还原移动”。处于隔离模式时，您会在文档窗口的顶部边缘看到一个“剪切组”页面标签，且除剪切组外的其余图稿内容显示为灰色。

3.5.4 使用背面绘图模式

下面将使用背面绘图模式绘制一个位于 Logo 后面的形状。

❶ 单击工具栏底部的“绘图模式”按钮，选择“背面绘图”选项，如图 3-76 所示。

只要选择了此绘图模式，使用目前所学到的方法创建的每个形状都将位于画板中其他形状的下层。背面绘图模式还会影响置入或复制的内容。

❷ 在工具栏中的“直线段工具”上按住鼠标左键，然后选择“矩形工具”。

❸ 按住 Shift 键的同时拖动以创建一个比巨嘴鸟图形稍大的正方形，如图 3-77 所示。松开鼠标左键，然后松开 Shift 键。

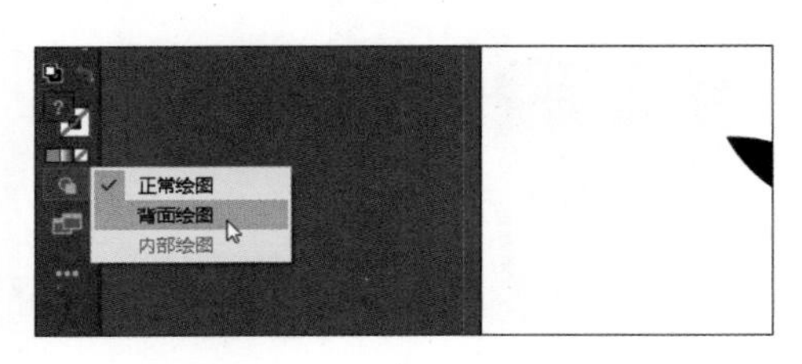

图 3-76

图 3-77

该矩形通常会覆盖巨嘴鸟图形。但由于您是在背面绘图模式下绘制的，所以它位于巨嘴鸟的后面。

❹ 选择新矩形后，单击“属性”面板中的“填色”框，确保在弹出的面板中选择了“色板”选项，然后更改填充颜色的值为“C=0 M=0 Y=0 K=20”的灰色，效果如图 3-78 所示。

❺ 单击“属性”面板中的“描边”框，确保在弹出的面板中选择了“色板”选项，然后选择“无”选项，删除描边（如有必要）。

❻ 将鼠标指针移动到矩形的一角外，当鼠标指针变成形状时，按住鼠标左键并沿逆时针方向拖动，旋转形状到图 3-79 所示的状态。

图 3-78

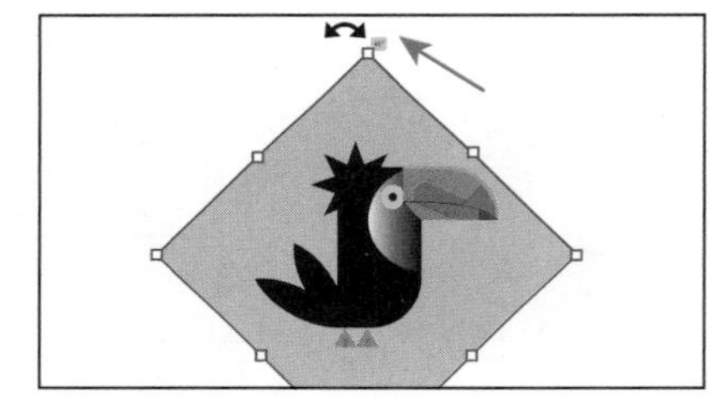
图 3-79

❼ 单击工具栏底部的“绘图模式”按钮，选择“正常绘图”选项。

3.5.5 使用图像描摹将位图转换为可编辑矢量图

本小节将介绍如何使用“图像描摹”功能，该功能可以把位图（如 JPEG 图片）转换为可编辑矢量图。“图像描摹”功能在把绘制在纸上的图像（如 Logo、图案、纹理或其他手绘内容等）转换为矢量图稿时非常有用。接下来，将给这只鸟一根棍子让它栖息，您将通过描摹一根棍子的图片以获得相应形状。

❶ 选择“文件”>“置入”。在“置入”对话框中，选择 Lessons>Lesson03 文件夹，选择 stick.jpg 文件，保持所有选项为默认设置，单击“置入”按钮。

❷ 在画板的空白区域单击以置入图像，如图 3-80 所示。

❸ 多次选择“视图”>“放大”，将置入的图像在文档窗口中居中显示。

❹ 选择图像后，单击文档窗口右侧“属性”面板中的“图像描摹”按钮，选择“低保真度照片”

选项，如图 3-81 所示。

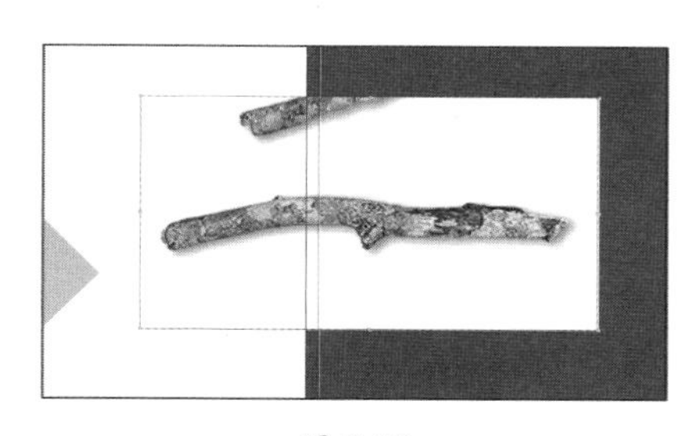

图 3-80

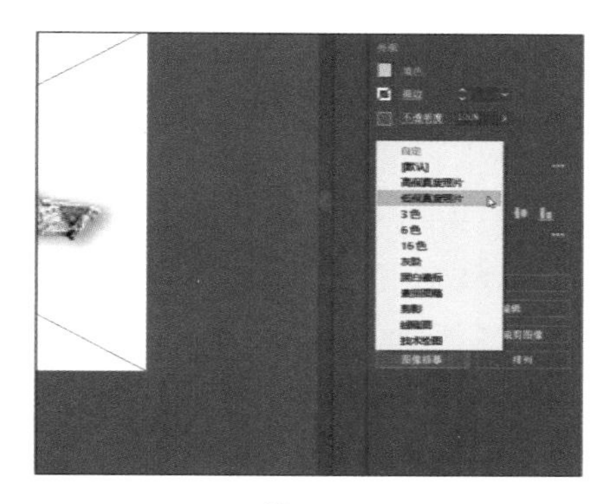

图 3-81

注意 您还可以选择“对象”>“图像描摹”>“制作”，并选择栅格内容，或者开始从“图像描摹”面板（“窗口”>“图像描摹”）进行描摹。

这会将图像转换为描摹对象。这意味着您还不能编辑矢量内容，但可以更改描摹设置或最初置入的图像。如果图像链接到了 AI 文件，还可以在 Adobe Photoshop 中编辑图像并看到变化。

5 从“属性”面板的“预设”下拉列表中选择“剪影”选项，如图 3-82 所示。

“剪影”预设将描摹图像强制生成的矢量内容变为黑色。图像描摹对象由原始图像和描摹结果（即矢量插图）组成。默认情况下，仅描摹结果可见。但是，您还可以在接下来打开的“图像描摹”面板的“视图”下拉列表中更改原始图像和描摹结果的显示方式，以满足您的需求。

6 单击“属性”面板中的“打开图像描摹面板”按钮，如图 3-83 所示。

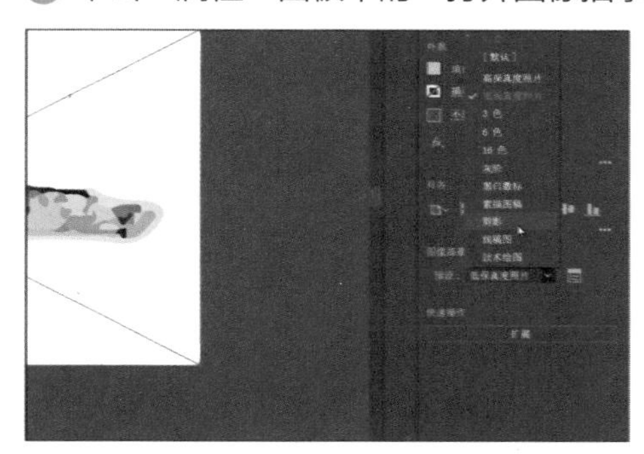

图 3-82

图 3-83

提示 还可以选择“窗口”>“图像描摹”来打开“图像描摹”面板。

“图像描摹”面板顶部的按钮包含将图像转换为灰度、黑白等模式的设置。在“图像描摹”面板顶部的按钮下方，您将看到“预设”选项，这与“属性”面板中的相同。“模式”选项允许您更改生成图稿的颜色模式（彩色、灰度或黑白）。“调板”选项用于限制调色板或从颜色组中指定颜色。

提示 修改描摹相关值时，可以取消勾选“图像描摹”面板底部的“预览”复选框，以免 Adobe Illustrator 在每次更改设置时都将描摹设置应用于要描摹的内容。

❼ 在“图像描摹”面板中，单击“高级”左侧的三角形按钮以显示折叠起来的高级选项。更改“图像描摹”面板中的相关选项，如图 3-84 所示。

- 阈值：230（默认设置，任何比阈值暗的像素都会转变为黑色）。
- 路径：95%（对于路径拟合，值越大表示契合越紧密）。
- 边角：80%（值越大表示角越多）。
- 杂色：90 px（默认设置，通过忽略指定像素大小的区域来减少杂色，值越大表示杂色越少）。

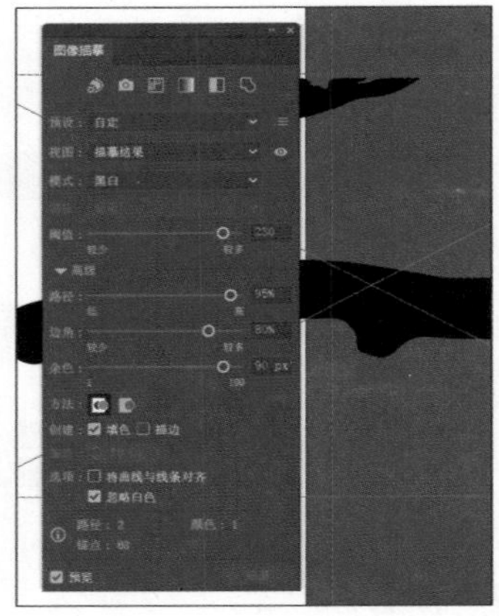

图 3-84

❽ 关闭“图像描摹”面板。

❾ 在仍然选择棍状描摹对象的情况下，单击“属性”面板中的“扩展”按钮，如图 3-85 所示。棍子不再是图像描摹对象，而是由编组在一起的形状和路径组成的矢量图形。

图 3-85

3.5.6 清理描摹的图稿

由于棍子图形已转换为矢量图形，您现在可以调整棍子图形，以使其看起来更符合实际需要。

❶ 选择棍子图稿后，单击“属性”面板中的“取消编组”按钮，将其解散成不同的形状，以便分别进行编辑。

❷ 选择“选择”>“取消选择”，取消选择图稿。

❸ 使用“选择工具”▶选择被描摹图像顶部的棍子图形，如图 3-86 所示，按 Delete 键或 Backspace 键将其删除。

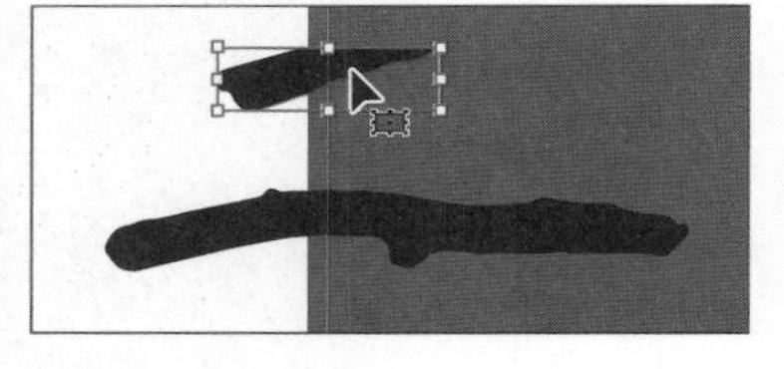

图 3-86

❹ 选择剩余的棍子图形，在右侧的“属性”面板中单击“填色”框。在打开的面板中，确保在弹出的面板顶部选择了“色板”选项，然后选择棕色来填充棍子图形。

为了使边缘更平滑，接下来将应用“简化”命令。“简化”命令减少了构成路径的锚点数量，而不会过多影响整体形状。

❺ 选择棍子图形后，选择“对象”>“路径”>“简化”。

在弹出的“简化”对话框中，默认情况下，“减少锚点”滑块为自动简化的值。

❻ 向左拖动滑块以删除更多锚点，如图 3-87 所示。

向左拖动滑块可减少锚点并简化路径。滑块越靠近左侧的最小值，锚点越少，但是简化路径很可能与原始路径看起来有较大的不同；滑块越靠近右侧的最大值，简化路径则与原始路径越接近。

❼ 单击图 3-87 红圈所示的“更多选项”按钮，例如，打开一个包含更多选项的“简化”对话框。在打开的对话框中，确保勾选了“预览”复选框，以实时查看更改效果。

可以在“原始值”处查看棍子图形的原始锚点数，在“新值”处查看应用“简化”命令后的锚点数。

❽ 按住鼠标左键将“简化曲线”滑块一直拖动到最右边（最大值处）。此时，棍子图形看起来跟应用“简化”命令之前一样。

❾ 按住鼠标左键向左拖动滑块，直到看到“新值”为“20 点”，如图 3-88 所示，单击“确定”按钮。您需要每拖动一点滑块，就松开鼠标左键来查看“新值”的变化。

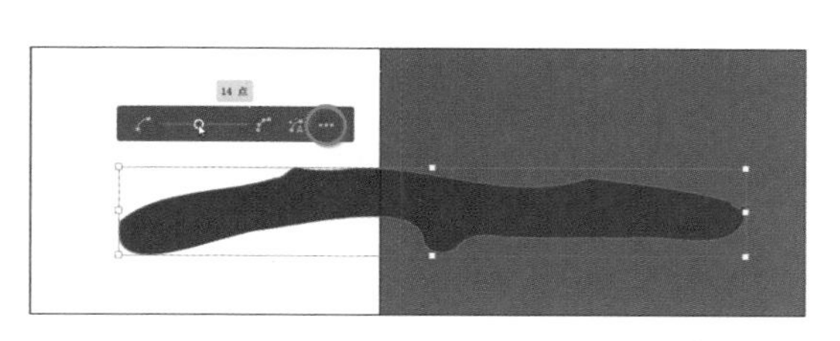

图 3-87

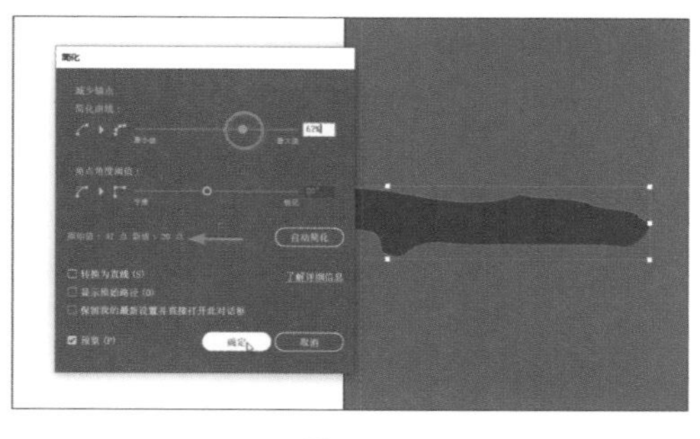

图 3-88

注意 如果您看到的“角点角度阈值”和图 3–88 不一样，可以改成和图中一样的数值。

对于“角点角度阈值”选项，如果拐角点的角度小于角度阈值，则不会更改拐角点。此选项有助于保持边角锐利，即使“曲线精度”的值很低也是如此。

3.5.7 完成 Logo

❶ 选择“视图”>“画板适合窗口大小”。

❷ 将棍子图形拖到鸟的脚上，如图 3-89（a）所示。

❸ 单击“属性”面板中的“排列”按钮，然后选择“置于底层”命令，如图 3-89（b）所示，将棍子图形放在鸟的后面。

❹ 再次单击“排列”按钮，选择“前移一层”命令，直到棍子图形位于灰色矩形的前面但在鸟的后面，如图 3-89（c）所示。

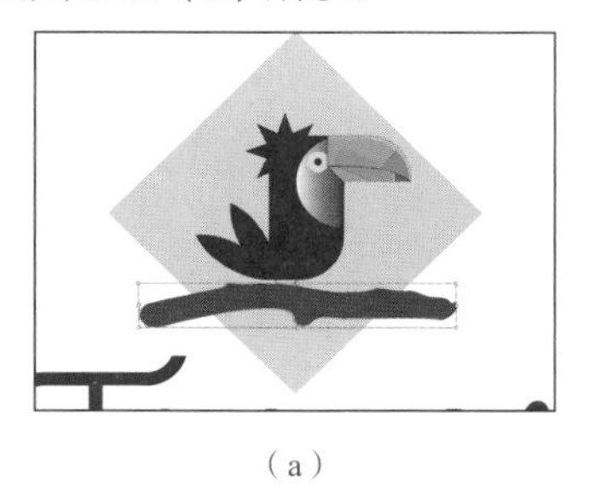

（a）

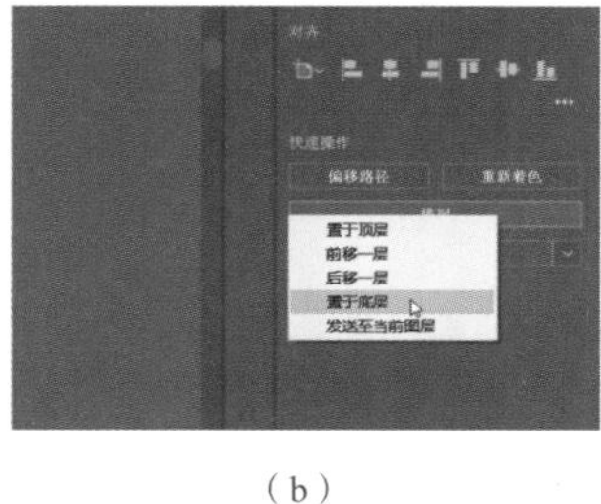

（b）

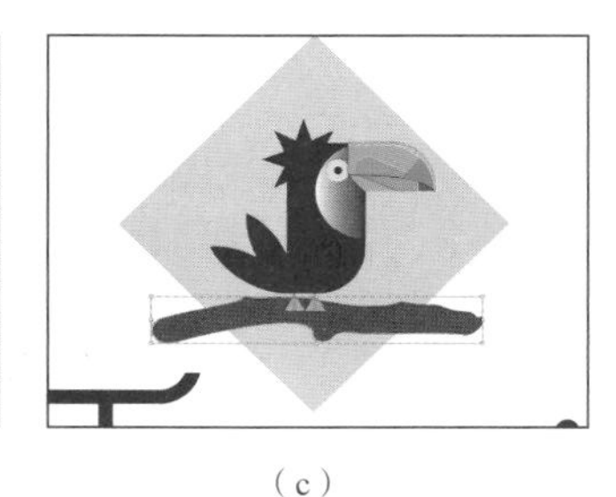

（c）

图 3-89

❺ 框选灰色矩形和鸟。

❻ 单击“属性”面板中的“编组”按钮。

❼ 将 Logo 拖到适当位置，如图 3-90 所示。

❽ 选择“文件”>“存储”，然后根据需要多次选择“文件”>“关闭”，以关闭所有打开的文件。

图 3-90

复习题

1. 在新建文件时，如何选择文档类别?
2. 创建形状的基本工具有哪些?
3. 什么是实时形状?
4. 描述内部绘图模式的作用。
5. 如何将位图转换为可编辑矢量图？

参考答案

1. 可以通过选择预设类别（如打印、Web、胶片和视频等），再根据不同类型的输出需求进行设置。例如，如果您正在设计网页模型，则可以选择 Web 类别并选择文档预设（大小）。以像素为单位，颜色模式为 RGB，光栅效果为“屏幕（72 ppi）”，这是 Web 文档的最佳设置。
2. “基本功能”工作区的工具栏里有 5 种形状工具：“矩形工具”“椭圆工具”“多边形工具”“星形工具”“直线段工具”（“圆角矩形工具”和“光晕工具”不在“基本功能”工作区的工具栏里）。
3. 使用形状工具绘制矩形、椭圆或多边形（或圆角矩形）后，可以继续修改其属性，如宽度、高度、圆角、边角类型和边角半径（单独或同时），这就是所谓的实时形状。可在“变换”面板、“属性”面板或直接在图形中编辑实时形状的属性（如“边角半径”）。
4. 在内部绘图模式下可以在对象（包括实时文本）内部绘制对象或置入图像，并自动创建所选对象的剪切蒙版。
5. 选择位图，单击“属性”面板中的“打开图像描摹面板”按钮，可将其转换为可编辑矢量图。若要将描摹结果转换为路径，需要单击“属性”面板中的“扩展”按钮，或选择“对象”>“图像描摹”>“扩展”。如果要将描摹的图稿内容作为独立的对象使用，就可以使用此方法，生成的路径会自行编组。

第 4 课

编辑和合并形状与路径

本课概览

本课将学习以下内容。

- 使用“剪刀工具”进行剪切。
- 连接路径。
- 使用“美工刀”工具。
- 轮廓化描边。
- 使用“橡皮擦工具”。
- 创建复合路径。
- 使用“形状生成器工具”。
- 使用路径查找器合并对象。
- 使用“整形工具”。
- 使用“宽度工具”编辑描边。
- 使用缠绕。

学习本课大约需要 45 分钟

在创建了简单的路径和形状后，您可能希望使用它们来创建更复杂的图形。在本课中，您将了解如何编辑和合并路径与形状。

4.1 开始本课

在第 3 课中，您学习了如何创建和编辑基本形状。在本课中，您将学会如何编辑及合并这些基本形状和路径，以完成晚餐厅海报图稿。

① 为了确保工具的功能和默认值完全如本课所述，请重置 Adobe Illustrator 的首选项文件。具体操作请参阅本书“前言”中的“还原默认首选项”部分。

② 启动 Adobe Illustrator。

③ 选择“文件”>“打开”，选择 Lessons>Lesson04 文件夹中的 L4_end.ai 文件，单击“打开”按钮。此文件包含本课中创建的最终图稿，如图 4-1 所示。

图 4-1

④ 选择“视图”>“全部适合窗口大小”，将文件保持打开状态以供参考，或选择“文件”>“关闭”，关闭文件。

⑤ 选择“文件”>“打开”，在“打开”对话框中找到 Lessons> Lesson04 文件夹，然后选择 L4_start.ai 文件，单击“打开”按钮，如图 4-2 所示。

⑥ 如果弹出“缺少字体”对话框，单击“激活字体”按钮，如图 4-3 所示。一段时间后，字体就会被激活，在“缺少字体”对话框中看到已成功激活字体的提示消息后，单击“关闭”按钮。

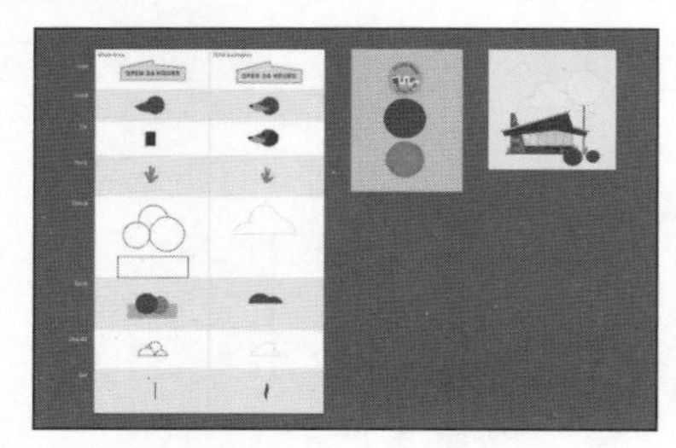

图 4-2

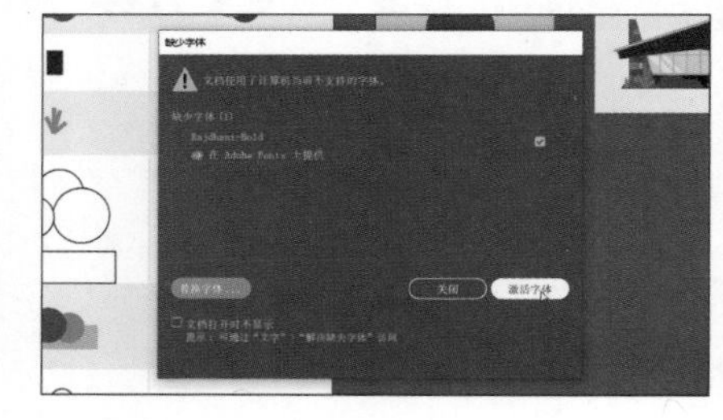

图 4-3

> 注意 您需要连网才能激活字体，该过程可能需要几分钟。

如果您看到另一个询问是否自动激活字体的对话框，请单击“跳过”按钮。

⑦ 选择“文件”>“存储为”。如果打开云文档对话框，请单击“保存在您的计算机上”按钮，以将其保存在本地。

⑧ 在“存储为”对话框中，将“文件名”更改为 DinerPoster.ai（macOS）或 DinerPoster（Windows），然后选择 Lesson04 文件夹。在“格式”下拉列表中选择 Adobe Illustrator（ai）选项（macOS）或者在“保存类型”下拉列表中选择 Adobe Illustrator（*.AI）选项（Windows），单击“保存”按钮。

⑨ 在“Illustrator 选项”对话框中保持默认设置，单击“确定”按钮。

⑩ 选择“窗口”>“工作区”>“重置基本功能”。

> 注意 如果您在“工作区”菜单中没有看到“重置基本功能”命令，请在选择“窗口”>“工作区”>“重置基本功能”之前，选择“窗口”>“工作区”>“基本功能”。

4.2 编辑路径和形状

在 Adobe Illustrator 中，您可以通过多种方式编辑和合并路径与形状来创建您的作品。有时，这意味着您可以从简单的路径和形状开始，使用不同的方法来生成更复杂的路径和形状。生成复杂路径和形状的方法包括使用“剪刀工具”✂、“美工刀”工具、“橡皮擦工具”◆和轮廓化描边、连接路径等。

4.2.1 使用“剪刀工具”进行切割

在 Adobe Illustrator 中，您可以使用多种工具剪切和分割路径与形状。“剪刀工具”可用于在锚点处分割路径以创建开放路径。

接下来，您将使用“剪刀工具”为餐厅标志剪出一个形状，并将其调整为看起来更像建筑物的形状，如图 4-4 所示。

❶ 单击“视图”菜单，确保勾选了“智能参考线”。

❷ 在文档窗口左下角的“画板导航”下拉列表中选择 1 Poster Parts 选项，如图 4-5 所示。

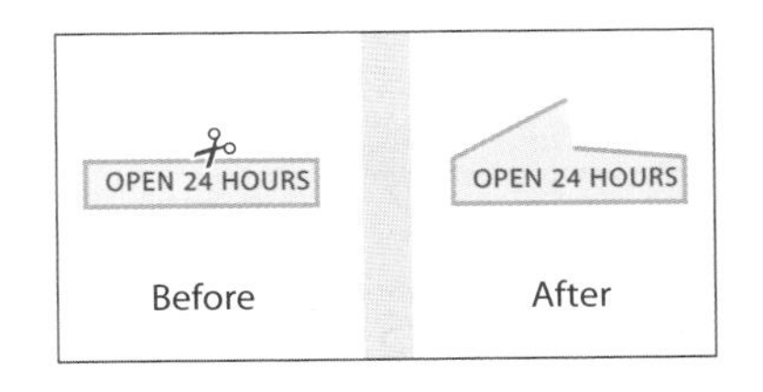

图 4-4

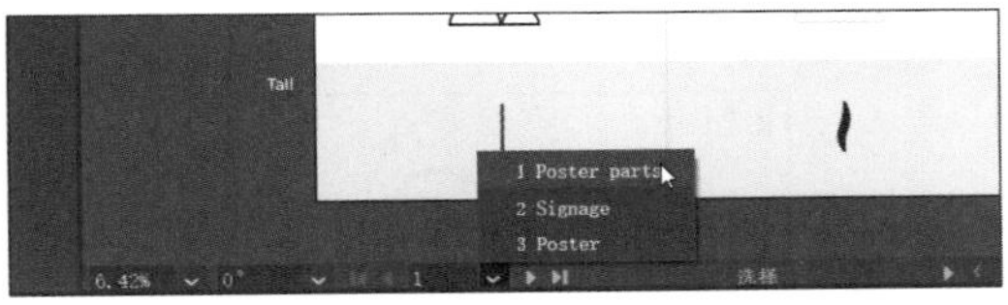

图 4-5

您可以在“Final examples”栏中查看即将制作的示例，在“Work Area”栏中处理图稿，如图 4-6 所示。

❸ 在工具栏中选择“选择工具”▶，然后单击画板左上角的 OPEN 24 HOURS 文本后面带有绿色描边的灰色形状，如图 4-7 所示。

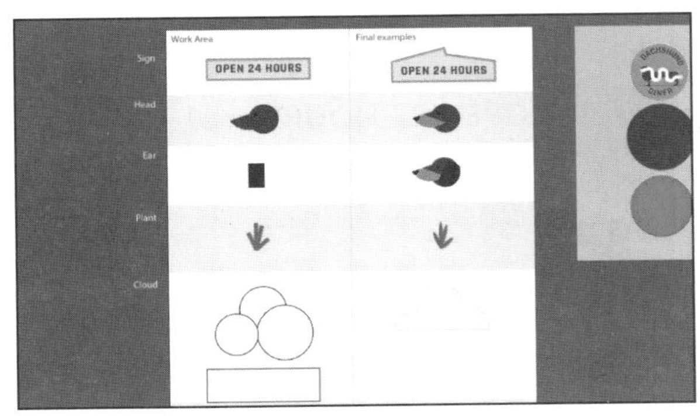

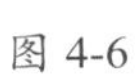

图 4-6

图 4-7

❹ 按 Command ++ 组合键（macOS）或 Ctrl ++ 组合键（Windows）数次，放大所选图形。

❺ 在工具栏中的“橡皮擦工具”◆上按住鼠标左键，然后选择“剪刀工具”✂。

❻ 将鼠标指针移动到形状顶部边缘的中间位置，当看到“交叉”提示和一条垂直的洋红色对

齐参考线 [见图 4-8(a)] 时，单击以剪断该点所在的路径，然后将鼠标指针移开，效果如图 4-8(b) 所示。

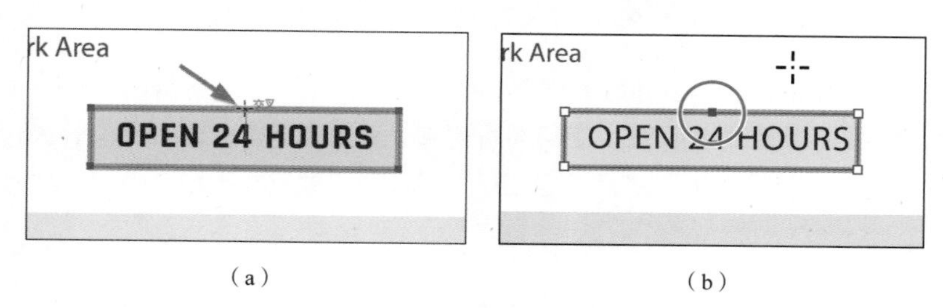

（a）　　（b）

图 4-8

当使用“剪刀工具”进行剪切时，剪切的点必须位于线段上，而不能位于开放路径的端点上。当使用“剪刀工具”单击形状（如本例中的形状）的描边时，会在单击的位置剪断路径，并且会将路径变为开放路径。

注意 要了解更多有关开放路径和封闭路径的内容，请参阅 3.4 节。

7 在工具栏中选择“直接选择工具”。

8 将鼠标指针移动到所选的锚点（蓝色）上，按住鼠标左键将锚点朝左上方拖动，如图 4-9 所示。

（a）　　（b）

图 4-9

9 从最初剪断路径的位置向右上方拖动另一个锚点，如图 4-10 所示。

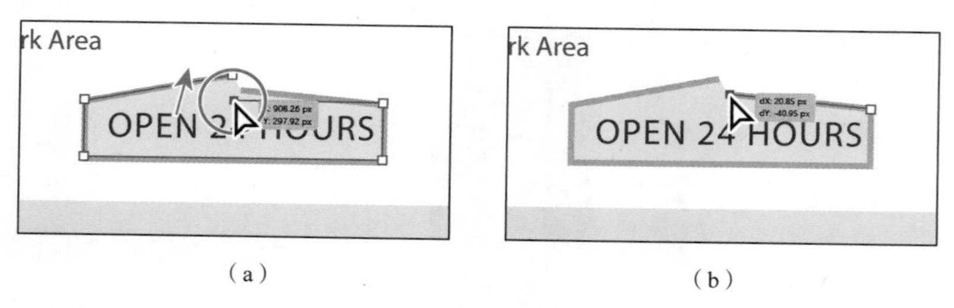

（a）　　（b）

图 4-10

请注意，描边（绿色边框）并未完全包围形状。这是因为使用“剪刀工具”切割形状后会形成一条开放路径。如果您只是想用颜色填充形状，则描边可以不是封闭路径。但是，如果您希望在整个填充区域周围出现描边，则路径必须是闭合的。

4.2.2 连接路径

假设您绘制了一个 U 形，然后决定闭合该形状，那么实质上是用一条线将 U 形的两端连接起来，如图 4-11 所示。如果选择开放的“U”路径，则可以使用“连接”命令在两个端点之间创建一条线段，从而闭合路径。

当选择多个开放路径时，您可以将它们连接起来创建一个闭合路径。您还可以连接两个独立路径的端点。接下来，您将连接刚刚编辑的路径的末端，再次创建一个封闭的形状。

提示 如果您想在单独的路径中加入特定的锚点，可以选择锚点，然后选择“对象”>“路径”>“加入”或按 Command + J 组合键（macOS）或 Ctrl + J 组合键（Windows）。

1. 在工具栏中选择“选择工具”。
2. 在远离绿色路径的地方单击以取消选择，然后在绿色形状的灰色区域单击以重新选择它，如图 4-12 所示。

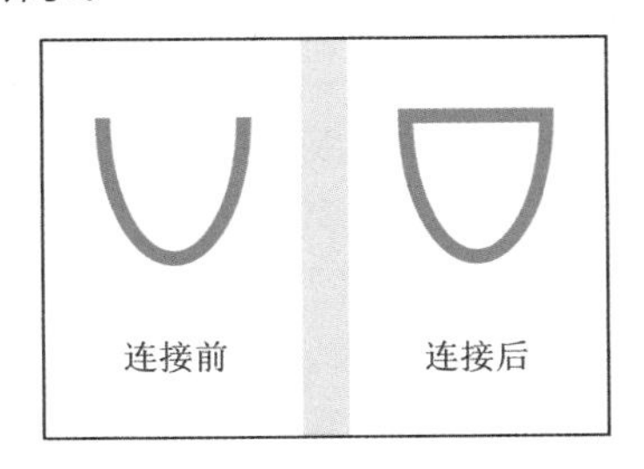

图 4-11

图 4-12

这一步很重要，因为 4.2.1 小节中只选择了一个锚点。如果在只选择一个锚点的情况下使用“连接”命令，会弹出一条错误信息。如果选择了整个路径，选择“连接”命令后，Adobe Illustrator 会找到路径的两端，然后用一条线段连接它们。

3. 单击“属性”面板的“快速操作”选项组中的“连接”按钮，如图 4-13 所示。

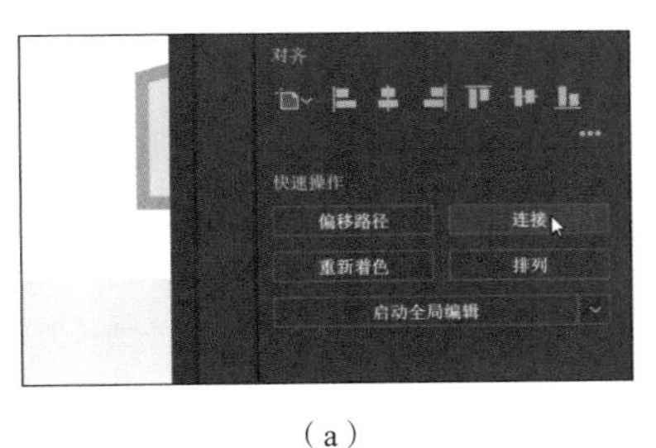

（a）

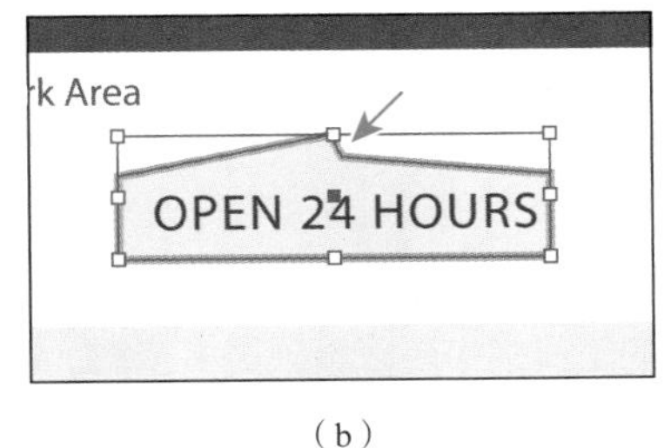

（b）

图 4-13

默认情况下，将“连接”命令应用于两个或多个开放路径时，Adobe Illustrator 会寻找最接近端点的路径并连接它们。每次应用“连接”命令时，Adobe Illustrator 都会重复此过程，直到将所有开放路径都连接起来。

提示 在第 6 课中，您将学习使用“连接工具”，该工具允许您在边角处连接两条路径，并保持原始路径的完整性。

4. 按住 Shift 键单击 OPEN 24 HOURS 文本。
5. 单击“属性”面板底部的“编组”按钮将它们编组在一起，如图 4-14 所示，以便将它们作为一个整体进行移动。

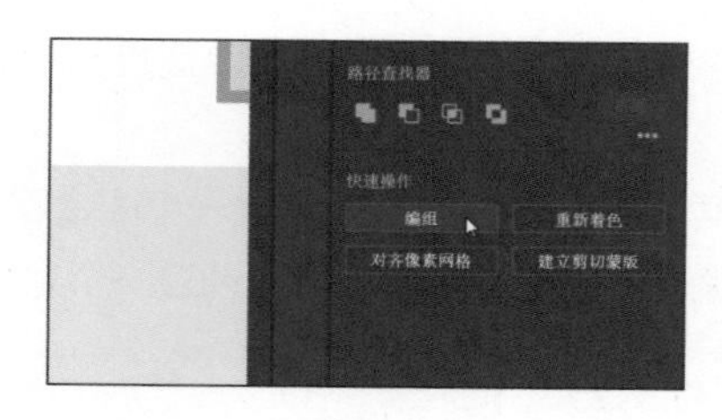

图 4-14

❻ 选择“选择”>“取消选择”，然后选择“文件”>“存储”。

4.2.3 使用“美工刀”工具进行切割

本小节将使用“美工刀”工具来切割形状。使用“美工刀”工具切割形状将创建闭合路径，而不是开放路径。

在本小节和下一小节中，您将选择一个形状并将其切割成多种形状以制作狗的头部，如图 4-15 所示。

❶ 按住空格键切换到“抓手工具”，在文档窗口中按住鼠标左键向上拖动画板，以查看“OPEN 24 HOURS”文本下方的棕色形状。

❷ 使用“选择工具”单击棕色形状，如图 4-16 所示。

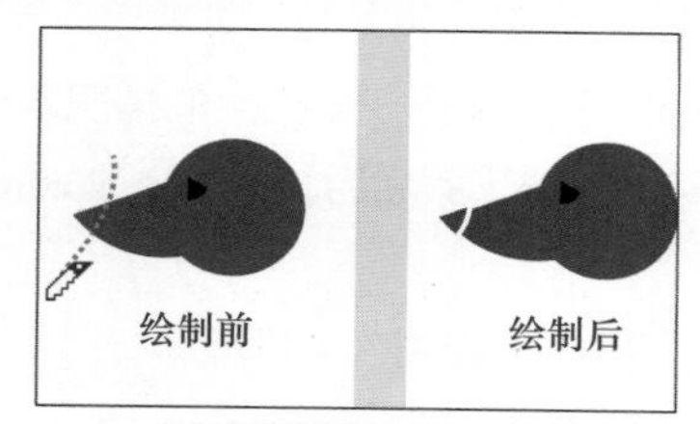

图 4-15

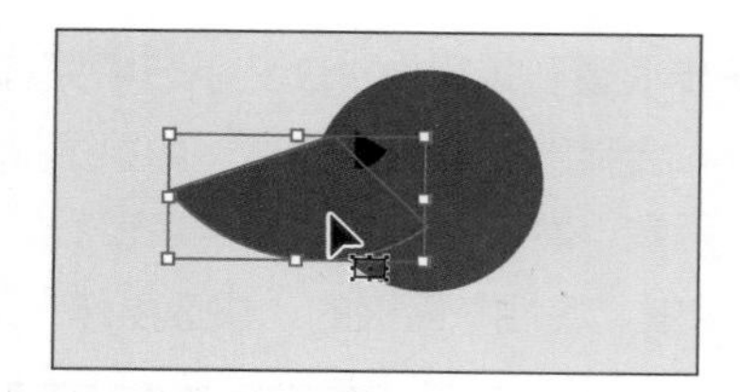

图 4-16

现在您需要找到“美工刀”工具，但它不在默认工具栏中。您需要切换到高级工具栏以找到更多所需工具。

❸ 选择“窗口”>“工具栏”>“高级”。

现在，左侧的工具栏中可以看到更多工具。

❹ 用鼠标左键按住“剪刀工具”，然后选择“美工刀”工具，如图 4-17 所示。

图 4-17

接下来您将使用该工具在棕色形状中进行自由切割，以制作出狗的鼻子。

❺ 在工具栏中选择“美工刀”工具，移动鼠标指针到所选形状上方，如图 4-18（a）所示；按住鼠标左键以图 4-18（b）所示的轨迹进行拖动，剪出鼻子形状，效果如图 4-18（c）所示。

只有选定的对象才会被“美工刀”工具切割。如果未选择任何对象，它将切割接触到的任何矢量对象。

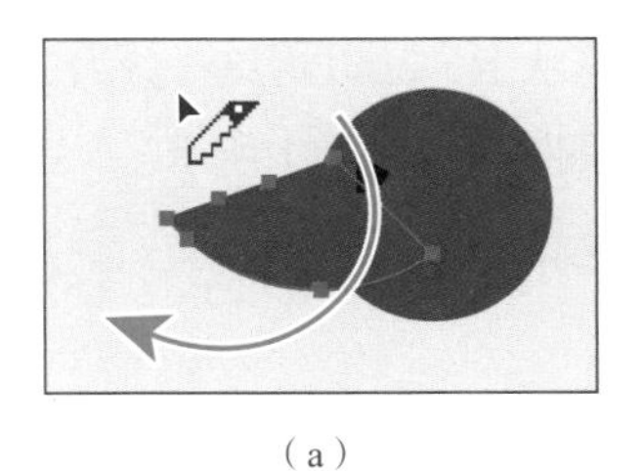

(a)

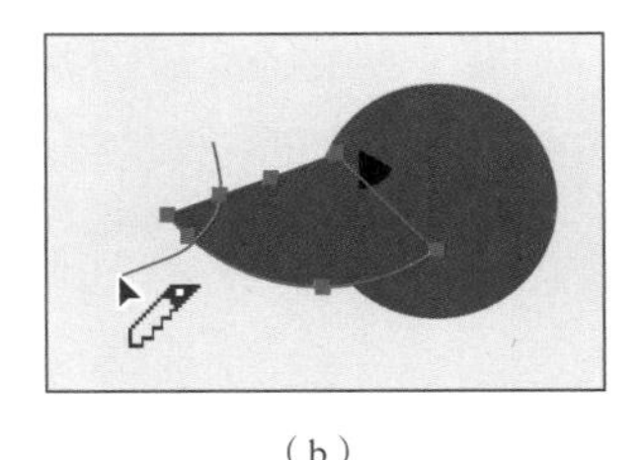

(b)

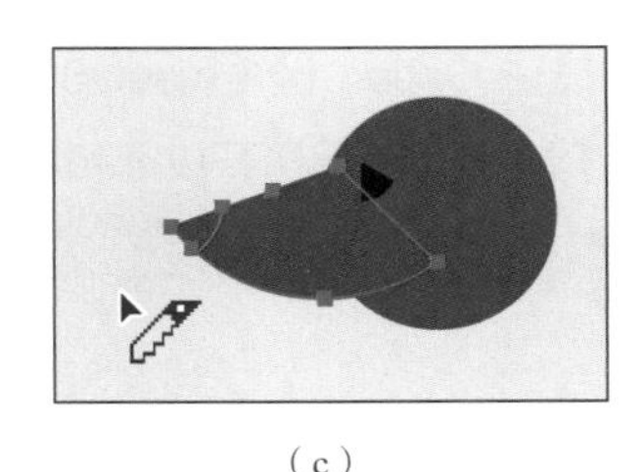

(c)

图 4-18

> **提示** 如果对剪裁结果不满意，可选择“编辑”>“还原美工刀工具”，然后再次尝试切割。

6 选择“选择”>“取消选择”。

7 选择“选择工具”，然后单击新的鼻子形状。

8 单击“属性”面板中的“填色”框，确保在弹出的面板中选中了“色板”选项，然后选择黑色，如图 4-19 所示。

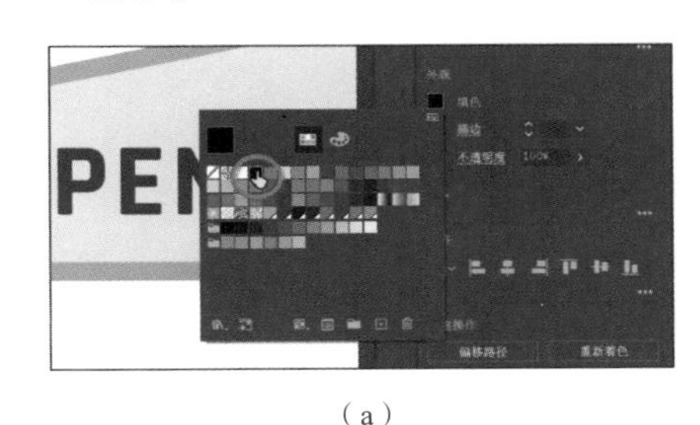

(a)

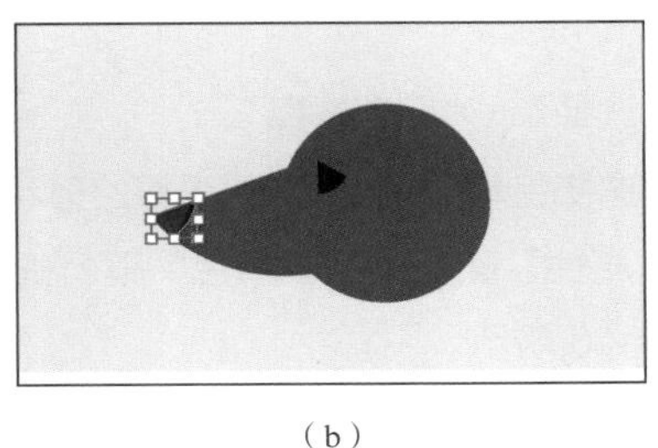

(b)

图 4-19

9 按 Esc 键隐藏“色板”面板。

10 选择“选择”>“取消选择”。

4.2.4 使用“美工刀”工具沿直线进行切割

正如您刚刚看到的，使用“美工刀”工具在形状上拖动，默认会进行自由形式的切割。

接下来将使用“美工刀”工具沿直线切割图形，为狗绘制颜色不同的嘴巴，如图 4-20 所示。

1 使用“选择工具”单击相同棕色形状的剩余部分。

2 在工具栏中选择“美工刀”工具。

3 将鼠标指针移动到形状顶部的正上方。

4 按 Caps Lock 键，鼠标指针将变成“十”字线形状，如图 4-21 所示。

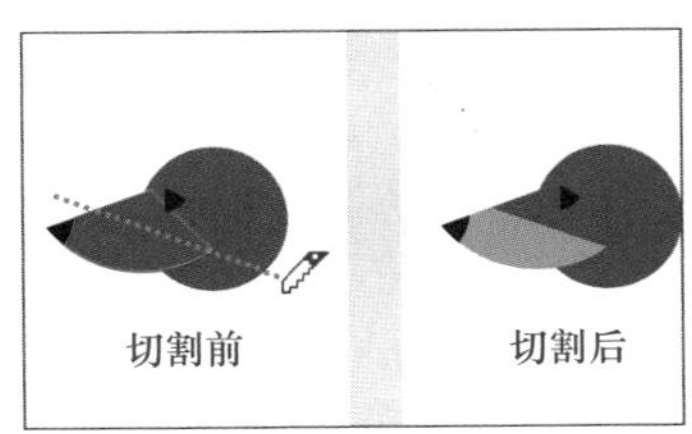

图 4-20

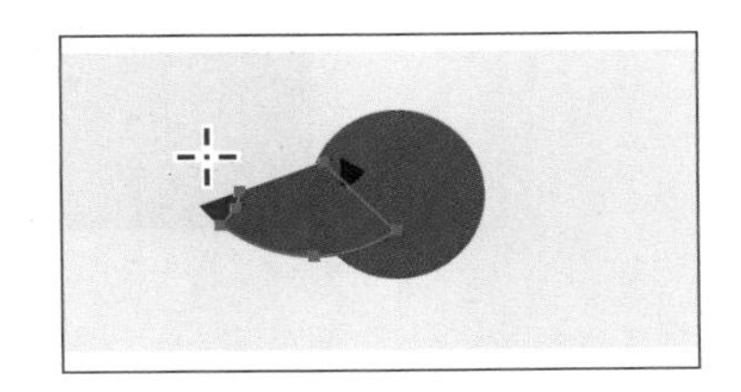

图 4-21

“十”字线形状的鼠标指针更便于操作，借助它可以更轻松地确定开始切割的准确位置。

5 按住 Option 键（macOS）或 Alt 键（Windows），然后在形状上拖动以将其一分为二，如图 4-22（a）所示。不要松开按键和鼠标左键，继续拖动右侧的锚点，如图 4-22（b）所示。

> **注意** 按住 Opiton 键（macOS）或 Alt 键（Windows）可保持沿直线进行切割。此外，按住 Shift 键还可将切割角度限制为 45° 的倍数。

6 松开鼠标左键，然后松开 Option 键（macOS）或 Alt 键（Windows），切割效果如图 4-22（c）所示。

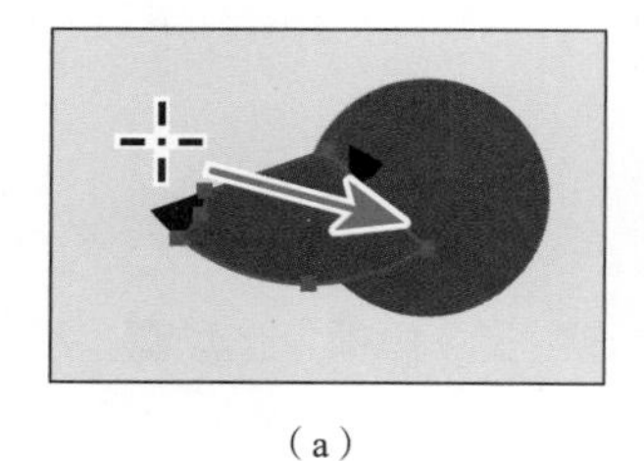
（a）

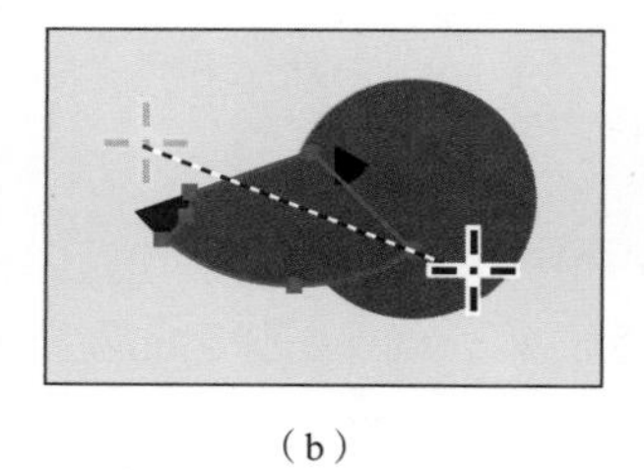
（b）

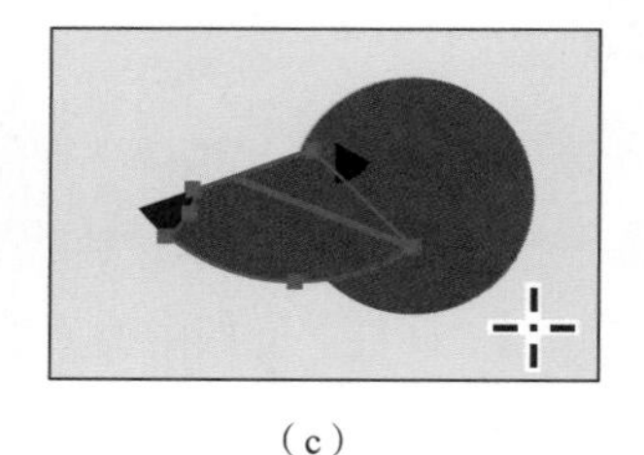
（c）

图 4-22

7 选择“选择”>“取消选择”。

8 选择“选择工具”，然后单击原始形状的左半部分。

9 单击“属性”面板中的“填色”框，确保在弹出的面板中选中了“色板”选项，然后单击浅棕色，如图 4-23 所示。

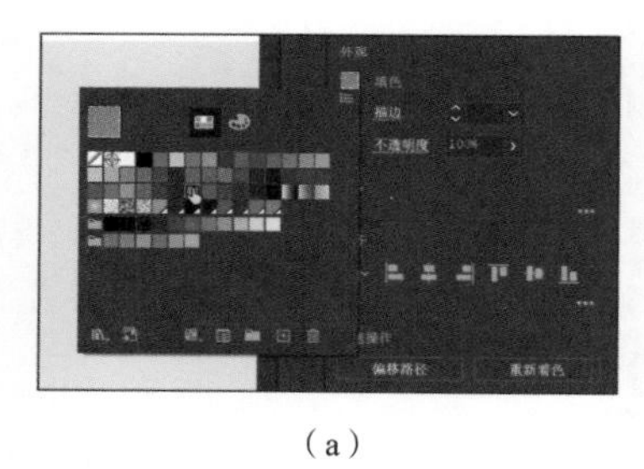
（a）

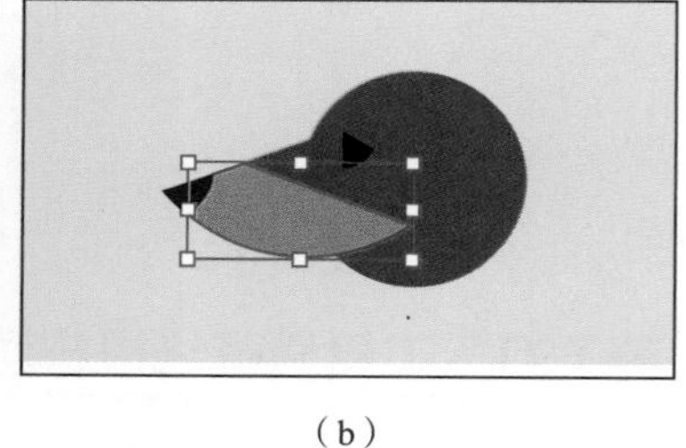
（b）

图 4-23

10 按住鼠标左键框选所有狗头形状。

11 单击“属性”面板的“快速操作”选项组中的“编组”按钮，如图 4-24 所示。

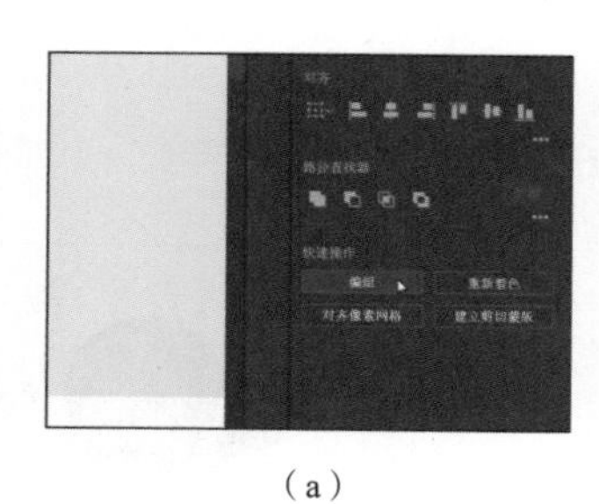
（a）

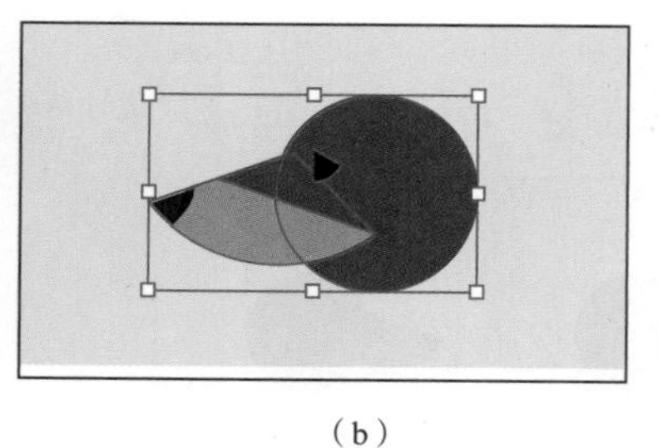
（b）

图 4-24

12 按 Caps Lock 键，关闭“十”字线形状的鼠标指针。

4.2.5 使用“橡皮擦工具”

“橡皮擦工具”◆允许您擦除矢量图形的任意区域，而无须在意其结构。如果您选择了图形，则该图形将是唯一要擦除的对象。如果取消选择对象，“橡皮擦工具”则会擦除其触及的所有图层内的任何对象。

注意 “橡皮擦工具”可用于擦除位图、文本、符号或渐变对象等。

接下来，您将使用“橡皮擦工具”擦除部分圆角矩形，使它看起来更像狗的耳朵，如图 4-25 所示。

❶ 选择“选择”>“取消选择”。

❷ 按住空格键切换到“抓手工具”✋。在文档窗口中按住鼠标左键向上拖动，这样就可以看到狗头下方的棕色矩形。

❸ 用鼠标左键按住工具栏中的“美工刀”工具，然后选择“橡皮擦工具”◆。

❹ 双击工具栏中的“橡皮擦工具”◆，弹出“橡皮擦工具选项”对话框，将“大小”更改为 60 pt，使橡皮擦的擦除范围变大，单击“确定”按钮，如图 4-26 所示。

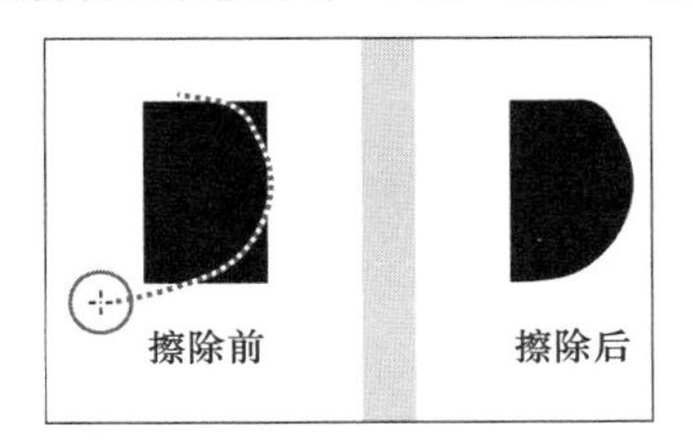

图 4-25

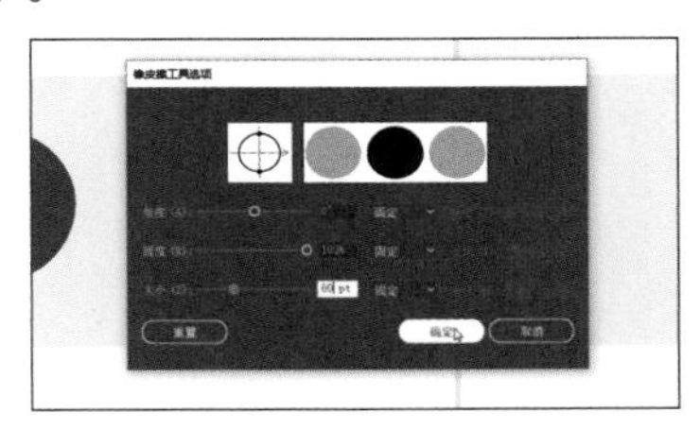

图 4-26

提示 选择“橡皮擦工具”后，您可以单击“属性”面板顶部的“工具选项”按钮来打开“橡皮擦工具选项”对话框。

❺ 将鼠标指针移到棕色矩形上方，按住鼠标左键沿弧形向下拖动以擦除其右侧部分，如图 4-27（a）所示。

当松开鼠标左键时，形状的右侧部分被擦除，如图 4-27（b）所示，此时形状仍然是一个封闭路径。如果漏擦了某些部分，请再次拖动进行擦除，最终效果如图 4-27（c）所示。

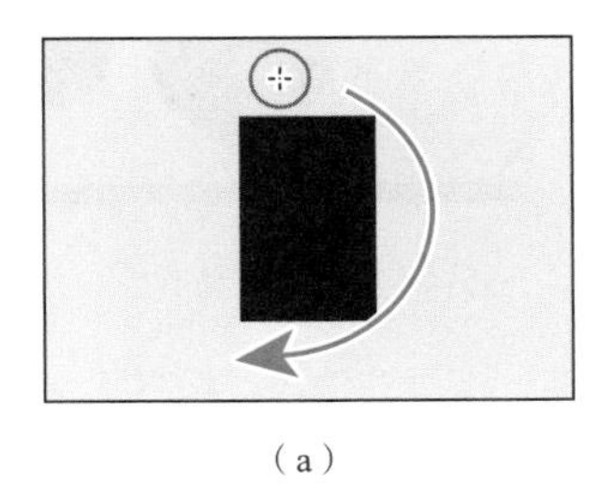

（a）　（b）

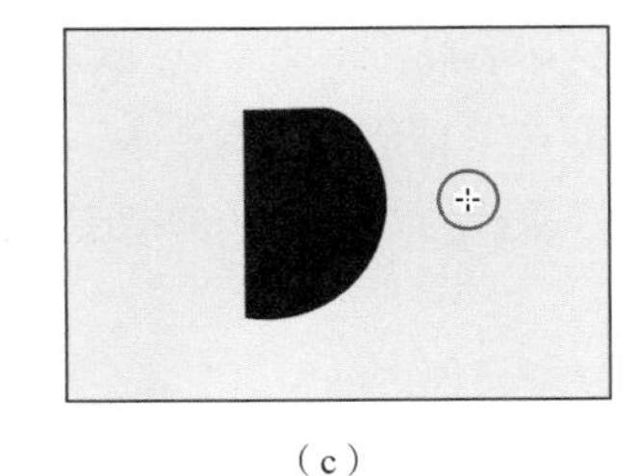

（c）

图 4-27

如果擦除得不够彻底，请再次擦除，直到形状满足需要。如果擦除太多，可以选择“编辑”>“还原橡皮擦”，然后重新进行擦除。

现在，您将圆化同一形状左侧的角。

⑥ 选择“直接选择工具”▷，然后单击棕色形状。

⑦ 按住 Shift 键单击左上角和左下角的圆角控制点。

> 注意 根据您擦除的程度，准确选择所需圆角控制点可能有一定难度，您也可以一次拖动一个圆角控制点。

⑧ 拖动其中一个选定的控制点以稍微圆化角，如图 4-28 所示。

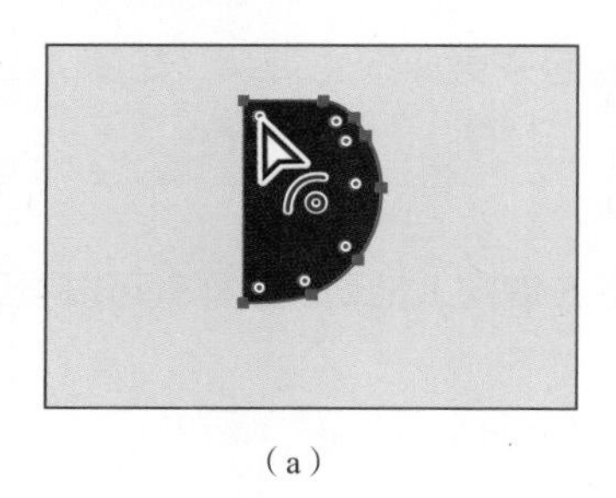

（a）

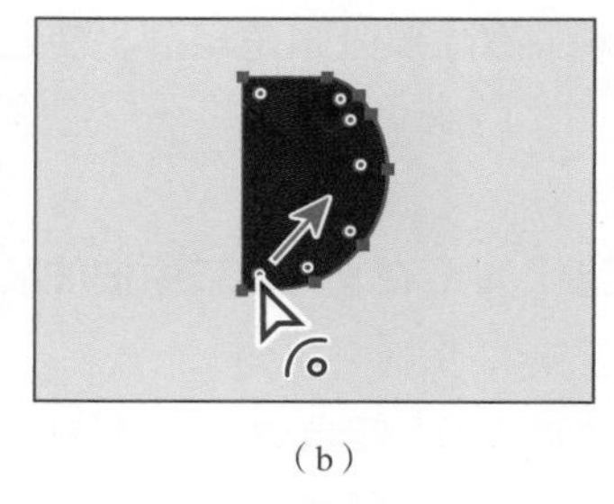

（b）

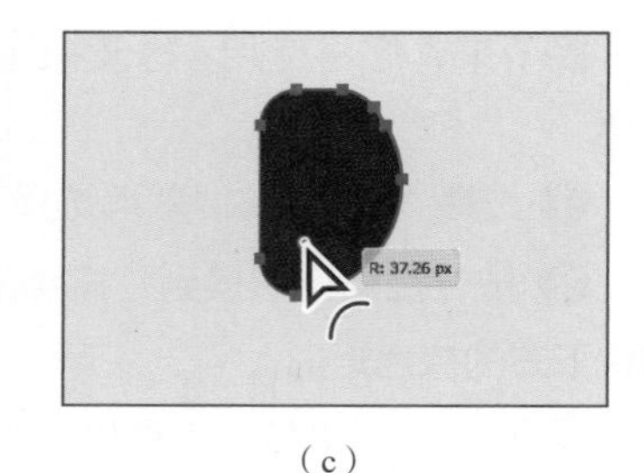

（c）

图 4-28

接下来将耳朵添加到狗的头部并将它们组合在一起。

⑨ 选择“选择工具”，将刚刚擦除得到的狗耳朵形状拖到狗头形状上。您可能需要缩小视图才能同时看到两者。

> 注意 这里把耳朵的形状做得大一点儿，效果会更好。

⑩ 将鼠标指针移到图形拐角处，当鼠标指针变为↶形状时，按住鼠标左键旋转图形，如图 4-29 所示。

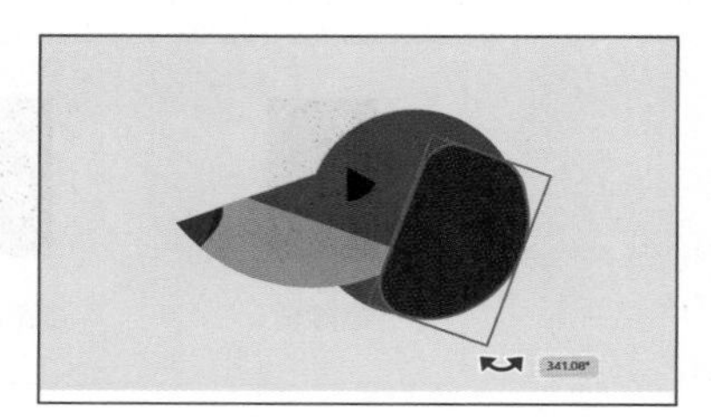

图 4-29

⑪ 框选狗头图形，并单击“属性”面板中的“编组”按钮。

4.2.6 直线擦除

接下来，您将沿直线擦除圆形。

❶ 从文档窗口左下角的“画板导航”下拉列表中选择 3 Poster 选项。

❷ 选择“选择工具”▶，单击较大的绿色圆形，如图 4-30 所示。

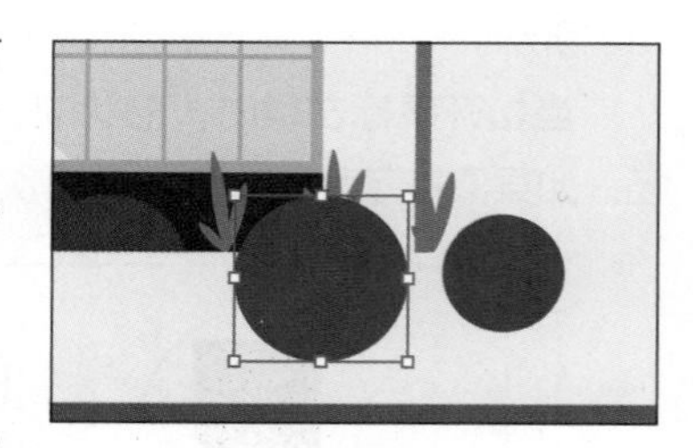

图 4-30

❸ 多次选择“视图”>“放大”，以查看更多细节。

❹ 双击“橡皮擦工具”◆，弹出“橡皮擦工具选项”对话框，将“大小”更改为 300 pt，使橡皮擦的擦除范围变得更大，单击“确定”按钮。

❺ 选择“橡皮擦工具”◆，将鼠标指针移动到图 4-31（a）中红色“X”的位置。按住 Shift 键，然后按住鼠标左键直接向右拖动，如图 4-31（b）所示。松开鼠标左键，然后松开 Shift 键，效果如图 4-31（c）所示。

如果未擦除任何内容，请重试。此外，您可能擦除了图稿的其他部分，但如果没有选择其他图形，您就不会擦除其他部分。

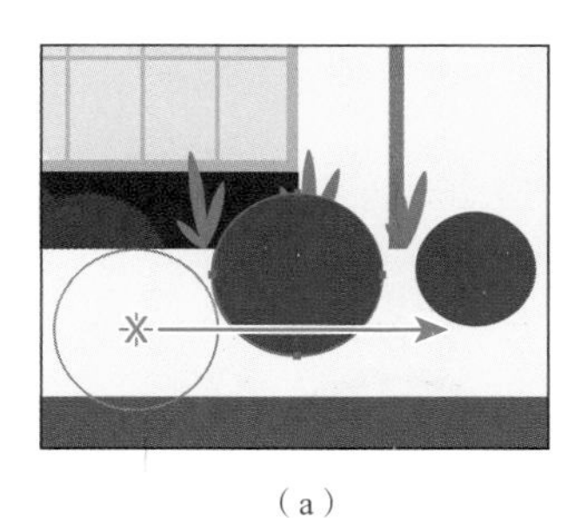
(a)

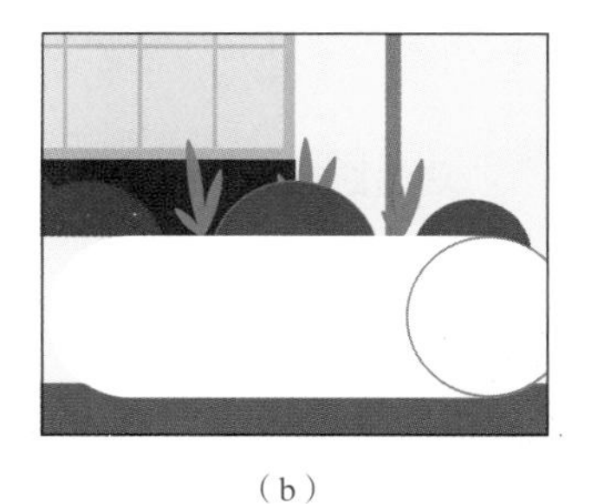
(b)

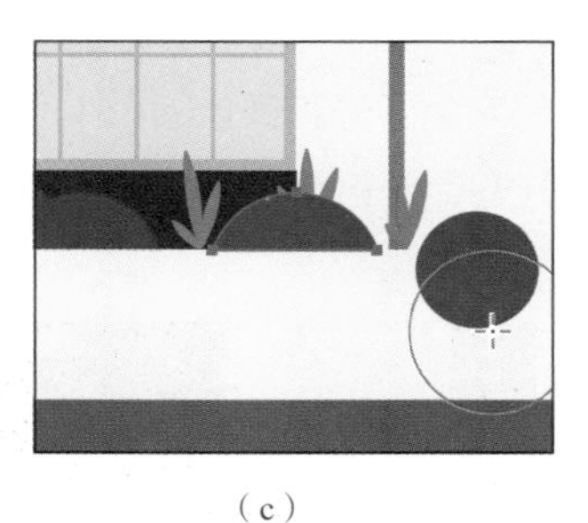
(c)

图 4-31

提示 几乎在使用任何工具时，按 Command/Ctrl 键可以将当前工具变成临时选择工具。

6 选择右侧较小的绿色圆形，擦除其下半部分以制作另一个灌木丛，结果如图 4-32 所示。

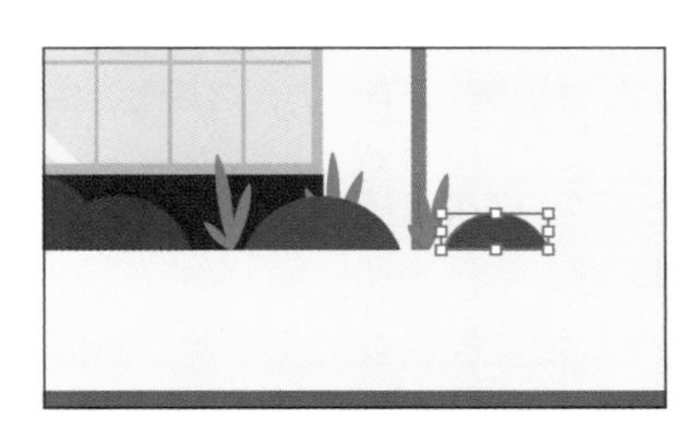

图 4-32

7 选择“文件”>“存储”。

4.2.7 创建复合路径

复合路径允许您使用矢量对象在另一个矢量对象上“钻一个孔”，如图 4-33 所示。如果选择了两个矢量对象，则剪切对象是最上层的对象。

例如甜甜圈形状，这种形状可以用两个圆形路径创建，两个圆形路径重叠的地方会出现“孔”。

复合路径被当成一个组，并且复合路径中的各个对象仍然可以被编辑或被释放出来（如果您不希望它们是复合路径）。

接下来，您将创建一条复合路径来制作餐厅标志的其余部分。

1 从文档窗口左下角的“画板导航”下拉列表中选择 2 Signage 选项。

2 使用“选择工具”选择画板底部的红色圆形。

3 按住 Shift 键单击加选其上方的深绿色圆形，松开 Shift 键。

4 单击较大的深绿色圆形使其成为关键对象，以便红色圆形与其对齐，如图 4-34 所示。

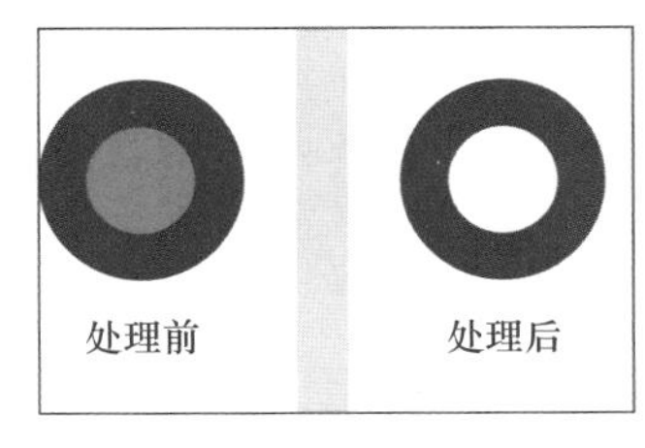

图 4-33

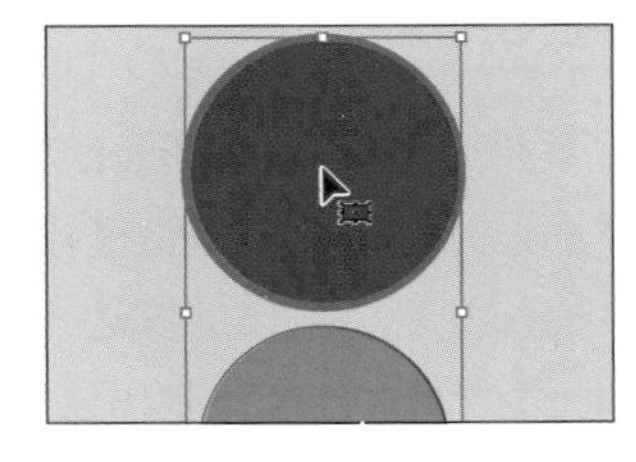

图 4-34

⑤ 在“属性”面板中分别单击“水平居中对齐”按钮和“垂直居中对齐”按钮，如图 4-35 所示，使红色圆形和绿色圆形中心对齐。

⑥ 选择两个圆形后，选择“对象”>“复合路径”>“建立”，并保持图形处于选中状态，如图 4-36 所示。

图 4-35

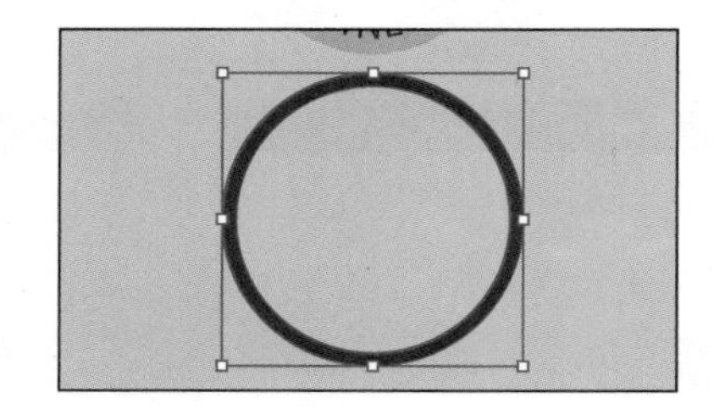

图 4-36

> **提示** 您仍然可以在复合路径中编辑原始形状。使用“直接选择工具”单独选择每个形状，或使用“选择工具”双击复合路径进入隔离模式并选择单个形状，然后进行编辑即可。

现在可以看到红色圆形似乎消失了，您可以透过绿色圆形看到灰色的背景。红色圆形在绿色形状上“钻”了一个洞。

在形状仍处于选中状态的情况下，您会在右侧的“属性”面板顶部看到“复合路径”文本。复合路径是一个特殊的组，被视为单个对象。

⑦ 按住 Shift 键单击作为背景的浅绿色圆形和它上面的 DACHSHUND DINER 文本，松开 Shift 键。

现在，您要将刚刚创建的复合路径与其上方的浅绿色圆形对齐。

⑧ 单击 DACHSHUND DINER 文本后面的圆形，使其成为关键对象。

⑨ 在“属性”面板中分别单击“水平居中对齐”按钮和“垂直居中对齐”按钮，将复合路径置于浅绿色圆形的中心，如图 4-37 所示。

图 4-37

⑩ 选择“选择”>“取消选择”，然后选择“文件”>“存储”。

4.2.8 轮廓化描边

一条路径就像一条线，能表现的内容有限。例如，要擦除一条线（路径），使其看起来如图 4-38 所示，则需要通过轮廓化描边将路径转换成一个形状。

接下来，您将轮廓化线条的描边，使其看起来像一片叶子。

① 从文档窗口左下角的“画板导航”下拉列表中选择 1 Poster Parts 选项。

② 选择“选择工具”后，单击“Work Area”栏中的绿色植物路径，如图 4-39 所示。

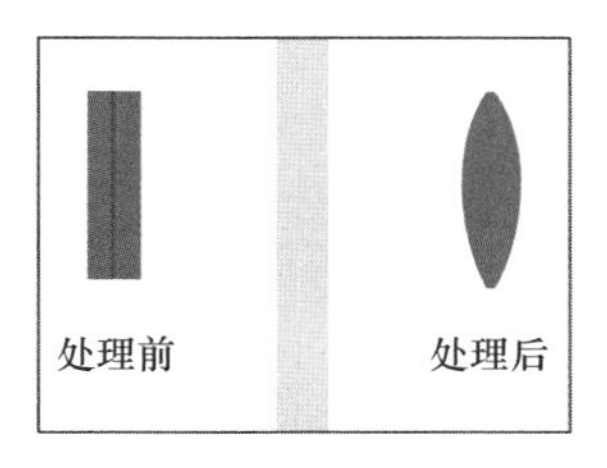

图 4-38

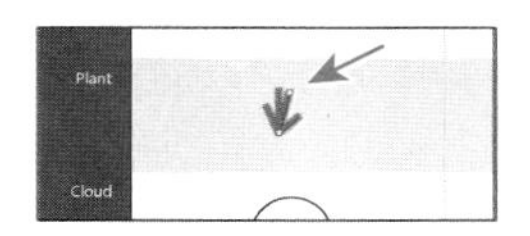

图 4-39

要擦除部分路径并使其看起来像植物的叶子，需要将路径转换为形状。

❸ 多次选择“视图”>“放大”，以便更轻松地查看路径，如图 4-40 所示。

查看“属性”面板，您会看到该路径有描边但没有填色。

❹ 选择“对象”>“路径”>“轮廓化描边”，如图 4-41 所示。

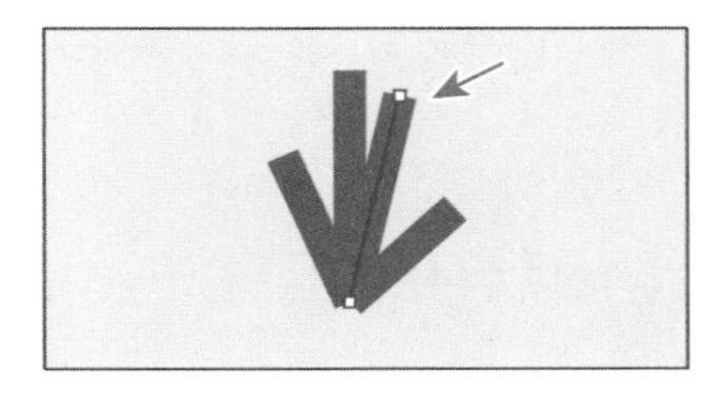

图 4-40

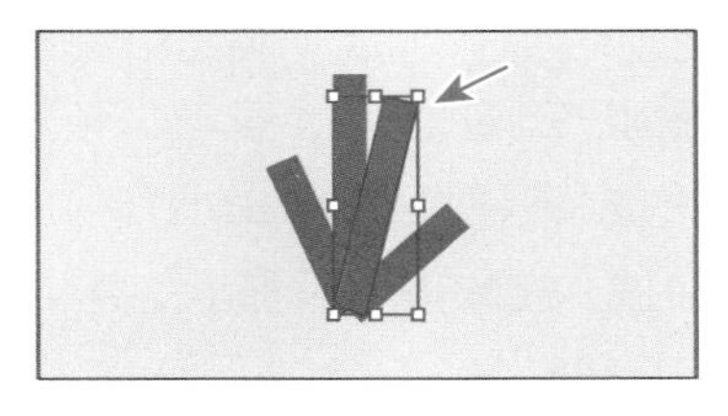

图 4-41

现在，之前带有描边的路径变成了带有填色的形状。接下来，您将擦除部分形状。

注意 擦出理想形状具有一定的挑战性，放大视图可以降低擦除难度。您还可以选择最终形状并选择“对象”>“路径”>“简化”，以优化最终图形。

❺ 在工具栏中选择“橡皮擦工具”。

之前已经设置了较大的橡皮擦擦除范围，这里可能需要将其擦除范围设置得小一些，如 60 pt。

❻ 选择形状后，沿着右侧从上向下拖动，如图 4-42（a）、图 4-42（b）所示。

❼ 对左侧进行同样的处理，制作出叶子形状，如图 4-42（c）所示。

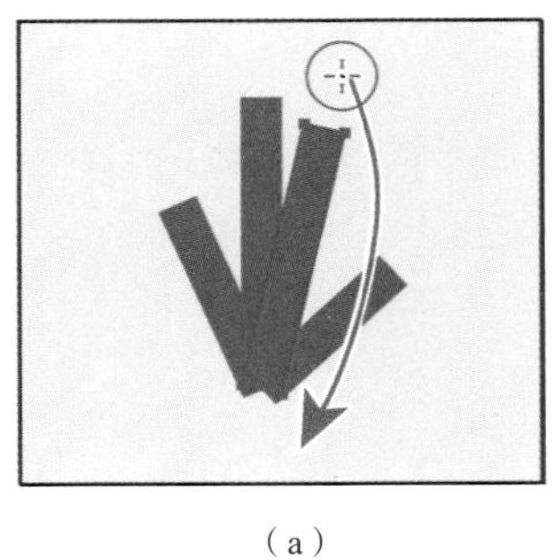

（a）

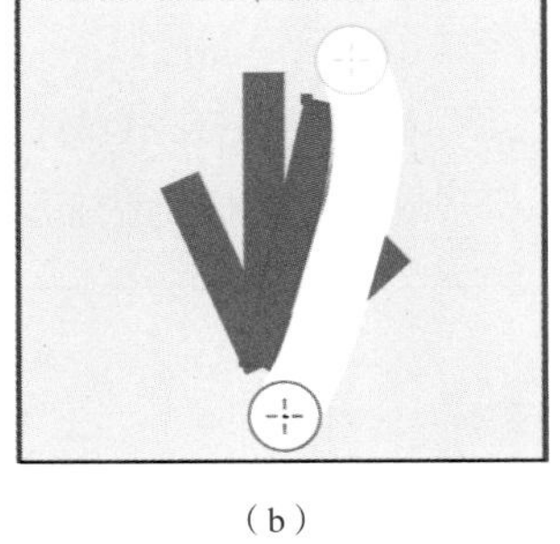

（b）

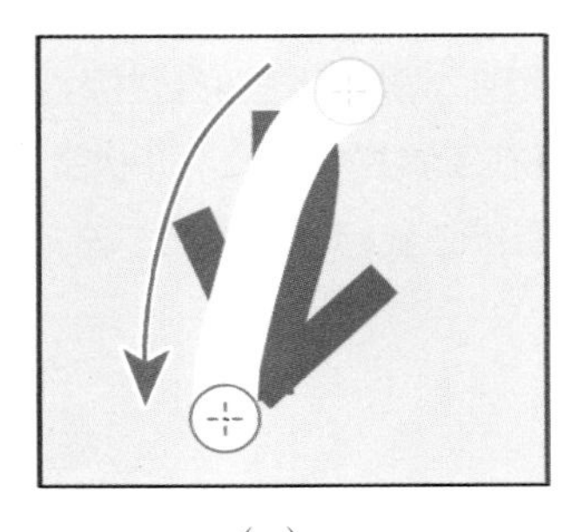

（c）

图 4-42

❽ 选择植物中的另一条绿色路径，勾勒描边（“对象”>“路径”>“轮廓化描边”），然后按照第 6 步和第 7 步进行擦除，画出新的绿叶形状。剩下的绿色路径也进行同样的处理，效果如图 4-43 所示。

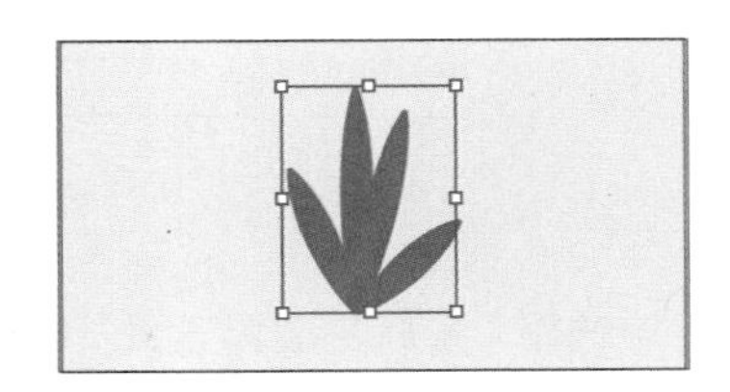

图 4-43

❾ 完成后，使用“选择工具”框选植物的各个组成部分，单击

"属性"面板中的"编组"按钮将它们编组在一起。

4.3 合并形状

利用简单形状创建复杂形状比使用"钢笔工具"等绘图工具直接创建复杂形状更容易。在 Adobe Illustrator 中，您可以通过不同的方式合并形状来创建复杂的形状，生成的形状或路径因合并形状的方法而异。在本节中，您将了解一些常用的合并形状的方法。

4.3.1 使用"形状生成器工具"

您将学习的第一种合并形状的方法是使用"形状生成器工具"来生成形状。此工具允许您直接在图稿中直观地合并、删除、填充和编辑重叠的形状和路径。本小节将使用"形状生成器工具"基于一系列圆形创建云朵图形，如图 4-44 所示。

❶ 多次选择"视图">"缩小"。

❷ 按住空格键切换到"抓手工具"，在文档窗口中按住鼠标左键向上拖动，以便在植物图形下方看到云朵图形。

❸ 选择"选择工具"，然后框选 3 个白色圆形，如图 4-45 所示。

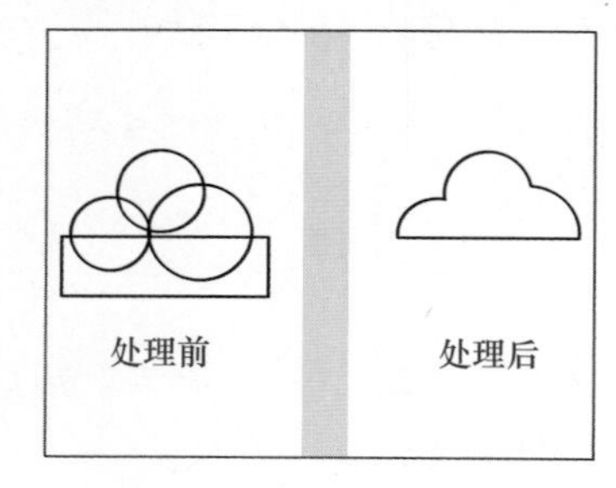

图 4-44

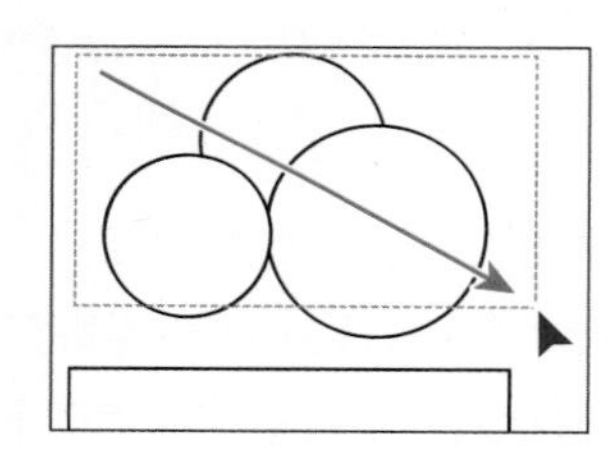

图 4-45

要使用"形状生成器工具"编辑形状，需要先选择这些形状。您现在需要使用"形状生成器工具"组合、删除这些形状并为它们填色来创建云朵图形。

❹ 在工具栏中选择"形状生成器工具"，将鼠标指针移动到所选形状的左上方，在图 4-46（a）所示位置按住鼠标左键向右下方拖动，松开鼠标左键即可合并形状，如图 4-46（b）所示。

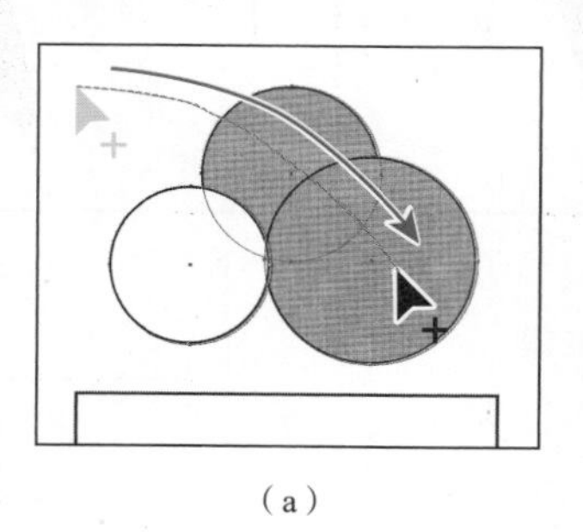

（a）

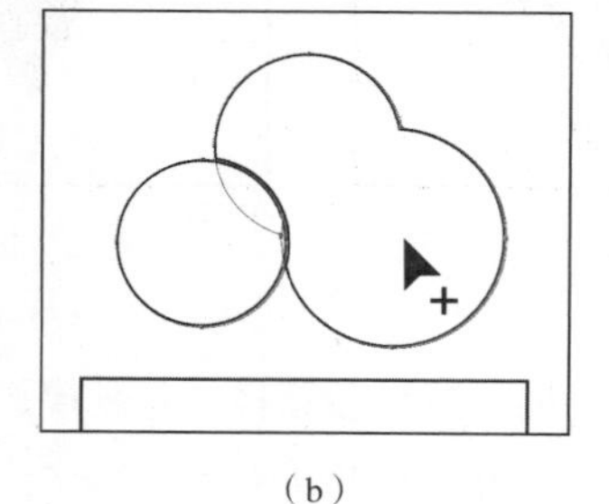

（b）

图 4-46

选择"形状生成器工具"时，重叠的形状将临时被分离为单独的对象。当鼠标指针从一个部分划到另一个部分时，图形中会出现红色轮廓来显示形状合并在一起时的最终形状。

您可能会注意到并非所有内容都合并在一起，要将部分形状添加到最终的组合形状中，您需要拖过所有形状。接下来会解决这个问题。

5 按住 Shift 键，框选所有组成云朵的形状以进行合并，如图 4-47 所示。

提示 按住 Shift+Option 组合键（macOS）或 Shift+Alt 组合键（Windows），使用“形状生成器工具”框选形状，则会删除选取框内的一系列形状。

按住 Shift 键进行框选的方式可以更轻松地合并多个形状，因为不必拖过每个形状，只要它们在选框内即可。

接下来您将添加一个矩形并用它来减去云朵形状的底部，形成一个平坦的底边。

6 选择“选择工具”并将云朵图形下方的白色矩形向上拖动到云朵上，大致覆盖云朵的下半部分，如图 4-48 所示。

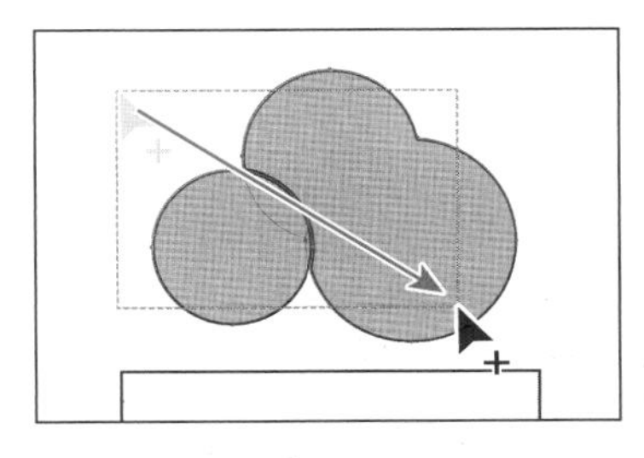

图 4-47

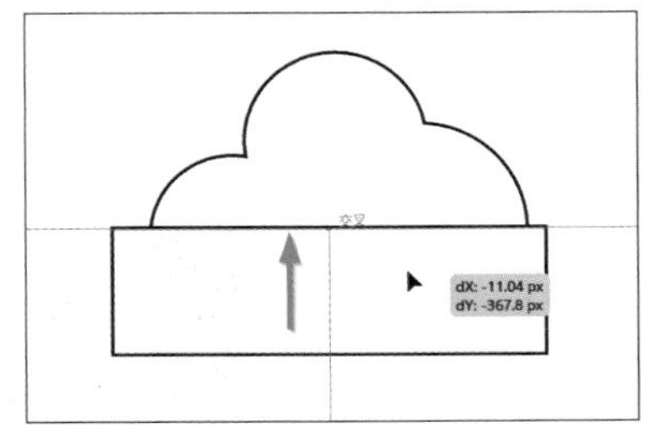

图 4-48

7 按住 Shift 键单击云朵形状。

8 再次选择“形状生成器工具”。

9 按住 Option 键（macOS）或 Alt 键（Windows）（请注意，在按住修饰键时，鼠标指针会变为形状）。按住鼠标左键从矩形的左侧开始拖动，如图 4-49（a）和 4-49（b）所示。松开鼠标左键，然后松开 Option 键（macOS）或 Alt 键（Windows），效果如图 4-49（c）所示。

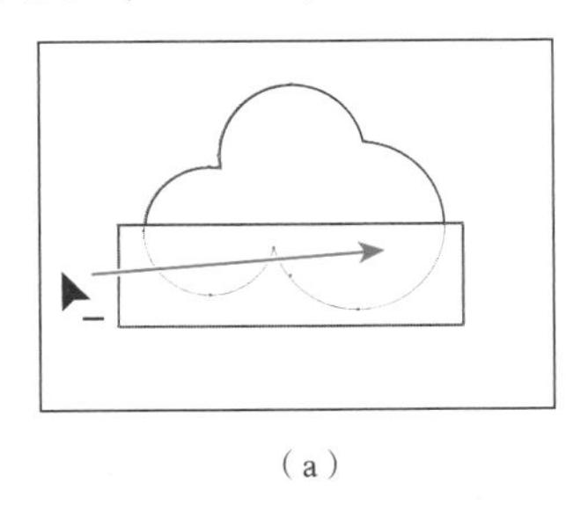

（a）

（b）

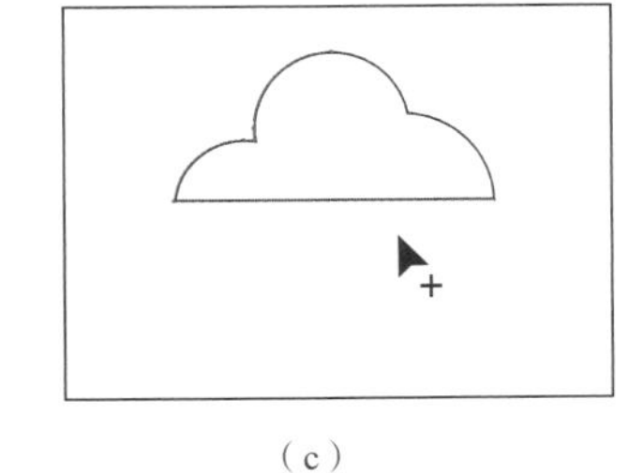

（c）

图 4-49

10 选择“视图”>“画板适合窗口大小”。

11 在工具栏中选择“吸管工具”。在云朵图形仍处于选中状态的情况下，单击右侧“Final examples”栏中的云朵图形，对颜色进行采样并将其应用于您绘制的云朵图形上，如图 4-50 所示。

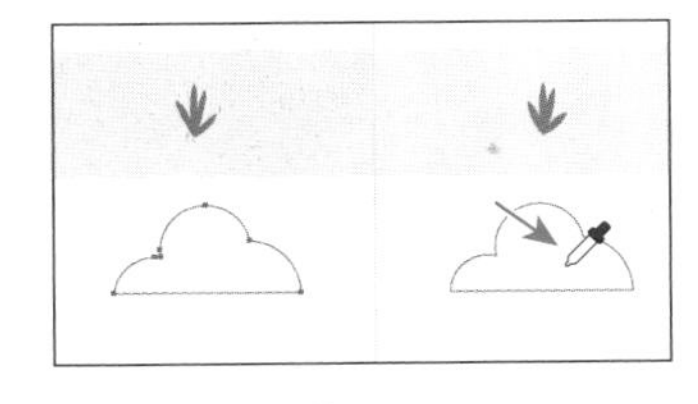

图 4-50

4.3.2 使用路径查找器合并对象

使用“属性”面板或“路径查找器”面板（选择“窗口”>“路径查找器”）中的路径查找器是另

一种合并形状的方法。当应用路径查找器效果（如“联集”）时，所选原始对象将会发生永久性的改变，如图 4-51 所示。

❶ 放大灌木形状（绿色圆形和橙色矩形）。

❷ 使用“选择工具”▶框选两个绿色圆形的上半部分，如图 4-52 所示。

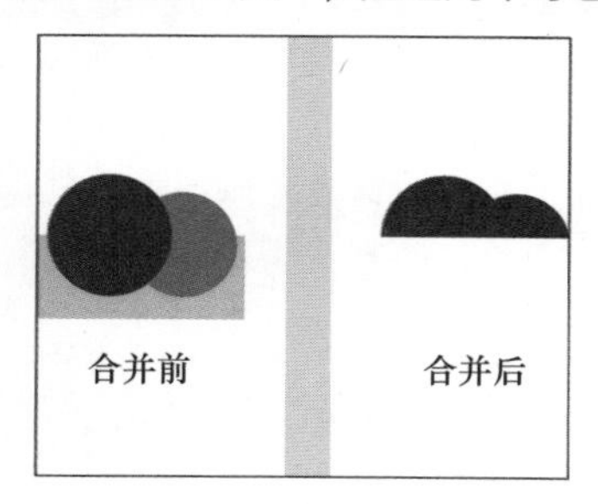

图 4-51

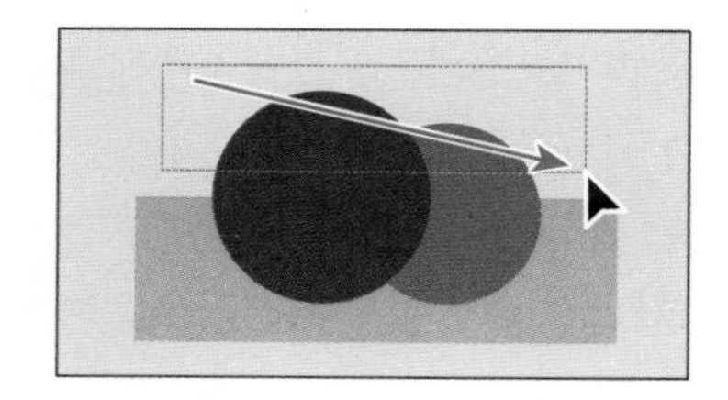

图 4-52

❸ 选择形状后，在右侧“属性”面板的“路径查找器”选项组中，单击“联集”按钮以将两个形状永久地合并为一个，如图 4-53 所示。

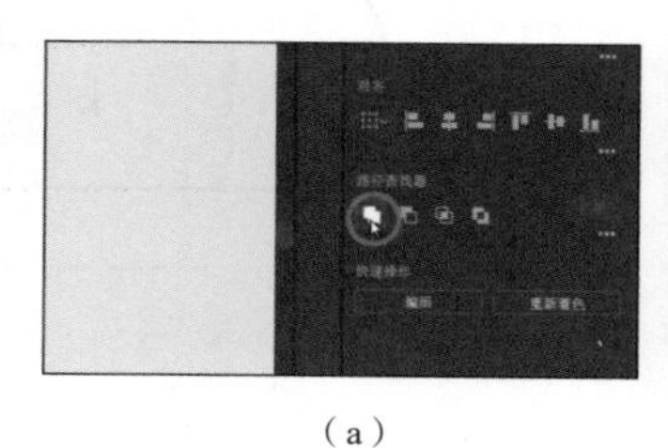

（a）

（b）

图 4-53

> 注意 “属性”面板中的“联集”按钮通过将多个形状合并为一个，产生与“形状生成器工具”类似的效果。

请注意，最终合并形状的颜色是深绿色。因为最终合并形状的颜色取自最上层的形状。

❹ 按住 Shift 键单击新合并的绿色形状后面的橙色矩形，如图 4-54（a）所示。

❺ 在“属性”面板中，单击“路径查找器”选项组中的“更多选项”按钮，显示更多选项。

❻ 单击“减去后方对象”按钮，如图 4-54（b）所示，从前面的绿色形状中减去包含在后面橙色矩形中的部分，效果如图 4-54（c）所示。

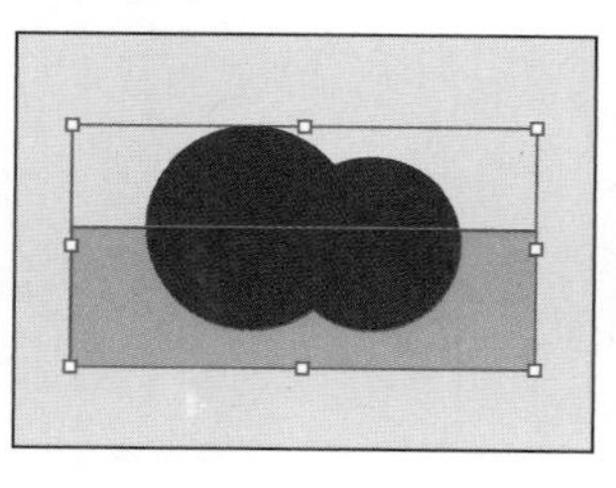

（a）

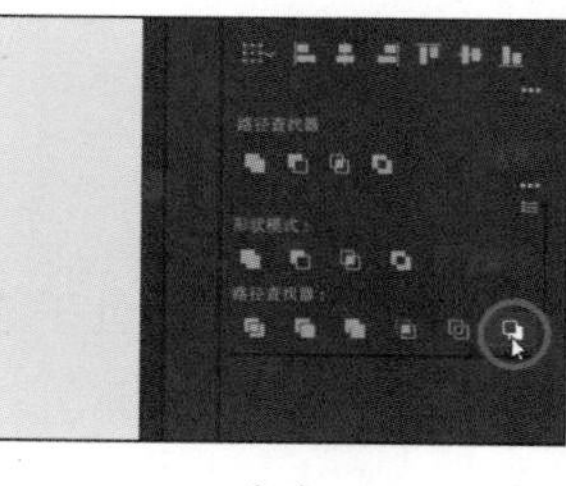

（b）

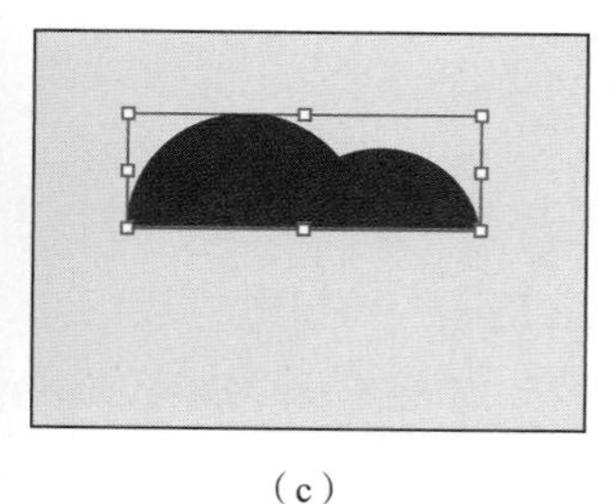

（c）

图 4-54

请注意，使用“属性”面板的“路径查找器”选项组中的任何命令都会对形状进行永久性的更改。

4.3.3 了解形状模式

如果按住Option键(macOS)或Alt键(Windows)，单击“属性”面板中显示的路径查找器的相关按钮，都会创建复合形状而不是路径。复合形状中的原始形状会被保留下来，因此，您仍然可以选择复合形状中的任意原始形状。如果您认为稍后可能还需要使用原始形状，那么使用创建复合形状的模式将非常有用。

接下来，您将基于一系列形状创建另一个云朵形状，并且您还能编辑底层形状，如图 4-55 所示。

❶ 按住空格键切换到“抓手工具”，按住鼠标左键在文档窗口中向上拖动，以便在灌木图稿下方看到 Cloud 2 图稿。

❷ 框选所有形状，如图 4-56 所示。

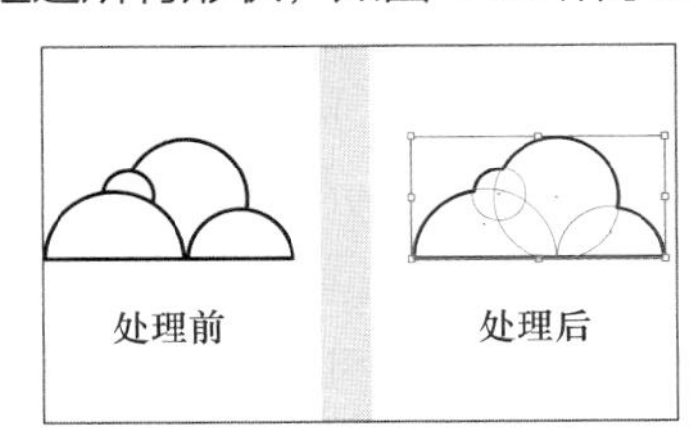

图 4-55

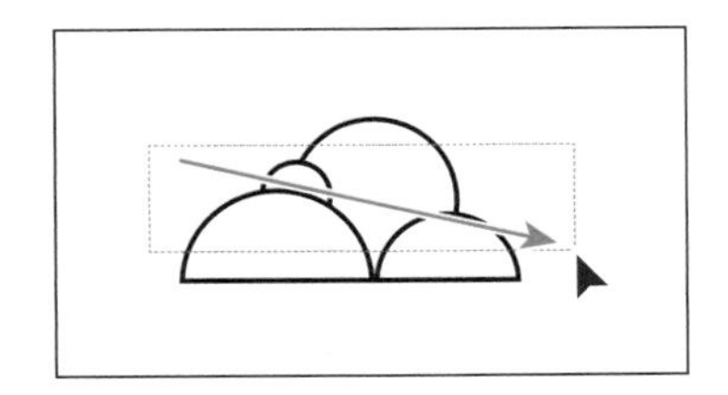

图 4-56

❸ 按住 Option 键（macOS）或 Alt 键（Windows），单击“属性”面板中的“联集”按钮，如图 4-57（a）所示。

将创建一个复合形状，图 4-57(b)所示为合并后的形状轮廓，您仍然可以单独编辑原始形状。

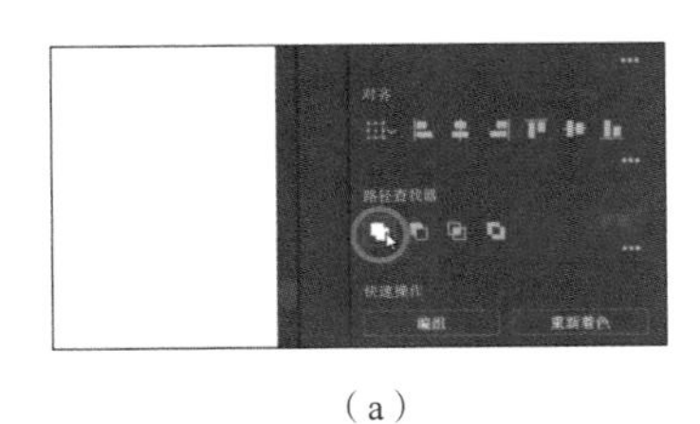

（a）

（b）

图 4-57

> 提示　若要编辑复合形状中的原始形状，还可以使用“直接选择工具”来单独选择它们。

❹ 选择“选择”>“取消选择”，查看最终形状。

❺ 使用“选择工具”在云朵图形中双击以进入隔离模式。

处于隔离模式时，复合形状会临时取消编组状态。

❻ 单击较大的圆形，如图 4-58 所示。

❼ 按住 Shift 键并拖动圆形顶部的边界点来缩小形状，如图 4-59 所示。

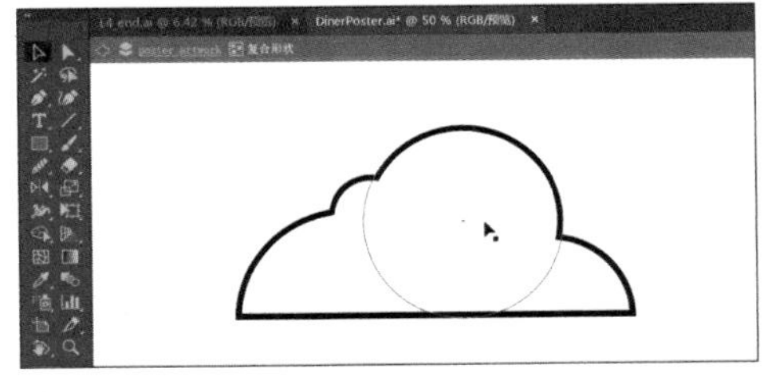

图 4-58

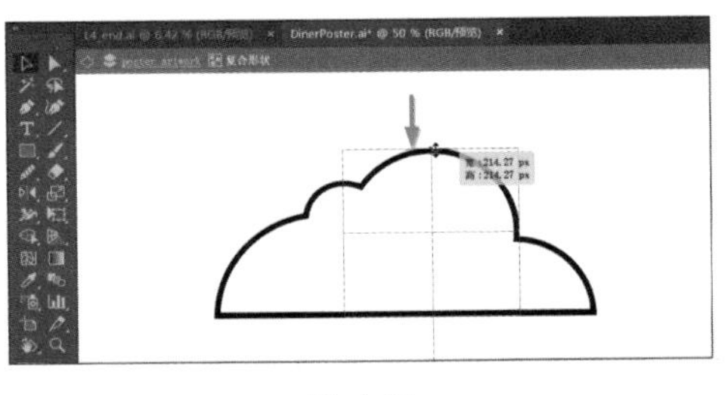

图 4-59

请注意，云朵图形周围的轮廓发生了变化。

> 注意　如果不小心将圆形向上移动了，可能会导致轮廓变成奇怪的形状。

8 按 Esc 键退出隔离模式。

接下来将扩展图形外观。扩展外观将保持复合对象的形状不变，但您不能再次选择或编辑原始对象。当想要修改复合对象内部特定元素的外观属性和其他属性时，通常需要对其外观进行扩展。

9 在云朵图形以外的地方单击以取消选择，然后再次选择它。这样就选择了整个复合形状，而不仅仅是其中一个原始形状。

10 选择“对象” > “扩展外观”，效果如图 4-60 所示。

路径编辑器的作用效果现在变成了永久性的，复合形状变成了单一形状。

11 选择“视图” > “画板适合窗口大小”。

12 在工具栏中选择“吸管工具”。选择云朵图形后，单击右侧“Final examples”栏中的云朵图形，对其颜色进行采样并将颜色应用于新绘制的云朵图形上，如图 4-61 所示。

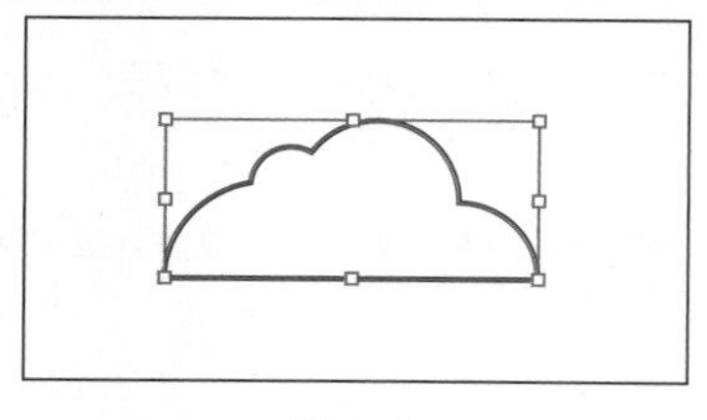

图 4-60

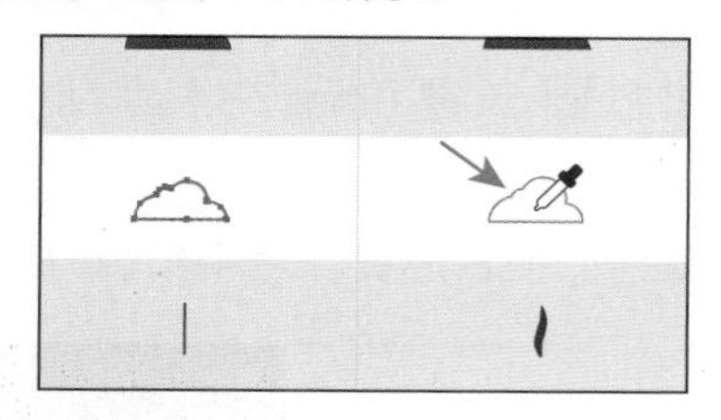

图 4-61

4.3.4　调整路径形状

使用“整形工具”可以拉伸路径的某一部分而不扭曲其整体形状，如图 4-62 所示。本小节将改变一条线段的形状，让它变得更弯曲一点儿，以便为狗添加尾巴。

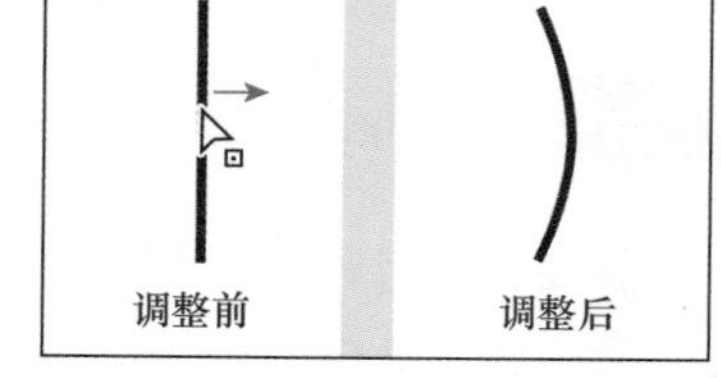

图 4-62

1 确保智能参考线已开启。

2 选择“选择工具”，在画板底部的“Work Area”栏的“Tail”中选择垂直线。

3 为了方便查看，按 Command + + 组合键（macOS）或 Ctrl + + 组合键（Windows），重复操作几次以放大视图。

4 在工具栏中用鼠标左键按住“缩放工具”，选择“整形工具”。

> 注意　您可以在封闭路径（如正方形或圆形）上使用“整形工具”，但如果选择了整个路径，“整形工具”将添加锚点并调整路径。

5 将鼠标指针移到路径中间，当鼠标指针变为形状时，按住鼠标左键向右拖动以添加锚点，调整路径形状，如图 4-63 所示。

“整形工具”可用于拖动现有锚点或路径段，如果拖动现有路径段，则会创建一个新锚点。

> 注意　使用整形工具拖动路径时，只会调整选定的锚点。

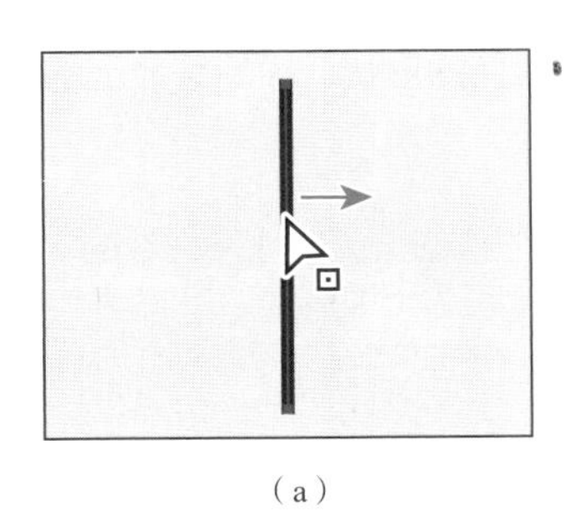

（a）

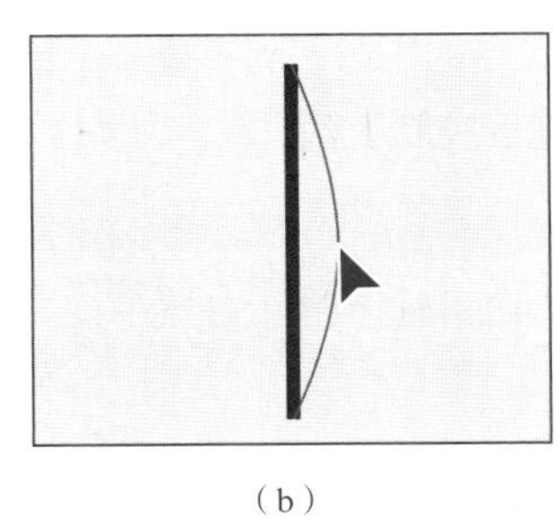

（b）

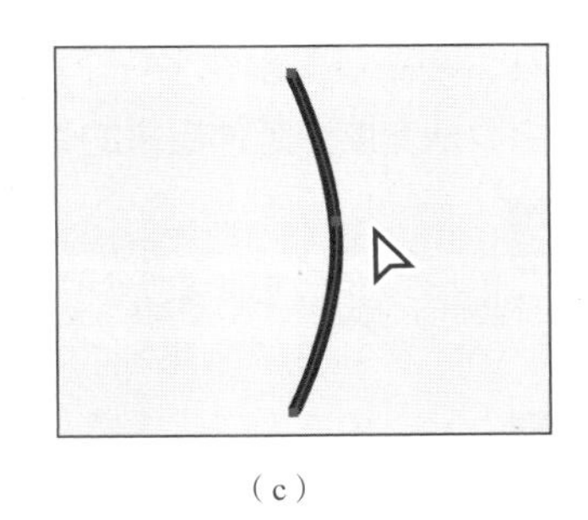

（c）

图 4-63

❻ 将鼠标指针移动到路径底部的上方三分之一处，并将其向左拖动一点儿，如图 4-64 所示。保持路径处于选中状态。

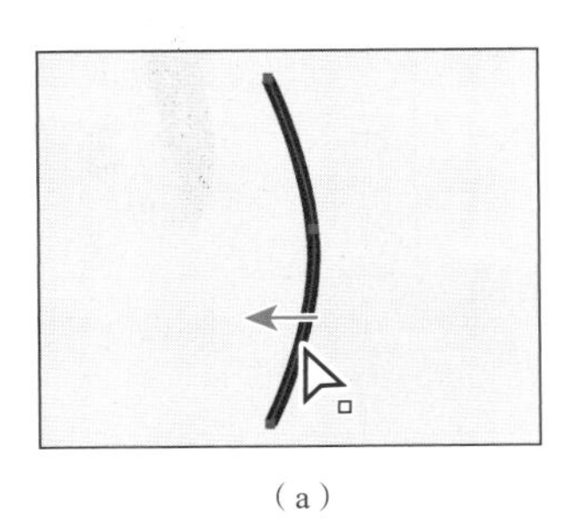

（a）

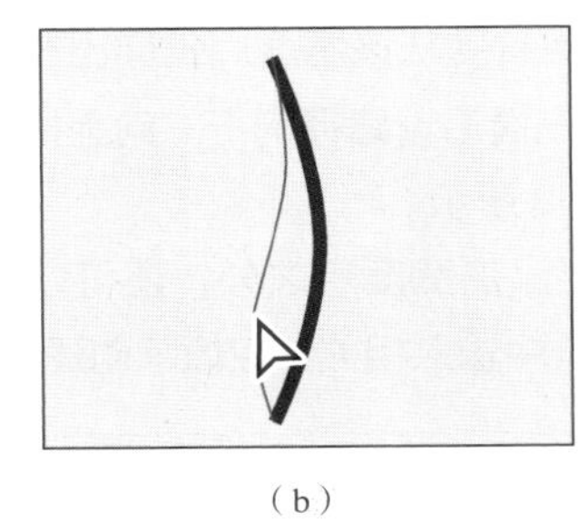

（b）

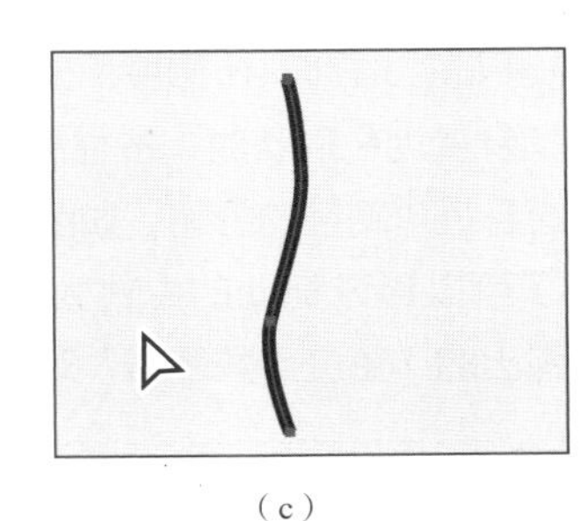

（c）

图 4-64

4.4 使用“宽度工具”

您不仅可以像在第 3 课中那样调整描边粗细，还可以通过使用“宽度工具”或将宽度配置文件应用于描边来更改常规描边的宽度。这使您可以为路径创建可变宽度的描边。本节将使用“宽度工具”来修改 4.3.4 小节中调整后的路径，以完成尾巴的绘制，如图 4-65 所示。

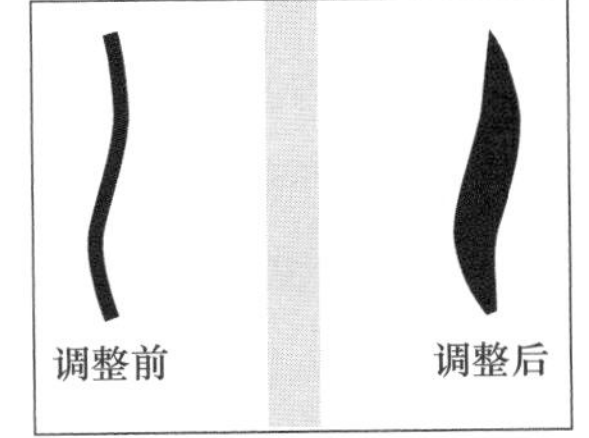

图 4-65

❶ 在工具栏中选择“宽度工具”。

❷ 将鼠标指针放在 4.3.4 小节用“整形工具”调整后的路径的中心。请注意，当鼠标指针位于路径上时，鼠标指针会变为形状。按住鼠标左键并拖动，即可更改描边的宽度。向右拖动蓝线，请注意，拖动时描边会以相等的距离向左右两边扩展。当灰色测量标签中显示的宽度大约为 44 px 时，松开鼠标左键，如图 4-66 所示。

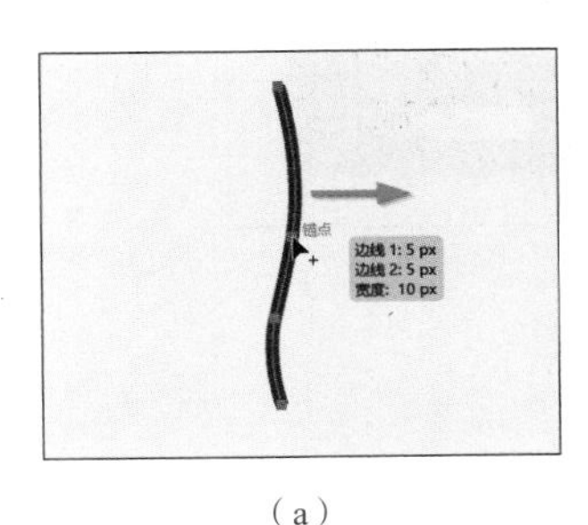

（a）

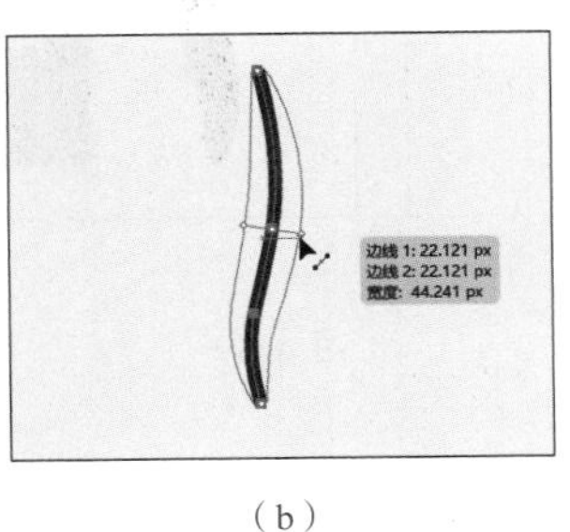

（b）

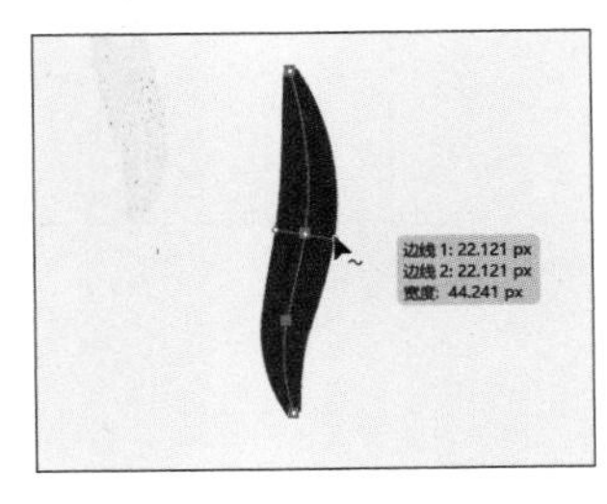

（c）

图 4-66

现在，在路径上创建了一个宽度可变的描边，而不是一个带有填色的形状。原始路径上的新点称为宽度点，从宽度点延伸出来的线是宽度控制手柄。

> 提示 您可以将一个宽度点拖动到另一个宽度点上方，以创建不连续的宽度点。双击不连续的宽度点，则可在弹出的“宽度点数编辑”对话框中编辑这两个宽度点。

> 提示 单击宽度点，按 Delete 键可将其删除。当描边上只有一个宽度点时，删除该点将删除描边宽度。

③ 单击画板的空白区域以取消选择锚点。

④ 将鼠标指针放在路径上的任意位置，第②步创建的宽度点（见图 4-67 中的红色箭头）将再次显示出来。

⑤ 将鼠标指针放在宽度点上，当看到从该宽度点延伸出线条，并且鼠标指针变为形状时，按住鼠标左键沿着路径向下、向上拖动该宽度点以查看其对路径的影响，如图 4-68 所示。

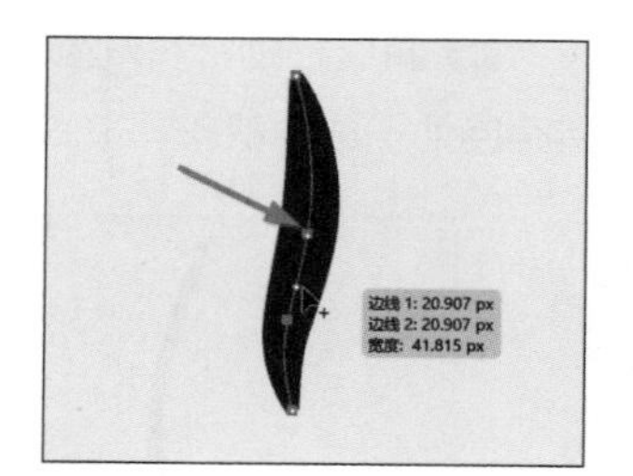

图 4-67

除了可以通过拖动的方式为路径添加宽度点之外，还可以双击锚点，在弹出的“宽度点数编辑”对话框中输入相关参数值来创建宽度点。

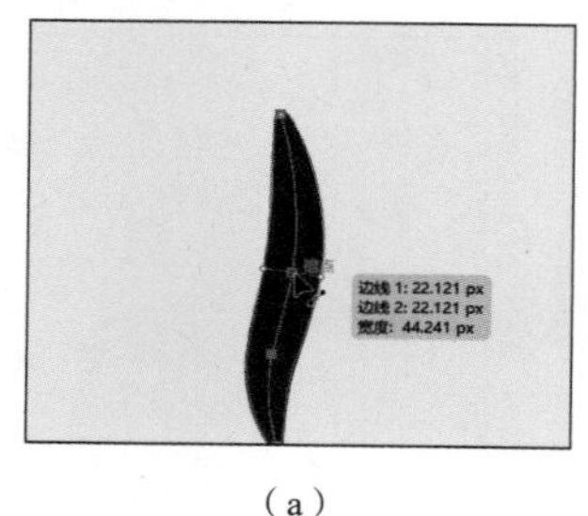

（a）

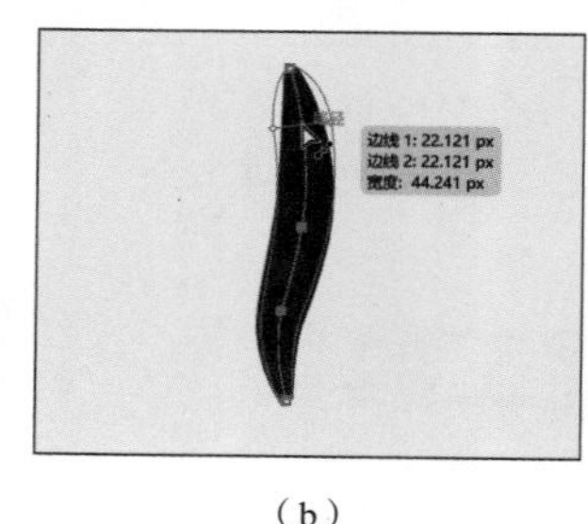

（b）

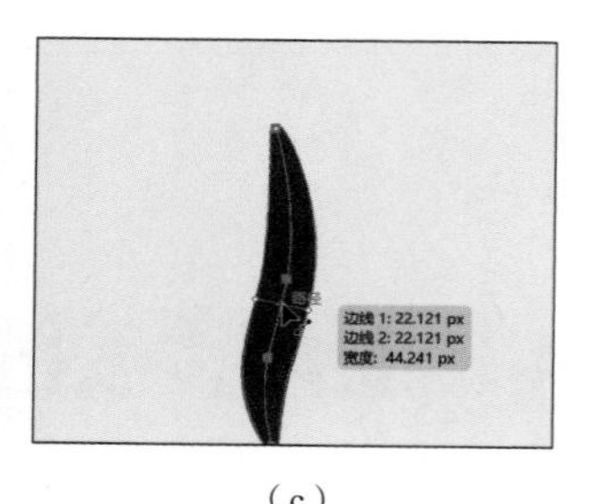

（c）

图 4-68

⑥ 将鼠标指针移动到路径的顶部锚点上，鼠标指针会变为形状，并且旁边会出现“锚点”提示，如图 4-69（a）所示。

⑦ 双击该点以创建一个新的宽度点，并打开“宽度点数编辑”对话框。

⑧ 在“宽度点数编辑”对话框中，将“总宽度”更改为 0 px，单击“确定”按钮，如图 4-69（b）所示。

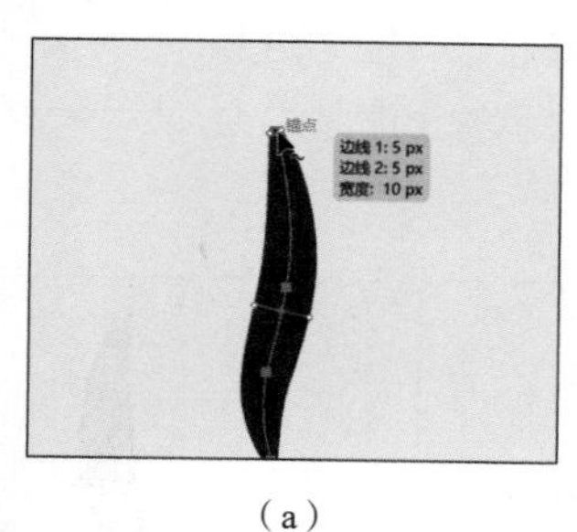

（a）

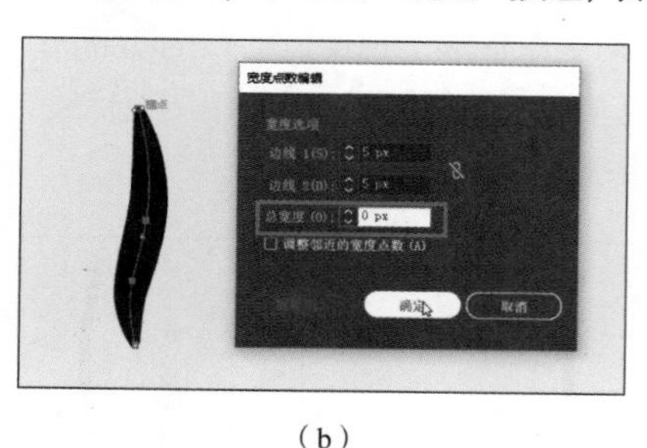

（b）

图 4-69

> 提示 您可以选择一个宽度点，按住 Option 键（macOS）或 Alt 键（Windows），拖动宽度点的一个宽度控制手柄来更改单侧描边宽度。

提示 定义描边宽度后，您可以将可变宽度保存为配置文件，以后就可以在“描边”面板或“控制面板”中再次使用它。

“宽度点数编辑”对话框允许您同时或单独调整宽度控制手柄的长度，且调整结果更精确。此外，如果您勾选了“调整邻近的宽度点数”复选框，您对选定宽度点所做的任何更改都会影响到与所选宽度点相邻的宽度点。

9 将鼠标指针移到路径底部锚点两侧的手柄上，按住鼠标左键拖动，使宽度大约为 12 px，如图 4-70 所示。

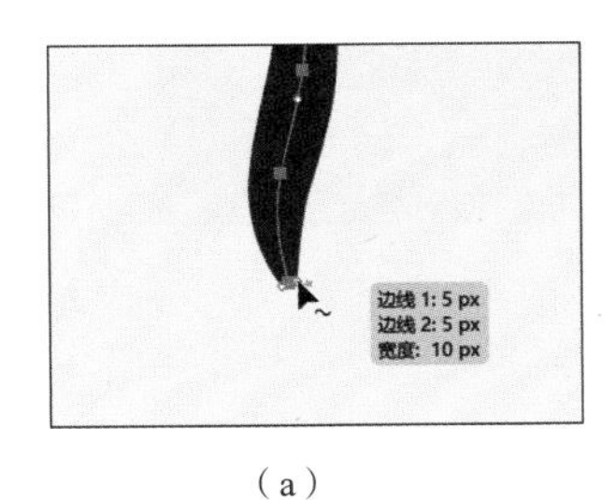

（a）

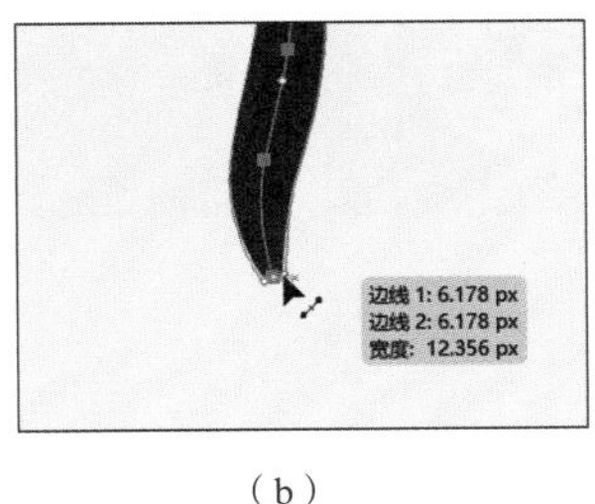

（b）

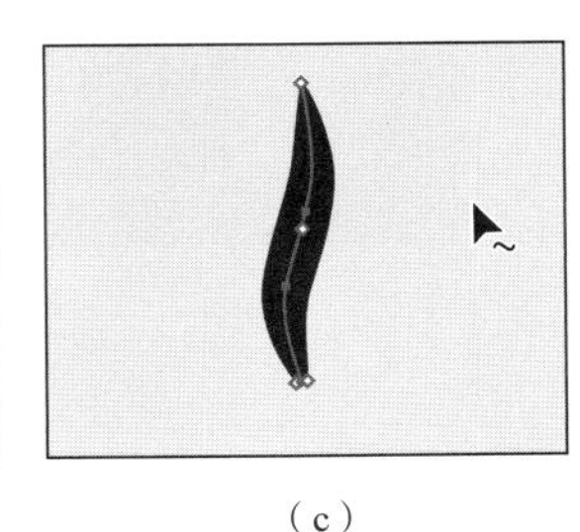

（c）

图 4-70

您也可以双击底部的锚点，在“宽度点编辑”对话框中将“总宽度”设置为 12 px。

4.4.1 使用“缠绕”

Adobe Illustrator 中的一个省时功能是“缠绕”。使用“缠绕”，您可以绘制图 4-71 中的路径，其部分出现在另一个对象的前面，另一部分出现在同一个对象的后面，看起来就像缠绕在另一个对象周围。

在本小节中，您将在狗身上缠一条围巾。

1 从文档窗口左下角的“画板导航”下拉列表中选择 2 Signage 选项。

2 使用“选择工具”单击狗身上的白色围巾。

3 多次选择“视图”>“放大”，以便更好地查看它。

白色的围巾要是能把狗裹起来就好了——依次分布在狗的身体后面和前面。您可以使用“剪刀工具”手动执行此操作，但使用“缠绕”更容易。

4 按住 Shift 键单击狗的身体，将其添加到所选内容中，如图 4-72 所示。

图 4-71

图 4-72

目前，您需要选择一个以上的对象才能使“缠绕”正常工作。

5 选择“对象”>“缠绕”>“制作”。

围巾和狗被组合在一起作为一个“缠绕”对象。查看“属性”面板的顶部，您会看到“缠绕”文本。

现在所选对象是一个缠绕对象，您可以使用圈选的方式告诉 Adobe Illustrator 白色围巾的哪些部分应该放在狗身体的后面。

6 在白色围巾和狗身体相交的地方进行圈选，如图 4-73（a）所示。当松开鼠标时，所选区域的围巾就会出现在狗的身后，如图 4-73（b）所示。

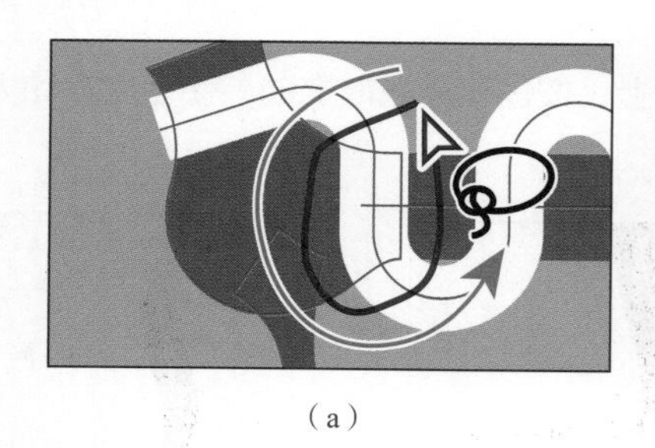

（a）

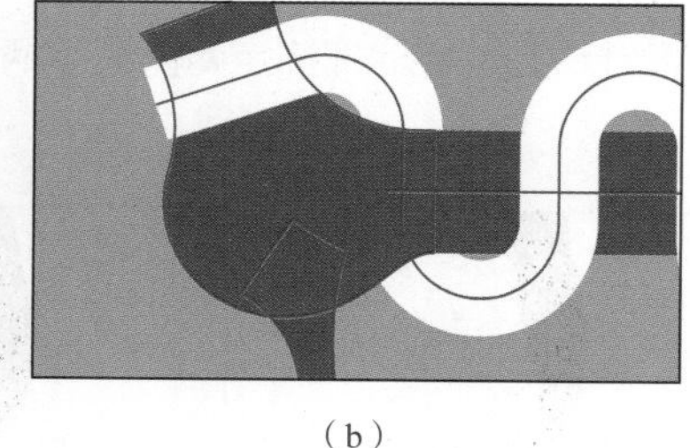

（b）

图 4-73

如果您没有选择足够多的重叠区域，您可以选择“编辑”>“撤销重新排列 - 还原”并重试。

7 继续圈选与狗重叠的白色围巾的另一部分，如图 4-74 所示。

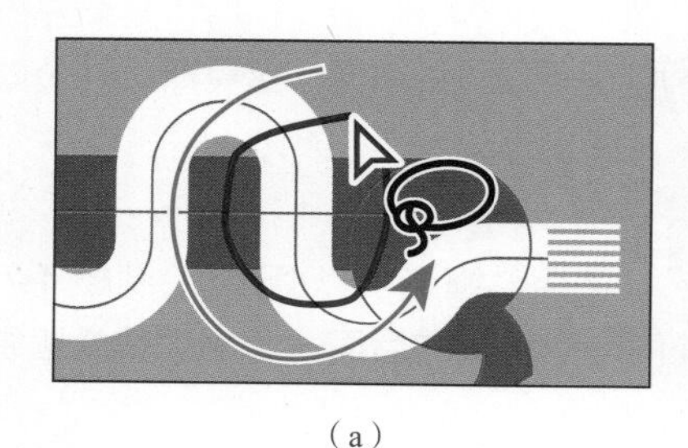

（a）

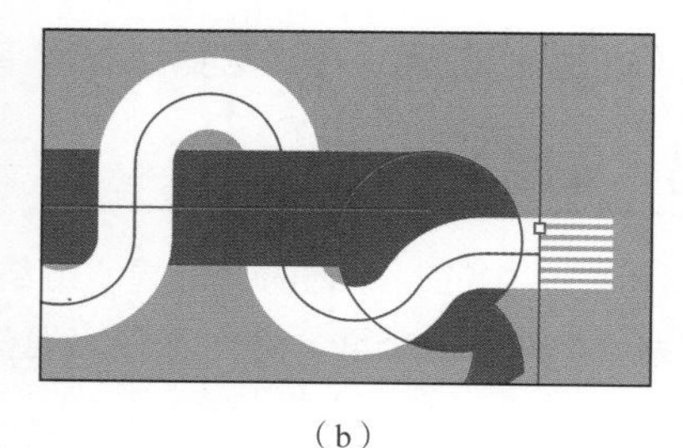

（b）

图 4-74

8 完成后，选择“选择”>“取消选择”。

9 使用“选择工具”单击白色围巾，再次选择缠绕对象。

如果您想继续告诉 Adobe Illustrator 将围巾的哪些部分放在前面，或者反转已经处理过的部分，您可以单击“属性”面板的“快速操作”选项组中的“编辑”按钮，然后进行圈选。

4.4.2 组装 Logo

要完成 Logo，您需要将狗的头部和尾巴拖放到标牌上，调整它们的大小与位置。您需要缩放视图才能方便地移动和调整图形的大小。

1 选择“视图”>“全部适合窗口大小”。

2 选择“选择工具”▶，将处理过的狗的头部拖到画板中间的狗的身体上，如图 4-75 所示。

3 将狗的尾巴从最左边的画板底部拖到 Logo 上，如图 4-75 所示。

4 多次选择“视图”>“放大”，放大狗的图稿。

5 按住 Shift 键，拖动狗头图形的一个角来调整其大小，使其变小，如图 4-76 所示，然后将其拖到狗的身体上。

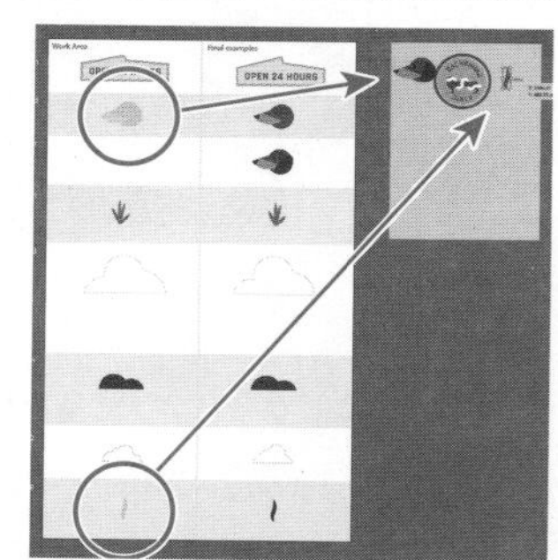

图 4-75

⑥ 选择尾巴图形，如图 4-77 所示。

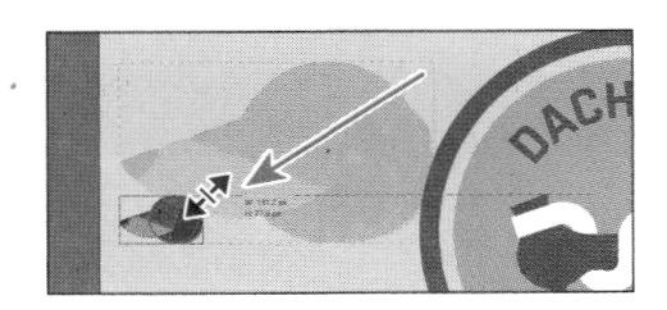

图 4-76

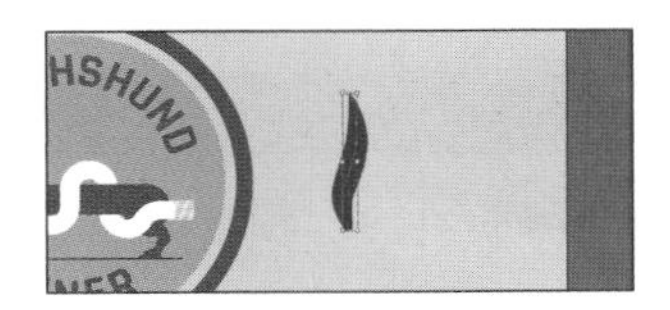

图 4-77

由于尾巴是带有描边的路径，要调整它的大小并缩放描边粗细，需要启用“缩放描边和效果”功能。

⑦ 在“属性”面板的“变换”选项组中单击“更多选项”按钮。勾选“缩放描边和效果”复选框，如图 4-78 所示。按 Esc 键隐藏面板。

⑧ 按住 Shift 键的同时拖动尾巴图形，使其变小。

⑨ 将鼠标指针移动到尾巴图形的一个角外，并旋转尾巴到图 4-79 所示的位置。

⑩ 将每个图形依次拖到图 4-79 所示的位置。

> **注意** 如果头部或尾巴在身体后面，则在“属性”面板中单击“排列”按钮，然后选择“置于顶层”命令。

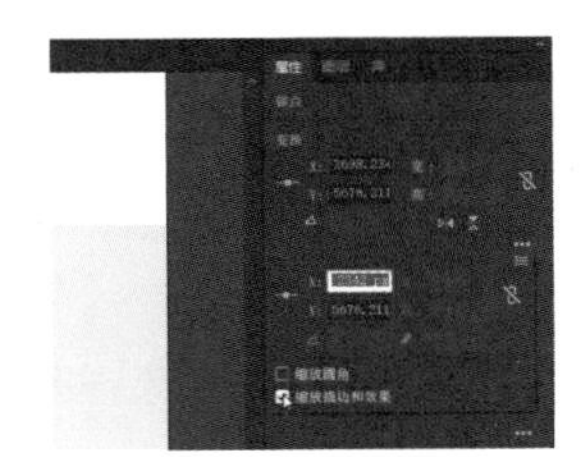

图 4-78

图 4-79

⑪ 框选“DACHSHUND DINER”标志中的所有部分，然后选择“对象”>“编组”。

4.4.3 组装海报

最后，您将拖动在其他画板制作的图稿到最右侧画板的海报上。

① 选择“视图”>“全部适合窗口大小”。

② 将所有图稿部分（中间画板上的 Logo、云、灌木和植物）拖到最右侧的海报中，如图 4-80 所示。海报中用虚线画出了这些图稿需要放置的地方。

③ 调整“OPEN 24 HOURS”标志的大小，使其变小。按住 Shift 键可以实现等比例缩小，最终效果如图 4-81 所示。

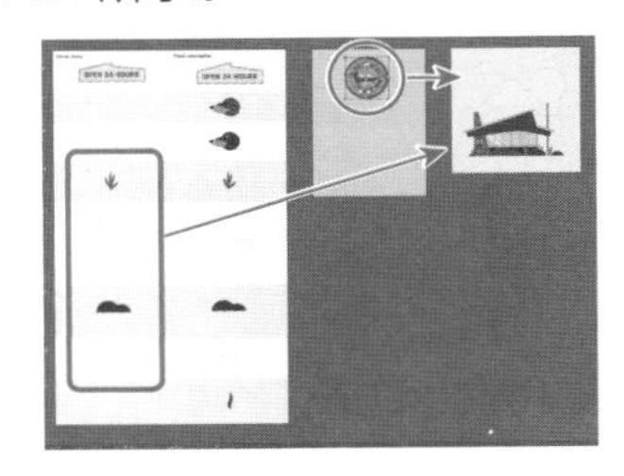

图 4-80

图 4-81

④ 选择“窗口”>“工具栏”>“基本”，切换回基本工具栏。

⑤ 选择“文件”>“存储”，然后选择“文件”>“关闭”。

复习题

1. 描述两种可以将多个形状合并为一个形状的方法。
2. “剪刀工具”✂和“美工刀”工具✐有什么区别？
3. 如何使用“橡皮擦工具”◆进行直线擦除？
4. 在“属性”面板或“路径查找器”面板中，形状模式和路径查找器之间的主要区别是什么？
5. 为什么要轮廓化描边？

参考答案

1. 您可以使用“形状生成器工具”直观地在图形中合并、删除、填充和编辑相互重叠的形状和路径。您还可以使用路径查找器（可在“属性”面板、“效果”菜单或“路径查找器”面板中找到）效果基于重叠的形状创建新形状。
2. “剪刀工具”✂用于在锚点或沿线段剪切路径、图形框架或空文本框架。“美工刀”工具✐用于沿着该工具划过的路径切割对象，并将对象分离开来。使用“剪刀工具”✂剪切形状时，生成的形状是开放路径；而使用“美工刀”工具✐切割形状时，生成的形状是闭合路径。
3. 要用“橡皮擦工具”◆进行直线擦除，需要按住 Shift 键，然后使用“橡皮擦工具”进行擦除。
4. 在“属性”面板中，应用形状模式（如“联集”）时，所选原始对象将被永久改变；但如果您按住 Option 键（macOS）或 Alt 键（Windows）应用形状模式，将保留原始对象。应用“路径查找器”（如“联集”）时，所选原始对象也将永久改变。
5. 默认情况下，路径与线条一样，可以显示描边颜色，但不能显示填充颜色。如果您在 Adobe Illustrator 中创建了一条线条，并且希望同时对其应用描边颜色和填充颜色，就需要轮廓化描边，即把线条转换为封闭的形状（或复合路径）。

第 5 课

变换图稿

本课概览

本课将学习以下内容。

- 在现有文件中添加、编辑、重命名和重新排列画板。
- 在画板之间导航。
- 使用标尺和参考线。
- 精确调整对象的位置。
- 使用多种方法移动、缩放、旋转和倾斜对象。
- 了解镜像重复。
- 使用“操控变形工具”。

学习本课大约需要 60 分钟

创建图稿时，您可以通过多种方式快速、精确地控制对象的大小、形状和方向。在本课中，您将创建多幅图稿，同时了解创建和编辑画板的方法、各种变换命令和专用工具的使用方法。

5.1 开始本课

本课将变换图稿并使用它来完成广告图稿的制作。在开始本课之前，您需要还原 Adobe Illustrator 的默认首选项，然后打开一个包含已完成图稿的文件，查看您将创建的内容。

① 为了确保工具的功能和默认值完全如本课所述，请重置 Adobe Illustrator 的首选项文件，具体操作请参阅本书“前言”的“还原默认首选项”部分。

② 启动 Adobe Illustrator。

③ 选择“文件”>“打开”，然后打开 Lessons>Lesson05 文件夹中的 L5_end.ai 文件，如图 5-1 所示。

图 5-1

此文件包含几个不同版本的广告画板，文件中提供的数据纯属虚构。

④ 在“缺少字体”对话框中，确保勾选了每种缺少的字体对应的复选框，然后单击“激活字体”按钮，如图 5-2 所示。一段时间后，字体就会被激活，您会在“缺少字体”对话框中看到一条激活成功的提示消息，单击“关闭”按钮。

⑤ 如果弹出讨论字体自动激活的对话框，您可以单击“跳过”按钮。

⑥ 选择“视图”>“全部适合窗口大小”，并在工作时使文件保持打开状态以供参考。

⑦ 选择“文件”>“打开”。在“打开”对话框中，打开 Lessons>Lesson05 文件夹，然后选择 L5_start.ai 文件，单击“打开”按钮，效果如图 5-3 所示。

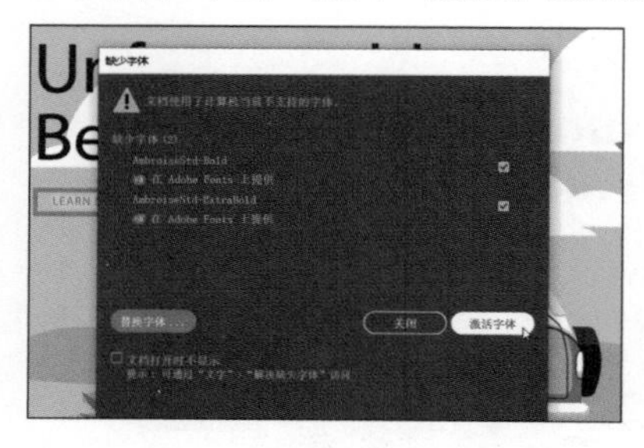

图 5-2

图 5-3

⑧ 选择“文件”>“存储为”。如果弹出云文档对话框，请单击“保存在您的计算机上”按钮。

⑨ 在“存储为”对话框中，将文件命名为 Vacation_ads.ai，然后定位到 Lesson05 文件夹。在“格式”下拉列表中选择 Adobe Illustrator（ai）选项（macOS）或在“保存类型”下拉列表中选择 Adobe Illustrator（*.AI）选项（Windows），然后单击“保存”按钮。

⑩ 在“Illustrator 选项”对话框中，保持默认设置，单击“确定”按钮。

⑪ 选择“窗口”>“工作区”>“重置基本功能”。

注意 如果在“工作区”菜单中没有看到“重置基本功能”命令，请在选择“窗口”>“工作区”>“重置基本功能”之前，选择“窗口”>“工作区”>“基本功能”。

5.2 使用画板

画板是包含可打印或可导出图稿的区域，类似于 Adobe InDesign 中的页或 Adobe Photoshop 和

Adobe Experience Design 中的画板。您可以使用画板创建各种类型的项目，例如多页 PDF 文件，大小或元素不同的打印页面，网站、应用程序或视频故事板的独立元素等。

5.2.1 绘制自定义大小的画板

在处理文件时，您可以随时添加和删除画板，并且可以根据需要创建不同尺寸的画板。您可以在画板编辑模式中调整画板大小、定位，对画板进行重新排序和重命名。本小节将向文件中添加一些画板，目前该文件只有一个画板。

① 选择“视图”>“画板适合窗口大小”。

② 按 Option+-（macOS）或 Ctrl +-（Windows）组合键两次，以缩小视图。

③ 按住空格键临时切换到“抓手工具”。按住鼠标左键将画板向左拖动，查看画板右侧的常青树图形。

④ 选择“选择工具”。

要在“属性”面板中查看“编辑画板”按钮等，您不能在文件中选择任何内容，并且需要选择“选择工具”。

⑤ 单击“属性”面板中的“编辑画板”按钮，如图 5-4 所示，进入画板编辑模式。进入画板编辑模式后，工具栏中的“画板工具”会被选中。

您会在文件中唯一的画板周围看到一条虚线，在画板的左上角看到一个标签 Artboard 1（如果该标签在视图中）。请注意，图稿如本例中的棕榈树图形，可以延伸到画板的边缘之外。

⑥ 将鼠标指针移动到包含 Unforgettable Beaches 文本的画板右侧，然后按住鼠标左键向右下方拖动，在常青树图形的周围绘制画板，如图 5-5 所示。不用考虑新画板的具体尺寸，因为马上就会调整其尺寸。

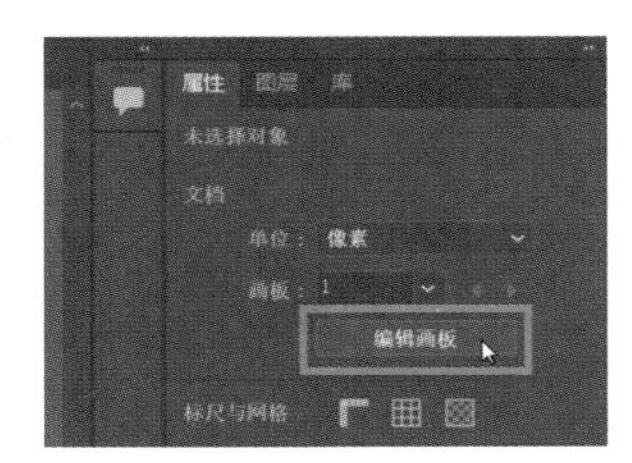

图 5-4

图 5-5

常青树图形现在在新画板上。

在画板编辑模式下，右侧的“属性”面板中有许多用于编辑所选画板的选项。例如，当某画板被选中时，“预设”下拉列表中有许多预设的画板尺寸，如信纸等，如图 5-6 所示。此外，其中还包括经典的打印尺寸、视频、平板电脑和网页尺寸等预设。

⑦ 在右侧的“属性”面板中，在“宽”文本框中输入“336px”，在“高”文本框中输入“280px”，按 Enter 键确认更改，如图 5-7 所示。

请注意，显示的单位是“px”（像素）。

⑧ 在“属性”面板的“画板”选项组中将名称更改为 City vacation ad，按 Enter 键确认更改，如图 5-8 所示。

⑨ 按住鼠标左键将画板向右拖动，在画板之间腾出更多空间。

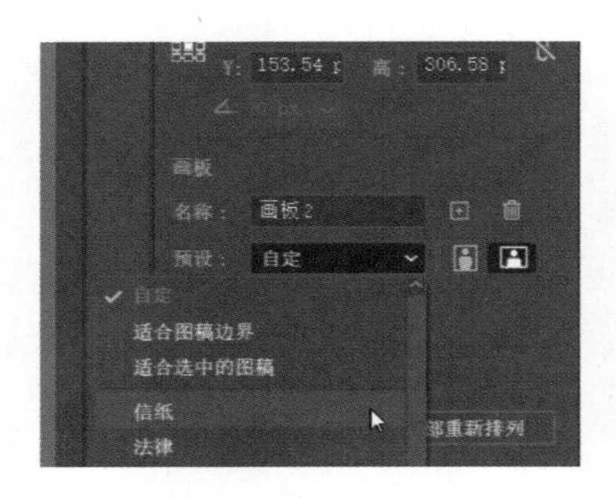

图 5-6

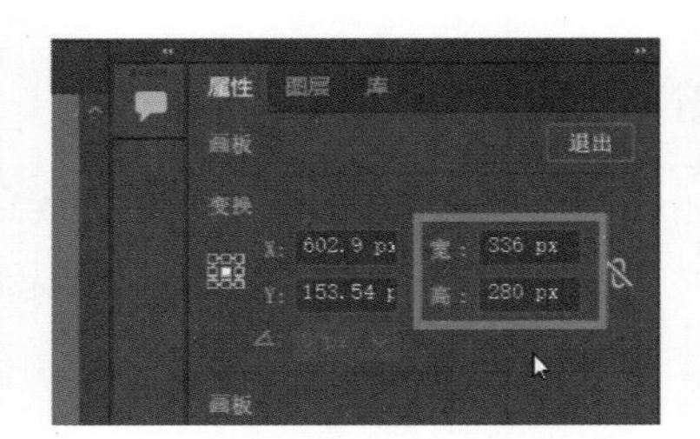

图 5-7

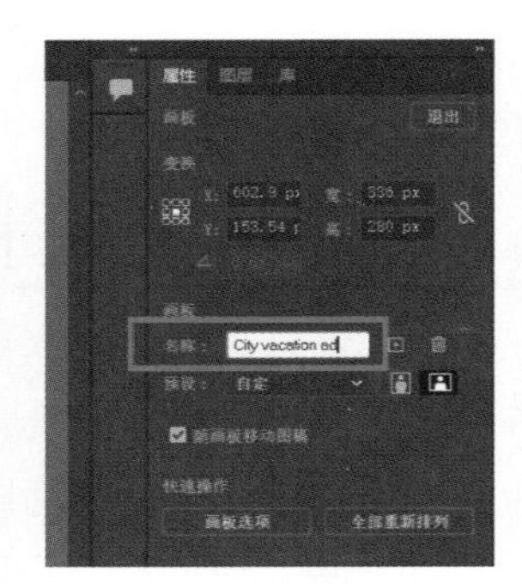

图 5-8

默认情况下，未锁定的画板上的内容会随画板移动。查看“属性”面板，您会看到“随画板移动图稿”复选框已被勾选。如果在移动画板之前取消勾选该复选框，图稿就不会随画板移动。

5.2.2 创建新画板

本小节将创建另一个与 City vacation ad 画板大小相同的画板。

❶ 单击“属性”面板中的“新建画板”按钮，创建一个与 City vacation ad 画板大小相同且位于其右侧的新画板，如图 5-9 所示。

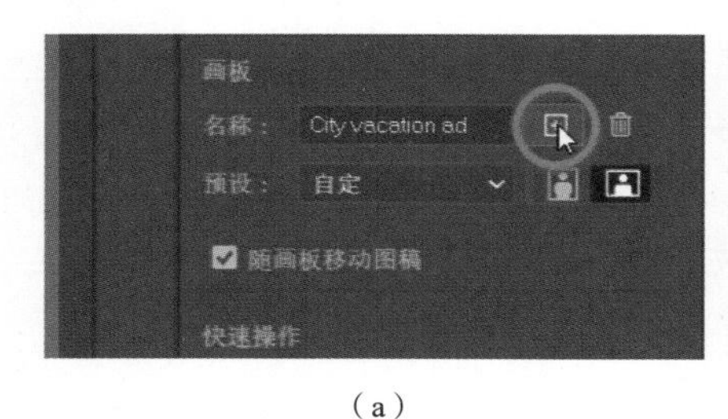

（a）

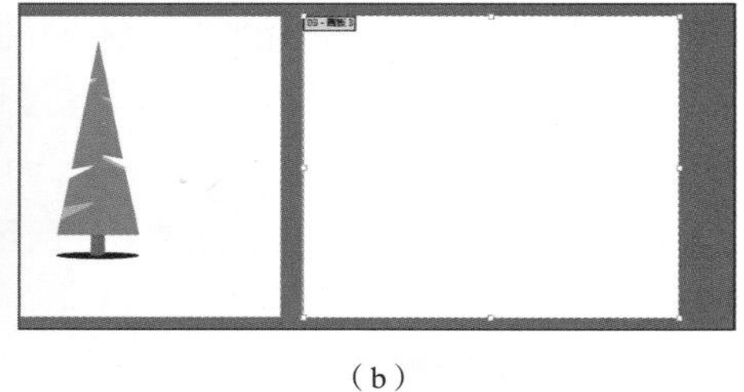

（b）

图 5-9

❷ 在“属性”面板中将新画板的名称更改为 Mountain holiday ad，按 Enter 键确认更改，如图 5-10 所示。

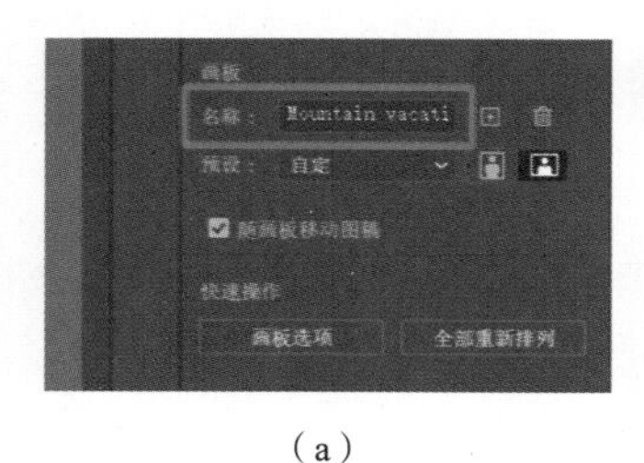

（a）

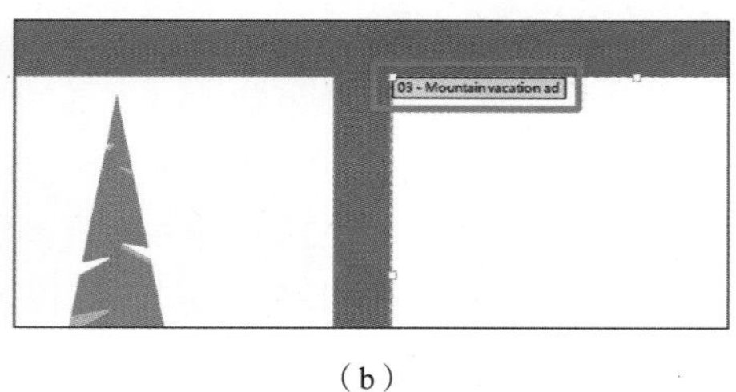

（b）

图 5-10

在画板编辑模式下编辑画板时，可以在画板的左上角看到每个画板的名称。

❸ 选择“视图”>“全部适合窗口大小”，查看所有画板。

❹ 单击“属性”面板顶部的“退出”按钮，退出画板编辑模式，如图 5-11 所示。

提示 您还可以在工具栏中选择除“画板工具”以外的其他工具或按 Esc 键退出画板编辑模式。

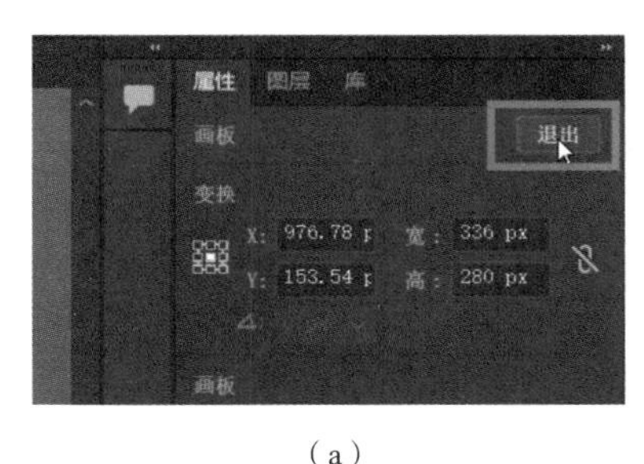

（a）

（b）

图 5-11

退出画板编辑模式会取消对所有画板的选择，并切换到您进入该模式之前处于活动状态的工具。在本例中，将切换到“选择工具”。

5.2.3 编辑画板

创建画板后，您可以使用“画板工具”、菜单命令、“属性”面板或“画板”面板对其进行编辑。本小节将调整画板的位置和大小。

❶ 按 Option + –（macOS）或 Ctrl + –（Windows）组合键两次，以缩小画板。

❷ 选择“画板工具”，进入画板编辑模式。

这是进入画板编辑模式的另一种方式，在选择图稿时很有用，因为在选择图稿时您看不到“属性”面板中的“编辑画板”按钮。

❸ 按住鼠标左键将名为 Mountain holiday ad 的画板拖动到原始画板的左侧，并使其比其他画板稍微高一点儿，如图 5-12 所示。不用考虑它的精确位置，但要确保它没有覆盖任何图稿内容。

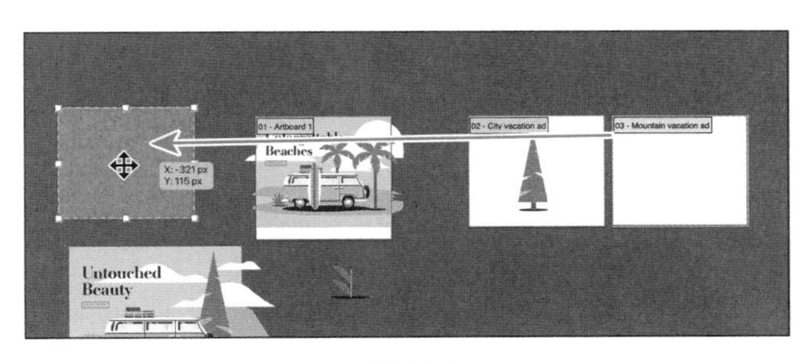

图 5-12

提示 这里要求将画板拖得更高一点儿，稍后对齐画板时，才能看到它们的移动。

❹ 单击包含 Unforgettable Beaches 文本的画板。

❺ 选择“视图”>“画板适合窗口大小”，使该画板适应文档窗口大小。

“视图”>“画板适合窗口大小”等命令通常用于所选画板或当前画板。

❻ 按住鼠标左键向上拖动画板下边缘中间的控制点，调整画板大小。当该点贴合到橙黄色形状的底部时，松开鼠标左键，如图 5-13 所示。

您可以根据需要调整画板大小以适应内容或以其他方式调整画板大小。本小节将删除右侧名为 City vacation ad 的画板，因为您将从另一个文件中复制画板来替换它。

❼ 选择“视图”>“全部适合窗口大小”，查看所有画板。

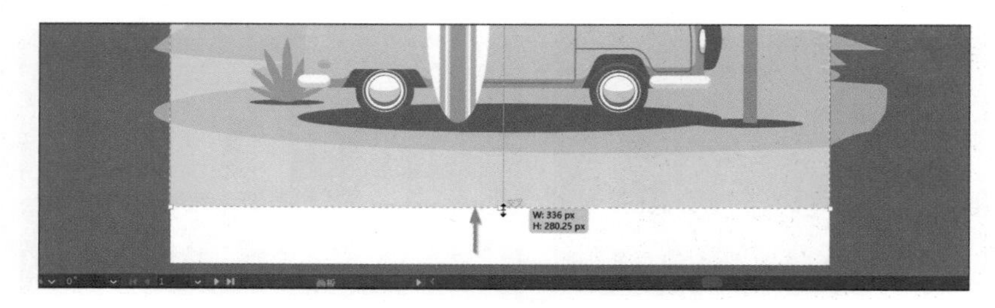

图 5-13

⑧ 单击右侧的 City vacation ad 画板，然后按 Delete 键或 Backspace 键将其删除，如图 5-14 所示。

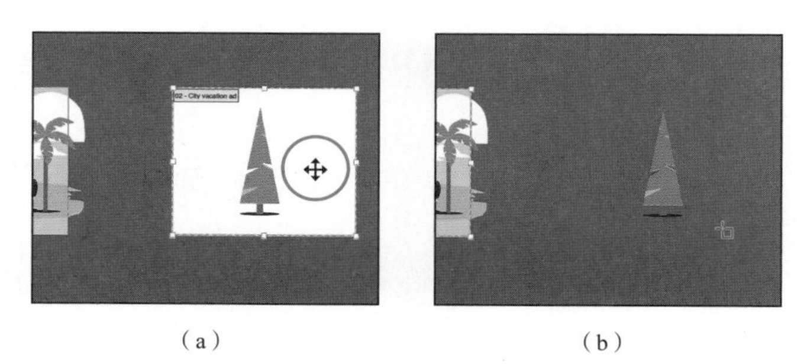

（a） （b）

图 5-14

删除画板时，不会删除画板上的图稿内容。在文件中，可以不断删除画板，直到只留下一个画板。

> **提示** 使用“画板工具”（ ）选择画板后，您还可以单击“属性”面板中的“删除画板”按钮来删除画板。

⑨ 选择“选择工具”，退出画板编辑模式，然后将常青树图形拖到含有 Unforgettable Beaches 文本的画板下方，如图 5-15 所示。

图 5-15

接下来，您将从另外一个文件中复制画板到常青树图形所在的区域。

5.2.4 在文件之间复制画板

您可以从一个文件中复制或剪切画板并将它们粘贴到其他文件中，并且该画板上的图形也会随着画板一起移动，这使得跨文件重用内容变得方便。本小节将从另一个广告设计项目中复制画板到正在处理的项目中，并将全部画板保存在一个文件中。

❶ 选择“文件”>“打开”，打开 Lessons>Lesson05 文件夹中的 Bus.ai 文件。

❷ 选择“视图”>“画板适合窗口大小”，查看整个画板，如图 5-16 所示。

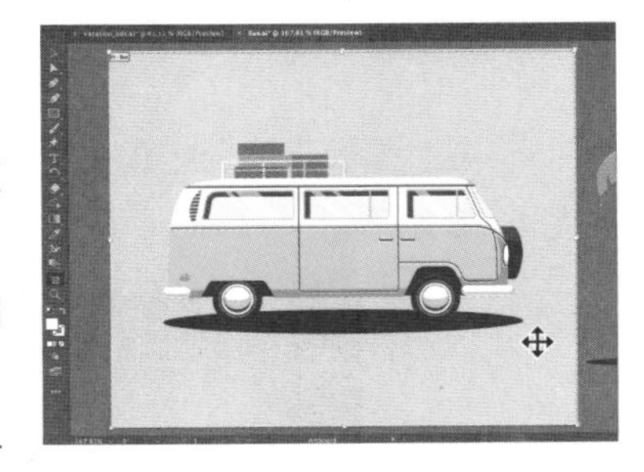

图 5-16

注意，面包车是蓝色的，这是因为使用了名为 Van 的色板，这很重要。

❸ 选择“画板工具”( )，文件中唯一的画板将被选中。如果没有选中，请单击画板将其选中。

如果它已经被选中，请小心单击画板！您可能会在上面复制一份画板。

❹ 选择“编辑”>“复制”，复制画板和画板上的图稿。

不在画板上的图稿（例如画板右侧的棕榈树）不会被复制，由于画板适应窗口的方式不同，您可能看不到它。

注意 如果在复制画板之前在“属性”面板中取消勾选了“随画板移动图稿”复选框，则不会复制画板上的图稿。

❺ 选择“文件”>“关闭”，关闭文件而不保存文件。

❻ 返回 Vacation_ads.ai 文件，选择“编辑”>“粘贴”，以粘贴画板和图稿。

❼ 在弹出的“色板冲突”对话框中，确保选中“合并色板”单选项并勾选“应用于全部”复选框，单击“确定”按钮，如图 5-17 所示。

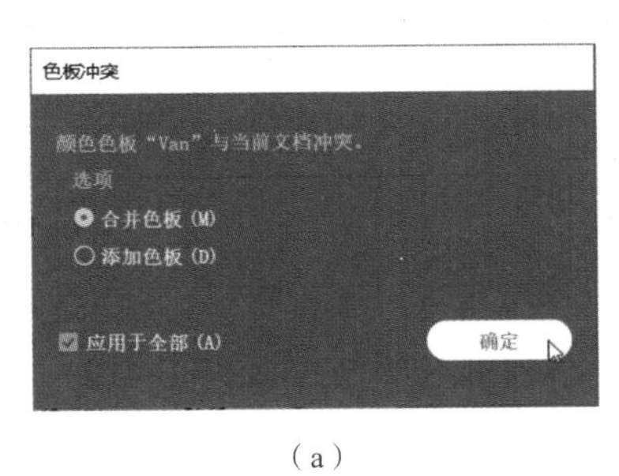

（a）

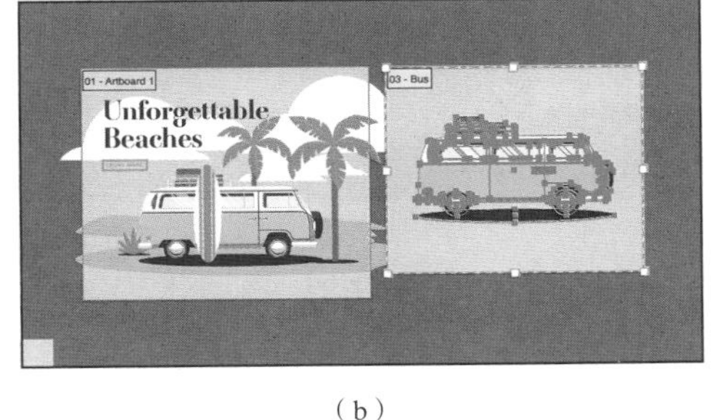

（b）

图 5-17

粘贴导入的色板将应用于画板上的任何内容。如果这些导入的色板与文件中已有色板具有相同的名称但颜色值不同，则会发生色板冲突。

在“色板冲突”对话框中，如果选择“添加色板”选项，来自 Bus.ai 文件但与 Vacation_ads.ai 文件的色板有冲突的色板会在色板名称后添加一个数字来完成导入。如果选择“合并色板”选项，则将使用已有色板的颜色值合并具有相同名称的色板。例如，Bus.ai 文件中的蓝色色板 Van 现在成了绿色的，因为 Vacation_ads.ai 文件中名为 Van 的色板是绿色的。

5.2.5 对齐和排列画板

若要使画板在文件中保持整齐，您可以移动和对齐画板以方便您的工作方式。例如，可以通过排列画板使相似的画板彼此相邻。本小节将选择所有画板并对齐它们。

> **提示** 选择“画板工具”，按住 Shift 键和鼠标左键可以框选一系列画板，按住 Shift 键单击也可以选择需要的画板。

❶ 在“画板工具”仍处于选中状态的情况下，按住 Shift 键单击其他两个画板，一起选择它们，如图 5-18 所示。

图 5-18

选择“画板工具”时，按住 Shift 键可以将其他画板添加到所选内容中，而不是绘制一个新画板。

❷ 单击“属性”面板中的“垂直顶对齐”按钮，使 3 个画板对齐，如图 5-19 所示。

图 5-19

您可能会看到，含有 Unforgettable Beaches 文本的画板上的浅橙色背景形状不会随画板一起移动。这是因为该形状已被锁定，锁定的对象在移动画板时不会随之移动。

❸ 选择“编辑”>“还原对齐”，将画板恢复到原来的位置。

❹ 选择“对象”>“全部解锁”，解锁背景对象和其他内容。

❺ 单击“垂直顶对齐”按钮，将画板彼此对齐。

在画板编辑模式下，您还可以使用“全部重新排列”命令随意排列画板。此命令可以按列或行排列画板并精确设定画板之间的距离。

❻ 单击“属性”面板中的“全部重新排列”按钮，如图 5-20 所示，打开“重新排列所有画板”对话框。

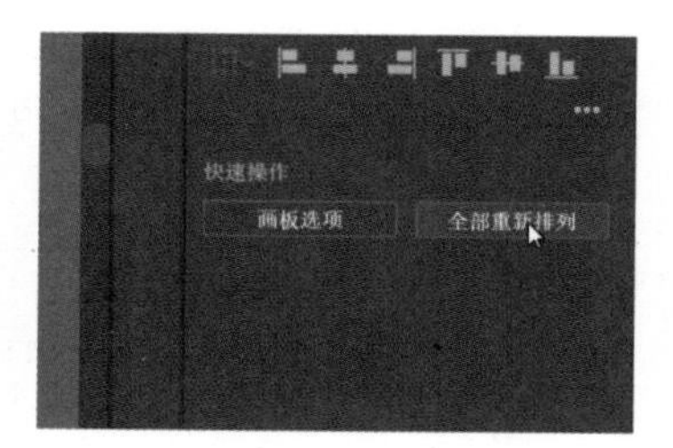

图 5-20

在“重新排列所有画板”对话框中，您可以将画板按行或列排列，并将每个画板之间的距离设置为指定值。

❼ 单击“按行排列”按钮，使 3 个画板保持水平相邻。将“间距”设置为“40 px”，单击“确定”按钮，如图 5-21 所示。

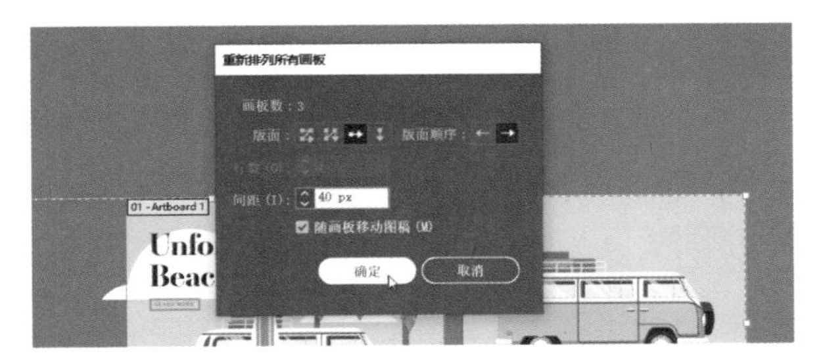

图 5-21

原本位于中间的画板现在是这一排画板中的第一个，其他画板位于其右侧，如图 5-22 所示。这是因为“按行排列”选项是根据画板编号对画板进行排序的。稍后将介绍如何更改该编号。

图 5-22

5.2.6 设置画板选项

默认情况下，系统会为每个画板分配一个编号和一个名称。当您浏览文件中的画板时，对画板进行重命名会很有用。本小节将学习如何重命名画板，为画板添加更有意义的名称，并且您将看到可以为每个画板设置的其他选项。

❶ 在画板编辑模式下，单击名为 Artboard 1 的画板，这是含有 Unforgettable Beaches 文本的画板。

❷ 单击“属性”面板中的“画板选项”按钮，如图 5-23 所示。

❸ 在“画板选项”对话框中，将名称更改为 Beach vacation ad，单击“确定”按钮，如图 5-24 所示。

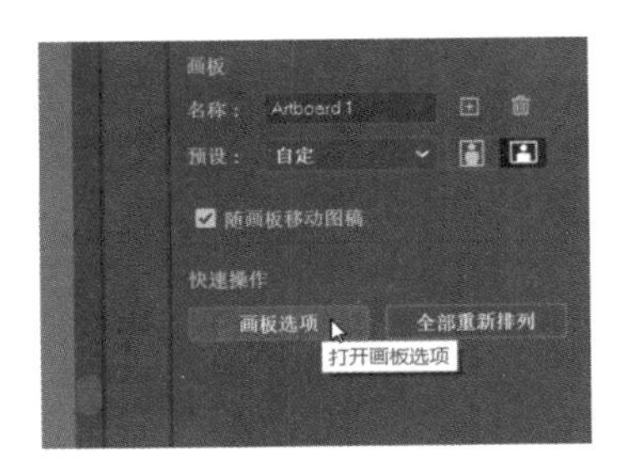

图 5-23

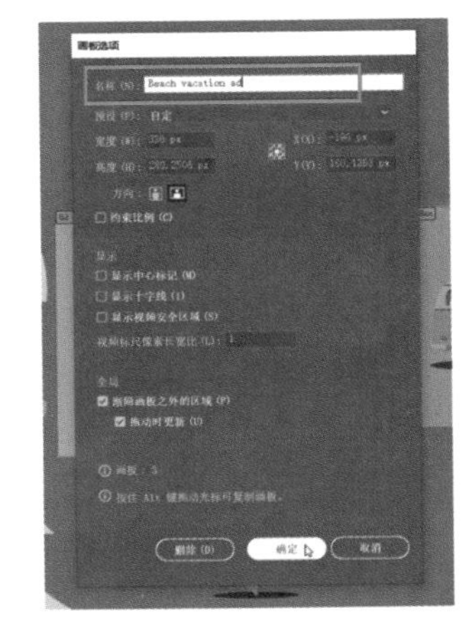

图 5-24

“画板选项”对话框包含许多用于设置画板的选项，其中有一些是您已经见过的选项，如“宽度”和“高度”等。

④ 选择“文件”>“存储”，保存文件。

5.2.7 调整画板的排列顺序

在选择“选择工具”但未选择任何内容，且未处于画板编辑模式时，您可以使用“属性”面板中的“下一项”按钮▶和“上一项”按钮◀在文件中的画板之间切换，也可以在文档窗口的左下角进行类似的操作。

默认情况下，画板根据创建的顺序显示，但您也可以更改它们的显示顺序。本小节将在“画板”面板中对画板进行重新排序，以便按照设置的画板顺序切换它们。

① 选择“窗口”>“画板”，打开“画板”面板。

“画板”面板允许您查看文件中的所有画板列表，还允许您重新排序、重命名、添加和删除画板，以及选择与画板相关的许多其他选项，而无须处于画板编辑模式。

② 在“画板”面板打开的情况下，双击“画板”面板中 Bus 左侧的数字 3，如图 5-25 所示。

双击“画板”面板中未被选中的画板名称左侧的编号，可使该画板成为当前画板，并使其适合文档窗口的大小。

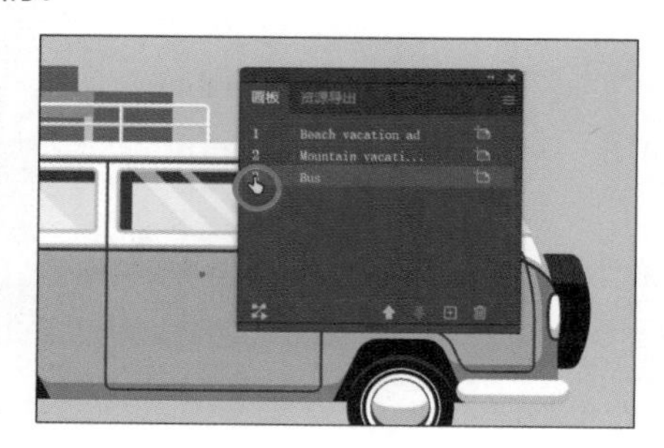

图 5-25

③ 在文档窗口底部单击“上一项”按钮，如图 5-26 所示，使画板列表中的前一个画板 Mountain vacation ad 适合文档窗口的大小。

④ 按住鼠标左键向上拖动名为 Bus 的画板，直到名为 Mountain vacation ad 的画板上方出现一条直线，如图 5-27 所示，松开鼠标左键。

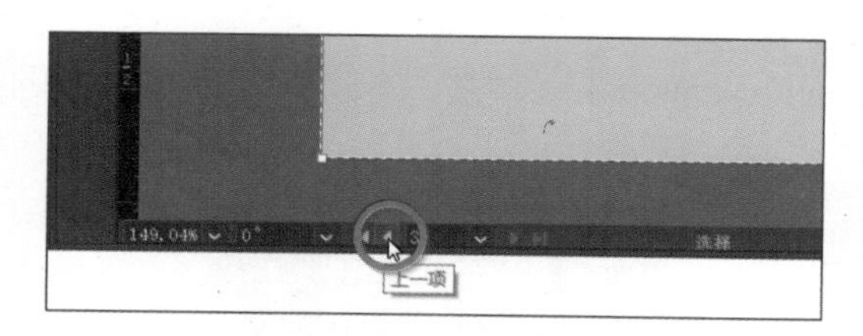

图 5-26

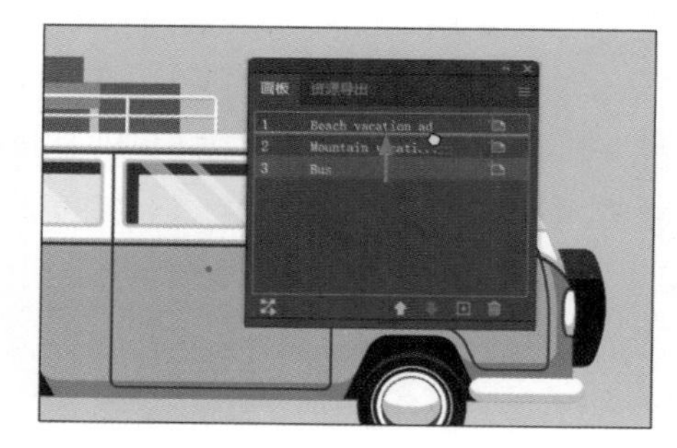

图 5-27

提示 在“画板”面板中，每个画板名称右侧会显示“画板选项”按钮。它不仅允许您访问每个画板的画板选项，还表示此画板的方向（垂直或水平）。

这将使 Bus 画板成为列表中的第二个画板。当您从“属性”面板中选择画板（在本例中为 1、2 或 3）时，画板的编号将按照您在“画板”面板中看到的顺序进行排列。

提示 您还可以通过在“画板”面板中选择画板，并单击面板底部的“上移”按钮或“下移”按钮来调整画板排序。

❺ 选择“视图”>“全部适合窗口大小”，如图 5-28 所示。

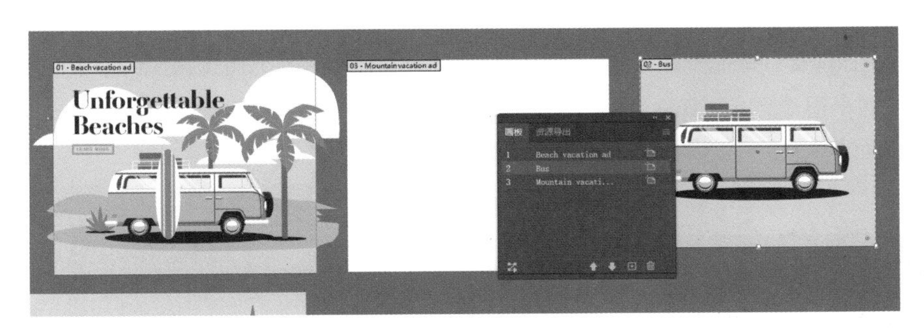

图 5-28

请注意，如果更改“面板”中画板的顺序，则不会移动画板。

❻ 将 Bus 画板拖回 Mountain vacation ad 画板的下方，松开鼠标左键，如图 5-29 所示。

图 5-29

在选择要显示的画板时，画板编号对应其在文档窗口中出现的先后顺序是最方便的。

❼ 单击“属性”面板顶部的“退出”按钮退出画板编辑模式。

❽ 单击“画板”面板组顶部的“关闭”按钮将其关闭。

❾ 选择“视图”>“全部适合窗口大小”。

5.3 使用标尺和参考线

设置好画板后，接下来您将了解如何使用标尺和参考线来对齐和测量内容。标尺有助于精准地放置对象和测量对象之间的距离。标尺显示在文档窗口的上边缘和左边缘，且可以选择显示或隐藏。Adobe Illustrator 中有两种类型的标尺：画板标尺和全局标尺。

注意 您可以选择“视图”>“标尺”，然后选择“更改为全局标尺”或“更改为画板标尺”命令（具体取决于当前选择的标尺类型）在全局标尺和画板标尺之间切换，当然现在不需要这样做。

每个标尺（水平和垂直方向）上 0（零）刻度的点被称为“标尺原点”。画板标尺将标尺原点设置在当前画板的左上角。不论哪个画板是当前画板，全局标尺都将标尺原点设置在第一个画板（即“画板”面板中位于顶层的画板）的左上角。默认情况下，标尺设置为画板标尺，这意味着标尺原点位于当前画板的左上角。

创建参考线

参考线是用标尺创建的非打印线，有助于您对齐对象。本小节将创建一些参考线，以便更精确地对齐画板上的内容。

❶ 在选择“选择工具”▶但未选择任何内容的情况下，单击“属性”面板中的“单击可显示标尺”按钮，如图 5-30 所示，显示标尺。

提示 您也可以选择“视图”>“标尺”>“显示标尺”来显示标尺。

② 单击每个画板，同时观察水平和垂直标尺（位于文档窗口的上边缘和左边缘）的变化。

请注意，对于每个标尺，0 刻度点总是位于当前画板（单击的最后一个画板）的左上角。如您所见，两个标尺上的 0 刻度点分别对应当前画板的边缘，如图 5-31 所示。

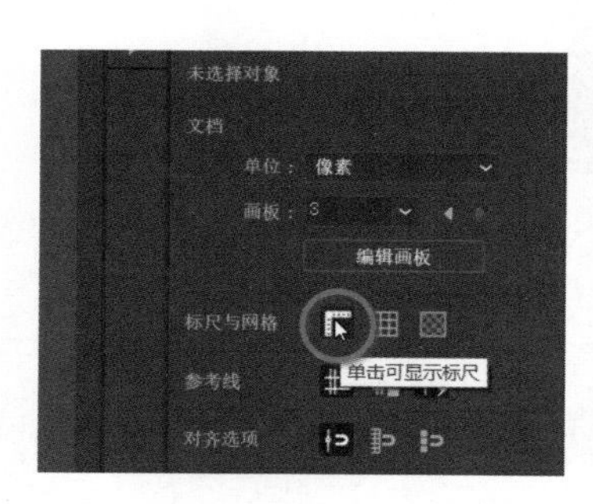

图 5-30

图 5-31

③ 选择“选择工具”，单击最左侧画板中包含文本 Unforgettable Beaches 的文本框，如图 5-32 所示。

注意画板周围的黑色轮廓，以及“画板导航”下拉列表框（位于文档窗口下方）中显示的“1”，这表示 Beach vacation ad 画板是当前正在使用的画板。一次选择只能有一个当前画板。“视图”>“画板适合窗口大小”命令可以用于当前画板。

图 5-32

④ 选择“视图”>“画板适合窗口大小”。

这个操作将使当前画板适合文档窗口的大小，并使标尺原点 (0,0) 位于该画板的左上角。接下来将在当前画板上创建参考线。

⑤ 选择“选择”>“取消选择”，以便在右侧的“属性”面板中看到文件属性。

⑥ 在“属性”面板中的“单位”下拉列表中选择“英寸”选项，如图 5-33 所示，更改整个文件的单位。

提示 要更改文件的单位（如英寸、磅等），您也可以右击任一标尺，然后选择新单位。

现在标尺以英寸显示而不是像素。对于本例，您被告知文本至少需要距广告图稿边缘 0.25 英寸。

提示 按住 Shift 键并拖动创建参考线，参考线会与标尺上的刻度值对齐。

⑦ 按住鼠标左键从左侧的标尺向画板上拖动，添加一条垂直参考线，如图 5-34 所示。

不用考虑参考线是否精确位于 1/2 英寸处。

提示 您还可以双击水平或垂直标尺添加新的参考线。

创建了参考线后，此参考线处于选中状态。当移开鼠标指针时，参考线的颜色将和它所在图层的颜色一致（本例中为深蓝色）。

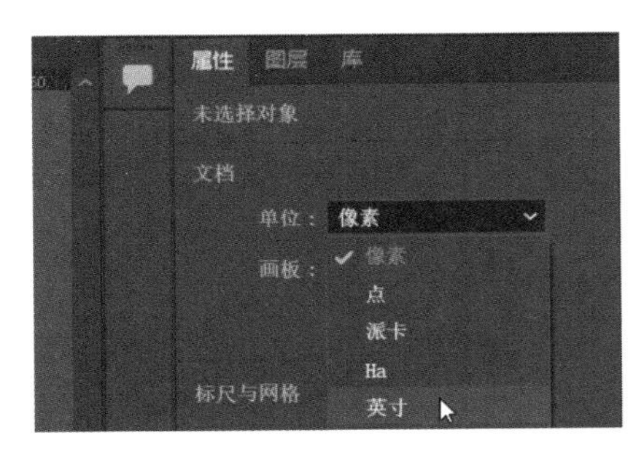

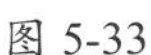

图 5-33

图 5-34

⑧ 在参考线仍处于选中状态的情况下，将“属性”面板中的 X 值更改为“0.25 in”，然后按 Enter 键重新定位参考线，如图 5-35 所示。

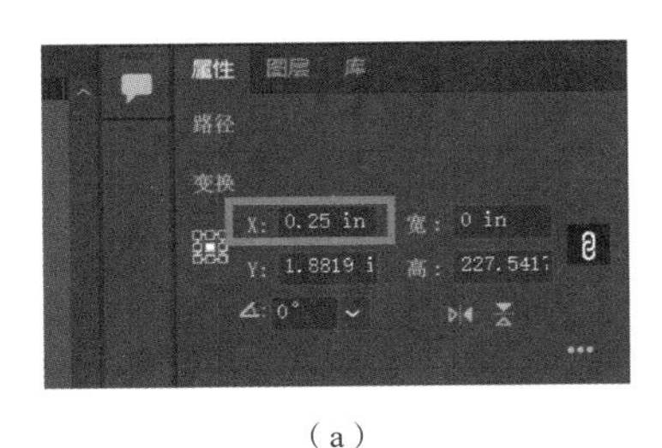

（a）

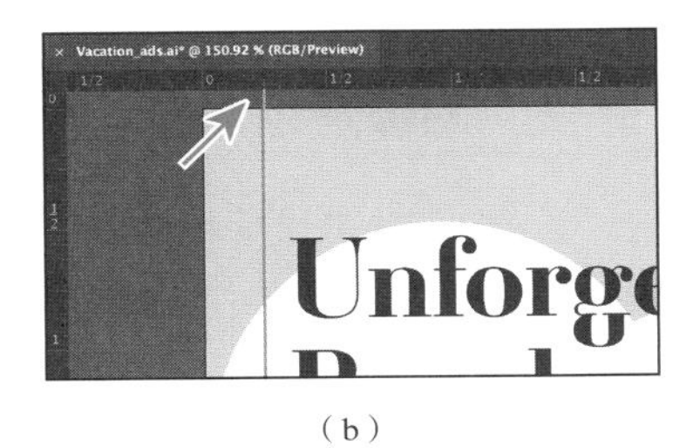

（b）

图 5-35

⑨ 选择“选择”>“取消选择”，取消选择参考线。

⑩ 选择“文件”>“存储”，保存文件。

5.4 变换内容

第 4 课介绍了如何选择简单的路径和形状，并通过编辑和合并这些内容来创建更复杂的图形，这其实是一种变换内容的方式。本节将介绍如何使用多种工具和方法缩放、旋转和变换内容。

5.4.1 使用定界框

如本课和前面几课所述，所选内容周围会出现一个定界框，您可以使用定界框调整内容大小和旋转内容，也可以将定界框关闭。关闭定界框后，您就无法通过使用“选择工具”拖动定界框来调整内容大小或旋转内容。

① 选择“选择工具”▶，单击 Unforgettable Beaches 文本以选择其所在组的所有图形。

② 将鼠标指针移到所选图形组的左下角，如图 5-36 所示。如果现在按住鼠标左键进行拖动，将调整所选内容的大小。

③ 选择“视图”>“隐藏定界框”。

此操作将隐藏所选图形组和其他所有图稿的定界框。这会使您无法通过使用“选择工具”拖动定界框来调整图形组的大小。

④ 将鼠标指针移到 LEARN MORE 的左下角，按住鼠标左键将其向左拖动到创建的垂直参考

线处，当鼠标指针箭头变为白色时，如图 5-37 所示，表示其已与参考线对齐，此时可以松开鼠标左键。

图 5-36

图 5-37

如果未与参考线对齐，或者说它没有贴附到参考线上，而且鼠标指针也没有发生变化，则需要放大视图。

⑤ 选择“视图”>“显示定界框”，为所有图形重新启用定界框。

5.4.2 使用“属性”面板定位对象

有时您需要相对于其他对象或画板精确定位对象，那么您可以如第 2 课所述使用“对齐”选项。您也可以使用“智能参考线”和“属性”面板中的“变换”选项，将对象精确地移动到画板的 *x* 轴和 *y* 轴上的特定坐标处，这种方法还可以控制对象相对于画板边缘的距离。

本小节将向画板添加图形，并精确放置添加的图形。

图 5-38

① 选择“视图”>“全部适合窗口大小”以查看 3 个画板。

② 单击中间的空白画板，使其成为当前画板。

③ 单击包含 Untouched Beauty 文本的图形组，如图 5-38 所示，您可能需要缩小或平移画板才能看到它。

④ 在“属性”面板的“变换”选项组中单击参考点定位器左上角的点，将 X 值和 Y 值更改为“0 in”，如图 5-39（a）所示，按 Enter 键确认更改。

这组内容将被移动到当前画板的左上角，如图 5-39（b）所示。参考点定位器中的点对应于所选内容的定界框的点，例如，参考点定位器左上角的点指定界框的左上角的点。

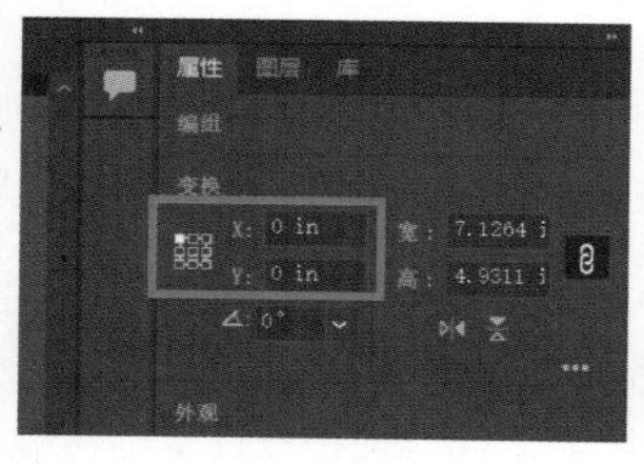

（a）

（b）

图 5-39

⑤ 按住 Shift 键，按住鼠标左键拖动定界框的右下角以缩小所选图形组，确保背景中的粉红色矩形刚好适合画板大小，如图 5-40 所示。其他图稿会超出画板，但没关系。

⑥ 选择“选择”>“取消选择”，然后选择“文件”>“存储”，保存文件。

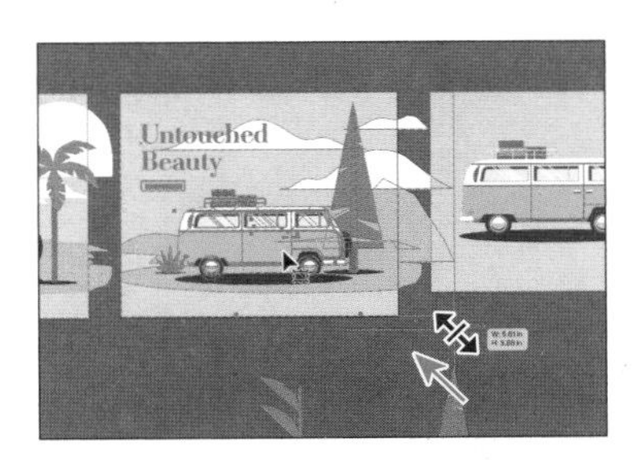

图 5-40

5.4.3 精确缩放对象

到目前为止，您都在使用“选择工具”来缩放大多数的对象。本小节将使用“属性”面板缩放图稿，并使用“缩放描边和效果”选项。

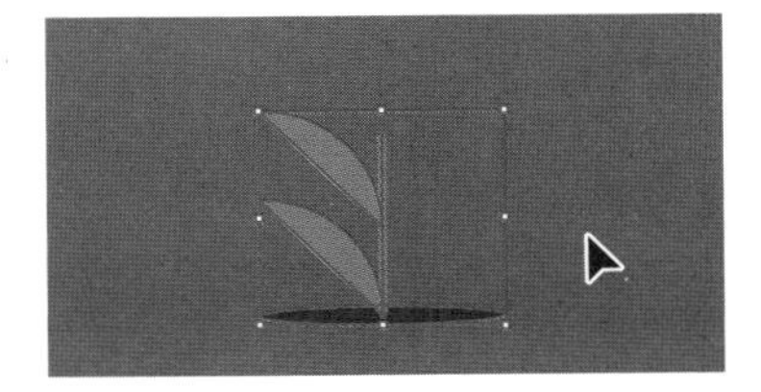

图 5-41

❶ 如有必要，按 Command+ – 组合键（macOS）或 Ctrl+ –（Windows）组合键（或选择“视图”>“缩小”）缩小视图，查看画板底部边缘外的植物图形。

❷ 选择“选择工具”▶，框选植物图形组，如图 5-41 所示。

❸ 按 Command+ + 组合键（macOS）或 Ctrl+ +（Windows）组合键，重复操作几次，放大视图。

❹ 选择“视图”>“隐藏边缘”，隐藏内部边缘。

❺ 在“属性”面板中单击参考点定位器的中心参考点，以从中心调整图形大小。确保启用了“保持宽度和高度比例”按钮，设置“宽”为“40%”，如图 5-42 所示。按 Enter 键缩小图形。

请注意，图形变小了，但植物的茎的宽度没变，如图 5-43 所示。这是因为它是一条应用了描边的路径。

图 5-42

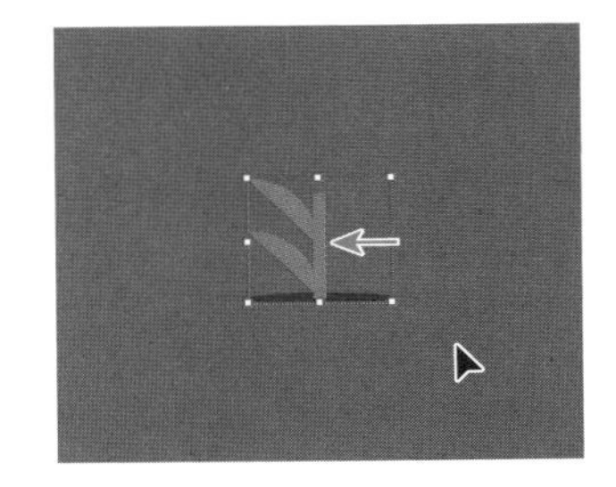

图 5-43

> **提示** 输入值来变换内容时，可以输入不同的单位，如 px（像素），它们会自动转换为默认单位，在本例中为 in（英寸）。

默认情况下，描边和效果（如投影）不会随对象一起缩放。例如，如果放大一个描边为 1pt 的圆形，那么放大后圆形的描边粗细仍然是 1pt。但是如果在缩放之前勾选了“缩放描边和效果”复选框，再缩放对象，则描边将根据对象的缩放比例进行缩放。

❻ 选择“视图”>“显示边缘”，显示内部边缘。

⑦ 选择“编辑”>“还原缩放”。

⑧ 在“属性”面板中，单击“变换”选项组中的“显示更多”按钮•••以查看更多选项，勾选“缩放描边和效果”复选框，如图 5-44（a）所示；再设置“宽”为“40%”，按 Enter 键缩小图形，最终效果如图 5-44（b）所示。

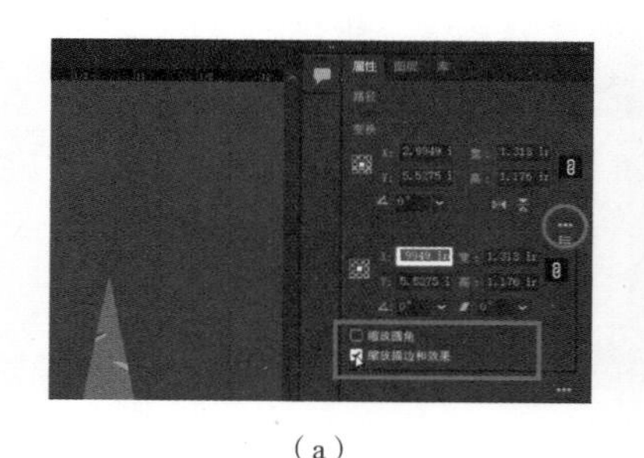

（a）

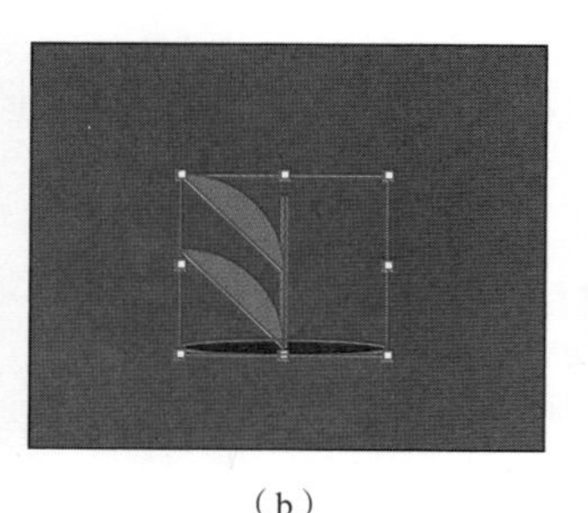

（b）

图 5-44

现在，应用于路径的描边将按比例进行缩放。

5.4.4 使用“旋转工具”旋转对象

旋转对象的方法有很多，如精确角度旋转、自由旋转等。在前面的课程中，您已经了解到可以使用“选择工具”旋转所选对象。默认情况下，对象会围绕对象中心的指定参考点旋转。本小节将介绍如何使用“旋转工具”旋转对象。

① 选择“视图”>“全部适合窗口大小”。

② 选择“选择工具”▶，选择第一排最左侧画板上面包车右侧的棕榈树图形。

③ 选择“视图”>“画板适合窗口大小”。

棕榈树图形如果旋转一下，画面效果看起来会更好，会给人一种有风的感觉。您可以使用“选择工具”旋转它，然后将其拖动到合适的位置，但如果需要节省步骤，可以使用“旋转工具”旋转它。

④ 选择工具栏中的“旋转工具”。将鼠标指针移动到树干的底部，单击设置棕榈树的旋转中心，旋转中心会显示一个湖绿色的“十”字准线，称为参考点，如图 5-45 所示。

（a）

（b）

图 5-45

⑤ 将鼠标指针移动到棕榈树周围的任意位置，然后沿顺时针方向拖动，以使棕榈树图形有所倾斜，如图 5-46 所示。

> **提示** 如果想让棕榈树的底部看起来更平坦，可以使用工具栏中的“橡皮擦工具”◆进行处理。

(a)

(b)

图 5-46

5.4.5 使用分别变换缩放

使单个对象变大或变小相对简单。但是，有时您希望同时将多个对象进行放大或缩小。使用“分别变换”命令就可以同时完成多个对象的缩放或旋转，且对象的位置不会改变。

本小节将一次性缩小 3 个云朵图形。

1. 选择“选择工具”，选择第一排最左侧画板上天空中的一个云朵图形。按住 Shift 键并单击天空中的其他两个云朵图形以选择所有云朵图形。

2. 选择“对象”>“变换”>“分别变换”。

该操作将打开“分别变换”对话框，其中包含多个选项，如缩放、移动、旋转等。

3. 在“分别变换”对话框中，将“水平”缩放值和“垂直”缩放值更改为 70%，单击“确定”按钮，如图 5-47 所示。

图 5-47

每个云朵图形都变小了，但其位置未发生改变。换句话说，每个云朵图形都从其中心进行独立缩放。

4. 选择“文件”>“存储”，保存文件。

5.4.6 倾斜对象

使用“倾斜工具”可使对象的侧边沿指定的轴倾斜，在保持其对边平行的情况下使对象不再对称。本小节将对面包车的车窗中的反光图形进行倾斜。

1. 选择面包车图形，然后按 Command+ + 组合键（macOS）或 Ctrl+ + 组合键（Windows），重复操作几次，放大视图。

2. 在工具栏中选择“矩形工具”，按住鼠标左键拖动，以在前窗的中间创建一个小矩形，如图 5-48 所示。

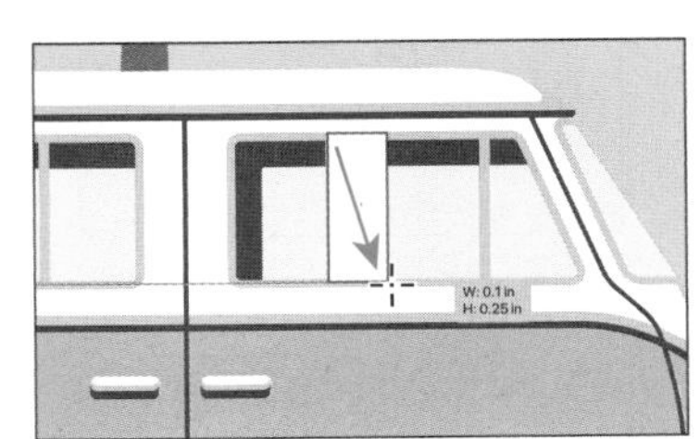

图 5-48

3. 如有必要，将“属性”面板中的“填色”更改为白色或类似白色的颜色，并将描边粗细更改为 0 pt。

下面将倾斜形状，使其具有透视效果。

4. 选择形状后，在工具栏中选择“倾斜工具”。

5. 将鼠标指针移动到所选矩形的上方，按住 Shift 键以限制图稿高度不变，然后按住鼠标左键向左拖动。当您看到灰色测量标签中的倾斜角度大约为 -45° 时，松开鼠标左键，然后松开 Shift 键，如图 5-49 所示。

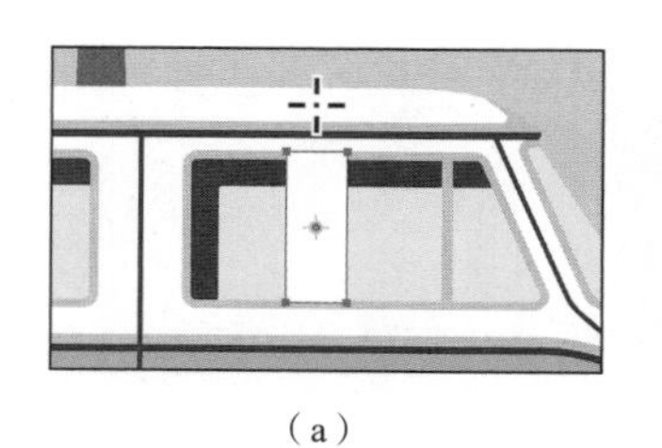

（a）

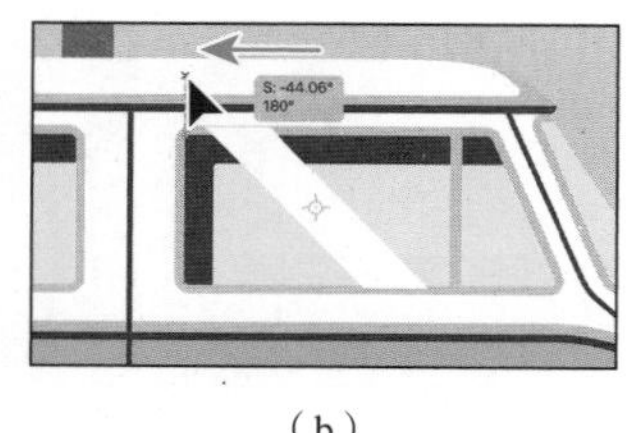

（b）

图 5-49

❻ 在“属性”面板中更改矩形的不透明度。单击“不透明度”右侧的箭头按钮并拖动滑块进行更改，这里更改为 60%。

5.4.7 使用菜单命令进行变换

当您选择“对象”>“变换”时，工具栏中的变换工具（旋转、移动、倾斜、镜像）也显示为菜单命令。大多数情况下，可以使用这些菜单命令中来代替变换工具。

下面将使用“移动”命令制作车窗中反光图形的副本。

❶ 要制作矩形的副本，选择“对象”>“变换”>“移动”。

❷ 在“移动”对话框中，将“水平”位置更改为 0.12 in，以将矩形向右移动 0.12 in，确保“垂直”位置为 0 in，以使其保持相同的垂直位置，单击“复制”按钮，如图 5-50 所示。

图 5-50

下面将使矩形变窄，这比仅仅拖动定界框更具挑战性，因为形状是倾斜的。您将改为拖动锚点，以在变换形状时保持其倾斜角度不变。

❸ 选择“选择工具”▶，双击新复制的矩形。

进入隔离模式，可以更轻松地选择矩形的某个部分，因为其他所有内容都变暗且无法被选择。

❹ 选择“直接选择工具”▷，单击新复制矩形右上角的锚点，按住 Shift 键单击新复制的矩形右下角的锚点以同时选中两个锚点，如图 5-51 所示。

❺ 多次按键盘上的向左箭头键，将选定的锚点向左移动，使形状变窄，效果如图 5-52 所示。

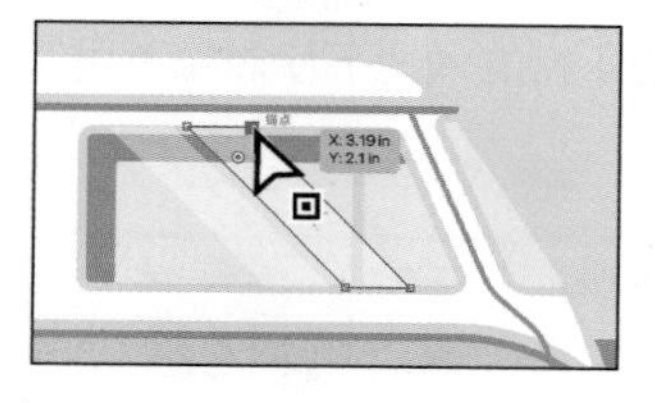

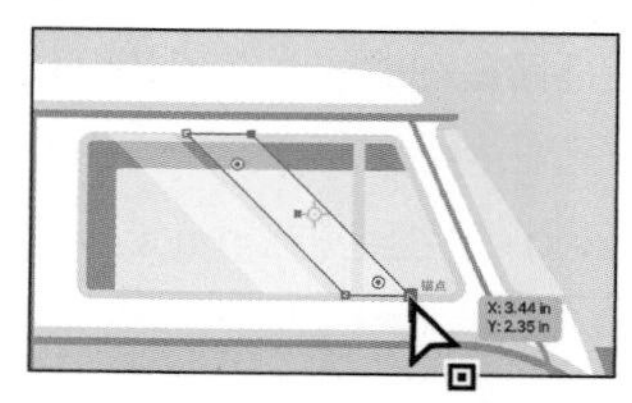

图 5-51

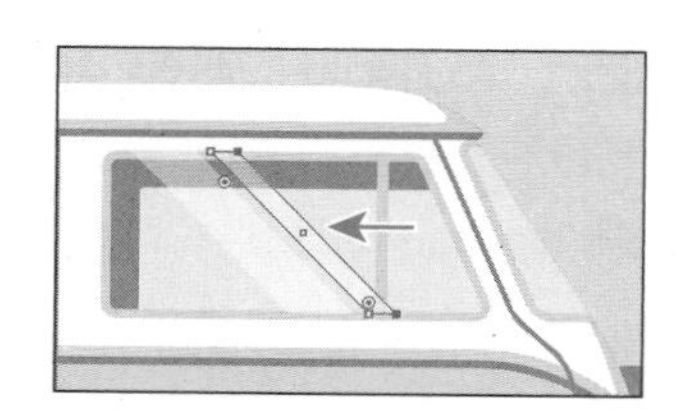

图 5-52

❻ 按 Esc 键退出隔离模式。

❼ 选择“视图”>“全部适合窗口大小”，然后选择“文件”>“存储”，保存文件。

5.5 重复对象

您可以使用某种重复方式轻松地复制对象，如径向重复、网格重复或镜像重复，如图 5-53 所示。当将某种重复方式应用到选择的对象时，Adobe Illustrator 会自动使用您选择的方式生成图稿。如果更新重复对象，所有实例都会被修改以反映更新。

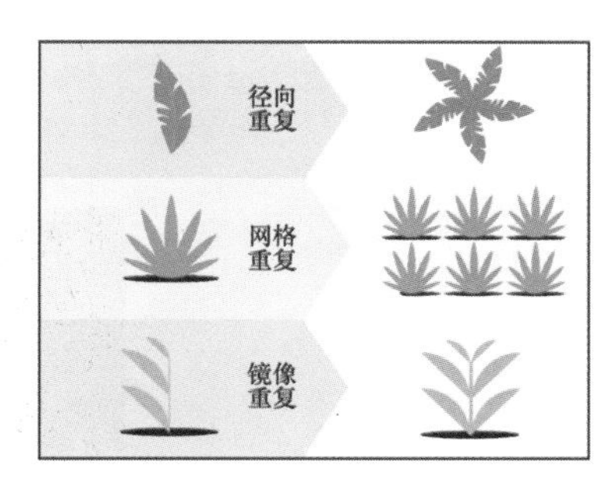

图 5-53

5.5.1 镜像重复

本小节将学习镜像重复。镜像重复有助于创建对称的图稿，即只需要创建一半的图稿，Adobe Illustrator 就会自动制作另一半。在本例中，您将完成某个广告图稿中的植物图形的制作。

1 选择“缩放工具”，放大画板下方的植物。

2 选择“选择工具”，框选画板下方的部分植物图形，但不要选择深色椭圆形阴影，如图 5-54 所示。

3 选择“对象”>“重复”>“镜像”。

在“重复”菜单中，您将看到 3 个重复命令：“径向”“网格”“镜像”。

一旦选择“镜像”命令，Adobe Illustrator 就会自动进入隔离模式，其余的图稿会变暗且无法被选择，这在隔离模式中很常见。图 5-54 所示的垂直虚线称为“对称轴”，它是对称图形的中心对称轴，可以使用它来更改两半图形之间的距离并旋转自动生成的另一半图形。

4 在植物图形正下方的对称轴上找到圆形控制手柄，将其左右拖动，改变两半图形之间的距离，确保两半植物图形之间没有缝隙，如图 5-55 所示。

图 5-54

图 5-55

5 拖动对称轴顶部或底部的任意一个圆形控制手柄以旋转镜像内容，如图 5-56 所示。

6 要重置镜像重复的旋转角度，请从“属性”面板的“重复图选项”下拉列表中选择 90 选项，如图 5-57 所示。

使用镜像重复不仅可以复制和旋转已经创建的图稿，还可以在编辑镜像重复时添加或删除图稿。

7 选择“选择”>“取消选择”，这样就不会选择任何植物图稿。

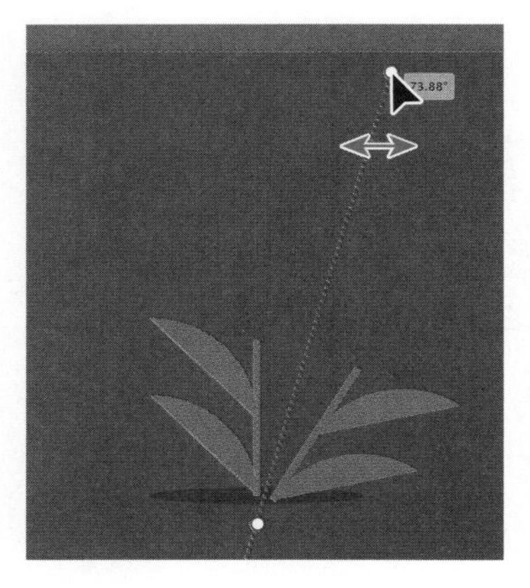

图 5-56

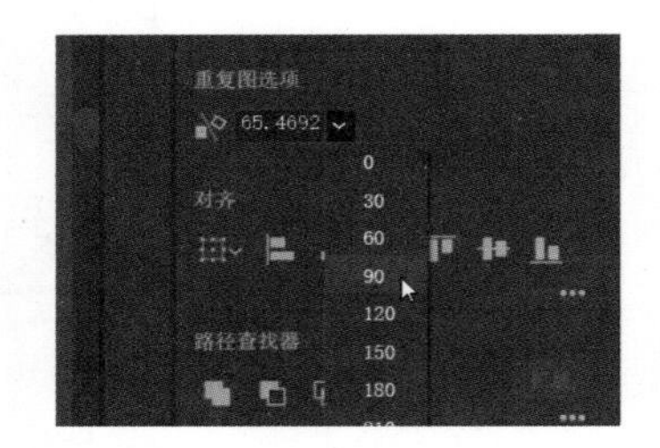

图 5-57

8 按住 Shift+Option 组合键（macOS）或 Shift+Alt 组合键（Windows），按住鼠标左键将植物图形顶部的叶子向上拖动，以复制该片叶子。确保将其拖到植物茎的顶端（垂直的绿色路径），如图 5-58 所示。松开鼠标左键，松开组合键。

> 注意 按住 Shift 键将限制移动，按住 Option 键（macOS）或 Alt 键（Windows）将复制图稿。

请注意，右侧生成的重复图稿会实时反映正在进行的操作。您对图稿所做的任何更改都会在镜像的一半图形中如实反映。

9 按住 Shift 键并向右下方拖动新叶子图形的左上角，使叶子变小，效果如图 5-59 所示。

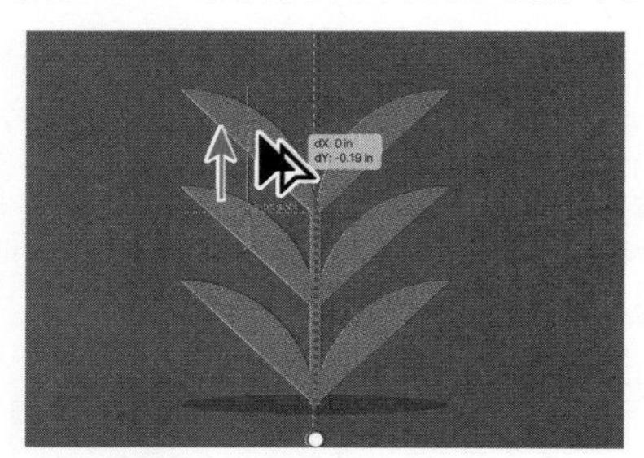

图 5-58

图 5-59

10 按 Esc 键退出隔离模式，停止编辑镜像重复，取消选择该植物图形。

5.5.2 编辑镜像重复对象

当创建镜像重复或其他任何类型的重复后，图稿将变成重复对象。本例中的植物图形现在就是一个镜像重复对象——有点儿像一个特殊的编组。下面将学习如何编辑镜像重复对象。

1 选择植物图形。

“属性”面板的顶部会显示“镜像重复”，表示这是一个镜像重复对象。

2 双击植物图形进入隔离模式。

现在可以看到对称轴并可以编辑左侧的原始图稿，如图 5-60 所示。

3 在植物图形以外的区域单击以取消选择，然后单击其中一片叶子，在“属性”面板中将其填充颜色更改为另一种颜色，这里选择浅绿色，如图 5-61 所示。

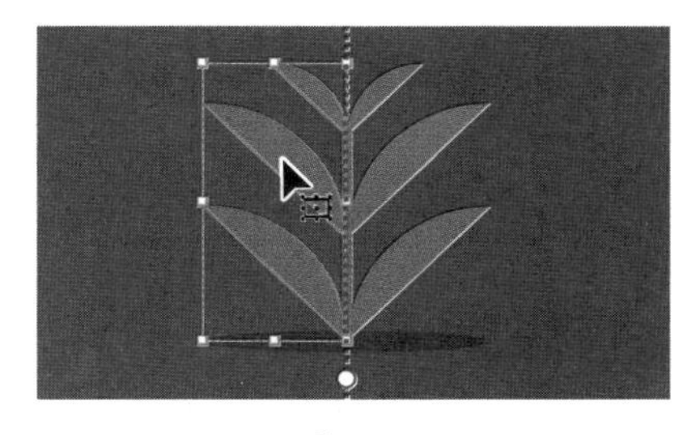

图 5-60

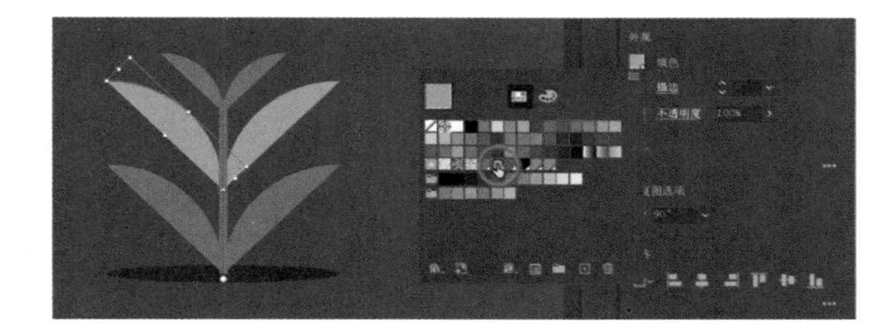

图 5-61

④ 按 Esc 键退出隔离模式。

⑤ 选择“视图”>“全部适合窗口大小”。

⑥ 框选植物图形和椭圆形阴影，选择“对象”>“编组”。将图形组拖到右侧画板的面包车下方。

> 提示 如果需要编辑自动生成的另一半镜像对象，可以选择“对象”>“扩展”，扩展该镜像重复对象。如果扩展了镜像重复对象，将不能再通过对称轴来编辑镜像重复对象，该镜像图稿将变成一个对象组。

如果植物图形位于画板上其他图稿的下层，请从“属性”面板的“排列”菜单中选择“置于顶层”命令。

5.5.3 使用“操控变形工具”

在 Adobe Illustrator 中，可以使用“操控变形工具”轻松地将图形扭转和扭曲成不同的形状。在本小节，您将使用它扭曲棕榈树图形。

① 选择 Beach vacation ad 画板上旋转的棕榈树图形，按 Command+ + 组合键（macOS）或 Ctrl+ +（Windows）组合键，重复操作几次，放大视图。

② 在工具栏的底部单击“编辑工具栏”按钮，在弹出的“所有工具”面板中拖动滚动条，然后将“操控变形工具”拖动到工具栏的两个工具之间，如图 5-62 所示。

③ 按 Esc 键隐藏“所有工具”面板。

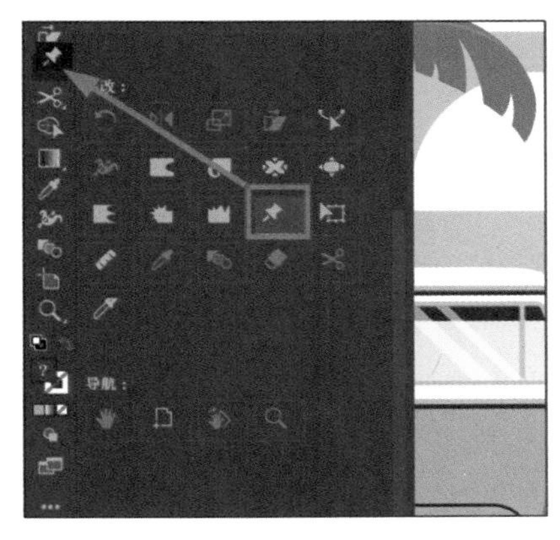

图 5-62

5.5.4 添加针脚

“操控变形工具”现在显示在工具栏中，您将使用它来扭曲棕榈树图形，使其看起来更自然。

① 选择工具栏中的“操控变形工具”。

Adobe Illustrator 默认会识别变换图形的最佳区域，并自动将变换针脚添加到图形中，变换针脚如图 5-63 中红圈所示。

变换针脚用于将所选图形的一部分固定在画板上，您可以通过添加或删除变换针脚来变换图形。您可以围绕变换针脚旋转图形，或者重新放置变换针脚以移动图形等。

> 注意 Adobe Illustrator 默认添加到图形中的变换针脚可能与您在图 5-63 中看到的不一样。如果是这样，请注意本书中的标注。

❷ 在右侧的“属性”面板中，您会看到“操控变形”选项组。取消勾选“显示网格”复选框，如图 5-64 所示，这样您会更容易看到变换针脚，并更清楚地看到您所做的任何变换的效果。

图 5-63

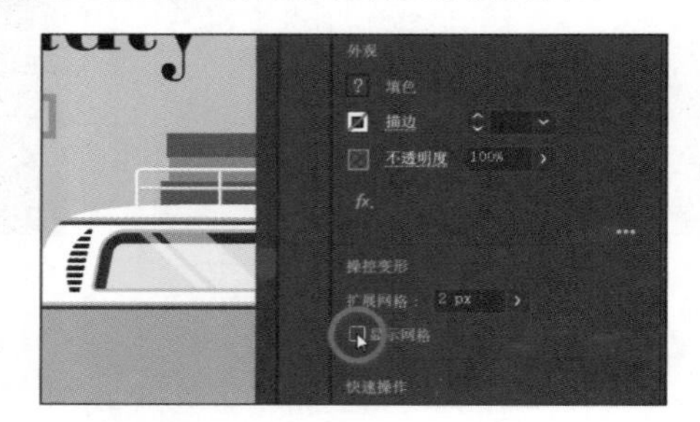

图 5-64

注意 如果您的变换针脚添加在不同的地方，那也没关系。

❸ 单击棕榈树图形上的一个变换针脚，变换针脚的中心会出现一个白点。将选定的针脚向左拖动以查看图形的变化，如图 5-65 所示。

请注意，整个棕榈树图形都在移动。这是因为棕榈树图形上只有一个变换针脚。默认情况下，图形上的变换针脚有助于将固定的部位保持在原位。在图形上确定至少 3 个变换针脚通常会带来更好的变换效果。

提示 您可以按住 Shift 键并单击多个变换针脚以将它们全部选中，也可以单击“属性”面板中的“选择所有变换针脚”按钮来选择所有变换针脚。

❹ 根据需要，多次选择“编辑”>“还原操控变形”，将棕榈树图形恢复到其原始位置。

❺ 单击棕色树干的底部以添加变换针脚，单击棕色树干的中间以添加另一个变换针脚，如图 5-66 所示。

图 5-65

图 5-66

图 5-67

树干底部的针脚用于将树干的底部固定住，这样该部分就不会移动太多。树干中间的针脚是您将拖动调整树形的变换针脚。

❻ 拖动树干中间的变换针脚以调整树形，如图 5-67 所示。

如果拖得太远，可能会发生路径扭曲等奇怪的效果。您无法在不移动图形的情况下移动图形上的变换针脚。因此，如果变换针脚不在扭曲所需的正确位置，您需要删除它们并在合适位置添加变换针脚。

❼ 单击叶子上的变换针脚，如图 5-68（a）所示，然后按 Delete 键或 Backspace 键将其删除。

请注意，一旦删除了变换针脚，叶子就会发生移动，如图 5-68（b）所示。

⑧ 单击叶子的中心位置，添加一个新的变换针脚，如图 5-68（c）所示。

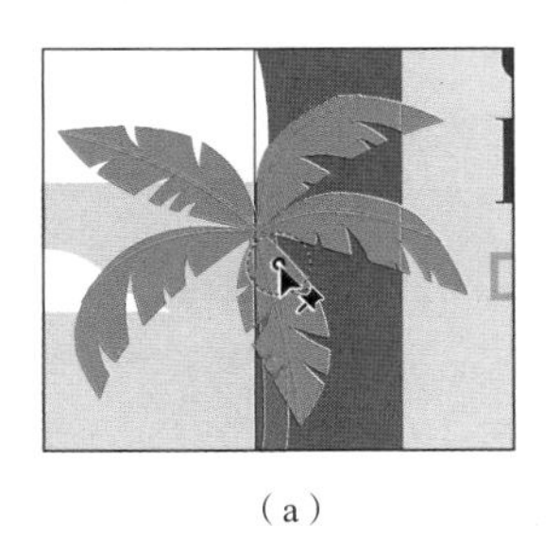
（a）

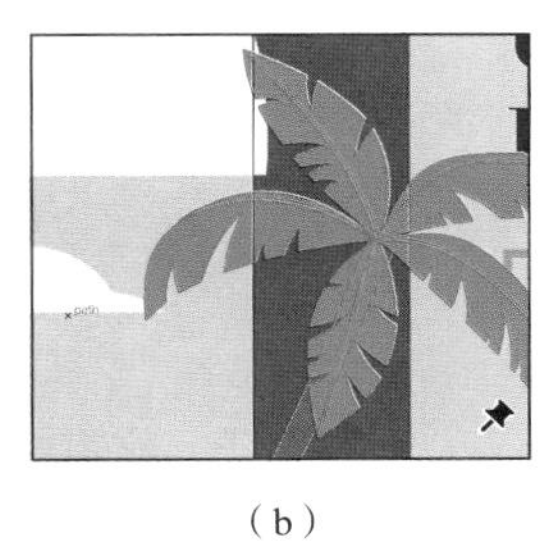
（b）

（c）

图 5-68

⑨ 将新的变换针脚大致拖回原来的位置，如图 5-69 所示，使变换针脚保持选中状态。

图 5-69

5.5.5 旋转变换针脚

您还可以旋转变换针脚。本小节将旋转棕榈树的所有叶子，然后扭曲其中一片叶子但不影响其他叶子。

① 在叶子中间的变换针脚仍处于选中状态的情况下，在变换针脚周围会看到虚线圆圈，如图 5-70（a）所示。将鼠标指针移到虚线圆圈上，然后按住鼠标左键拖动以围绕变换针脚旋转叶子，如图 5-70（b）所示。

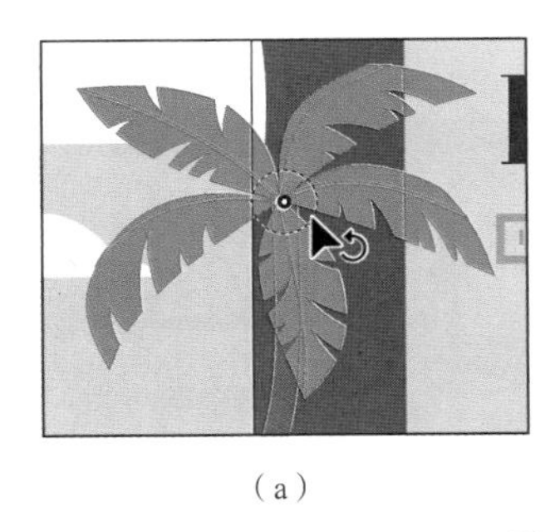
（a）

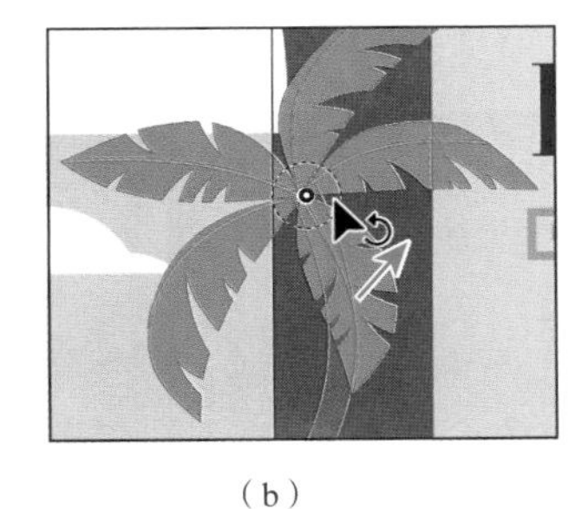
（b）

图 5-70

下面将扭曲一片叶子，这需要添加更多变换针脚。

② 单击右侧一片叶子的末端以添加变换针脚，如图 5-71 所示。

可能会看到图形的其他部分跟着发生了变化。如果发生这种情况，请再次选择叶子中心的变换针脚，然后将其反向旋转。

③ 拖动叶子末端的新变换针脚，稍微拉伸叶子，并查看图形的变化，如图 5-72 所示。

图 5-71

图 5-72

可能会看到其他叶子也在跟着移动。在这种情况下，您需要固定正在移动的部分以使其保持静止。

> 提示　按住 Option 键（macOS）或 Alt 键（Windows）可直接限制要拖动的变换针脚的周围区域。

④ 根据需要，多次选择“编辑”>“还原操控变形”，使叶子返回其原始位置。

⑤ 在右侧叶子相邻的叶子上单击以设置变换针脚，将其固定到原来的位置，如图 5-73 所示。

⑥ 再次拖动右侧叶子末端的变换针脚，稍微拉伸叶子，看一看现在图形如何变化，如图 5-74 所示。

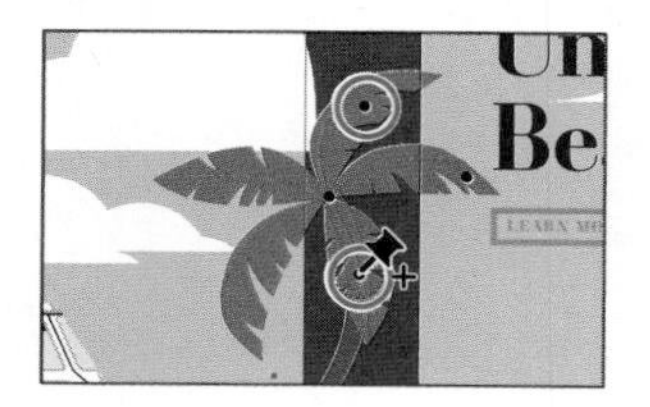

图 5-73

图 5-74

接下来，旋转并拖动树干底部的变换针脚。

⑦ 单击树干底部的变换针脚，移动它并查看棕榈树图形其余部分的变化。

⑧ 将鼠标指针移动到变换针脚周围的虚线圆圈上，然后按住鼠标左键拖动以旋转树干底部，如图 5-75 所示。

图 5-75

⑨ 选择“选择”>“取消选择”，然后选择“视图”>“全部适合窗口大小”，效果如图 5-76 所示。

图 5-76

⑩ 选择“文件”>“存储”，保存文件后选择“文件”>“关闭”。

复习题

1. 简述 3 种改变当前画板大小的方法。
2. 什么是标尺原点?
3. 画板标尺和全局标尺有什么区别?
4. 简述“属性”面板或“变换”面板中的“缩放描边和效果”复选框的作用。
5. 简述“操控变形工具”的作用。

参考答案

1. 要改变现有画板的大小，可以执行以下任意操作。
   - 双击“画板工具” ，然后在“画板选项”对话框中编辑当前画板的尺寸。
   - 在未选择任何内容但选择了“选择工具”的情况下，在“属性”面板中单击“编辑画板”按钮进入画板编辑模式。选择“画板工具”后，将鼠标指针放在画板的边缘或边角，然后按住鼠标左键拖动以调整画板大小。
   - 在未选择任何内容但选择了“选择工具”的情况下，在“属性”面板中单击“编辑画板”按钮进入画板编辑模式。选择“画板工具”后，在文档窗口中单击画板，然后在“属性”面板中更改其尺寸。
2. 标尺原点是每个标尺上 0 刻度线的交点。默认情况下，标尺原点位于当前画板的左上角。
3. 画板标尺（默认标尺）将标尺原点设置在当前画板的左上角。无论哪个画板是当前画板，全局标尺都将标尺原点设置在第一个画板的左上角。
4. 可以从“属性”面板或“变换”面板找到“缩放描边和效果”复选框，勾选该复选框可在缩放对象时一同缩放对象的描边和效果。您需要根据当前需求勾选或取消勾选此复选框。
5. 在 Adobe Illustrator 中可以使用“操控变形工具”轻松地扭转和扭曲图形为不同的形状。

第 6 课

使用基本绘图工具

本课概览

本课将学习以下内容。

- 使用“曲率工具”绘制直线和曲线。
- 使用“曲率工具”编辑路径。
- 创建虚线。
- 使用“铅笔工具”绘制和编辑路径。
- 使用“连接工具”连接路径。
- 给路径添加箭头。

学习本课大约需要 30 分钟

在前面几课创建和编辑了形状。本课将学习如何使用“铅笔工具”和“曲率工具”绘制直线、曲线或更复杂的形状，还将了解创建虚线、箭头等内容。

6.1 开始本课

本节将使用“曲率工具”创建和编辑自由形式的路径，并介绍相关绘制方法。

❶ 为了确保工具的功能和默认值完全如本课所述，请重置 Adobe Illustrator 的首选项文件，具体操作请参阅本书“前言”的“还原默认首选项”部分。

❷ 启动 Adobe Illustrator。

❸ 选择“文件”>“打开”，打开 Lessons>Lesson06 文件夹，选择 L6_end.ai 文件，然后单击“打开”按钮。

该文件包含本课将创建的最终图稿，如图 6-1 所示。

❹ 选择“视图”>“全部适合窗口大小”，使文件保持打开状态以供参考，或选择“文件”>“关闭”，关闭文件。

❺ 选择“文件”>“打开”，打开 Lessons>Lesson06 文件夹中的 L6_start.ai 文件，效果如图 6-2 所示。

图 6-1

图 6-2

❻ 选择“文件”>“存储为”。

❼ 如果弹出云文档对话框，则单击“保存在您的计算机上”按钮。

❽ 在“存储为”对话框中定位到“Lesson06”文件夹并将其打开，将该文件重命名为 Outdoor_Logos.ai。

在“格式”下拉列表中选择 Adobe Illustrator（ai）选项（macOS）或在“保存类型”下拉列表中选择 Adobe Illustrator（*.AI）选项（Windows），单击“保存”按钮。

❾ 在“Illustrator 选项”对话框中保持默认设置，单击“确定”按钮。

❿ 选择“窗口”>“工作区”>“重置基本功能”。

> **注意** 如果在菜单命令中看不到“重置基本功能”，请在选择“窗口”>“工作区”>“重置基本功能”之前，选择“窗口”>“工作区”>“基本功能”。

6.2 使用“曲率工具”进行创作

本节将介绍“曲率工具”，它是易于掌握的绘图工具之一。使用“曲率工具”可以绘制和编辑路径，创建具有直线和平滑曲线的路径。使用“曲率工具”创建的路径由锚点组成，并且可以被任何绘图工具或选择工具编辑。

6.2.1 绘制地平线

本小节将使用“曲率工具”绘制一条弯曲的路径，这将成为Logo中的地平线，如图6-3中红线所示。

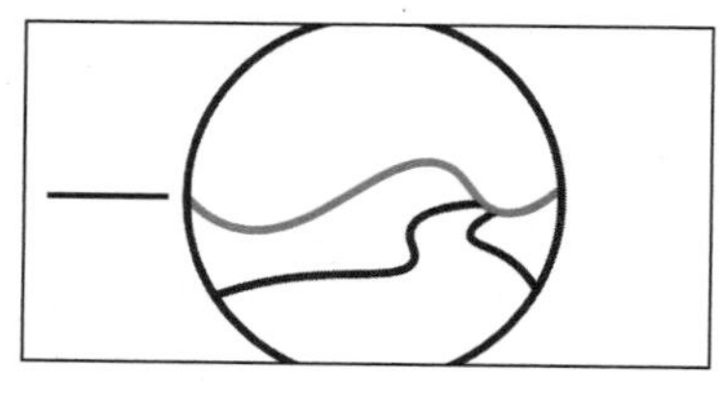

图 6-3

❶ 从文档窗口下方的“画板导航”下拉列表中选择1 Logo 1选项以切换画板，选择“视图”>“画板适合窗口大小”，使得画板适合窗口大小。

❷ 使用“选择工具”选择圆形的边缘。

❸ 选择“对象”>“锁定”>“所选对象”，对其进行锁定，这样就可以进行绘制而不会意外修改圆形。

❹ 在左侧的工具栏中选择“曲率工具”，将鼠标指针移动到文档中，鼠标指针变为形状，如图6-4所示，表示您将绘制一条新路径。

❺ 在绘制前设置要创建的路径的描边和填色。确保填色设置为“无”，描边设置为深灰色，色值为C=0，M=0，Y=0，K=90，设置描边粗细为4 pt。

> 注意 这些参数应该已经是设置好的，因为选择并锁定的圆形也是这样设置的，Adobe Illustrator会记住最近一次的设置。

选择“曲率工具”，在空白处单击，这将创建一个锚点以开始绘制路径。然后可以通过创建锚点来更改路径的方向和弯曲程度。对于要创建的路径，您可以从任意端开始绘制。

❻ 在圆形的左边缘单击，开始绘制路径，如图6-5所示。

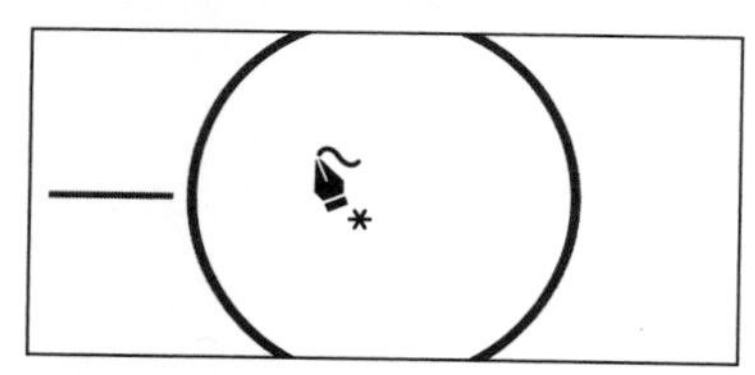

图 6-4

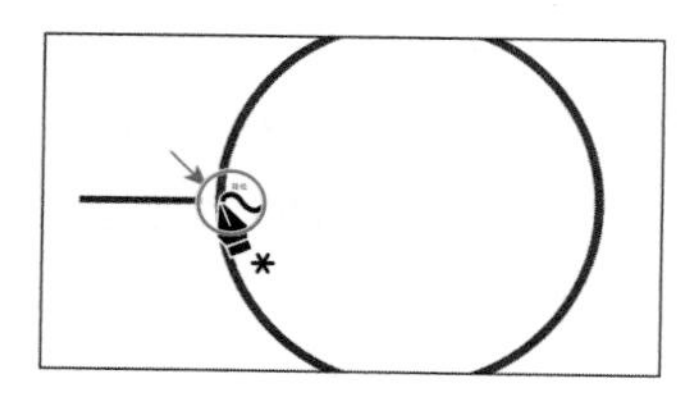

图 6-5

❼ 向右移动鼠标指针，单击以创建新锚点，如图6-6（a）和图6-6（b）所示。

注意预览添加新锚点前后的曲线，如图6-6（c）所示。“曲率工具”的工作原理是在单击的地方创建锚点，同时绘制的曲线将围绕该锚点动态弯曲。

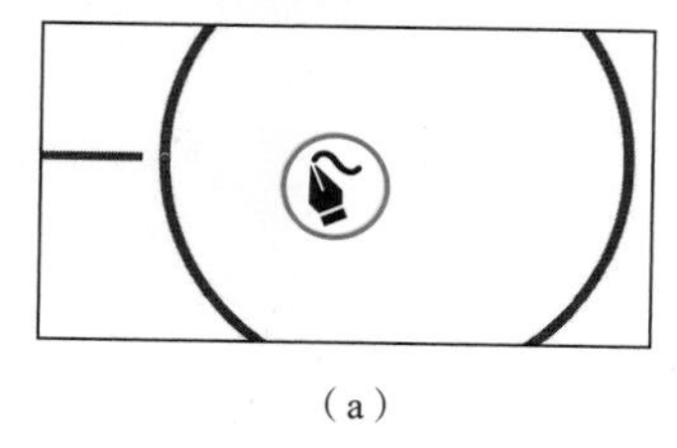

（a）

（b）

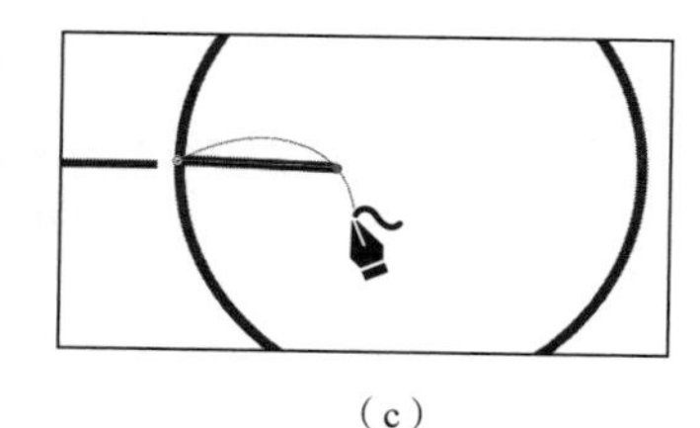

（c）

图 6-6

❽ 将鼠标指针向右移动，单击以创建另一个锚点，如图6-7（a）所示。移动鼠标指针查看路径的变化，如图6-7（b）所示。

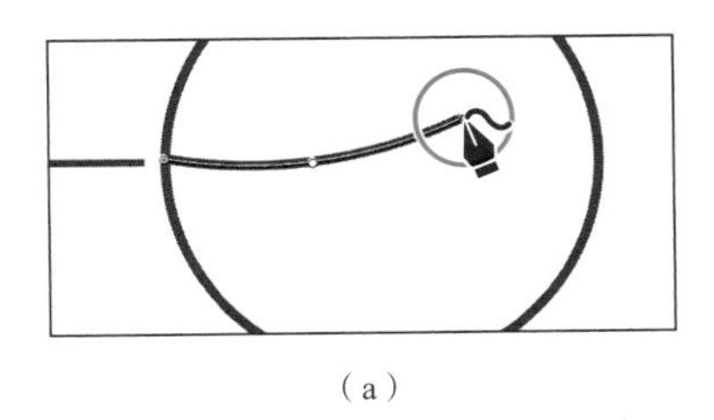
（a）

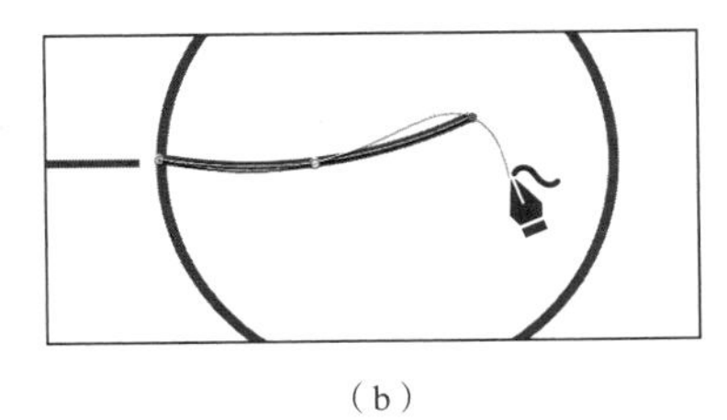
（b）

图 6-7

⑨ 在第⑧步新建的锚点右侧单击，创建另一个锚点，如图 6-8 所示。

⑩ 要完成地平线的绘制，还要在圆形的右边缘单击，创建最后一个锚点，如图 6-9 所示。

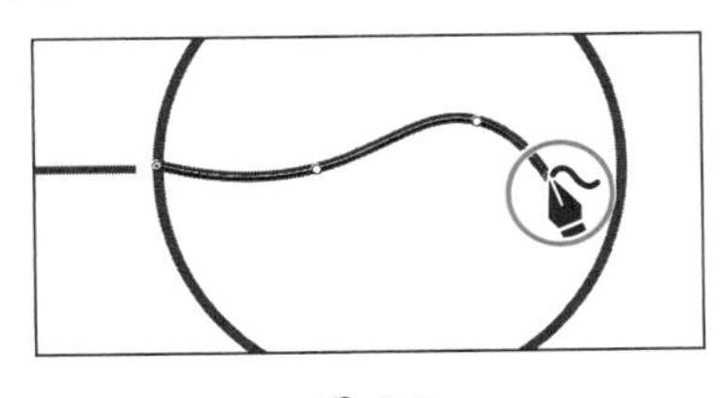
图 6-8

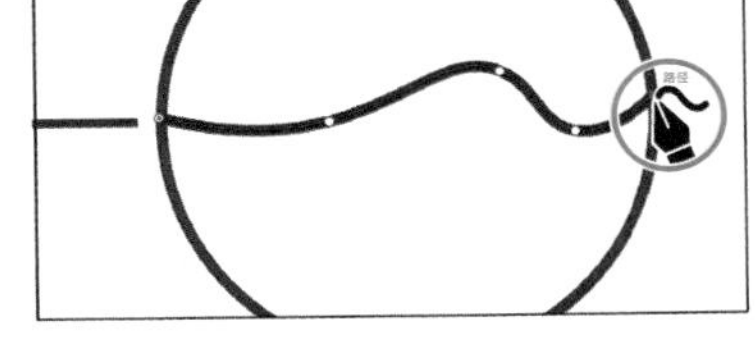
图 6-9

⑪ 选择“对象”>“锁定”>“所选对象”，停止绘制并锁定绘制的路径。这样就不会在之后的操作中意外修改它了。

6.2.2 绘制河道路径

为了让您对“曲率工具”有更多的了解，本小节将从 6.2.1 小节中创建的地平线路径延伸绘制河道路径。先绘制河道的一侧，然后绘制另一侧。图 6-10 所示为河道的外观。您绘制的河道外观可以与图 6-10 有所不同。

① 将鼠标指针移动到地平线路径上单击，开始创建新路径，如图 6-11 所示。

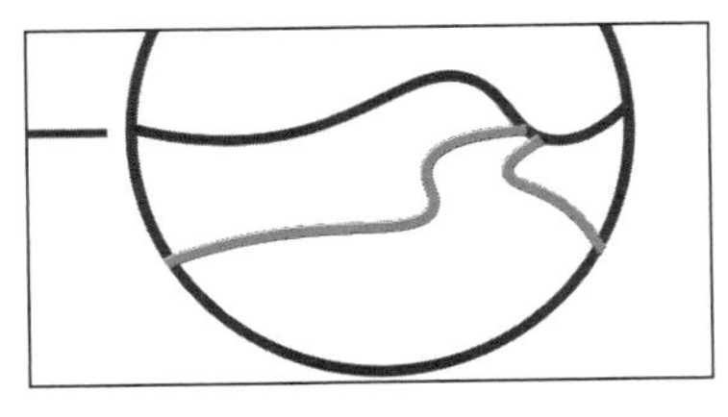
图 6-10

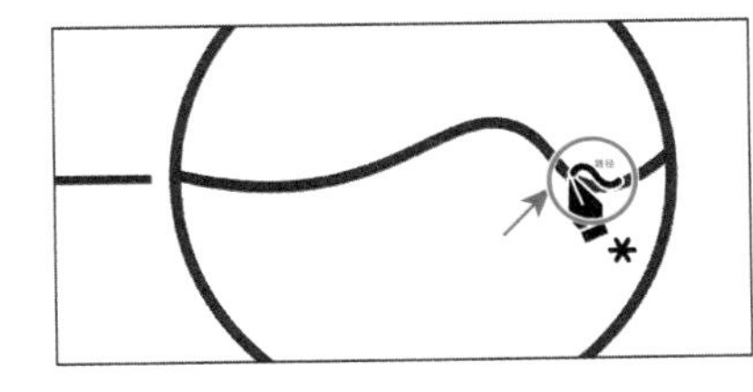
图 6-11

在接下来的几步中，可以将图 6-10 作为参考，多做尝试。

② 移动鼠标指针后单击，重复该操作 4 次以添加更多锚点，绘制出河道的一侧，如图 6-12 所示。注意要确保您创建的最后一个锚点在圆形的边缘。

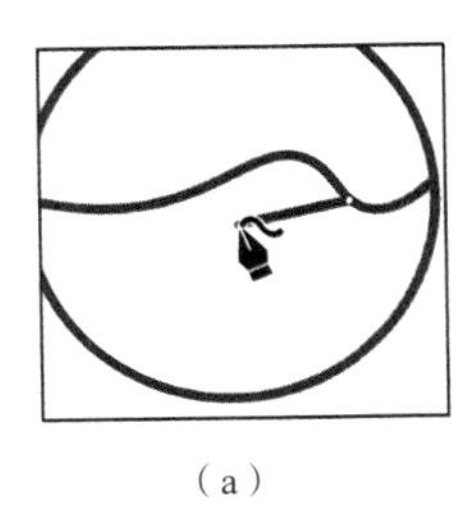
（a）

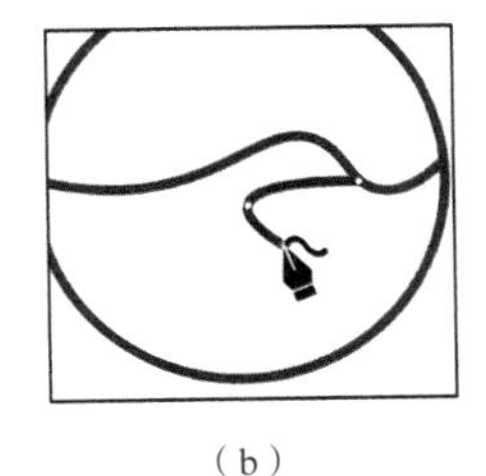
（b）

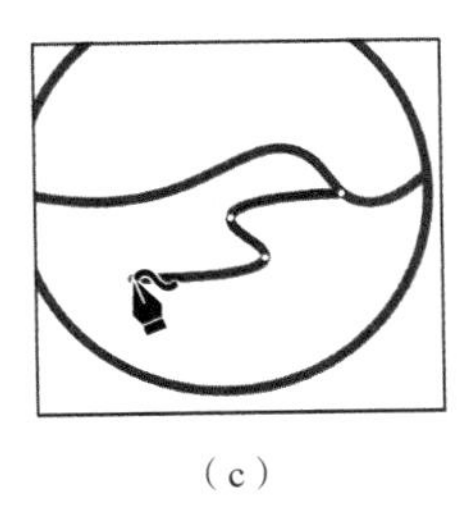
（c）

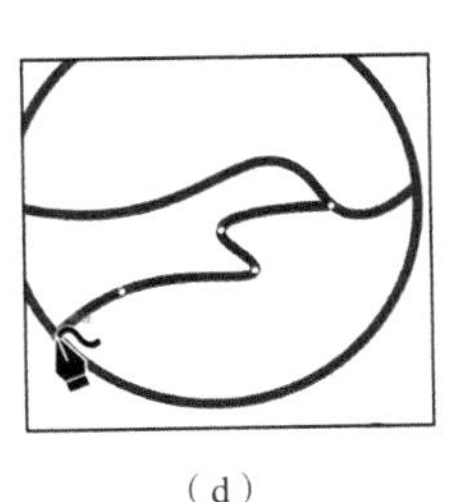
（d）

图 6-12

通过单击以及移动鼠标指针这种方式来了解“曲率工具”如何影响路径，对学习“曲率工具”很有帮助。

③ 按 Esc 键停止绘制河道路径。

接下来将使用类似的方法绘制河道的另一侧。

④ 选择“选择”>“取消选择”。

⑤ 将鼠标指针移动到刚绘制的路径起点右侧的水平位置，单击开始绘制新的路径，如图 6-13 所示。

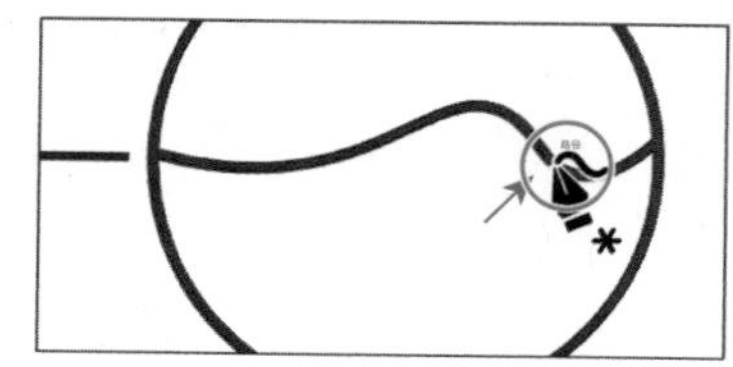

图 6-13

鼠标指针不要太靠近刚刚绘制的左侧河道路径，否则可能会编辑该路径而不是开始绘制新的路径。如果不小心单击并编辑了其他路径，可按 Esc 键停止编辑。

⑥ 移动鼠标指针，单击添加另一个锚点。

⑦ 再进行两次该操作，添加锚点来创建河道的另一侧。确保创建的最后一个锚点在圆形的边缘，如图 6-14 所示。

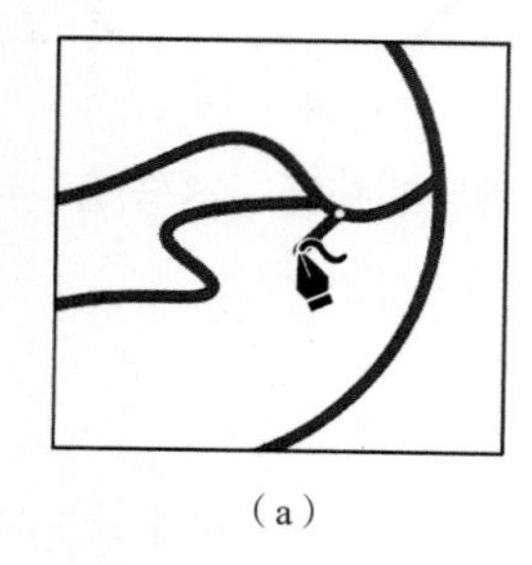

（a）

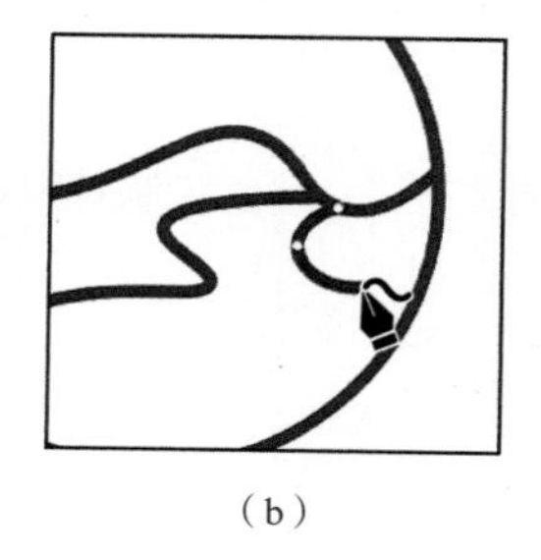

（b）

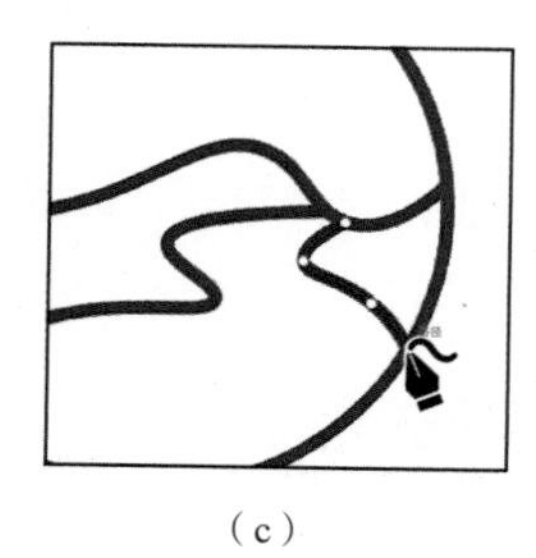

（c）

图 6-14

⑧ 按 Esc 键，停止绘制河道路径。

6.2.3 使用“曲率工具”编辑路径

您也可以使用“曲率工具”通过移动、删除或添加新的锚点来编辑正在绘制的路径或已创建的任何其他路径，而与创建该路径所使用的绘图工具无关。本小节将编辑已经创建的路径。

① 选择“曲率工具”，选择绘制的左侧河道路径，将显示该路径上的所有锚点。

提示 如何使用“曲率工具”闭合路径？将鼠标指针悬停在路径中创建的第一个锚点上，当鼠标指针变为形状时，单击以闭合路径。

使用“曲率工具”编辑路径，需要先选择路径。

② 将鼠标指针移动到红色圆圈中的锚点上，当鼠标指针变为形状时，单击该锚点，按住鼠标左键稍微拖动该点以重塑曲线，如图 6-15 所示。

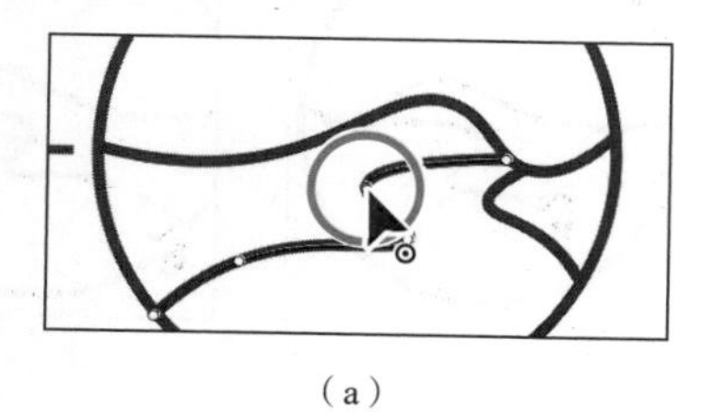

（a）

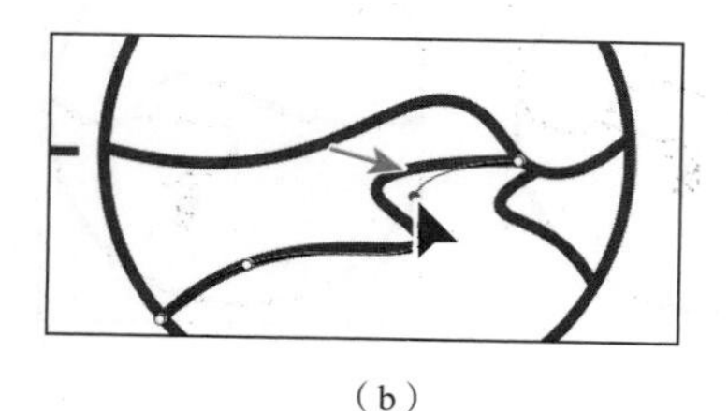

（b）

图 6-15

③ 尝试选择并拖动路径中的其他锚点，最终效果如图 6-16 所示。

接下来将解锁地平线路径，然后选择该路径并进行编辑。

④ 选择“对象”>“全部解锁”，这样就能够编辑之前绘制的地平线路径。

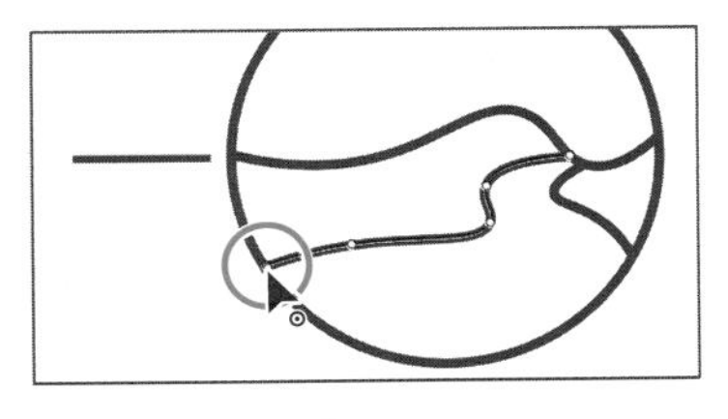

图 6-16

⑤ 选择“曲率工具”，选择该水平路径，查看其上的锚点。

⑥ 将鼠标指针移动到第一个锚点（最左侧的锚点）右侧的路径上。当鼠标指针变为形状时，单击添加一个新锚点，如图 6-17（a）所示。

⑦ 按住鼠标左键向下拖动新锚点，以重塑路径，如图 6-17（b）所示。

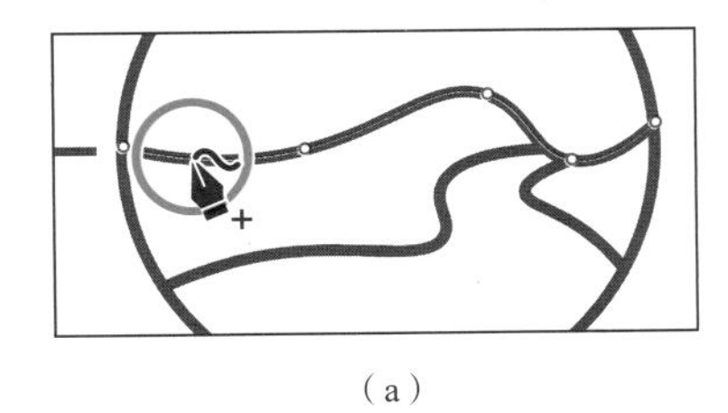

（a）

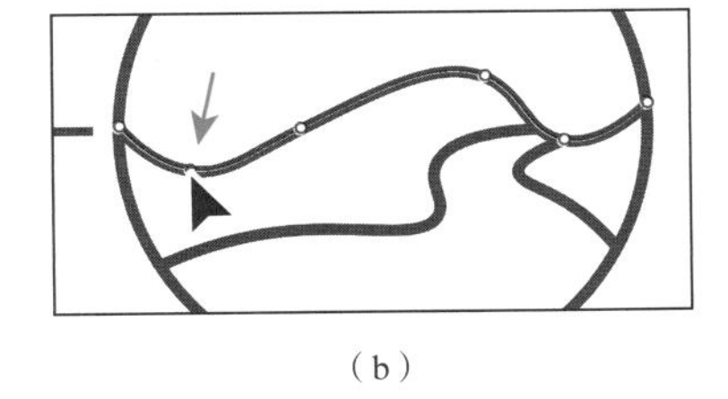

（b）

图 6-17

接下来将删除第⑥步添加的新锚点右侧的锚点，使路径更弯曲。

⑧ 单击新锚点右侧的锚点，然后按 Delete 键或 Backspace 键将其删除，如图 6-18 所示。

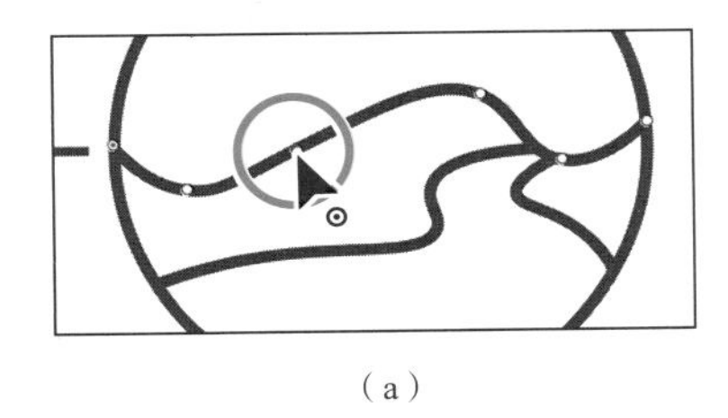

（a）

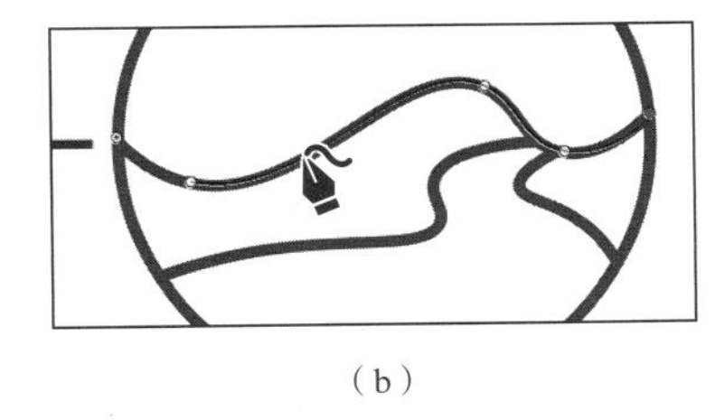

（b）

图 6-18

除了删除或添加锚点，也可以通过移动锚点来调整路径形状。

⑨ 选择“对象”>“锁定”>“所选对象”，锁定路径，以免在之后的操作中意外修改它。

6.2.4 使用“曲率工具”创建拐角

默认情况下，“曲率工具”会创建平滑的锚点，即使路径弯曲的锚点。路径可以具有两种锚点：角锚点和平滑锚点。在角锚点处，路径会突然改变方向；而在平滑锚点处，路径会形成连续曲线。使用“曲率工具”，可以通过创建角锚点来创建直线路径。本小节将绘制 Logo 中的山峰路径。

① 选择“曲率工具”，将鼠标指针移动到地平线路径的左侧，单击添加第一个锚点，如图 6-19 所示。

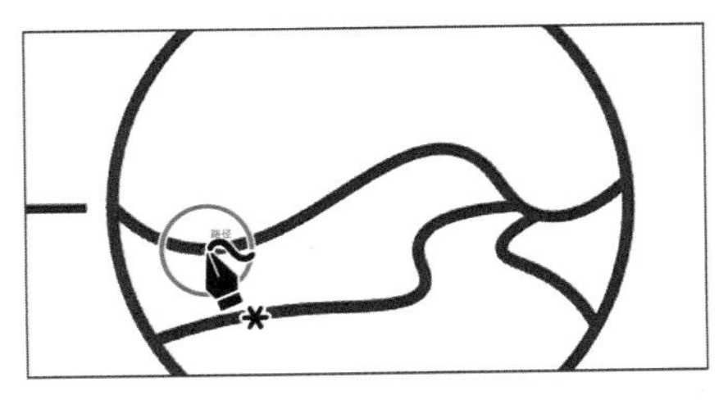

图 6-19

② 向右上方移动鼠标指针，单击创建第一座山峰的顶点，如图 6-20（a）所示。

③ 向右下方移动鼠标指针，单击创建一个新锚点，如

图 6-20（b）所示。

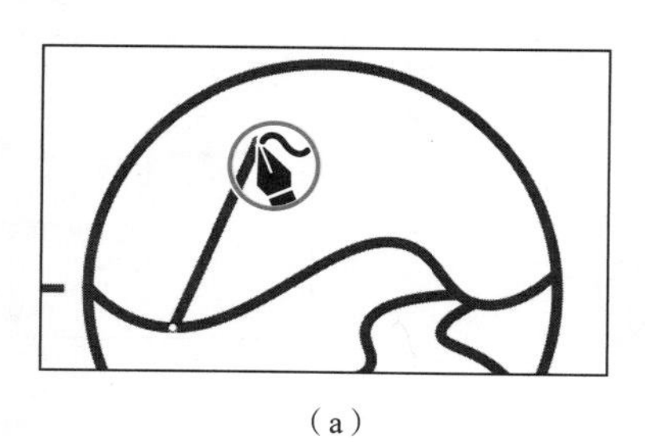
（a）

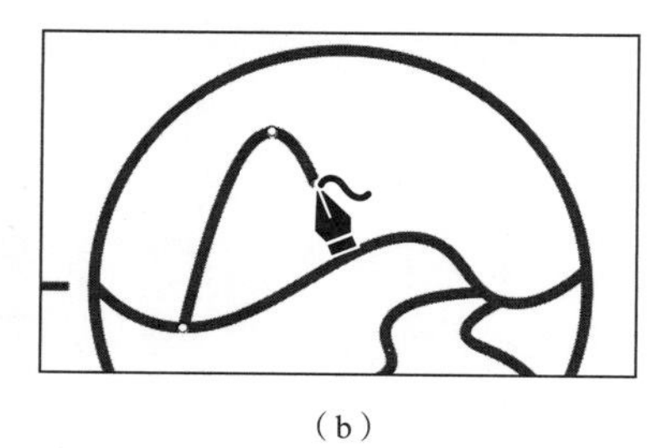
（b）

图 6-20

要使峰顶是一个点而不是一段曲线，需要将第②步创建的锚点转换为角锚点。

4 将鼠标指针移动到山峰路径的最高锚点上，当鼠标指针变为形状时双击，将该锚点转换为角锚点，如图 6-21 所示。

您可以从外观上分辨平滑锚点和角锚点。使用“曲率工具”创建的每个锚点具有 3 种外观：被选择的锚点●、未选中的角锚点⊙和未选中的平滑锚点○。

5 向右上方移动鼠标指针，单击创建另一个锚点，开始另一座山峰顶点的绘制，如图 6-22 所示。

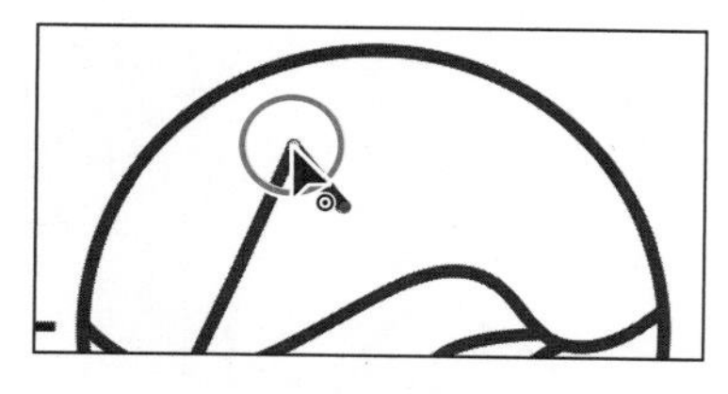
图 6-21

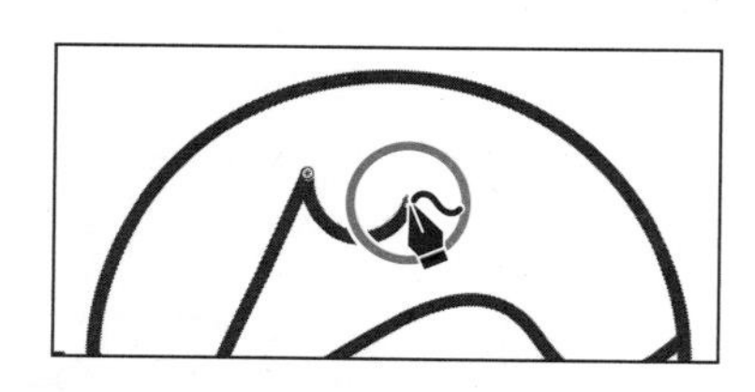
图 6-22

本步创建的锚点及第③步创建的锚点也需要转换为角锚点。事实上，所有为创建山峰路径添加的锚点都必须为角锚点。接下来将把这两个锚点转换为角锚点。

6 双击最后创建的两个锚点，将其转换为角锚点，如图 6-23 所示。

要完成山峰路径的绘制，需要创建更多锚点，您可以在绘制时按住修饰键来直接创建角锚点。

7 按住 Option（macOS）键或 Alt 键（Windows），鼠标指针将变为形状，单击创建另外一个角锚点，如图 6-24 所示。

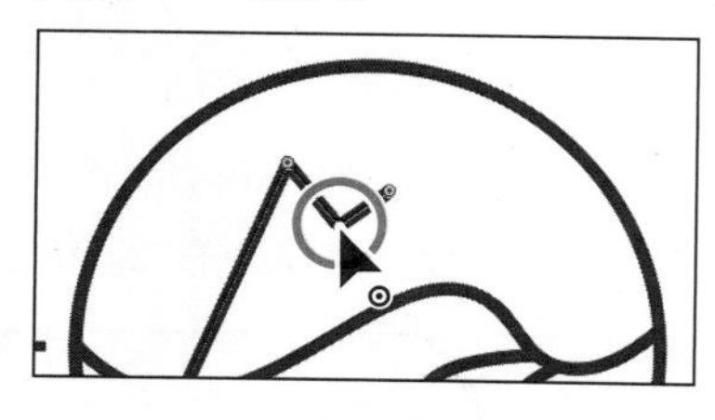
图 6-23

图 6-24

8 仍然按住 Option（macOS）键或 Alt 键（Windows），移动鼠标指针并单击，以完成山峰路径的绘制。确保创建的最后一个锚点落在地平线路径上，如图 6-25 所示。

如果要调整锚点，将鼠标指针移动到该锚点上，然后按住鼠标左键拖动以重塑路径；双击则使锚点在角锚点和平滑锚点之间切换，或者按 Delete 键或 Backspace 键将锚点从路径中删除。最终调整好的山峰路径如图 6-26 所示。

图 6-25

图 6-26

⑨ 按 Esc 键停止绘图。

⑩ 选择“选择”>“取消选择”，选择“选择”>“存储”。

6.3 创建虚线

如果想为图稿增添一些设计感，可以在闭合路径（如正方形等）或开放路径（如直线等）的描边中添加虚线。在“描边”面板中可以创建虚线，还可以在其中指定虚线短线的长度及间隔。本节将在直线中添加虚线，为 Logo 添加更多元素。

① 使用“选择工具”单击圆形左侧的路径，如图 6-27 所示。

② 在“属性”面板中单击“描边”文本，显示“描边”面板。在“描边”面板中更改以下选项，如图 6-28（a）所示。

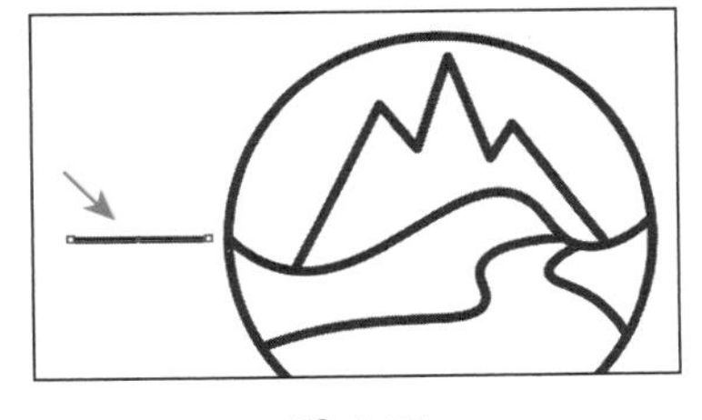

图 6-27

- 描边粗细：3 pt。
- “虚线”复选框：勾选。
- “保留虚线和间隙的精确长度”按钮：启用。
- 第 1 个虚线值：35 pt（这将创建 35 pt 虚线、35 pt 间隙的样式）。
- 第 1 个间隙值：4 pt（这将创建 35 pt 虚线、4 pt 间隙的样式）。
- 第 2 个虚线值：5 pt（这将创建 35 pt 虚线、4 pt 间隙、5pt 虚线、5pt 间隙的样式）。
- 第 2 个间隙值：4 pt（这将创建 35 pt 虚线、4 pt 间隙、5pt 虚线、4pt 间隙的样式）。输入最后一个值后，按 Enter 键确认更改并关闭“描边”面板，最终效果如图 6-28（b）所示。

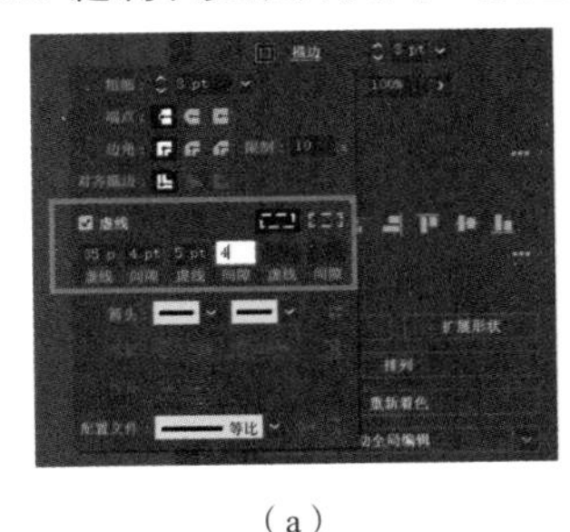

（a）

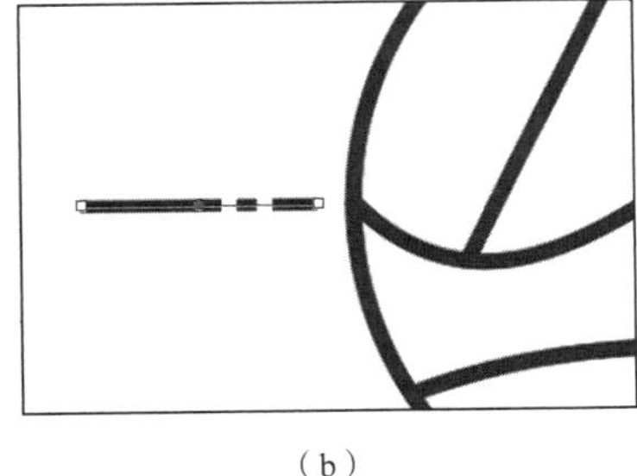

（b）

图 6-28

提示 单击“保留虚线和间隙的精确长度”按钮可以使虚线的外观保持不变，而无须对准角或虚线末端。

接下来，您将在圆形周围制作虚线副本。

③ 在选中虚线的情况下，选择“旋转工具”。

④ 将鼠标指针移动到圆心处，看到“中心点”提示后，如图 6-29 所示，按住 Option 键（macOS）或 Alt 键（Windows），单击设置参考点（图形旋转的点）并打开“旋转”对话框。

注意 如果没有出现“中心点”提示，请检查是否已打开智能参考线。

⑤ 勾选“预览”复选框，以实时查看在对话框中所做的更改对应的效果。将“角度”更改为 –15°，单击“复制”按钮，如图 6-30 所示。

图 6-29

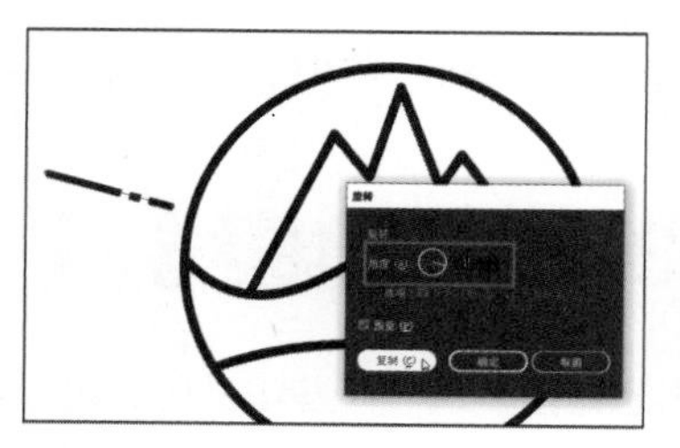

图 6-30

⑥ 选择“对象”>“变换”>“再次变换”，以同样的旋转角度再次复制虚线。

⑦ 按 Command + D 组合键（macOS）或 Ctrl + D 组合键（Windows）10 次，再制作 10 个副本，如图 6-31 所示。

该命令将调用第⑤步执行的“再次变换”命令。

要完成图稿，还将裁掉圆形的一部分并将画板底部的文本拖到 Logo 上层。

⑧ 选择“矩形工具”，然后绘制一个矩形覆盖住圆形的下部。

注意，虚线会应用到矩形上。

⑨ 使用“选择工具”框选矩形和圆形，如图 6-32 所示。

图 6-31

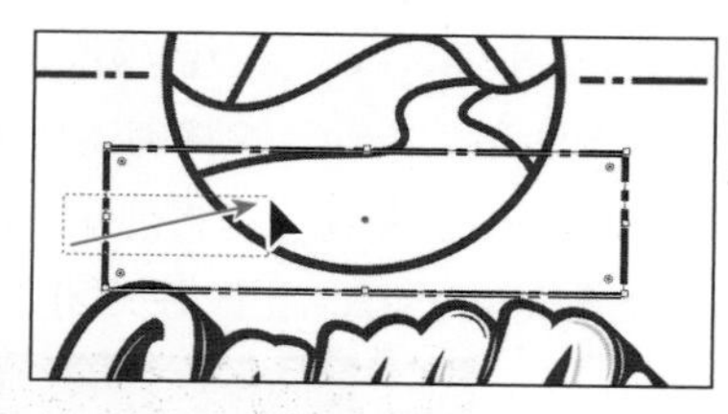

图 6-32

⑩ 在工具栏中选择“形状生成器工具”。按住 Option 键（macOS）或 Alt 键（Windows），按住鼠标左键在圆圈底部和矩形上划过将其删除，如图 6-33 所示。松开鼠标左键，然后松开 Option 键（macOS）或 Alt 键（Windows）。

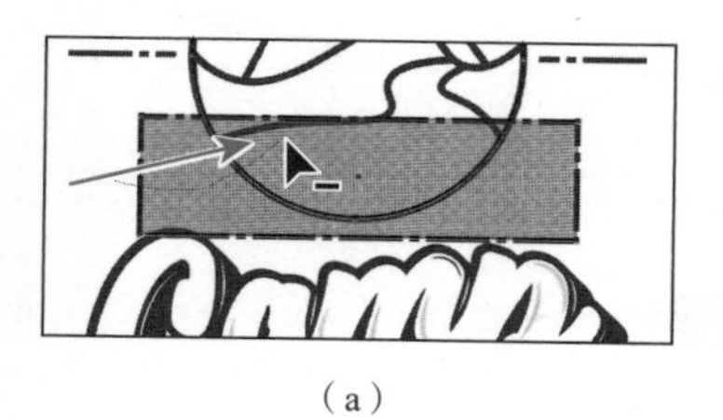

（a）　　（b）

图 6-33

⑪ 使用“选择工具”选择画板底部的文本，按住鼠标左键将文本向上拖动到 Logo 上。

⑫ 单击“属性”面板中的“排列”按钮，选择“置于顶层”命令，最终效果如图 6-34 所示。

图 6-34

⑬ 选择“选择 > 取消选择”，然后选择“文件” >“存储”，保存文件。

6.4 使用“铅笔工具”绘图

Adobe Illustrator 的另一个绘图工具是“铅笔工具”。使用“铅笔工具”绘图，类似于在纸上绘图，它允许您自由绘制包含曲线和直线的开放路径和闭合路径。使用“铅笔工具”绘图时，根据设置的工具选项，锚点将创建在需要的路径上。完成路径绘制后，还可以轻松调整路径。

6.4.1 使用“铅笔工具”绘制路径

本小节将绘制并编辑一条简单的路径来练习使用“铅笔工具”。

① 从文档窗口左下角的“画板导航”下拉列表中选择 2 Pencil 选项。

② 从工具栏中的“画笔工具”组中选择“铅笔工具”。

③ 双击“铅笔工具”，在弹出的“铅笔工具选项”对话框中设置以下选项，如图 6-35 所示。

- 将“保真度”滑块一直拖动到最右边，这将平滑路径并减少使用“铅笔工具”绘制的路径上的锚点。
- “保持选定”复选框：勾选（默认设置）。
- “当终端在此范围内时闭合路径”复选框：勾选（默认设置）。

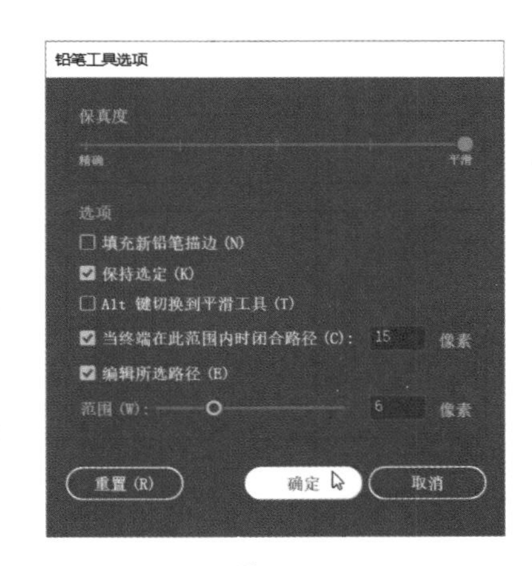

图 6-35

提示 设置“保真度”值时，将滑块拖近至“精确”端通常会创建更多锚点，并更准确地反映您绘制的路径。而将滑块向“平滑”拖动，则可减少锚点，绘制出更平滑、更简单的路径。

④ 单击“确定”按钮。

⑤ 在“属性”面板中，确保填色为“无”；描边颜色为深灰色，色值为 C=0，M=0，Y=0，K=90。另外，在“属性”面板中确保描边粗细为 3 pt。

如果将鼠标指针移到文档窗口中，鼠标指针旁边出现星号“*”，表示将要创建新路径。

❻ 从标有 A 的模板的红点开始，按住鼠标左键并沿顺时针方向拖动，围绕模板的虚线绘制路径，如图 6-36（a）所示。当鼠标指针靠近路径起点（红点）时，鼠标指针变为✎。形状，如图 6-36（b）所示。这意味着，此时如果松开鼠标左键，该路径将闭合。当您看到鼠标指针为✎。形状时，松开鼠标左键以闭合路径，效果如图 6-36（c）所示。

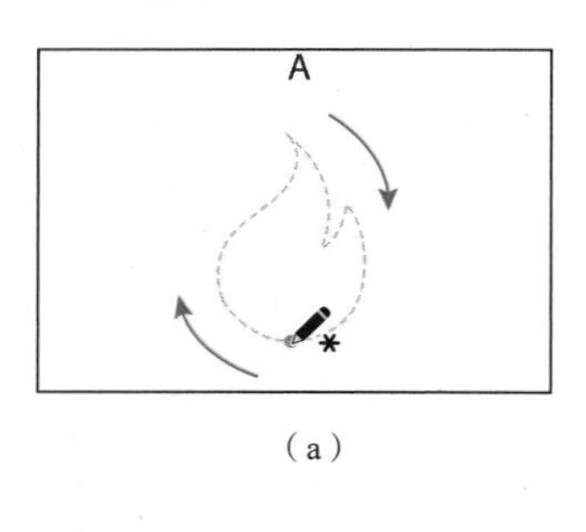

（a）

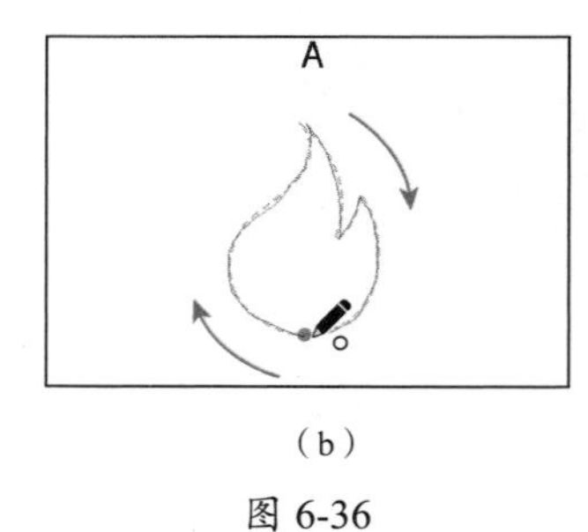

（b）

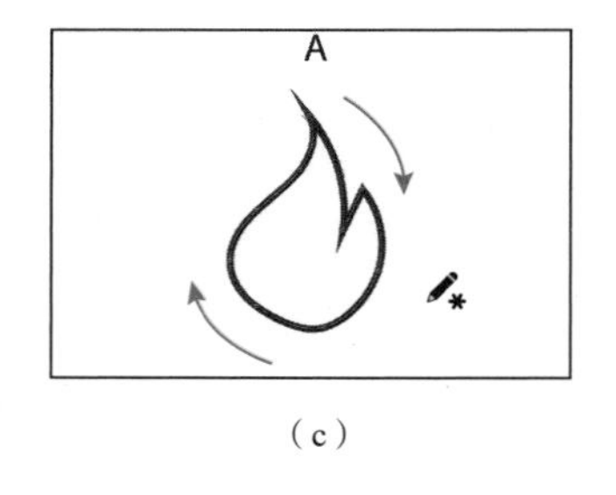

（c）

图 6-36

注意 如果鼠标指针为╳形状而不是✎形状，则 Caps Lock 键处于激活状态。按 Caps Lock 键，“铅笔”工具的鼠标指针会变成╳形状，可以提高精度。

请注意，在绘制时，路径可能看起来并不完美。松开鼠标左键后，Adobe Illustrator 将根据“铅笔工具选项”对话框中设置的“保真度”值对路径进行平滑处理。接下来将使用“铅笔工具”重新绘制部分路径。

❼ 将鼠标指针移动到需重绘的路径上或路径附近。当鼠标指针旁边的星号消失后，按住鼠标左键并拖动以重绘路径，如图 6-37（a）所示，使图形底部与之前不同，如图 6-37（b）所示。最后要确保回到原来的路径上结束重绘，效果如图 6-37（c）所示。

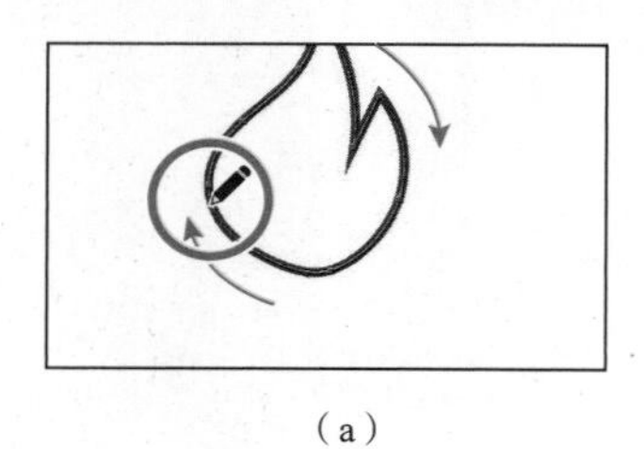

（a）

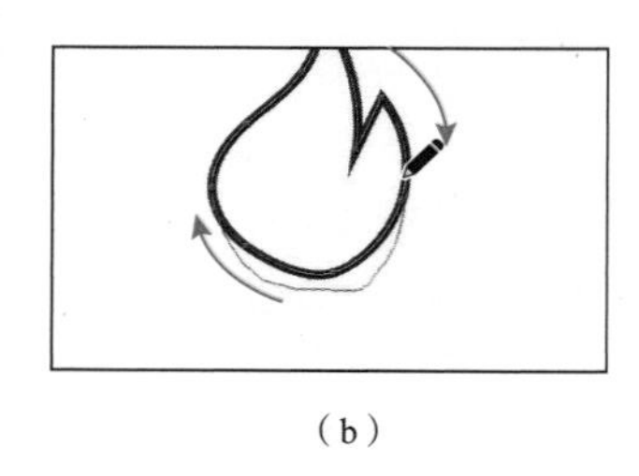

（b）

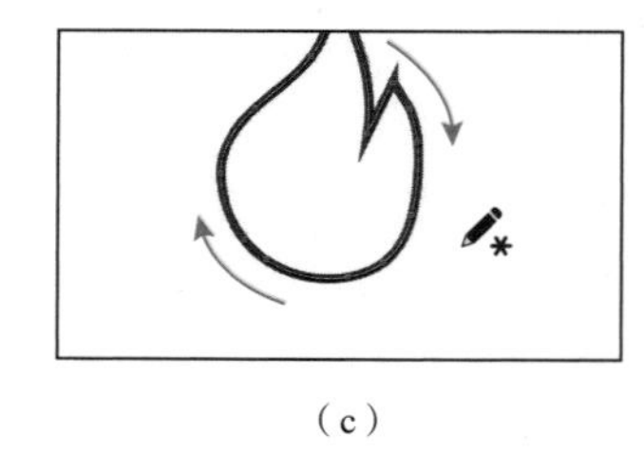

（c）

图 6-37

❽ 在仍选中火焰形状的情况下，在“属性”面板中将“填色”更改为红色，效果如图 6-38 所示。

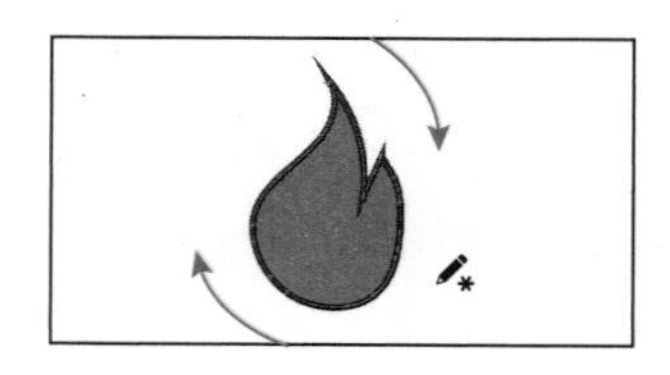

图 6-38

6.4.2 使用“铅笔工具”绘制直线

除了绘制更多形式自由的路径之外，还可以使用“铅笔工具”创建成 45° 角倍数的直线。本小节将使用“铅笔工具”绘制火焰附着的原木图形。请注意，虽然我们可以通过绘制矩形和圆化角部来创建要绘制的形状，但是我们希望绘制出来的原木看起来更像是手动绘制的，所以要使用“铅笔工具”。

❶ 将鼠标指针移动到标记了 B 的模板左侧的红点上，按住鼠标左键并向上拖动到图形顶部附近，在到达蓝点时松开鼠标左键，如图 6-39 所示。

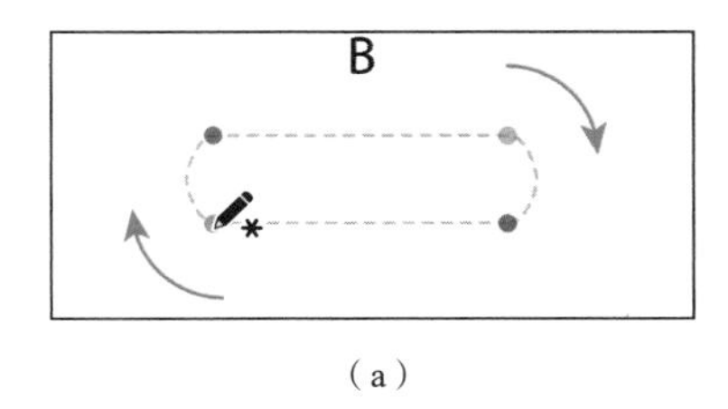

（a）

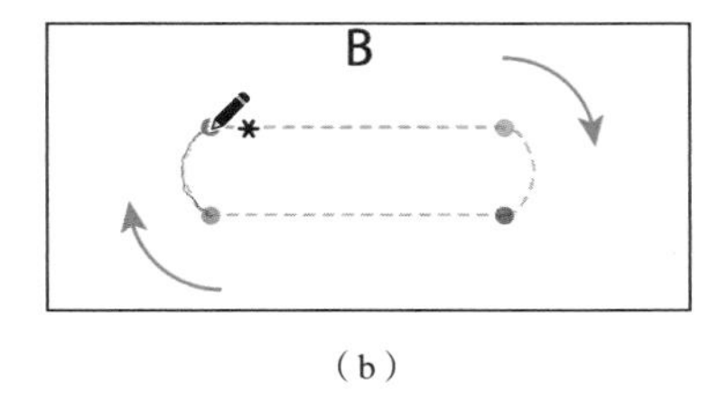

（b）

图 6-39

使用“铅笔工具”进行绘制时，您可以轻松地继续绘制路径中的直线。

❷ 将鼠标指针移到第①步绘制的路径的末端。当鼠标指针变为✎形状时，表明您可以继续绘制该路径。按住 Option 键（macOS）或 Alt 键（Windows）并按住鼠标左键向右拖动到橙点；当到达橙点时，松开 Option 键（macOS）或 Alt 键（Windows），但不要松开鼠标左键，如图 6-40 所示。

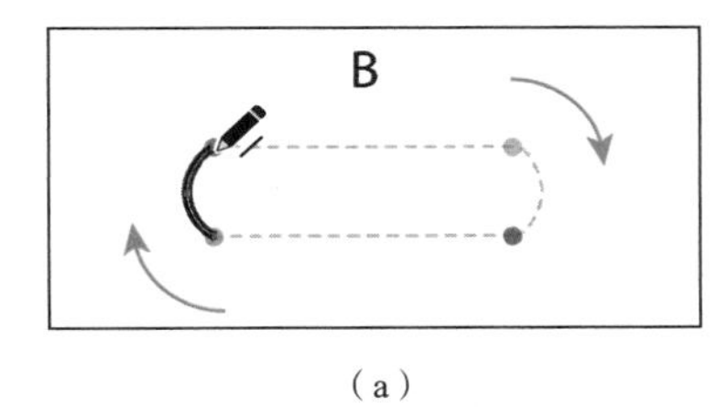

（a）

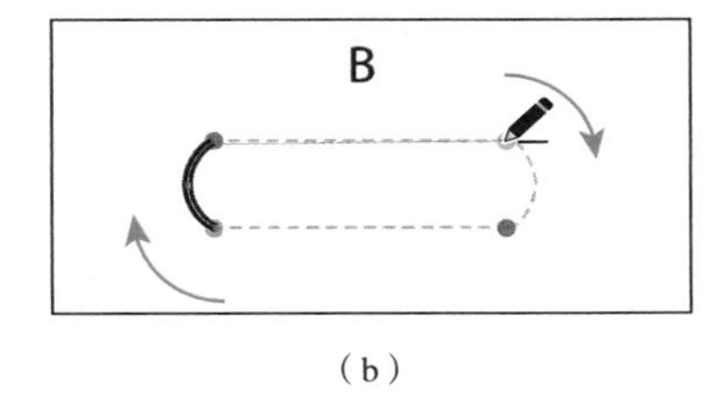

（b）

图 6-40

使用“铅笔工具”进行绘制时，按住 Option 键（macOS）或 Alt 键（Windows）键，可在任意方向上创建直线路径。

提示 您也可以在使用“铅笔工具”进行绘制时按住 Shift 键，然后拖动鼠标以创建角度增量为 45° 的直线。

❸ 继续按照模板进行绘制。到达紫点时，在不松开鼠标左键的情况下，按住 Option 键（macOS）或 Alt 键（Windows），向左绘制，直到到达红点。当鼠标指针变为✎形状时，松开鼠标左键，然后松开 Option 键（macOS）或 Alt 键（Windows）以闭合路径，如图 6-41 所示。

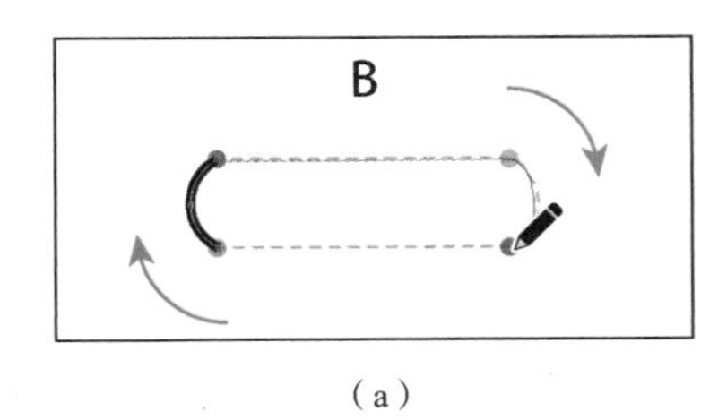

（a）

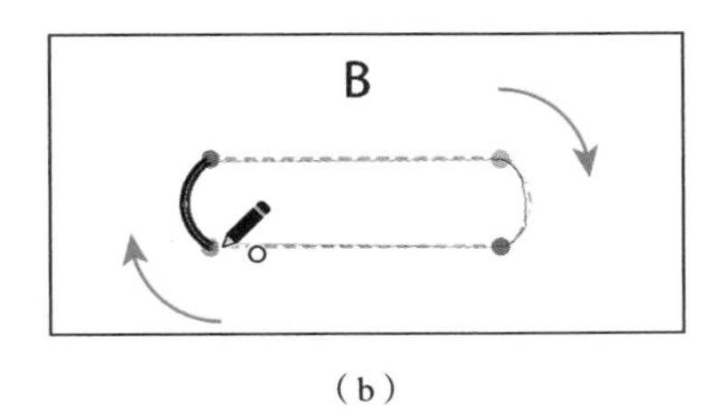

（b）

图 6-41

❹ 在路径仍被选中的情况下，在“属性”面板中将“填色”更改为棕色。

❺ 选择“选择工具”▶，然后将火焰图形向下拖动到原木图形上，如图 6-42（a）所示。

⑥ 单击“属性”面板中的“排列”按钮，选择“置于顶层”命令，将火焰图形置于圆木图形的上层，如图 6-42（b）和图 6-42（c）所示。

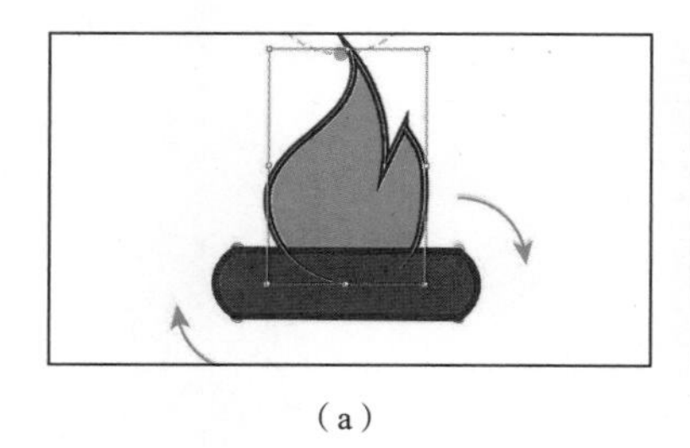

（a）

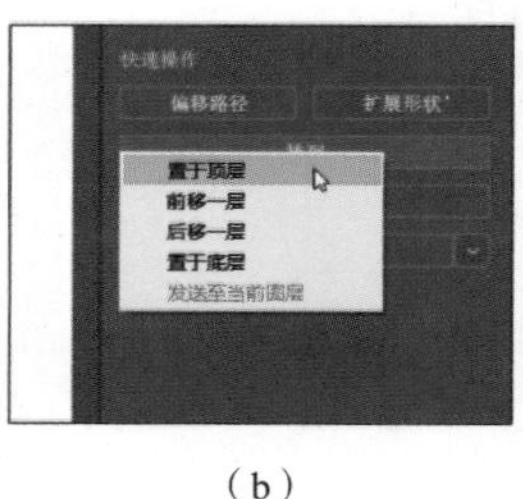

（b）

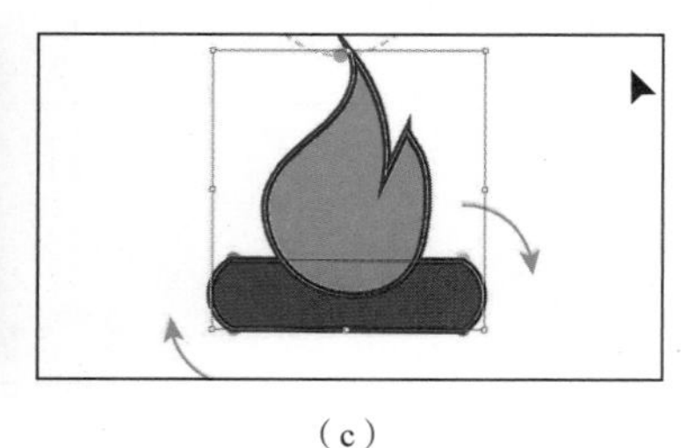

（c）

图 6-42

⑦ 按住鼠标左键框选这两个图形。

⑧ 选择“编辑”>“复制”，复制这两个图形。

⑨ 在文档窗口下方的状态栏中单击“下一项”按钮，切换到下一个画板。

⑩ 选择“编辑”>“粘贴”，粘贴所复制的图形。

⑪ 将图形拖到图稿上，如图 6-43 所示。

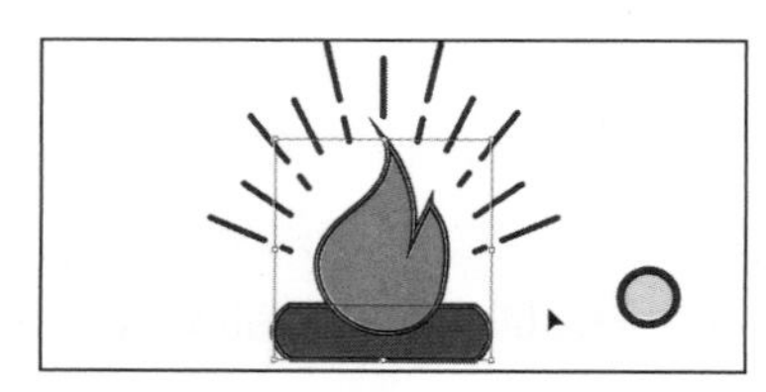

图 6-43

6.5　使用“连接工具”连接路径

在 4.2.2 小节中使用了“连接”命令（“对象”>“路径”>“连接”）来连接和闭合路径，本节将使用“连接工具”来连接路径。使用“连接工具”可以通过擦除手势来连接交叉、重叠或末端开放的路径。

① 选择“直接选择工具”，然后在画板上单击黄色圆形。

② 选择“视图”>“放大”，重复操作几次，以放大视图。

③ 选择与“橡皮擦工具”在同一组的“剪刀工具”。

④ 将鼠标指针移动到黄色圆形的顶部锚点上。当看到“锚点”提示时，单击以切断该处的路径，如图 6-44 所示。

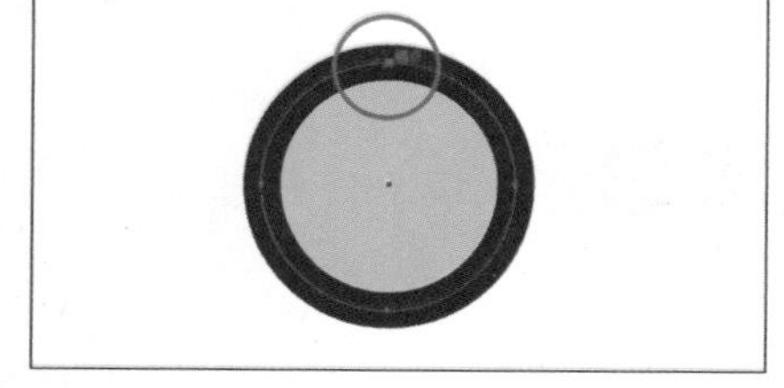

图 6-44

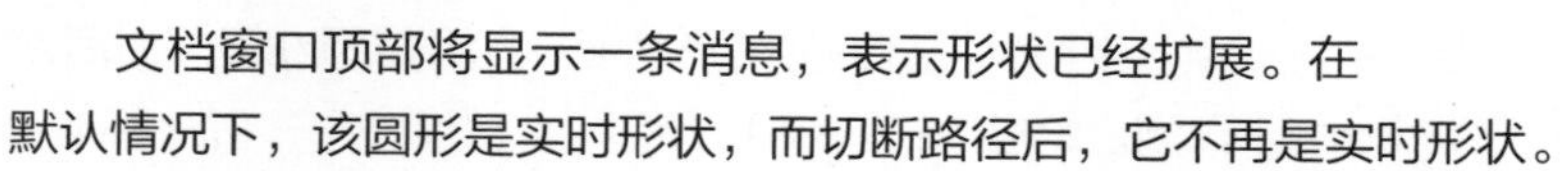

文档窗口顶部将显示一条消息，表示形状已经扩展。在默认情况下，该圆形是实时形状，而切断路径后，它不再是实时形状。

⑤ 选择“直接选择工具”，按住鼠标左键向右上方拖动顶部锚点，如图 6-45 所示。

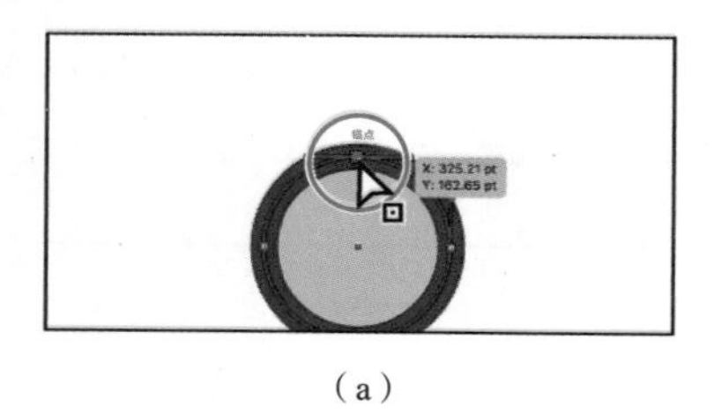

（a）

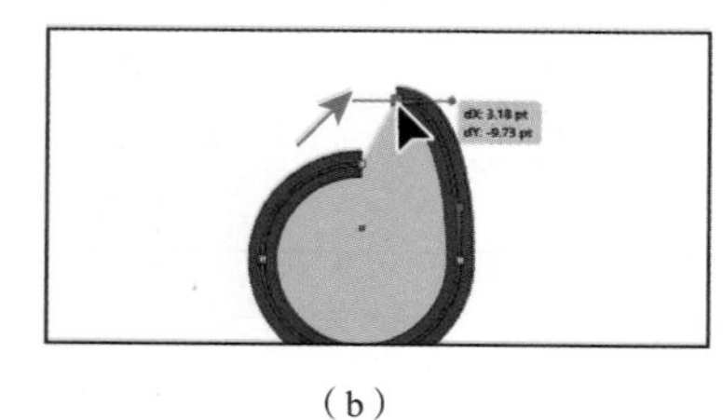

（b）

图 6-45

⑥ 将路径另一端的锚点拖动到左侧，当该锚点与第⑤步拖动的锚点对齐时，将出现一条洋红色

的对齐参考线，如图 6-46 所示。

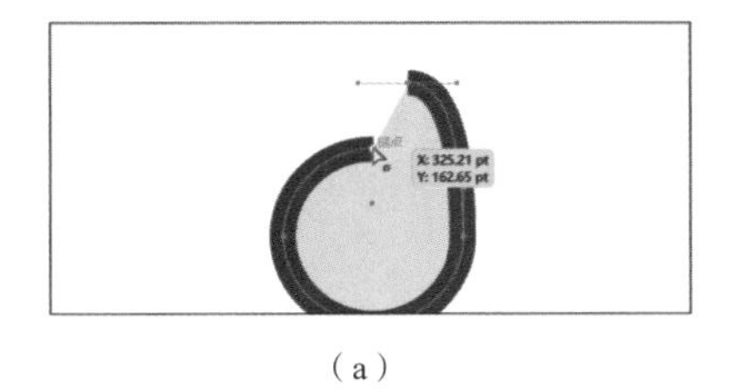
（a）

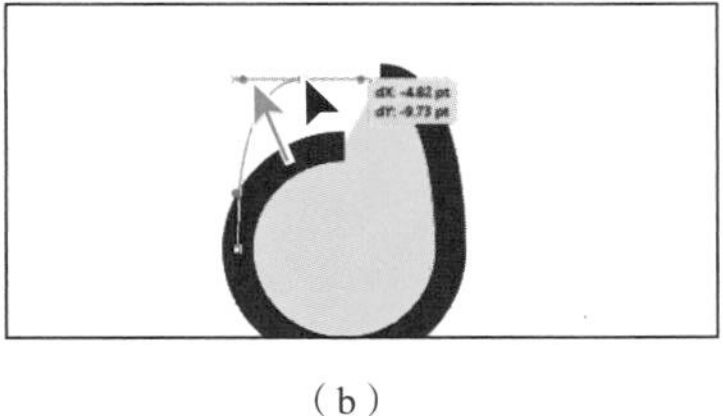
（b）

图 6-46

现在连接两个端点的路径是弯曲的，但是我们需要它是笔直的。

7 在仍选择“直接选择工具”的情况下，框选这两个锚点，如图 6-47 所示。

8 在右侧的“属性”面板中单击“将所选锚点转换为尖角”按钮，拉直路径的两端，如图 6-48 所示。

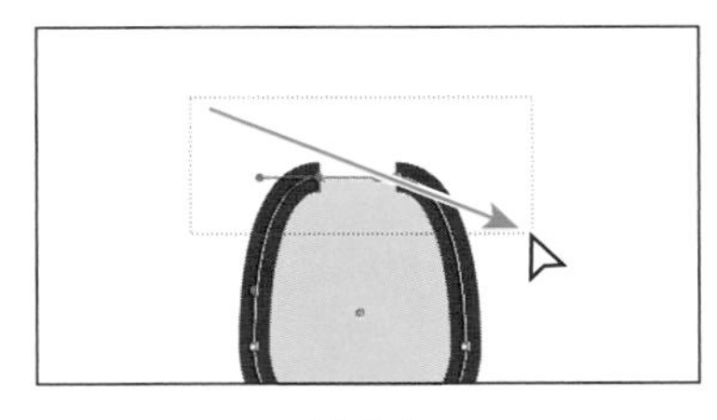
图 6-47

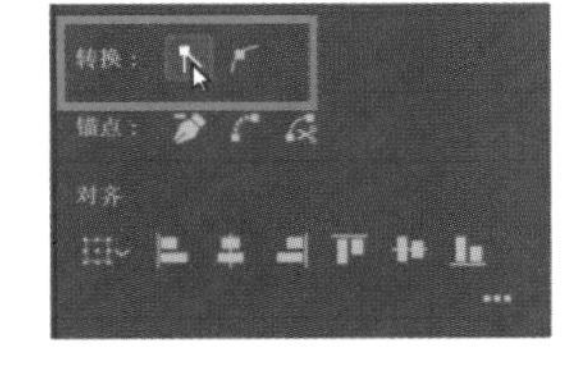

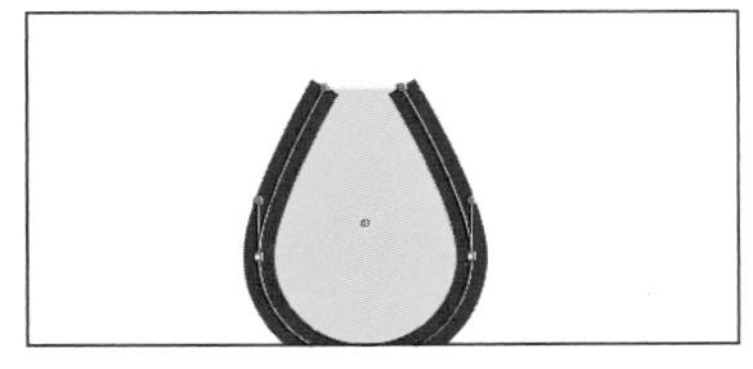
图 6-48

第 7 课将学习更多有关转换锚点的内容。

9 单击工具栏底部的“编辑工具栏”按钮，在弹出的“所有工具”面板中向下拖动滚动条，将“连接工具”拖入左侧的工具栏中，放在“铅笔工具”上，如图 6-49 所示。

注意 您可能需要按 Esc 键来隐藏“所有工具”面板。

10 选择“连接工具”，按住鼠标左键拖过路径顶部的两端，如图 6-50 所示，确保在靠近尖端附近拖过。

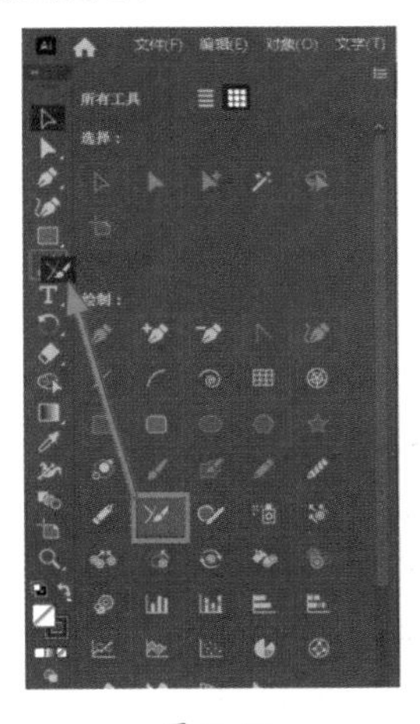

图 6-49

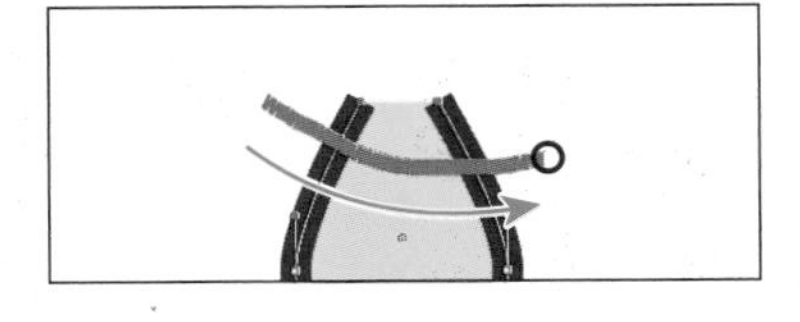
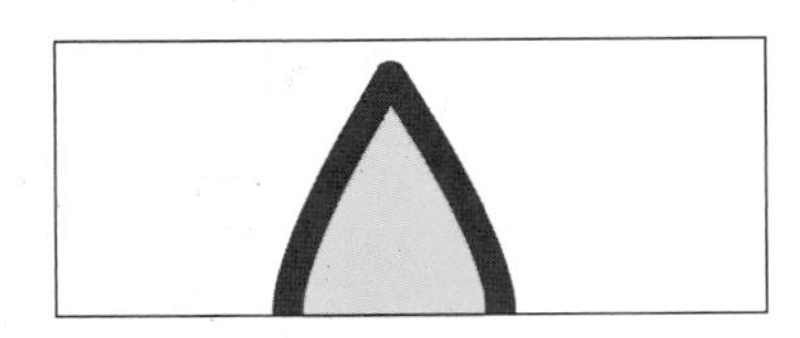
图 6-50

提示 按 Caps Lock 键会将“连接工具”的鼠标指针变成更精确的“十”字线形状，这将更容易查看连接发生的位置。

当拖过（也称为“擦过”）路径时，路径将被扩展并连接或修剪并连接。在本例中，路径的两端已被扩展并连接。此外，可取消选中生成的连接图形，以便继续在其他路径上进行连接操作。

注意 如果通过按 Command + J 组合键（macOS）或 Ctrl + J 组合键（Windows）来连接开放路径的末端，则会以直线进行连接。

完成露营 Logo 绘制

1 选择“视图”>“画板适合窗口大小”。

2 选择“选择工具”▶，确保黄色图形仍处于选择状态。

3 单击“属性”面板中的“排列”按钮，然后选择“置于顶层”命令，将黄色图形置于其他图形的顶层。

4 将黄色图形拖到火焰图形上，并使其与火焰图形的底部对齐。

5 将画板底部的 Camp 文本拖到 Logo 上。

6 单击“属性”面板中的“排列”按钮，然后选择“置于顶层”命令，将文本放置在其他图形的上层，效果如图 6-51 所示。

7 选择“选择”>“取消选择”，然后选择“文件”>“存储”，保存文件。

图 6-51

6.6 为路径添加箭头

Adobe Illustrator 中有许多不同的箭头样式及箭头编辑选项可供选择。您可以使用“描边”面板将箭头添加到路径的两端。本节将把箭头应用于一些路径以完成整个 Logo 的绘制。

1 从文档窗口下方的“画板导航”下拉列表中选择 4 logo 3 选项，以切换画板。

2 选择“选择工具”▶，选择左侧的粉红色弯曲路径。按住 Shift 键，选择右侧的粉红色弯曲路径。

注意 当绘制一条路径时，“起点”是开始绘制的位置，“终点”是结束绘制的位置。如果需要交换箭头的位置，可以单击“描边”面板中的“互换箭头起始处和结束处”按钮⇄。

3 保持路径处于选中状态，单击“属性”面板中的“描边”文本以打开“描边”面板。在“描边”面板中更改以下选项，如图 6-52 所示。

图 6-52

- 将描边粗细更改为“3 pt”。
- 在右侧的“箭头”下拉列表中选择“箭头 5”选项。这将在两段洋红色线条的末尾各添加一个箭头的尾部。
- 缩放（选择“箭头 5”的位置的正下方）：70%。
- 在左侧的“箭头”下拉列表中选择“箭头 17”选项。这将在两段洋红色线条的起点添加一个箭头。
- 缩放（选择“箭头 17”的位置的正下方）：70%。

您可以尝试其他的箭头设置，如更改“缩放”值或使用其他箭头样式。

❹ 保持路径处于选中状态，在“属性”面板中将描边颜色更改为白色，最终效果如图 6-53 所示。

图 6-53

❺ 选择“选择”>“取消选择”。

❻ 选择“文件”>“存储”，然后选择“文件”>“关闭”。

复习题

1. 默认情况下，“曲率工具”创建的是曲线路径还是直线路径？
2. 当使用“曲率工具”时，如何创建角锚点？
3. 如何更改“铅笔工具”的工作方式？
4. 如何使用“铅笔工具”重新绘制路径中的某些部分？
5. 如何使用“铅笔工具”绘制直线路径？
6. “连接工具”与“连接”命令（“对象 ” > “路径” > “连接”）有何不同？

参考答案

1. 使用“曲率工具”绘制路径时，默认情况下会创建曲线路径。
2. 使用“曲率工具”绘制路径时，可以双击路径上的现有锚点将其转换为角锚点，或者在绘制时按住 Option 键（macOS）或 Alt 键（Windows）单击，以创建新的角锚点。
3. 要更改“铅笔工具”的工作方式，可以双击工具栏中的“铅笔工具”，或者在选择“铅笔工具”的情况下，单击“属性”面板中的“工具选项”按钮，以打开“铅笔工具选项”对话框，在其中更改“保真度”和其他选项。
4. 选择路径后，可以选择“铅笔工具”，然后将鼠标指针移动到路径上，再重绘部分路径，最后回到原来的路径上结束重绘。
5. 使用“铅笔工具”创建的路径默认情况下为自由路径。要使用“铅笔工具”绘制直线路径，可以按住 Option 键（macOS）或 Alt 键（Windows），同时按住鼠标左键并拖动来创建一条直线。
6. 与“连接”命令不同，“连接工具”可以在连接时修剪重叠的路径，而不是简单地在要连接的锚点之间创建一条直线。“连接工具”考虑了要连接的两条路径之间的角度。

第 7 课

使用“钢笔工具”绘图

本课概览

本课将学习以下内容。

- 使用“钢笔工具”绘制曲线和直线。
- 编辑曲线和直线。
- 删除和添加锚点。
- 在平滑锚点和角锚点之间切换。

学习本课大约需要 60 分钟

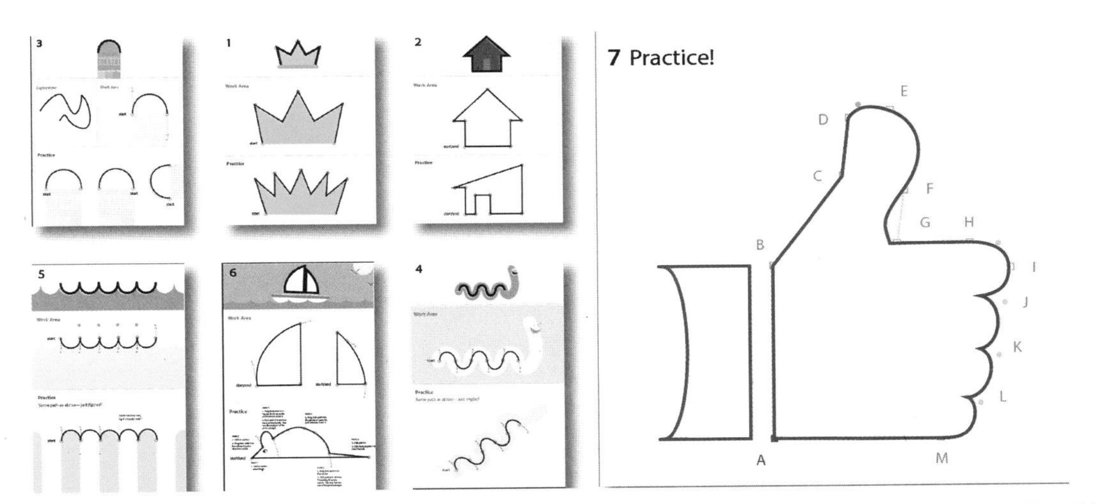

在之前的学习中，您使用的是 Adobe Illustrator 中的基本绘图工具。在本课中，您将学习使用“钢笔工具”创建和修改图稿。

7.1 开始本课

本课将主要使用“钢笔工具”来创建和编辑路径。您将先通过练习文件来学习“钢笔工具”的基本功能，然后再用“钢笔工具”进行实战练习。

❶ 为了确保工具的功能和默认值完全如本课所述，请重置 Adobe Illustrator 的首选项文件。具体操作请参阅本书“前言”中的“还原默认首选项”部分。

❷ 启动 Adobe Illustrator。

❸ 选择“文件”>“打开”，选择 Lessons>Lesson07 文件夹中的 L7_start.ai 文件，单击“打开”按钮，效果如图 7-1 所示。

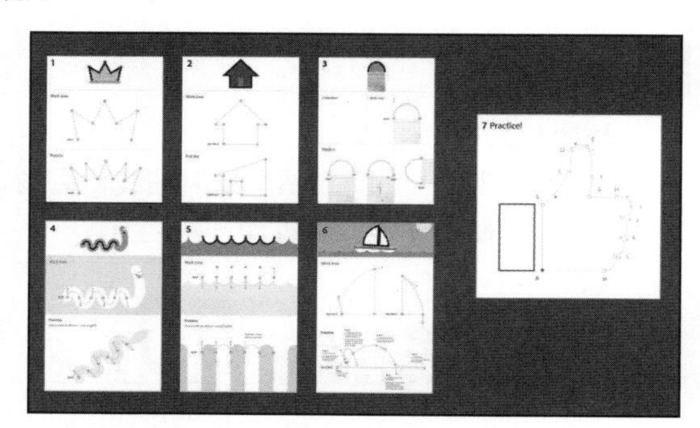

图 7-1

❹ 选择“文件”>“存储为”。

❺ 如果弹出云文档对话框，请单击“保存在您的计算机上”按钮。

❻ 在“存储为”对话框中，打开 Lesson07 文件夹，将文件重命名为 Pen_drawing.ai。在“格式”下拉列表中选择 Adobe Illustrator（ai）选项（macOS）或在“保存类型”下拉列表中选择 Adobe Illustrator（*.AI）选项（Windows），单击“保存”按钮。

❼ 在“Illustrator 选项”对话框中保持默认设置，然后单击“确定”按钮。

❽ 选择“视图”>“全部适合窗口大小”。

❾ 选择“窗口”>“工作区”>“重置基本功能”。

注意 如果您在“工作区”菜单中没有看到“重置基本功能”命令，请在选择“窗口”>“工作区”>“重置基本功能”之前，选择“窗口”>“工作区”>“基本功能”。

7.2 为什么要使用“钢笔工具”？

在第 6 课中，您使用“曲率工具”和“铅笔工具”创建了曲线和直线路径。您也可以使用“钢笔工具”创建和编辑曲线和直线路径，而且使用“钢笔工具”可以更好地控制绘制的路径形状。

Adobe Photoshop 和 Adobe InDesign 等其他软件中也有“钢笔工具”。了解如何使用“钢笔工具”创建和编辑路径，不仅能让您在 Adobe Illustrator 中拥有更大的创作自由，在其他软件中也是如此。学习和掌握“钢笔工具”需要进行大量练习。因此，建议您根据本课中的步骤多加练习。

7.3 开始使用“钢笔工具”

在本节中，先进行相关设置，以便开始学习“钢笔工具”的用法。

❶ 从文档窗口左下角的“画板导航”下拉列表中选择 1 选项（如果尚未选择）。如果画板没有适

合文档窗口的大小，请先选择“视图”>“画板适合窗口大小”。

❷ 选择工具栏中的“缩放工具”🔍，然后在标记了 Work Area 的画板中间区域单击，放大视图。

❸ 选择“视图”>“智能参考线”，关闭智能参考线。

智能参考线在绘图时非常有用，它可以帮您对齐锚点，但也会使“钢笔工具”的使用变得混乱。

7.3.1 创建直线路径来制作皇冠图形

本小节将参考第 1 个画板顶部的皇冠图形，使用“钢笔工具”来创建皇冠图形的主要路径，如图 7-2 所示。

❶ 选择工具栏中的“钢笔工具”。

❷ 在“属性”面板中单击“填色”框，在弹出的面板中，确保选择了“色板”选项，然后选择“无”色板。

❸ 单击“描边”框，选择黑色。

❹ 确保“属性”面板中的描边粗细为 4 pt，如图 7-3 所示。

图 7-2

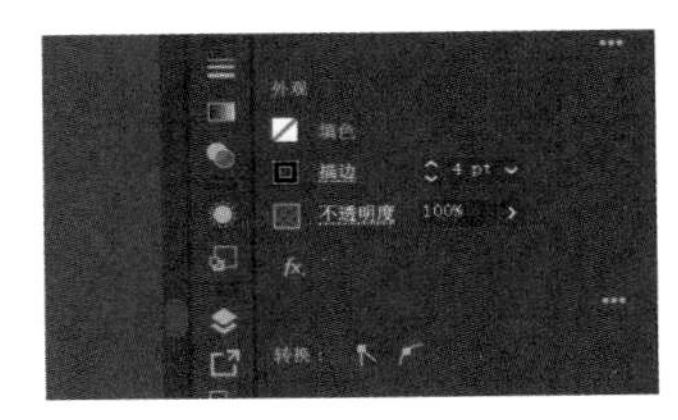

图 7-3

当您开始使用“钢笔工具”绘图时，最好不要在您绘制的路径上填色，因为填色会覆盖路径的部分区域。如确有必要，可以稍后再添加填色。

❺ 将鼠标指针移动到画板上标记为 Work Area（工作区）的区域，注意鼠标指针变为形状，如图 7-4 所示，这表示如果开始绘图，将创建新路径。

注意 如果您看到的鼠标指针是 × 形状而不是形状，则 Caps Lock 键处于激活状态，可以提高精度。开始绘图后，如果 Caps Lock 键处于激活状态，鼠标指针会变为形状。

❻ 将鼠标指针移动到标记为 1 的橙色起点（点 1）上，单击设置第一个锚点，如图 7-5 所示。

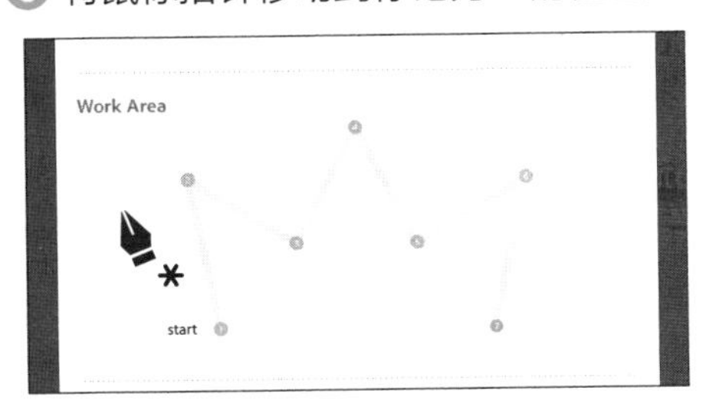

图 7-4

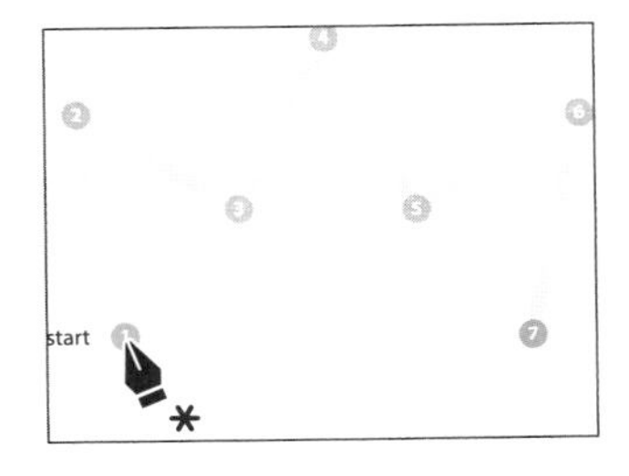

图 7-5

❼ 将鼠标指针从第⑥步创建的锚点处移开，您会看到一条连接第一个锚点和鼠标指针的蓝色直线段，如图 7-6 所示。

这条线称为“钢笔工具预览线”或 Rubber Band（橡皮筋）线。当您需要创建曲线路径时，它会使绘制变得更容易，因为它可以显示路径的外观。此外，当鼠标指针上的星号消失时，表示您正在绘制路径。

⑧ 在点 2 上单击，创建另一个锚点，如图 7-7 所示。

您创建了一条由两个锚点和连接锚点的路径段组成的直线路径。您刚刚创建的锚点为角锚点。角锚点不像平滑锚点，锚点处会有一个角度。与“曲率工具”不同，使用“钢笔工具” 单击默认创建的是角锚点和直线。

⑨ 继续依次单击点 3 ～ 7，每次单击都将创建一个锚点，如图 7-8 所示。

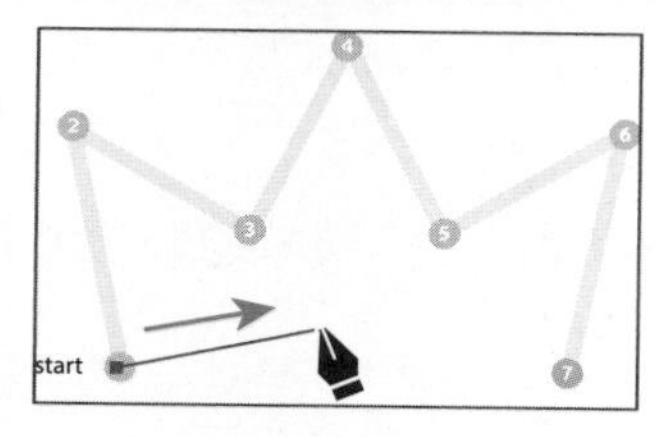

图 7-6

图 7-7

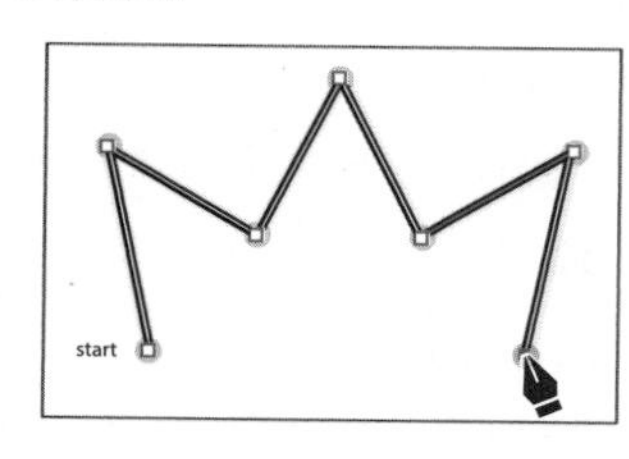

图 7-8

⑩ 选择“选择工具”，停止绘制。

7.3.2 选择和编辑皇冠图形的路径

接下来，您将学习使用“直接选择工具”选择和编辑路径。

① 选择“选择工具” ，单击 7.3.1 小节中在 Work Area（工作区）绘制的皇冠路径（如果尚未选中）。

② 在右侧的“属性”面板中单击“填色”框，在弹出的“色板”面板顶部单击“色板”选项 （如果尚未选中），显示默认色板（颜色）。单击黄色来更改皇冠图形的填充颜色，如图 7-9 所示。

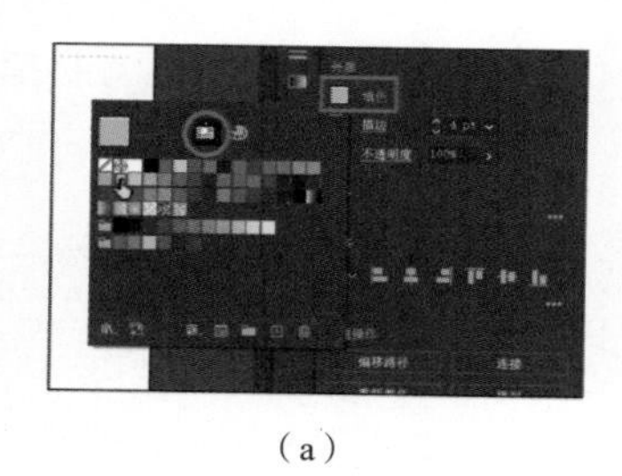

（a）

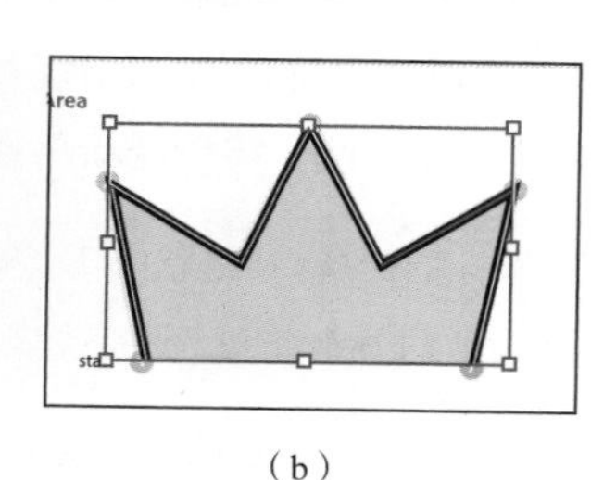

（b）

图 7-9

③ 在画板的空白区域单击，取消对路径的选择。

④ 选择“直接选择工具” ，并将鼠标指针移动到锚点 5 和锚点 6 之间的路径段上，当鼠标指针变为 形状时，单击以选择该路径段，如图 7-10（a）所示。

⑤ 选择“编辑”>“剪切”。

这将删除锚点 5 和 锚点 6 之间的路径段，如图 7-10（b）所示。皇冠图形现在是两条单独的路径，并且不再在整个对象中填充黄色。

> **注意** 如果整个路径消失，请选择“编辑”>“还原剪切”，然后再次尝试选择该路径段。

接下来介绍如何再次连接路径。

⑥ 选择“钢笔工具”✒，并将鼠标指针移动到锚点5上。请注意，鼠标指针会变为✒/形状，如图7-11所示。这表示如果单击，将继续从该锚点开始绘制。

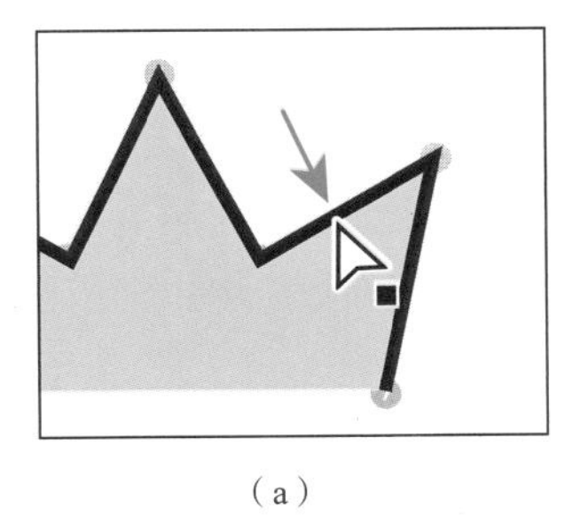
（a）

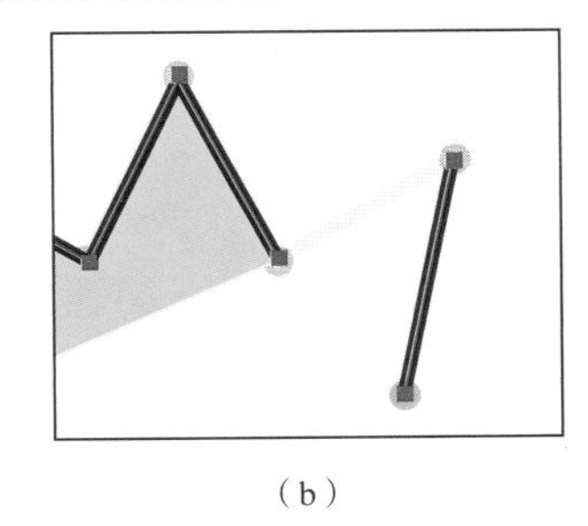
（b）

图 7-10

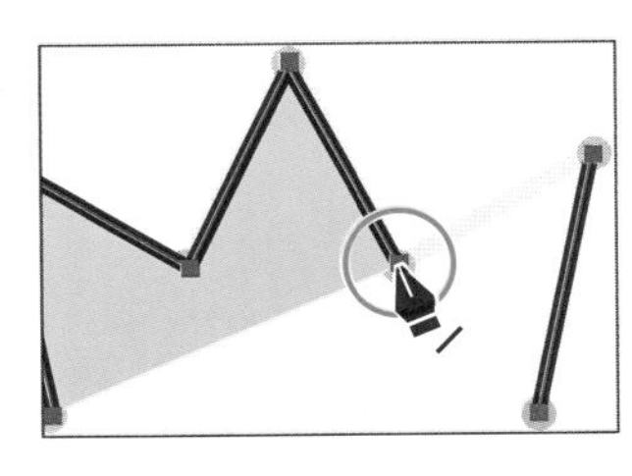
图 7-11

⑦ 单击该锚点。

这会告诉 Adobe Illustrator，您想要继续从该锚点开始绘制。

⑧ 将鼠标指针移到锚点 6 上，鼠标指针变为✒形状，如图 7-12（a）所示，这表示如果单击，就会连接到另一条路径。单击以重新连接路径，如图 7-12（b）所示。

⑨ 选择“选择”>“取消选择”。

下面请读者通过制作另一个皇冠来进行练习。

刚刚在画板上绘制的皇冠图形下方是另一个用于练习的皇冠图形，如图 7-13 所示。

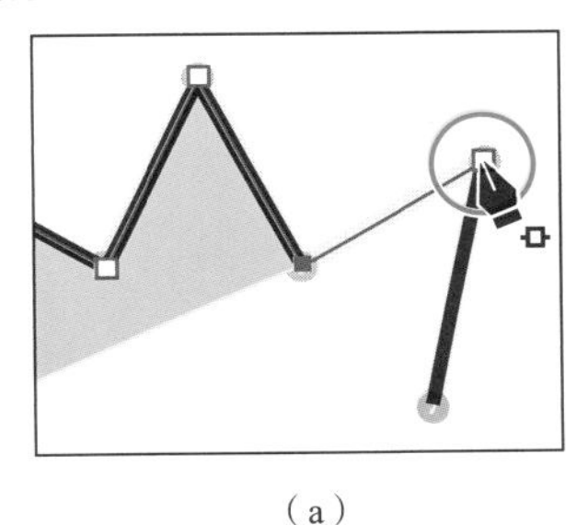
（a）

（b）

图 7-12

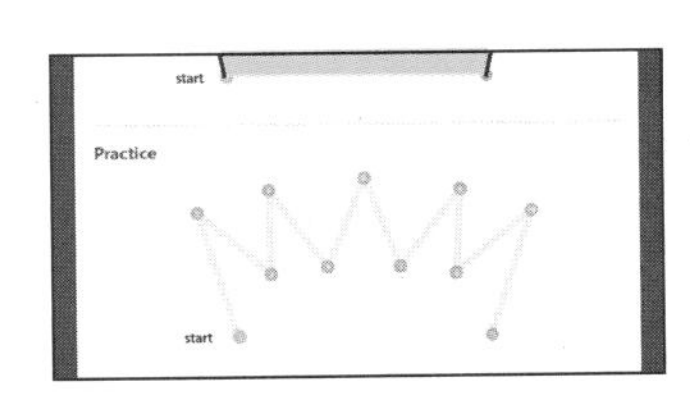

图 7-13

① 选择“抓手工具”✋，按住鼠标左键向上拖动以查看 Practice（练习）区域。

② 选择“钢笔工具”并开始练习。

7.3.3 用“钢笔工具”绘制房子图形

前面介绍了在使用形状工具创建形状时，结合使用 Shift 键和智能参考线均可约束对象的形状。“钢笔工具”也可结合 Shift 键和智能参考线使用，可将创建直线路径时的角度限制为 45° 的整数倍。本小节将使用“钢笔工具”绘制直线路径并限制其角度，绘制的房子图形如图 7-14 所示。

① 从文档窗口左下角的“画板导航”下拉列表中选择 2 选项。

② 在工具栏中选择“缩放工具”🔍，单击标记了 Work Area 的画板进行放大。

图 7-14

③ 选择“视图”>“智能参考线”，开启智能参考线。

❹ 选择“钢笔工具”✒，在“属性”面板中，确保填充颜色为“无”，描边颜色为黑色，描边粗细为 4 pt。

❺ 在 Work Area 区域中，单击标记为 1 的橙色点（点 1，该点旁边标注了 start/end），绘制第一个锚点，如图 7-15 所示。

❻ 将鼠标指针移动到点 2 上，如图 7-16 所示。

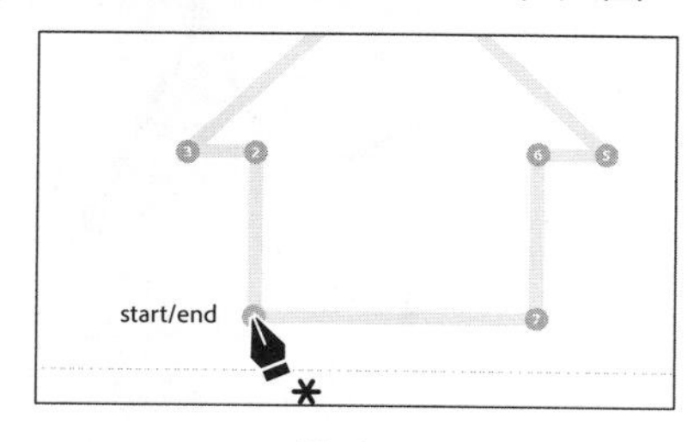

图 7-15

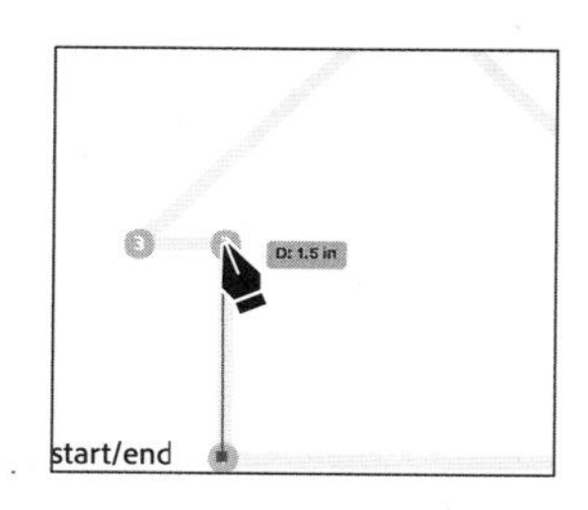

图 7-16

请注意鼠标指针旁边出现的灰色测量标签。正如前面的课程所述，测量标签和洋红色的对齐参考线是智能参考线的一部分。使用“钢笔工具”绘图时，显示距离的测量标签是很有用的。

❼ 单击设置另一个锚点。

❽ 将鼠标指针移动到点 3 上。

当鼠标指针与右侧的点 2 对齐时，会直接“吸附”到位。您可能需要围绕此处多次移动鼠标指针才能看到感受到“吸附”效果。

❾ 单击以添加第 3 个锚点，如图 7-17 所示。

❿ 依次单击以添加第 4 个、第 5 个锚点，如图 7-18 所示。

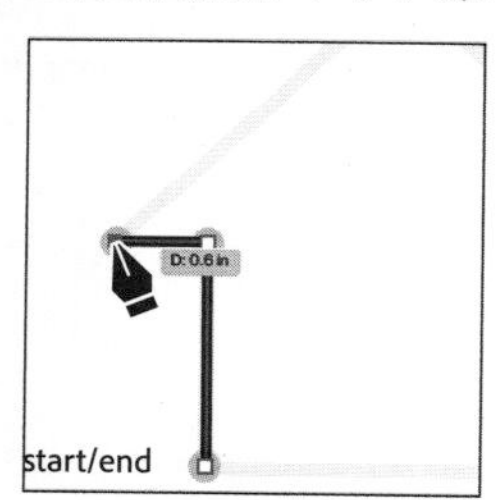

图 7-17

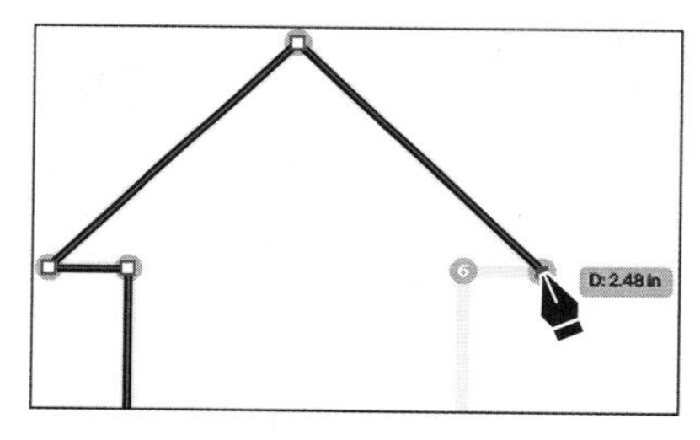

图 7-18

智能参考线会试图把即将创建的锚点与画板上的其他内容对齐（“吸附”），这可能会使您很难准确地将锚点添加到所需位置。

⓫ 选择“视图”>“智能参考线”，关闭智能参考线。

关闭智能参考线后，您需要按住 Shift 键来对齐锚点，这是您接下来要执行的操作。此外，关闭智能参考线后，测量标签也不会显示。

⓬ 按住 Shift 键，单击添加第 6 个和第 7 个锚点，如图 7-19 所示，然后松开 Shift 键。

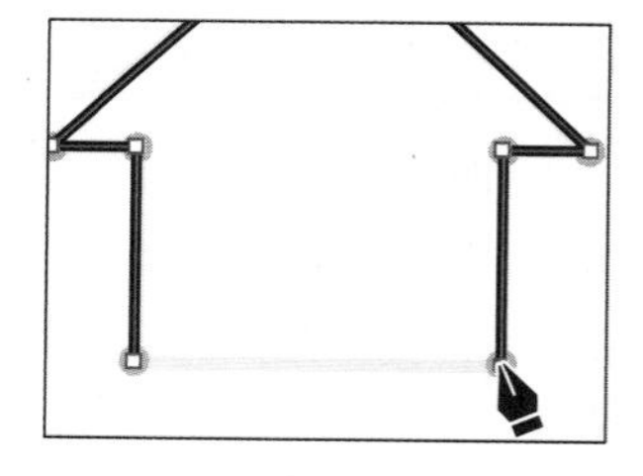

图 7-19

⓭ 将鼠标指针移动到第一个锚点（点 1）上，当鼠标指针变为✒形状时，单击以闭合路径，如图 7-20 所示。

下面请读者通过绘制另一栋房子来进行练习。

刚刚在画板上绘制的房子图形下面是另一个用于练习的房子图形，如图 7-21 所示。

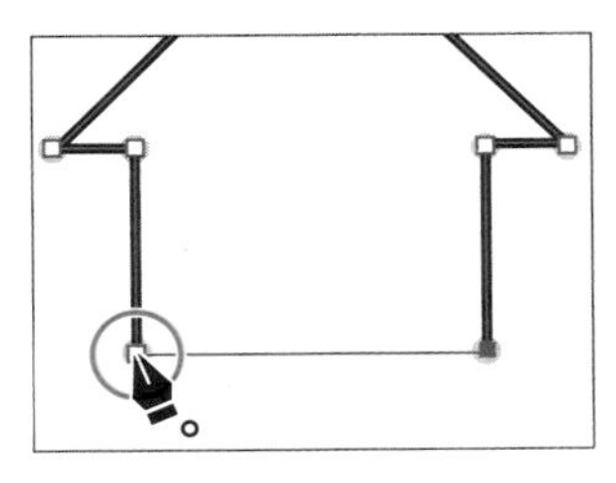

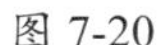

图 7-20

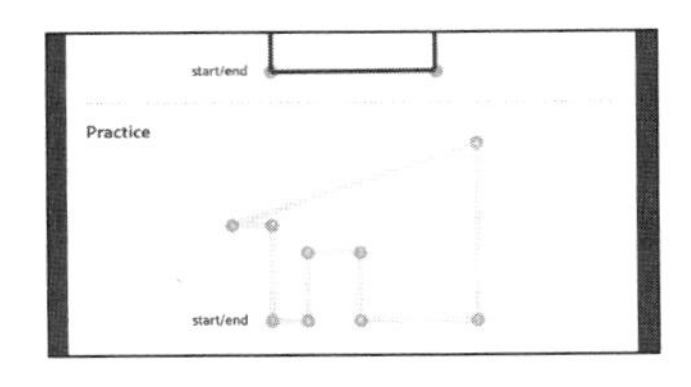

图 7-21

❶ 选择“抓手工具”✋，按住鼠标左键向上拖动以查看 Practice 区域。

❷ 选择“钢笔工具”并开始练习。

7.3.4 了解曲线路径

您已经学习了使用“钢笔工具”绘制角锚点的方法，本小节将介绍如何绘制曲线路径。要创建曲线路径，您需要在创建锚点时按住鼠标左键拖出方向线（也叫作方向手柄）来确定曲线的形状。这种带有方向线的锚点就是平滑锚点，如图 7-22 所示。

以这种方式绘制曲线，可以在创建路径时获得最大的可控性和灵活性。当然，掌握这个技巧需要一定的时间。本小节练习的目的不是创建任何具体的内容，而是让您习惯创建曲线路径的感觉。接下来将讲解如何创建一条曲线路径。

❶ 在文档窗口左下角的“画板导航”下拉列表中选择 3 选项。

❷ 在工具栏中选择“缩放工具”🔍，在标记了“Exploration”的画板上单击以放大视图。

❸ 在工具栏中选择“钢笔工具”✒。在“属性”面板中，确保填充颜色为“无”，描边颜色为黑色，描边粗细为 4 pt。

❹ 选择“钢笔工具”✒后，在画板的空白区域单击以创建起始锚点，然后将鼠标指针移开，如图 7-23 所示。

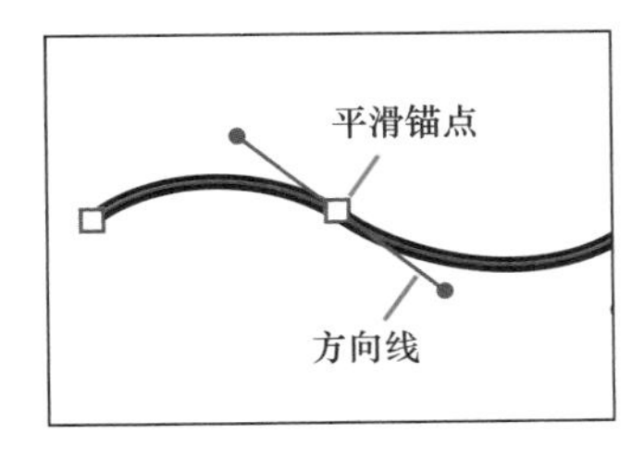

图 7-22

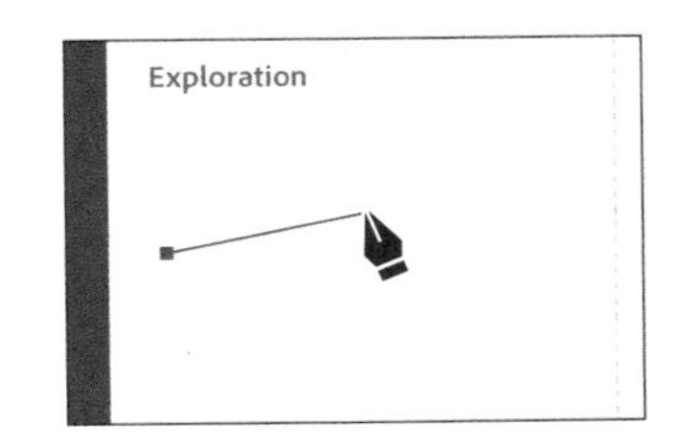

图 7-23

此时会显示钢笔工具预览线，这是再次单击后绘制的路径外观。

❺ 在空白区域按住鼠标左键并拖动，创建一条曲线路径，如图 7-24 所示，松开鼠标左键。

当按住鼠标左键从锚点处向外拖动时，就会出现两条方向线。方向线末端有一个圆形方向点。方向线的角度和长度决定了曲线路径的形状和大小。

❻ 将鼠标指针拖离刚创建的锚点，观察前一段路径，如图 7-25 所示。将鼠标指针移开一点，观察曲线是如何变化的。

❼ 继续在不同区域按住鼠标左键并拖动鼠标，创建一系列平滑锚点。

❽ 选择“选择”>“取消选择”。

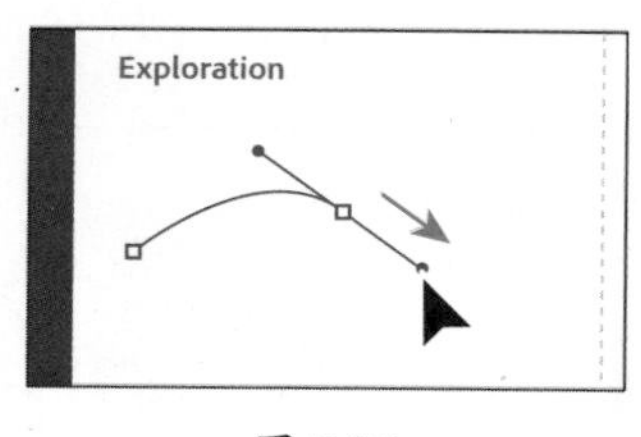

图 7-24

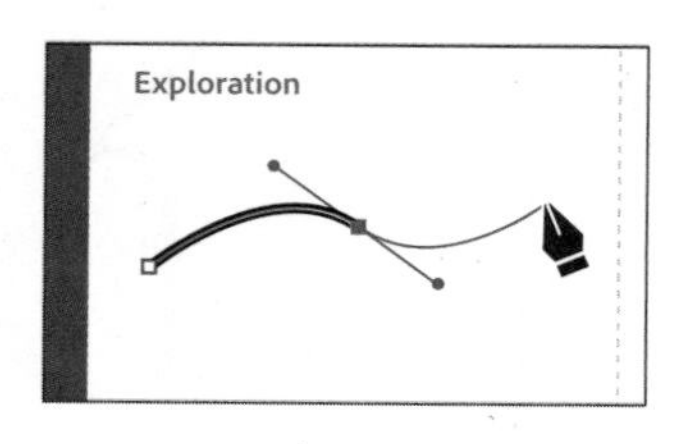

图 7-25

7.3.5 使用“钢笔工具”绘制曲线

本小节将使用在 7.3.4 小节中学习到的曲线路径绘制知识，使用“钢笔工具”来描摹弯曲的形状，如图 7-26 所示。这需要您仔细对照模板路径。

1. 按住空格键临时切换到“抓手工具”，按住鼠标左键向左拖动，直到看到 Work Area 区域。
2. 选择“钢笔工具”后，在标记了 1 的点（点 1）上按住鼠标左键并向上拖动到红点处，松开鼠标左键，如图 7-27 所示。

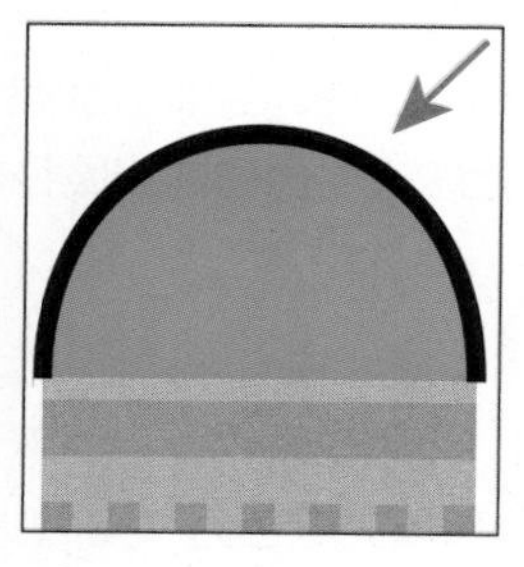

图 7-26

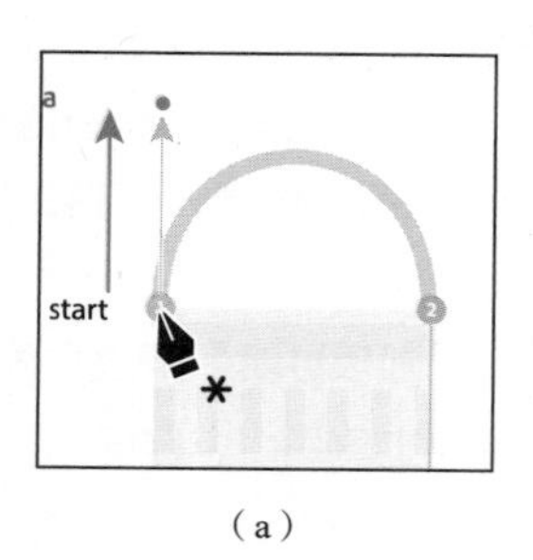

（a）

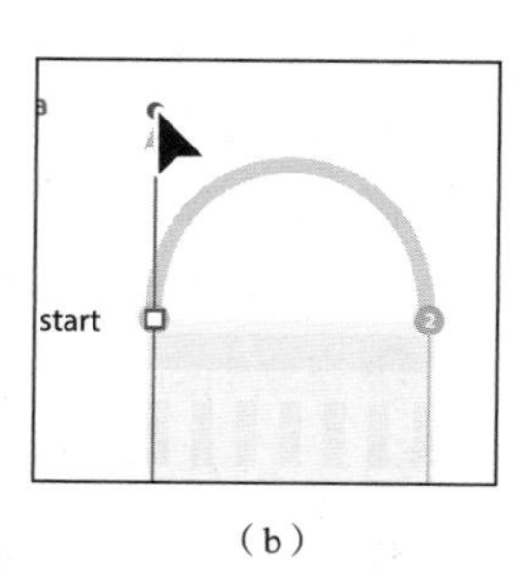

（b）

图 7-27

> 注意 拖动时，显示的画板内容可能会发生滚动。如果看不到曲线了，请选择“视图”>“缩小”，直到再次看到曲线和锚点。按住空格键使用“抓手工具”重新定位图稿。

到目前为止，还没有绘制任何内容，只是简单地创建了一条与模板路径在方向上（向上）大致相同的方向线。在第一个锚点上就拖出方向线，有助于绘制弯曲程度更大的路径。

3. 在点 2 上按住鼠标左键向下方的红点拖动，四处拖动以查看路径的变化。方向线越长，曲线越陡峭；方向线越短，曲线越平坦。当鼠标指针到达红点时，松开鼠标左键。两个锚点之间会沿着灰色弧线生成一条路径，如图 7-28 所示。

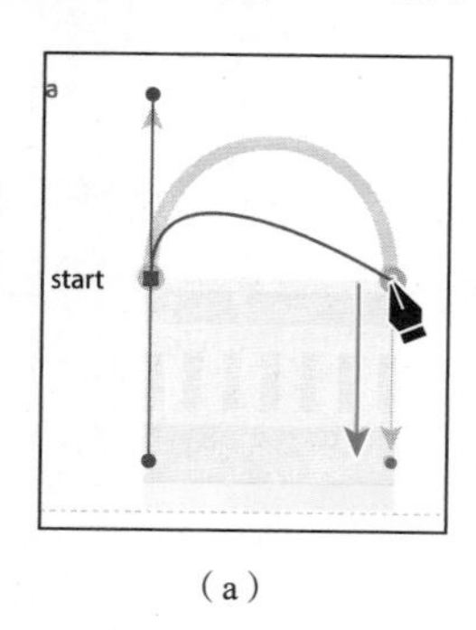

（a）

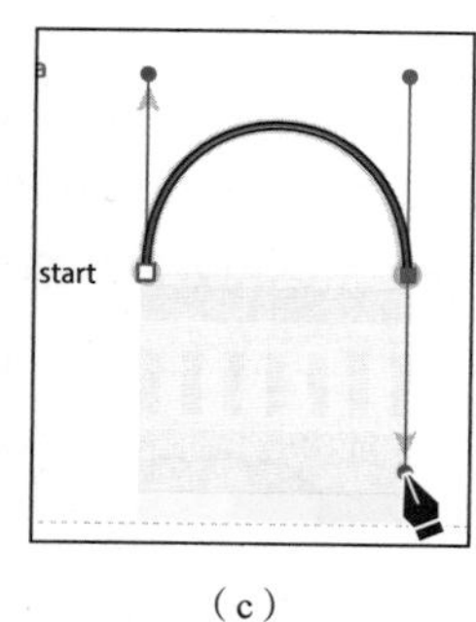

（b）

（c）

图 7-28

如果您创建的路径与模板路径没有完全对齐，请选择“直接选择工具”▷，每次选择一个锚点以显示方向线。然后拖动方向点，直到您绘制的路径与模板路径完全对齐。

④ 使用“选择工具”▶单击画板的空白区域，或选择“选择”>“取消选择”。

取消对路径的选择后可以新建另一条路径。如果在选中路径的情况下，使用“钢笔工具”单击画板上某处，生成的新路径会连接到您绘制的前一个锚点上。

下面请读者通过创建更多曲线来进行练习。

在您绘制的铅笔橡皮图形下方，还有更多的橡皮图形用于练习，如图 7-29 所示。

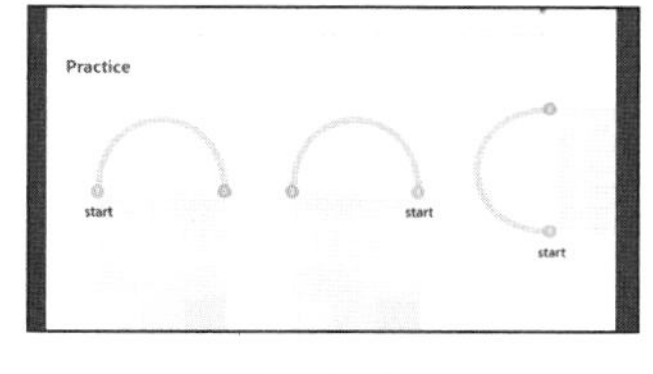

图 7-29

① 选择“抓手工具”，按住鼠标左键向上拖动以查看 Practice 区域。

② 选择“钢笔工具”并开始练习。

7.3.6 使用“钢笔工具”绘制系列曲线路径

您已经学习了如何使用“钢笔工具”绘制曲线路径，接下来将绘制一个包含多条连续曲线路径的形状，如图 7-30 所示。

① 在文档窗口左下角的“画板导航”下拉列表中选择 4 选项。

② 选择“缩放工具”，然后在 Work Area 单击几次以放大视图。

③ 选择“钢笔工具”。在“属性”面板中，确保填充颜色为“无”，描边颜色为黑色，描边粗细为 4 pt。

④ 在标记为 1 的点（点 1）上按住鼠标左键沿着弧线的方向（向上）拖动，然后停在红点处，如图 7-31 所示，松开鼠标左键。

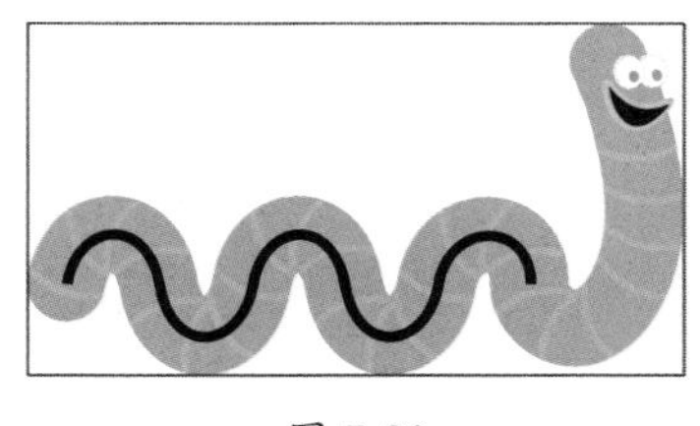
图 7-30

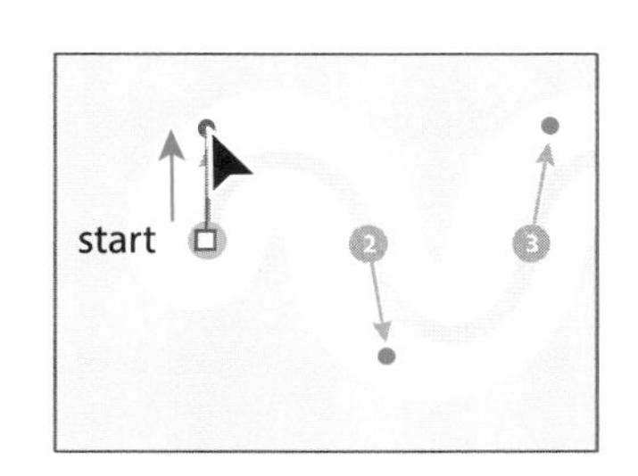

图 7-31

> 提示 当拖出锚点的方向线时，可以按住空格键来重新定位锚点。当锚点位于所需位置时，松开空格键并继续绘制。

⑤ 将鼠标指针移动到点 2 上，按住鼠标左键向下拖动到红点处，使用方向线调整第一个圆弧（在点 1 和点 2 之间），然后松开鼠标左键，如图 7-32 所示。

当使用平滑锚点（生成曲线）时，您会发现在当前锚点之后的路径段创建上花了很多时间。请牢记，默认情况下，锚点有两条方向线，使用方向线可以控制路径段的形状。

⑥ 交替执行按住鼠标左键向上或向下拖动的操作，继续绘制这条路径。在标记了数字的地方添加锚点，并在标记了 6 的点处结束绘制，如图 7-33 所示。

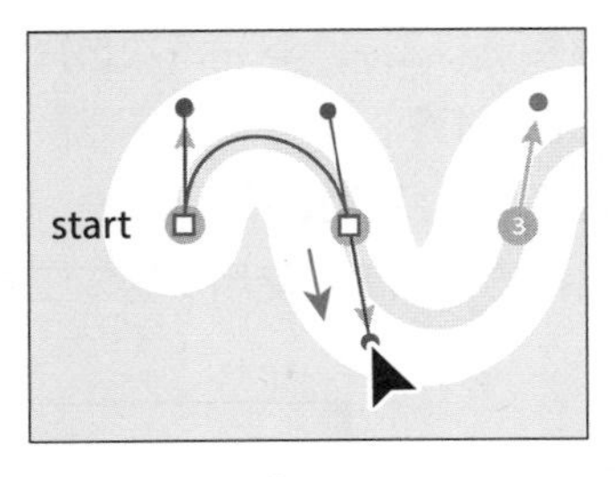

图 7-32

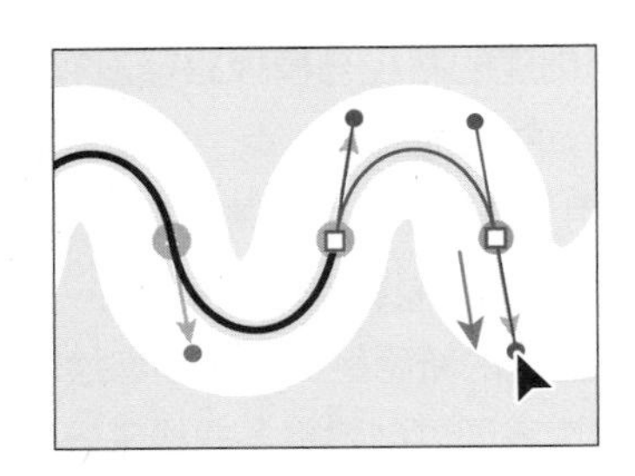

图 7-33

如果您在绘制过程中出错，可以通过选择“编辑”>“还原钢笔”来撤销操作，然后重新绘制。如果您的方向线与图 7-32 所示不完全一致也没问题。

❼ 路径绘制完成后，选择“直接选择工具”，然后单击路径中的任意一个锚点以查看方向线。如有必要，可以重新调整路径的曲率。

选择曲线后，还可以修改曲线的描边和填色。修改之后，绘制的下一条线段将具有与之相同的属性。

❽ 选择“选择”>“取消选择”，然后选择“文件”>“存储”，保存文件。

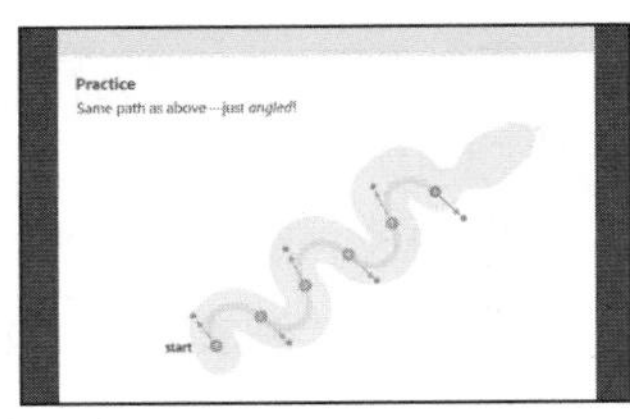

图 7-34

下面请读者通过创建连续曲线来进行练习。

刚刚绘制的虫体图形下方是一条用于练习的蛇，如图 7-34 所示。

❶ 选择“抓手工具”，按住鼠标左键向上拖动以查看 Practice 区域。

❷ 选择“钢笔工具”并开始练习。

7.3.7 将平滑锚点转换为角锚点

创建曲线路径段时，方向线有助于确定曲线的形状和大小。如果您想在直线路径之后接着创建曲线路径，可以移除锚点的方向线将平滑锚点转换为角锚点，如图 7-35 所示。

本小节将通过绘制波浪线来练习平滑锚点和角锚点的转换，如图 7-36 所示。

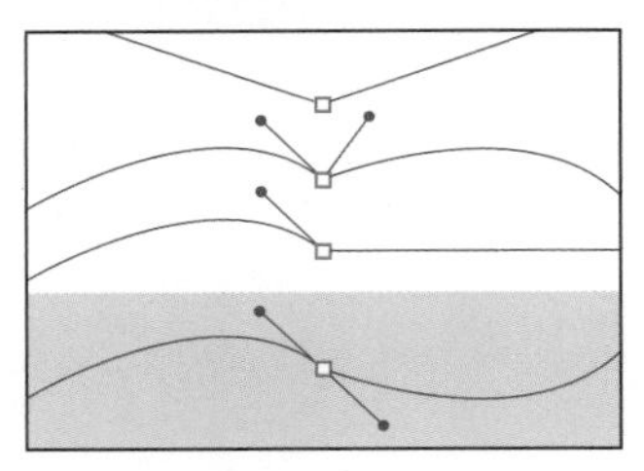

图 7-35

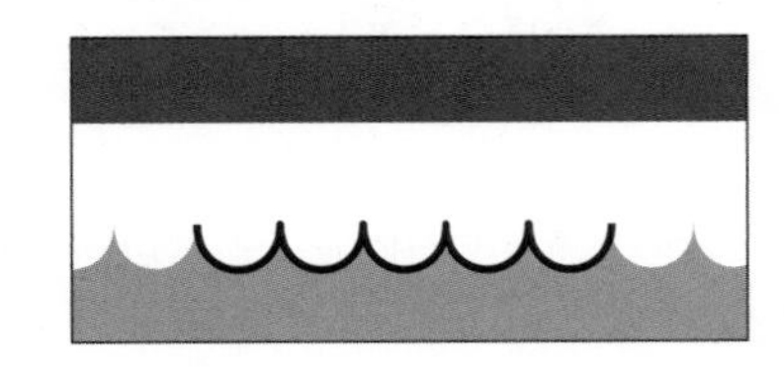

图 7-36

❶ 在文档窗口左下角的“画板导航”下拉列表中选择 5 选项。

在工作区中，您将看到要描摹的路径。

❷ 选择“缩放工具”，然后在 Work Area 中单击几次以放大视图。

❸ 选择“钢笔工具”。在“属性”面板中，确保填充颜色为“无”，描边颜色为黑色，描边粗细为 4pt。

❹ 按住 Shift 键，从标记了 start 的点（点 1）处向下朝着圆弧方向拖动，到红点处停止拖动，松

开鼠标左键和 Shift 键，如图 7-37 所示。

拖动时按住 Shift 键会将方向线限制为 45° 的整数倍。接下来，将以相同的操作绘制标记了 2 的锚点（锚点 2）。

❺ 在锚点 2 上按住鼠标左键向上拖动到蓝点处（拖动时，按住 Shift 键），如图 7-38 所示。当曲线正确时，松开鼠标左键，松开 Shift 键。

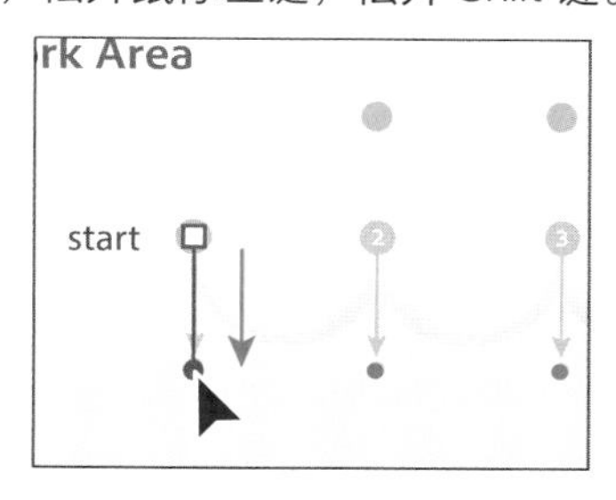

图 7-37

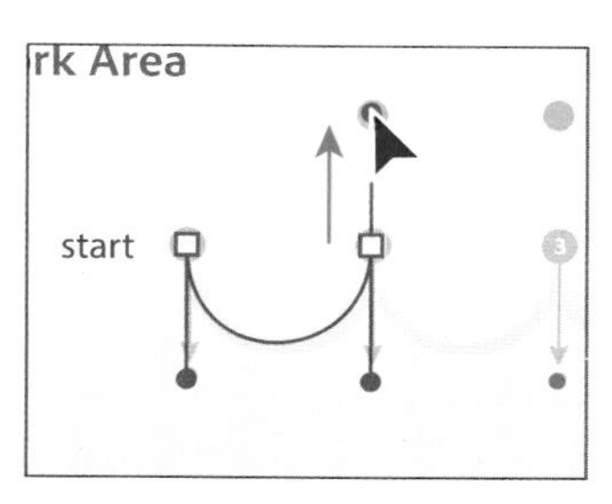

图 7-38

现在，您需要切换曲线方向并创建另一个圆弧。接下来将拆分方向线，或者说将两条方向线移动到不同方向，从而使平滑锚点转换为角锚点。

当使用“钢笔工具”按住鼠标左键拖动创建平滑锚点时，您将创建一条前导方向线和一条后随方向线，如图 7-39 所示。默认情况下，这两条方向线成对且等长。

❻ 按住 Option 键（macOS）或 Alt 键（Windows），将鼠标指针移动到第⑤步绘制的锚点 2 上。

此时，鼠标指针旁边将出现转换点图标，鼠标指针变为形状，如图 7-40 所示。按住 Option 键（macOS）或 Alt 键（Windows）键可以拆分方向线，以便它们相互独立。

提示 您还可以按住 Option 键（macOS）或 Alt 键（Windows），拖动方向线的端点来进行拆分。这两种方法都可以拆分方向线，使它们指向不同的方向。

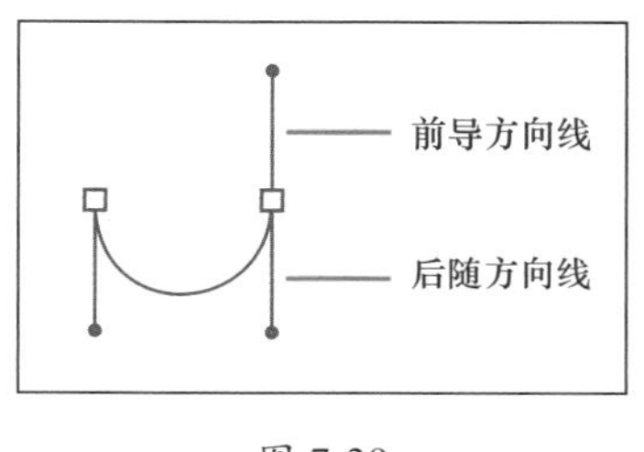

图 7-39

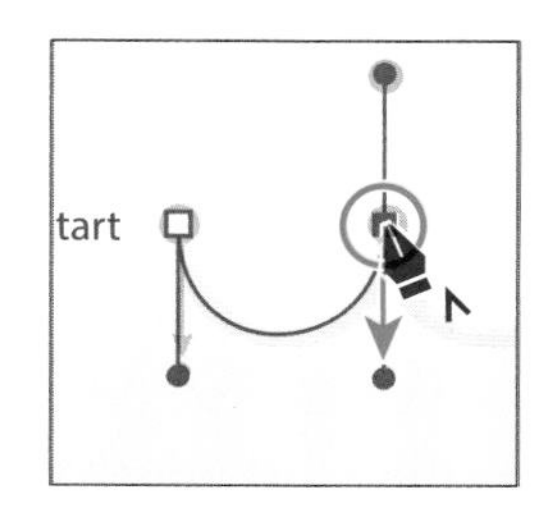

图 7-40

❼ 按住鼠标左键向下拖动到下方的红点处，重新确定前导方向线，如图 7-41 所示。松开鼠标左键，然后松开 Shift 键。

❽ 将鼠标指针移动到模板路径右侧的点 3 上，按住鼠标左键向上拖动到蓝点处。当路径类似于模板路径时，松开鼠标左键。

❾ 按住 Option 键（macOS）或 Alt 键（Windows），将鼠标指针移动到第⑧步创建的锚点 3 上。当鼠标指针变为形状时，按住鼠标左键将上方的方向线拖动到红点处。松开鼠标左键，松开 Option 键（macOS）或 Alt 键（Windows）。

对于下一个锚点，将不松开鼠标左键来拆分其方向线，您的操作速度需要更快。

❿ 在点 4 位置，按住鼠标左键向上拖动到蓝点处，直到路径看起来如图 7-42（a）所示。

这一次，在不松开鼠标左键的情况下，按住 Option 键（macOS）或 Alt 键（Windows），向下拖动到红点处，如图 7-42（b）所示。松开鼠标左键，松开 Option 键（macOS）或 Alt 键（Windows）。

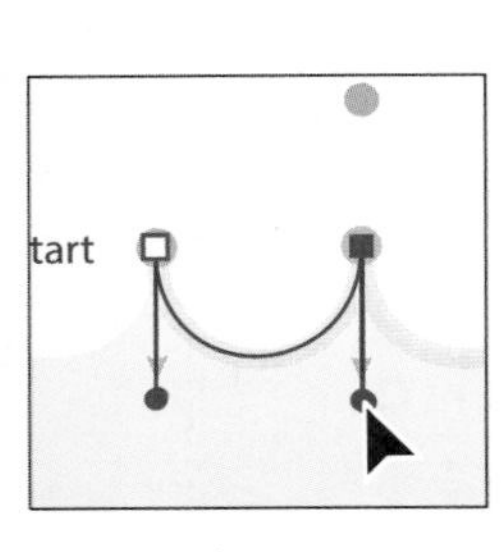

图 7-41

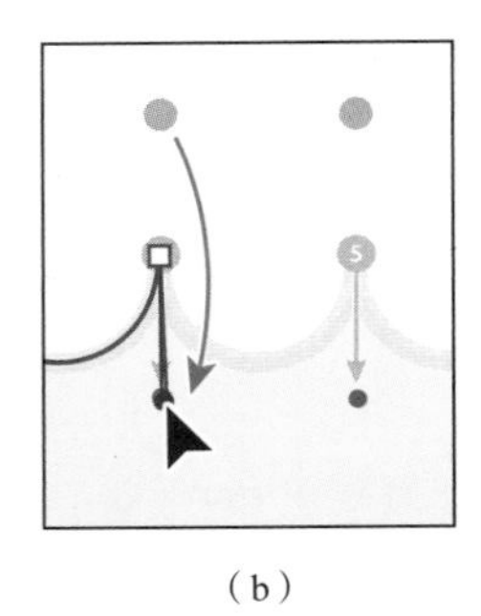

（a） （b）

图 7-42

⑪ 使用 Option 键（macOS）或 Alt 键（Windows）继续此过程以创建角锚点，直到完成路径的绘制。

⑫ 使用“直接选择工具”微调路径，然后取消选择路径。

下面请读者通过创建更多曲线来进行练习。

在刚绘制的路径下方是另一条用于练习的路径，如图 7-43 所示。

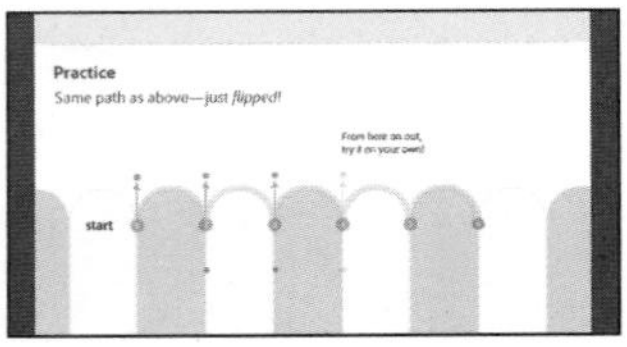

图 7-43

① 选择“抓手工具”，按住鼠标左键向上拖动以查看 Practice 区域。

② 选择“钢笔工具”并开始练习。

7.3.8 组合曲线路径和直线路径

在实际绘图中使用“钢笔工具”时，常常需要在绘制曲线路径和绘制直线路径之间切换。本小节将介绍如何从绘制曲线路径切换到绘制直线路径，又如何从绘制直线路径切换到绘制曲线路径，最终绘制出船帆图形，如图 7-44 所示。

图 7-44

① 在文档窗口左下角的“画板导航”下拉列表中选择 6 选项。

② 选择“缩放工具”，在画板的 Work Area 单击几次，放大视图。

③ 选择“钢笔工具”。在“属性”面板中，确保填充颜色为“无”，描边颜色为黑色，描边粗细为 4pt。

④ 将鼠标指针移到标记了 start/end 的点 1 上，然后按住鼠标左键向上拖动到红点处，如图 7-45 所示。松开鼠标左键。

到目前为止，您一直在模板中拖动鼠标到橙点处或红点处。在实际绘图中，这些点显然是不存在的，所以创建下一个锚点时不会再有点作为参考。不过别担心，您可以随时选择“编辑”>“还原钢笔”，然后进行多次尝试。

⑤ 在点 2 上按住鼠标左键向下拖动，当点 1 和点 2 之间的路径与灰色模板大致匹配时松开鼠标左键，如图 7-46 所示。

现在您应该已经熟悉这种创建曲线路径的方法了。

如果单击点 3 继续绘制，甚至按住 Shift 键（生成直线路径）单击，路径都是弯曲的。因为您创建的最后一个锚点是平滑锚点，并且有一条前导方向线。图 7-47 显示了如果使用“钢笔工具”单击点 3，创建的路径的大致形状。接下来将通过移除前导方向线，以绘制直线路径的形式继续绘制该路径。

⑥ 将鼠标指针移动到第⑤步创建的锚点 2 上。当鼠标指针变为形状时，单击该锚点，这将从锚点中删除前导方向线（而不是后随方向线），效果如图 7-48 所示。

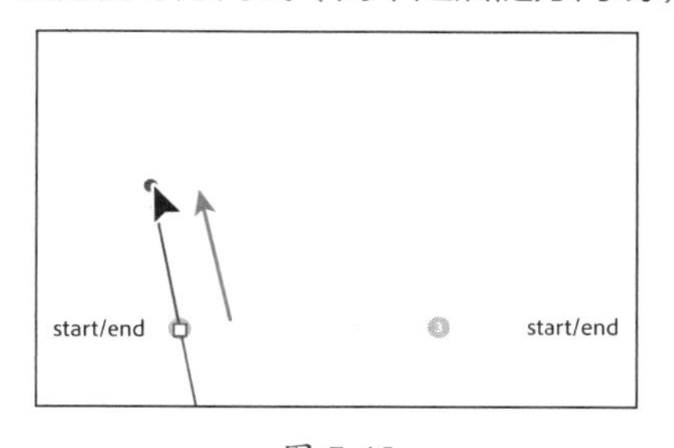

图 7-45

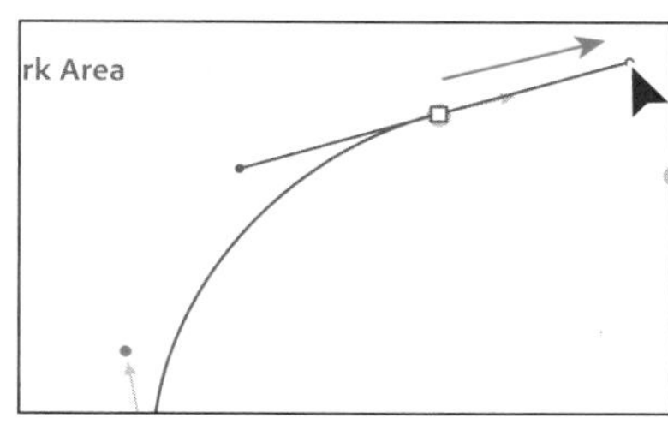

图 7-46

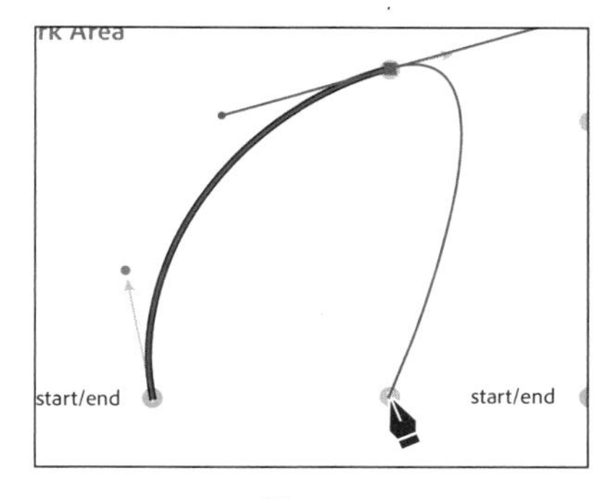

图 7-47

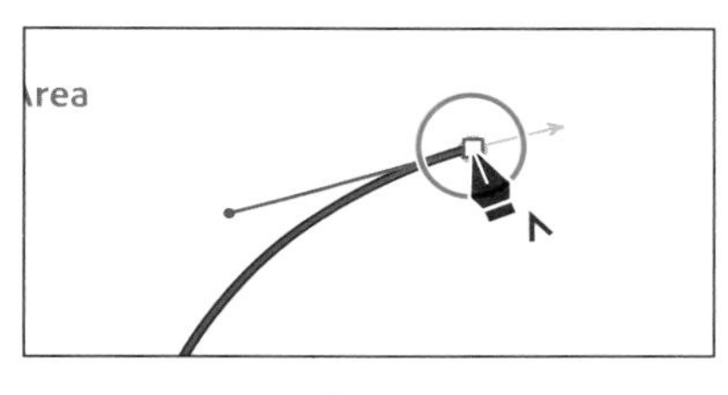

图 7-48

注意 图 7–47 中显示的是单击后路径的样子。

⑦ 按住 Shift 键，在模板路径右侧的点 3 上单击以添加下一个锚点，如图 7-49 所示。松开 Shift 键，创建一条直线路径。

⑧ 将鼠标指针移动到点 1 上，当鼠标指针变为形状时，单击以闭合路径，如图 7-50 所示。

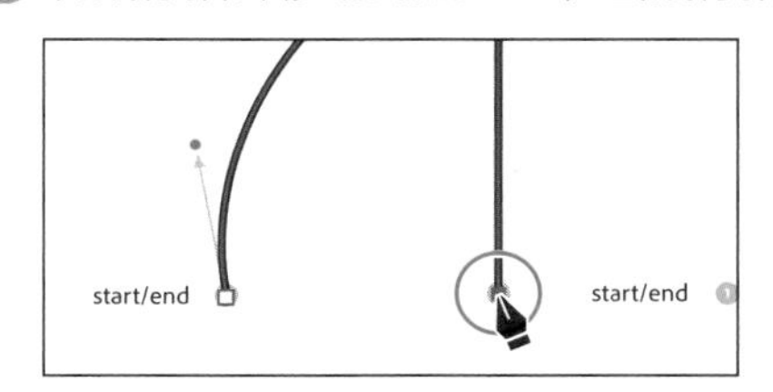

图 7-49

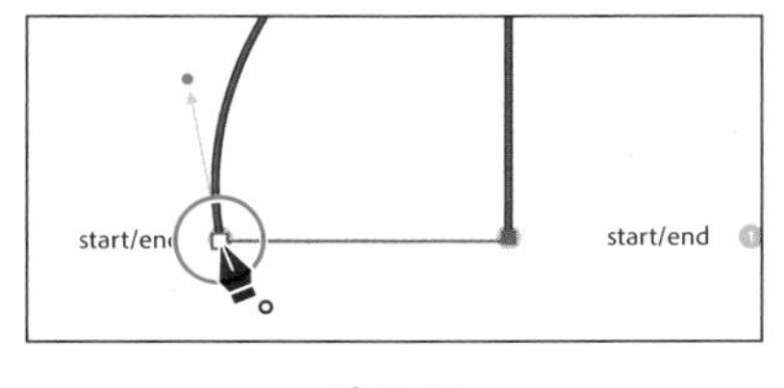

图 7-50

⑨ 选择“文件”>“存储”。

7.3.9 练习绘制另一个船帆图形

接下来您将绘制另一个船帆图形。在这个船帆图形里，您将向一个锚点添加一条方向线，然后从另一个锚点删除一条方向线。

① 选择“抓手工具”，按住鼠标左键向左拖动以查看右侧的船帆图形（如有必要）。

② 单击点 1，添加第一个锚点。

③ 按住 Shift 键，单击点 1 上方的点 2，绘制一条直线。

接下来需要绘制直线后面的一段曲线。要做到这一点，您需要一条从刚刚绘制的锚点上拖出来的方向线。

④ 将鼠标指针移回点 2，当鼠标指针变为形状时，按住鼠标左键从该点拖动到红点上，如图 7-51 所示。

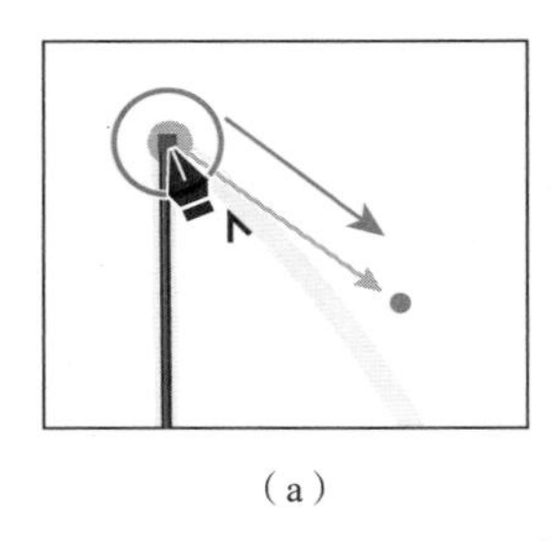
（a）

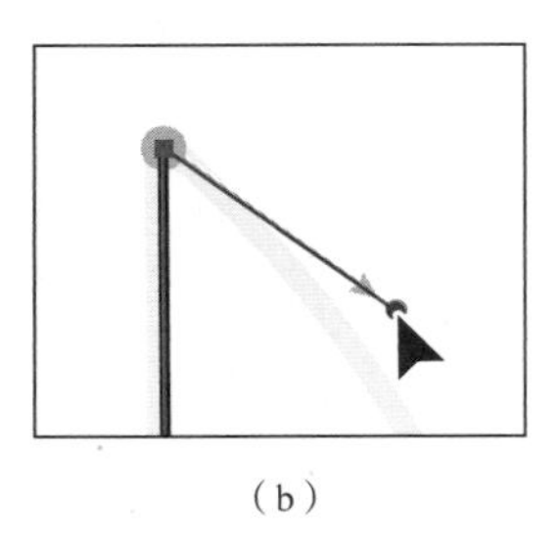
（b）

图 7-51

这将创建一个新的、独立的方向线来控制路径的曲率。路径的下一段又是直线，因此接下来您需要删除前导方向线。

⑤ 在点 3 处按住鼠标左键拖动到红点上，如图 7-52（a）所示。

⑥ 单击锚点 3 以删除前导方向线，如图 7-52（b）所示。

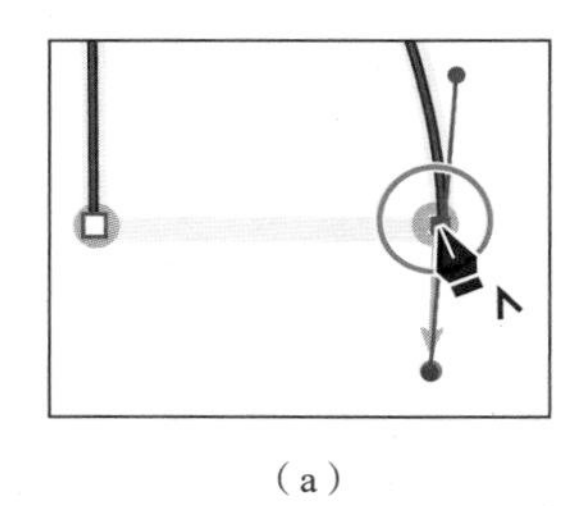
（a）

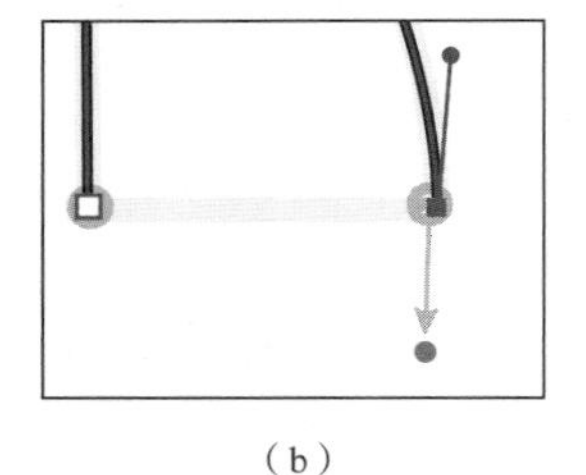
（b）

图 7-52

⑦ 单击第一个锚点以闭合路径。

下面请读者通过创建更多的曲线来进行练习。

刚刚绘制的船帆图形下面是另一条用于练习的路径，如图 7-53 所示。

① 选择“抓手工具”，按住鼠标左键向上拖动以查看 Practice 区域。

② 选择“钢笔工具”并开始练习。

您可以根据需要多次打开 L7_practice.ai 文件，并在该文件中反复使用这些模板，根据自己的需求不断进行练习。

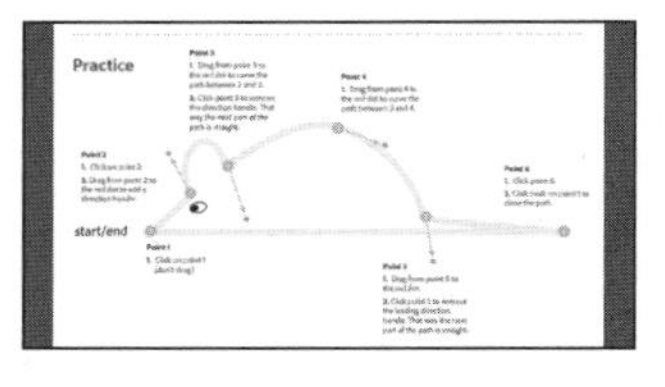

图 7-53

7.4 “钢笔工具”实战练习

本节将运用所学的知识在项目中创建一些图稿。首先，您将绘制一只竖起大拇指的手，它由曲线和直线路径组成。然后，您将使用一些新的工具和技术来编辑路径。绘制该图形时，您可以使用本书提供的参考模板。

> **提示** 别忘了，您可以撤销已绘制的点（“编辑”>“还原钢笔”），然后重新进行绘制。

❶ 在文档窗口左下角的“画板导航”下拉列表中选择 7 选项。

❷ 选择“钢笔工具”✒。在“属性”面板中，确保填充颜色为“无”，描边颜色为蓝色，描边粗细为 6 pt。

❸ 单击手模板上标有 A 的蓝色方块以绘制起始锚点，如图 7-54 所示。

注意 您不必一定从标有 A 的蓝色正方形（点 A）处开始绘制，使用“钢笔工具”按顺时针或逆时针方向进行绘制都可以。

❹ 按住 Shift 键并单击点 B 以形成一条直线，如图 7-55 所示。

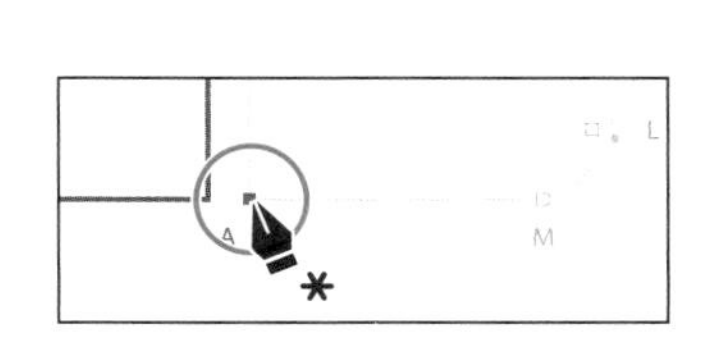

图 7-54

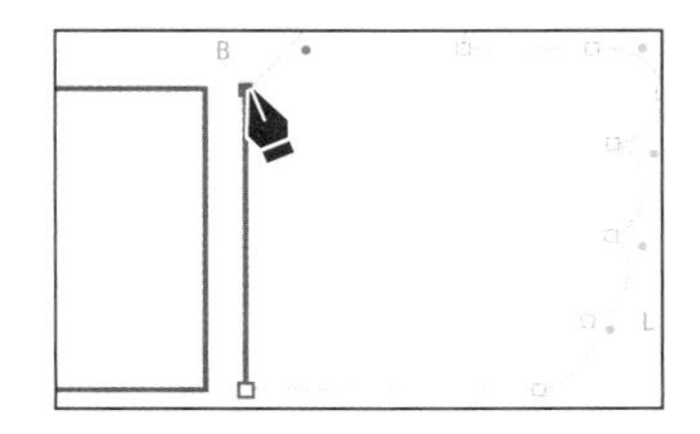

图 7-55

❺ 再次将鼠标指针移到点 B 上，当鼠标指针变为✒形状时，按住鼠标左键朝着右侧的红点拖动以创建新的方向线，如图 7-56 所示。

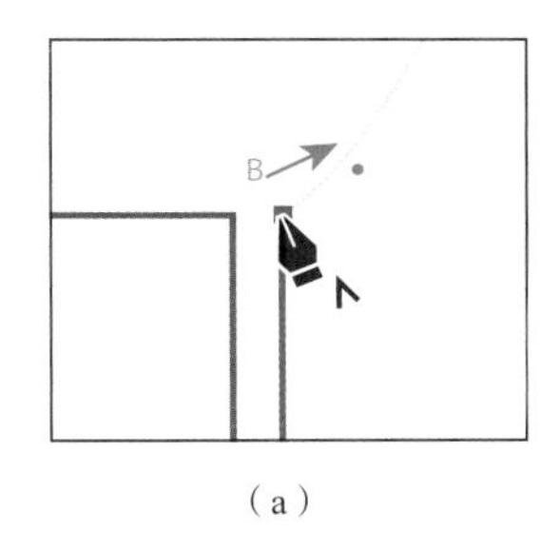

（a）

（b）

图 7-56

创建了一条方向线，绘制的下一段路径会有轻微的弯曲。

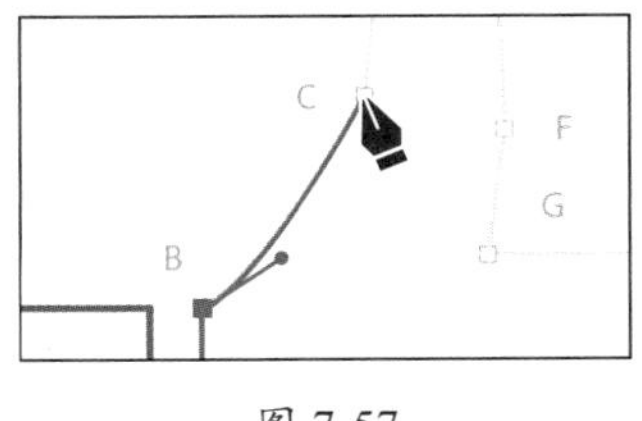

图 7-57

❻ 单击点 C 以创建一条带有轻微弧度的曲线，如图 7-57 所示。

❼ 单击点 D 以形成一条直线。

❽ 再次将鼠标指针移到点 D 上，当鼠标指针变为✒形状时，按住鼠标左键从该点拖动到右侧的红点处，以创建一条新的方向线，如图 7-58 所示，松开鼠标左键。

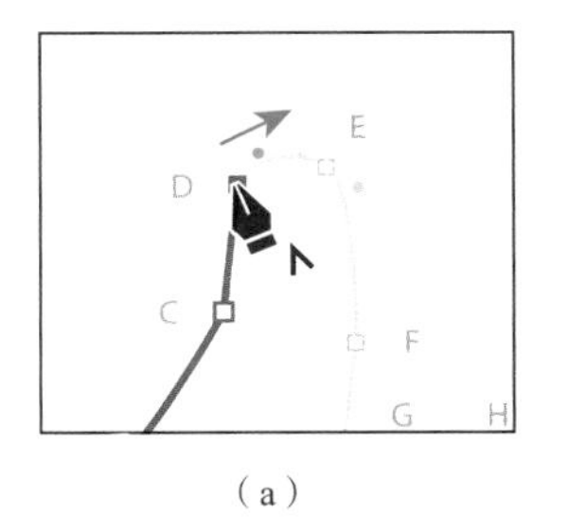

（a）

（b）

图 7-58

⑨ 在点 E 处拖动以形成曲线，如图 7-59 所示。

需要注意的路径部分在图 7-59 中已用红色高亮显示。

注意到红点变淡了吗?

记住，当拖动方向线时，要关注路径的外观变化。将鼠标指针拖动到模板上的彩色标记点处很容易，但是当您在创建自己的图稿时，需要时刻留意正在创建的路径，因为没有标记点可供参考。

⑩ 单击点 F 和点 G，使这些点之间以直线连接，如图 7-60 所示。

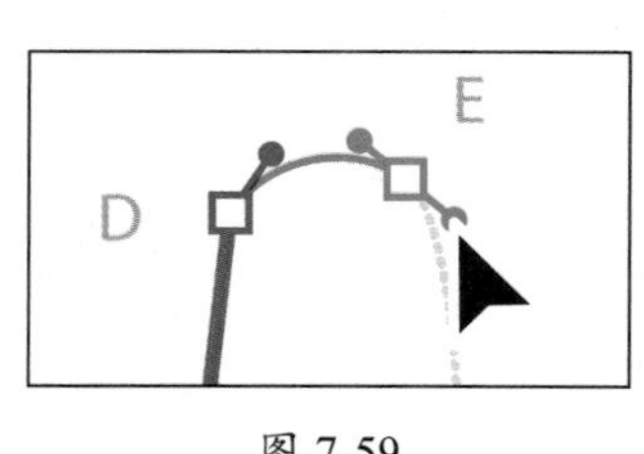

图 7-59

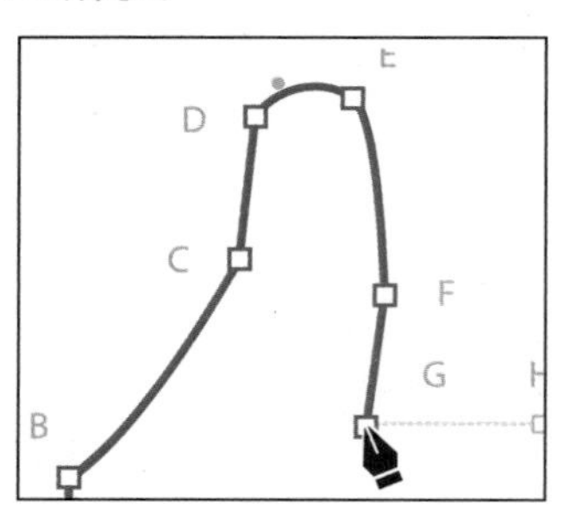

图 7-60

接下来您将使用不同的方法弯曲剩余部分路径。有时候，快速找出锚点然后修改成所需形状可能会使绘制变得更容易。

当使用“钢笔工具”绘图时，您可能需要编辑您之前绘制的部分路径。选择“钢笔工具”，按住 Option 键（macOS）或 Alt 键（Windows），将鼠标指针移动到要修改的路径上，按住鼠标左键并拖动，就可以修改该路径。

⑪ 将鼠标指针移动到点 F 和点 G 之间的路径上，按住 Option 键（macOS）或 Alt 键（Windows），当鼠标指针变为▸ 形状时，按住鼠标左键向左拖动路径使其弯曲，如图 7-61 所示。松开鼠标左键，然后松开 Option 键（macOS）或 Alt 键（Windows）。这将为线段两端的锚点添加方向线。

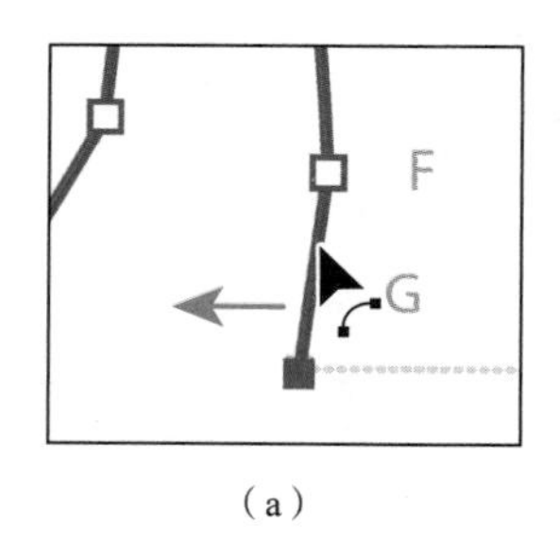

（a）

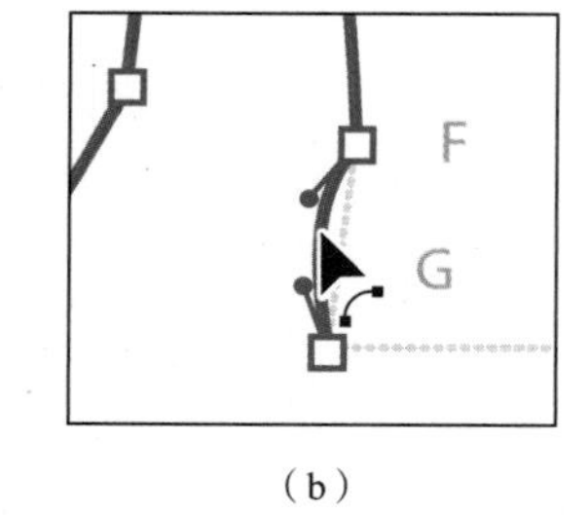

（b）

图 7-61

> 提示 您还可以按住 Option + Shift 组合键（macOS）或 Alt + Shift 组合键（Windows），将方向线限制在垂直方向，且方向线的长度相等。

松开鼠标左键后，请注意，当您移动鼠标指针时，可以看到“钢笔工具”后仍然连着钢笔工具预览线，这意味着您仍然在绘制路径。

从点 G 到点 H 的路径是直线，点 H 之后是曲线，因此您需要向锚点 H 添加前导方向线。

⑫ 将鼠标指针指向点 H，单击，按住 Shift 键并拖动到右侧的浅红色点处，如图 7-62 所示。

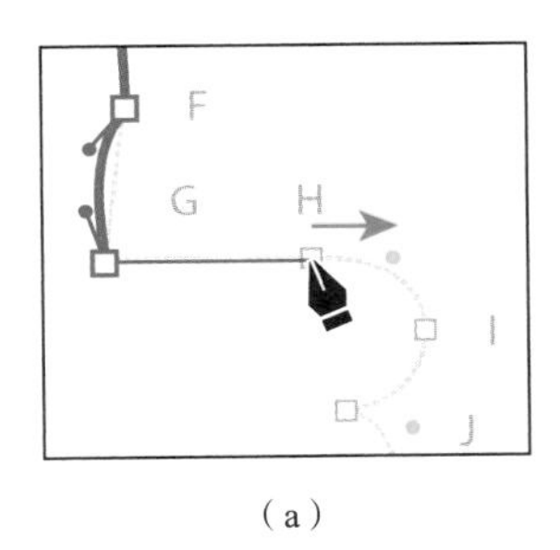

（a）

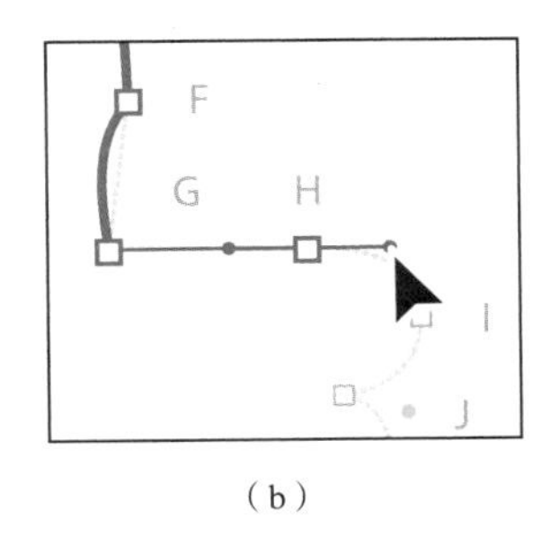

（b）

图 7-62

这将创建一条新的前导方向线并将下一段路径设置为曲线。此外，按住 Shift 键可使直线保持水平。

⑬ 将鼠标指针移动到点 I 上，按住鼠标左键向下拖动，拖动时按住 Shift 键约束方向线的角度，使绘制的路径沿着模板弯曲，如图 7-63（a）所示。

需要注意的路径部分在图 7-63（b）中用红色高亮显示。

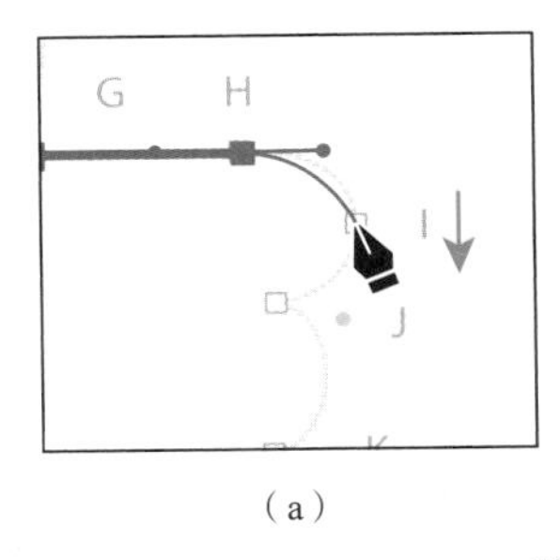

（a）

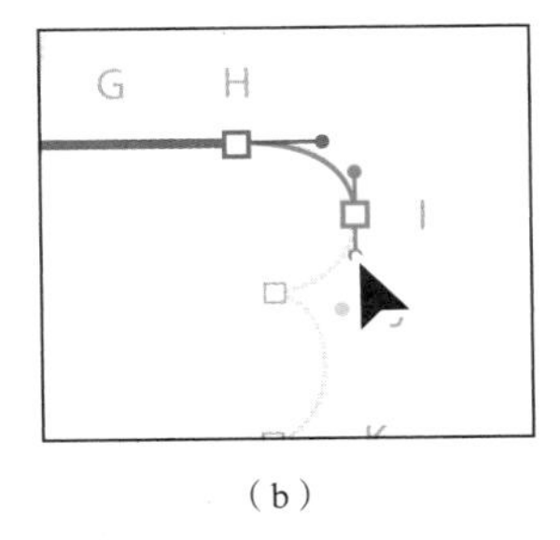

（b）

图 7-63

对于接下来的 3 个点，将拆分方向线以便制作转角。注意，在未明确告知之前不要松开鼠标左键。

接下来的步骤，您可能需要放大剩余点的视图。

⑭ 将鼠标指针移到点 J 上，按住鼠标左键拖动以使后面的路径沿着模板弯曲。在不松开鼠标左键的情况下，按住 Option 键（macOS）或 Alt 键（Windows），然后拖动到右侧的浅红色点处，以拆分方向线，如图 7-64 所示。

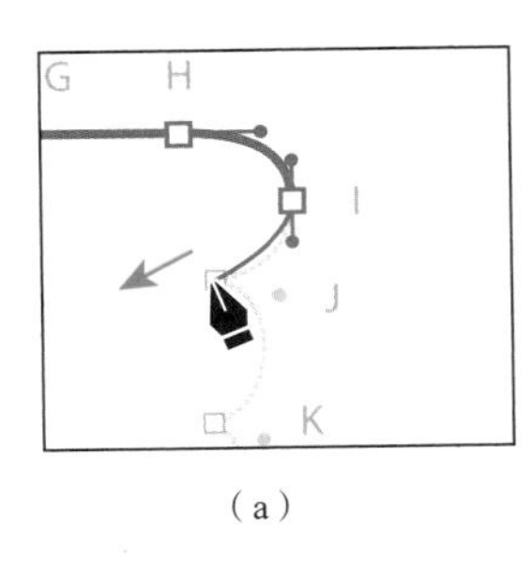

（a）

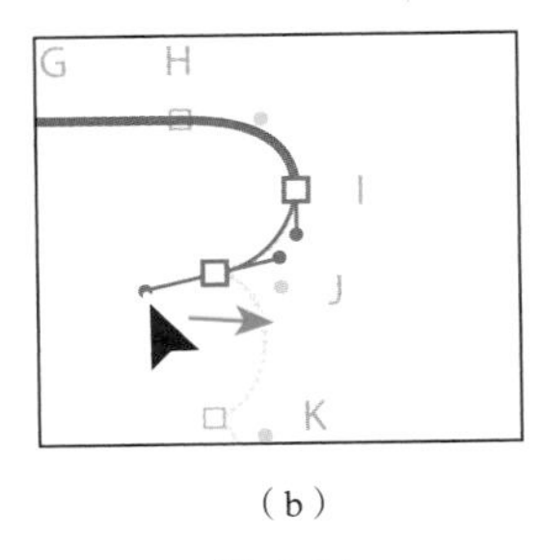

（b）

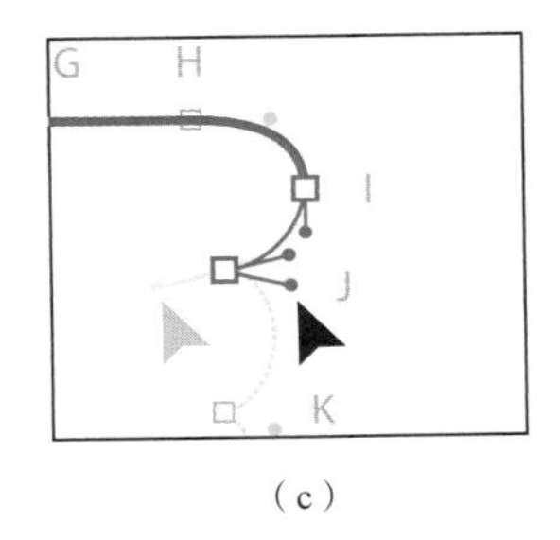

（c）

图 7-64

这是拆分方向线的快捷方法。如果您觉得这样做不方便，也可以按照 7.3.7 小节中的方法进行操作。

⑮ 对点 K 和点 L 重复第⑭步的操作，效果如图 7-65 所示。

⑯ 单击点 M，按住 Shift 键从该点向左拖动，如图 7-66 所示。

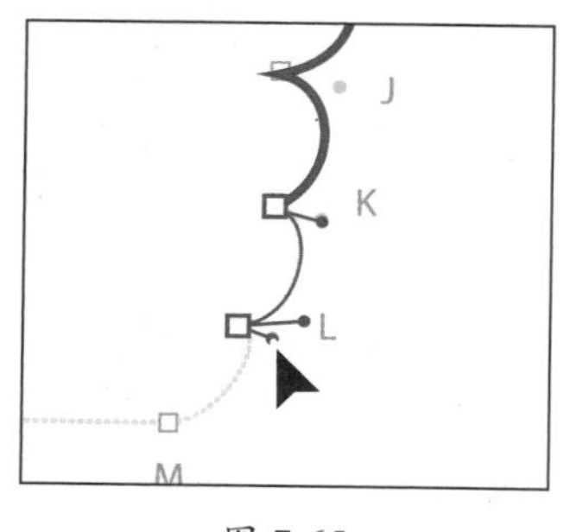

图 7-65

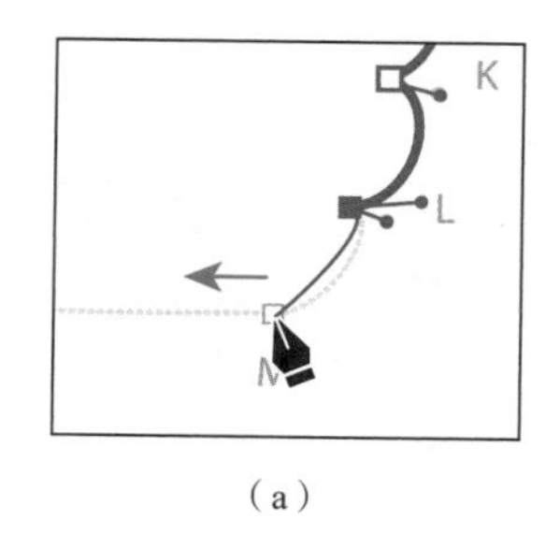

（a）

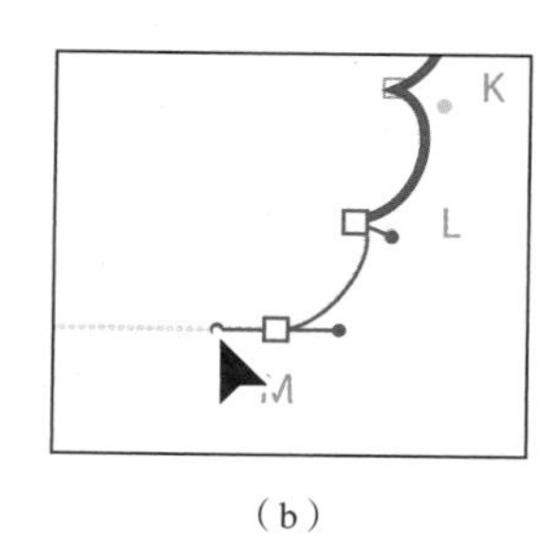

（b）

图 7-66

接下来，您将通过闭合路径来完成绘图。

⑰ 将鼠标指针移动到点 A 上并单击以闭合路径，如图 7-67 所示。

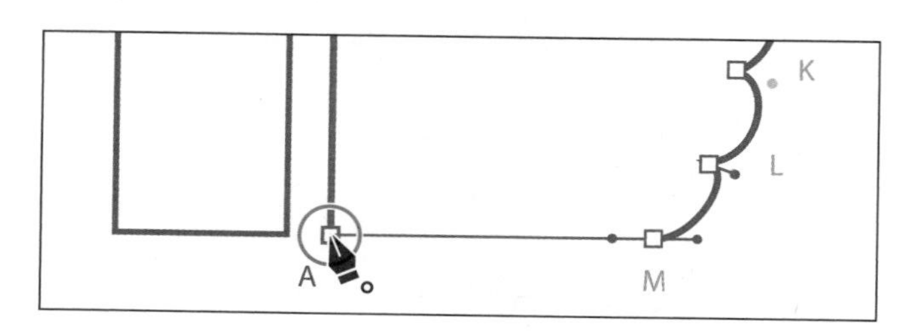

图 7-67

⑱ 在“属性”面板中，单击“填色”框并选择白色，如图 7-68 所示。

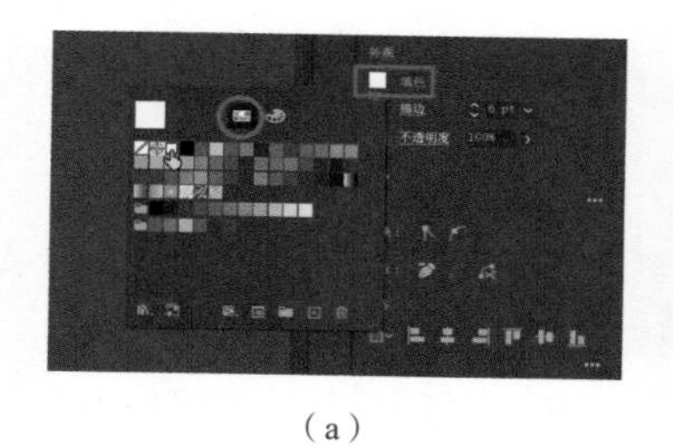

（a）

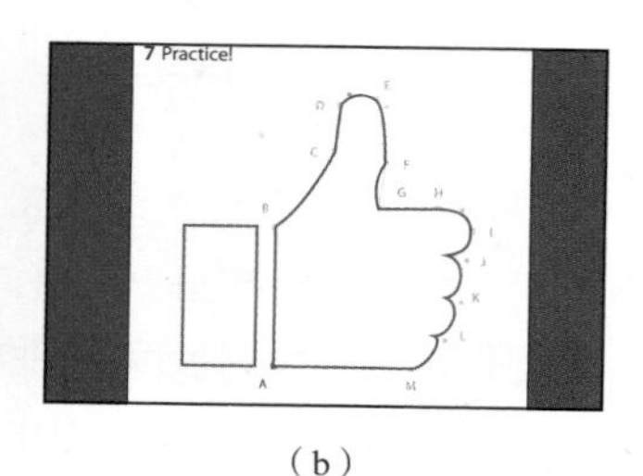

（b）

图 7-68

⑲ 按住 Command 键（macOS）或 Ctrl 键（Windows），单击路径以外的地方以取消选择，然后选择“文件”>“存储”。

这是一种在保持选择“钢笔工具”的同时取消选择路径的快捷方法。您也可以选择“选择”>“取消选择”等。

7.5 编辑路径和锚点

本节将编辑 7.4 节创建的图形的一些路径和锚点。

① 选择“直接选择工具”▷，单击标记了 G 的点（点 G），如图 7-69（a）所示。

② 按住鼠标左键向左拖动该锚点（拖动时，按住 Shift 键）。拖动到图 7-69（b）所示的位置时，松开鼠标左键，然后松开 Shift 键。

拖动时按住 Shift 键会将移动角度限制为 45° 的整数倍。

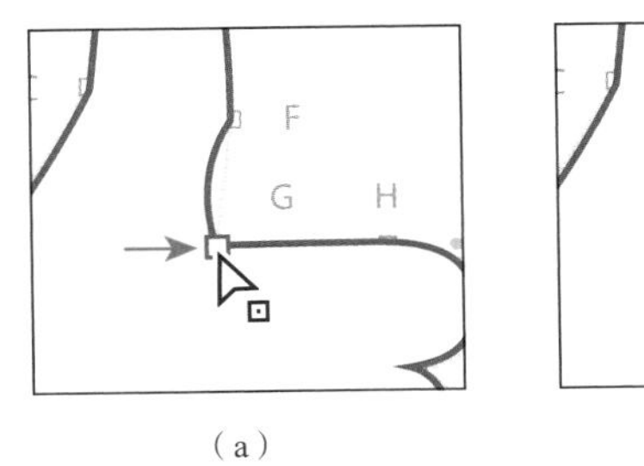

(a)

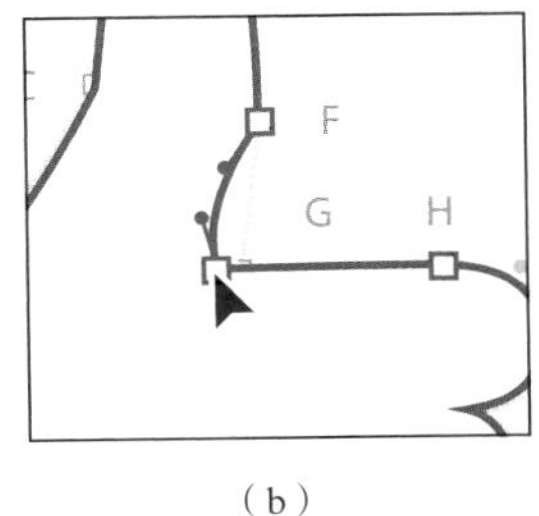

(b)

图 7-69

❸ 将鼠标指针移到锚点 E 和锚点 F 之间的路径上，当鼠标指针变为形状时，按住鼠标左键将路径向右拖动，以更改路径的曲率，如图 7-70 所示。

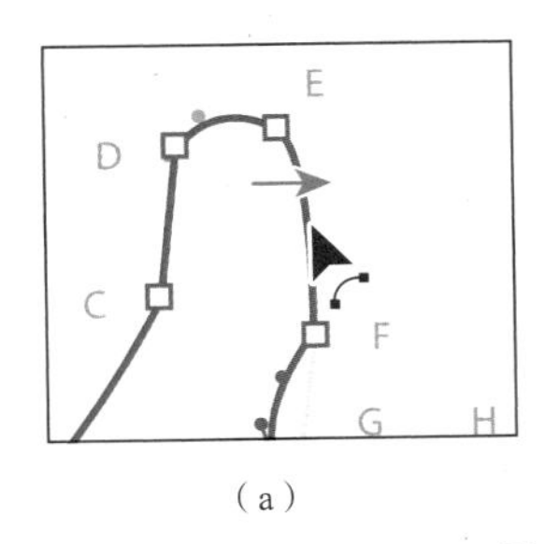

(a)

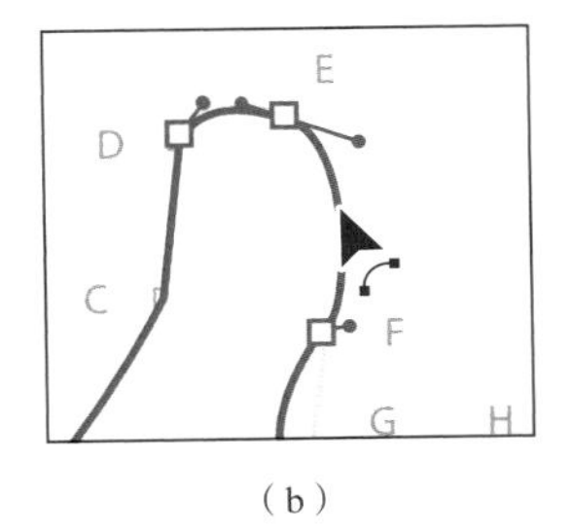

(b)

图 7-70

提示 在“直接选择工具”状态下，无须按住 Option 键或 Alt 键，就可以通过直接拖动锚点之间的线段（路径）来调整其曲率，就像之前（“钢笔工具”状态下）按住 Option 键或 Alt 键并使用钢笔工具进行的操作一样。直接拖动线段（路径）来调整其曲率是因为该线段（路径）至少有一个锚点具有方向线，如果对直线路径这样操作，则不会起作用。

使用此方法拖动路径时，会同时调整锚点和方向线。这是一种对曲线路径进行编辑的简便方法，无须分别编辑每个锚点的方向线。

您可能会注意到锚点 F 现在看起来更像是一个角锚点，其所在更像 V 字形，而不是一条穿过该锚点的平滑路径。

❹ 要平滑锚点 F，请单击锚点 F 并拖动其中一条方向线，以使路径变得更平滑，如图 7-71（a）所示。

图 7-71（b）中稍微拖动了方向线，产生了非常微妙的变化。

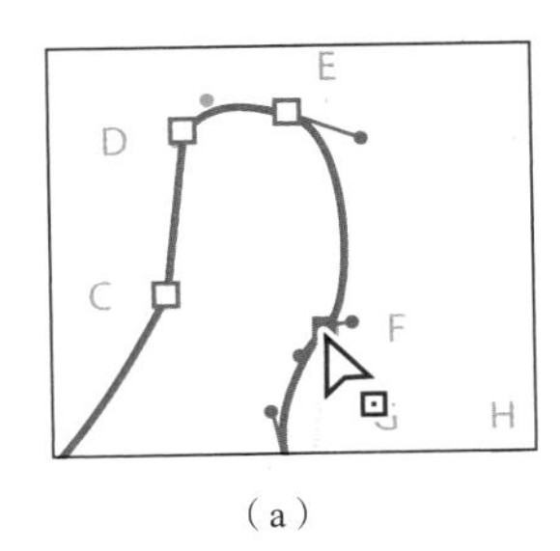

(a)

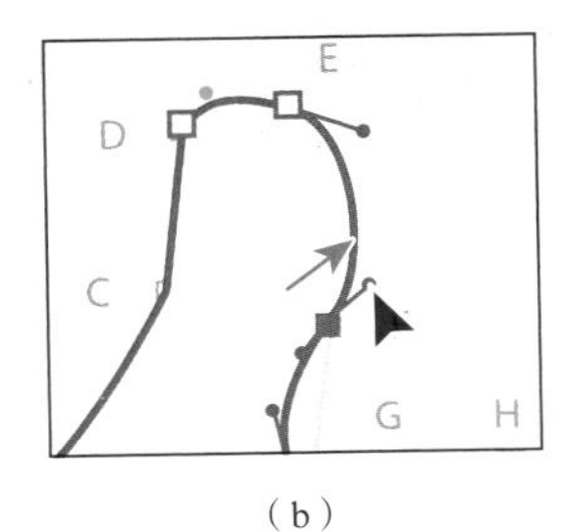

(b)

图 7-71

❺ 选择“选择”>“取消选择”，然后选择“文件”>“存储”。

7.5.1 删除和添加锚点

大多数情况下，使用“钢笔工具”或“曲率工具”等绘制路径是为了避免出现不必要的锚点。您可以删除不需要的锚点来降低路径的复杂度或调整其整体形状（从而使形状变得更可控），也可以通过向路径添加锚点来扩展路径。本小节将从路径的不同部分删除和添加锚点。

❶ 打开“图层”面板（选择“窗口”>“图层”）。

❷ 在“图层”面板中，单击名为 Template Content 图层左侧的眼睛图标，如图 7-72 所示，隐藏该图层中的内容。

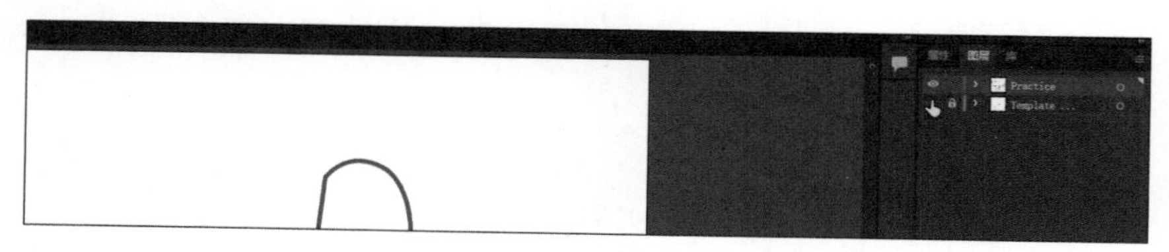

图 7-72

❸ 选择“直接选择工具”，单击蓝色的手图形。

> 提示　您将在第 10 课学习有关图层的更多内容。

您现在应该会在路径上看到选定的锚点，但这具有一定难度，因为路径是蓝色的，锚点也是蓝色的，如图 7-73 所示。

图 7-73

要更轻松地查看锚点，需要更改图层颜色。

❹ 在“图层”面板中双击 Practice 图层左侧的缩略图，如图 7-74（a）所示。

❺ 在“图层选项”对话框中，在“颜色”下拉列表中选择“淡红色”选项，如图 7-74（b）所示，然后单击“确定”按钮。

现在您可以更轻松地看到锚点（现在是红色的），如图 7-74（c）所示，您将删除手图形中的一个锚点以简化路径。

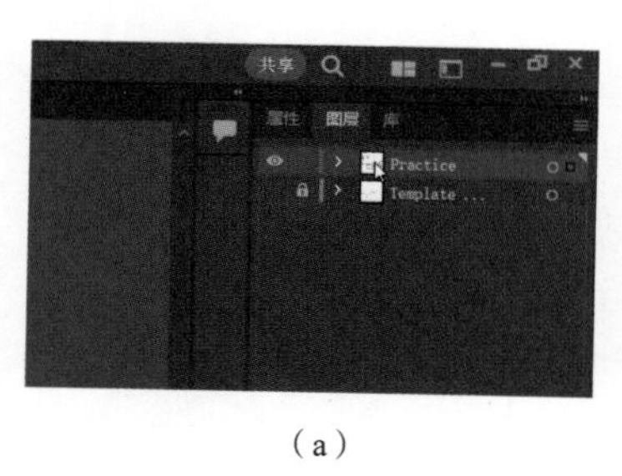

（a）

（b）

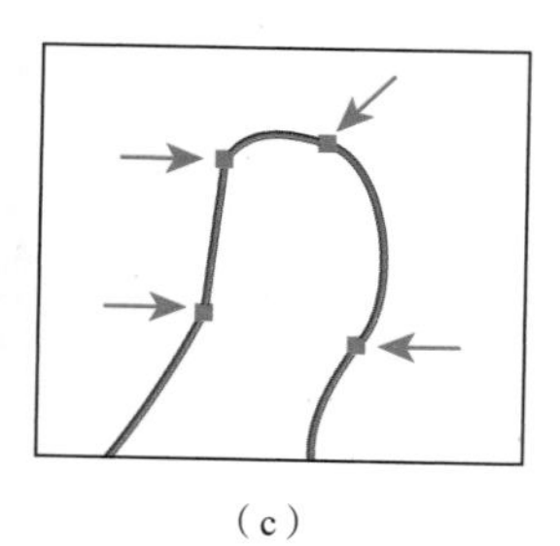

（c）

图 7-74

❻ 在工具栏中选择“钢笔工具”，然后将鼠标指针移动到图 7-75 红圈所示的锚点上，当鼠标指针变为形状时，单击以删除锚点。

> 提示　选择锚点后，您也可以单击“属性”面板中的“删除所选锚点”按钮（）来删除选择的锚点。

接下来将重新调整剩余路径，使曲线看起来更合适。

❼ 在选择“钢笔工具”的情况下，按住Command键（macOS）或Ctrl键（Windows），切换到“直接选择工具”，以便编辑路径。

❽ 不松开 Command 键（macOS）或 Ctrl 键（Windows），按住 Shift 键拖动图 7-76（a）中的方向线。将方向线拖到图 7-76（b）所示的位置，松开鼠标左键，然后松开 Shift 键和 Command 键（macOS）或 Ctrl 键（Windows）。

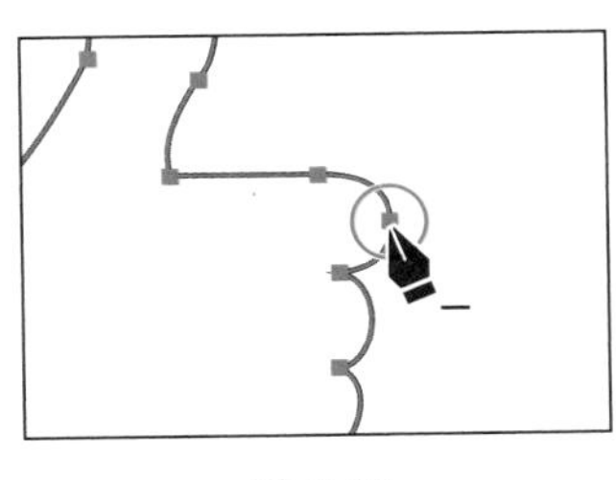

图 7-75

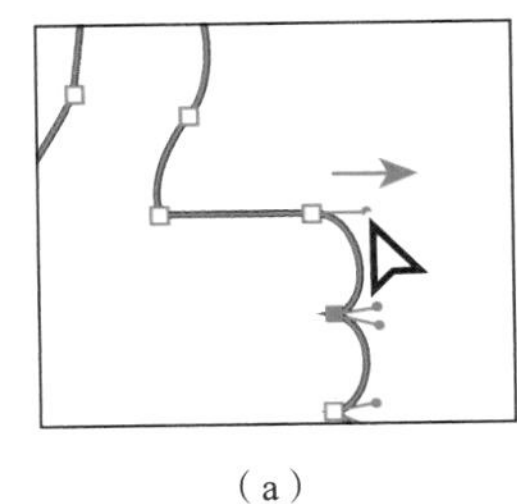

（a）

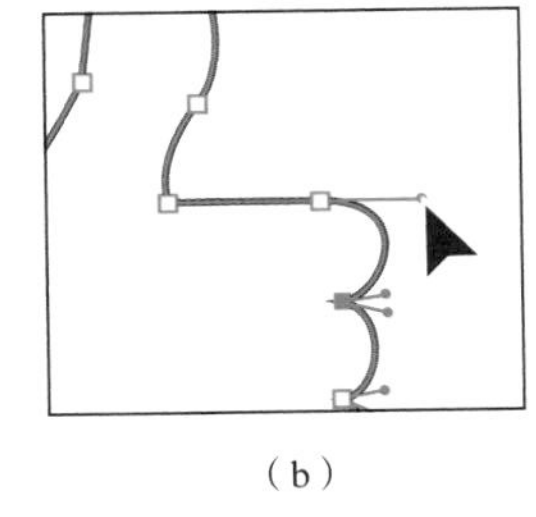

（b）

图 7-76

注意 拖动方向线的末端可能很棘手。如果您未选择成功并取消选择路径，请在按住 Command 键（macOS）或 Ctrl 键（Windows）的情况下单击路径，然后单击锚点以查看方向线，再重试。

在调整过的路径上，您可以添加新的锚点来进一步调整路径的形状。

❾ 将鼠标指针移动到路径的底部关节上，具体位置如图 7-77 所示。当鼠标指针变为 形状时，单击以添加锚点。

❿ 按住 Command 键（macOS）或 Ctrl 键（Windows），临时切换到“直接选择工具”，选择第⑨步添加的新锚点，按住鼠标左键朝右下方拖动，调节路径形状，如图 7-78 所示。松开鼠标左键和 Command 键（macOS）或 Ctrl 键（Windows）。

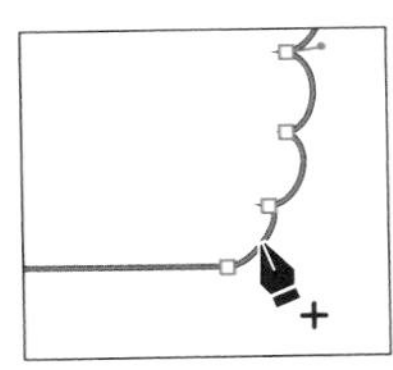

图 7-77

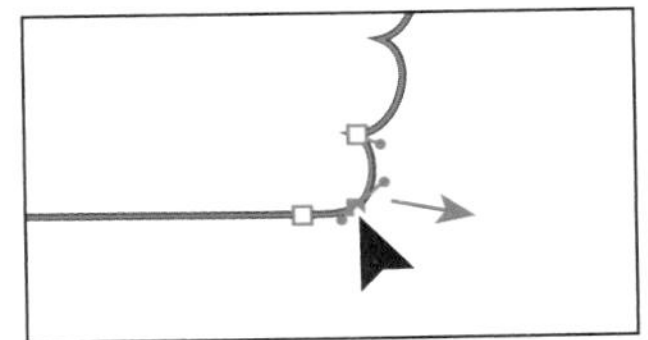

图 7-78

7.5.2 在平滑锚点和角锚点之间切换

为了更精确地控制创建的路径，您可以使用多种方法将平滑锚点转换为角锚点，以及将角锚点转换为平滑锚点。接下来，将为所绘制手图形左侧的矩形倒圆角。

❶ 使用“直接选择工具”单击手图形左侧的矩形，如图 7-79 所示。

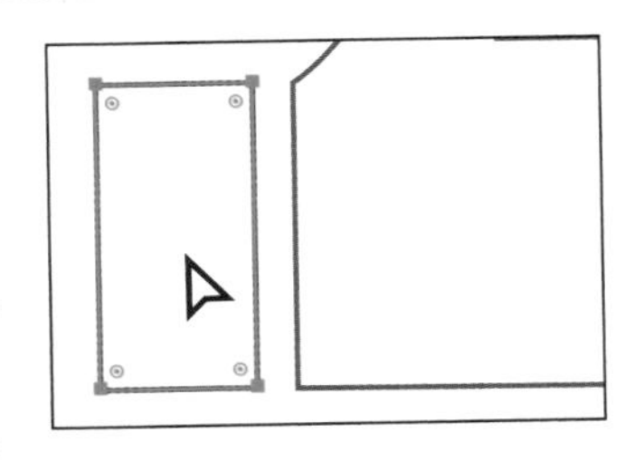

图 7-79

❷ 选择左上角的锚点，如图 7-80（a）所示。

❸ 在“属性”面板中单击“将所选锚点转换为平滑”按钮，如图 7-80（b）所示，效果如图 7-80（c）所示。

提示 您还可以通过双击锚点和按住 Option 键（macOS）或 Alt 键（Windows）并单击锚点这两种方法来转换角锚点和平滑锚点。

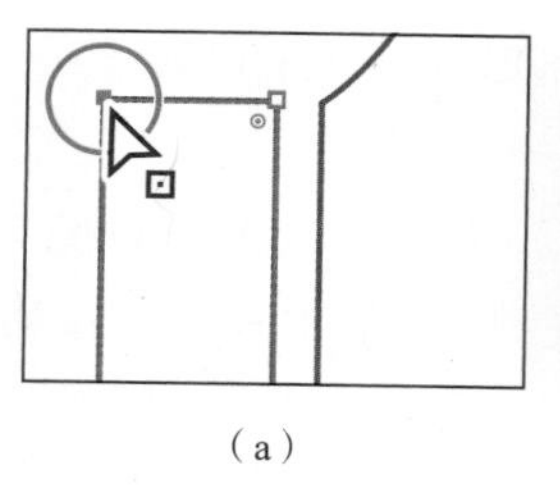
(a)

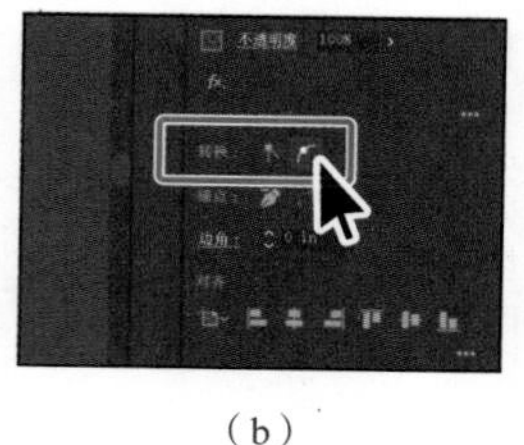
(b)

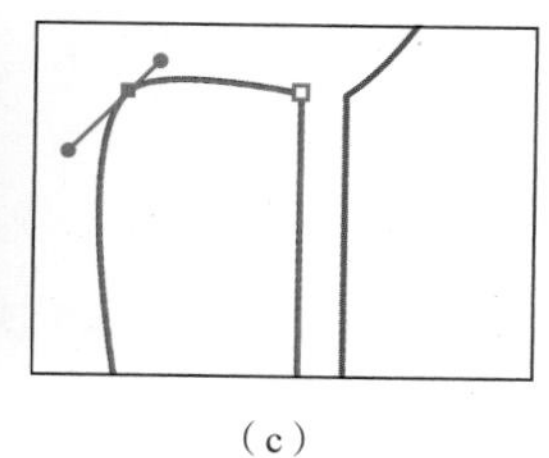
(c)

图 7-80

④ 选择左下方的锚点并执行相同的操作——单击“将所选锚点转换为平滑”按钮，效果如图 7-81 所示。

接下来将处理刚刚圆化的两个角，使它们看起来更合适。

⑤ 选择“直接选择工具”，将鼠标指针移动到刚刚圆化的两个锚点之间的路径上，如图 7-82（a）所示。当鼠标指针变为形状时，按住鼠标左键向右拖动以更改路径的曲率，效果如图 7-82(b)所示。拖动时，按住 Shift 键以限制移动角度。松开鼠标左键，然后松开 Shift 键。

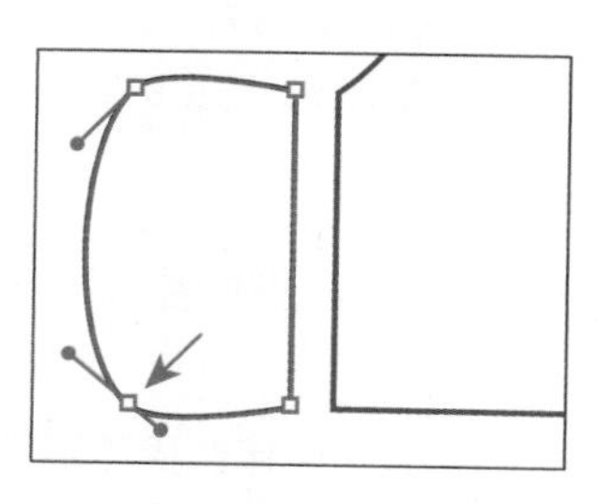
图 7-81

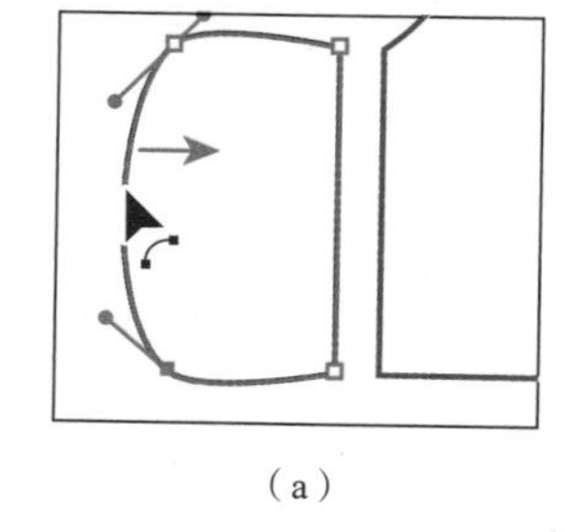
(a)

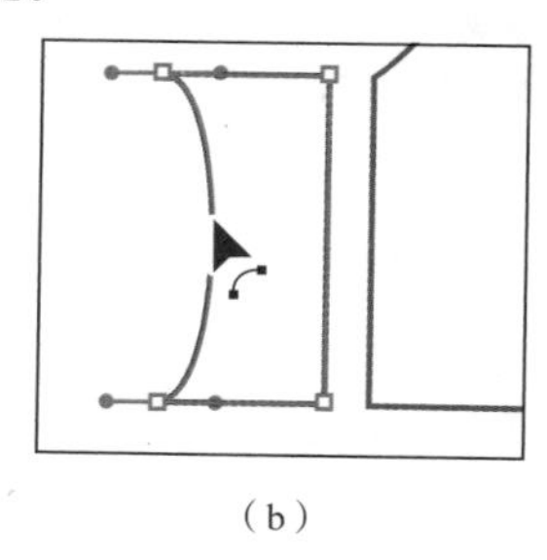
(b)

图 7-82

⑥ 选择“选择”>“取消选择”，然后选择“文件”>“存储”。

7.5.3 使用“锚点工具”转换锚点

另一种将锚点在平滑锚点和角锚点之间转换的方法是使用“锚点工具”。使用此工具，您可以像 7.5.2 小节中那样转换锚点，而且可以同时调整路径。接下来，您将使用该工具来完成图稿绘制。

① 使用“直接选择工具”选择图 7-83 红圈所示的锚点。

您可以在该锚点上看到一条方向线。

② 在工具栏中的“钢笔工具”上长按鼠标左键，然后选择“锚点工具”，如图 7-84 所示。

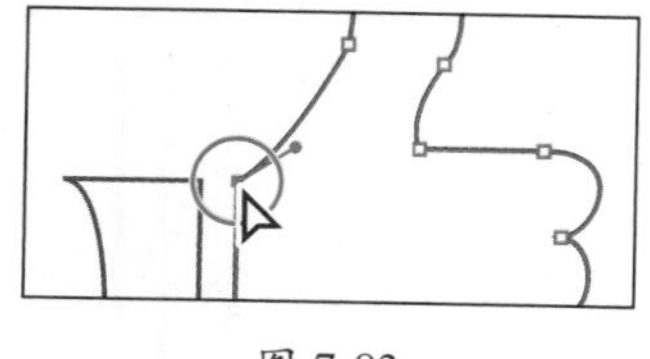
图 7-83

图 7-84

注意 如果鼠标指针变为形状，请不要拖动。这意味着目前鼠标指针不在锚点上，如果拖动，调整的是路径。

③ 将鼠标指针移到图 7-85（a）所示的锚点上，当鼠标指针变为形状时，单击该锚点以删除方向线，效果如图 7-85（b）所示。

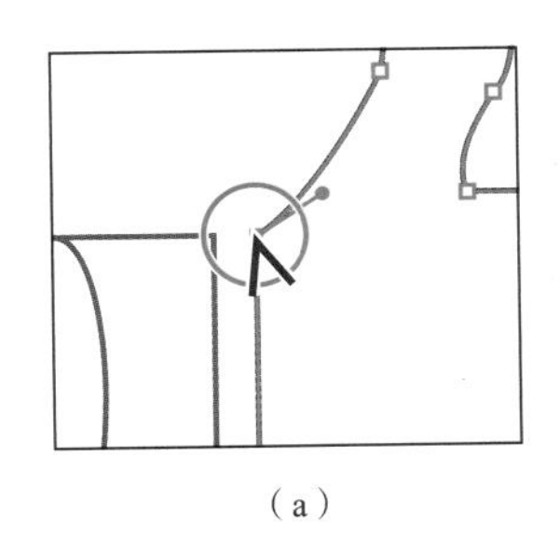
(a)

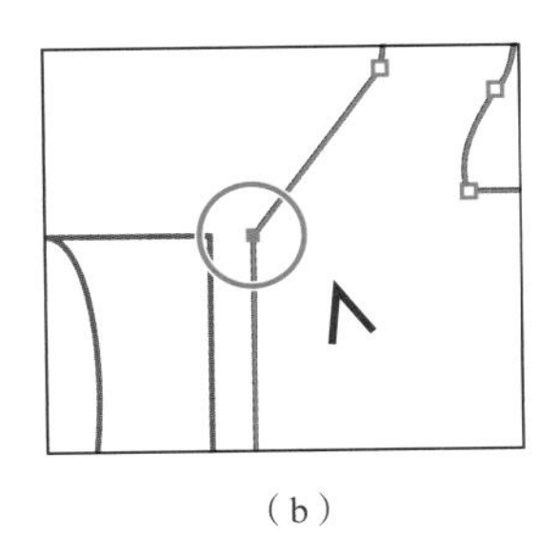
(b)

图 7-85

> **提示** 如果将鼠标指针放在已拆分的方向线的末端，按住 Option 键（macOS）或 Alt 键（Windows），当鼠标指针变为 形状时，单击可以使方向线再次变成非拆分状态。

此时，单击具有一条或两条方向线的锚点可将方向线移除，并使该锚点成为角锚点。

4 单击图 7-86（a）所示的锚点以删除方向线。

5 按住鼠标左键从同一锚点处拖动以再次添加方向线，如图 7-86（b）所示。继续拖动，直到拇指曲线看起来贴合实际，效果如图 7-86（c）所示。

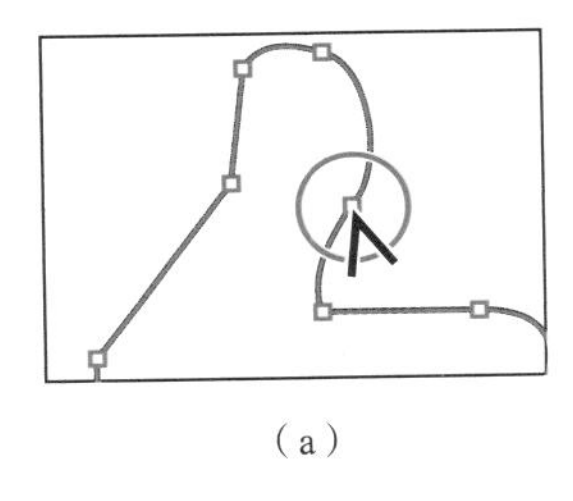
(a)

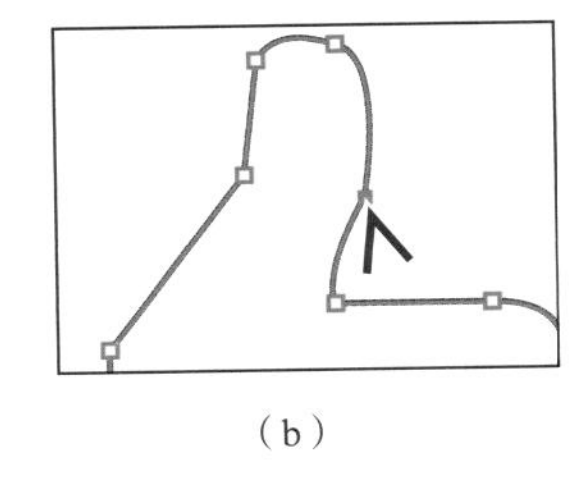
(b)

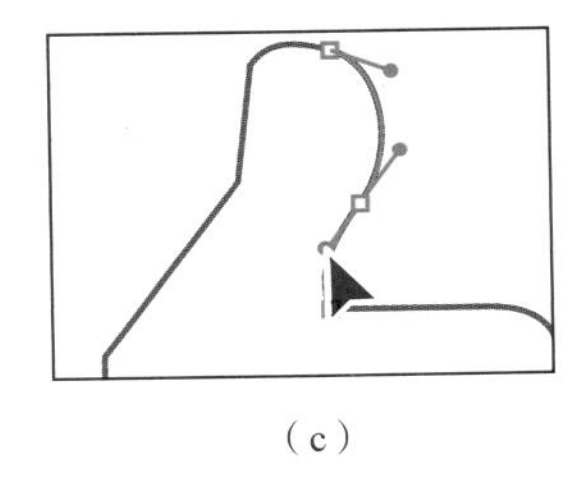
(c)

图 7-86

6 选择“视图”>“全部适合窗口大小”。

7 选择“文件”>“存储”，然后选择“文件”>“关闭”。

您已经学习了钢笔工具的用法以及许多绘制和编辑图稿的方法，剩下要做的就是不断练习。

复习题

1. 描述如何使用“钢笔工具”绘制水平线段、垂直线段以及对角线。
2. 如何使用“钢笔工具”绘制曲线？
3. “钢笔工具”可以创建哪两种类型的锚点？
4. 简述两种将曲线上的平滑锚点转换为角锚点的方法。
5. 哪种工具可以用于编辑曲线路径？

参考答案

1. 要绘制一条直线，可以使用“钢笔工具”在画板上单击，然后移动鼠标指针后再次单击。第一次单击设置线段的起始锚点，第二次单击设置线段的结束锚点。要限制线段为垂直线段、水平线段或对角线，可以在使用“钢笔工具”单击创建第二个锚点时按住 Shift 键。
2. 要使用“钢笔工具”绘制曲线，可单击创建起始锚点，再按住鼠标左键拖动以设置曲线的方向，然后单击设置曲线的终止锚点。
3. “钢笔工具”可以创建角锚点和平滑锚点。角锚点没有方向线，可以使路径改变方向。平滑锚点则具有成对的方向线。
4. 若要将曲线上的平滑锚点转换为角锚点，可使用“直接选择工具”选择锚点，然后使用“锚点工具”拖动方向线更改方向。另一种方法是使用“直接选择工具”选择一个或多个锚点，然后单击“属性”面板中的“将所选锚点转换为尖角”按钮。
5. 要编辑曲线路径，可选择“直接选择工具”，然后按住鼠标左键拖动路径进行移动，或按住鼠标左键拖动锚点上的方向线，以调整路径的长度和形状。按住 Option 键（macOS）或 Alt 键（Windows）并使用“钢笔工具”拖动路径是调整路径的另一种方法。

第 8 课

使用颜色优化图稿

本课概览

本课将学习以下内容。

- 了解颜色模式和主要颜色控件。
- 使用多种方法创建、编辑和应用颜色。
- 命名和存储颜色。
- 将外观属性从一个对象复制给另一个对象。
- 使用颜色组。
- 使用“颜色参考”面板获得创意灵感。
- 了解“重新着色图稿”对话框。
- 使用“实时上色工具”。

学习本课大约需要 75 分钟

您可以利用 Adobe Illustrator 中的颜色控件，为图稿增添色彩。

在内容丰富的本课中，您将学习如何创建和应用填色和描边、使用“颜色参考”面板获取灵感，以及使用颜色组的方法、重新着色图稿等功能。

8.1 开始本课

本课将通过“色板”面板等来创建和编辑滑雪区图稿的颜色，从而学习颜色的基础知识。

❶ 为了确保工具的功能和默认值完全如本课所述，请重置 Adobe Illustrator 的首选项文件。具体操作请参阅本书“前言”中的“还原默认首选项”部分。

❷ 启动 Adobe Illustrator。

❸ 选择“文件”>“打开”，然后打开 Lessons>Lesson08 文件夹中的 L8_end1.ai 文件，查看最终图稿，如图 8-1 所示。

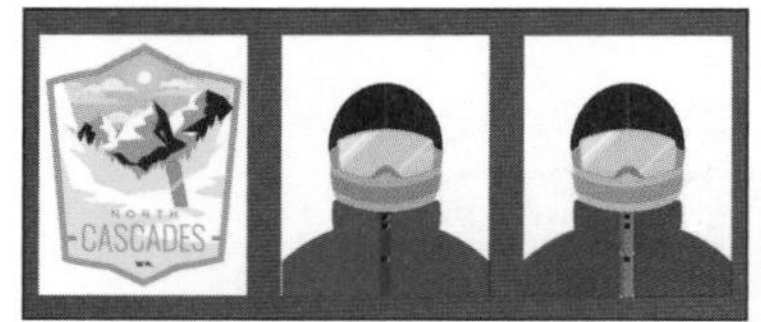

图 8-1

❹ 选择“视图”>“全部适合窗口大小”。您可以使文件保持打开状态以供参考，也可以选择“文件”>“关闭”，将其关闭。

❺ 选择“文件”>“打开”，在“打开”对话框中定位到 Lessons >Lesson08 文件夹，选择 L8_start1.ai 文件，单击“打开”按钮，打开文件。该文件已经包含了所有图稿内容，只需要上色。

❻ 在弹出的“缺少字体”对话框中，确保勾选“激活”列中的每种字体对应的复选框，然后单击“激活字体”按钮，如图 8-2 所示。一段时间后，字体会被激活，单击“关闭”按钮。

❼ 如果看到自动激活字体的对话框，单击“跳过”按钮。

❽ 选择“视图”>“全部适合窗口大小”，效果如图 8-3 所示。

图 8-2

图 8-3

❾ 选择“文件”>“存储为”。如果弹出云文档对话框，请单击“保存在您的计算机上”按钮。

❿ 在“存储为”对话框中定位到 Lesson08 文件夹，并将文件命名为 Snowboarder.ai。在“格式”下拉列表中选择 Adobe Illustrator（ai）选项（macOS）或在“保存类型”下拉列表中选择 Adobe Illustrator（*.AI）选项（Windows），然后单击“保存”按钮。

⓫ 在“Illustrator 选项”对话框中保持默认设置，单击“确定”按钮。

⓬ 选择“窗口”>“工作区”>“重置基本功能”。

8.2 了解颜色模式

在 Adobe Illustrator 中，有多种方法可以将颜色应用到图稿中。在使用颜色时，您需要考虑将在哪种媒介中发布图稿，如是“Web”还是“打印”。您创建的颜色需要符合相应的媒介的要求，这通常要求您使用正确的颜色模式和颜色定义。

在创建一个新文件之前，您应该确定图稿使用哪种颜色模式，如 CMYK 颜色模式还是 RGB 颜色模式。

- CMYK 颜色模式：GMYK 即青色、洋红色、黄色和黑色，是四色印刷中使用的油墨颜色；这 4 种颜色以点的形式组合和重叠，创造出大量的其他颜色。
- RGB 颜色模式：红色（R）、绿色（G）和蓝色（B）的光以不同方式叠加在一起可得到一系列颜色；如果图稿需要在屏幕上演示，或需要在互联网或移动应用程序中使用，请选择此模式。

选择“文件”>“新建”创建新文档时，每个文档预设（如“Web”或“打印”）都有一个特定的颜色模式。例如，“打印”配置文件使用 CMYK 颜色模式。展开“新建文档”对话框中的“高级选项”栏目，您可以通过从“颜色模式”下拉列表中选择不同的选项来轻松更改颜色模式，如图 8-4 所示。

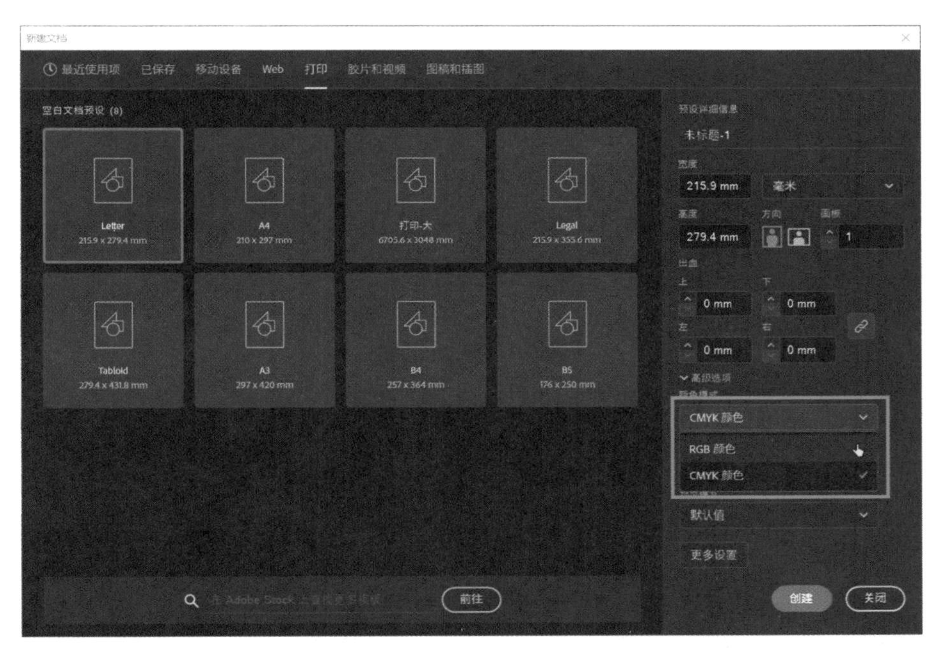

图 8-4

注意 您在“新建文档”对话框中看到的预设模板可能与图 8–4 中的不一样，但这没关系。

一旦选择了一种颜色模式，文档就将以该颜色模式显示和创建颜色。创建文件后，可以选择“文件”>“文档颜色模式”>“CMYK 颜色”或“RGB 颜色”，更改文档的颜色模式。

8.3 使用颜色

本节将学习在 Adobe Illustrator 中使用面板和工具为对象着色（也称为“上色”）的常用方法，如“属性”面板、“色板”面板、“颜色参考”面板、拾色器和工具栏中的上色工具。

注意 您看到的工具栏可能是两列的，具体取决于屏幕的分辨率。

在前面的课程中，您了解了 Adobe Illustrator 中的对象可以有“填色”“描边”等属性。请注意工具栏底部的“填色”框和“描边”框,“填色”框是白色的（本例），而“描边”框为黑色，如图 8-5 所示。如果您单击其中一个框，单击的框（被选中）将切换到另一个框的前面。选择一种颜色后，它将应用于所选对象的填色或描边。当您对 Adobe Illustrator 有了一定了解后，您将在其他许多地方看到这些“填色”框和“描边”框，如“属性”面板、“色板”面板等。

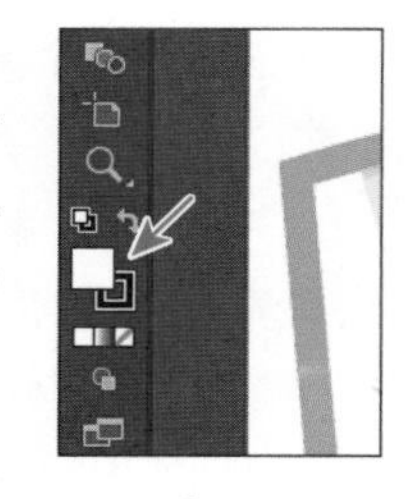

图 8-5

Adobe Illustrator 提供了很多方法来让您获取所需的颜色。您可以先将现有颜色应用到形状，然后通过一些方法来创建和应用颜色。

> 注意 本课将在 CMYK 颜色模式的文件中进行操作。这意味着，您创建的颜色默认将由青色、洋红色、黄色和黑色组成。

8.3.1 应用现有颜色

Adobe Illustrator 中的每个新建文件都有其默认的一系列颜色，可供您在“色板”面板中以色板的形式应用到图稿中。您要学习的第一种上色方法就是将现有颜色应用到形状。

① 在打开的 Snowboarder.ai 文档中，在文档窗口左下角的“画板导航”下拉列表中选择 1 Badge 选项（如果尚未选择），然后选择“视图”>“画板适合窗口大小”。

> 注意 色板默认是根据它们的颜色值命名的。如果您更改了色板名称，新名称将出现在提示标签中。

② 使用“选择工具”单击红色的滑雪板形状，将其选中。

③ 单击右侧“属性”面板中的“填色”框以弹出面板。如果尚未选中面板中的“色板”选项，请选择该选项以显示默认色板（颜色）。当您将鼠标指针移动到任意色板上时，出现的标签中会显示每个色板的名称（色值）。单击粉红色色板来更改所选图稿的填充颜色，如图 8-6 所示。

图 8-6

④ 按 Esc 键隐藏“色板”面板。

8.3.2 创建自定义颜色

在 Adobe Illustrator 中，有很多方法可以创建自定义颜色。使用“颜色”面板（选择“窗口 > 颜色”）或“颜色混合器”面板，您可以将创建的自定义颜色作为所选对象的填色和描边颜色，还可以使用不同的颜色模式（例如 CMYK 颜色模式）编辑和混合颜色。

“颜色”面板和“颜色混合器”面板会显示所选对象的当前填充颜色和描边颜色，您可以直观地从面板底部的色谱条中选择一种颜色，也可以以各种方式混合自己需要的颜色。本小节将通过“颜色混合器”面板创建自定义颜色。

❶ 使用“选择工具”▶选择滑雪板上的绿色条纹形状。

❷ 单击右侧“属性”面板中的“填色”框以弹出面板，选择该面板顶部的“颜色混合器”选项。

❸ 在面板底部的色谱条中选择一种黄橙色，为所选形状填色，如图 8-7（a）所示，效果如图 8-7（b）所示。

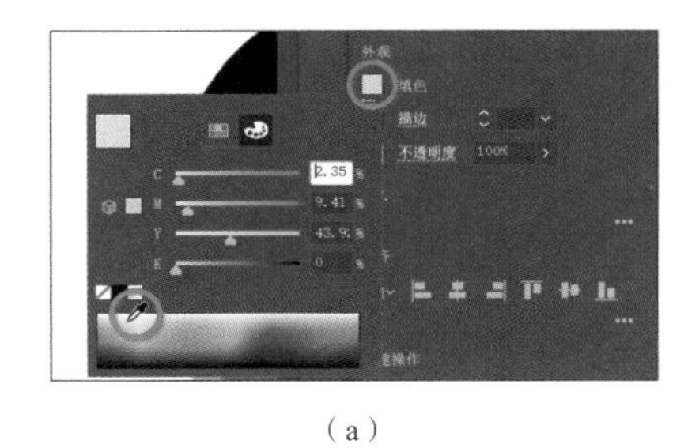

（a）

（b）

图 8-7

由于色谱条很小，您可能很难获得与书中完全相同的颜色。这没关系，稍后您可以编辑颜色让它与本书所述完全一致。

提示 若要放大色谱条，可以打开“颜色”面板并按住鼠标左键向下拖动面板底边。

❹ 在“颜色混合器”面板中将 C、M、Y、K 值更改为 0%、20%、65%、0%，这将确保您使用与本书相同的颜色，如图 8-8 所示。按 Enter 键确认更改并关闭该面板，保持条纹形状处于选中状态。

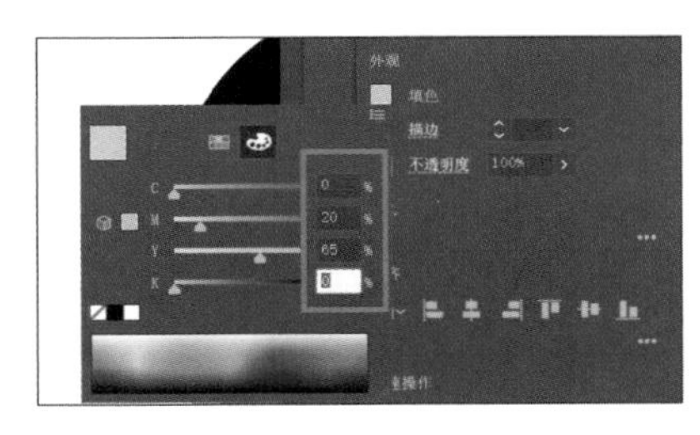

图 8-8

在“颜色混合器”面板中创建的颜色仅保存在所选图稿的填色或描边中，如果您想轻松地在本文件的其他位置重复使用创建的颜色，可以将其保存在“色板”面板中。

8.3.3 将颜色存储为色板

您可以为文件中不同类型的颜色和图案命名并将其保存为色板，以便以后应用和编辑它们。“色板”面板中按创建顺序排列色板，您也可以根据需要重新排列或编组色板。所有新建文件都以默认的色板顺序开始。默认情况下，您在“色板”面板中保存或编辑的任何颜色仅适用于当前文件，因为每个文件都有自己的自定义色板。

本小节会将 8.3.2 小节创建的颜色保存为色板，以便重复使用。

❶ 在仍选中条纹形状的情况下，单击“属性”面板中的“填色”框，显示面板。

❷ 单击面板顶部的“色板”选项以查看色板，如图 8-9（a）所示。单击面板底部的“新建色板”按钮，这将根据所选图稿的填充颜色创建新色板，如图 8-9（b）所示。

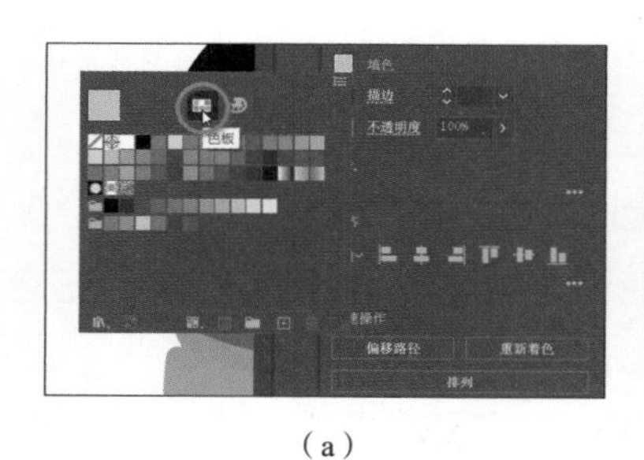

（a）

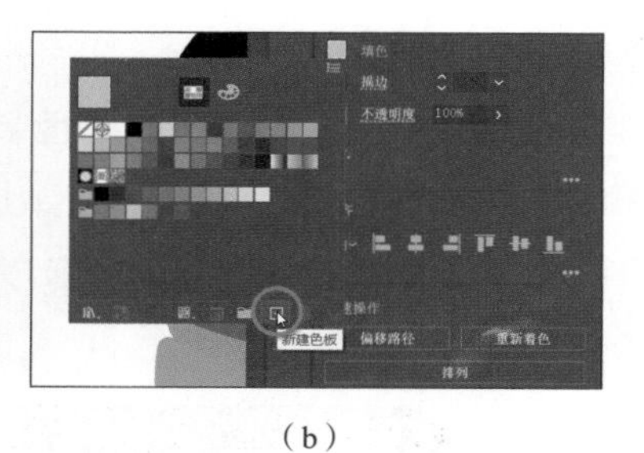

（b）

图 8-9

提示 可以根据具体数值（C=45……）、外观（Light Orange）、用途（如“文本标题”）或其他属性来命名颜色。

③ 在弹出的“新建色板”对话框中，将色板名称改为 Light Orange，如图 8-10 所示。

请注意，此处默认会勾选“全局色”复选框，即您创建的新色板默认是全局色板。这意味着，如果以后编辑此色板，则无论是否选中图稿，应用了此色板的图形都会自动更新。此外，“颜色模式”下拉列表可让您将指定颜色的颜色模式更改为 RGB、CMYK、灰度或其他颜色模式。

④ 单击“确定”按钮，保存色板。

请注意，新建的 Light Orange 色板会在“色板”面板中高亮显示（它周围有一个白色边框），这是因为它已自动应用于所选形状。这里还要注意色板右下角的白色小三角形，如图 8-11 红圈所示，这表明它是一个全局色板。

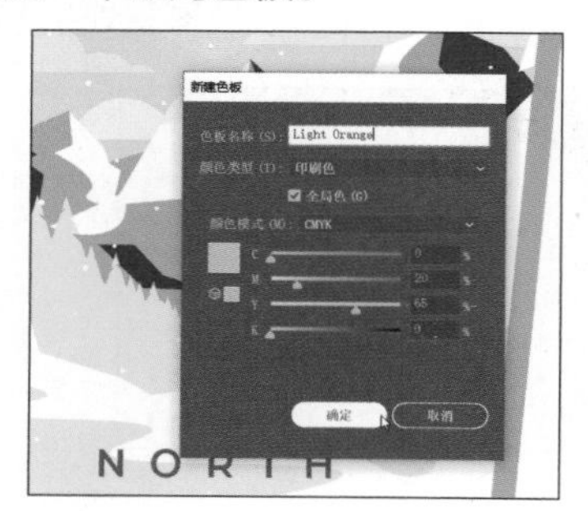

图 8-10

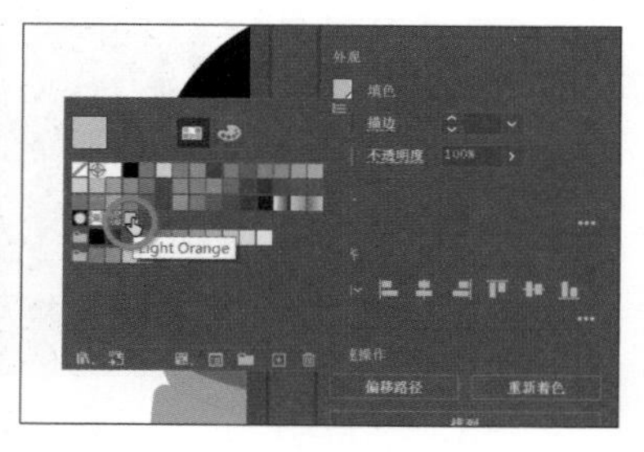

图 8-11

保持条纹形状的选中状态和“色板”面板的显示状态，以便 8.3.4 小节使用。

8.3.4 创建色板副本

创建颜色并将其保存为色板的一种简单方法是制作已有色板的副本并编辑该副本。本小节将通过复制和编辑 Light Orange 色板来创建另一个色板。

提示 您也可以通过单击面板菜单按钮来创建所选色板的副本。

① 在滑雪板中的条纹图形处于选中状态且“色板”面板仍显示的情况下，在面板底部单击“新建色板”按钮，如图 8-12 所示。

这将创建 Light Orange 色板的副本并打开“新建色板”对话框。

② 在“新建色板”对话框中，将名称更改为“Orange”，并将 C、M、Y、K 值更改为 0%、

45%、90%、0%，使橙色稍深，单击“确定”按钮，如图 8-13 所示。

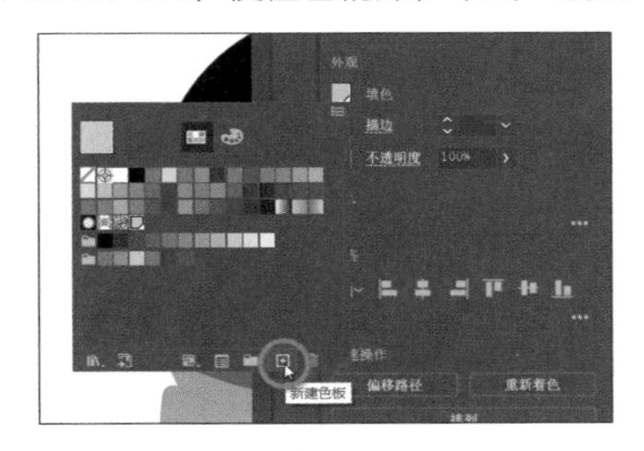

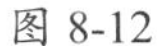

图 8-12

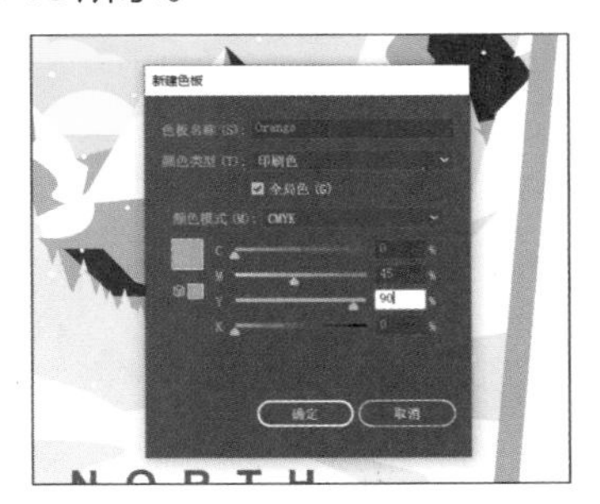

图 8-13

③ 在“色板”面板中单击 Light Orange 色板，将其应用于所选形状，如图 8-14 所示。

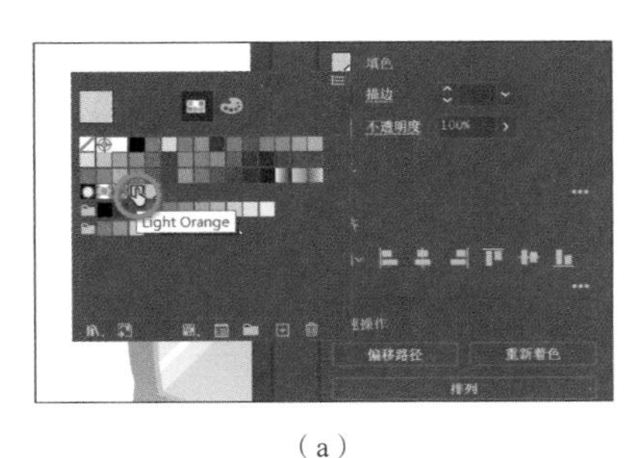

（a）

（b）

图 8-14

④ 使用“选择工具”▶单击文本 NORTH，然后按住 Shift 键单击文本 CASCADES，如图 8-15（a）所示。

⑤ 在“属性”面板中单击“填色”框，然后单击 Orange 色板，将其应用于所选文本，如图 8-15（b）和图 8-15（c）所示。

（a）

（b）

（c）

图 8-15

⑥ 按 Esc 键隐藏“色板”面板。

⑦ 选择“选择”>“取消选择”。

8.3.5 编辑全局色板

本小节将编辑全局色板。当您编辑全局色板时，无论是否选中相应图稿，应用了该色板的所有图稿的颜色都会更新。

① 使用“选择工具”▶单击天空中云层后面的黄色形状，如图 8-16（a）所示。

本小节将为该形状应用 Light Orange 色板以改变它的颜色。

❷ 单击“属性”面板中的“填色”框，单击 Light Orange 色板，如图 8-16（b）所示。

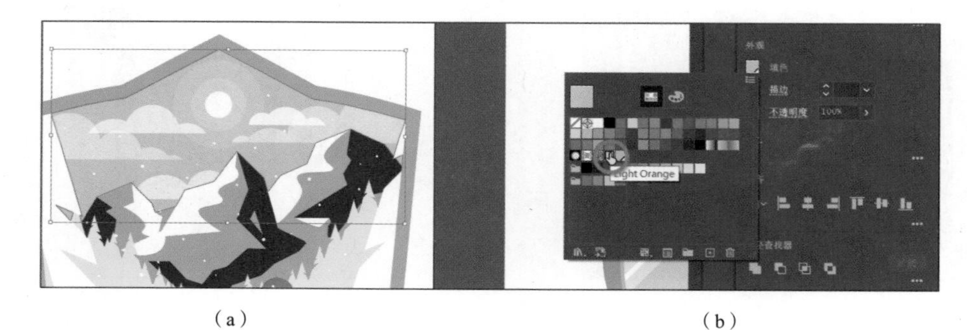

（a）　　　　　　　　　　　　　　　（b）

图 8-16

❸ 双击 Light Orange 色板进行编辑。在弹出的“色板选项”对话框中，勾选“预览”复选框以实时查看更改。将 C 的值更改为 80（需要在对话框的另一个字段上单击来查看更改），如图 8-17 所示。您可能需要拖动对话框才能看到滑雪板图形和天空中云层后面的形状。

应用了全局色板的所有形状都将更新其颜色，即使它们未被选中（如滑雪板上的条纹形状）。

❹ 将 C 的值更改为 3，单击“确定”按钮，如图 8-18 所示。

图 8-17

图 8-18

8.3.6 编辑非全局色板

默认情况下，每个 AI 文件附带的默认色板都是非全局色板。因此，当您编辑其中一个色板时，只有选择了该图稿，才会更新其颜色。本小节将编辑应用于滑雪板形状的非全局粉红色色板。

❶ 使用“选择工具”▶单击之前更改了颜色的粉色滑雪板形状。

❷ 单击“属性”面板中的“填色”框，您将看到粉红色色板已应用于滑雪板形状，如图 8-19 所示。这是在本课开始时应用给对象的第一种颜色。

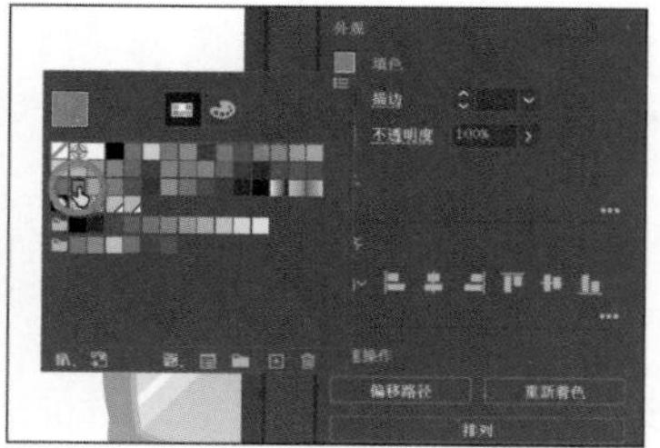

图 8-19

可以看出，此处应用的粉红色色板不是全局色板，因为在“色板”面板中该色板的右下角没有白色小三角形。

❸ 按 Esc 键隐藏“色板”面板。

❹ 单击 CASCADES 文本左侧或右侧的蓝色形状以选择它们（因为它们已编组在一起），如图 8-20（a）所示。

❺ 单击“属性”面板中的“填色”框，然后单击应用于滑雪板形状的粉红色色板，更改两个形状的填色，如图 8-20（b）和图 8-20（c）所示。

（a）

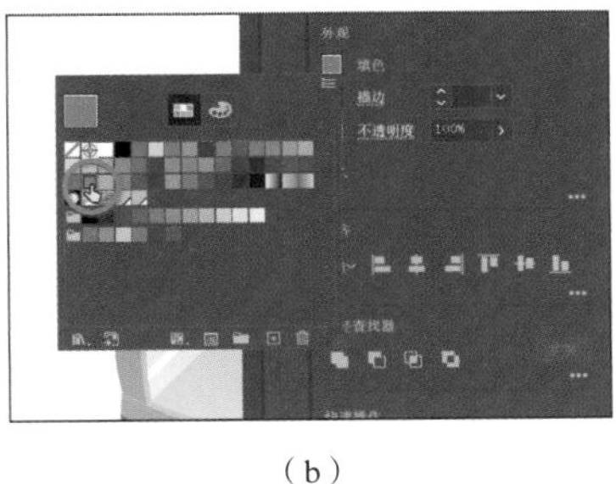

（b）

（c）

图 8-20

❻ 选择“选择”>“取消选择”。

❼ 选择“窗口”>“色板”，将“色板”面板作为浮动面板打开。

❽ 双击第⑤步选择的粉红色色板进行编辑，如图 8-21 所示。

“属性”面板中的大多数选项也可以在浮动面板中找到。例如，打开“色板”面板是一种无须选择图稿即可使用颜色的有效方法。

注意 您可以将现有色板更改为全局色板，但这需要更多的操作。您需要在编辑色板之前选择应用了该色板的所有形状，使其成为全局形状，然后再编辑色板；或者先编辑色板使其成为全局色板，然后将色板重新应用到所有形状。

❾ 在“色板选项”对话框中，将名称更改为 Snowboard pink，将 C、M、Y、K 值更改为 0%、76%、49%、0%，勾选“全局色”复选框以确保它是全局色板，然后勾选“预览”复选框，如图 8-22 所示。

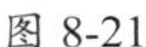

图 8-21

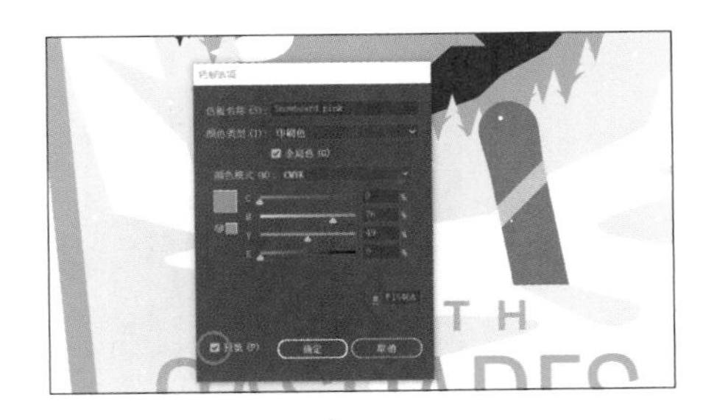

图 8-22

请注意，此时滑雪板形状和文本两侧的小形状的颜色不会改变。这是因为在将色板应用于它们时，未在“色板选项”对话框中勾选“全局色”复选框。更改非全局色板后，您需要将其重新应用于编辑前未选择的图稿。

⑩ 单击“确定”按钮。

⑪ 单击“色板”面板顶部的“×”按钮将其关闭。

⑫ 单击粉红色滑雪板形状，按住 Shift 键，单击应用了相同粉红色色板的形状，如图 8-23（a）所示。

⑬ 单击“属性”面板中的“填色”框，注意这里应用的不再是粉红色色板，如图 8-23（b）所示。

⑭ 单击在第⑨步编辑的 Snowboard Pink 色板以应用它，如图 8-23（c）所示。

（a）

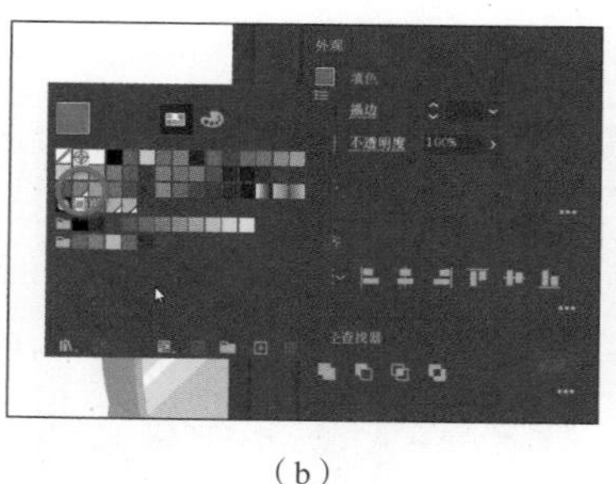

（b）

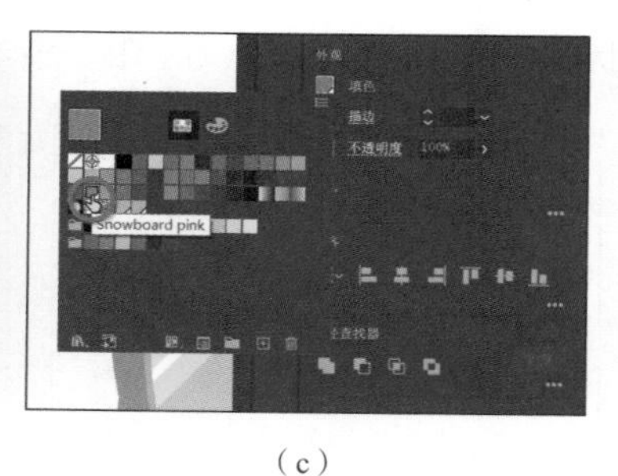

（c）

图 8-23

⑮ 选择“选择”>“取消选择”，然后选择“文件”>“存储”，保存文件。

8.3.7 使用拾色器创建颜色

另一种创建颜色的方法是使用拾色器，您可以使用拾色器在色域、色谱条中直接拾取颜色或输入色值来定义颜色，或者单击色板来选择颜色。在 Adobe 的其他软件（如 Adobe InDesign 和 Adobe Photoshop）中也可以找到拾色器。本小节将使用拾色器创建颜色，然后在“色板”面板中将该颜色存储为色板。

① 在文档窗口左下角的“画板导航”下拉列表中选择 2 Snowboarder 选项。

② 使用“选择工具”单击绿色夹克形状。

③ 双击文档窗口左侧工具栏底部的“填色”框，如图 8-24 所示，打开“拾色器”对话框。

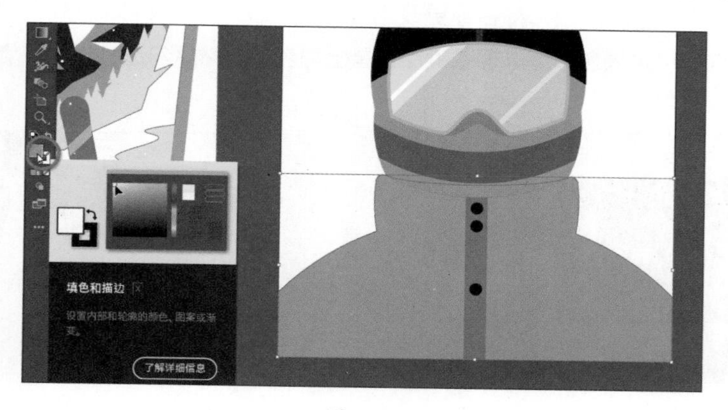

图 8-24

注意 您不能双击“属性”面板中的“填色”框来打开“拾色器”对话框。

在“拾色器”对话框中，较大的色域显示饱和度（水平方向）和亮度（垂直方向），而色域右侧的色谱条则显示色相。

④ 在“拾色器”对话框中，按住鼠标左键向上或向下拖动色谱条上的滑块，更改颜色范围，确保滑块最终停在紫色处，位置大概如图 8-25 所示。

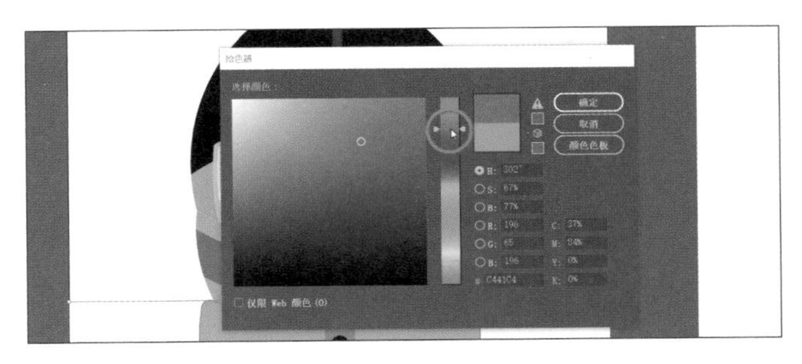

图 8-25

⑤ 在色域中按住鼠标左键拖动，至图 8-26 红圈处所示位置。左右拖动时，可以调整饱和度；上下拖动时，可以调整亮度。如果单击（此处先不要单击）“确定”按钮，创建的颜色将显示在“新建颜色”框中，如图 8-26 红色箭头处所示。

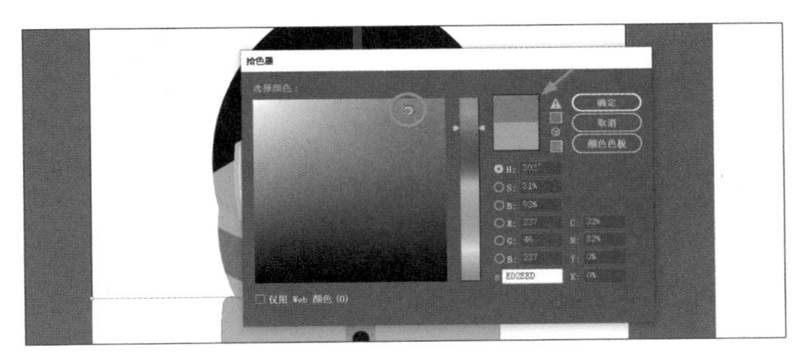

图 8-26

⑥ 更改 C、M、Y、K 的值为 50%、90%、5%、0%，如图 8-27 所示。

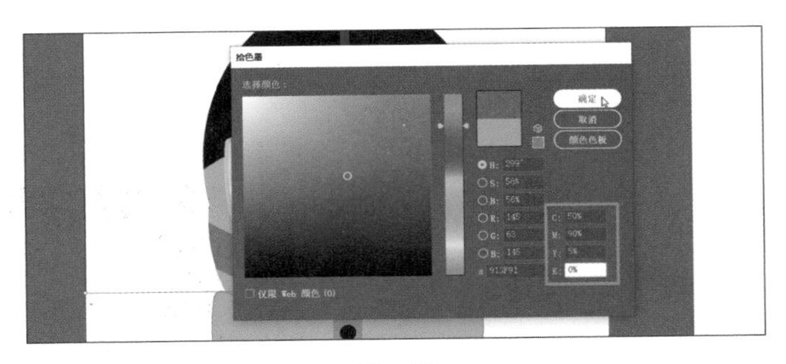

图 8-27

注意 单击“拾色器”对话框中的“颜色色板”按钮，可显示“色板”面板中的色板和默认色标簿（Adobe Illustrator 附带的一组色板），您可以从中选择一种颜色。单击“颜色模式”按钮可以返回色谱条和色域，然后继续编辑色板的值。

⑦ 单击“确定”按钮，您会看到紫色应用到了夹克形状，如图 8-28 所示。

⑧ 在“属性”面板中单击“填色”框，将颜色保存为色板以便重复使用。

图 8-28

⑨ 在弹出的“色板”面板底部单击“新建色板”按钮，并更改“新建色板”对话框中的以下选项，如图 8-29 所示。

- 色板名称：Purple。
- “全局色”复选框：勾选（默认设置）。

⑩ 单击“确定”按钮，可以看到颜色在“色板”面板中显示为新色板，如图 8-30 所示。

图 8-29

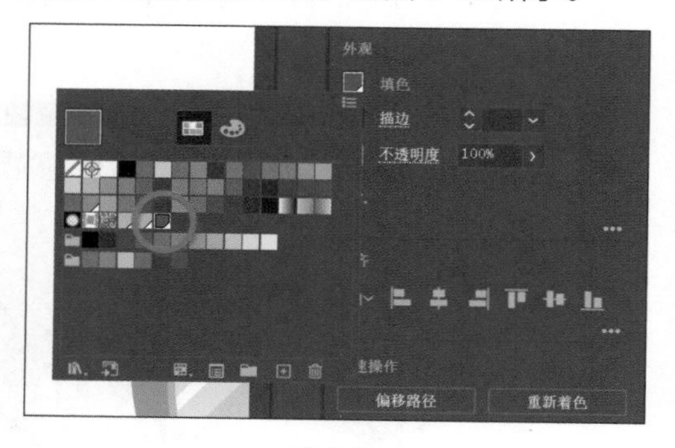

图 8-30

⑪ 选择“选择”>“取消选择”。

⑫ 选择“文件”>“存储”，保存文件。

8.3.8 使用默认色板库

色板库是预设的颜色组（如 PANTONE、TOYO）和主题库（如“大地色调”“冰淇淋”）的集合。当您打开 Adobe Illustrator 默认色板库时，这些色板库将显示为独立面板，并且不能被编辑。

将色板库中的颜色应用于图稿时，该颜色将随当前文档一起保存在“色板”面板中。色板库是创建颜色的一个很好的起点。

下面将从色板库中应用颜色到图稿。

① 选择“窗口”>“色板库”>“中性”，如图 8-31 所示。色板选项显示在窗口下方。

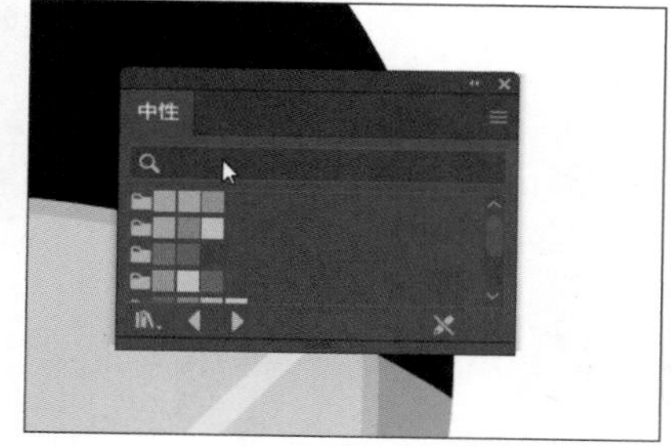

图 8-31

② 使用“选择工具”单击遮住滑雪者嘴部的深灰色形状，如图 8-32 所示。

③ 在“中性”色板库面板中选择一种浅米色，将该色板应用到所选形状，如图 8-33 所示。图 8-33 中使用的浅米色的值为 C=24，M=30，Y=59，K=0。

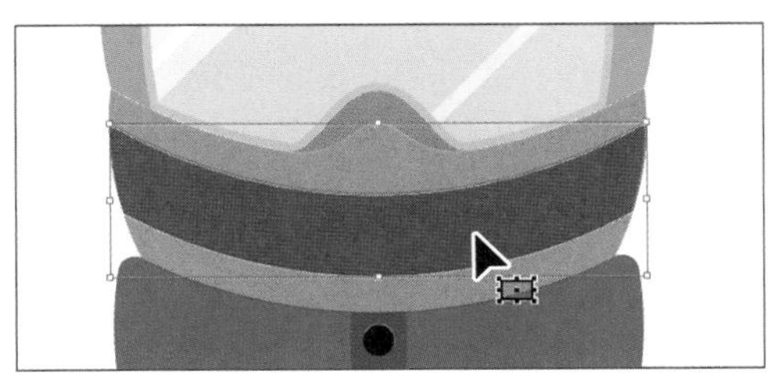

图 8-32

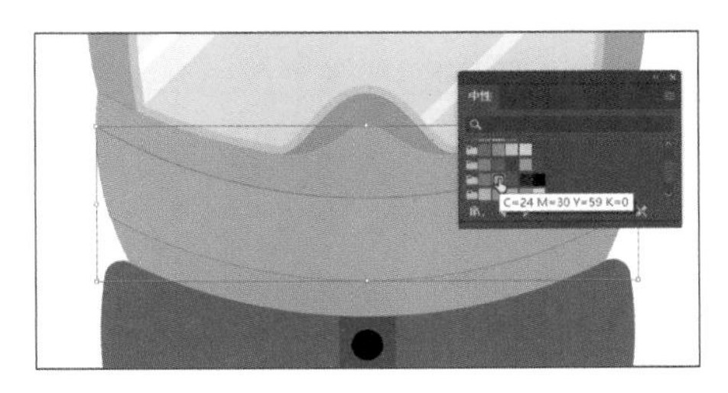

图 8-33

④ 关闭"中性"色板库面板。

注意 如果知道颜色名字，您也可以在面板顶部的搜索框中输入色板名字来快速选择色板。

⑤ 单击"属性"面板中的"填色"框，显示面板，单击面板底部的"新建色板"按钮，并更改"新建色板"对话框中的以下选项，如图 8-34 所示。

- 色板名称：Beige。
- "全局色"复选框：勾选（默认）。

注意 如果在色板库面板打开的情况下退出并重启 Adobe Illustrator，则该面板不会重新打开。若要使 Adobe Illustrator 重启后自动打开该面板，请单击色板库的面板菜单按钮并选择"保持"选项。

⑥ 单击"确定"按钮。

该颜色出现在"色板"面板中，如图 8-35 所示。

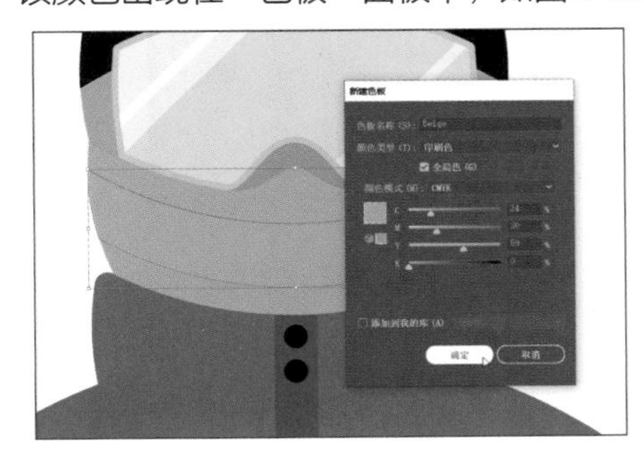

图 8-34

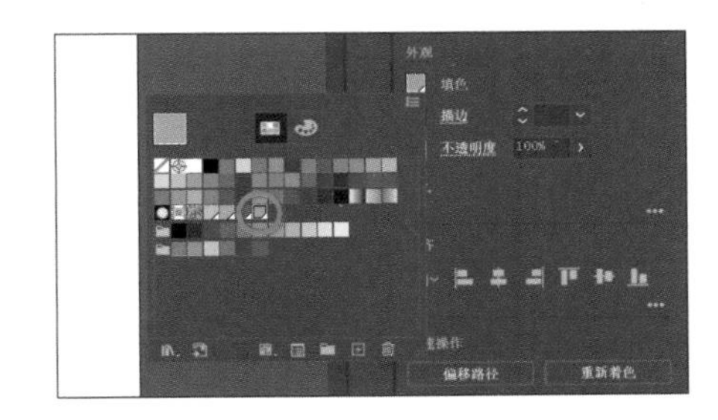

图 8-35

⑦ 选择"选择">"取消选择"，然后选择"文件">"存储"。

Pantone 色

色彩系统制造商（如 Pantone）创建了标准化的颜色，以便在 Adobe Photoshop、Adobe Illustrator 和 Adobe InDesign 等应用程序之间通用颜色信息。

8.3.9 创建和保存淡色

淡色是把一种颜色与白色混合后形成的颜色，其更浅、更亮。您可以用全局印刷色（如 CMYK）

或专色来创建淡色。本小节将以添加到文件中的米色色板来创建一种淡色。

❶ 选择“选择工具”▶，单击 8.3.8 小节中应用了浅米色的形状上方和下方的浅灰色形状。

❷ 单击右侧“属性”面板中的“填色”框，在弹出的面板中选择 Beige 色板，为这两个形状填色，如图 8-36 所示。

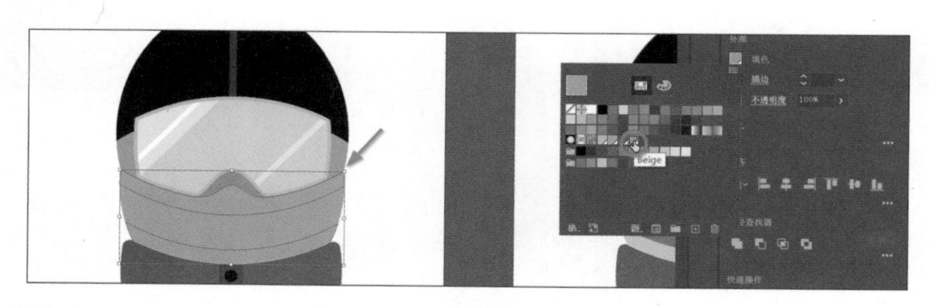

图 8-36

❸ 选择面板顶部的“颜色混合器”选项。

在 8.3.2 小节中，使用“颜色混合器”面板中的 C、M、Y、K 滑块创建了自定义颜色。现在您会看到一个标记为 T 的单色滑块，用于调整淡色。使用颜色混合器设置全局色板时，您将创建一个淡色，而不是混合 C、M、Y、K 值后得到的颜色。

❹ 向左拖动滑块，将 T 值更改为 60%，如图 8-37 所示。

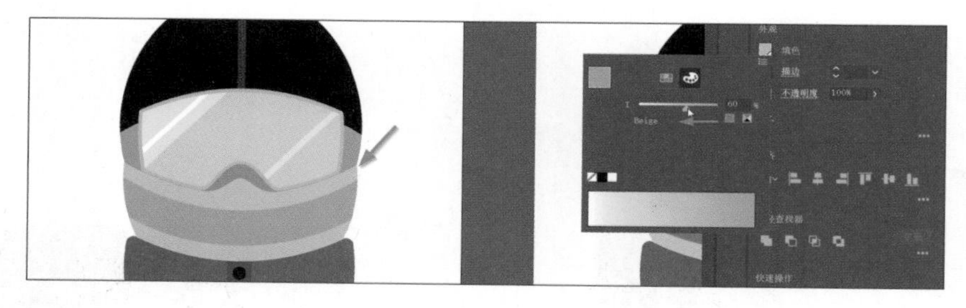

图 8-37

❺ 选择面板顶部的“色板”选项，单击面板底部的“新建色板”按钮，保存该淡色，如图 8-38（a）所示。

❻ 将鼠标指针移动到该色板上，标签中将显示其名称 Beige 60%，如图 8-38（b）所示。

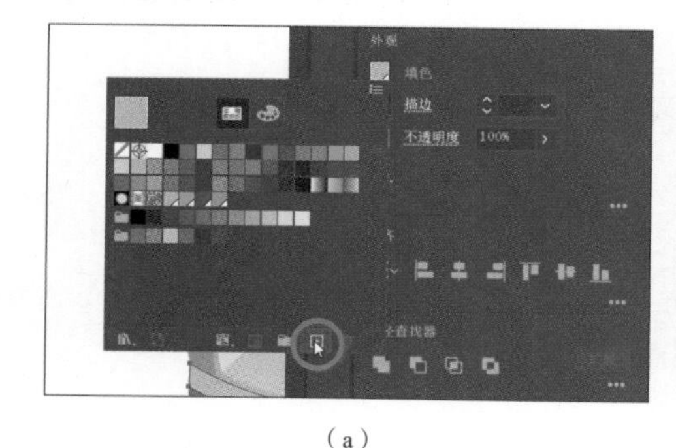

（a）

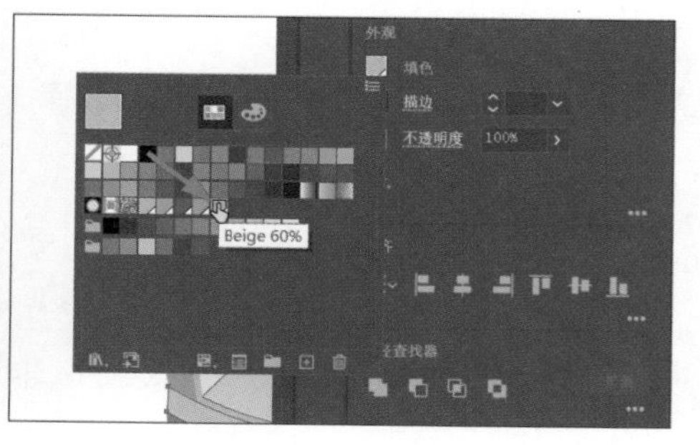

（b）

图 8-38

❼ 选择“选择”>“取消选择”，然后选择“文件”>“存储”，保存文件。

转换颜色

Adobe Illustrator 提供了“编辑颜色”命令（“编辑”>“编辑颜色”），您可以通过该命令为所选图稿转换颜色模式，或进行混合颜色、反相颜色等操作。可以将专色转换为 CMYK 颜色，并以较低的价格获得接近原始结果的颜色效果，从而降低成本。

- 选择需要转换颜色模式的图稿。
- 选择“编辑”>“编辑颜色”>“转换为 CMYK”（或者其他颜色模式）。

8.3.10 复制外观属性

有时，您可能只想将外观属性（例如文本格式、填充和描边）从一个对象复制给另一个对象。这时可以使用“吸管工具”来完成这一操作，从而加快您的创作过程。

提示 在取样之前，您可以双击工具栏中的“吸管工具”，更改吸管拾色和应用的属性。

① 选择“视图”>“全部适合窗口大小”。

② 选择“选择工具”，按住 Shift 键单击最右侧画板上的两个浅灰色形状。

③ 在左侧的工具栏中选择“吸管工具”，单击中间画板上应用了淡色的形状，为所选浅灰色形状应用淡色，如图 8-39（a）所示。

浅灰色的形状现在具有中间画板上淡色形状的填色属性，如图 8-39（b）所示。

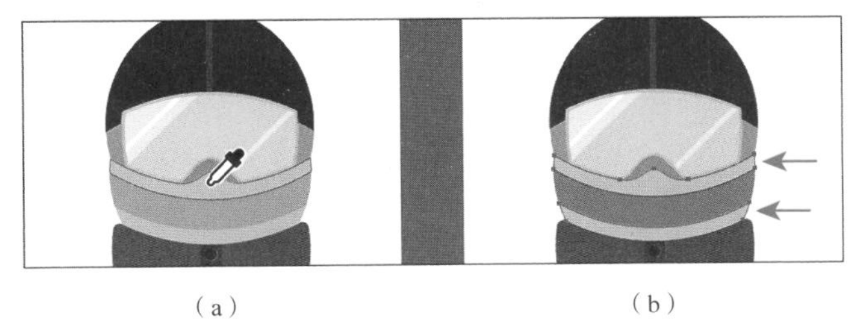

（a）　（b）

图 8-39

④ 在工具栏中选择“选择工具”。

⑤ 选择“选择”>“取消选择”，然后选择“文件”>“存储”，保存文件。

8.3.11 创建颜色组

在 Adobe Illustrator 中，您可以将颜色存储在颜色组中，颜色组由“色板”面板中的相关色板组成。按用途组织颜色（如徽标的所有颜色分组）可以提高组织性和工作效率。在“色板”面板中，默认情况下有几个颜色组，这些颜色组由文件夹图标开头。颜色组里不能包含图案、渐变颜色、无色或注册色。注册色通常为 4 种印刷色“青色（C）、洋红色（M）、黄色（Y）和黑色（K）”组成的 100% 颜色，或 100% 的任何专色。本小节将为您创建的一些色板创建一个颜色组，以使它们更有条理性。

① 选择“窗口”>“色板”，打开“色板”面板。在“色板”面板中，按住鼠标左键向下拖动“色板”面板底部，以查看更多内容。

❷ 在“色板”面板中单击 Light Orange 色板，然后按住 Shift 键单击 Beige 60% 色板，这将选择 5 种色板，如图 8-40 所示。

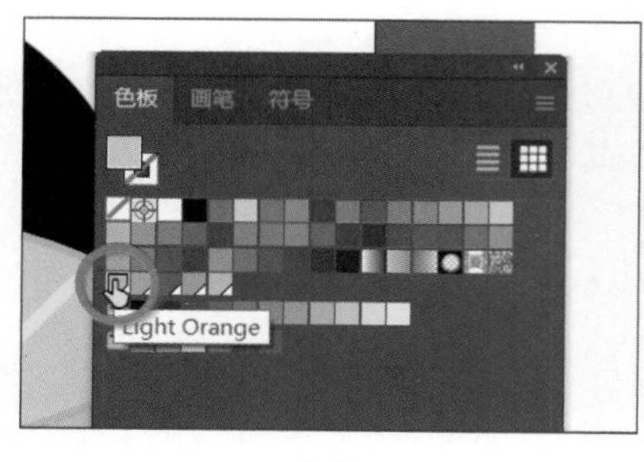

（a）

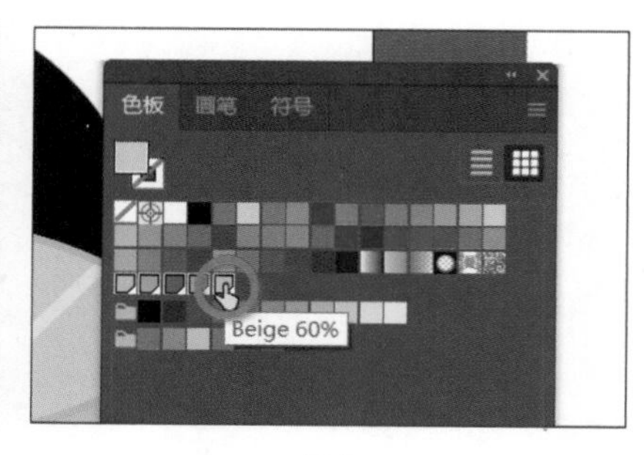

（b）

图 8-40

❸ 单击“色板”面板底部的“新建颜色组”按钮，在“新建颜色组”对话框中将“名称”更改为“Snowboarding”，然后单击“确定”按钮，如图 8-41 所示，保存颜色组，效果如图 8-42 所示。

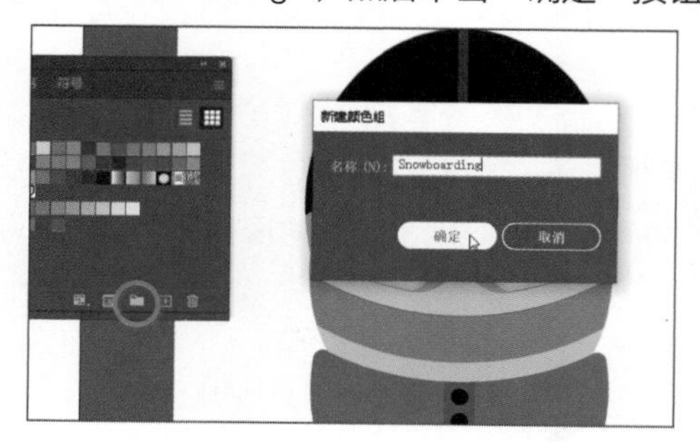

图 8-41

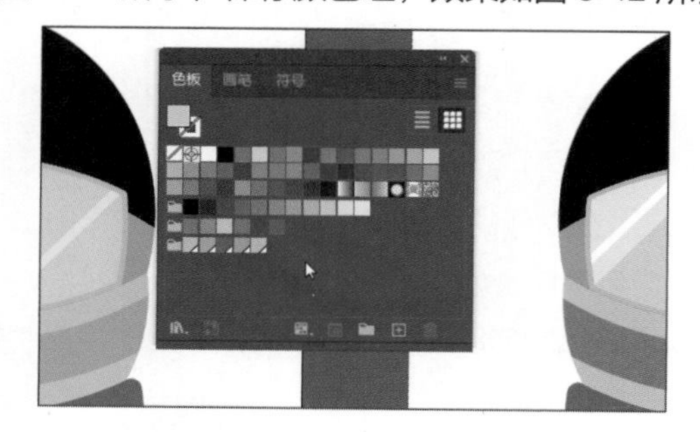

图 8-42

注意 如果在单击“新建颜色组”按钮时还选择了图稿中的对象，则会出现一个扩展的“新建颜色组”对话框。在此对话框中，您可以根据图稿中的颜色创建颜色组，并将颜色转换为全局色。

❹ 使用“选择工具”单击“色板”面板的空白区域，取消选择面板中的所有内容。

❺ 将鼠标指针移动到新颜色组的文件夹图标上，可以看到颜色组名称 Snowboarding，如图 8-43 所示。

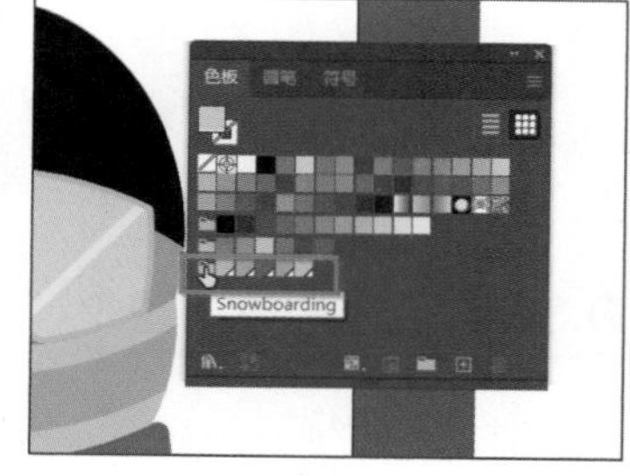

图 8-43

您可以通过双击颜色组中的色板并编辑“色板选项”对话框中的值，以单独编辑颜色组中的每个色板。您可以通过双击颜色组的文件夹图标来编辑颜色组。

❻ 按住鼠标左键，将 Snowboarding 颜色组中名为 Beige 60% 的淡色色板拖到灰色色板组最后一个色板的右侧，如图 8-44 所示。保持“色板”面板处于打开状态。

您可以按住鼠标左键将颜色拖入或拖出颜色组。将颜色拖入颜色组时，请确保在该组中的色板右侧出现了一条短粗线。否则，您可能会将色板拖到错误的位置。您可以随时选择“编辑”>“还原移动色板”，然后重试。

提示 除了将颜色拖入或拖出颜色组，您还可以重命名颜色组、重新排列组中的颜色等。

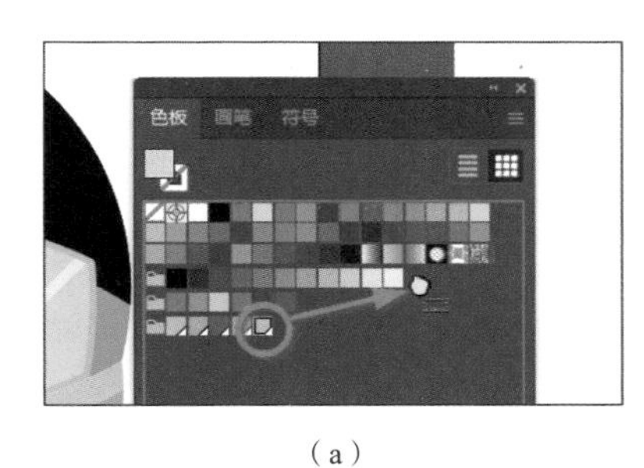

（a）

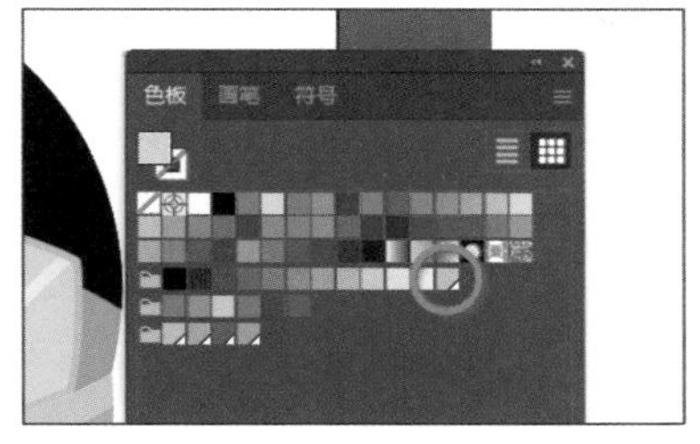

（b）

图 8-44

8.3.12 使用“颜色参考”面板激发创作灵感

“颜色参考”面板可以在您创作图稿时为您提供色彩灵感。您可以使用该面板来选取颜色的淡色、近似色等，然后将这些颜色直接应用于图稿，再使用多种方法对这些颜色进行编辑，或将它们保存为“色板”面板中的一个颜色组。本小节将使用“颜色参考”面板从图稿中选择不同的颜色，然后将这些颜色存储为“色板”面板中的颜色组。

1 在文档窗口左下角的“画板导航”下拉列表中选择 3 Snowboarder Color Guide 选项。

2 使用“选择工具”单击护目镜侧面的绿色形状，如图 8-45 所示。确保在工具栏底部选中了“填色”框。

3 选择“窗口”>“颜色参考”，打开“颜色参考”面板。

4 在“颜色参考”面板中单击“将基色设置为当前颜色”按钮，如图 8-46 所示。

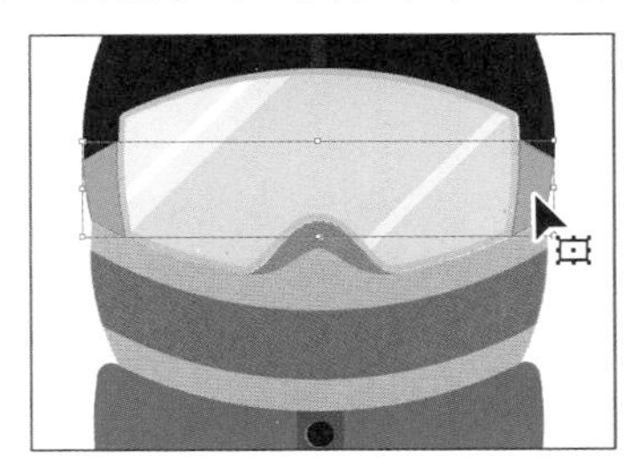

图 8-45

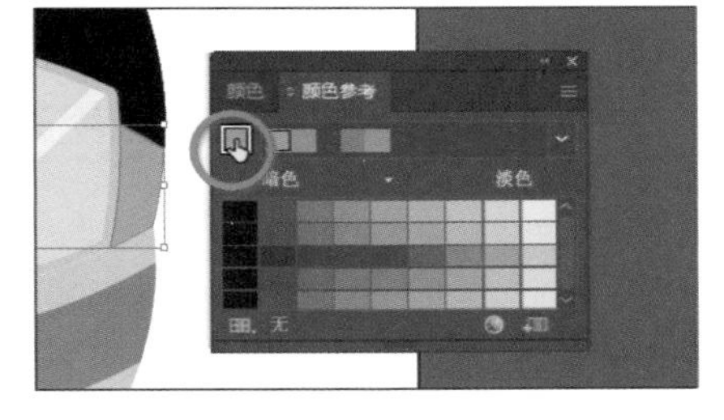

图 8-46

这会让“颜色参考”面板根据“将基色设置为当前颜色”按钮的颜色来推荐颜色。您在“颜色参考”面板中看到的颜色可能与您在图 8-46 中看到的有一定差异，这没有关系。

本小节将使用协调规则来创建颜色。

5 在“颜色参考”面板的“协调规则”列表中选择“右补色”选项，如图 8-47（a）所示。

这在基色（此处为绿色）的右侧创建了一组颜色，并在面板中显示了这组基色的一系列暗色和淡色，如图 8-47（b）所示。这里有很多协调规则可供选择，每种规则都会根据您选择的颜色（基色）生成相应的配色方案。设置基色是生成配色方案的基础。

> **提示** 您也可以单击“颜色参考”面板的菜单按钮来选择不同的颜色搭配（不同于默认“显示淡色/暗色”），例如“显示冷色/暖色”或“显示亮光/暗光”。

6 单击“颜色参考”面板底部的“将颜色保存到‘色板’面板”按钮，如图 8-48 所示，将“色板”面板中的基色（顶部的 6 种颜色）存储为一个颜色组。

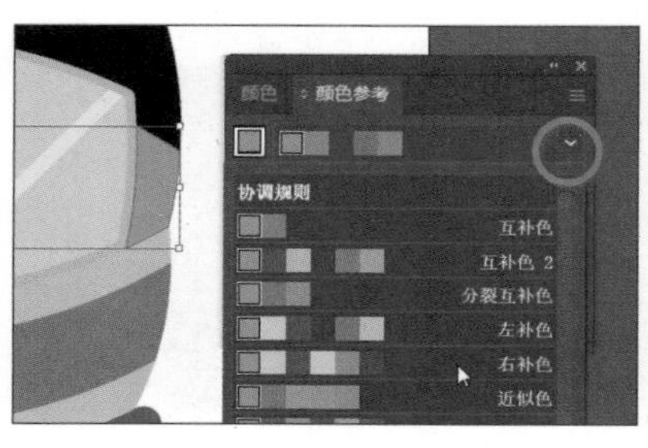

（a）

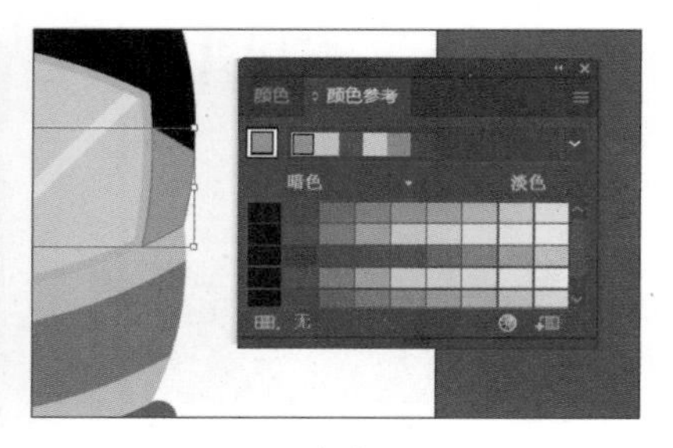

（b）

图 8-47

⑦ 选择“选择”>“取消选择”。

此时在“色板”面板中可以看到添加的新组，如图 8-49 所示。您可能需要在面板中向下拖动滚动条来查看新创建的颜色组。

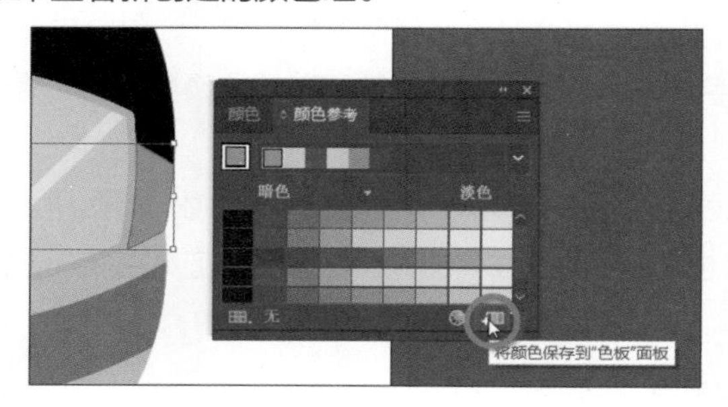

图 8-48

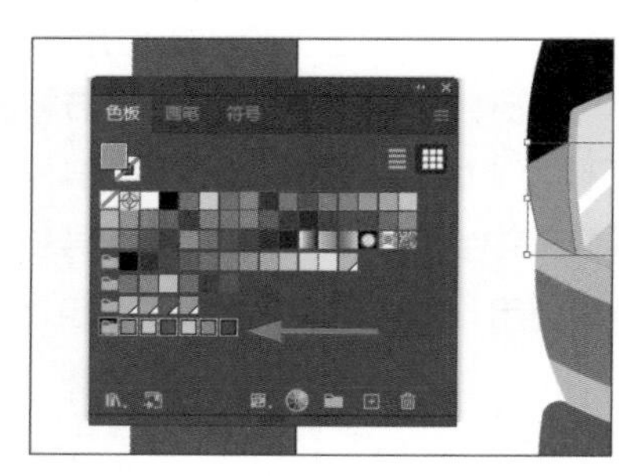

图 8-49

⑧ 关闭“色板”面板组。

8.3.13 从“颜色参考”面板应用颜色

在“颜色参考”面板中创建颜色之后，您可以单击应用“颜色参考”面板中的某种颜色，也可以应用以颜色组形式保存在“色板”面板中的颜色。本小节将从颜色组中应用一种颜色到滑雪运动员图稿并编辑该颜色。

① 单击第三个画板上的紫色夹克形状以将其选中。

② 单击“颜色参考”面板中的绿色，如图 8-50 所示。

③ 选择夹克中心的矩形（上面有黑色纽扣），为其应用浅绿色，如图 8-51 所示。

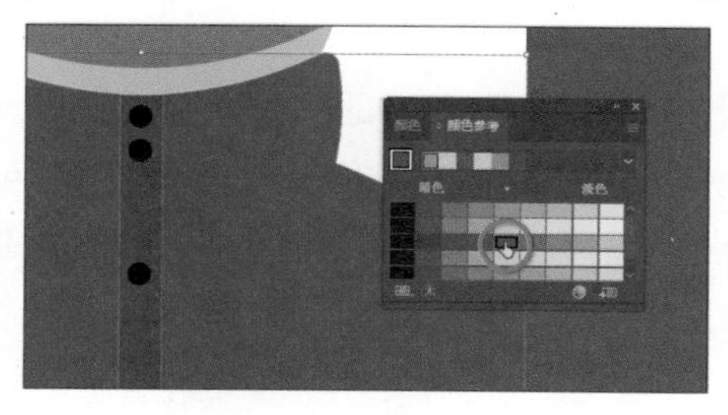

图 8-50

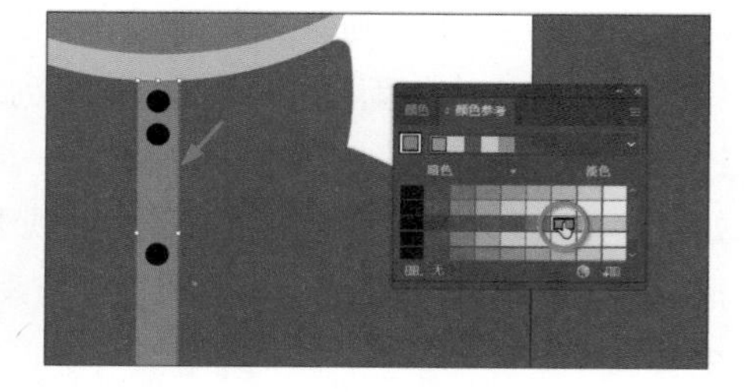

图 8-51

选择一种颜色后，它就成为基色。如果您单击基色，则面板中的颜色将基于该颜色以之前设置的“右补色”规则生成一组颜色（此处不要单击），如图 8-52 所示。

④ 关闭“颜色参考”面板。

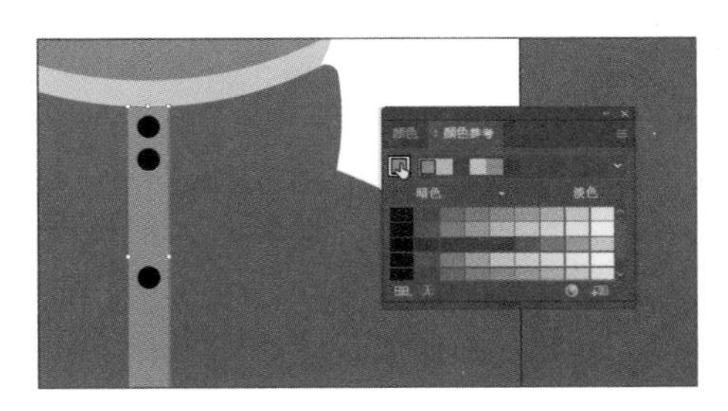

图 8-52

5 选择“文件”>“存储”，保存文件。

8.3.14 使用“重新着色图稿”对话框编辑图稿颜色

您可以使用“重新着色图稿”对话框编辑所选图稿的颜色。这在图稿不能使用全局色板的时候特别有用。如果不在图稿中使用全局色板，更新一系列颜色可能需要很多时间。而使用“重新着色图稿”对话框，您可以编辑颜色、改变颜色数量、将已有颜色匹配为新颜色等。

本小节将打开一个新文件并进行处理。

1 选择“文件”>“打开”，然后打开 Lessons>Lesson08 文件夹中的 L8_start2.ai 文件。

2 选择“文件”>“存储为”。如果弹出云文档对话框，单击“保存在您的计算机上”按钮（很可能不会弹出，因为您上次保存文档时已经选择了“保存在您的计算机上”按钮）。

3 在“存储为”对话框中，定位到 Lesson08 文件夹并打开它，将文件重命名为 Snowboards.ai。在“格式”下拉列表中选择 Adobe Illustrator（ai）选项（macOS）或在“保存类型”下拉列表中选择 Adobe Illustrator（*.AI）选项（Windows），单击“保存”按钮。

4 在“Illustrator 选项”对话框中保持默认设置，然后单击“确定”按钮。

5 在文档窗口左下角的“画板导航”下拉列表中选择 1 Snowboard Recolor 选项。选择“视图”>“画板适合窗口大小”，可在画板上看到颜色鲜艳的滑雪板、水果和恐龙图稿。

8.3.15 重新着色图稿

打开文件后，您现在可以使用“重新着色图稿”对话框重新着色图稿。

1 框选左侧的滑雪板图稿，如图 8-53（a）所示。

2 选择滑雪板图稿后，单击“属性”面板中的“重新着色”按钮，如图 8-53（b）所示，打开“重新着色图稿”对话框。

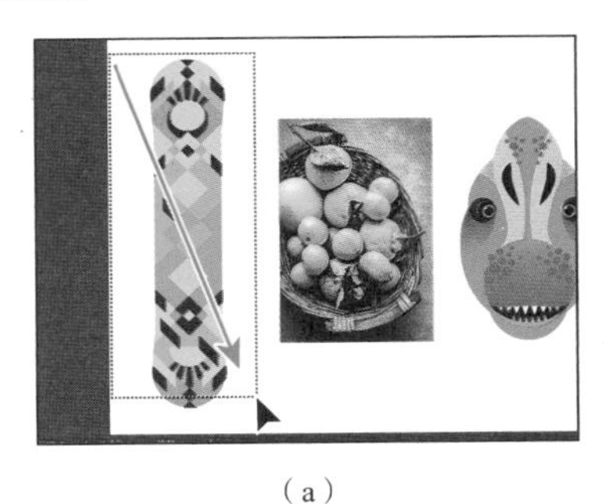

（a）

（b）

图 8-53

提示 您也可以选择"编辑">"编辑颜色">"重新着色图稿"，打开"重新着色图稿"对话框。

"重新着色图稿"对话框中的选项允许您编辑、重新指定颜色或减少所选图稿中的颜色种类，并可以将您创建的颜色保存为一个组。

对话框中间有一个色轮，所选滑雪板图稿中的颜色在色轮上以小圆圈标示，这些小圆圈称为"色标"，如图 8-54 所示。您可以单独或一起编辑这些颜色，编辑的方式可以是拖动色标或双击色标后输入精确的颜色值。

注意 如果您在所选图稿外单击，将关闭"重新着色图稿"对话框。

您还可以从"颜色库"下拉列表中选择颜色，以及更改所选图稿中的"颜色"数量——可能使图稿变为单色系配色。

3 确保"链接 / 取消链接协调颜色"按钮处于激活状态，以便独立编辑各种颜色。此时"链接 / 取消链接协调颜色"按钮的图标应该是，而不是，如图 8-55 中红圈所示。

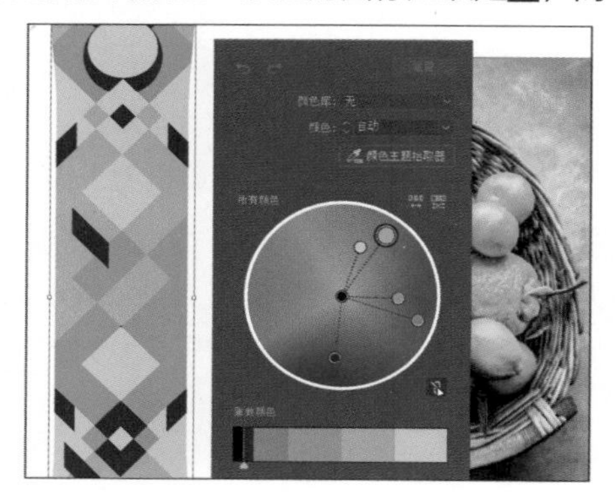

图 8-54

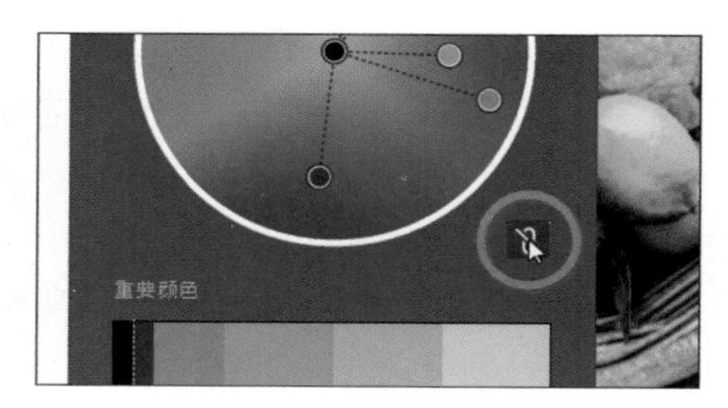

图 8-55

色标与色轮中心之间的连线是虚线，表示可以单独编辑各个颜色。如果启用"链接 / 取消链接协调颜色"按钮，那么在编辑某个颜色的时候，其他颜色也会相对于编辑的颜色而变化。

4 单击最大的橙色色标，并按住鼠标左键将其拖入绿色区域以更改颜色，如图 8-56 所示。

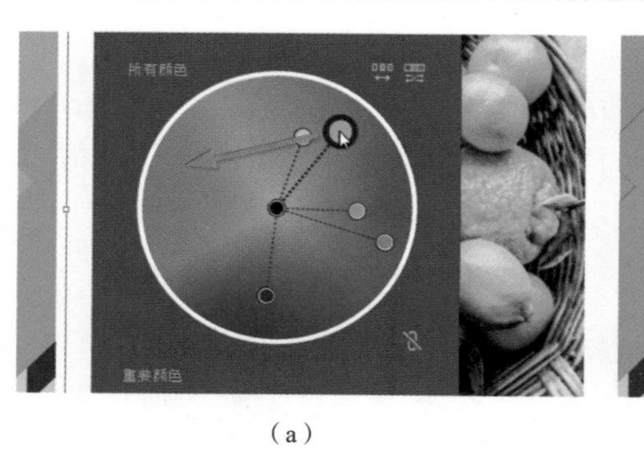

(a)

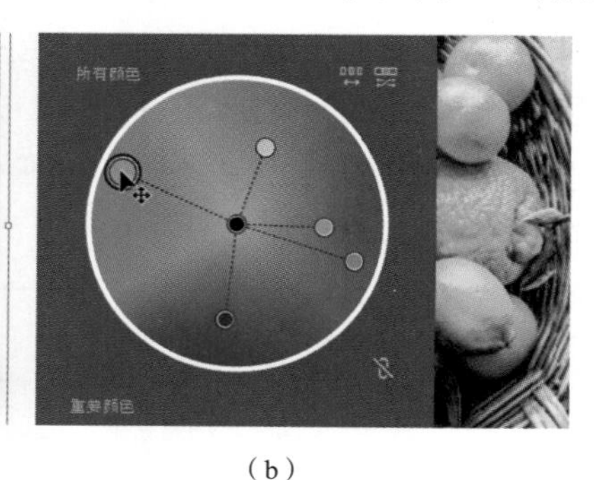

(b)

图 8-56

注意 最大的色标表示基色。如果您想和之前在"颜色参考"面板中一样选择一种颜色协调规则，基色将是最终配色方案所基于的颜色。单击"重新着色图稿"对话框底部的"高级选项"按钮，您可以设置颜色协调规则。

请注意，如果您在编辑颜色时出错并想重新开始，您可以单击“重新着色图稿”对话框右上角的“重置”按钮将颜色还原为初始颜色。

⑤ 双击现在为绿色的色标，打开“拾色器”对话框，将颜色更改为其他颜色（如蓝色），单击“确定”按钮，如图 8-57 所示。

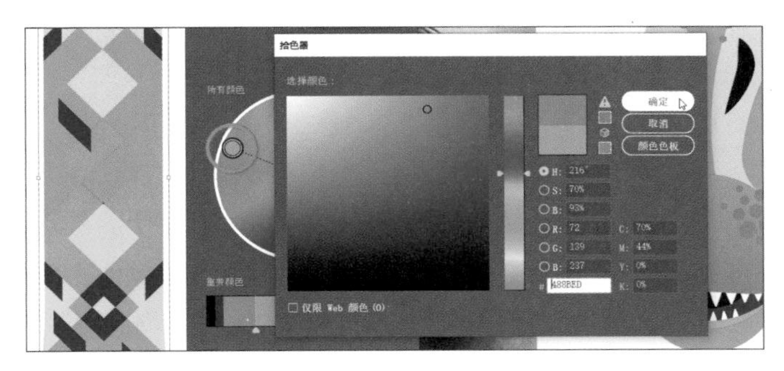

图 8-57

单击“确定”按钮后，请注意该色标会在色轮中移动，并且是唯一移动的色标，这是因为“链接 / 取消链接协调颜色”按钮处于激活状态，如图 8-58 所示。

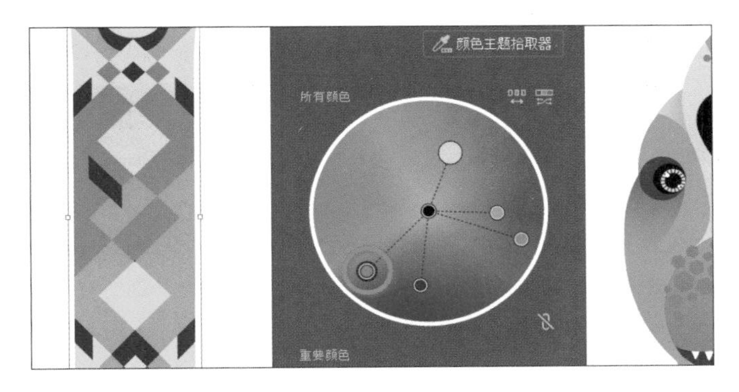

图 8-58

8.3.16 取样颜色

本小节将介绍如何从位图和矢量图稿中拾取颜色并将该颜色应用到滑雪板图稿。

① 单击对话框中的“颜色主题拾取器”按钮，鼠标指针变成形状，然后您就可以从诸如位图或矢量图稿中单击以拾取颜色。将对话框拖动到画板顶部，以便查看水果和恐龙图稿。单击水果图稿，以从整个图像中拾取颜色并将其应用于滑雪板图稿，如图 8-59 所示。

图 8-59

② 单击水果图稿右侧的恐龙图稿，以拾取颜色并将其应用于滑雪板图稿。

如果单击单个矢量对象（如形状），则会从该对象中拾取颜色。如果单击一组对象（例如恐龙头），则会从该组内的所有对象中拾取颜色。对于您从中拾取颜色的矢量图稿，您还可以选择部分图稿进行颜色拾取。您无须切换工具，只需按住鼠标左键进行框选即可在所选区域内拾取颜色。

③ 按住鼠标左键在恐龙图稿的某个较小区域周围画圈，以仅对选中的这部分图稿进行颜色拾取，如图 8-60 所示。

由于选择区域内的取色对象不同，您的恐龙可能看起来不同，这没关系。

为确保在滑雪板图稿中能看到相同的颜色，接下来您将通过单击，再次对恐龙进行颜色拾取。

④ 单击水果图像右侧的恐龙图稿，从该图稿拾取颜色并将其应用于滑雪板图稿。

⑤ 单击底部的“在色轮上显示饱和度和色相”按钮，查看色轮上颜色的饱和度和色相。

⑥ 向右拖动滑块以调整颜色的饱和度，拖动后颜色会发生变化，如图 8-61 所示。

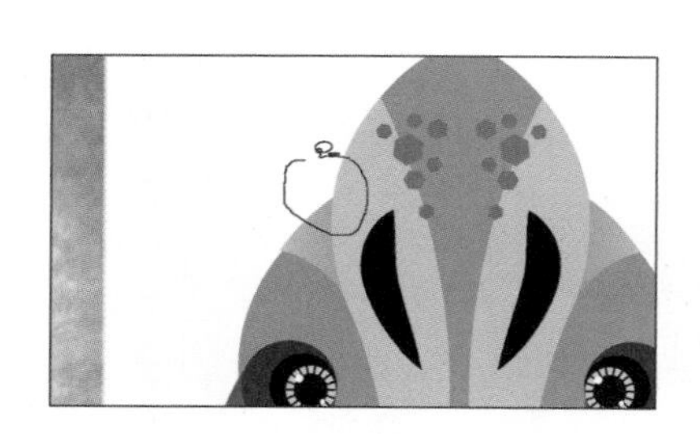

图 8-60

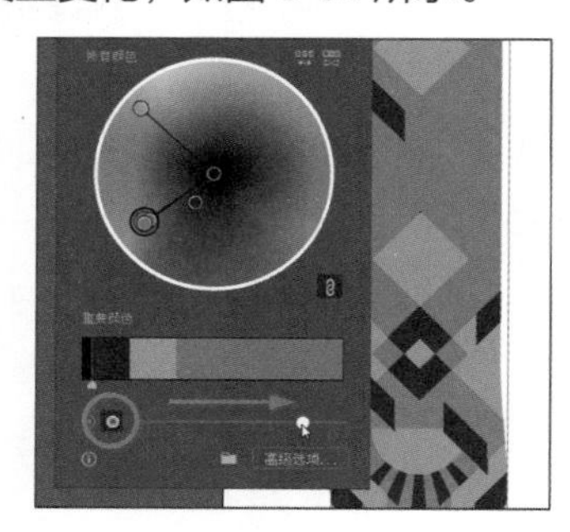

图 8-61

滑雪板图稿中的颜色不仅显示在色轮上，它们也显示在色轮下方的“重要颜色”选项组中。颜色区域的大小旨在让您了解每种颜色在图稿中所占的面积。在本例中，湖绿色占比更大，因此它在“重要颜色”选项组中显示得更多。

⑦ 在对话框的“重要颜色”选项组中，在绿色和湖绿色之间移动鼠标指针，它们之间会出现一个滑块。按住鼠标左键将该滑块向右拖动，以使绿色变宽，如图 8-62 所示。这意味着更多的绿色将作为淡色和暗色应用于图稿。

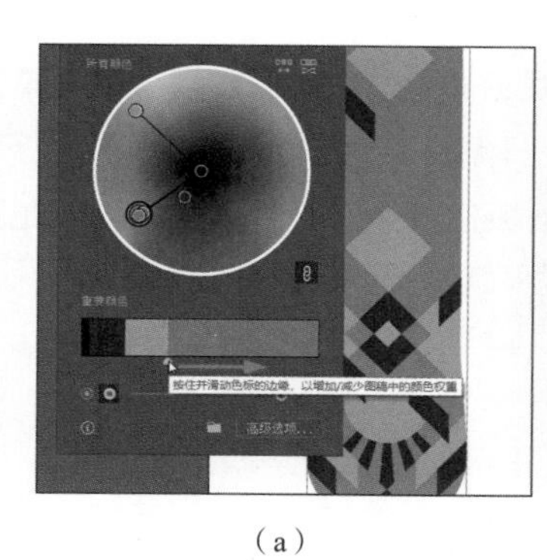

（a）

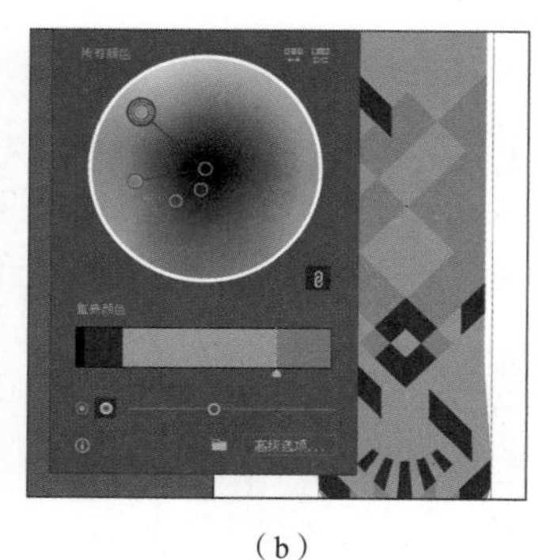

（b）

图 8-62

提示 “重要颜色”选项组中展示的是图稿中突出的颜色，并根据颜色的淡色和暗色进行分类。

最后，您将在“色板”面板中将颜色保存为一个颜色组。

8 单击面板底部的文件夹图标，然后选择“保存重要颜色”命令，如图 8-63 所示，将重要颜色保存为“色板”面板中的一个颜色组。如果“色板”面板打开，可以将其关闭。

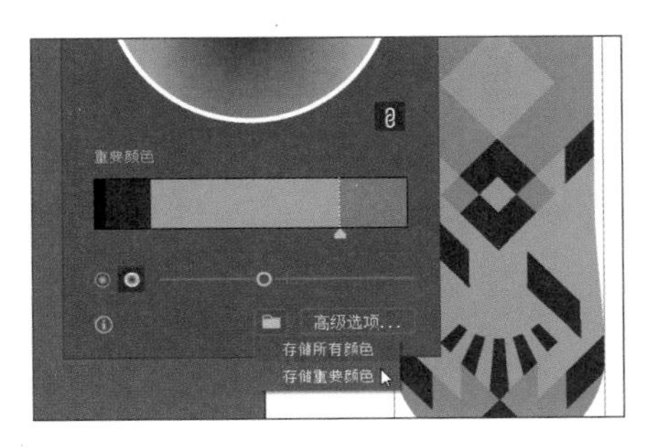

图 8-63

9 选择“选择”>“取消选择”，然后选择“文件”>“存储”，保存文件。

8.4 实时上色工具

“实时上色工具”能够自动检测和纠正可能影响填色和描边应用的间隙，从而直观地给矢量图形上色。“实时上色工具”中的路径将图稿表面划分为可以上色的不同区域，而且无论该区域是由一条路径构成，还是由多条路径段构成，都可以上色。使用“实时上色工具”给图稿上色，就像填充色标簿或使用水彩颜料给草图上色一样，并不会编辑底层形状。

注意 要了解更多关于“实时上色工具”及其功能的内容，可以在“Illustrator 帮助”(选择“帮助”>“Illustrator 帮助”)中搜索“实时上色”。

本节将使用“实时上色工具”应用颜色。

8.4.1 创建实时上色组

首先对滑雪板图稿进行更改，然后将其转换为实时上色组，以便使用“实时上色工具”编辑颜色。

1 在文档窗口左下角的“画板导航”下拉列表中选择 2 Snowboard live paint 选项。

您将在左侧的滑雪板图稿上操作，并以右侧的滑雪板图稿作为参考。您将从复制一些形状开始，这样您就可以使用“实时上色工具”为滑雪板的各个部分添加不同的颜色。

2 使用“选择工具”选择左侧滑雪板图稿上的一个深蓝色菱形，按住 Shift 键后选择另一个菱形。

3 选择工具栏中的“旋转工具”，然后按住 Option 键(macOS)或 Alt 键(Windows)，单击所选形状的底部角点，即橙色小菱形的中间位置，这时很可能会出现“交叉”提示，如图 8-64(a)所示。在弹出的“旋转”对话框中，将“角度”更改为 180°，然后单击“复制”按钮，如图 8-64(b)所示。最终效果如图 8-64(c)所示。

4 选择“选择工具”，框选左侧滑雪板图形。

提示 您也可以使用“实时上色工具”单击所选对象，将其转换为实时上色组。接下来将介绍如何使用实时上色对象。

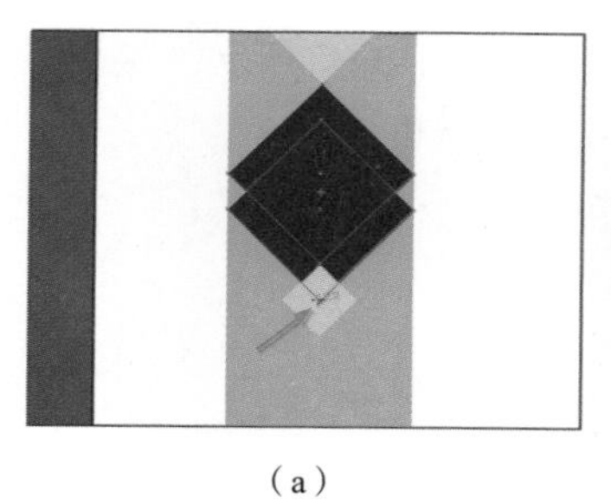

(a)

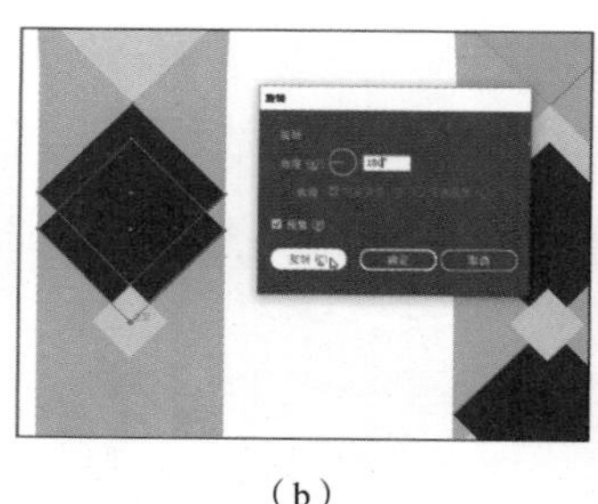

(b)

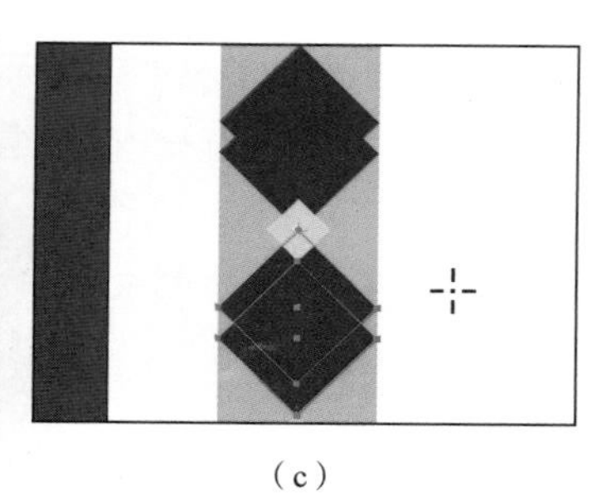

(c)

图 8-64

⑤ 选择“对象”>“实时上色”>“建立”，整个滑雪板现在变成了实时上色组，您可以看到定界框上的锚点变成了▣，如图 8-65 中红圈所示。

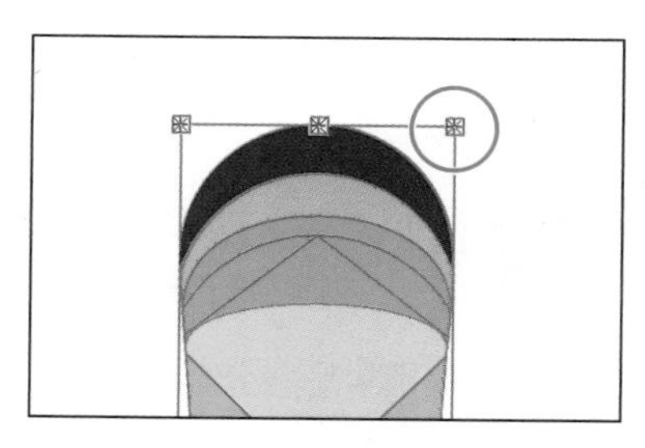

图 8-65

8.4.2 使用“实时上色工具”

将对象转换为实时上色组之后，您就可以使用“实时上色工具”以多种方法为对象上色。

① 单击工具栏底部的“编辑工具栏”按钮•••，在弹出的“所有工具”面板中将“实时上色工具”拖动到左侧的工具栏中，如图 8-66 所示，将其添加到工具列表中，在工具栏中选择该工具。

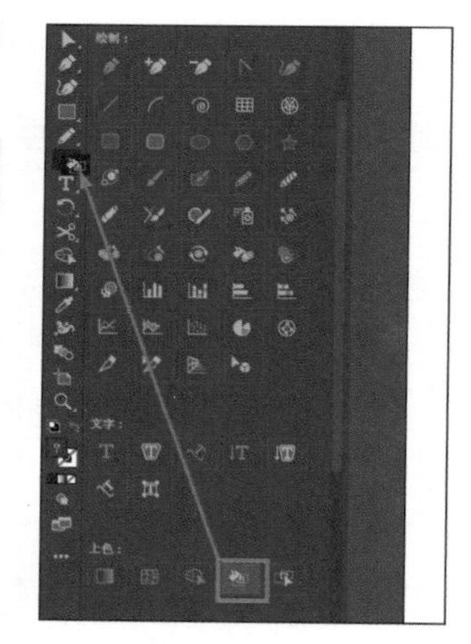

图 8-66

注意 按 Esc 键可以关闭“所有工具”面板。

② 选择“窗口”>“色板”，打开“色板”面板。使用“实时上色工具”时，不必打开“色板”面板，因为您可以从“属性”面板的“填色”框中选择颜色。这里打开“色板”面板是为了帮助您理解“颜色选择工具”是如何选择颜色的。

③ 在颜色组中选择一种浅绿色，如图 8-67 所示。

提示 您还可以通过选择“对象”>“实时上色”>“建立”将选定的图稿添加到实时上色组中。

④ 选中“实时上色工具”后，将鼠标指针移动到画板的空白区域，以查看鼠标指针上方的 3 个色板，它们代表 3 种所选颜色，即中间的浅绿色、左侧的粉红色和右侧的橙色，如图 8-68 所示。

⑤ 单击将颜色应用到图 8-69 所示的区域。

这将对一个封闭区域进行填色，颜色会自动找到该封闭区域的路径边缘。

⑥ 单击将颜色应用到图 8-70 所示的区域。

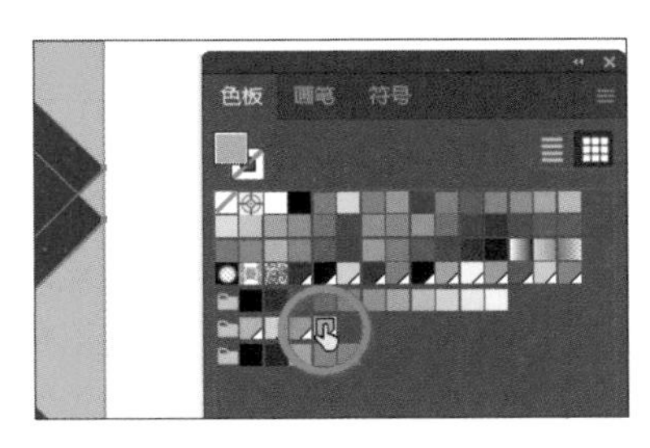

图 8-67

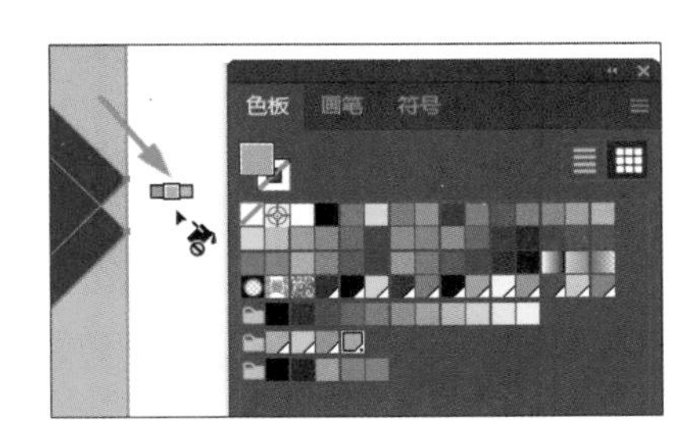

图 8-68

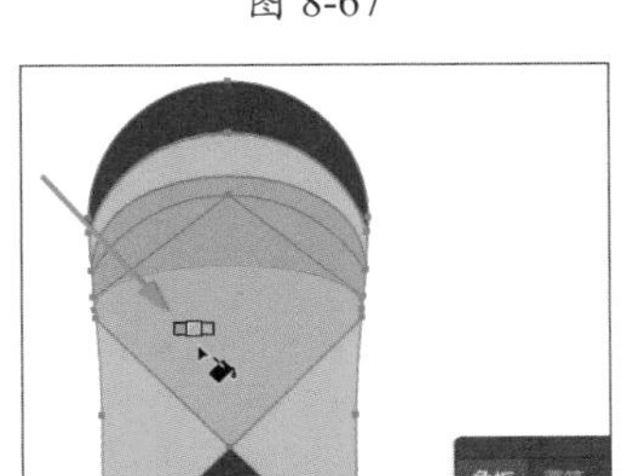

图 8-69

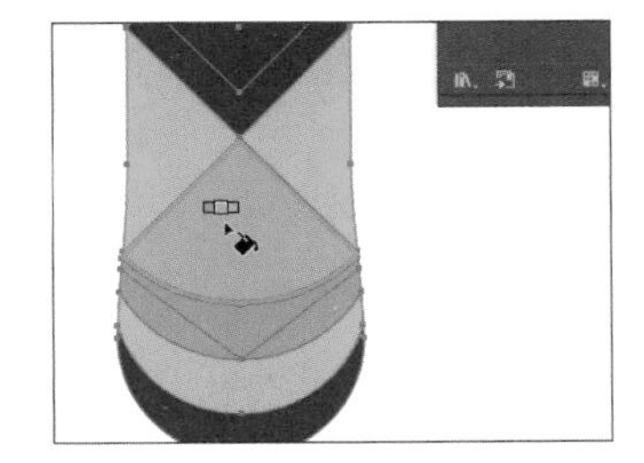

图 8-70

您可以从“色板”面板中选择另一种颜色进行上色，也可以利用方向键快速切换到另一种颜色。

7 按向右箭头键一次，切换到鼠标指针上方的橙色色板，如图 8-71（a）所示。

8 再按向右箭头键一次，切换到鼠标指针上方的浅橙色色板，如图 8-71（b）所示。

9 单击将浅橙色应用到图 8-71（c）所示的区域。

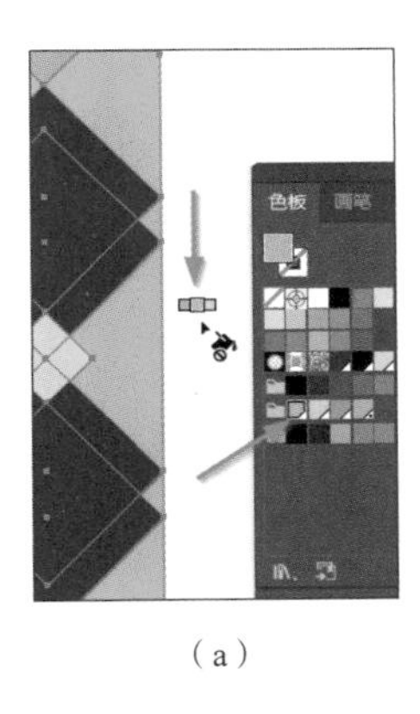

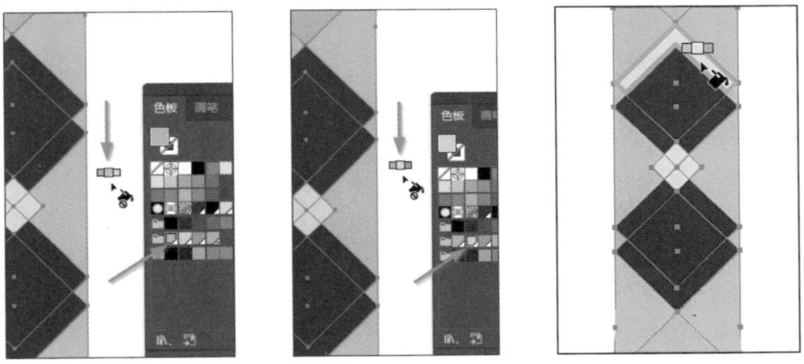

（a）

（b）

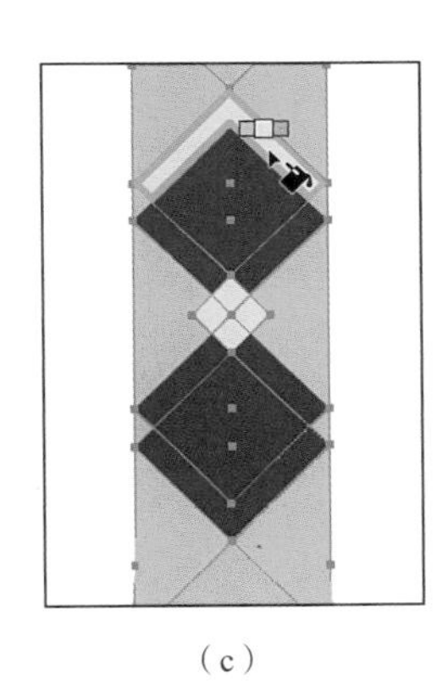

（c）

图 8-71

10 单击将浅橙色应用到图 8-72 所示的区域。

11 关闭“色板”面板，上色之后的效果如图 8-73 所示。

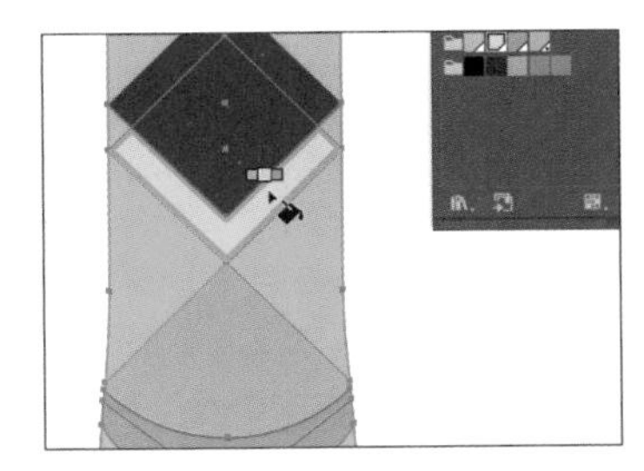

图 8-72

图 8-73

⑫ 选择“选择”>“取消选择”，然后选择“文件”>“存储”，保存文件。

8.4.3 修改实时上色组

当建立实时上色组后，每个路径都处于可编辑状态。移动或调整路径时，以前应用的颜色并不会停留在原来的区域。相反，颜色会自动重新应用于由编辑后的路径形成的新区域。本小节将在实时上色组中编辑路径。

① 使用“选择工具”▶双击左侧滑雪板图稿以进入隔离模式。

实时上色组类似于常规的编组对象。当双击进入隔离模式后，图稿中的各个对象仍可访问。进入隔离模式后，还可以移动、变换、添加或删除形状。

② 选择“直接选择工具”。

③ 将鼠标指针移动到图稿顶部的暗粉色和浅绿色图形之间的路径上，如图 8-74（a）所示。

④ 单击该路径，当鼠标指针变为形状时，按住鼠标左键向下拖动该路径，如图 8-74（b）所示，最终效果如图 8-74（c）所示。

⑤ 按 Esc 键退出隔离模式。

⑥ 选择“选择”>“取消选择”。

⑦ 选择“视图”>“画板适合窗口大小”，最终效果如图 8-75 所示。

（a）

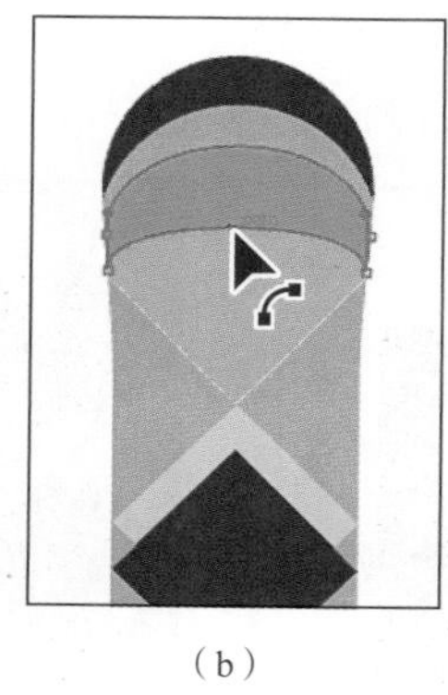
（b）

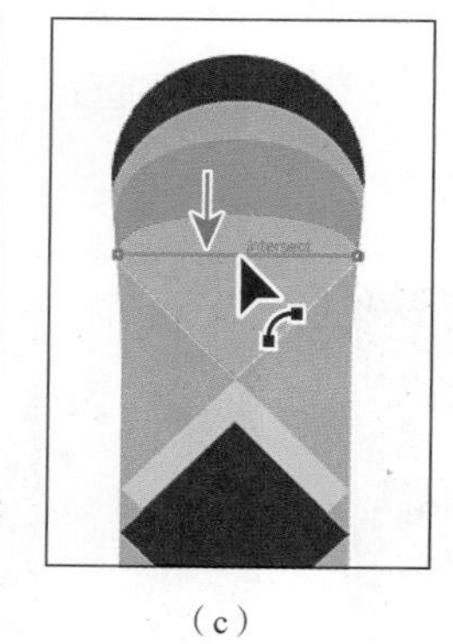
（c）

图 8-74

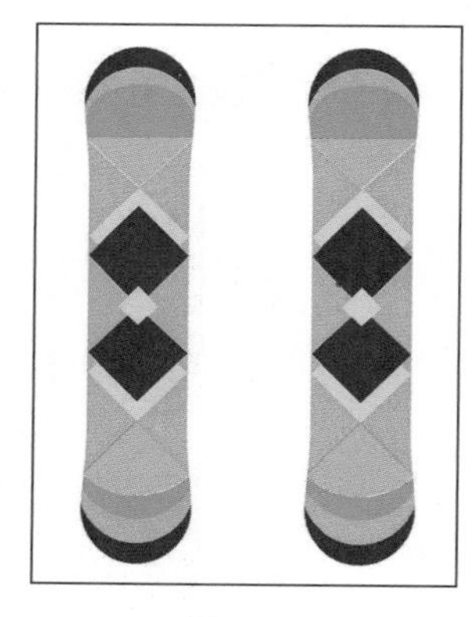
图 8-75

⑧ 选择“文件”>“存储”，然后根据需要多次选择“文件”>“关闭”以关闭所有打开的文件。

复习题

1. 什么是全局色板?
2. 如何保存颜色?
3. 什么是淡色?
4. 如何选择协调规则以激发色彩灵感?
5. “重新着色图稿”对话框允许哪些操作?
6. “实时上色工具”能够做什么?

参考答案

1. 全局色板是一种颜色色板，当您编辑全局色时，系统会自动更新应用了它的所有图稿的颜色。所有专色色板都是全局色板，作为色板保存的印刷色默认是全局色板，但它们也可以是非全局色板。
2. 您可以将颜色添加到“色板”面板保存，以便使用它给图稿中的其他对象上色。选择要保存的颜色，并执行以下操作之一。
- 将颜色从“填色”框中拖动到“色板”面板中。
- 单击“色板”面板的“新建色板”按钮。
- 在“色板”面板菜单中选择“新建色板”命令。
- 在“颜色”面板菜单中选择“创建新色板”命令。
3. 淡色是混合了白色的较淡的颜色。您可以用全局印刷色（如 CMYK）或专色创建淡色。
4. 您可以从“颜色参考”面板中选择颜色协调规则。颜色协调规则可根据选择的基色生成相应的配色方案。
5. 您可以使用“重新着色图稿”对话框更改所选图稿中使用的颜色、创建和编辑颜色组、重新指定或减少图稿中的颜色数等。
6. “实时上色工具”能够自动检测和纠正可能影响填色和描边应用的间隙，用它可直观地给矢量图形上色。路径将图稿表面划分为多个区域，不管区域是由一条路径还是由多条路径所构成的，任何一个区域都可以上色。

第 9 课

为项目添加文本

本课概览

本课将学习以下内容。

- 创建和编辑点状文字和区域文字。
- 置入文本。
- 串接文本。
- 更改文本格式。
- 修复缺少的字体。
- 使用字形。
- 垂直对齐区域文字。
- 对齐字形。
- 创建列文本。
- 创建和编辑段落样式和字符样式。
- 添加项目符号和编号列表。
- 使文本绕排对象。
- 沿路径创建文本。
- 使用变形形状改变文本形状。
- 创建文本轮廓。

学习本课大约需要 75 分钟

文本是插图中重要的设计元素。与其他对象一样，可以对文字进行上色、缩放、旋转等操作。在本课中，您将学习创建基本文本及添加有趣的文本效果的方法。

9.1 开始本课

本课将向 3 个项目添加文本，但在此之前，请还原 Adobe Illustrator 的默认首选项，然后打开本课已完成的图稿文件，查看最终插图效果。

❶ 为了确保工具的功能和默认值完全如本课所述，请重置 Adobe Illustrator 的首选项文件，具体操作请参阅本书“前言”中的“还原默认首选项”部分。

❷ 启动 Adobe Illustrator。

❸ 选择“文件”>“打开”，在 Lessons>Lesson09 文件夹中找到名为 L9_end.ai 的文件，单击“打开”按钮，如图 9-1 所示。

由于文件使用了特定的 Adobe 字体，因此您很可能会看到“缺少字体”对话框，只需在“缺少字体”对话框中单击“关闭”按钮即可。

在本课的后面部分，您将学习关于 Adobe 字体的内容。如果有需要，可使该文件保持为打开状态，以便您在学习本课时作为参考。

❹ 选择“文件”>“打开”，在“打开”对话框中，找到 Lessons>Lesson09 文件夹，选择 L9_start.ai 文件。单击“打开”按钮，打开该文件，如图 9-2 所示。

图 9-1

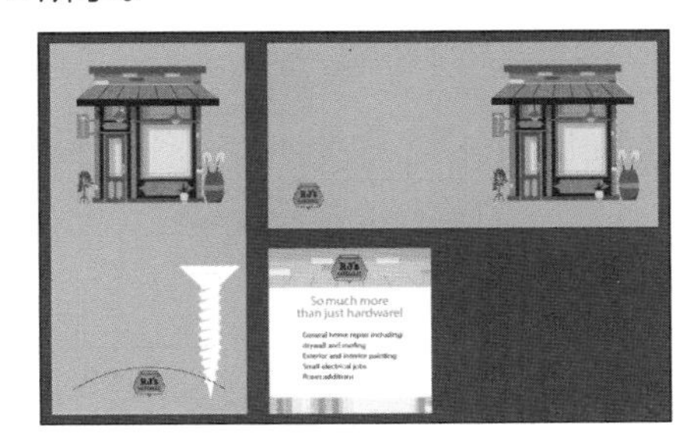

图 9-2

您将添加文本和设置文本格式以完成此广告卡片。

❺ 选择“文件”>“存储为”，如果弹出云文档对话框，单击“保存在您的计算机上”按钮。

❻ 在“存储为”对话框中，定位到 Lesson09 文件夹，并将文件命名为 HardwareStore_ads.ai。在“格式”下拉列表中选择 Adobe Illustrator（ai）选项（macOS）或在“保存类型”下拉列表中选择 Adobe Illustrator（*.AI）选项（Windows），单击“保存”按钮。

❼ 在“Illustrator 选项”对话框中保持默认设置，单击“确定”按钮。

❽ 选择“窗口”>“工作区”>“重置基本功能”。

> **注意** 如果在“工作区”菜单中没有看到“重置基本功能”命令，请在选择“窗口”>“工作区”>“重置基本功能”之前，选择“窗口”>“工作区”>“基本功能”。

9.2 添加文本

文字功能是 Adobe Illustrator 中最强大的功能之一。与在 Adobe InDesign 中一样，您可以创建文本列和行、置入文本、随形状或沿路径排列文本、将字母用作图形对象等。

在 Adobe Illustrator 中，您可以通过以下 3 种方式创建文本对象。

- 添加点状文字。
- 添加区域文字。
- 添加路径文字。

9.2.1 添加点状文字

点状文字是从单击处开始，在输入字符时展开的一行或一列文本。每一行（列）文本都是独立的——当您编辑它时，行（列）会扩展或收缩，除非手动添加段落标记或换行符，否则不会切换到下一行（列）。在您的作品中添加标题或少量文本时，可以使用这种方式创建文本。本小节将使用点状文字添加标题文本。

❶ 在文档窗口左下角的“画板导航”下拉列表中选择 1 Vertical Ad 选项。选择“视图”>“画板适合窗口大小”。

您将在建筑插图下方添加一些文本。

❷ 在工具栏中选择“文字工具”T，在建筑物下方单击（不要拖动），在占位符文本上输入 RJ Hardware，如图 9-3 所示。

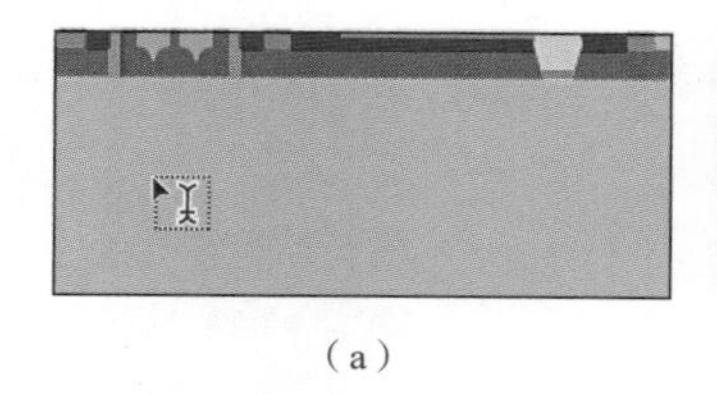
（a）

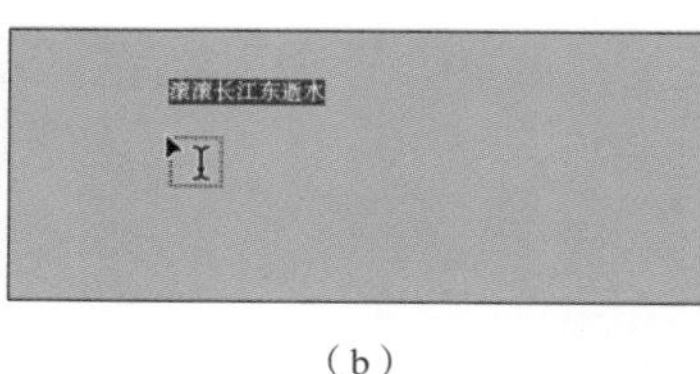

（b）

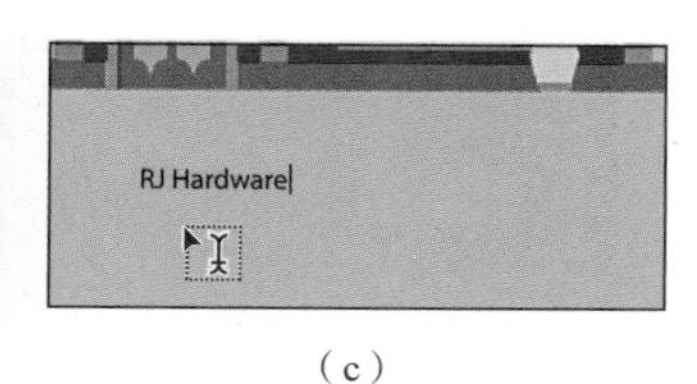

（c）

图 9-3

文本框中的“滚滚长江东逝水”是可被替换的占位符文本。

❸ 选择“选择工具”▶，按住 Shift 键，然后拖动文本框右下角的定界点，使文本变大，如图 9-4 所示。

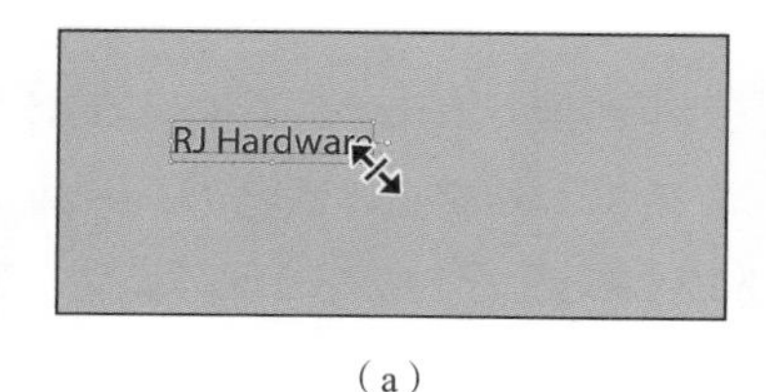

（a）

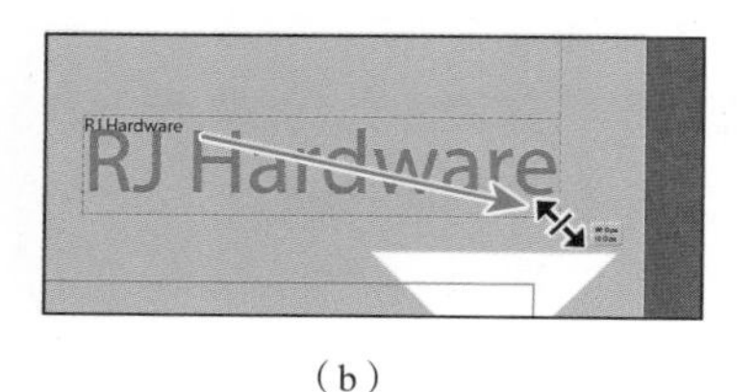

（b）

图 9-4

如果不按住 Shift 键缩放点状文字，则文本会被拉伸。

❹ 再次选择“文字工具”，输入文本 Making your home beautiful。

❺ 选择“选择工具”，按住 Shift 键，拖动文本框的一个角，使之与其他文本大小相同，如图 9-5 所示。

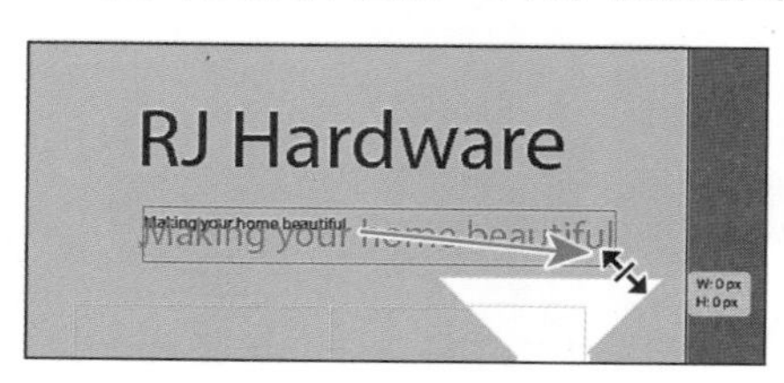

图 9-5

在本课中，您将设置此文本的外观并将其放到合适的位置。

9.2.2 添加区域文字

区域文字使用文本框（如矩形）的边界来控制字符的流动，文本可以是水平方向的，也可以是垂直方向的。当文本到达边界时，它会自动换行以适应定义的区域，如图 9-6 所示。当您想要创建一个或多个段落文本（例如应用于海报或小册子）时，可以使用这种方式输入文本。

Making your
home beautiful.

图 9-6

要创建区域文字，可以使用“文字工具”T 单击需要添加文本的位置，然后按住鼠标左键拖动以创建区域文字对象（也称为“文本对象”“文本框”“文字区域”“文字对象”）。

> **提示** 是否使用占位符文本填充文本对象可以在首选项里进行更改。选择 Illustrator>“首选项”（macOS）或“编辑”>“首选项”（Windows），选择“文字”，取消勾选“使用占位符文本来填充新文字对象”复选框。

接下来将创建一些区域文字并向广告卡片中添加标题。

1. 在文档窗口左下角的“画板导航”下拉列表中选择 2 Horizontal ad 选项。
2. 选择“文字工具”T，将鼠标指针移动到浅绿色框中。按住鼠标左键并拖动以创建一个宽约 100 px、高约 100 px 的文本框，如图 9-7 所示。

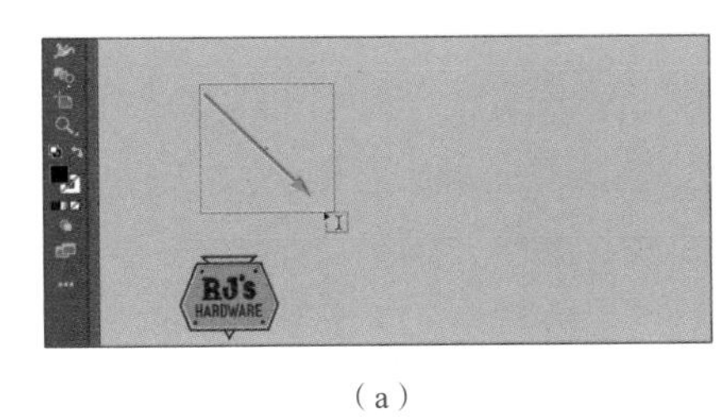

（a）

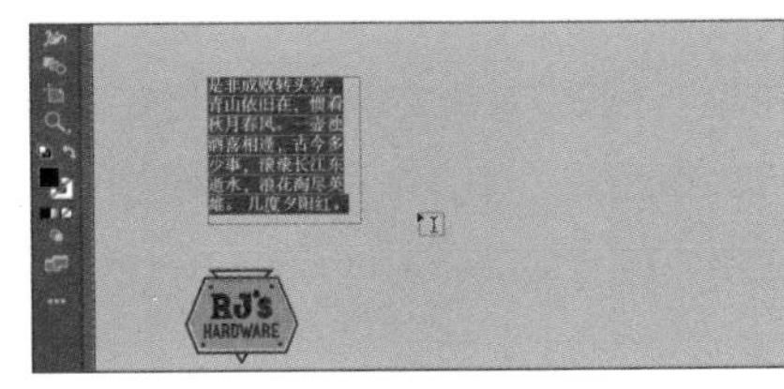

（b）

图 9-7

默认情况下，区域文字对象填充有处于选中状态的占位符文本，您可以将其替换为需要的文本。

3. 选择“视图”>“放大”，重复操作几次，放大视图。
4. 选择占位符文本，输入 Your local home repair specialists，如图 9-8 所示。

请注意文本是如何水平换行以适合文本框的。

5. 选择“选择工具”，按住鼠标左键将文本框右下角的定界点向左拖动，如图 9-9 所示，然后向右拖动，查看文本在文本框中是如何换行的，这个过程不会改变文本的字体大小。

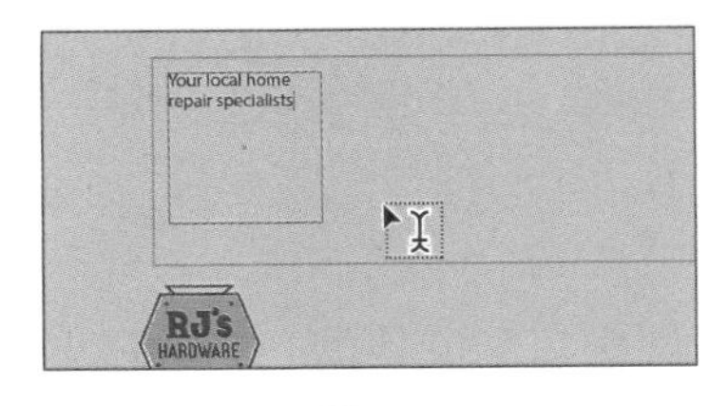

图 9-8

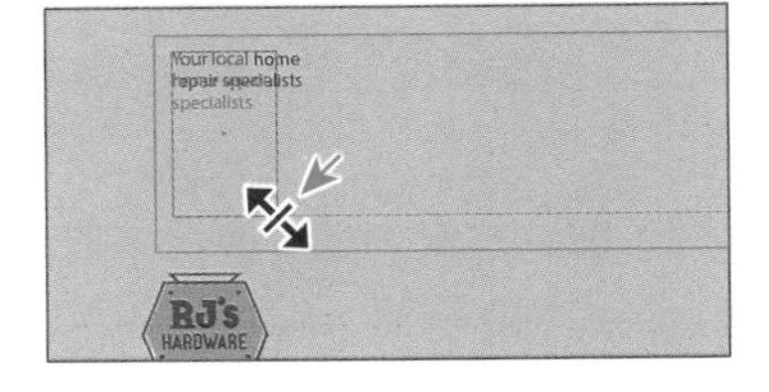

图 9-9

您可以通过拖动文本框上 8 个定界点中的任意一个来调整文本框的大小，而不仅是右下角的定界点。

⑥ 拖动同一点使文本框变短，但您仍然可以看到所有文本，并且文本会自动换行，如图 9-10 所示。

⑦ 双击文本以切换到“文字工具”。

⑧ 将光标放在单词 repair 之前，然后按 Shift+Return 组合键（macOS）或 Shift+Enter 组合键（Windows），使用软回车来换行，如图 9-11 所示。

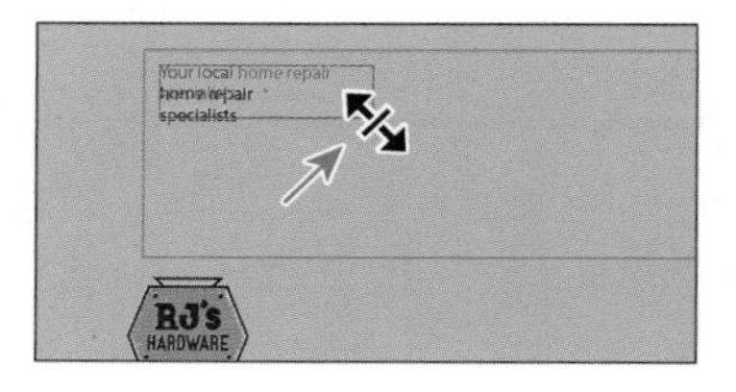

图 9-10

软回车将文本行保持为单个段落，而不是将其分成两段。稍后，当您应用段落格式的时候，这可以使格式化应用变得更容易。

⑨ 选择“选择工具”，然后将文本对象拖动到湖绿色框的上方，如图 9-12 所示。

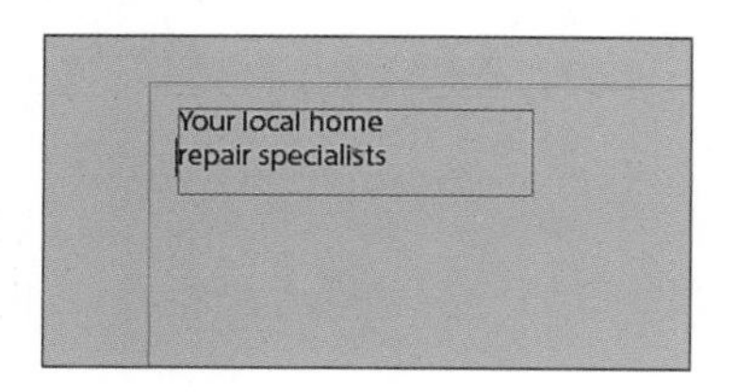

图 9-11

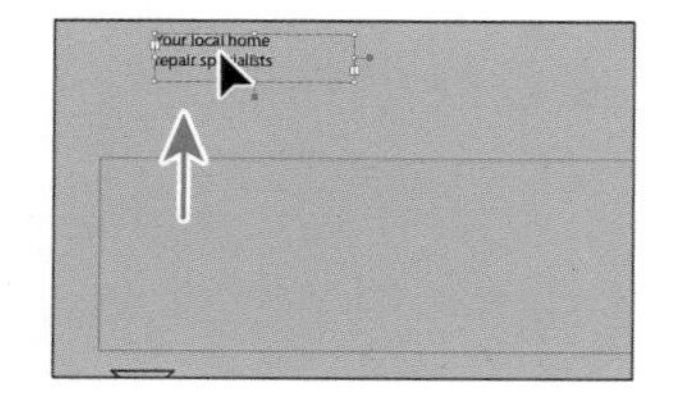

图 9-12

9.2.3 转换区域文字和点状文字

您可以轻松地将文本对象在区域文字和点状文字（见图 9-13）之间进行转换。如果您通过单击（创建点状文字）输入标题，但稍后希望在不拉伸文本的情况下调整文本大小并添加更多文本，这将非常有用。

本小节将文本对象从点状文字转换为区域文字。

① 选择“文字工具”T，在同一画板左下角 RJ’s HARDWARE 右侧单击，添加一些点状文字。

② 输入 215 Grand Street • Hometown USA 555-555-5555，如图 9-14 所示。

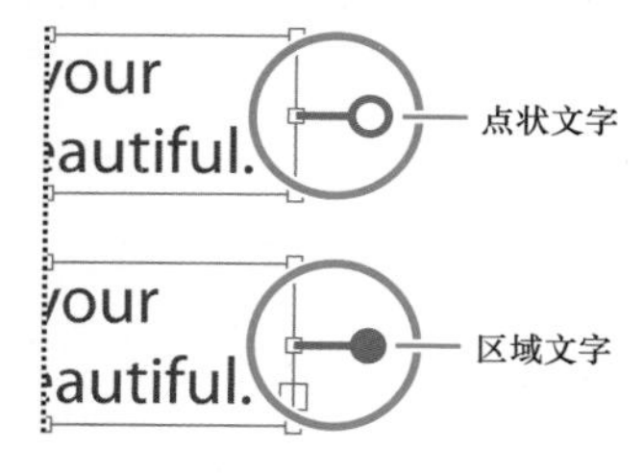

图 9-13

图 9-14

> 提示 如果需要添加项目符号，请将光标放在要添加项目符号的位置，然后选择“文字”>“插入特殊字符”>“符号”>“项目符号”。

请注意文本没有换行。我们需要以不同的方式对文本进行换行，在这种情况下，区域文字可能是更好的选择。

③ 按 Esc 键，然后选择“选择工具”。

④ 将鼠标指针移动到文本对象右边缘的注释器上，如图 9-15（a）所示，注释器上的空心端点表示它是点状文字。当鼠标指针变为形状时，双击注释器将点状文字转换为区域文字，如图 9-15（b）所示。

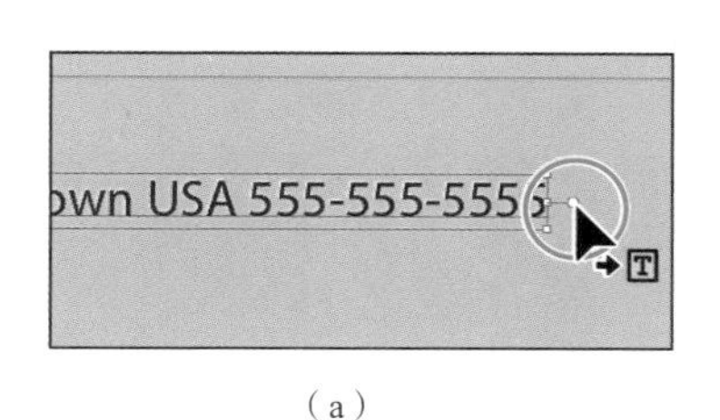

（a）

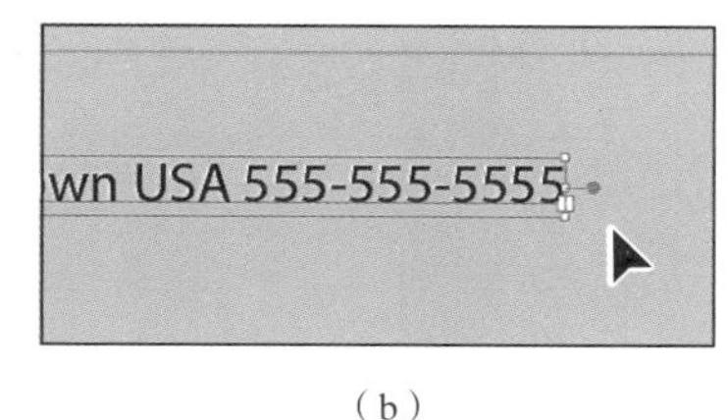

（b）

图 9-15

提示 要转换文本对象类型，您可以在选择文本对象后，选择“文字”>“转换为点状文字”或“转换为区域文字”，具体取决于所选文本对象的类型。

现在注释器的空心端点变成了实心的—●，表示文本对象是区域文字。

5 拖动文本框右下角的定界点，将文本换行收缩在文本框中，直到如图 9-16 所示。

图 9-16

9.2.4 导入纯文本文件

您可以将在其他软件中创建的文本导入 AI 文件中。和复制和粘贴相比，从文件导入文本的优点之一是导入的文本会保留其字符和段落格式（默认情况下）。例如，在 Adobe Illustrator 中，除非您在导入文本时选择删除格式，否则来自 RTF 文件中的文本将保留其字体和样式规范。

本小节将把纯文本文件中的文本导入图稿中，以获取广告卡片的大部分文本。

1 在文档窗口左下角的“画板导航”下拉列表中选择 1 Vertical Ad 选项，切换到另一个画板。

2 选择“选择”>“取消选择”。

3 选择“文件”>“置入”，找到 Lessons>Lesson09 文件夹，选择 L9_text.txt 文件，如图 9-17 所示。

4 单击“置入”按钮。

在弹出的“文本导入选项”对话框中，您可以在导入文本之前设置一些选项，如图 9-18 所示。

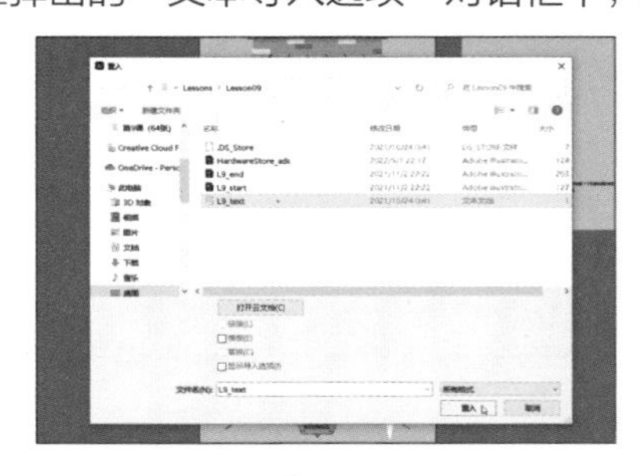

图 9-17

图 9-18

5 保持默认设置，然后单击“确定”按钮。

6 将加载文本图标移动到画板左下角的湖绿色框中，按住鼠标左键从左上角向右下角拖动以创建文本框，如图 9-19 所示。

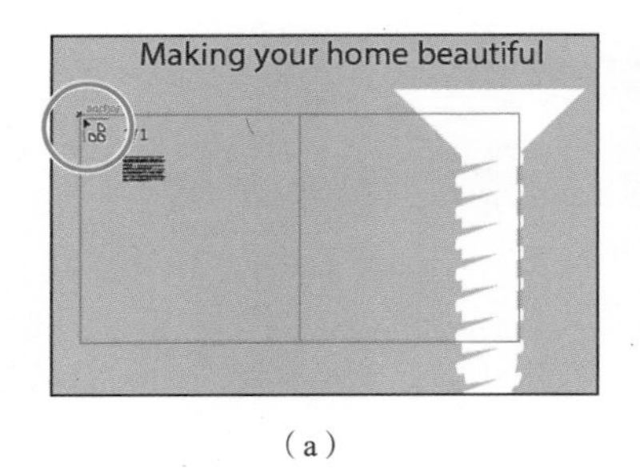

（a）

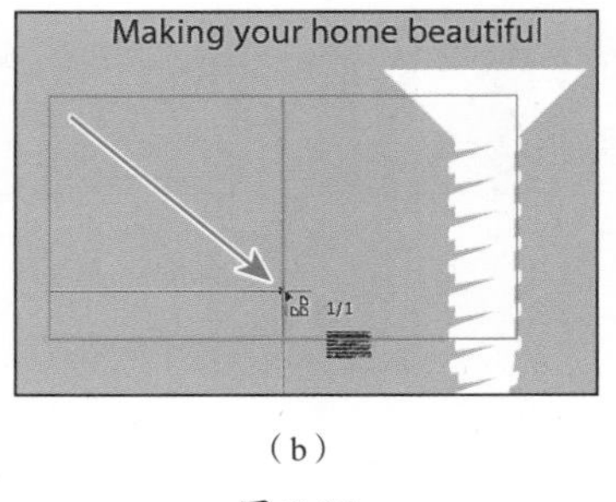

（b）

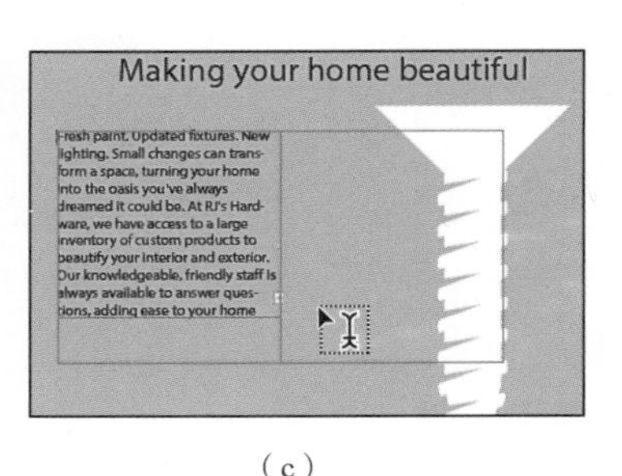

（c）

图 9-19

如果仅单击，则会创建一个比画板小的区域文字对象。

7 选择“文件”>“存储”，保存文件。

9.2.5 串接文本

当使用区域文字（不是点状文字）时，每个区域文字对象都包含一个输入端口和一个输出端口，如图 9-20 所示。您可以通过端口链接区域文字并在端口之间使文本流动。

- 空输出端口如图 9-21 所示，表示所有文本都是可见的，且区域文字对象尚未链接。
- 输出端口中的箭头如图 9-22 所示，表示将区域文字对象链接到另一个区域文字对象。
- 输出端口中的红色加号⊞如图 9-23 所示，表示对象包含额外的文本，称为“溢出文本”。要显示所有溢出文本，您可以将文本串接到另一个文本对象，然后调整文本对象的大小或调整文本内容。

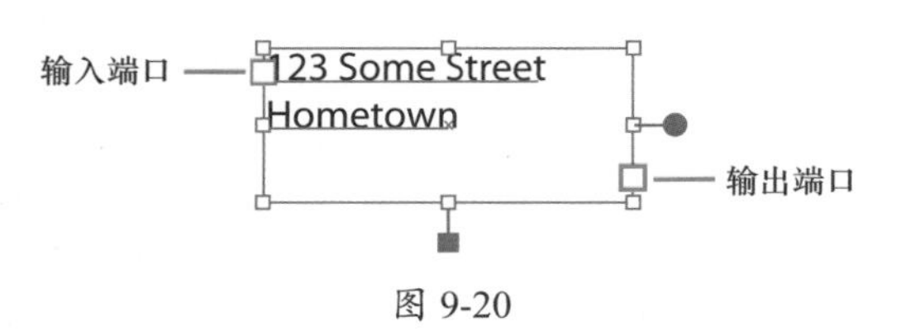

图 9-20

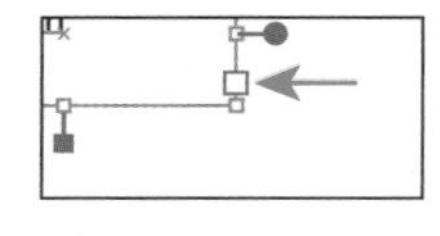

图 9-21

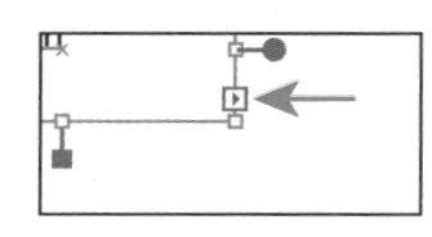

图 9-22

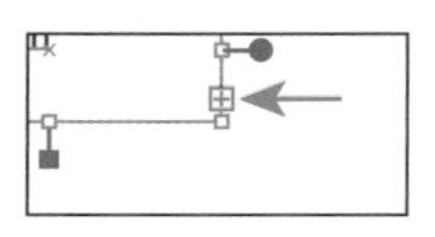

图 9-23

若要将文本从一个对象串接到另一个对象，必须链接这些对象。链接文本的对象可以是任意形状，但文本必须输入对象中或沿路径输入，而不能是点状文字。

本小节将在两个区域文字对象之间串接文本。

1 选择“视图”>“全部适合窗口大小”。

2 选择“选择工具”▶，单击在 9.2.4 小节创建的文本对象右下角的输出端口（⊞）。松开鼠标左键后，将鼠标指针移开，如图 9-24 所示。

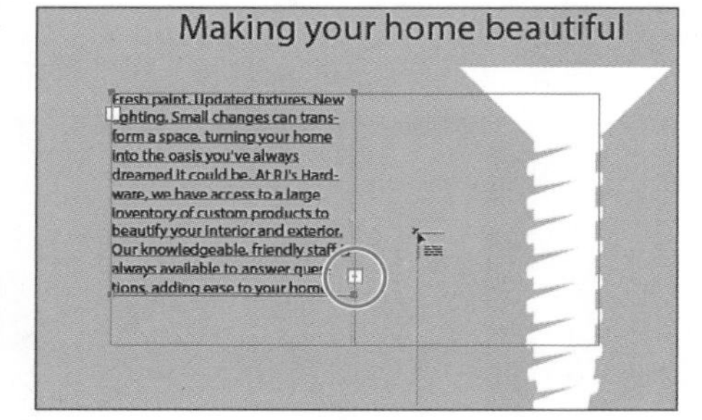

图 9-24

当鼠标指针从原始文本对象上移开时，鼠标指针会变为“加载文本”图标。

> 注意 双击输出端口，则会出现一个新文本对象。如果发生这种情况，您可以按住鼠标左键拖动新文本对象到您希望放置的地方，或者选择“编辑”>“还原链接串接文本”，“加载文本”图标将重新出现。

③ 将鼠标指针移动到水平广告卡片上湖绿色框的左上角，按住鼠标左键向右下角拖出一个方框，以创建区域文字对象，如图 9-25 所示。

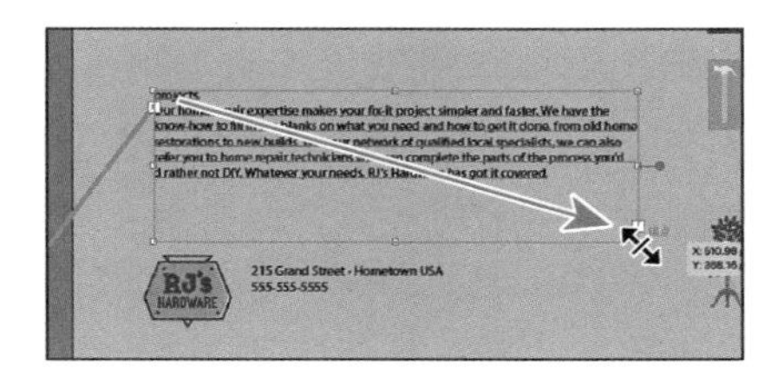

图 9-25

在仍选择第二个文本对象的情况下，请注意连接这两个文本对象的线条。此线条（不会打印出来）是告诉您这两个对象是相连的串接文本。如果看不到此线条，请选择“视图”>“显示文本串接”。

> **提示** 在对象之间对文本进行串接处理的另一种方法是选择区域文字对象，再选择要链接到的一个或多个文本对象，然后选择“文字”>“串接文本”>“创建”。

画板底部区域文字对象的输出端口▶和顶部的区域文字对象的输入端口▶中有小箭头，用于指示文本如何从一个对象流向另一个对象。

④ 单击左侧的第一个串接文本对象。

⑤ 将文本对象右侧中间定界点向右拖动，使其宽度与图 9-26（a）所示等宽。向上拖动该文本对象的底边，直到有部分文本流入右侧的文本对象，如图 9-26（b）所示。使文本保持选中状态。

文本将在文本对象之间流动。如果删除第二个文本对象，则文本将作为溢出文本被拉回到原始文字对象中。尽管溢出文本不可见，但并不会被删除。

调整文本对象的大小后，在右侧画板的文本区域中看到的文本可能比在图 9-26（b）中看到的更多或更少，这没关系。

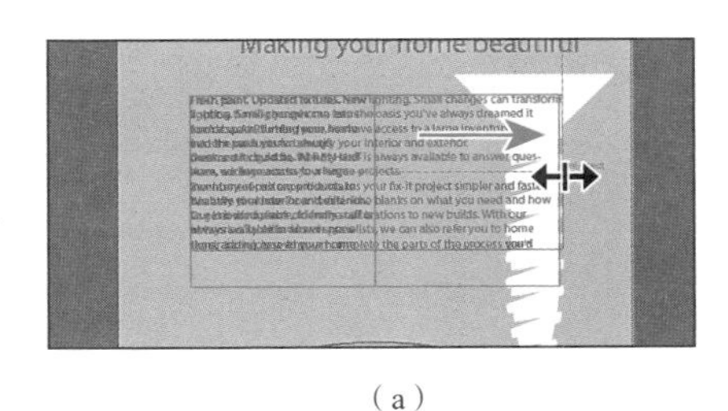

（a）

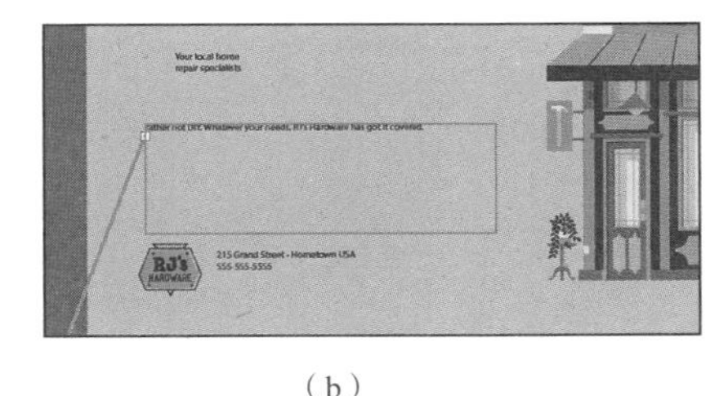

（b）

图 9-26

9.3 格式化文本

您可以通过多种创造性的方式设置文本格式，并将格式应用于单个字符、系列字符或所有字符。选择区域文字对象（而不是选择其中的文本），您可将格式设置应用于对象中的所有文本，包括“字符”和“段落”面板中的选项、“填色”和“描边”属性以及透明度设置。

本节将介绍如何更改文本属性（如字体大小），随后将介绍如何将该格式存储为文本样式。

9.3.1 更改字体系列和字体样式

本小节将对文本应用字体。除了本地字体外，Adobe Creative Cloud 会员还可以访问在线字体库，获取字体并用于桌面应用程序（如 Adobe InDesign 或 Microsoft Word）和网站。Adobe Creative Cloud 试用会员也可以从 Adobe 官网获取部分字体。选择的字体被激活后，将与其他本地安装的字体一起显示在 Adobe Illustrator 的字体列表中。Adobe 字体功能默认在 Adobe Creative Cloud 桌面应用程序中开启，以便您可以激活字体并在桌面应用程序中使用它们。

注意 您必须在计算机上安装 Adobe Creative Cloud 桌面应用程序，并且必须联网才能激活字体。当您安装第一个 Adobe Creative Cloud 应用程序（例如 Adobe Illustrator）时，安装程序将自动安装 Adobe Creative Cloud 桌面应用程序。

9.3.2 激活 Adobe 字体

本小节将选择并激活 Adobe 字体，以便在项目中使用它们。

1 确保已启动 Adobe Creative Cloud 桌面应用程序，并且已使用 Adobe ID 登录（这需要联网），如图 9-27 所示。

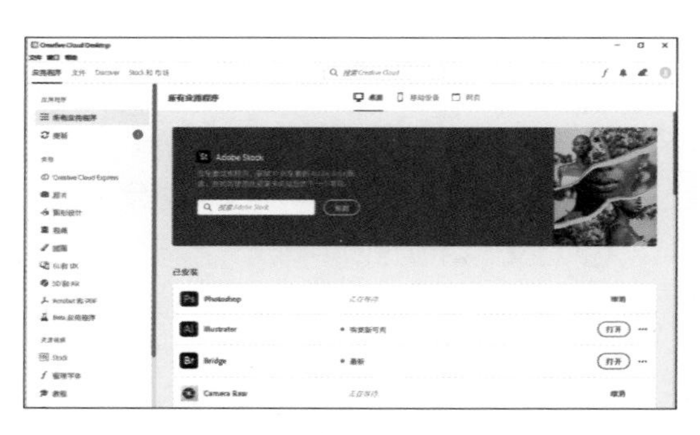

图 9-27

2 选择“文字工具”T，将鼠标指针移动到左侧串接文字对象中的文本上，单击以插入光标。

3 选择“选择”>“全部”，或者按 Command + A 组合键（macOS）或 Ctrl + A 组合键（Windows）全选两个串接文本对象中的所有文本，如图 9-28 所示。

4 在“属性”面板中单击“设置字体系列”下拉按钮，如图 9-29 所示。

图 9-28

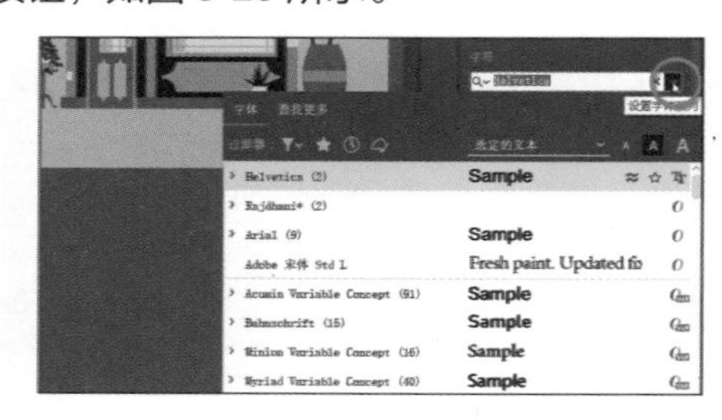

图 9-29

默认情况下，您看到的字体都是安装在本地的字体。在字体列表中，字体名称右侧会显示一个图标，以指示它是何种字体（是激活的 Adobe 字体，是 OpenType，是可变字体，是 SVG 字体，是 TrueType，是 Adobe PostScript）。

5 单击“查找更多”选项卡查看可供选择的 Adobe 字体列表，如图 9-30 所示。

具体内容可能需要一点儿时间来进行初始化，由于 Adobe 会不断更新可用字体，因此您看到的内容可能与图 9-30 所示并不一样。

6 单击“过滤字体”按钮，您可以通过选择“分类”和“属性”条件来过滤字体列表。选择“分类”下的“无衬线字体”选项对字体进行过滤，如图 9-31 所示。

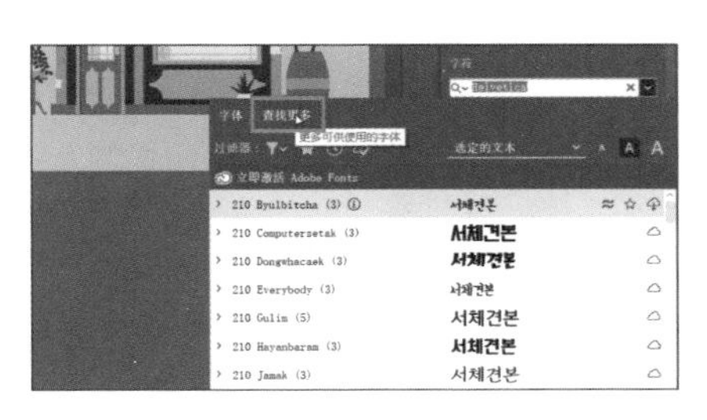

图 9-30

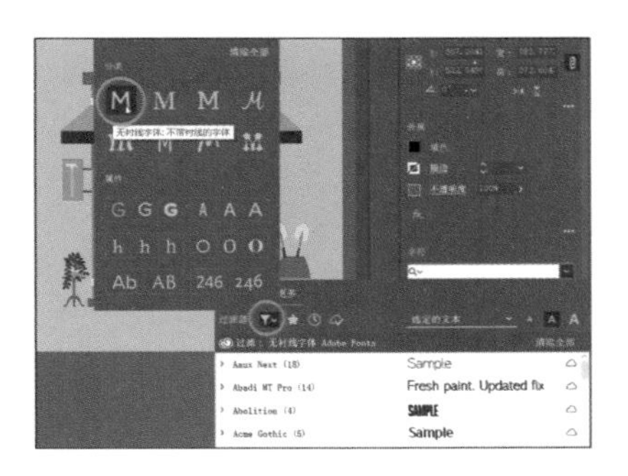

图 9-31

提示 字体会在已安装 Adobe Creative Cloud 桌面应用程序的所有计算机上激活。要查看已激活的字体，请打开 Adobe Creative Cloud 桌面应用程序，然后单击右上角的“字体”按钮 *f*。

⑦ 在字体列表中向下滚动找到 Rajdhani 字体，如图 9-32 所示，单击 Rajdhani 左侧的折叠按钮以查看字体样式。

⑧ 单击字体名称 SemiBold 最右侧的“激活”按钮，如图 9-33 所示。

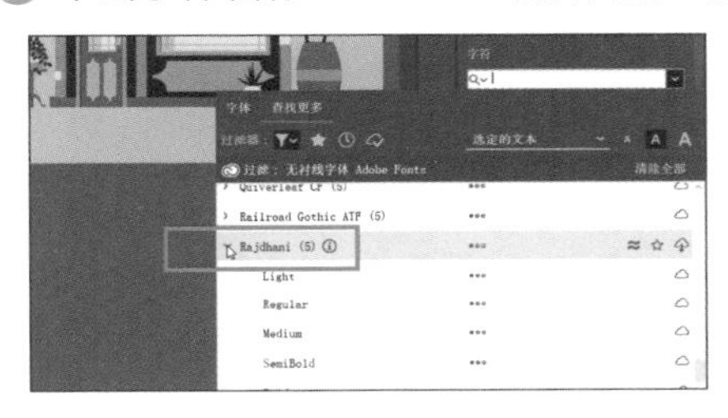

图 9-32

图 9-33

如果您在最右侧看到图标，或者将鼠标指针放在列表中的字体名称上时看到图标，则表示该字体已被激活，这里无须执行任何操作。

⑨ 在弹出的对话框中单击“确定”按钮，如图 9-34 所示。

⑩ 单击字体名称 Bold 最右侧的“激活”按钮，在弹出的对话框中单击“确定”按钮。

激活字体后（请耐心等待，可能需要一些时间），就可以开始使用它们。

⑪ 激活字体后，单击“清除全部”按钮以删除“无衬线字体”过滤设置，如图 9-35 所示，然后再次查看所有字体。

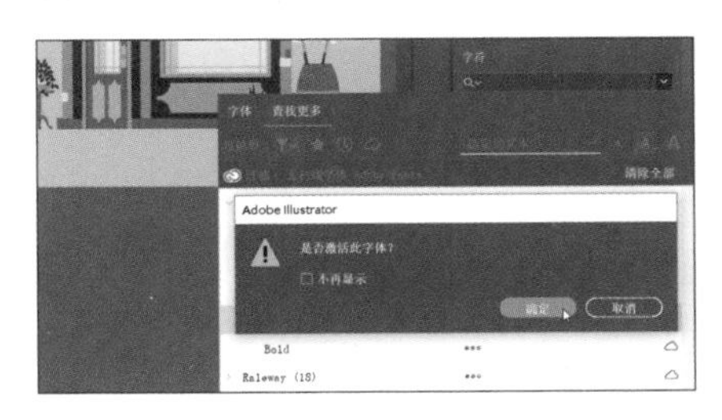

图 9-34

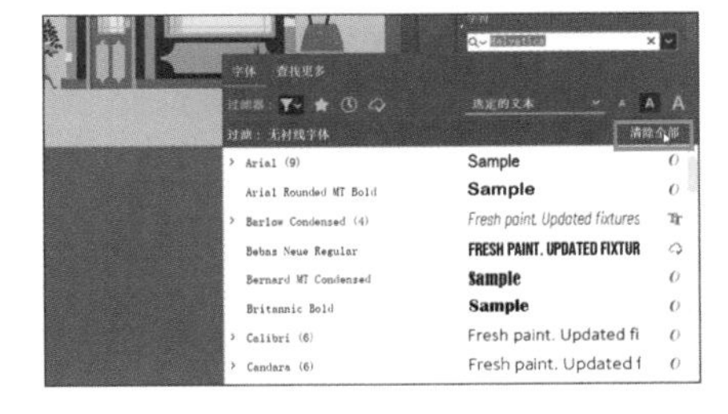

图 9-35

9.3.3 对文本应用字体

现在 Adobe 字体已被激活，您可以在任何应用程序中使用它们。对文本应用字体是您接下来要执行的操作。

❶ 在仍然选择串接文本且仍显示“设置字体系列”面板的情况下，单击“显示已激活的字体”按钮过滤字体列表，并仅显示激活的 Adobe 字体，如图 9-36 所示。

图 9-36 所示的列表可能与您实际操作中看到的不一样，但只要能看到 Rajdhani 字体即可。

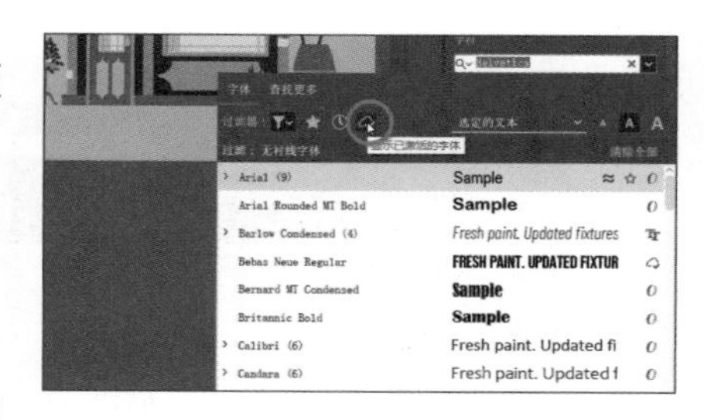

图 9-36

❷ 将鼠标指针移动到列表中的字体选项上，您会在所选文本上看到其应用所指字体的预览效果。

❸ 单击 Rajdhani 左侧的折叠按钮，然后选择 SemiBold（或直接选择 Rajdhani SemiBold），如图 9-37 所示。

❹ 使用“选择工具”，单击 RJ Hardware... 文本，按住 Shift 键单击 Making your home beautiful 和 our local home repair specialists 文本以选择这 3 个文本对象，如图 9-38 所示。

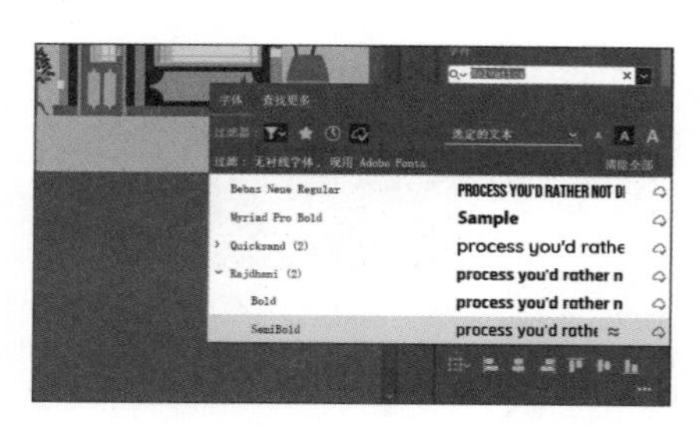

图 9-37

图 9-38

如果要将相同的字体应用于点状文字或区域文字对象中的所有文本，只需选择对象（而不是文本），然后应用该字体即可。

❺ 选择文本对象后，单击“属性”面板中的字体名称，输入字母 raj（您可能需要按照 Rajdhani 输入更多字母），如图 9-39 所示。

> **提示** 将光标置于字体名称字段中，您还可以单击位于字体名称字段右侧的“X”按钮，清除搜索字段。

输入框的下方会出现一个面板。Adobe Illustrator 会在该面板的字体列表中筛选并显示包含 raj 的字体名称，而不考虑 raj 在字体名称中所处的位置和是否大写。“显示已激活的字体”过滤器当前仍处于激活状态，因此需要将其关闭。

❻ 在弹出的面板中单击“清除过滤器”按钮，查看所有可用字体而不仅仅是 Adobe 字体，如图 9-40 所示。

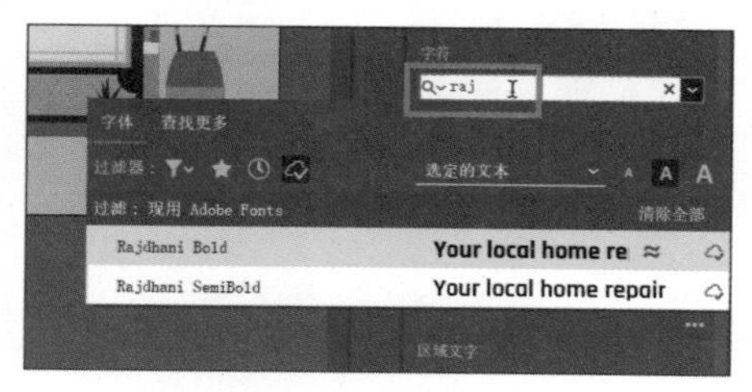

图 9-39

图 9-40

7 在输入框下方出现的面板中，将鼠标指针移动到列表中的字体选项上，如图 9-41 所示（您的页面可能与图 9-41 所示不同，因为激活的字体可能不一样）。Adobe Illustrator 将实时显示所选文本的字体预览效果。

图 9-41

8 单击 Rajdhani Bold 以应用字体。

9 单击水平广告上的文本对象 215 Grand Street • HometownUSA...。

10 在“属性”面板中单击字体名称，然后输入字母 raj（表示 Rajdhani）。选择 Rajdhani SemiBold 字体以应用它，如图 9-41 所示。

9.3.4　更改字体大小

默认情况下，字体大小以 pt 为单位（1pt 等于 1/72 英寸）。本小节将更改文本的字体大小，并查看对点状文字缩放会出现什么变化。

1 使用“选择工具”单击左侧画板上的 RJ Hardware 标题。

在“属性”面板的“字符”选项组中，您将看到字体大小可能不是整数，如图 9-42 所示。这是因为您之前通过拖动缩放了点状文字。

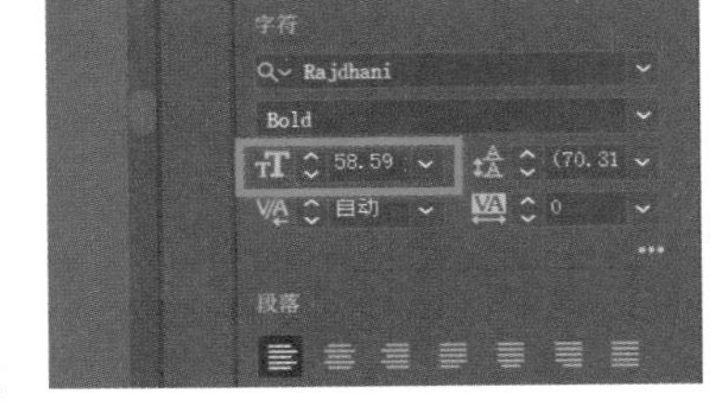

图 9-42

2 在“属性”面板的“设置字体大小”下拉列表中选择 60 pt 选项，如图 9-43（a）所示，效果如图 9-43（b）所示。

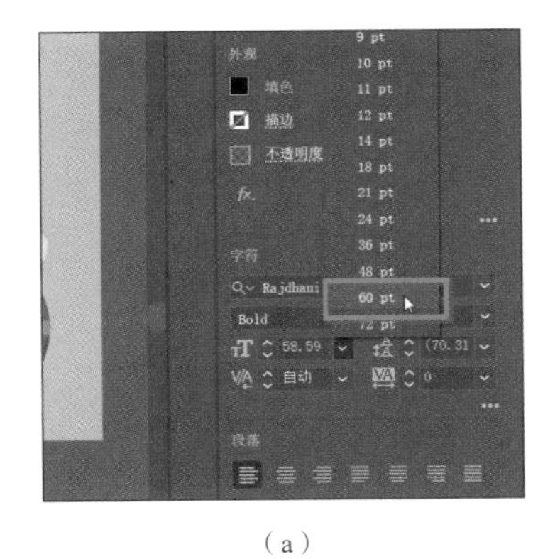

（a）

（b）

图 9-43

3 单击 Making your home beautiful 文本，以选择文本对象。

4 在“设置字体大小”下拉列表中选择 24 pt 选项，如图 9-44 所示。

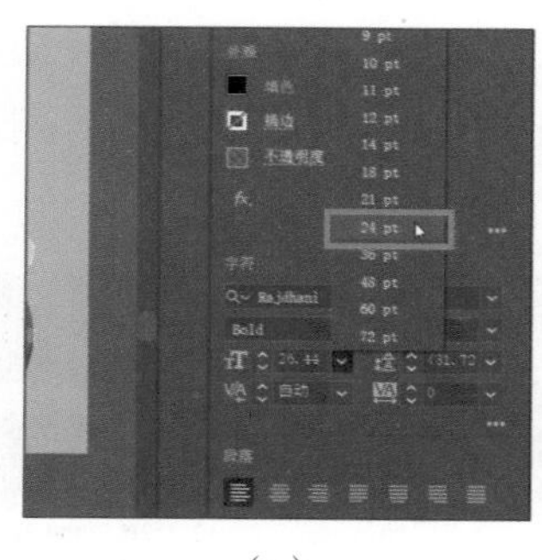

（a）

（b）

图 9-44

⑤ 字体有点儿小，因此请单击向上箭头按钮，直到字号为 30 pt，如图 9-45 所示。

⑥ 单击右侧画板上的 Your local home repair specialists 文本，然后将字号更改为 54 pt。

除了可以单击字体大小字段旁边的箭头按钮外，还可以选择字段值并输入 54，按 Enter 键以确定更改。

⑦ 如果文本消失，是因为它太大而无法被纳入文本框中。按住鼠标左键拖动文本对象一角，直到可以看到完整文本，然后将其拖动到湖绿色框上，如图 9-46 所示。

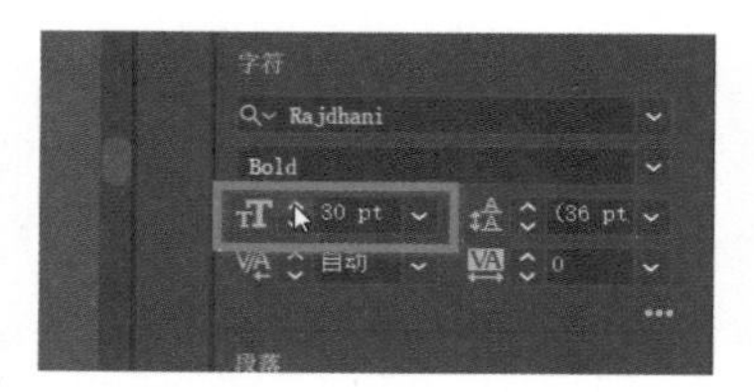

图 9-45

图 9-46

9.3.5 更改文本颜色

您可以通过“填色”“描边”等属性来更改文本的外观。本小节通过选择文本对象来更改所选文本的颜色。您还可以使用“文字工具”选择文本，对文本应用不同的填充颜色和描边颜色。

① 选择文本 Your local home repair specialists 后，按住 Shift 键单击 Making your home beautiful 文本。

② 单击“属性”面板中的“填色”框，在弹出的面板中选择“色板”选项，然后选择 White 色板，如图 9-47 所示。

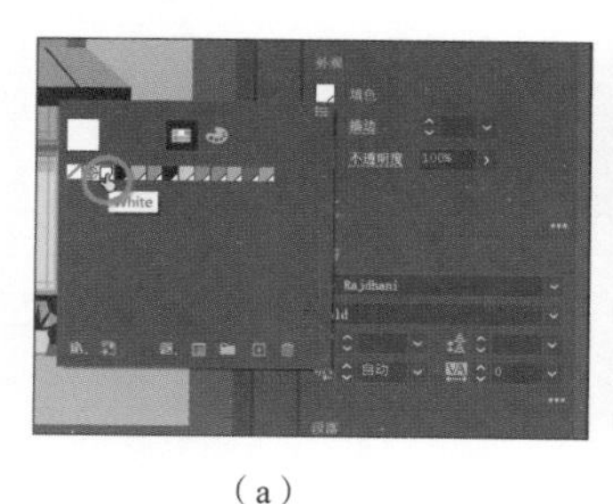

（a）

（b）

图 9-47

③ 单击文本 RJ Hardware，单击“属性”面板中的“填色”框，然后选择深灰色色板，如图 9-48 所示。

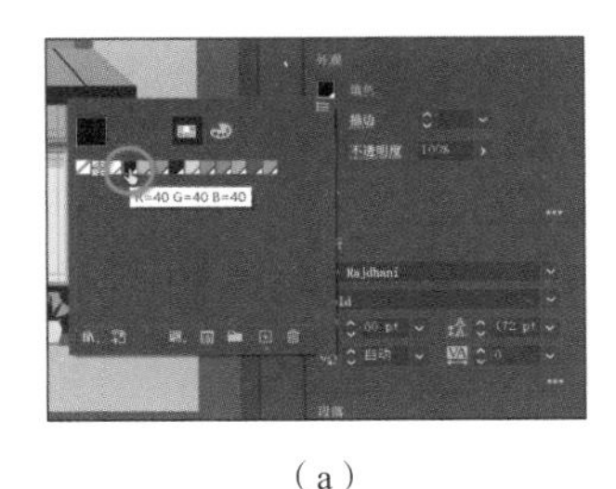

（a）

（b）

图 9-48

④ 选择“选择 > 取消选择”，然后选择“文件”>“存储”，保存文件。

9.3.6 更改其他字符格式

在 Adobe Illustrator 中，除了可以更改字体、字号和颜色之外，您还可以更改很多文本属性。与 Adobe InDesign 一样，Adobe Illustrator 的文本属性分为字符格式和段落格式，可以在“属性”面板、“控制”面板“字符”面板和“段落”面板中找到相关设置选项。

您可以通过单击“属性”面板的“字符”选项组中的“更多选项”按钮 ••• 或选择“窗口”>“文字”>“字符”来访问完整的“字符”面板，该面板包含所选文本的格式，如字体、字号、字距等属性设置选项。本小节将应用其中一些属性来尝试各种不同的设置文本格式的方法。

提示 默认情况下，文字行距会设置为自动行距。在“属性”面板中查看“行距”值时，可以看到该值带有括号“( )”，这就是自动行距。要将行距恢复为默认的自动值，请在“行距”中选择“自动”选项。

① 使用“选择工具”，单击 Your local home repair specialists 文本。

② 在“属性”面板中设置“行距”为 54pt，按 Enter 键确认该值，如图 9-49 所示，使文本保持选中状态。

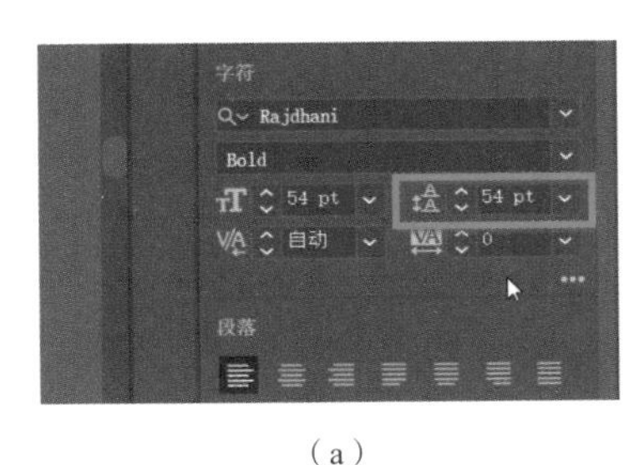

（a）

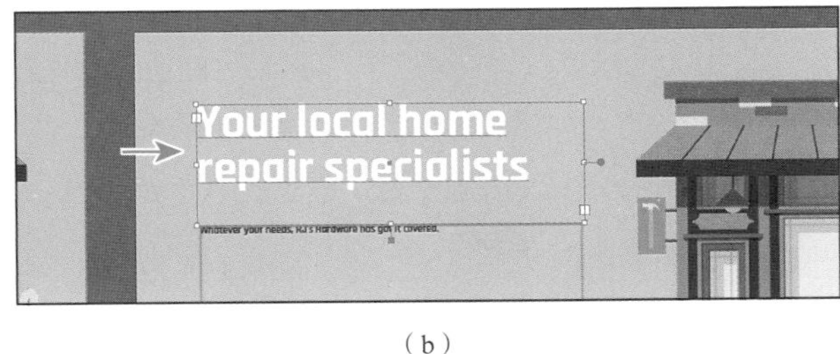

（b）

图 9-49

行距是文本行与文本行之间的垂直距离。调整行距有助于文本适应文本区域。接下来将使所有标题文本都大写。

③ 按住 Shift 键并单击 RJ Hardware 和 Making your home beautiful 文本，加选这两个文本对象。

④ 选择文本对象后，在“属性”面板的“字符”选项组中单击“更多选项”按钮 •••，打开“字符”面板，单击“全部大写字母”按钮 TT，将标题文本设置为大写字母，如图 9-50 所示。

（a）

（b）

图 9-50

如果右侧画板上的标题 YOUR LOCAL HOME REPAIR SPECIALISTS 文本有一部分消失，这是因为它不适应文本区域。使用“选择工具”拖动文本框的一角就可以显示所有文本，如图 9-51 所示。

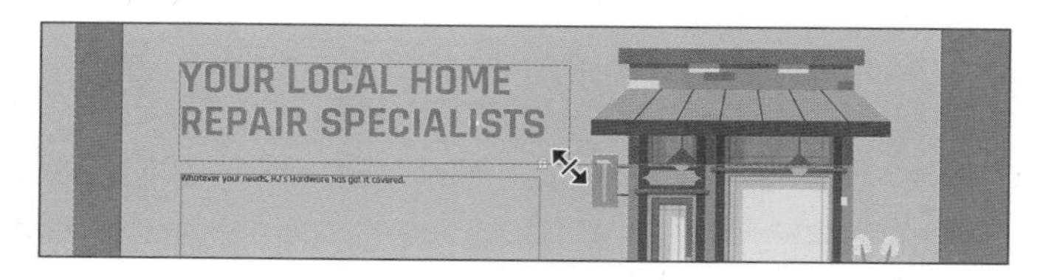

图 9-51

点状文字与区域文字的区别之一是，无论为点状文字应用了何种格式，其周围的文本框都会自动调整大小以显示所有文本。

9.3.7 更改段落格式

与字符格式一样，您可以在输入新文本或更改现有文本的外观之前就设置段落格式，如对齐或缩进。段落格式适用于整个段落，而不仅仅是当前选择的内容。大多数的段落格式可以在“属性”面板、“控制”面板或“段落”面板中设置。您可以通过单击“属性”面板的“段落”选项组中的“更多选项”按钮 ••• ，或选择“窗口”>“文字”>“段落”来访问“段落”面板中的选项。

❶ 使用“文字工具” T 单击左侧画板中的串接文本。

❷ 按住 Command + A（MacOS）或 Ctrl+A（Windows）组合键，全选两个文本对象之间的所有文字，如图 9-52 所示。

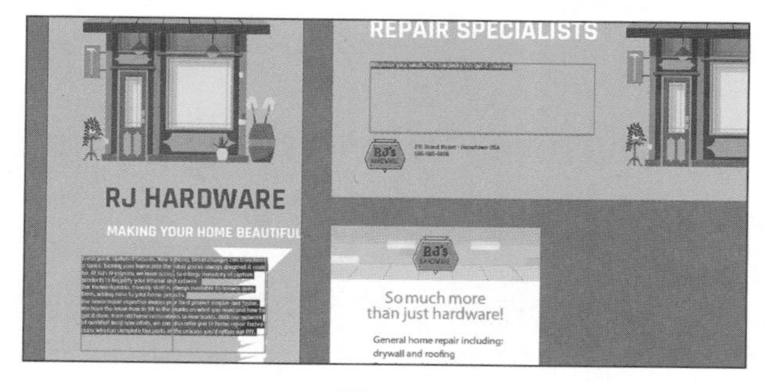

图 9-52

③ 选择文本后，单击“属性”面板的“段落”选项组中的“更多选项”按钮 ，打开相应的面板。

④ 将“段后间距” 更改为 9pt，如图 9-53 所示。

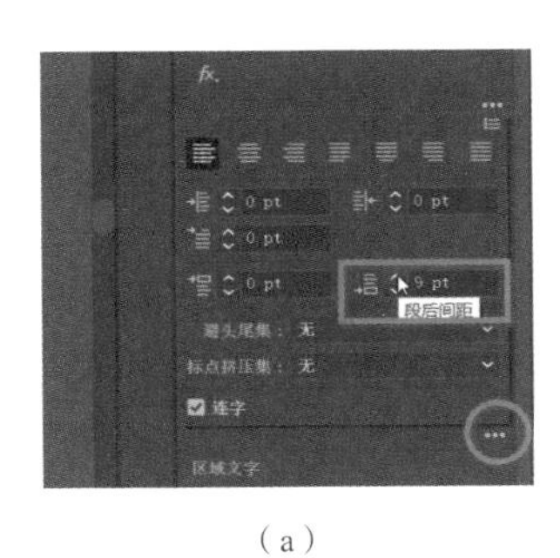

(a)

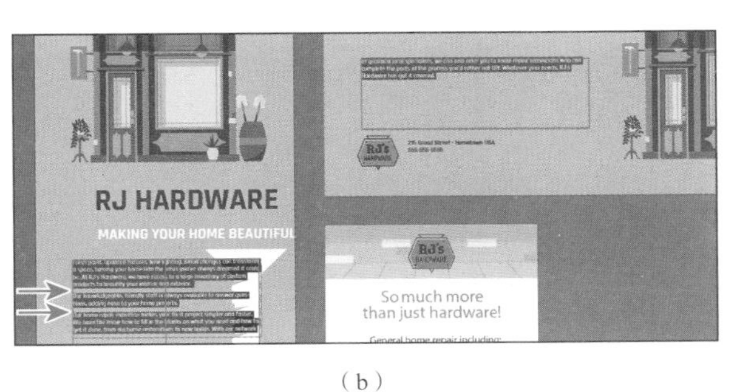

(b)

图 9-53

通过设置段后间距，而不是按 Enter 键换行，有助于保持文本的一致性，方便以后编辑。

⑤ 选择“选择工具”，单击右侧广告卡片上的 YOUR LOCAL HOME REPAIR SPECIALISTS 文本对象以将其选中。

⑥ 单击“属性”面板的“段落”选项组中的“居中对齐”按钮，将文本居中对齐，如图 9-54 所示。

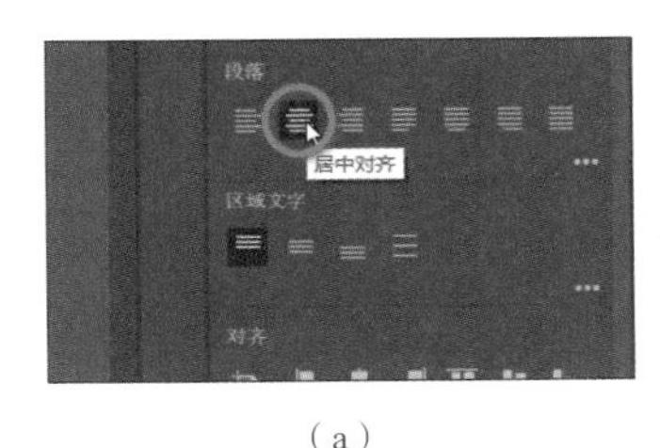

(a)

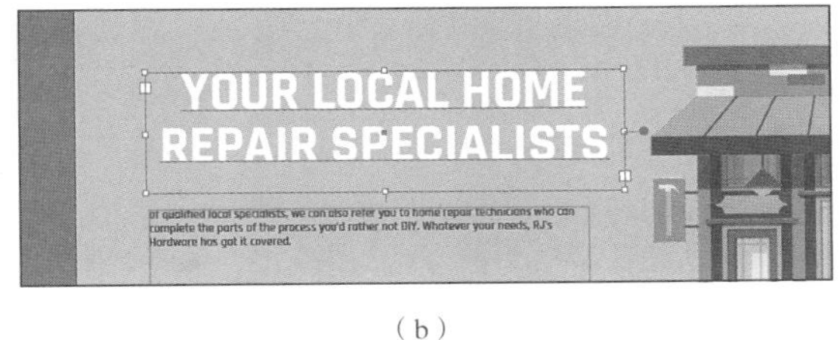

(b)

图 9-54

⑦ 选择“选择”>“取消选择”，然后选择“文件”>“存储”，保存文件。

9.3.8 垂直对齐区域文字

当您使用区域文字时，您可以垂直（或水平）地对齐（或分布）文本框内的文本行。您可以通过设置段落行距和段落间距将文本与文本框的顶边、中心或底边对齐。您还可以垂直对齐文本对象，无论该文本对象内部的行距和段落间距如何，都可以均匀地间隔行。图 9-55 是文本对象垂直对齐的不同方式。

图 9-55

接下来将垂直对齐其中一个标题，以便更轻松地设置它与文本段落的间距。

① 使用“选择工具” 单击标题 YOUR LOCAL HOME REPAIR SPECIALISTS。

❷ 在“属性”面板的“区域文字”选项组中，单击“底对齐”按钮，将文本与文本区域的底部对齐，如图 9-56 所示。

注意 您还可以在“区域文字选项”对话框（选择“文字”>“区域文字选项”）中访问“垂直文本对齐”选项。

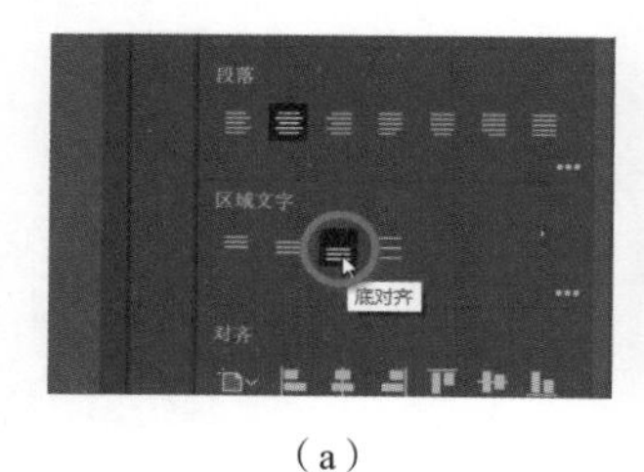

（a）

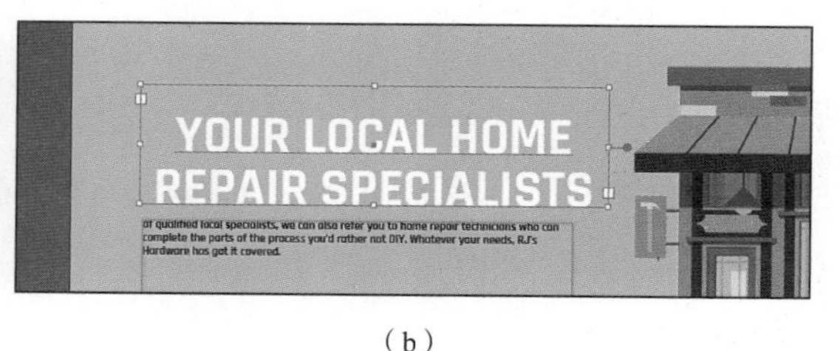

（b）

图 9-56

❸ 拖动文本对象到如图 9-57 所示的位置。

图 9-57

9.4 调整文本对象

Adobe Illustrator 中有多种方法可以重新调整文本对象的形状和创建独特的文本对象形状，包括使用“直接选择工具”给区域文字对象添加列或重新调整文本对象的形状。开始操作之前，您需要在 Artboard 1 画板上导入一些文本，这样就有更多的文本可以处理。

9.4.1 创建列文本

使用“区域文字选项”命令，您可以轻松地创建列和行文本，如图 9-58 所示。对创建具有多列的单文本对象，或组织了表格或简图的文本对象来说，该命令非常有用。本小节将向文本对象添加列。

❶ 选择“选择工具”▶，单击横向广告卡片（右侧画板）中的文字段落。

Our home repair expertise makes your fix-it project simpler and faster. From old home restorations to new builds, we have the know-how to fill in the blanks on what you need and how to get it done. With our network of qualified specialists, we can also refer you to home repair technicians who can complete the parts of the process you'd

区域文字中的列文本

图 9-58

提示 您还将看到“垂直”选项，用于垂直对齐文本。

❷ 选择“文字”>“区域文字选项”。在“区域文字选项”对话框中，将“列”选项组中的“数量”更改为 2，然后勾选“预览”复选框，单击“确定”按钮，如图 9-59 所示。

文本没有拆分为两列，很可能是没有足够多的文本来填充第二列，稍后将解决此问题。

❸ 如有必要，向下拖动底边中心的定界点，使区域文字对象与画板上湖绿色框的大小相同，如

图 9-60 所示。

图 9-59

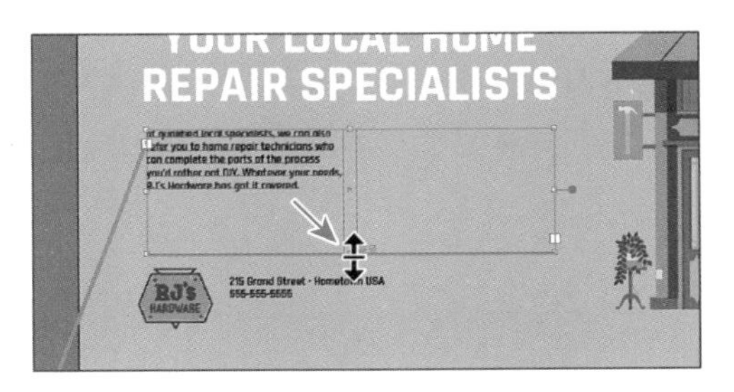

图 9-60

注意 您可能会在文本区域中看到比图 9–60 中更多或更少的文本，这没关系。

9.4.2 调整文本对象的大小和形状

本小节将调整文本对象的形状和大小，以更好地展示文本。

1 选择“选择工具”，单击含有 215 Grand Street... 的文本对象。

2 按 Command + + 组合键（macOS）或 Ctrl + + 组合键（Windows），重复操作几次，放大选择的文本对象视图。

3 使用“直接选择工具”单击文本对象的左下角，选择定界点。

4 按住鼠标左键将该点向右拖动，调整路径的形状，使文本贴合 RJ’s HARDWARE 排列，如图 9-61 所示。

5 如有必要，选择“选择工具”，将文本拖到靠近 Logo 的位置，如图 9-62 所示。

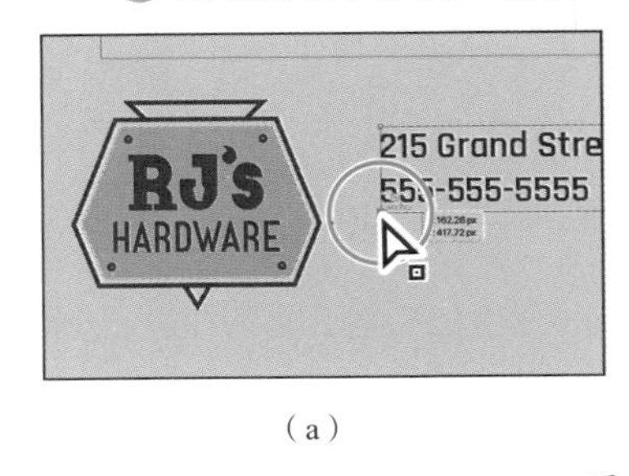

（a）

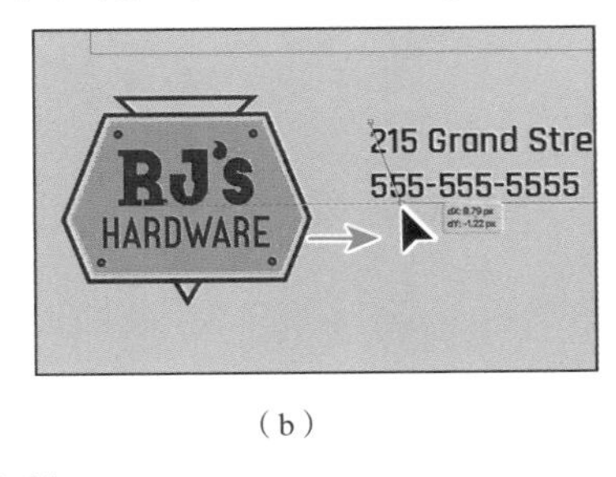

（b）

图 9-61

图 9-62

9.4.3 吸取文本格式

使用“吸管工具”，您可以快速采集文本属性并将其复制到其他文本中。

1 在文档窗口下方的“画板导航”下拉列表中选择 1 Vertical Ad 选项，以切换到另一个广告卡片。

2 在工具栏中选择“文字工具”T，在画板底部的黑色曲线上方单击，输入 FAMILY-OWNED SINCE 1918，如图 9-63 所示。

注意 您的输入文本的大小可能与图 9–63 不同，没关系，因为您即将改变它。

> 💡 **注意** 如果文本现在是小写，并且选择了 family-owned... 文本对象，请选择“文字”>“更改大小写”>“大写”。

③ 按 Esc 键以选择文本对象和“选择工具”。

④ 要从其他文本中吸取并应用格式设置，先选择“吸管工具”，然后单击 MAKING YOUR HOME BEAUTIFUL 文本中的某个字母，将相同的格式应用于所选文本对象，如图 9-64 所示。

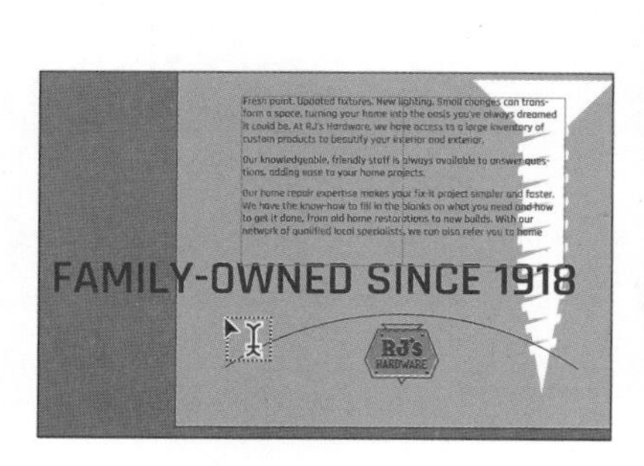

图 9-63

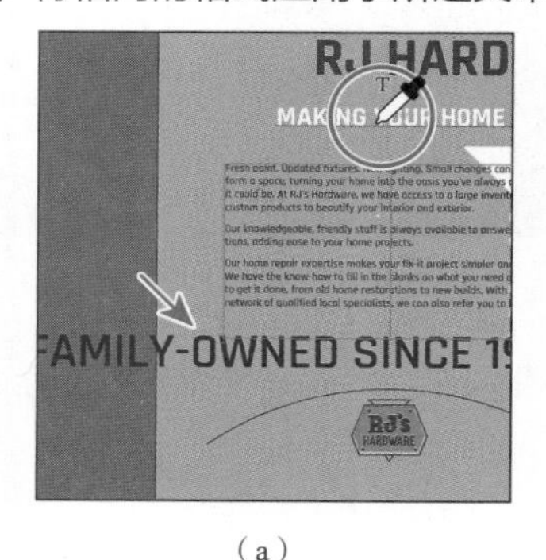

（a）

（b）

图 9-64

⑤ 选择“选择”>“取消选择”，然后选择“文件”>“存储”，保存文件。

9.5 创建和应用文本样式

文本样式允许您保存文本格式，以便对文本进行一致设置和全局更新。创建样式后，您只需要编辑保存的样式，应用了该样式的所有文本都会自动更新。Adobe Illustrator 有如下两种文本样式。

- 段落样式：包含字符和段落属性，并将相关设置应用于整个段落。
- 字符样式：只有字符属性，并将相关设置应用于所选文本。

9.5.1 创建和应用段落样式

本小节将为正文创建段落样式。

① 选择“选择工具”，在左侧的画板上双击串接文本所在的段落，以切换到“文字工具”并插入光标。

② 选择“窗口”>“文字”>“段落样式”，然后在“段落样式”面板的底部单击“创建新样式”按钮，如图 9-65 所示。

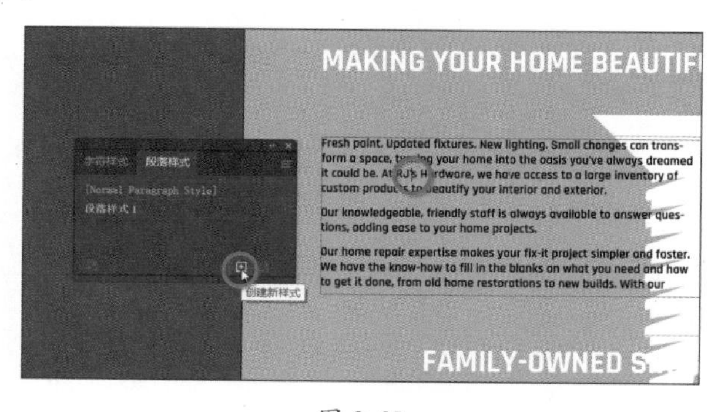

图 9-65

这将在面板中创建一个新的段落样式，名为“段落样式 1”。光标所在段落的字符样式和段落样式已被“捕获”，并保存在新建样式中。要为文本创建段落样式，不必先选择文本对象，您可以简单地将光标插入文本中，这将保存光标所在段落的格式属性。

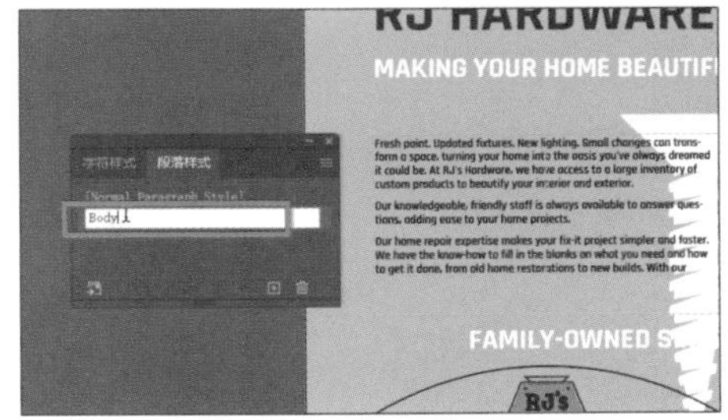

图 9-66

③ 直接在样式列表中双击样式名称“段落样式 1”，然后将样式名称更改为 Body，如图 9-66 所示，按 Enter 键确认修改。

通过双击样式编辑其名称后，您可以将新样式应用到段落（光标所在的段落）。这意味着，如果您编辑 Body 样式，这一段的样式也将更新。

接下来将把样式应用到串接框中的所有文本。

④ 将光标定位在段落文本中，选择“选择”>“全部”将文本全部选中。

⑤ 在“段落样式”面板中单击 Body 样式，将其应用于所选文本，如图 9-67 所示。

图 9-67

9.5.2 段落样式练习

本小节将通过在所选文本中为标题创建另一个段落样式来进行练习。

① 选择“选择”>“取消选择”。

② 选择“选择工具”▶，然后单击右侧横向广告中的 215 Grand Street... 文本。

③ 在“属性”面板中单击“填色”框，选择深绿色色板，如图 9-68 所示。

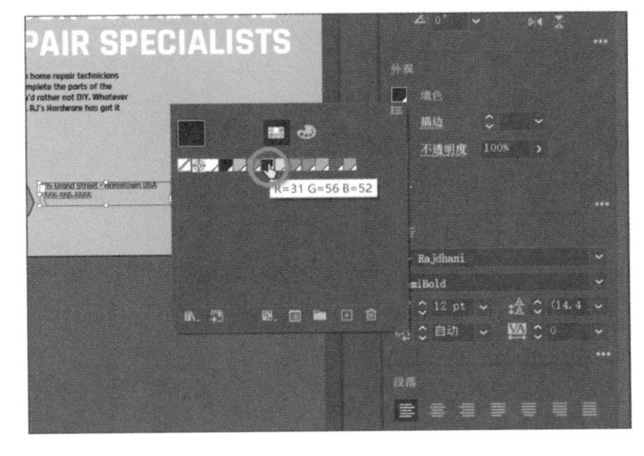

图 9-68

④ 在“段落样式”面板的底部单击“创建新样式”按钮，创建新的段落样式。

注意 如果您在文本对象的输出端口中看到溢出文本图标，则可以在选择“选择工具”的情况下，拖动文本对象的定界框使其变大，以便看到所有文本。

⑤ 在样式列表中双击新样式名称“段落样式 2”（或其他样式名称），将样式名称更改为 Blurb，如图 9-69 所示，按 Enter 键确认修改。

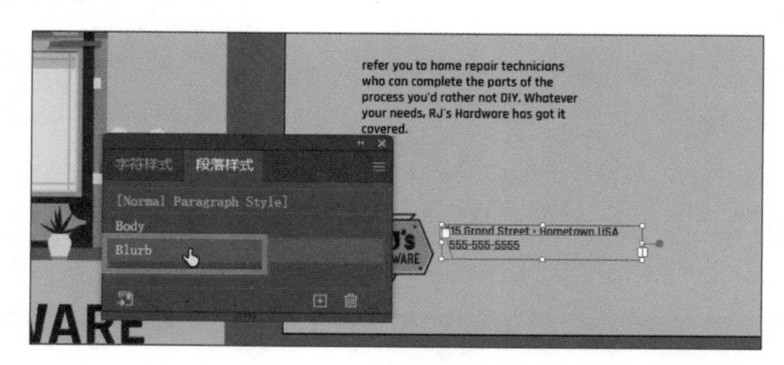

图 9-69

⑥ 在左侧的纵向广告卡片中，单击画板底部的 FAMILY-OWNED... 文本。

⑦ 单击“段落样式”面板中的 Blurb 样式，将该样式应用于所选文本，如图 9-70 所示。

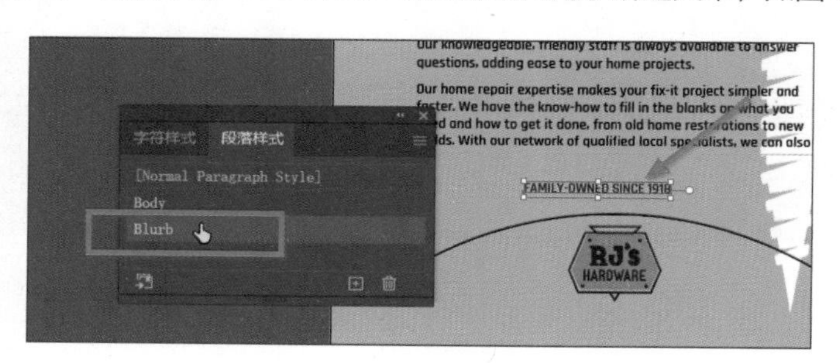

图 9-70

Blurb 格式更适合该文本，因为之后会将其添加到黑色的曲线路径中。

9.5.3 编辑段落样式

创建段落样式后，您可以轻松地编辑段落样式。同时，应用了相应段落样式的任何位置，其段落样式都将自动更新。本小节将编辑 Body 样式，以说明段落样式为什么可节省创作时间并使图稿保持一致。

提示 段落样式的相关选项还有很多，其中大部分都可以在“段落样式”面板菜单中找到，包括复制、删除和编辑段落样式。若要了解有关这些选项的详细信息，请在“Illustrator 帮助”（选择“帮助”>“Illustrator 帮助”）中搜索“段落样式”。

① 在任一画板上应用了 Body 样式的文本段落中双击以插入光标并切换到“文字工具”。

② 要编辑正文样式，请在“段落样式”面板中双击样式名称 Body 的右侧，如图 9-71 所示。

③ 在“段落样式选项”对话框中，单击对话框左侧的“基本字符格式”选项卡。

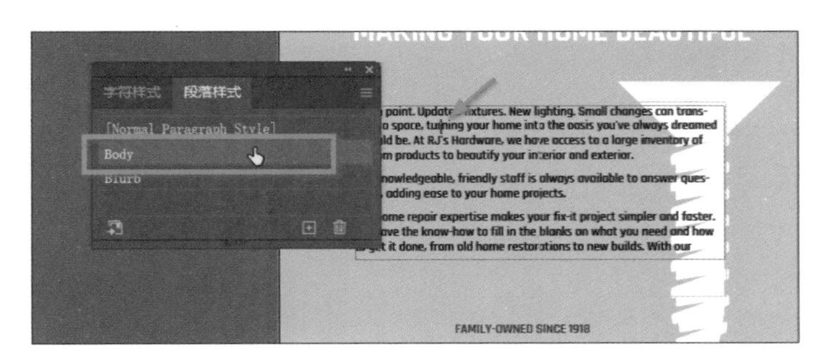

图 9-71

❹ 将字号更改为 14 pt，然后在“行距”下拉列表中选择“自动”选项，如图 9-72 所示。

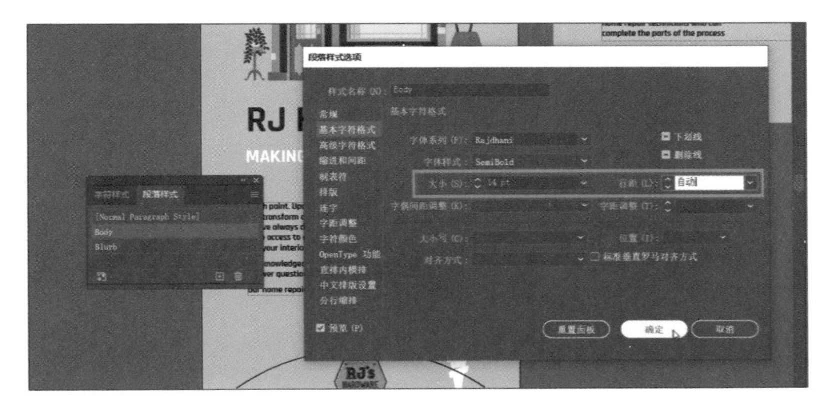

图 9-72

由于默认情况下已勾选“预览”复选框，因此您可以将对话框移开，以实时查看文本应用 Body 段落样式后的变化。

❺ 单击“确定”按钮。将光标留在段落中，以便您可以放大视图查找光标所在位置。

9.6 创建文本列表

在 Adobe Illustrator 中，您可以对文本轻松地添加项目符号和编号列表。它们的工作方式与其他应用程序类似，您只需单击按钮即可添加项目符号和编号列表。下面学习如何为广告添加文本列表。

❶ 在文档窗口下方的“画板导航”下拉列表中选择 3 Small Ad 选项，切换到另一个广告图稿。

❷ 选择“选择工具”后，单击以 General home repair... 开头的文本框，如图 9-73（a）所示。

❸ 在“属性”面板中，单击“项目符号”按钮，如图 9-73（b）所示，最终效果如图 9-74 所示。

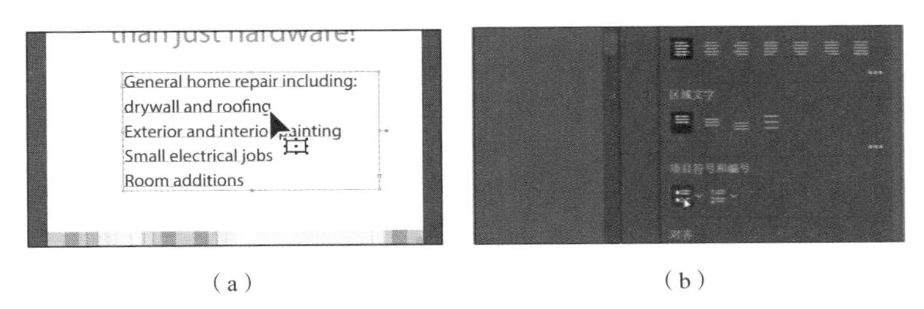

（a）　　（b）

图 9-73

> 提示 要删除项目符号列表，您可以再次单击“属性”面板中的“项目符号”按钮。

您还可以简单地选择文本并为其应用项目符号列表或编号列表，下面设置列表选项。

❹ 单击“项目符号”按钮右侧的下拉按钮，如图 9-75 所示，尝试选择不同的项目符号列表外观。

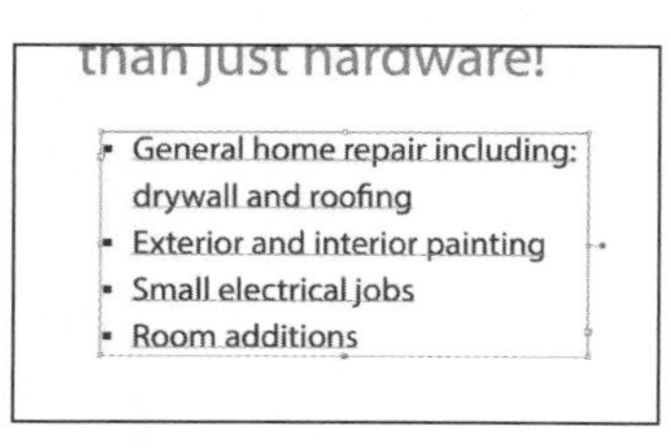

图 9-74

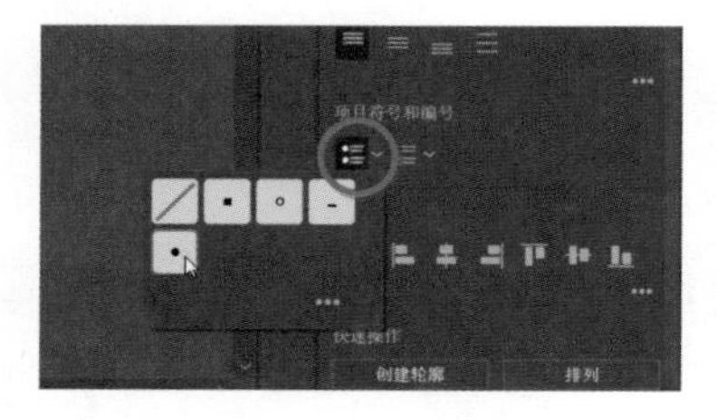

图 9-75

None 选项（红色斜杠 / ）表示删除项目符号，但文本仍然是项目符号列表。

❺ 单击“更多选项”按钮 ，如图 9-76 所示，打开“项目符号和编号”对话框。

❻ 在“项目符号和编号”对话框中，将“左缩进”设置为 0 px，使文本与文本框的左边缘对齐并且项目符号显示在文本框外，如图 9-77 所示。

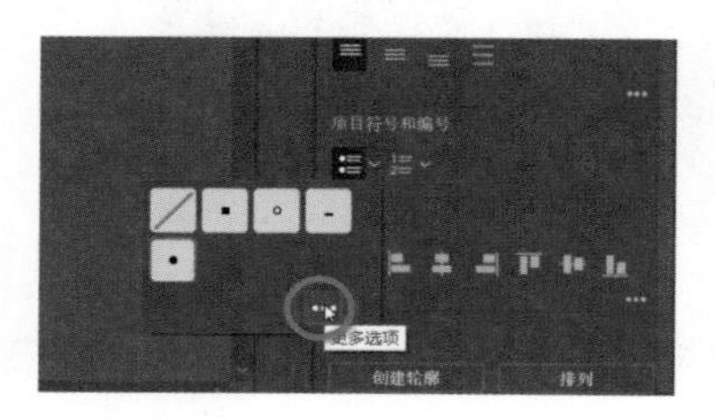

图 9-76

图 9-77

❼ 单击“确定”按钮。

❽ 在单词 drywall 左侧双击，插入光标，如图 9-78 所示。按 Return 或 Enter 键换行，将出现一个新项目符号。

新项目符号后面的文本是上面段落的一部分，只是切换到了下一行。

需要为 drywall 和 roofing 设置两个单独的项目符号，它们将作为 General home repair including: 文本下方的子文本列表。

❾ 将光标插入 roofing 文本之前，删去 and 一词，然后按 Return 键（macOS）或 Enter 键（Windows）创建一个新段落，如图 9-79 所示。

图 9-78

图 9-79

> 提示 为了证明它们是段落，您可以选择“文字”>“显示隐藏字符”来查看每个单词末尾的段落符号（¶）。

⑩ 框选 drywall 和 roofing 两个短段落。

⑪ 单击“项目符号”按钮右侧的下拉按钮，再单击“更多选项”按钮，如图 9-80（a）所示，打开“项目符号和编号”对话框。

⑫ 在“项目符号和编号”对话框中将“色阶”更改为 2，如图 9-80（b）所示。

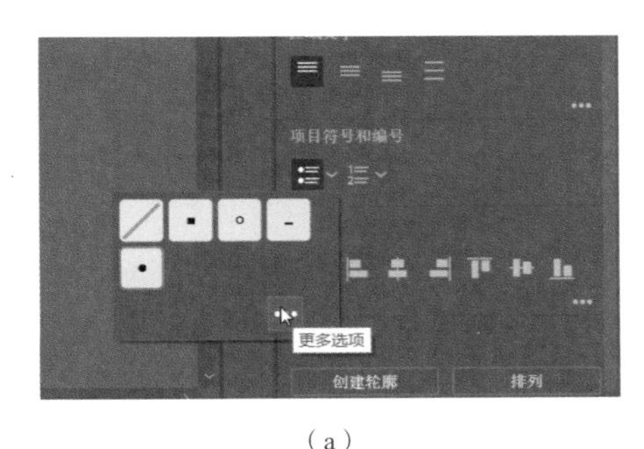

（a）

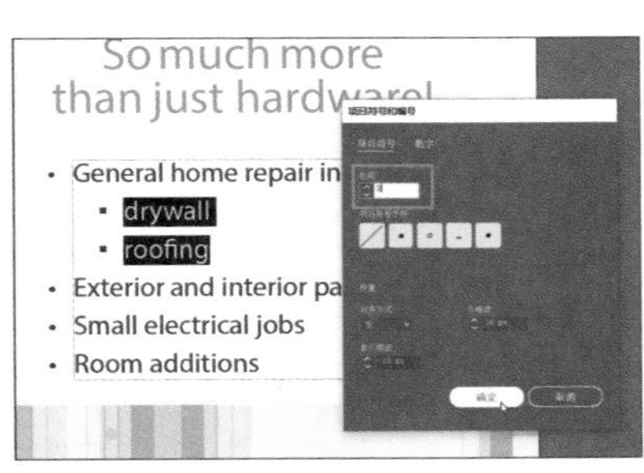

（b）

图 9-80

⑬ 单击“确定”按钮。

您可能需要使用“选择工具”将文本向上拖动一点儿。

⑭ 选择“选择”>“取消选择”，然后选择“文件”>“存储”。

9.7 文本绕排

在 Adobe Illustrator 中，您可以轻松地将文本环绕在对象（如文本对象、置入的图像和矢量图）周围，以避免文本与这些对象重叠，或以此创建有趣的设计效果，如图 9-81 所示。本小节将围绕部分图稿绕排文本。与 Adobe InDesign 一样，在 Adobe Illustrator 中您可以设置文本基于某个对象绕排。

① 在文档窗口下方的“画板导航”下拉列表中选择 1 Vertical Ad 选项，切换到另一个广告画板。

② 选择“选择工具”，单击左侧画板中的白色螺钉图形，如图 9-82 所示。

Logo 周围的文本绕排

图 9-81

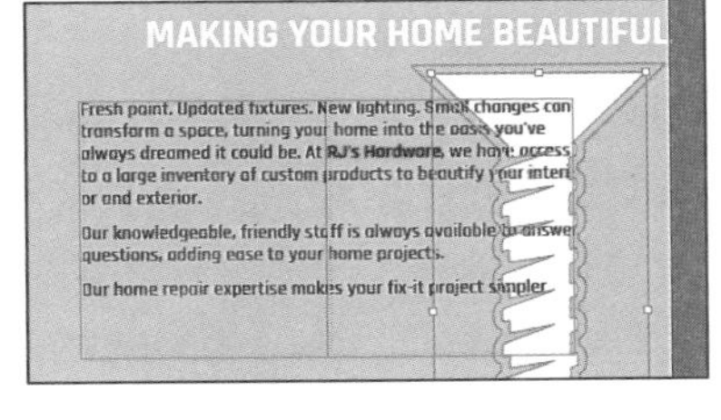

图 9-82

要实现文本绕排，需要指定一个文本环绕的对象。

③ 选择“对象”>“文本绕排”>“建立”，如果出现对话框，请单击“确定”按钮。

若要将文本环绕在对象周围，则该对象必须与环绕对象的文本位于同一图层，且在图层层次结构中，该对象还必须位于文本之上。

④ 选择白色螺钉图形后，单击“属性”面板中的“排列”按钮，选择“置于顶层”命令，如图 9-83 所示。

提示 尝试拖动白色螺钉图形，以查看文本的排列方式变化。

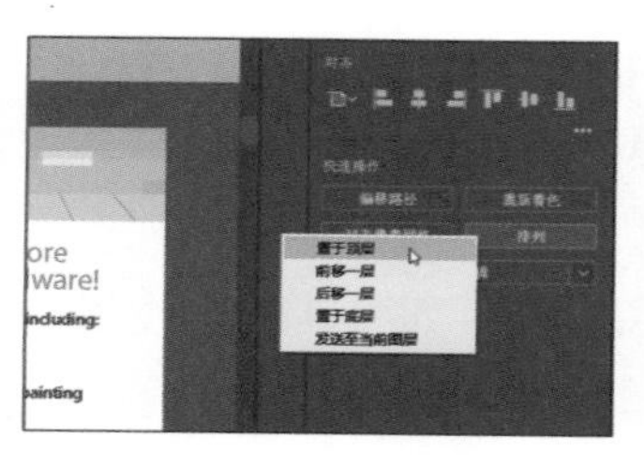

（a）

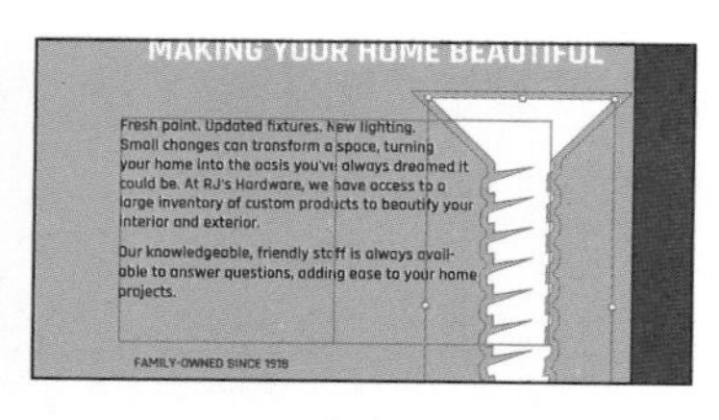

（b）

图 9-83

现在，白色螺钉图形按堆叠顺序位于文本的上层，并且文本环绕该图形排布。

5 选择“对象” > “文本绕排” > “文本绕排选项”。在“文本绕排选项”对话框中将“位移”更改为 15 pt，然后勾选“预览”复选框以查看更改效果，单击“确定”按钮，如图 9-84 所示。

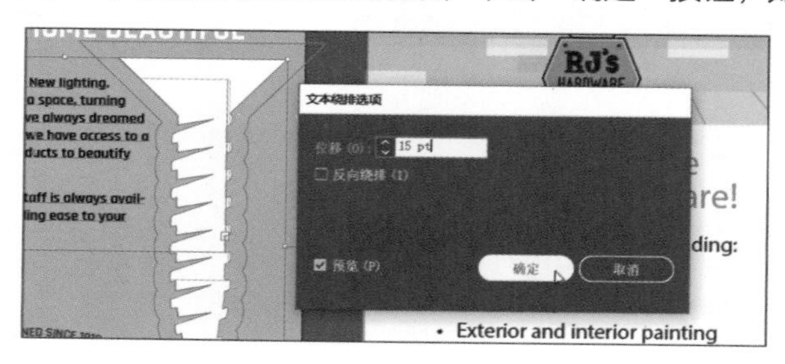

图 9-84

9.8 使用路径文字

除了可以在点状文字和区域文字中排列文本外，您还可以沿路径排列文本。文本可以沿着开放路径或闭合路径排列，形成一些独具创意的效果，如图 9-85 所示。本小节将基于开放路径排列文本。

1 使用“选择工具”▶选择左侧画板底部的黑色路径。

2 按 Command++ 组合键（macOS）或 Ctrl++ 组合键（Windows），重复操作几次，放大视图。

3 选择“文字工具”T，将鼠标指针移动到黑色路径的左侧，直到看到带有交叉波浪形路径的插入点时单击，如图 9-86（a）所示。

单击的位置将沿路径出现占位符文本，如图 9-86（b）所示。您的文本格式可能与图 9-86（b）中的格式不同，这没关系。

FAMILY-OWNED SINCE 1918

沿路径排列的文本

图 9-85

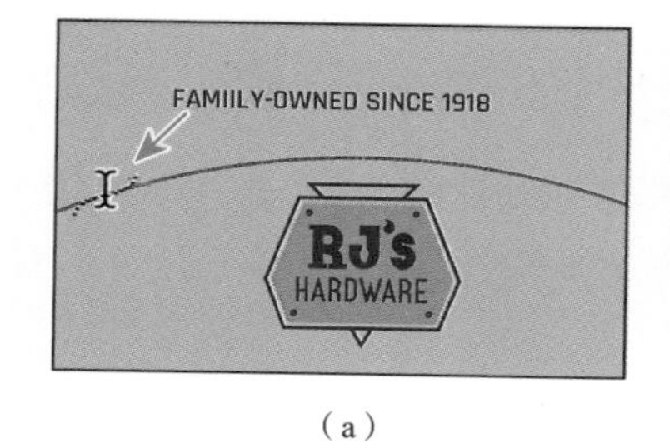

（a）

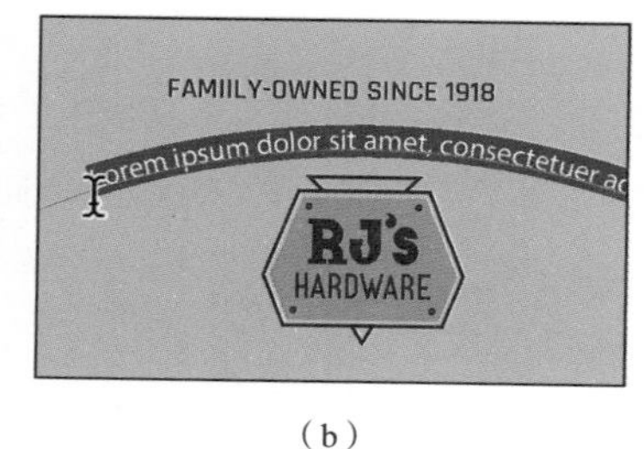

（b）

图 9-86

下面将 FAMILY-OWNED SINCE 1918 文本复制到路径上。

❹ 单击 FAMILY-OWNED SINCE 1918 文本对象，按 Command + A 组合键（macOS）或 Ctrl + A 组合键（Windows）以全选所有文本。

❺ 选择“编辑”>“复制”。

❻ 在路径上的占位符文本中单击，然后按 Command + A 组合键（macOS）或 Ctrl + A 组合键（Windows）以全选所有文本。

❼ 选择“编辑”>“粘贴”，替换占位符文本，如图 9-87 所示。

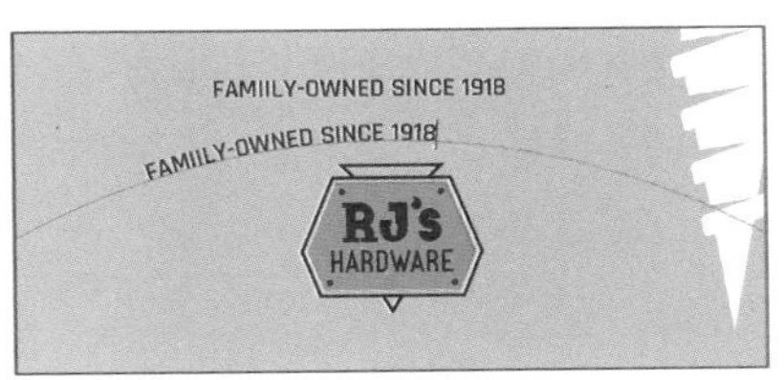

图 9-87

对于接下来的操作，您可能需要进一步放大视图。

❽ 选择“选择工具”，将鼠标指针移动到文本左边缘的上方（FAMILY 中 F 的左侧）。当您看到鼠标指针变为形状时，按住鼠标左键向右拖动，使文本尽可能在路径上居中，如图 9-88 所示。

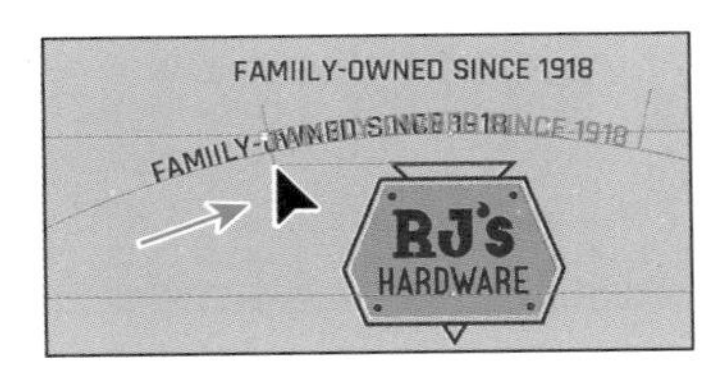

图 9-88

❾ 选择不在路径上的文本对象 FAMILY-OWNED...，如图 9-89 所示，将其删除。

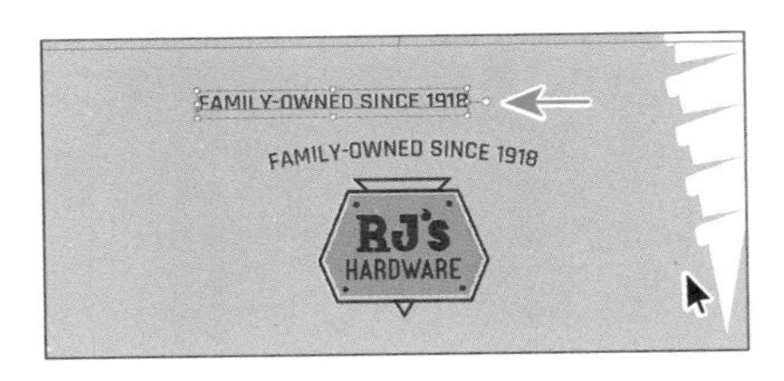

图 9-89

9.9 文本变形

通过使用封套将文本变成不同的形状，您可以创建一些出色的设计效果，如图 9-90 所示。您可以使用画板上的对象制作封套，也可以使用预设的变形形状或网格制作封套。

变形的文本

图 9-90

9.9.1 使用预设封套扭曲文本形状

Adobe Illustrator 附带了一系列预设的变形形状，您可以利用这些形状来变形文本。本小节将应用 Adobe Illustrator 提供的预设变形形状来制作创意标题。

❶ 选择“视图”>“画板适合窗口大小”。

❷ 选择“选择工具”，单击 RJ HARDWARE 文本对象。

❸ 按 Command + + 组合键（macOS）或 Ctrl + + 组合键（Windows）几次，放大视图。

❹ 选择“对象”>“封套扭曲”>“用变形制作”。

❺ 在弹出的“变形选项”对话框中勾选“预览”复选框，在“样式”下拉列表中选择“上弧形”选项。

❻ 分别拖动“弯曲”“水平”“垂直”滑块，查看其值对文本变形的影响。

最终确定“扭曲”值为“0%”，“弯曲”值为“50%”，单击“确定”按钮，如图 9-91 所示。

图 9-91

9.9.2 编辑封套扭曲对象

如果要对封套扭曲对象进行任何更改，您可以分别编辑组成封套扭曲对象的文本和形状。本小节将先编辑文本，然后编辑形状。

❶ 在选择封套扭曲对象的情况下，单击“属性”面板顶部的“编辑内容”按钮，如图 9-92 所示。

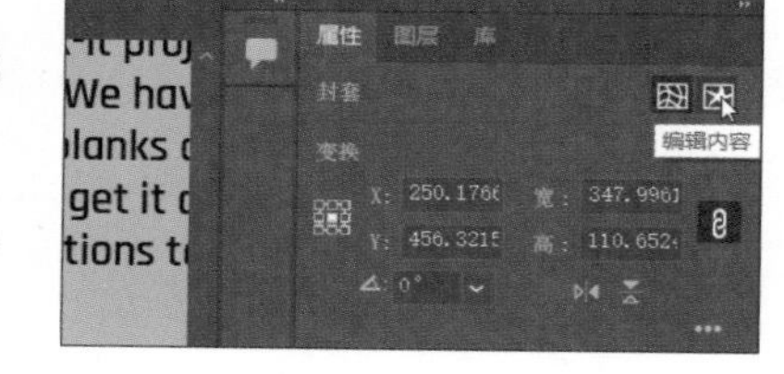

图 9-92

❷ 选择“文字工具”T，将鼠标指针移动到变形的文本上。请注意，文本未变形时显示为蓝色。将文本 RJ 更改为 RJ’S，如图 9-93 所示。

还可以编辑预设形状，这是接下来要进行的操作。

❸ 选择“选择工具”，并确保封套扭曲对象仍处于选中状态，在“属性”面板顶部单击“编辑封套”按钮，如图 9-94 所示。

> **提示** 如果使用的是“选择工具”而不是“文字工具”双击，则会进入隔离模式。这是编辑封套变形对象中文本的另一种方法。如果是这种情况，请按 Esc 键退出隔离模式。

图 9-93

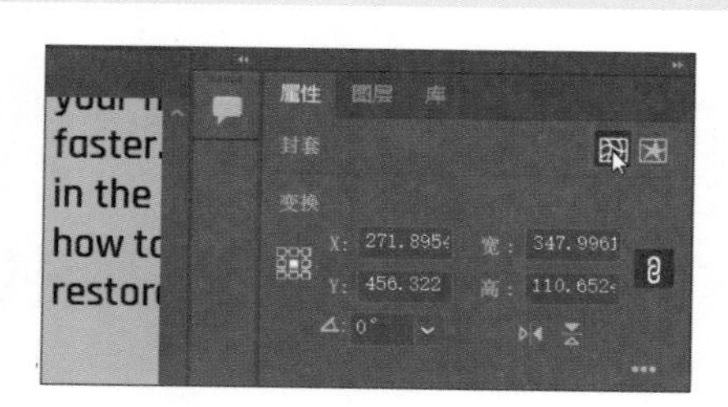

图 9-94

❹ 单击“属性”面板中的“变形选项”按钮，弹出“变形选项”对话框，将“弯曲”更改为 25%，然后单击“确定”按钮，如图 9-95 所示。

提示 若要将文本从扭曲形状中取出，请使用“选择工具”选择文本，然后选择“对象”>“封套扭曲”>“释放”。该操作将为您提供两个对象：文本对象和上弧形形状。

❺ 选择“选择工具”，按住鼠标左键拖动扭曲的文本，然后拖动以 MAKING YOUR.... 开头的白色标题，将它们置于文本段落上方，如图 9-96 所示。

图 9-95

图 9-96

❻ 选择“选择 > 取消选择”，然后选择“文件”>“存储”，保存文件。

9.10 创建文本轮廓

将文本转换为轮廓，意味着将文本转换为矢量形状，可以像对待任何其他图形对象一样编辑和操作它。但文本轮廓化之后，该文本就不可再被编辑。当您不能或不想发送字体时，文本轮廓化允许您修改大型文本的外观或将文件发送给别人。文本轮廓化对于调整较大的文本外观非常有用，但对于正文文本或其他小号文本，轮廓化的用处就不大了。如果将所有文本转换为轮廓，则不需要安装相应字体就可正确打开和查看该文件。

注意 位图字体和轮廓受保护的字体不能转换为轮廓，且不建议将小于 10pt 的文本轮廓化。

当文本转换为轮廓时，该文本将丢失其控制指令，这些控制指令将融入轮廓文本中，以便在不同字体形状大小下以最佳方式显示或打印。另外，必须将所选文本对象中的文本全部转换为轮廓，而不能仅转换文本对象中的单个字母。本小节将把主标题转换为轮廓。

❶ 选择“视图”>“全部适合窗口大小”。

❷ 选择“选择工具”，单击右侧画板上的 YOUR LOCAL HOME REPAIR SPECIALISTS 文本。

❸ 选择“编辑”>“复制”，然后选择“对象”>“隐藏”>“所选对象”。

此时原始文本仍然存在，只是被隐藏起来了。如果需要对其进行更改，您可以选择“对象”>“全部显示”以查看原始文本。

❹ 选择“编辑”>“贴在前面”。

❺ 选择“文字”>“创建轮廓”，效果如图 9-97 所示。

文本不再链接到特定字体，它现在是可编辑的图形。

❻ 单击具有两列的文本对象并按住鼠标左键向上拖动文本对象底边中间的定界点，使文本在两列之间保持平衡，如图 9-98 所示。

图 9-97

图 9-98

企业名被分成两行看起来很奇怪，为了解决这个问题，可以选择“文本工具”并在 RJ’s 之前插入光标，然后按Shift+Return组合键（macOS）或Shift+Enter组合键（Windows）添加软回车进行换行。

⑦ 选择“选择”>“取消选择”。

⑧ 选择“文件”>“存储”，然后选择“文件”>“关闭”。

复习题

1. 列举几种在 Adobe Illustrator 中创建文本的方法。
2. 什么是溢出文本？
3. 什么是文本串接？
4. 字符样式和段落样式之间有什么区别？
5. 将文本转换为轮廓有什么优点？

参考答案

1. 在 Adobe Illustrator 中可以使用以下方法来创建文本。
   - 选择“文字工具” T，在画板中单击，并在光标出现后开始输入，这将创建一个点状文字对象以容纳文本。
   - 选择“文字工具”，按住鼠标左键拖动以创建区域文字对象，在出现光标后输入文本。
   - 选择“文字工具”，单击路径或闭合形状，将其转换为路径文字或文本对象。这里有一个小经验：按住 Option 键（macOS）或 Alt 键（Windows），单击闭合路径的描边，将沿形状路径创建绕排文本。
2. 溢出文本是指不能容纳于区域文字对象或路径的文本。文本框输出端中的红色加号⊞表示该对象包含溢出文本。
3. 文本串接允许您通过链接文本对象，使文本从一个对象流到另一个对象。链接的文本对象可以是任意形状，但文本必须是区域文字或者路径文字（而不是点状文字）。
4. 字符样式只能应用于选择的文本，段落样式可应用于整个段落。段落样式最适合对缩进、边距和行间距调整。
5. 将文本转换为轮廓，就不再需要在与他人共享 AI 文件时将字体一起发送，并可添加在编辑（实时）状态时无法添加的文本效果。

第 10 课

使用图层组织图稿

本课概览

本课将学习以下内容。

- 使用“图层”面板。
- 创建、重排和锁定图层及子图层。
- 命名内容。
- 在“图层”面板中定位对象。
- 在图层之间移动对象。
- 将对象及其所在的图层从一个文件复制到另一个文件。
- 建立剪切蒙版。

学习本课大约需要 45 分钟

您可以使用图层将图稿组织为不同层级，利用这些层级单独或整体编辑和浏览图稿。每个 AI 文件至少包含一个图层。通过在图稿中创建多个图层，您可以轻松控制图稿的打印、显示、选择和编辑方式。

10.1　开始本课

本课将介绍使用“图层”面板中的图层的各种方法，并完成饼干包装图稿的制作。

① 为了确保工具的功能和默认值完全如本课所述，请重置 Adobe Illustrator 的首选项文件。具体操作请参阅本书“前言”中的“还原默认首选项”部分。

② 启动 Adobe Illustrator。

③ 选择“文件”>“打开”，打开 Lessons>Lesson10 文件夹中的 L10_end.ai 文件，如图 10-1 所示。

此时可能会弹出“缺少字体”对话框，表明 Adobe Illustrator 在计算机上找不到该文件使用的字体。该文件使用的 Adobe 字体很可能是您尚未激活的，因此您需要在继续进行操作之前激活缺少的字体。

④ 在“缺少字体”对话框中，确保勾选“激活”列中所有缺少的字体对应的复选框，然后单击“激活字体”按钮。一段时间后，字体将被激活，并且您会在“缺少字体”对话框中看到一条提示激活成功的消息，单击“关闭”按钮。

⑤ 如果弹出询问自动激活字体的对话框，单击“跳过”按钮即可。

⑥ 选择“视图”>“全部适合窗口大小”。

⑦ 选择“窗口”>“工作区”>“重置基本功能”。

⑧ 选择“文件”>“打开”。在“打开”对话框中，定位到 Lessons>Lesson10 文件夹，然后选择 L10_start.ai 文件，单击“打开”按钮，效果如图 10-2 所示。

图 10-1

图 10-2

⑨ 选择“文件”>“存储为”。如果弹出云文档对话框，请单击“保存在您的计算机上”按钮。

⑩ 在“存储为”对话框中，将文件命名为 CookiePackage.ai，选择 Lesson10 文件夹。在“格式”下拉列表中选择 Adobe Illustrator（ai）选项（macOS）或在“保存类型”下拉列表中选择 Adobe Illustrator（*.AI）选项（Windows），单击“保存”按钮。

⑪ 在“Illustrator 选项”对话框中保持默认设置，单击“确定”按钮。

了解图层

图层就像不可见的文件夹，可帮助您保存和管理构成图稿的所有项目（甚至是那些可能难以选择或跟踪的对象）。在项目中您无法看到图层，但它们就在那里，随时准备在需要时为您提供帮助，如图 10–3 所示。

如果重排这些“文件夹”，则会改变图稿中各项目的堆叠顺序。

您在第 2 课中学习了关于堆叠顺序的知识。文件中的图层结构可以简单，也可以复杂。例如一个简单的设计（如一个图标）只有几个部分，在这种情况下，图层结构就比较简单。

一旦您的图稿变得更复杂或涉及更多内容，图稿将有更多的图层，如图 10-4 所示。选择某些图形、移动相关项目或暂时隐藏某些内容等将变得具有挑战性。使用图层来组织您的图稿可以帮助您处理这些问题。

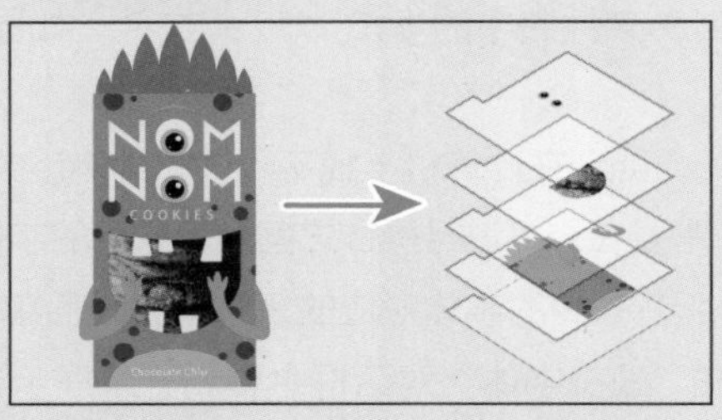

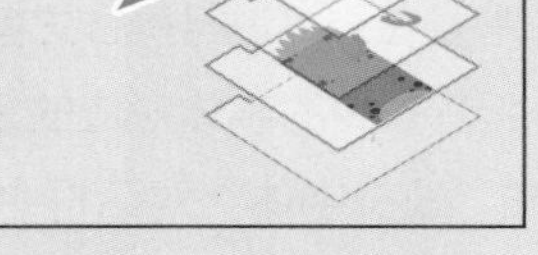

图 10-3　　图 10-4

了解什么是图层后，让我们进入实际项目，了解在设计时如何使用图层。

10.2　创建图层和子图层

默认情况下，每个文件都以一个名为“图层 1”的图层开始。但在创建图稿时，您可以随时重命名该图层，还可以添加图层和子图层。通过将对象放置在单独的图层中，您可以更轻松地选择和编辑它们，因为您可以进行隐藏或锁定图层内容等操作。

例如，通过将文本放在单独的图层上，您可以轻松地锁定文本所在的图层，然后在不影响文本的情况下专注于其他内容的修改，或者将文本设置为多种语言并根据需要选择显示与否。

10.2.1　创建新图层

理想情况下，在 Adobe Illustrator 中创建和编辑图稿之前，需要设置图层。本项目将在创建图稿后使用图层来组织图稿，从而更轻松地在包装设计中选择和编辑内容。

在本项目开始之前，请记住，没有所谓的错误层级结构，但是，随着层级使用经验的丰富，您将知道采用何种方式更有意义。

❶ 选择“视图”>“全部适合窗口大小”。

❷ 请在工作区右侧切换到“图层”面板，或选择“窗口”>“图层”，显示“图层”面板。

❸ 单击 Layer 1 名称左侧的折叠按钮，以显示该图层上的内容，如图 10-5 所示。

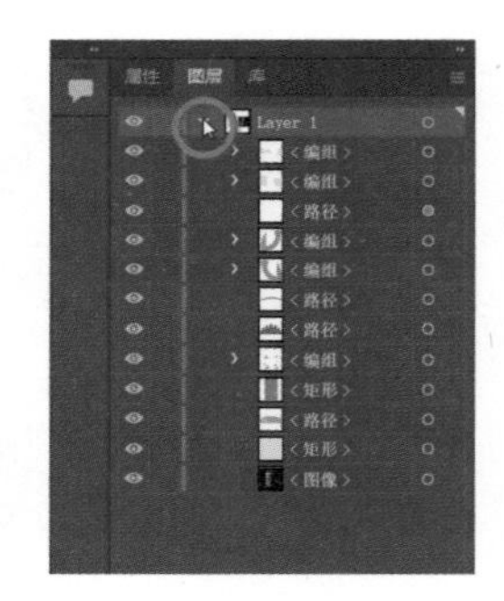

图 10-5

文件中的每个对象都列在“图层”面板中。默认情况下，Adobe Illustrator 会为图层上的内容命名，以便更轻松地浏览并了解其中的内容。例如，组对象被命名为“<编组>”，图像被命名为“<图像>”等。

④ 单击 Layer 1 名称左侧的折叠按钮，隐藏该图层上的内容，面板看起来就不那么杂乱了，如图 10-6 所示。

图 10-6

您首先要做的是为 Layer 1 图层取一个有意义的名称。

⑤ 在“图层”面板中，直接双击图层名 Layer 1 对其进行编辑，输入 Package，如图 10-7 所示，然后按 Return 键（macOS）或 Enter 键（Windows）确认修改。

图 10-7

⑥ 在“图层”面板的底部单击“创建新图层”按钮，如图 10-8 所示。

默认情况下，新图层将被添加到“图层”面板中当前选择的图层（在本例中为 Package）的上方，并处于活动状态，如图 10-9 所示。

提示 按住 Option 键（macOS）或 Alt 键（Windows）单击“创建新图层”按钮或在“图层”面板菜单中选择“新建图层”命令，打开“图层”对话框，可以一步创建一个新图层并将其命名。

注意 在图 10–9 中，虚线表示图片拆分，这样可以看到面板的顶部和底部。

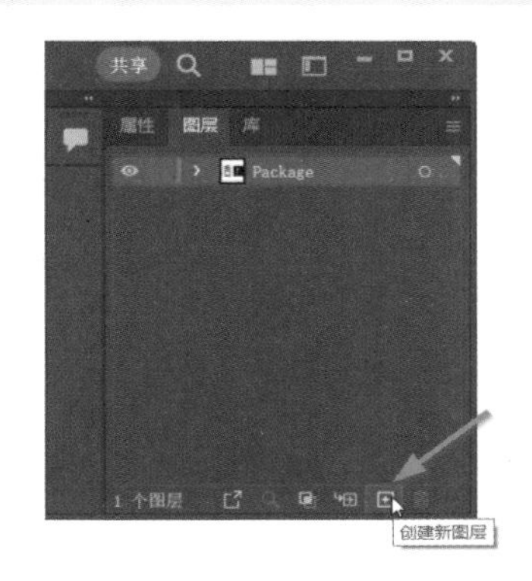

图 10-8

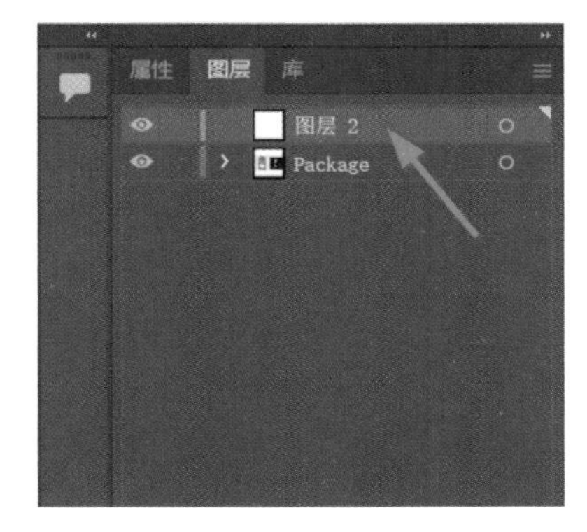

图 10-9

创建新图层时，它会按顺序命名，如图层 1、图层 2 等。这里创建的新图层名为图层 2。请注意，新图层的名称左侧没有折叠按钮，这是因为它还是空图层。

⑦ 双击图层名称“图层 2”左侧的白色缩略图或双击名称“图层 2”的右侧，如图 10-10 所示。

⑧ 在打开的“图层选项”对话框中，将“名称”更改为 Arms，并注意所有其他可用选项，如图 10-11 所示。

注意 “图层选项”对话框中有很多您已经使用过的选项，如图层名称、预览、锁定、显示和隐藏等。您可以在“图层选项”对话框中取消勾选“打印”复选框，那么该图层上的任何内容都不会被打印。

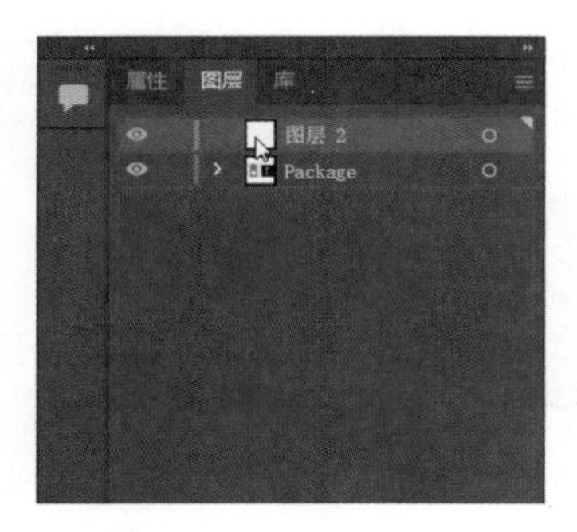

图 10-10

图 10-11

❾ 单击“确定”按钮。

请注意，新图层的名称左侧具有不同的图层颜色（如淡红色），如图 10-12 所示。在您选择图稿内容时，这将变得十分重要。

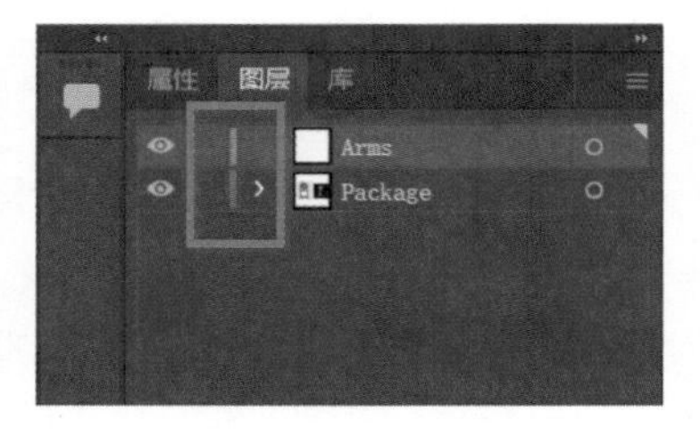

图 10-12

接下来，您将通过创建一个名为 Mouth 的新图层来进行练习。

❿ 在“图层”面板底部单击“创建新图层”按钮，如图 10-13 所示。双击新图层的名称（图层 3）并将其更改为 Mouth，如图 10-14 所示，按 Return 键（macOS）或 Enter 键（Windows）确认修改。

图 10-13

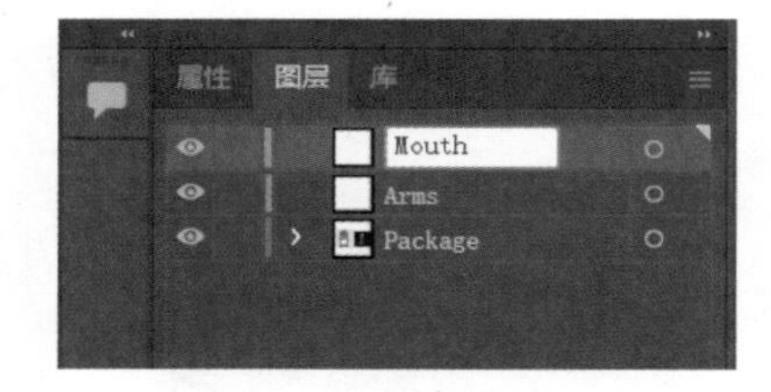

图 10-14

10.2.2 创建子图层

可以将子图层视为图层内的子文件夹，它们是嵌套在图层内的图层，如图 10-15 所示。子图层可用于组织图层中的相关内容。

本小节将创建一个子图层来放置牙齿图形，以便将它们放在一起。

❶ 在“图层”面板中选中 Mouth 图层（如果尚未选择），单击“图层”面板底部的“创建新子图层”按钮，如图 10-16 所示。

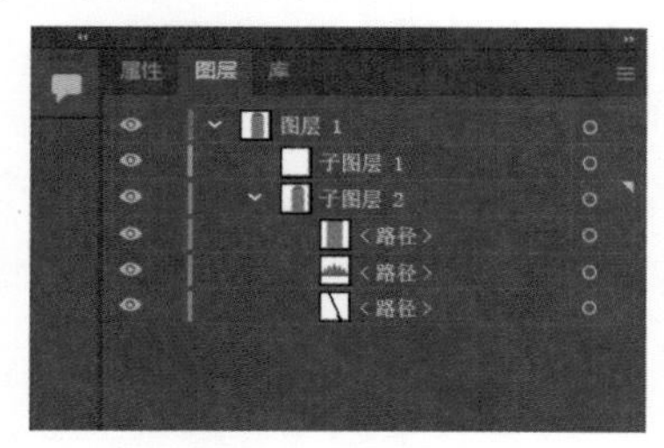

图 10-15

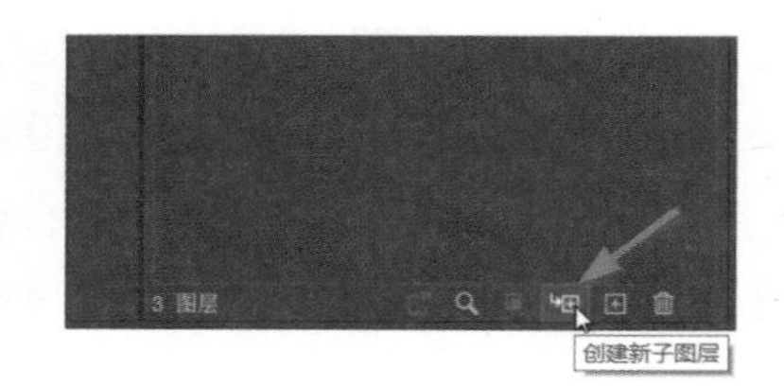

图 10-16

这样会在 Mouth 图层中创建一个新的子图层并将其选中，如图 10-17 所示。您可以将这个新子图层视作名为 Mouth 的父图层的子图层。

❷ 双击图层名称“图层 4”，将其更改为“Teeth”，然后按 Return 键（macOS）或 Enter 键（Windows）确认修改，如图 10-18 所示。

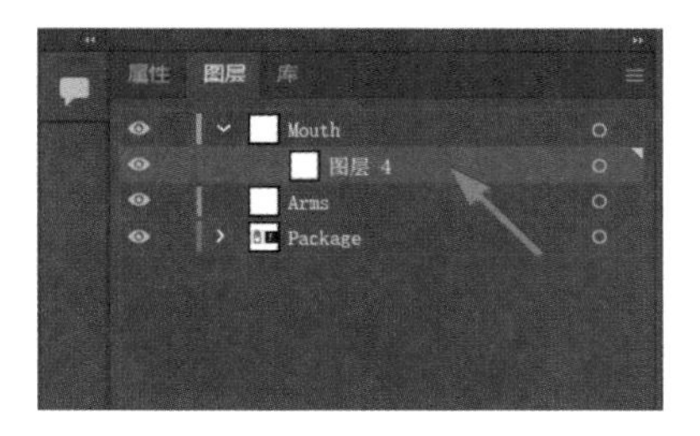

图 10-17

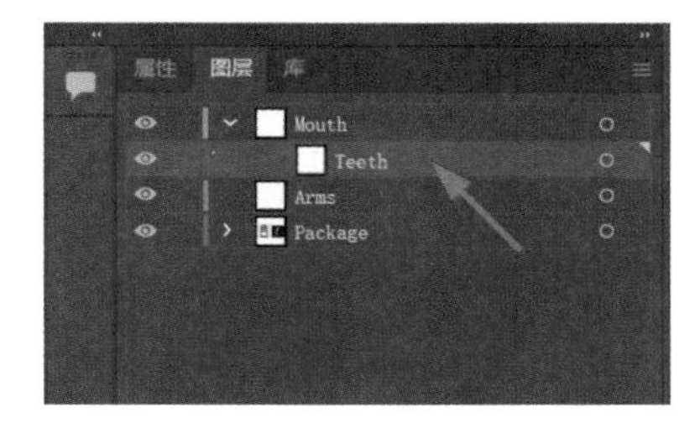

图 10-18

创建新的子图层将展开所选图层，以显示现有子图层及其内容。

❸ 让 Teeth 子图层显示在 Mouth 图层中。

在接下来的学习中，您将向 Teeth 图层添加内容。

什么时候应该使用图层?

简单地说，这取决于您和您的项目的需求。

以下是几个适合向项目添加图层的场景。

- 有多种设计思路或多种语言的文本，并希望能够轻松显示和隐藏不同版本。
- 将文本、插图和设计元素（如背景颜色）放在单独的图层上可以更轻松地锁定和隐藏内容。
- 对于 Web 或应用程序设计，将所有 UI 元素放在不同的图层上可以方便导出或隐藏其他内容。

10.3 编辑图层和对象

当您创建和添加图层和子图层时，您可以在这些图层之间移动内容以更好地组织图稿，而且重新排列“图层”面板中的图层，可以更改图稿中对象的堆叠顺序。

10.3.1 在“图层”面板中查找内容

在处理图稿时，有时需要选择画板中的内容，然后在“图层”面板中找到该内容，以确定该内容的组织方式，例如，它是否位于正确的图层上。

❶ 按住鼠标左键将“图层”面板的左边缘向左拖动，使“图层”面板变宽，如图 10-19 所示。

当图层和对象的名称足够长时，或者对象彼此之间存在嵌套时，它们的名称可能会被截断——换句话说，您看不到完整的名称。

❷ 选择“选择工具”，单击嘴巴顶部的一颗牙齿以选择该组牙齿，如图 10-20 所示。

❸ 在“图层”面板底部单击“定位对象”按钮，如图 10-21 所示，此时将在“图层”面板中展示所选内容（路径编组），如图 10-22 所示。

在“图层”面板中，牙齿图形所在的图层会展开（如果尚未展开），您应该会在 Package 图层中看到一组（名为“< 编组 >”）牙齿路径，如图 10-22 所示。

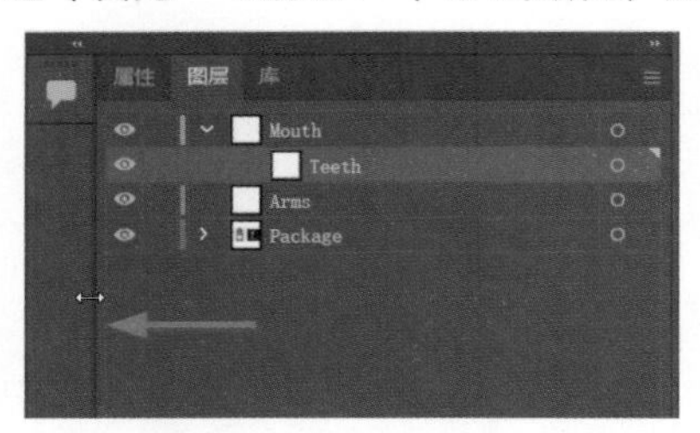

图 10-19

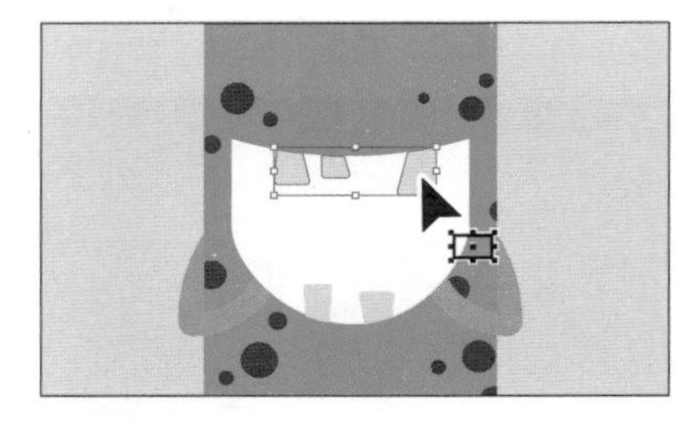

图 10-20

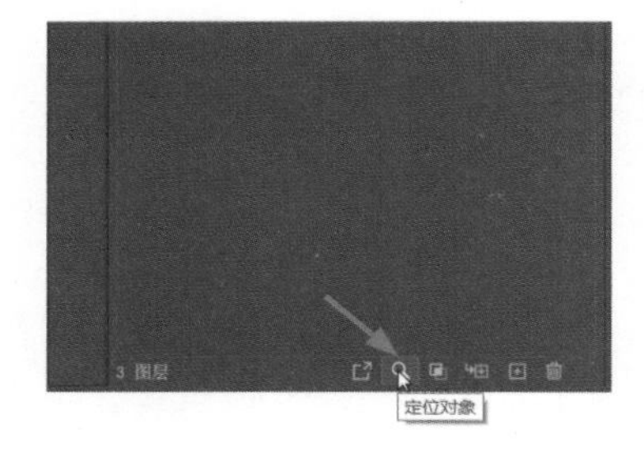

图 10-21

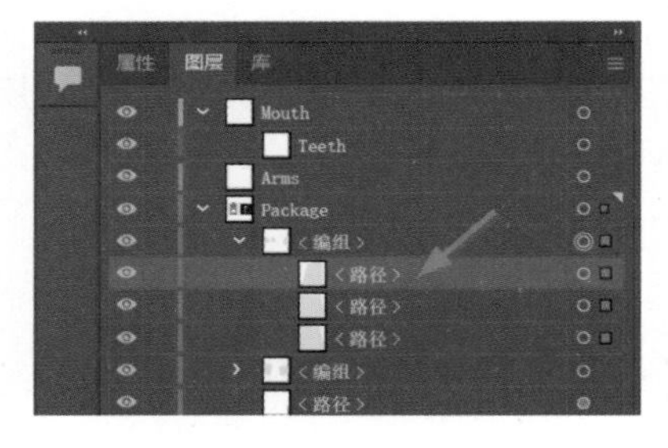

图 10-22

请注意牙齿路径最右侧的选择指示器，如图 10-23 中方框所示，这些选择指示器表示画板上相关内容已被选中。

4 单击“< 编组 >”名称左侧的折叠按钮，隐藏每个牙齿图形，如图 10-24 所示。

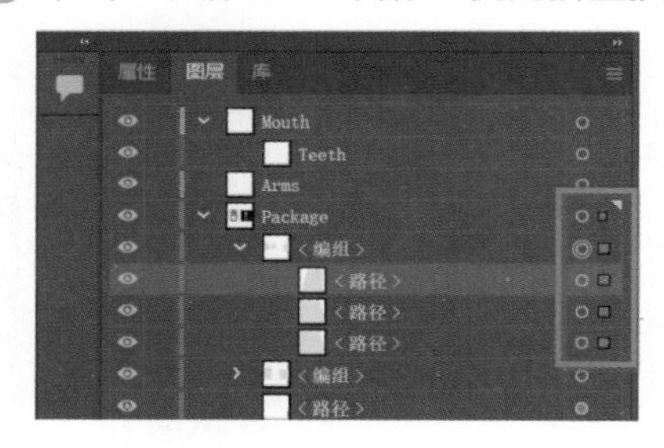

图 10-23

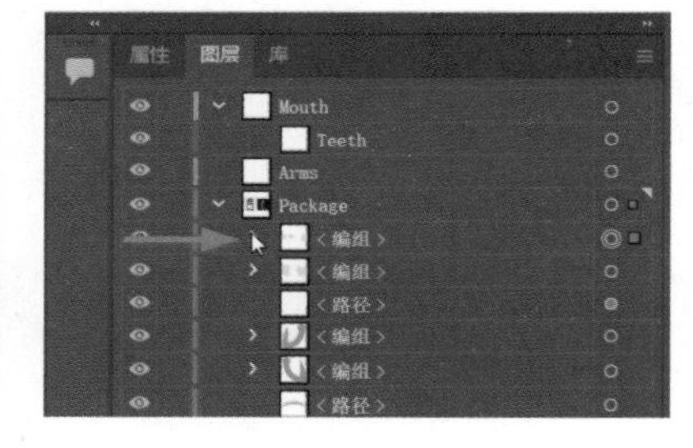

图 10-24

5 按住 Shift 键，单击画板上嘴巴图形底部的某颗牙齿以同时选中该组牙齿图形，如图 10-25 所示。

在“图层”面板中，您将在该组牙齿图形最右边看到选择指示器，如图 10-26 所示。每组牙齿图形在“图层”面板中都被命名为“< 编组 >”，原因很明显——它们是一组独立的形状。

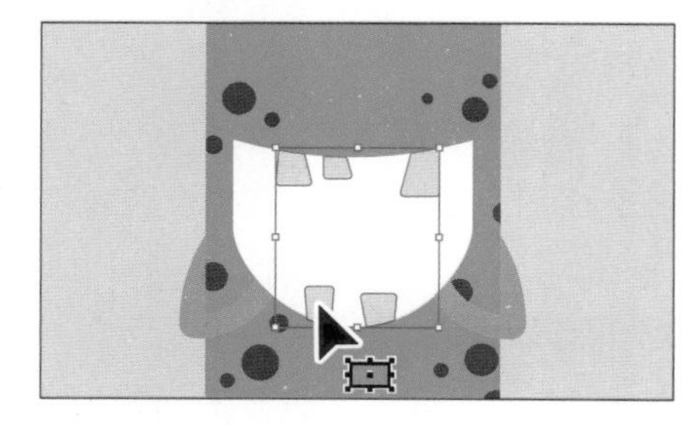

图 10-25

图 10-26

另外，请观察画板上的牙齿图稿。请注意，所选图稿的定界框、路径和锚点与图层颜色（“图层”

面板中，图层名称左侧显示的小色带▌）相同。

当您在画板上选择图稿时，您可以通过定界框、路径或锚点的颜色来判断它位于哪个图层上。

6 选择“选择”>“取消选择”。

在 10.3.2 小节中，您将在“图层”面板中选择相同的编组内容。

10.3.2 在图层间移动内容

有多种方法可以将内容从一个图层移动到另一个图层。接下来，您将利用您创建的图层和子图层以几种不同的方法将图稿移动到不同的图层。

1 在“图层”面板中单击其中一个牙齿编组，然后按住 Shift 键并单击另一个编组，如图 10-27 所示。

请注意，这并不会选中画板上的牙齿图形。您所做的只是在“图层”面板中选择图层编组，以便移动、重命名它们等。

2 将所选编组直接向上拖动到 Mouth 图层中的 Teeth 子图层上，当 Teeth 子图层高亮显示时，松开鼠标左键，如图 10-28 所示。

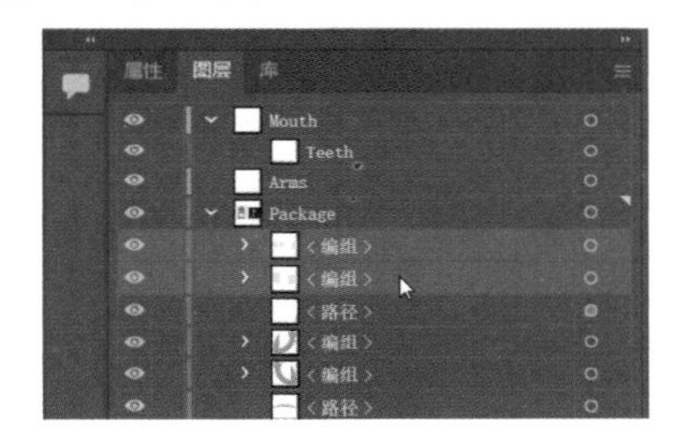

图 10-27

图 10-28

3 单击 Teeth 子图层左侧的折叠按钮，现在可以看到嵌套在其中的两个编组，如图 10-29 所示。

下面进行一些练习。

4 单击画板上的白色嘴巴形状，如图 10-30 所示，您可以看到该形状在“图层”面板中的位置。

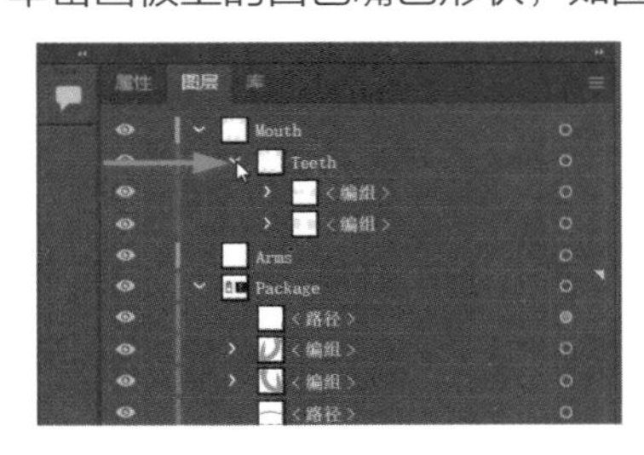

图 10-29

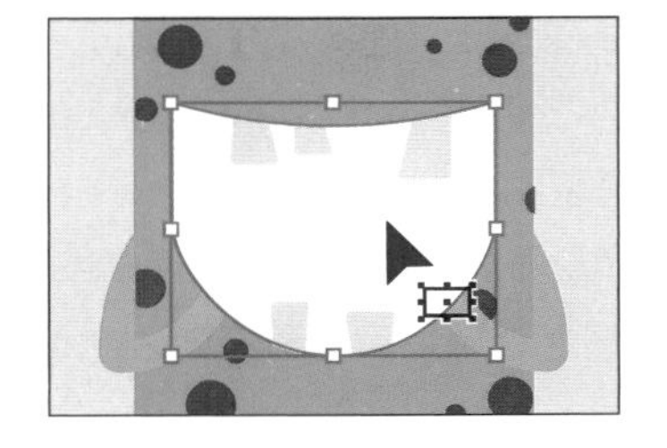
图 10-30

5 在 Package 图层中，单击所选形状的路径以将其选中，如图 10-31 所示。

6 在“图层”面板中找到 Package 图层中的“< 图像 >”对象。按住 Command 键（macOS）或 Ctrl 键（Windows）单击，将其也选中，如图 10-32 所示。

7 将所选对象直接拖动到 Mouth 图层上，当其高亮显示时松开鼠标左键，如图 10-33 所示。

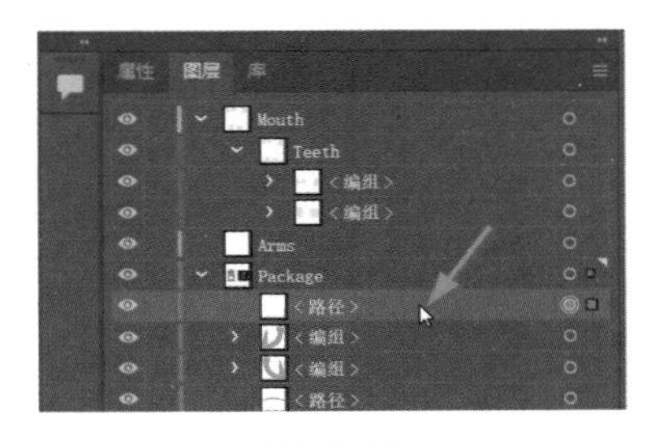

图 10-31

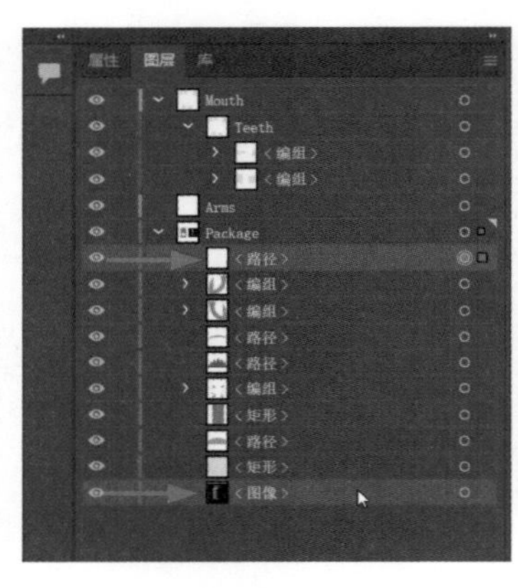

图 10-32

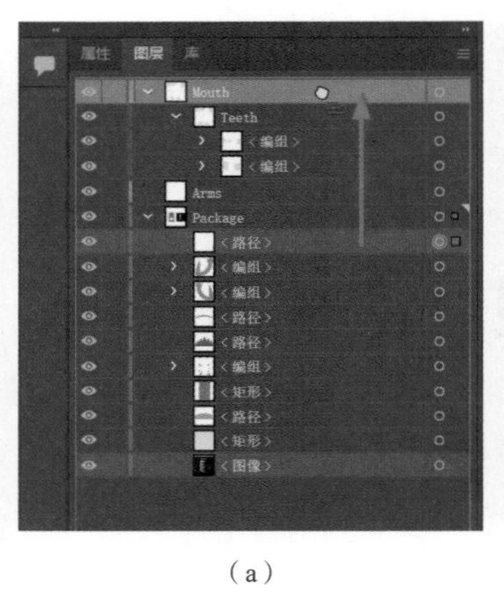

（a）

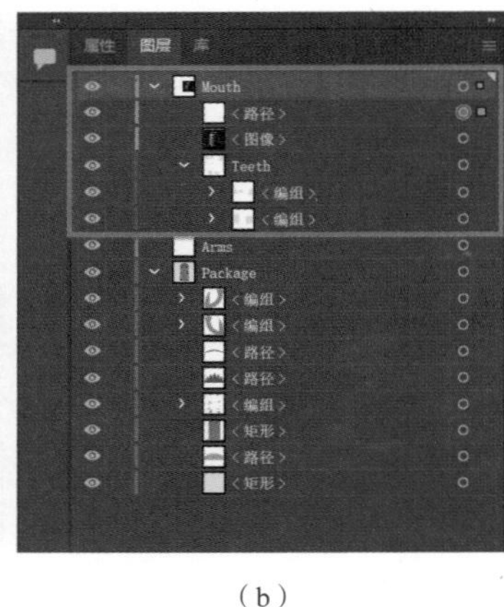

（b）

图 10-33

当心！不要将它们拖到 Teeth 子图层上，因为所选图形不是牙齿图形。

请注意，图稿中的白色嘴巴形状现在覆盖了牙齿图形和手臂图形。拖动到另一个图层或子图层的任何内容都会自动位于该图层或子图层的顶部。后面会解决这个问题。

8 选择“选择”>“取消选择”。

10.3.3 另一种在图层间移动内容的方法

现在尝试用另一种方法将内容从一个图层移动到另一个图层。这种方法有时会更快捷，尤其是当您看不到内容在“图层”面板中的位置时——可能是因为没有显示任何图层内容。

下面将手臂图形移动到 Arms 图层上。

1 单击“图层”面板中 Package 图层和 Mouth 图层名称左侧的折叠按钮，隐藏内容。

隐藏图层内容是使“图层”面板看起来不那么混乱的好方法。

2 选择画板上的一个橙色手臂图形，如图 10-34 所示。

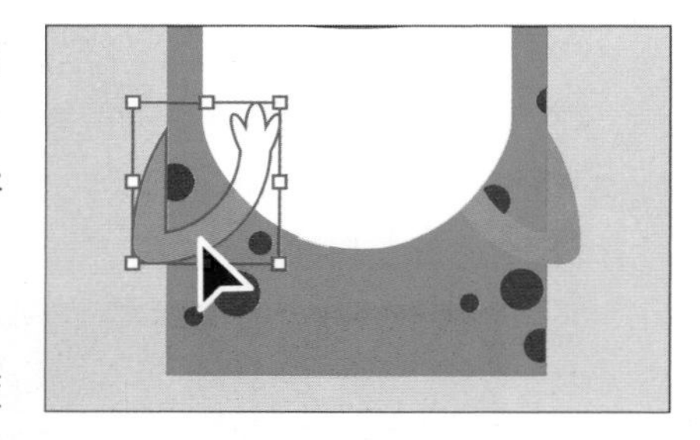

图 10-34

您会在“图层”面板中的 Package 图层右侧看到一个蓝色的选择指示器■，如图 10-35（a）所示，表示手臂图形在 Package 图层而不会展示该图层的内容。

3 将蓝色选择指示器直接向上拖动到 Arms 图层右侧，如图 10-35（b）所示。

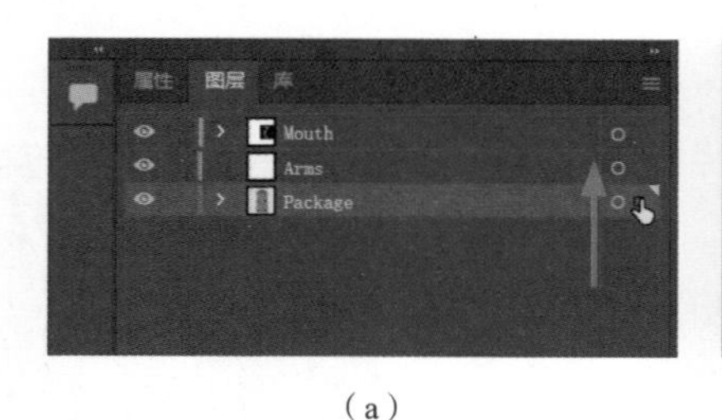

（a）

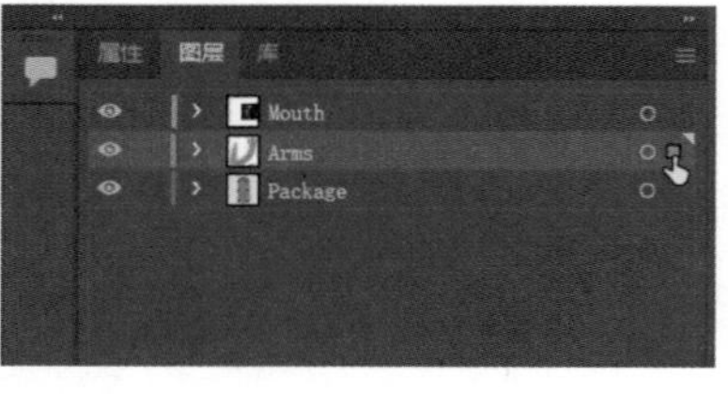

（b）

图 10-35

现在，一个手臂图形位于 Arms 图层中，其定界框与 Arms 图层的颜色相同（红色）。

❹ 选择画板上的另一个橙色手臂图形并将选择指示器从 Package 图层拖动到 Arms 图层，如图 10-36 所示。

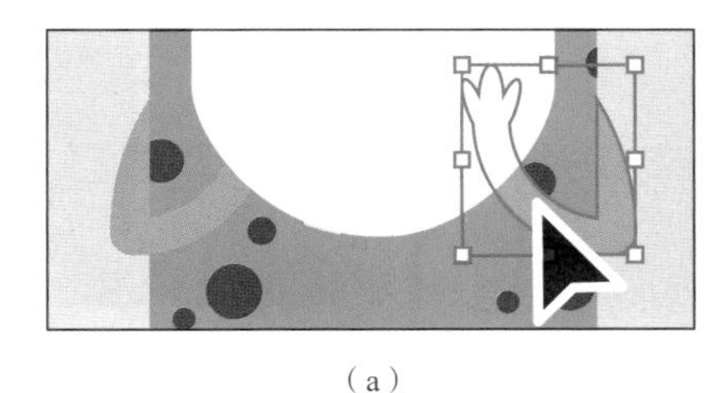

（a）

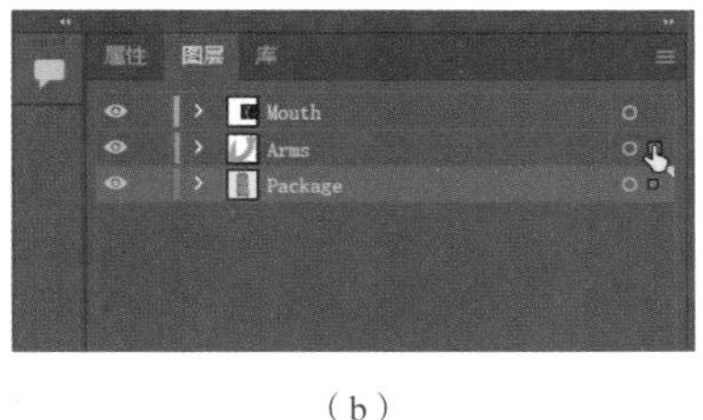

（b）

图 10-36

现在，双臂图形位于正确的图层上。

❺ 单击 Arms 图层左侧的折叠按钮，显示手臂图形。

❻ 在画板上仍选中一个手臂图形的情况下，按住 Shift 键并单击另一个手臂图形。选择“对象”>“编组”，效果如图 10-37 所示。

查看 Arms 图层，您会看到一个“< 编组 >”对象和编组内的手臂形状等（如有必要，单击“< 编组 >”名称左侧的折叠按钮）。

❼ 单击 Arms 图层左侧的折叠按钮，隐藏列表中的 < 编组 >。

❽ 选择“选择”>“取消选择”，然后选择“文件”>“存储”。

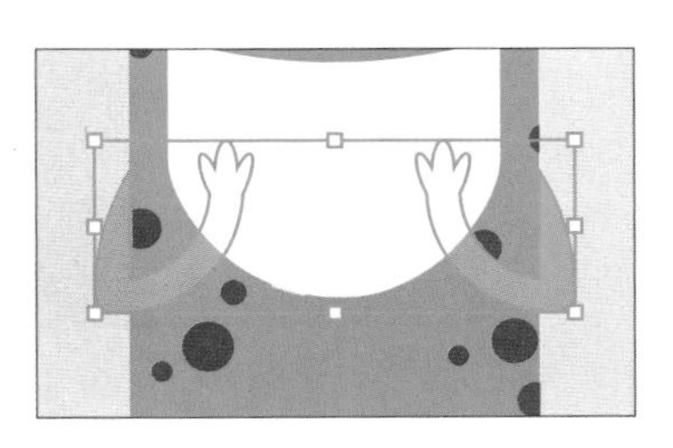

图 10-37

10.3.4 锁定和隐藏图层

第 2 课介绍了有关锁定和隐藏内容的知识。使用菜单命令或键盘快捷键锁定和隐藏内容后，可以在“图层”面板中看到相关操作的结果。在“图层”面板中也可以隐藏或锁定相关内容，操作起来十分方便，可以对图层、子图层或单个对象执行这些操作。本小节将锁定某些内容并隐藏一些内容，以使选择内容变得更加容易。

❶ 单击画板上的米色背景矩形，如图 10-38（a）所示。

❷ 在“图层”面板的底部单击“定位对象”按钮，在图层列表中定位到该矩形。

列表中该对象的眼睛图标右侧的空列是锁定内容并查看是否有内容被锁定的地方，如图 10-38（b）中方框所示。

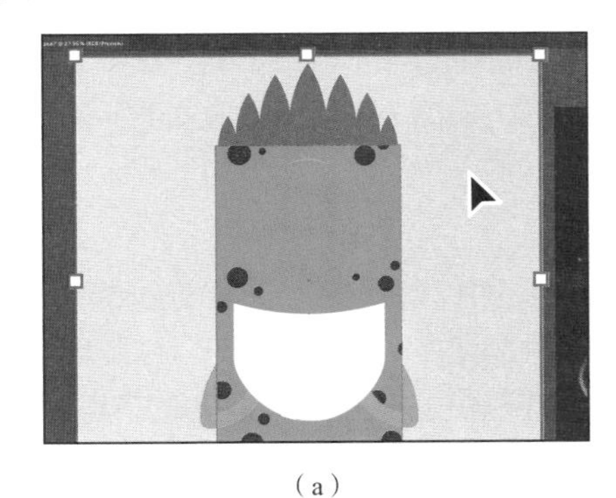

（a）

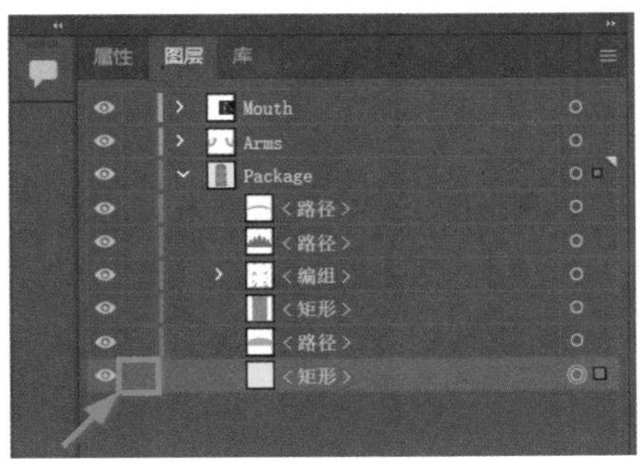

（b）

图 10-38

❸ 选择“对象”>“锁定”>“所选对象”。

现在，矩形被锁定，您不会再意外移动它。在“图层”面板中，“<矩形>”对象左侧显示了一个锁定图标，如图10-39所示。

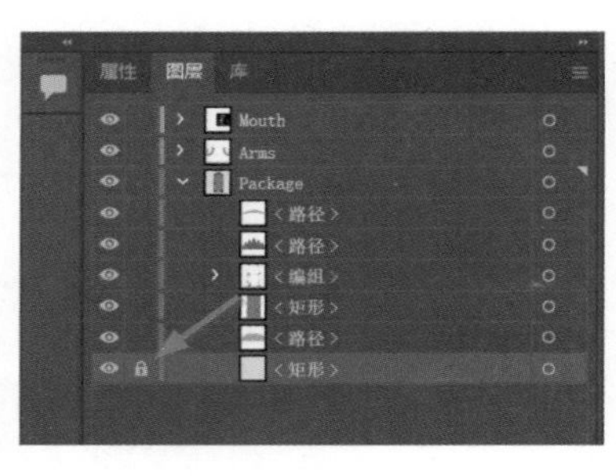

图 10-39

④ 单击“图层”面板中的锁定图标，解锁背景形状，如图 10-40 所示。

下面需要重新排列嘴巴图形和手臂图形，并对它们进行一些处理。

⑤ 在“图层”面板中，单击 Package 图层的眼睛图标右侧的空白位置，如图 10-41 所示。

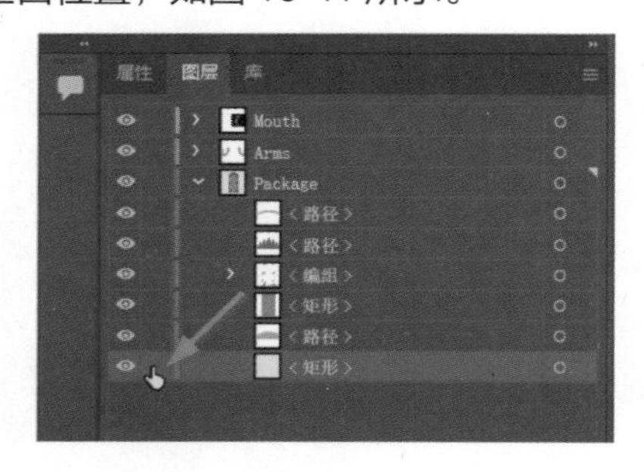

图 10-40

图 10-41

Package 图层上的所有对象，包括背景形状，现在都已被锁定，无法再在画板上选择它们，这有助于之后的操作的执行。

⑥ 单击 Package 图层的眼睛图标，暂时隐藏 Package 图层上的内容，如图 10-42 所示。

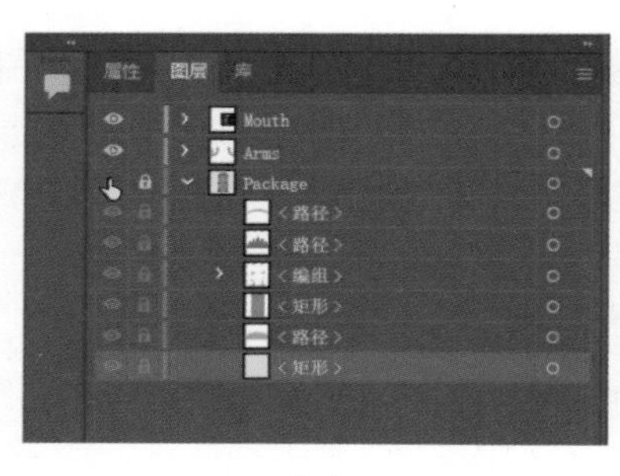

（a）

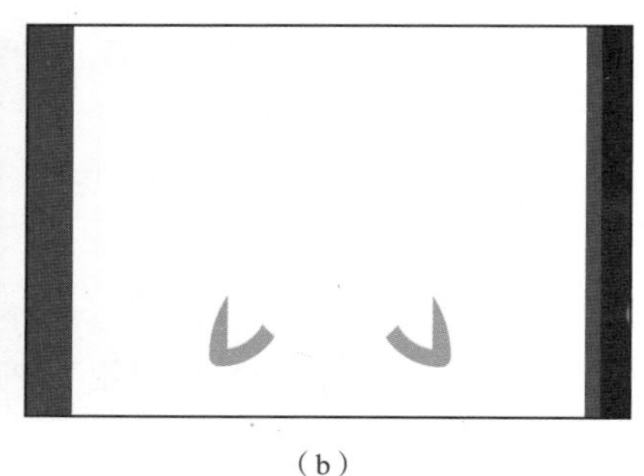

（b）

图 10-42

锁定其余内容后，才能看清手臂图形，而白色画板上的嘴巴图形是白色的，也不会干扰对手臂图形执行的操作。在 10.3.5 小节中，您将重新排列图层内容的顺序，使嘴巴图形位于手臂图形的下层。

10.3.5　重新排序图层和内容

在前面的课程中，我们了解到对象具有堆叠顺序，该顺序具体取决于它们的创建时间和方式。堆叠顺序适用于“图层”面板中的每个图层。通过在图稿中创建多个图层，您可以控制堆叠对象的显示方式。本小节将调整手臂图形和牙齿图形的顺序，使它们不再位于白色嘴巴图形的下层。

① 按 Command+Y 组合键（macOS）或 Ctrl+Y 组合键（Windows），在轮廓模式下查看图稿，如图 10-43 所示。

现在，可以看到牙齿、嘴巴和手臂图形了，您需要把牙齿图形放在嘴巴图形的上层。

注意“图层”面板中的眼睛图标，如图 10-44 所示，它们表示图层上的内容处于轮廓模式。

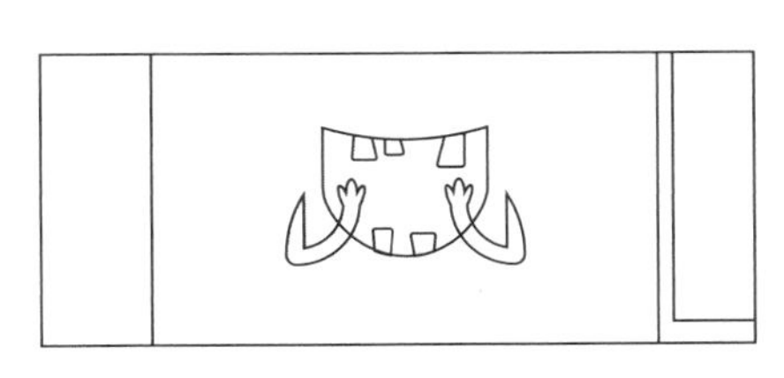

图 10-43

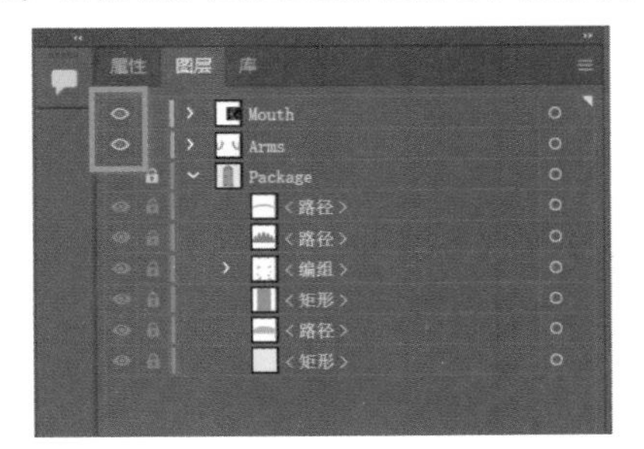

图 10-44

❷ 在画板上框选白色嘴巴图形的左上角，如图 10-45（a）所示。

在“图层”面板中，注意 Mouth 图层的选择指示器图标，如图 10-45（b）所示，它将指示所选内容位于哪个图层。

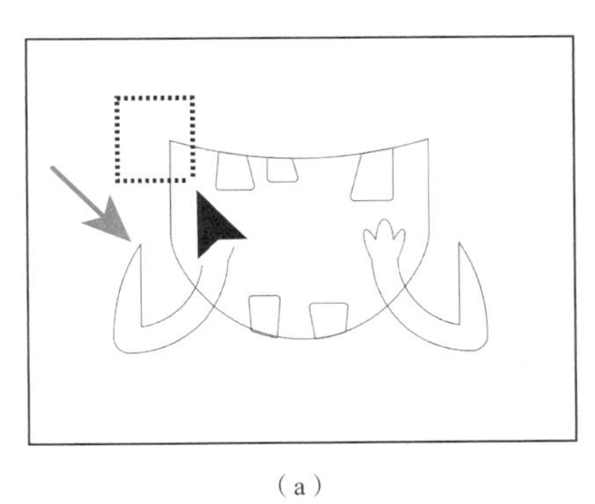

（a）

（b）

图 10-45

❸ 在“图层”面板中，单击 Mouth 图层左侧的折叠按钮，显示该图层上的内容。

现在，您可以在“图层”面板中看到 Mouth 图层的顶端有一个“< 路径 >”子图层，如图 10-46 所示。

❹ 选择“对象”>“排列”>“置于底层”，使白色嘴巴图形位于牙齿图形的下层，如图 10-47 所示。

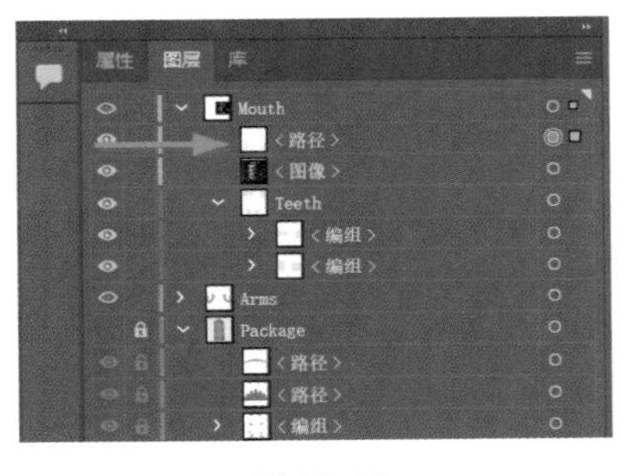

图 10-46

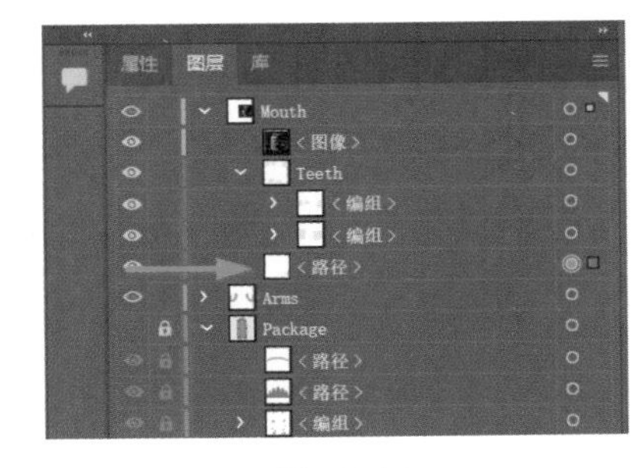

图 10-47

“排列”命令仅排列对象所在图层的内容。如果想让嘴巴图形在 Package 图层的某个内容后面，嘴巴图形要么必须位于 Package 图层上，要么在“图层”面板中将整个 Mouth 图层移动到 Package 图层的下方。

❺ 按 Command+Y 组合键（macOS）或 Ctrl+Y 组合键（Windows），退出轮廓模式。

现在，您可以看到牙齿图形了。但手臂图形仍在嘴巴图形的下层，如图 10-48 所示。我们没法使用“排列”命令来解决这个问题，因为手臂图形和嘴巴图形位于不同的图层上。要解决这个问题，我们需要重新排列图层顺序。

⑥ 在“图层”面板中，单击 Mouth、Arms 和 Package 图层左侧的折叠按钮，隐藏每个图层的内容，如图 10-49 所示。

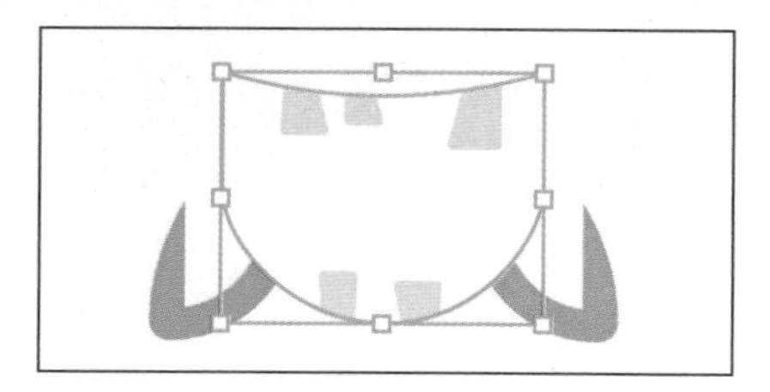

图 10-48

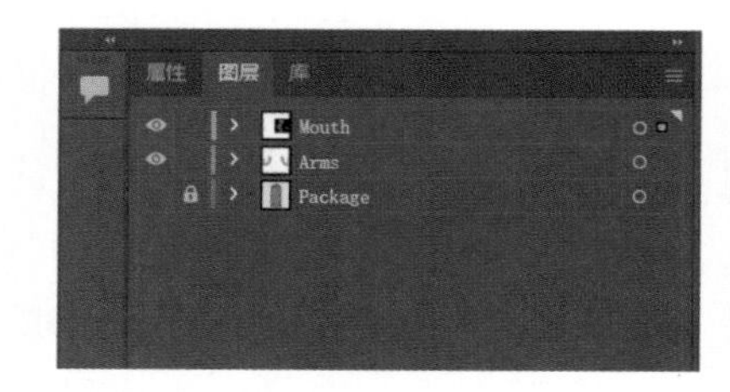

图 10-49

这会使得图层拖动更方便。

⑦ 选择“选择”>“取消选择”。

您可以不取消选择就拖动图层，这只是我的一个习惯，这样不会不小心移动不需要移动的东西。

⑧ 在“图层”面板中选中 Mouth 图层，按住鼠标左键将 Mouth 图层向下拖动到 Arms 图层的下方。当 Arms 图层下方出现一条高亮线时，松开鼠标左键，将 Mouth 图层放在 Arms 图层的下方，如图 10-50 所示。

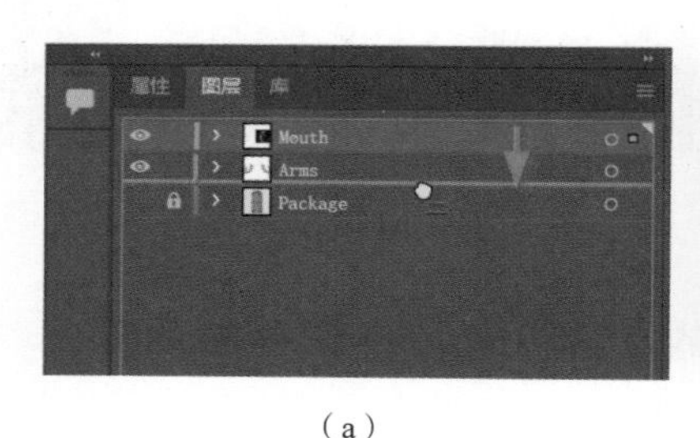

（a）

（b）

图 10-50

您也可以将 Arms 图层向上拖动到 Mouth 图层的上方。

⑨ 在“图层”面板中单击 Package 图层左侧的眼睛图标，如图 10-51 所示。

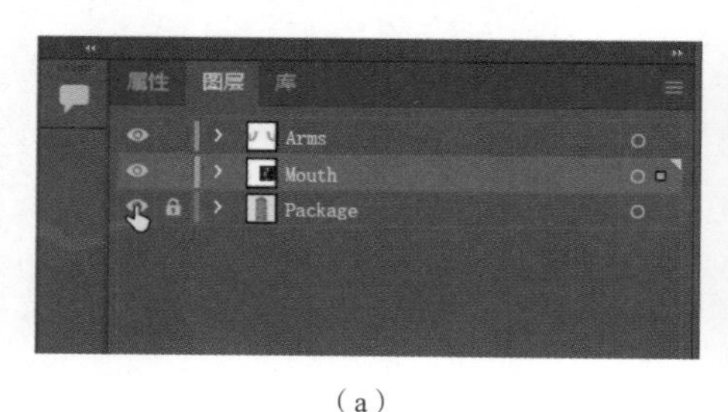

（a）

（b）

图 10-51

10.3.6 以轮廓模式查看单个图层或对象

在轮廓模式下，所有图稿的外观属性不会显示。但有时您可能想要查看部分图稿的轮廓，同时又保留图稿其余部分的描边和填色。在“图层”面板中，您可以在预览模式或轮廓模式下分别显示图层内容。在本小节中，您将学习如何使用轮廓模式展示 Package 图层上的隐藏对象，以便轻松选择它们。

1 在“图层”面板中，单击 Package 图层的折叠按钮以显示图层内容。

2 按住 Command 键（macOS）或 Ctrl 键（Windows），单击 Package 图层名称左侧的眼睛图标，该图层的内容将在轮廓模式下显示，如图 10-52（a）所示。

提示 在轮廓模式下显示图层也可用于选择对象的锚点或中心点。

您应该能够在包装图稿底部看到一个弧形，如图 10-52（b）中箭头所示。为了选择它并将它拖动到其他图层内容的前面，需要解锁该图层。

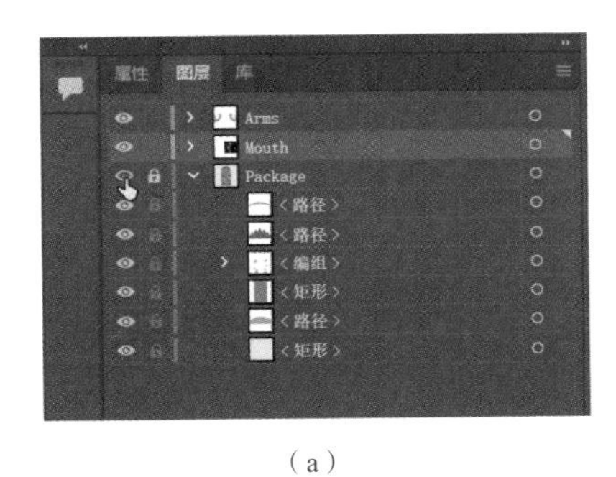

（a）

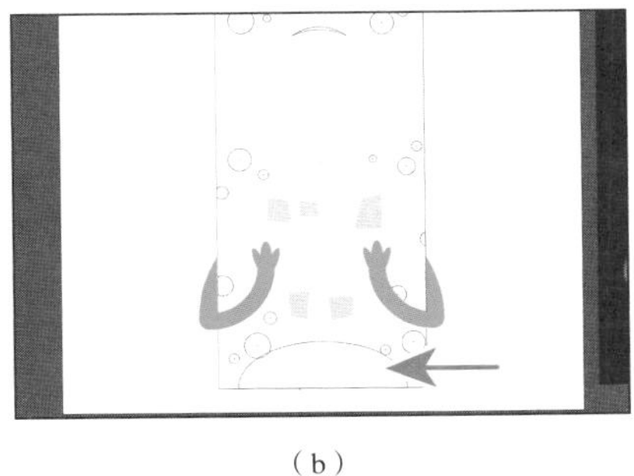

（b）

图 10-52

3 单击“图层”面板中 Package 图层的锁定图标，解锁该图层。

4 选择“选择工具”，在画板上单击弧形或框选弧形，如图 10-53 所示。

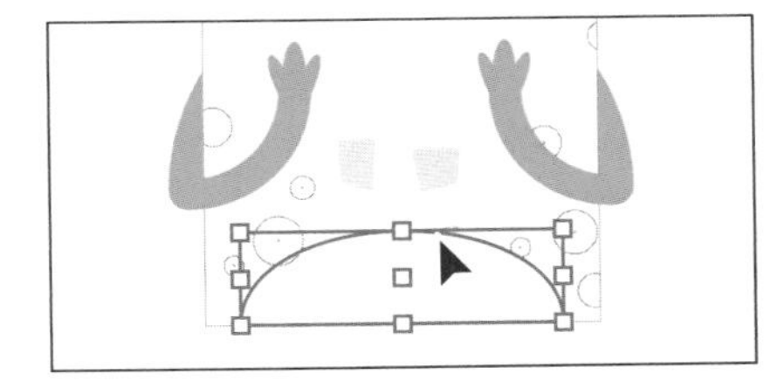

图 10-53

5 按住 Command 键（macOS）或 Ctrl 键（Windows），单击 Package 图层名称左侧的眼睛图标，再次在预览模式下显示该图层的内容，如图 10-54 所示。

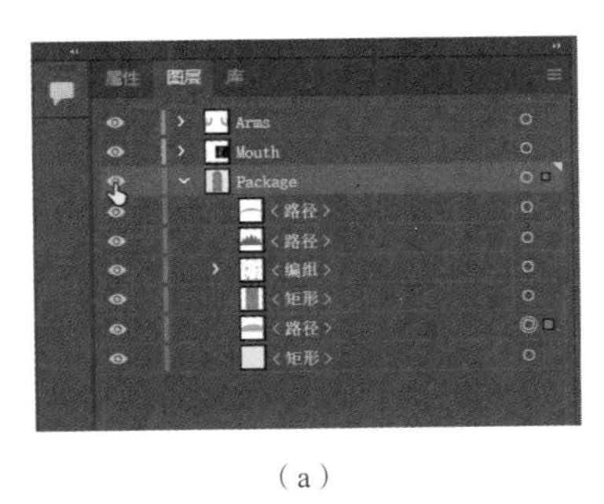

（a）

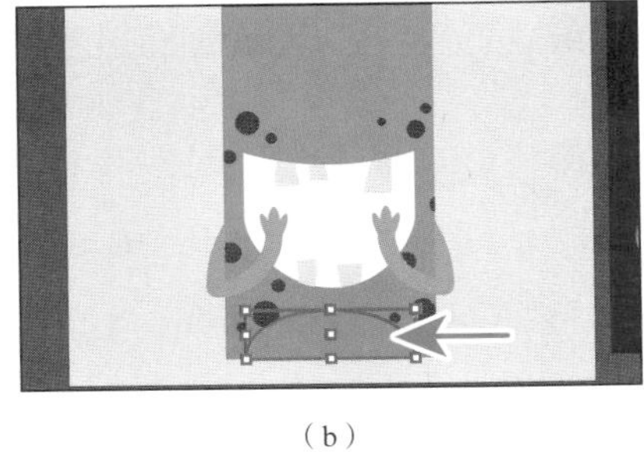

（b）

图 10-54

您仍然可以在画板上看到形状的轮廓和定界框，因为它仍处于选中状态。

6 在“图层”面板中，将选中的“<路径>”向上拖动到 Package 图层的顶端，当看到一条高亮线时，松开鼠标左键，如图 10-55 所示。

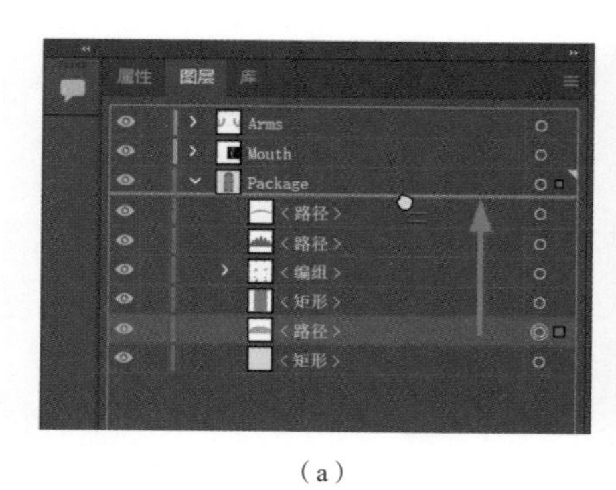

（a）

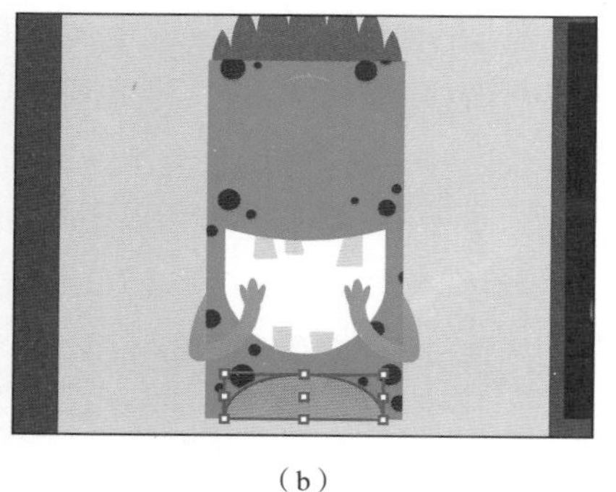

（b）

图 10-55

在这种情况下，您还可以选择“对象”>“排列”>“置顶”，会得到相同的效果。

⑦ 单击 Package 图层左侧的折叠按钮，隐藏图层内容。

⑧ 选择“选择”>“取消选择”，然后选择“文件”>“存储”。

10.3.7 粘贴图层

有时您需要将项目外的图稿导入项目中。您可以将具有图层的 AI 文件粘贴到另一个文件中，并保持所有原始图层不变。

在本小节中，您将把另一个文件中的文本粘贴到您的项目中，以将最终内容添加到包装图稿中。

① 选择“窗口”>“工作区”>“重置基本功能”。

② 选择“文件”>“打开”。打开 Lessons > Lesson10 文件夹中的 Packaging_text.ai 文件。

③ 选择“视图”>“画板适合窗口大小”。

④ 切换到“图层”面板，查看包含内容的两个图层，如图 10-56 所示。

图 10-56

⑤ 选择“选择”>“全部”。

⑥ 选择“编辑”>“复制”，将所选内容复制到剪贴板。

⑦ 选择“文件”>“关闭”，关闭 Packaging_text.ai 文件而不存储任何更改。如果弹出警告对话框，请单击“不保存”按钮（macOS）或“否”按钮（Windows）。

⑧ 返回 CookiePackage.ai 文件，在“图层”面板中单击菜单按钮，选择“粘贴时记住图层”命令，如图 10-57 所示，命令旁边的复选标记会指示它已被选择。

“粘贴时记住图层”功能默认未启用，这意味着所有对象都将被粘贴到活动图层中，并且不粘贴原始文件中的图层。选择“粘贴时记住图层”命令后，无论“图层”面板中的哪个图层处于活动状态，图稿都会被独立粘贴成复制时的图层，并且位于“图层”面板中图层列表的顶部。

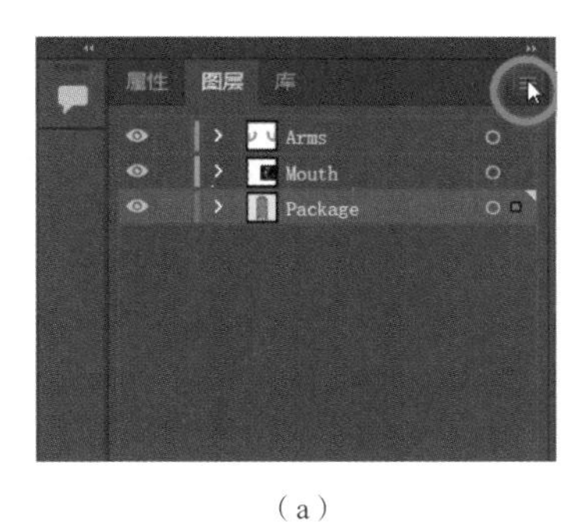

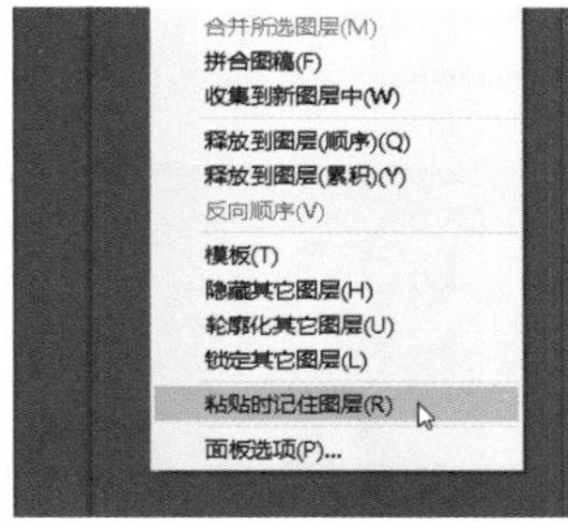

（a）　　　　（b）

图 10-57

⑨ 选择“编辑”>“粘贴”，将内容粘贴到文档窗口的中心位置。

“粘贴时记住图层”命令会将 Packaging_text.ai 文件中的图层粘贴到“图层”面板的顶部。

⑩ 在弹出的“色板冲突”对话框中选中“合并色板”单选项，然后单击“确定”按钮，如图 10-58 所示。

您粘贴的图稿中至少有一种颜色与 CookiePackage.ai 文件中的颜色相同。“合并色板”选项将合并已有色板的颜色值到新的色板。

下面将把新粘贴的图层合并在一起。

⑪ 将画板上选中的图稿向下拖动到图 10-59 所示的位置。

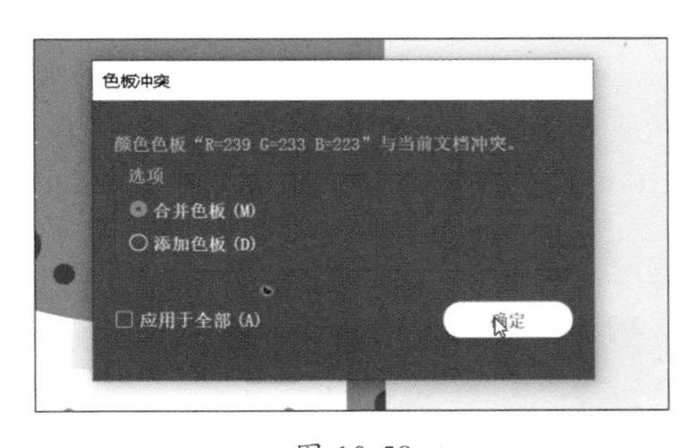

图 10-58

图 10-59

⑫ 选择“选择”>“取消选择”。

10.3.8　将图层合并成新图层

有时，您可能想要简化图层结构并将其中一些图层组合起来。刚刚将具有两个图层的外部文件中的文本粘贴到了项目中，下面使用 Text 图层来容纳这些文本。因此，您需要将这两个图层的内容合并到一个图层中。

① 在“图层”面板中选中 Brand text 图层，按住 Shift 键的同时单击 Cookie type 图层，以选择这两个图层，如图 10-60 所示。

② 单击“图层”面板菜单按钮，然后选择“合并所选图层”命令，如图 10-61 所示。

现在，两个选中图层的内容合并到了其中一个图层中。

③ 双击新的子图层名称（本例为 Cookie type），将其名称更改为 Text。按 Return 键（macOS）或 Enter 键（Windows）确定更改。

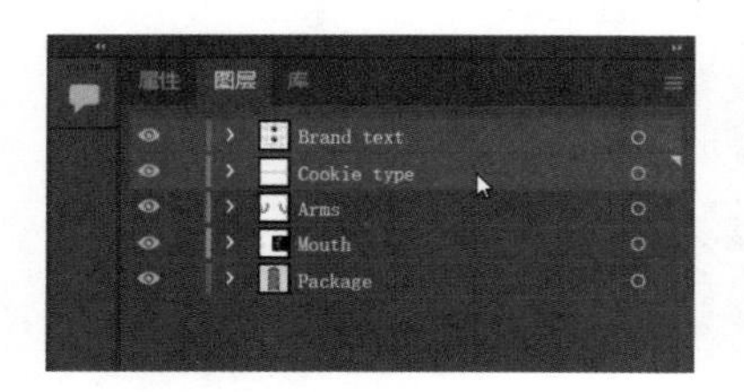

图 10-60

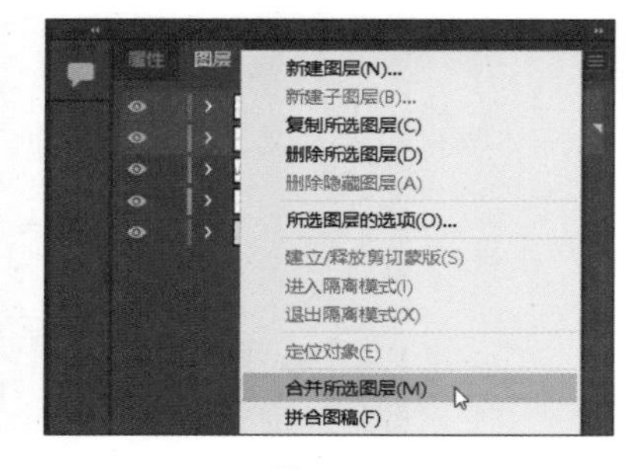

图 10-61

我们本可以让图层保持原样，但就像之前说的，所有文本都在一个图层，可能会让我们更容易一次性选择、隐藏和锁定它们。

10.3.9 复制图层

您还可以使用“图层”面板复制图层，甚至可以复制图层上的内容。如果您想制作项目（如海报）的不同版本，或者图层上有文本并想将所有文本转换为轮廓（形状），则复制图层会很有用。制作文本图层的副本意味着您仍然拥有原始文本，以备日后进行修改。

接下来，您将复制 Text 图层，以便制作文本的其他版本。

提示 要复制图层，您还可以将“图层”面板中的图层向下拖动到面板底部的“创建新图层”按钮上。

❶ 在“图层”面板中选中 Text 图层。单击“图层”面板菜单按钮，选择复制“Text”命令，如图 10-62 所示。

这将复制图层，并将内容粘贴到原始图层内容之上。

❷ 单击原始 Text 图层的眼睛图标，暂时隐藏该图层，如图 10-63 所示。

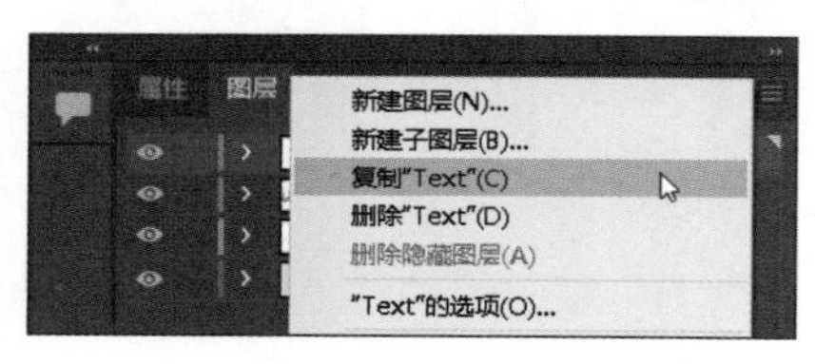

图 10-62

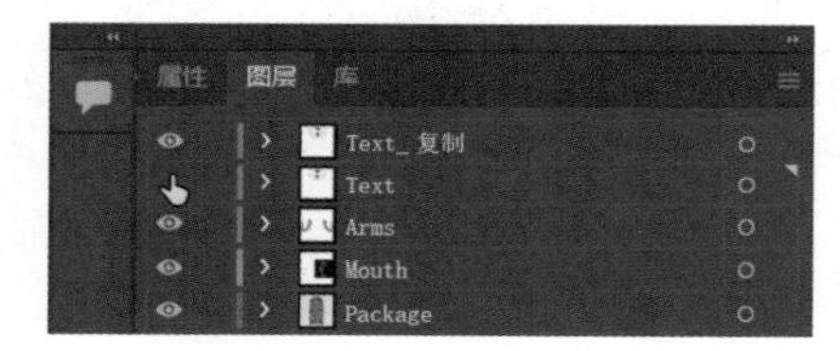

图 10-63

接下来我们要对新的文本进行简单的更改，您将选择两只眼睛的彩色部分并更改它们的填充颜色。

❸ 选择“直接选择工具”。

❹ 单击画板上一只眼睛的绿色部分，按住 Shift 键并单击另一只眼睛的绿色部分以选中两个形状，如图 10-64 所示。

使用“直接选择工具”是因为所有这些内容都已编组。“直接选择工具”可选择组内的内容，以便您做一些简单的操作，如改变填充颜色。

图 10-64

❺ 打开“属性”面板（选择“窗口”>“属性”）。

❻ 单击“填色”框，然后选择另一种颜色，如图 10-65 所示。

图 10-65

提示 在对新版本做出更改之后，您可以改变图层名称以反映这些更改，例如将新图层的名称改为"Text-aqua-eye"，以便了解修改的内容。

7 选择"选择">"取消选择"。

现在，如果需要显示原始文本，您可以显示 Text 图层内容并隐藏"Text_复制"图层的内容。

8 在"图层"面板中单击所有图层的折叠按钮，仅在"图层"面板中显示顶层图层。

10.4 创建剪切蒙版

通过"图层"面板，您可以创建剪切蒙版，以隐藏或显示图层（或组）中的图稿。剪切蒙版是一个或一组（使用其形状）屏蔽自身同一图层或子图层下方图稿的对象，剪切蒙版只显示其形状中的图稿。现在，您将使用位于画板右边的图像，并使用白色嘴巴形状来遮盖或隐藏图像的某些部分。

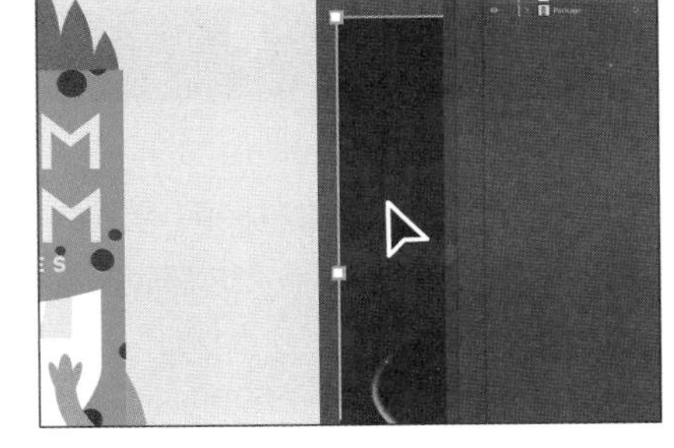

图 10-66

1 使用"选择工具"选择画板右侧的图像，如图 10-66 所示。

在 Mouth 图层上可以看到选择指示器，表示图像位于该图层。

2 单击 Mouth 图层左侧的折叠按钮，显示该图层中的内容，如图 10-67 所示。

"<图像>"对象显示在图层顶部。

下面将使用白色嘴巴形状作为蒙版。在"图层"面板中，蒙版对象必须位于它要遮罩的对象的上层。在图层蒙版里，蒙版对象必须是图层里面最上方的对象。

3 单击画板上的白色嘴巴图形，如图 10-68 所示。

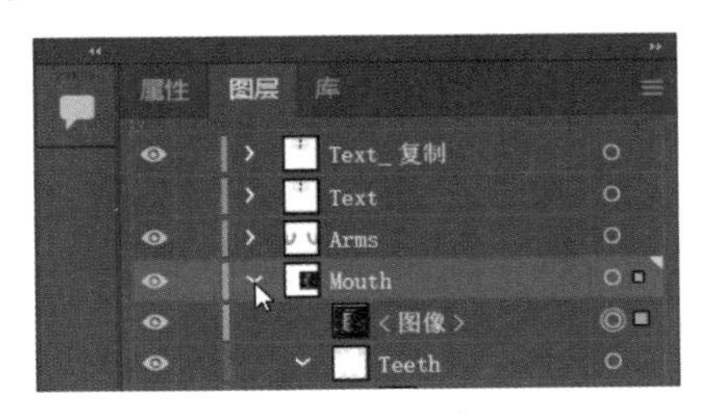

图 10-67

图 10-68

查看"图层"面板，您可以看到所选的形状。

4 选择"对象">"排列">"置于顶层"，使其位于图层的顶层，如图 10-69 所示。

嘴巴图形将用作图层上所有内容的剪切蒙版，因此它需要位于图层的顶层。

⑤ 将饼干图像拖到白色嘴巴图形上，如图 10-70 所示。

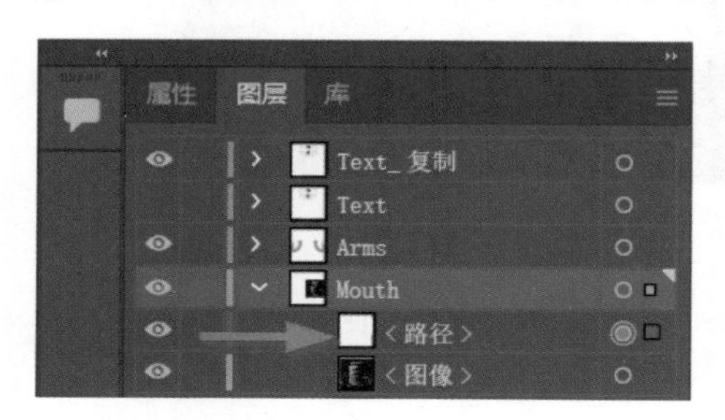

图 10-69

图 10-70

⑥ 在“图层”面板中，单击 Mouth 图层的名称以高亮显示它，如图 10-71 所示。

> 提示　如果要释放剪切蒙版，您可以再次选中 Mouth 图层并单击“建立 / 释放剪切蒙版”按钮。

⑦ 单击“图层”面板底部的“建立 / 释放剪切蒙版”按钮，如图 10-72 所示。

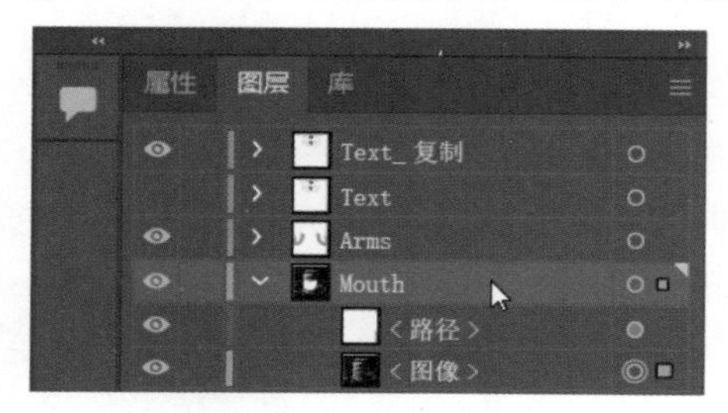

图 10-71

图 10-72

在“图层”面板的 Mouth 图层中，您会看到现在嘴巴图形的名称是“< 剪贴路径 >”并且带有下画线，如图 10-73 所示，这都表明它是蒙版图形。

⑧ 选择“对象”>“排列”>“置于底层”，使图像位于牙齿图形的下层，如图 10-74 所示。

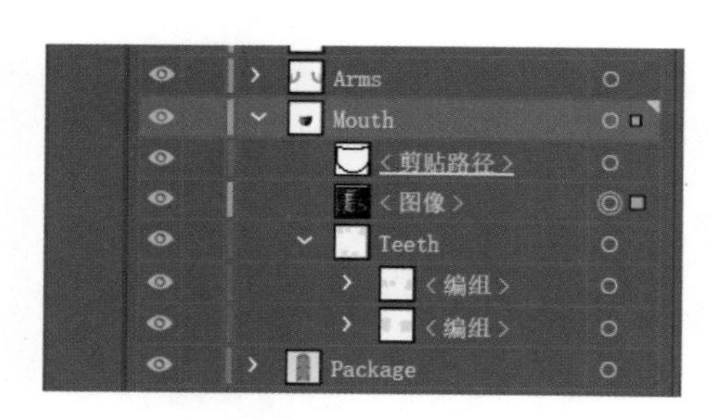

图 10-73

图 10-74

在画板上，图像在嘴巴图形外的部分被遮盖了。

⑨ 选择“文件”>“存储”，然后选择“文件”>“关闭”。

复习题

1. 指出至少两个创建图稿时使用图层的好处。
2. 如何调整文件中图层的排列顺序？
3. 更改图层颜色有什么作用？
4. 分层文件被粘贴到另一个文件中会发生什么？“粘贴时记住图层”命令有什么用处？
5. 如何创建图层剪切蒙版？

参考答案

1. 在创建图稿时使用图层的好处包括便于组织内容、便于选择内容、保护不希望被修改的图稿、隐藏不使用的图稿以免分散注意力，控制打印内容以及应用效果到图层上的所有内容。
2. 在“图层”面板中选择图层名称并将图层拖动到新位置，可以对图层进行重新排序。“图层”面板中图层的顺序控制着文件中图层的顺序——位于面板顶部的对象是图稿中最上层的对象。
3. 图层颜色控制着所选锚点和方向线在图层上的显示方式，有助于识别所选对象驻留在文件的哪个图层中。
4. 默认情况下，“粘贴”命令会将从不同分层文件中复制而来的图层或对象粘贴到当前活动图层中，而选择“粘贴时记住图层”命令将保留各粘贴对象对应的原始图层。
5. 选择图层并单击“图层”面板中的“建立 / 释放剪切蒙版”按钮，可以在图层上创建剪切蒙版。该图层中最上层的对象将成为剪切蒙版。

第 11 课

渐变、混合和图案

本课概览

本课将学习以下内容。

- 创建并保存渐变填充。
- 将渐变应用于描边并编辑描边的渐变。
- 应用和编辑径向渐变。
- 调整渐变中颜色的不透明度。
- 创建和编辑任意形状渐变。
- 按指定步数混合对象。
- 修改混合对象。
- 在对象之间创建平滑颜色混合。
- 修改混合及其路径、形状和颜色。
- 创建和应用图案色板。

学习本课大约需要

在 Adobe Illustrator 中，想要为作品增加趣味性，可以应用渐变、混合和图案。在本课中，您将了解如何使用它们来完成一张幻灯片的绘制。

11.1 开始本课

在本课中，您将了解使用渐变、混合形状和颜色，以及创建和应用图案的各种方法。在开始本课之前，您需要还原 Adobe Illustrator 的默认首选项，然后打开已完成的图稿文件，查看您将创建的内容。

❶ 为了确保工具的功能和默认值完全如本课所述，请重置 Adobe Illustrator 的首选项文件。具体操作请参阅本书“前言”中的“还原默认首选项”部分。

❷ 启动 Adobe Illustrator。

❸ 选择“文件” > “打开”，打开 Lessons>Lesson11 文件夹中的 L11_end.ai 文件，效果如图 11-1 所示。

❹ 选择“视图” > “全部适合窗口大小”。

如果您不想在工作时让文档保持打开状态，请选择“文件” > “关闭”。

接下来将打开一个需要完成的图稿文件。

❺ 选择“文件” > “打开”。在“打开”对话框中，定位到 Lessons>Lesson11 文件夹，选择 L11_start.ai 文件，单击“打开”按钮，打开文件，效果如图 11-2 所示。

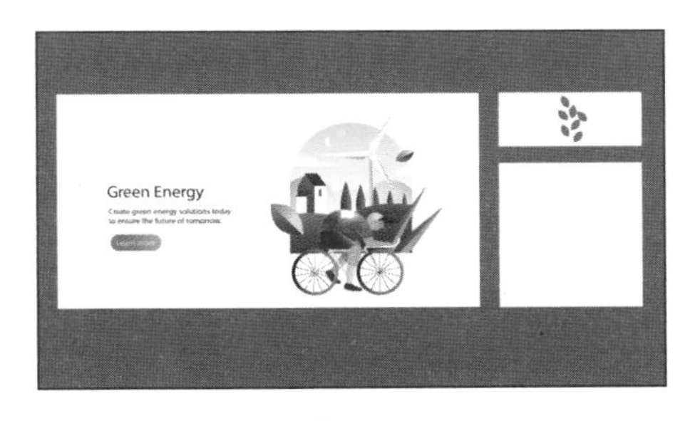

图 11-1

图 11-2

❻ 选择“视图” > “全部适合窗口大小”。

❼ 选择“文件” > “存储为”。如果弹出云文档对话框，单击“保存在您的计算机上”按钮。

❽ 在“存储为”对话框中，将文件命名为 Presentation.ai，然后选择 Lessons>Lesson11 文件夹。在“格式”下拉列表中选择 Adobe Illustrator（ai）选项（macOS）或在“保存类型”下拉列表中选择 Adobe Illustrator（*.AI）选项（Windows），单击“保存”按钮。

❾ 在“Illustrator 选项”对话框中保持默认设置，单击“确定”按钮。

❿ 选择“窗口” > “工作区” > “重置基本功能”命令。

注意 如果在“工作区”菜单中没有看到“重置基本功能”命令，请在选择“窗口” > “工作区” > “重置基本功能”之前，选择“窗口” > “工作区” > “基本功能”。

11.2 使用渐变

渐变是由两种或两种以上的颜色组成的过渡混合，它通常包含一个起始颜色和一个结束颜色。您可以在 Adobe Illustrator 中创建 3 种不同类型的渐变，如图 11-3 所示。

- 线性渐变：其起始颜色沿直线混合到结束颜色。
- 径向渐变：其起始颜色从中心点向外辐射到结束颜色。
- 任意形状渐变：您可以在形状中按一定顺序或随机顺序创建渐变颜色混合，使颜色混合看起来平滑且自然。

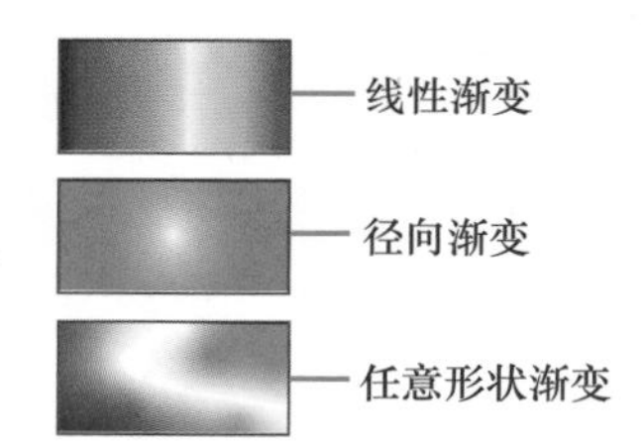

图 11-3

您可以使用 Adobe Illustrator 提供的渐变，也可以自行创建渐变，并将其保存为色板供以后使用（任意形状渐变除外）。您可以使用渐变创建颜色之间的混合，为画面效果塑造立体感，或为您的作品添加光影效果。本节将介绍每种渐变类型的应用示例，并说明使用每种渐变类型的原因。

11.2.1 将线性渐变应用于填色

本小节将使用最简单的双色线性渐变，即起始颜色沿直线混合到结束颜色，如图 11-4 所示。本小节将使用 Adobe Illustrator 自带的线性渐变绘制出日落效果。

❶ 在文档窗口下方的“画板导航”下拉列表中选择 1 Presentation Slide 选项，切换到第一个画板。

❷ 选择“选择工具”▶，双击背景中新月图形后面较大的粉红色形状。

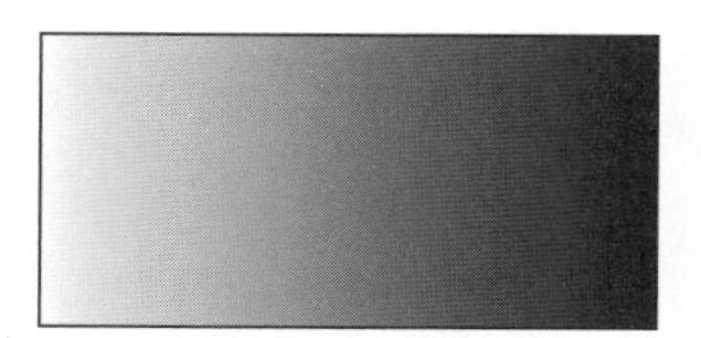

图 11-4

这是使单个形状进入隔离模式的好方法，这样您就可以专注于粉红色形状，而不会触碰到图形上方的其他内容。

❸ 单击“属性”面板中的“填色”框，在弹出的面板中选择“色板”选项，然后选择 White, Black 渐变色板，如图 11-5 所示。保持“色板”面板处于显示状态。

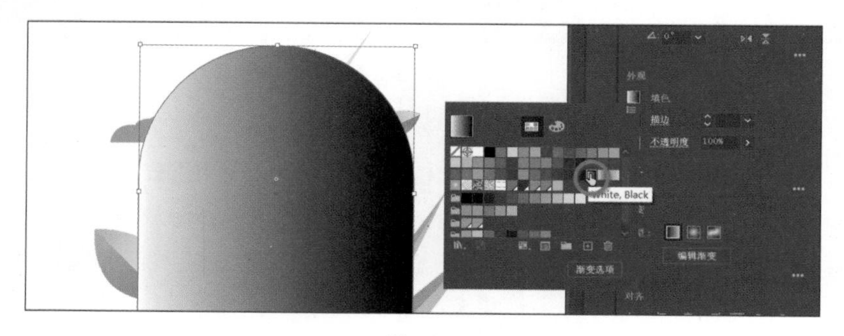

图 11-5

11.2.2 编辑渐变

本小节将编辑 11.2.1 小节应用的黑白渐变。

❶ 如果“色板”面板未显示，请再次单击“属性”面板中的“填色”框以显示“色板”面板。单击面板底部的“渐变选项”按钮，如图 11-6 所示，打开“渐变”面板（或选择“窗口”>“渐变”）。

❷ 在“渐变”面板中执行以下操作。

- 单击“填色”框，如图 11-7 所示。

如果“填色”图标位于“描边”图标的上方，则表示它已被选中。单击“填色”框后，将编辑填充颜色而不是描边颜色。

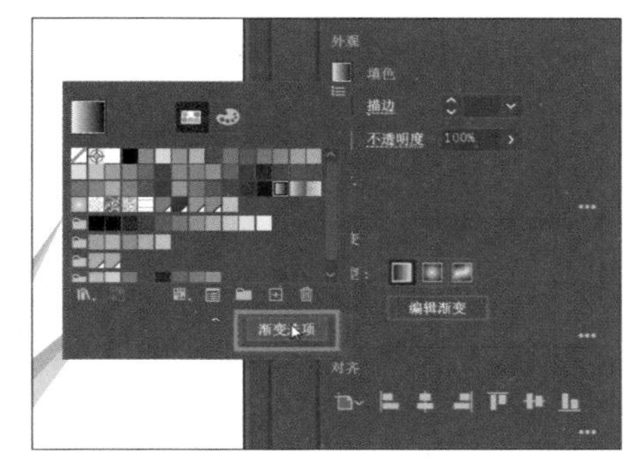

图 11-6

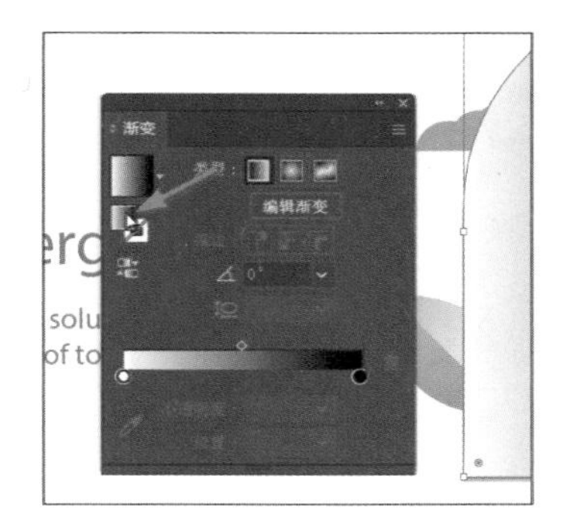

图 11-7

- 在“渐变”面板中，双击渐变条最右侧的黑色色标，编辑渐变的结束颜色，如图 11-8 下方红圈所示。
- 在弹出的面板中选择“色板”选项，如图 11-9 中红圈所示。

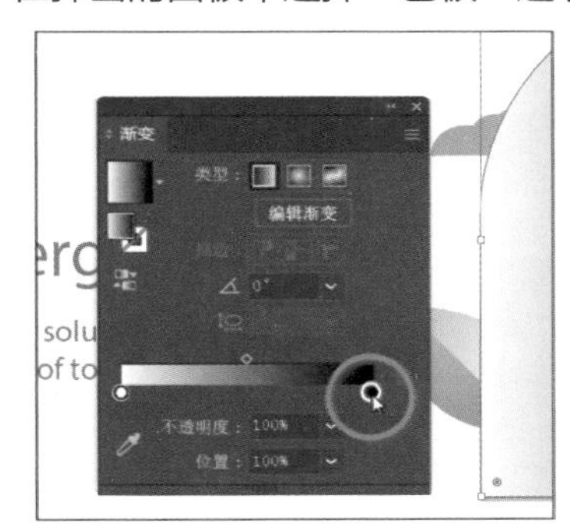

图 11-8

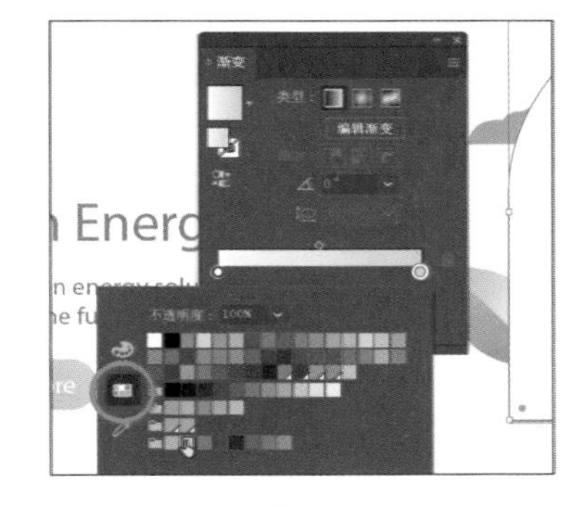

图 11-9

- 在面板底部的文件夹中选择黄色色板。

在接下来的课程学习中，您将使用该文件夹中的颜色。

- 选择后按 Esc 键关闭“色板”面板。

③ 将渐变条左侧的颜色设置为白色，如图 11-10 所示。

您也可以双击最左边的白色色标来更改白色，以编辑渐变的起始颜色。

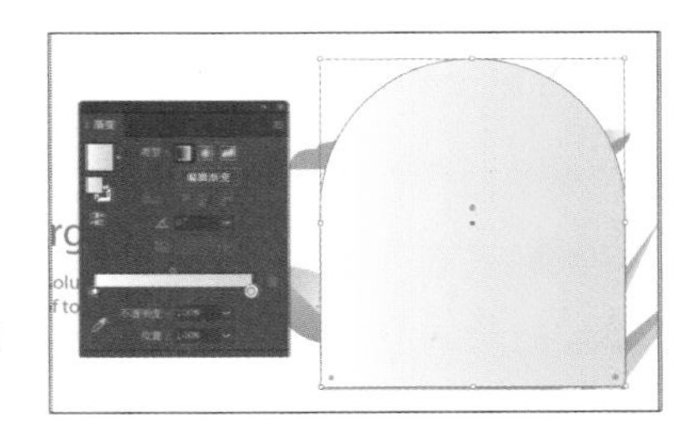

图 11-10

11.2.3　将渐变保存为色板

本小节将在“色板”面板中将 11.2.2 小节编辑的渐变保存为色板。保存渐变是将渐变轻松地应用于其他图稿，并保持渐变外观一致的好方法。

① 在“属性”面板中单击“填色”框，在打开的“色板”面板中单击面板底部的“新建色板”按钮，如图 11-11 所示。

> **提示** 您还可以在“渐变”面板中单击“类型”文本左侧的渐变菜单按钮，然后单击出现的面板底部的“添加到色板”按钮。

② 打开“新建色板”对话框，设置“色板名称”为 Background，如图 11-12 所示，然后单击“确定”按钮。

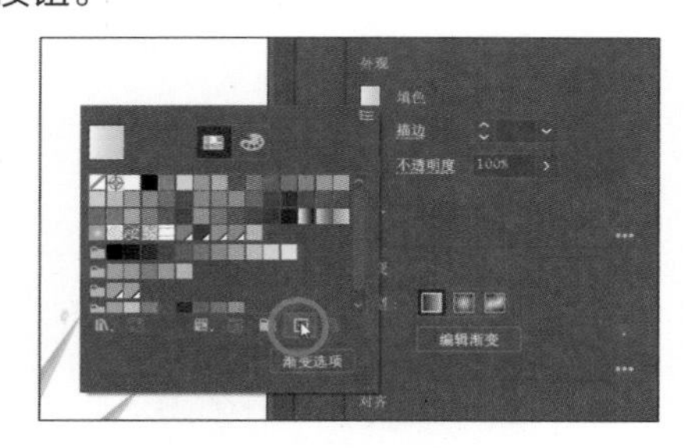

图 11-11

图 11-12

现在，您会在“色板”面板中看到新的渐变色板，它位于主颜色列表的末尾并且突出显示，因为它正应用于选中的图形。

③ 单击“色板”面板底部的“显示‘色板类型’菜单”按钮，选择“显示渐变色板”命令，如图 11-13 所示，从而在“色板”面板中仅显示渐变色板。

在“色板”面板中，您可以根据类型（如渐变色板）对颜色进行排序。

④ 仍选择画板上的图形，在“色板”面板中选择其他的渐变，如图 11-14 所示，将其填充到所选形状。

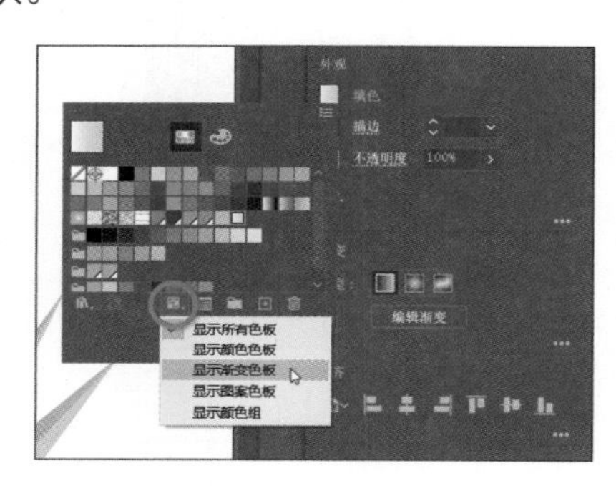

图 11-13

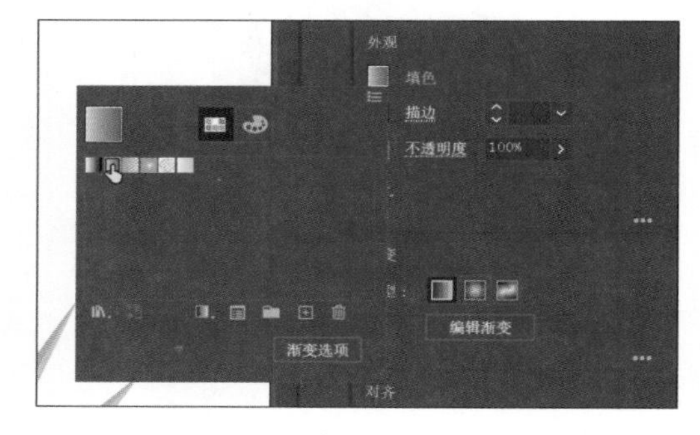

图 11-14

⑤ 选择 Background 渐变（第②步保存的渐变），确保在继续执行下一步之前已应用该渐变。

⑥ 单击“色板”面板底部的“显示‘色板类型’菜单”按钮，选择“显示所有色板”命令，如图 11-15 所示。

⑦ 选择“文件”>“存储”，保存文件，并使形状保持选中状态，如图 11-16 所示。

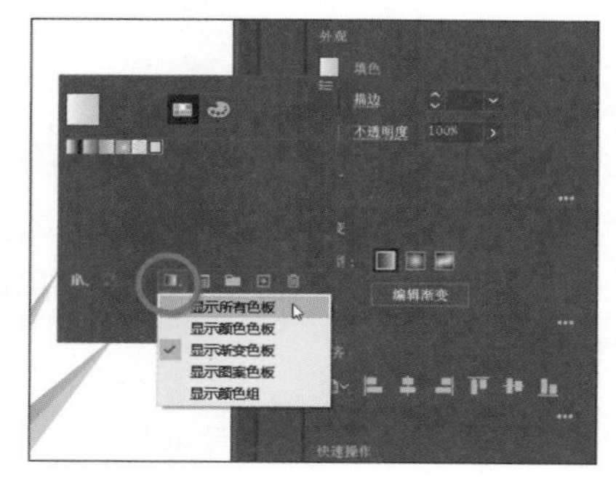

图 11-15

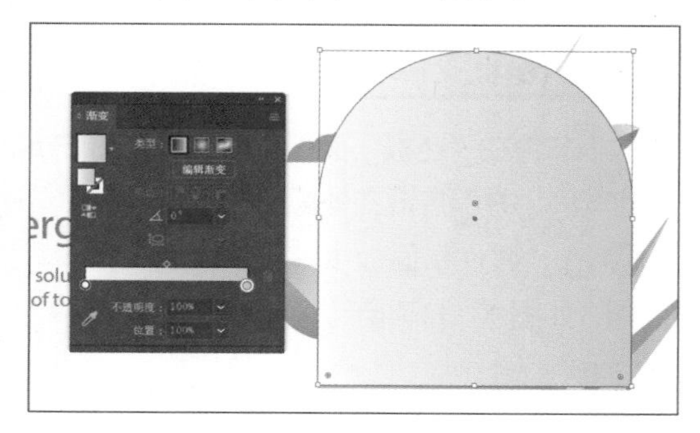

图 11-16

11.2.4 调整线性渐变

使用渐变填充对象后，可以使用“渐变工具”调整渐变方向、原点以及起点和终点。本小节将调整所选形状的渐变填充，使颜色与形状轮廓相协调。

❶ 在形状仍处于选中状态且“渐变”面板处于打开状态（选择“窗口”>“渐变”）的情况下，确保在面板中选中“填色”框，如图 11-17 中红圈所示，以便编辑应用于填充的渐变。

> 注意 如果您在保存文件后看到形状不再处于隔离模式，请再次双击该形状。

❷ 在“角度”下拉列表中选择 90 选项，如图 11-17 所示。

确保渐变在顶部显示黄色，在底部显示白色。

❸ 在“渐变”面板中，将白色色标向右拖动以缩短渐变，如图 11-18 所示。

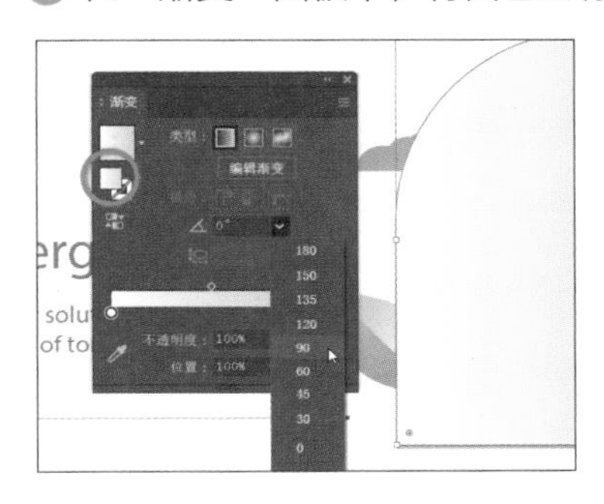

图 11-17

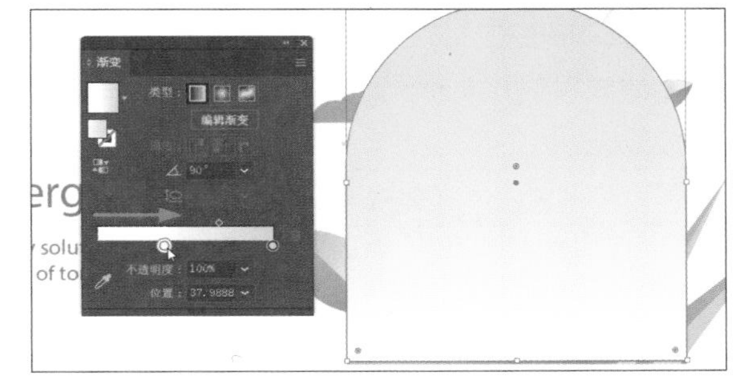

图 11-18

现在，从白色到黄色的过渡将在形状的较短距离内完成。接下来您将了解如何从视觉上调整形状中的渐变，以便使用“渐变工具”直接在图稿上进行调整。

❹ 按 Esc 键退出隔离模式。

❺ 选择“选择工具”，双击暗色的连绵起伏的丘陵形状，使之进入隔离模式，如图 11-19 所示。

❻ 单击“属性”面板中的“编辑渐变”按钮，如图 11-20 所示。

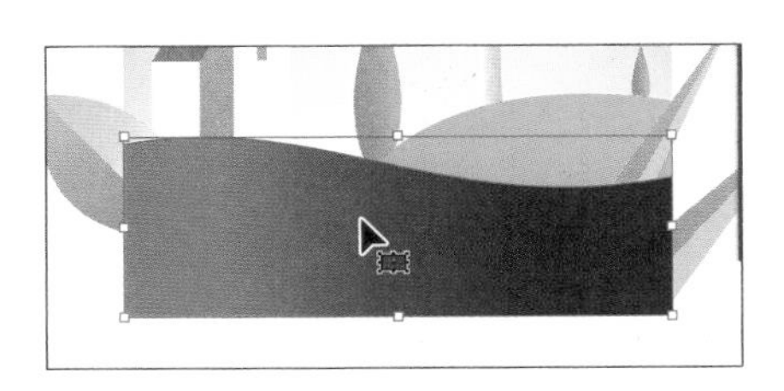

图 11-19

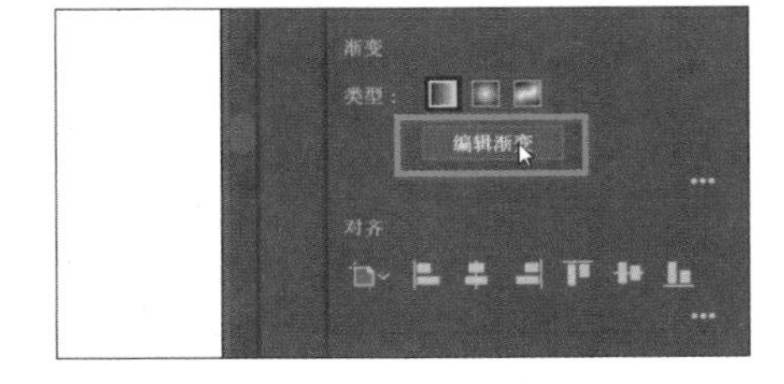

图 11-20

单击“编辑渐变”按钮将选择“渐变工具”，并进入渐变编辑模式。使用“渐变工具”，您可以为对象应用渐变填充，或者编辑现有的渐变。

请注意出现在形状中间的水平渐变条，如图 11-21 所示，它很像“渐变”面板中的渐变条，它又叫渐变批注者。

渐变批注者指示渐变的颜色、方向和长度。您可以在图稿上使用渐变批注者来编辑渐变，而无须打开“渐变”面板。其两端的两个圆圈表示色标，左边较小的圆圈表示渐变的起点（起始色标），右边较小的正方形表示渐变的终点（结束色标）。中间的菱形是渐变的中点。

❼ 选择“渐变工具”，按住 Shift 键从形状顶部上方向下拖动到形状底部下方，如图 11-22 所示。

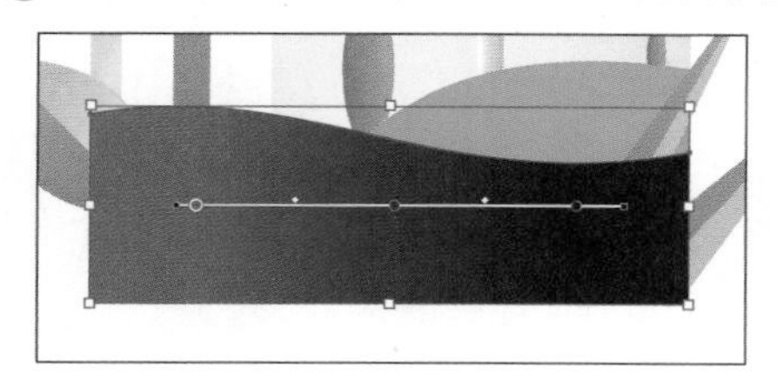
图 11-21

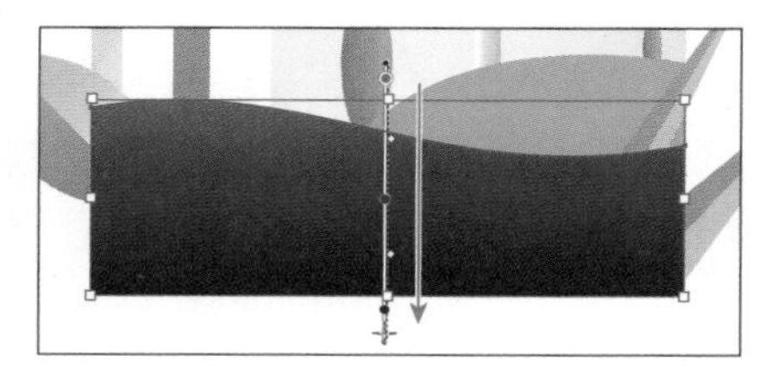
图 11-22

拖动开始的位置是起始色标的位置，拖动结束的位置是结束色标的位置。拖动时，形状中将显示渐变调整的实时预览效果。

接下来您将重新绘制渐变，更改其角度以更好地匹配山丘的轮廓。

❽ 选择“渐变工具”，将鼠标指针移动到形状的左上方，以一定角度向右下方拖动，如图 11-23 所示，当颜色渐变合适时释放鼠标。

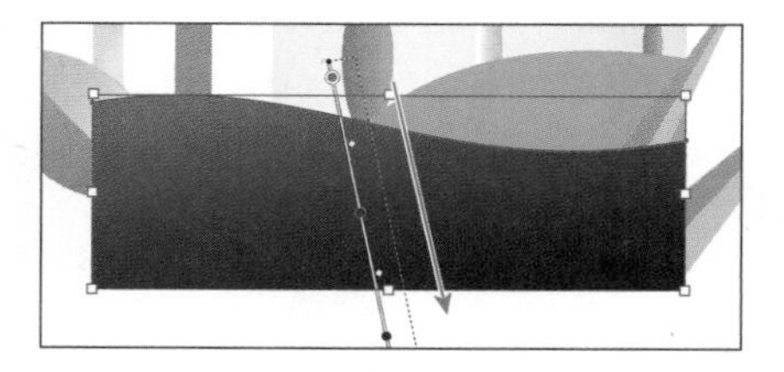
图 11-23

您可以根据需要多次重绘渐变。

❾ 选择“选择工具”，然后按 Esc 键退出隔离模式。

11.2.5　将线性渐变应用于描边

您还可以将渐变应用于对象的描边。与应用于对象填色的渐变不同，应用于描边的渐变不能使用“渐变工具”进行编辑。但是，“渐变”面板中可应用于描边的渐变比可应用于填色的渐变更多。本小节将为描边应用渐变，使自行车的车轮具有时髦的外观。

❶ 在文档窗口下方的“画板导航”下拉列表中选择 3 Bike 选项，并使该画板适合窗口大小。

❷ 使用“选择工具”单击其中一个黑色车轮形状，如图 11-24 所示。

图 11-24

轮子实际上是一条带有描边的路径。

❸ 单击左侧工具栏底部的“描边”框，如图 11-25 所示。

图 11-25

> 注意　单击工具栏底部的“描边”框后，“颜色”面板组可能会打开，将其关闭即可。

❹ 单击工具栏中“描边”框下方的“渐变”框，应用上次使用的渐变，如图 11-26 所示。

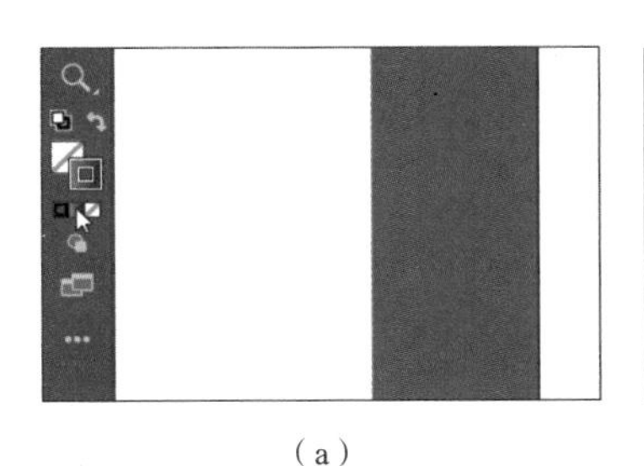

（a）

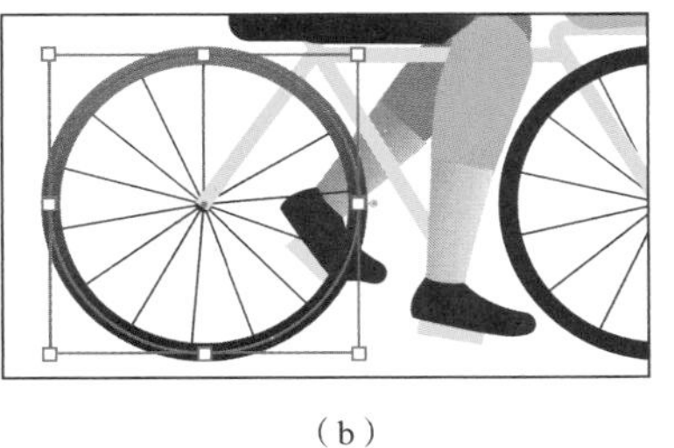

（b）

图 11-26

11.2.6 编辑描边的渐变

对于应用于描边的渐变，您可以选择以下几种方式将渐变与描边对齐：在描边中应用渐变、沿描边应用渐变或跨描边应用渐变。在本小节中，您将了解如何将渐变与描边对齐，并编辑渐变的颜色。

❶ 在“渐变”面板（“窗口”>“渐变”）中进行如下设置。

- 确保选择了“描边”框，如图 11-27 中红色箭头所示，以便编辑应用于描边的渐变。
- 将“类型”保持为“线性渐变”。
- 单击“跨描边应用渐变”按钮，如图 11-28 所示，更改渐变对齐类型。

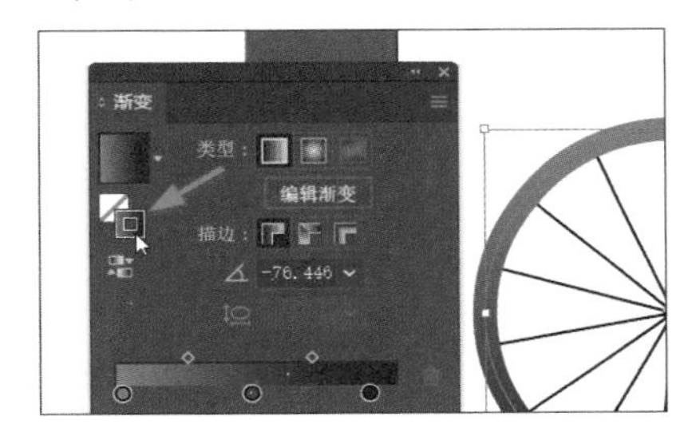

图 11-27

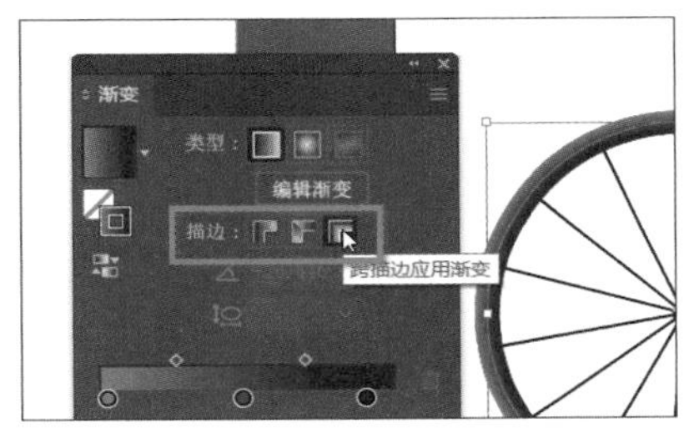

图 11-28

- 单击“反向渐变”按钮，如图 11-29 所示，最深的颜色（靛蓝）在面板中渐变颜色的左侧。

使用这种对齐类型，即将渐变跨描边对齐到路径，可以使路径具有三维外观。接下来改变渐变的颜色。

❷ 双击面板中渐变条中间的蓝色色标，并在选中“色板”选项的情况下，选择并应用洋红色色板，如图 11-30 所示。

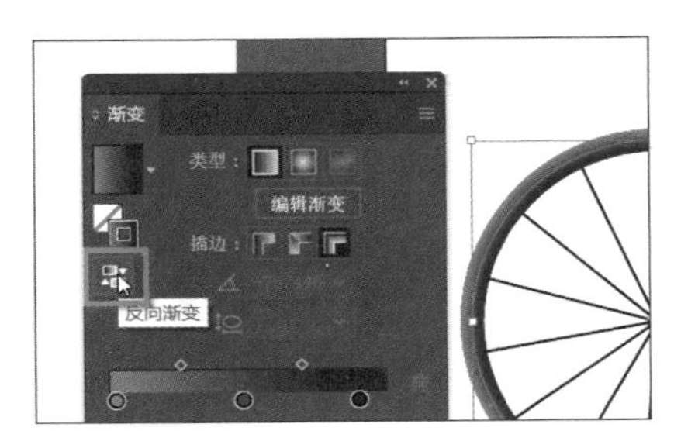

图 11-29

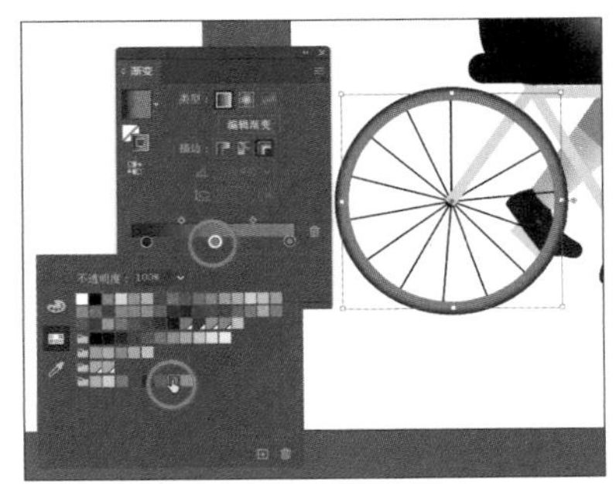

图 11-30

❸ 双击渐变条右端的绿色色标，在选中“色板”选项的情况下，选择并应用淡蓝色色板，如图 11-31 所示。

4 在“渐变”面板中，单击中间的洋红色色标，在“位置”下拉列表中选择 50% 选项，如图 11-32 所示。

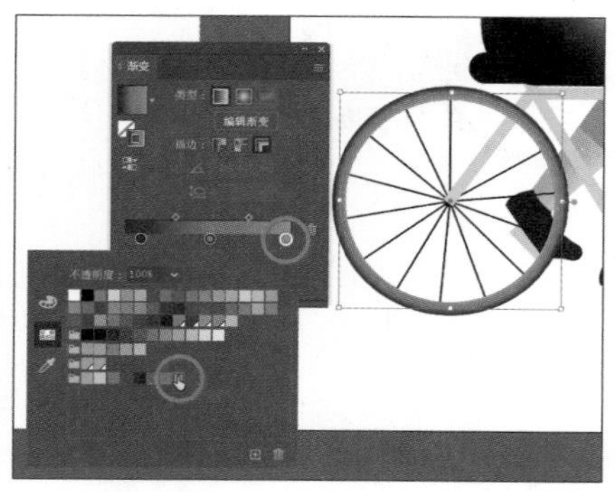
图 11-31

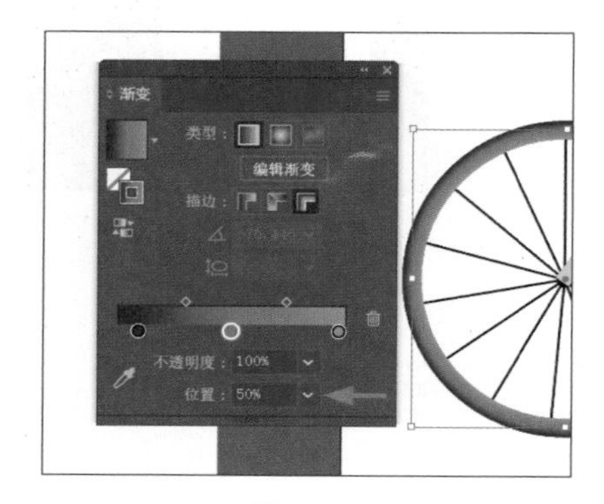

图 11-32

所选色标上的颜色现在正好位于渐变中其他颜色的中间位置。

您也可以拖动色标来更改其“位置”值。接下来，您将向渐变中添加一种新颜色以进行一些尝试。

5 在“渐变”面板中，将鼠标指针移动到渐变条下方两个色标之间，当鼠标指针变为▷+形状时，单击以添加一个色标，如图 11-33 所示。

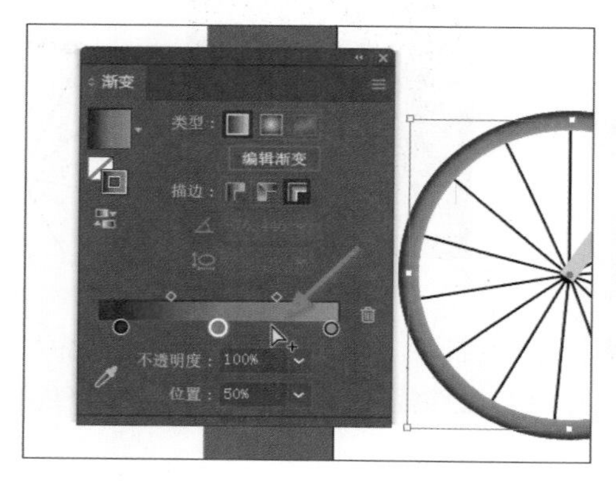

（a）

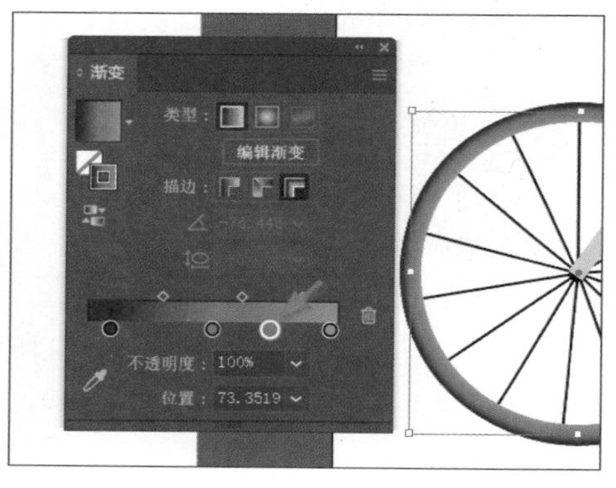

（b）

图 11-33

6 双击新色标，然后为其选择一种颜色，如图 11-34 所示。

7 按 Esc 键隐藏“色板”面板，并返回到“渐变”面板。

接下来将删除刚添加的颜色。

8 按住鼠标左键将第⑥步添加的色标向下拖离渐变条，当它从渐变条上消失时，松开鼠标左键即可将其移除，如图 11-35 所示。

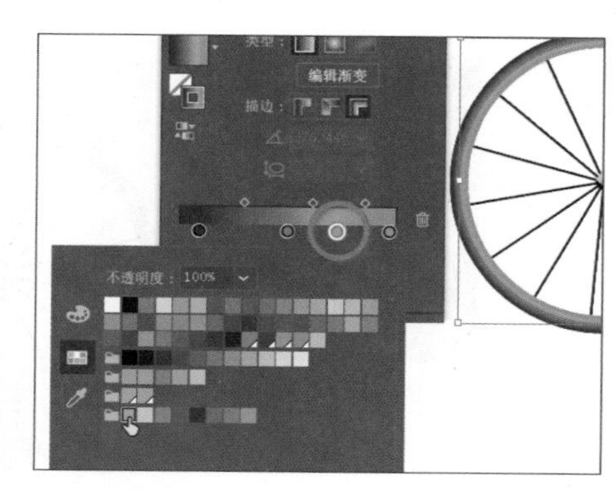
图 11-34

注意 您在车轮中看到的渐变颜色的起讫角度可能与这里不一样。您可以更改“渐变”面板中“描边”选项正下方的“角度”值以旋转渐变。

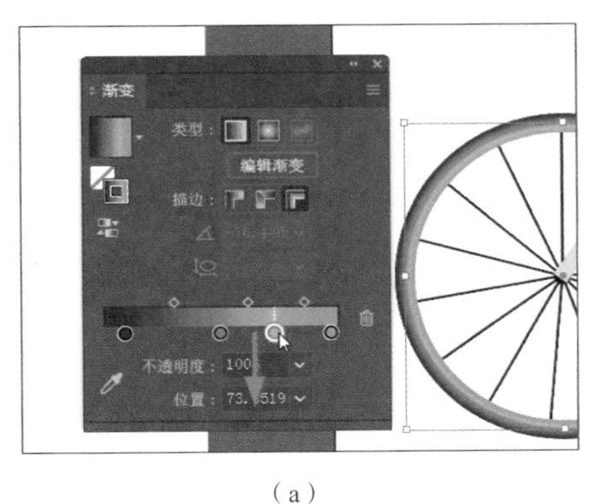

（a）

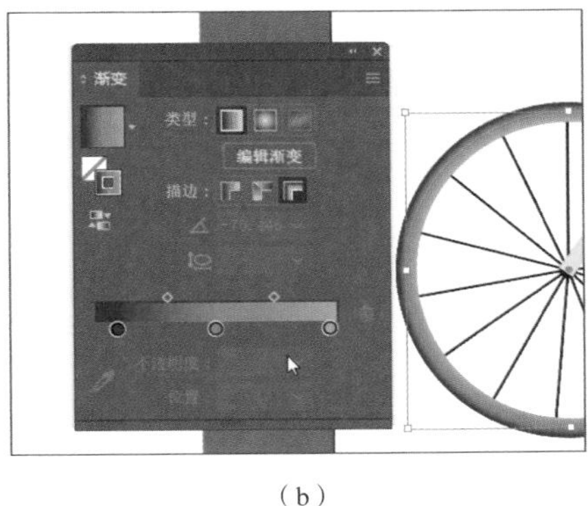

（b）

图 11-35

本书最终将“渐变”面板中的“描边”选项设置为“在描边中应用渐变”，因为它看起来效果更好，如图 11-36 所示。

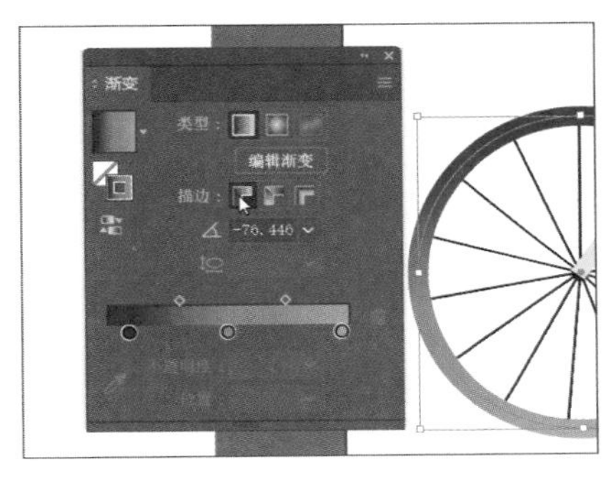

图 11-36

自行车上有两个轮子。请读者通过将渐变应用于右侧的另一个黑色轮子形状来进行练习：选择另一个轮子，并将本小节使用的渐变也应用于它。

11.2.7　将径向渐变应用于图稿

对于径向渐变，渐变的起始颜色（最左侧的色标）位于填充的中心点，该中心点向外辐射到结束颜色（最右侧的色标），如图 11-37 所示。径向渐变可用于为椭圆形提供环形渐变。本小节将对渐变进行取样以填充另一个形状，该形状是场景中连绵起伏的丘陵的一部分。

图 11-37

❶ 在文档窗口下方的“画板导航”下拉列表中选择 1 Presentation Slide 选项，并使画板适合窗口大小。

❷ 使用“选择工具”单击粉红色山丘形状。

❸ 在工具栏中选择“吸管工具”。

提示 您也可以使用“吸管工具”从自行车车轮取样渐变并将其应用到另一个车轮。

❹ 单击之前在 11.2.4 小节中调整渐变的连绵起伏的丘陵形状，如图 11-38 所示。

为山丘形状应用相同的渐变。我们希望渐变遵循山丘的轮廓，这就要求渐变类型为椭圆渐变。接下来，您将把线性渐变变成椭圆渐变。

图 11-38

❺ 在“渐变”面板中确保选中“填色”框，如图 11-39 中箭头所示，单击“径向渐变”按钮，将线性渐变转换为径向渐变，如图 11-39 中红框所示。

图 11-39

❻ 选择“文件”>“存储”。

11.2.8 编辑径向渐变中的颜色

本课的前面部分介绍了如何在“渐变”面板中编辑渐变颜色。您还可以使用“渐变工具”直接在图稿上编辑颜色，下面进行介绍。

❶ 在工具栏中选择“渐变工具”。

❷ 在形状仍处于选中状态的情况下，在“渐变”面板中单击“反转渐变”按钮，交换渐变颜色，如图 11-40 所示。

❸ 按 Command ++ 组合键（macOS）或 Ctrl++ 组合键（Windows），重复操作几次，放大视图。

请注意，渐变条从形状的中心开始并指向右侧。如果将鼠标指针移到渐变色块上，渐变条周围会出现一个虚线圆圈，如图 11-41 所示，它表明这是径向渐变。稍后您可以对径向渐变进行其他设置。

图 11-40

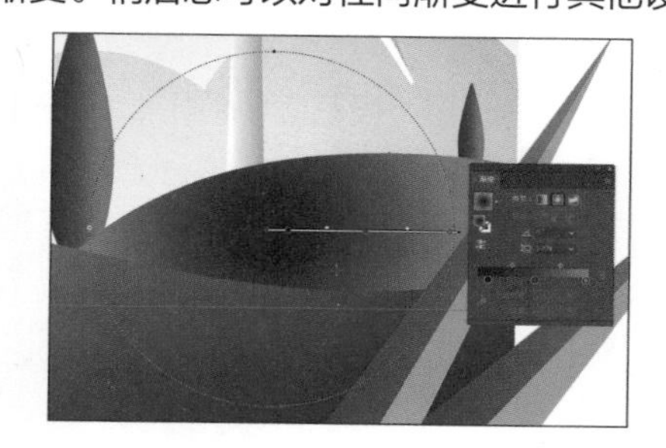

图 11-41

❹ 将鼠标指针移动到圆形中的渐变条上，双击右端浅绿色色标以编辑其颜色；在弹出的面板中选择“色板”选项，选择 Purple 色板，如图 11-42 所示。

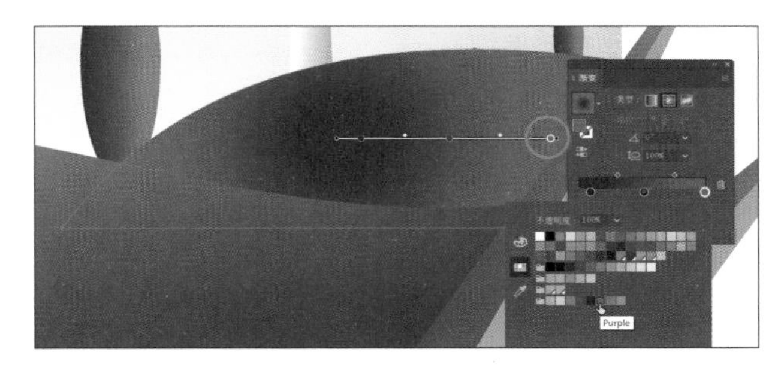

图 11-42

⑤ 按 Esc 键，隐藏“色板”面板。

⑥ 选择“文件”>“存储”。

11.2.9 调整径向渐变

本小节将在圆形内移动渐变并调整其大小，通过更改径向渐变的长宽比和径向半径，使其更好地匹配形状的轮廓。

① 在形状仍处于选中状态的情况下，选择“渐变工具”，将鼠标指针移向形状的底部中心，如图 11-43（a）所示。

② 按住鼠标左键向上拖动到形状的顶部以更改渐变，如图 11-43（b）所示。

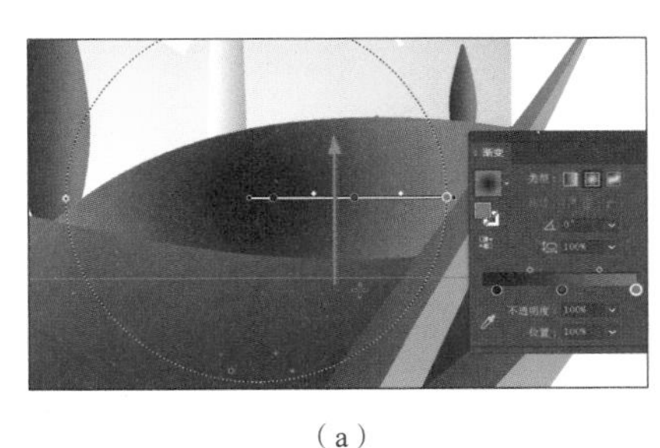

（a）

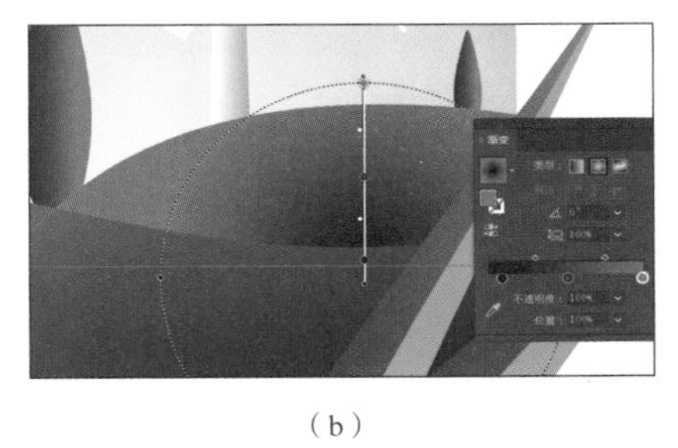

（b）

图 11-43

③ 将鼠标指针移到图稿上的渐变条上，可以在渐变周围看到虚线环。

您可以旋转这个虚线环来改变径向渐变的角度。虚线环上的黑点可用于改变渐变的形状（称为“长宽比”），双圆点则可用于改变渐变的大小（称为“渐变范围”）。

④ 将鼠标指针移到虚线环左侧的黑点上，当鼠标指针变为形状时，按住鼠标左键拖动，使渐变变宽，如图 11-44 所示。

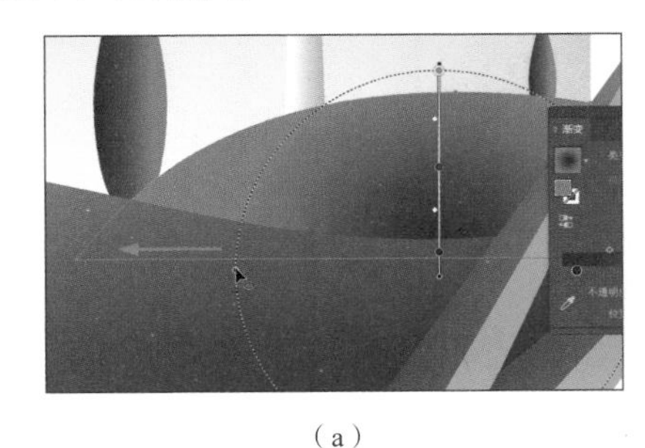

（a）

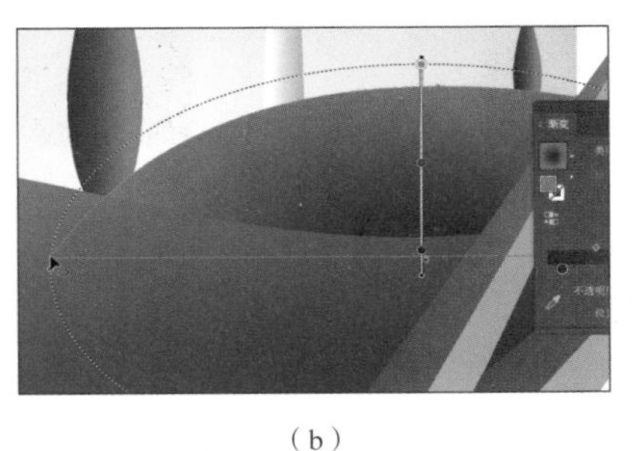

（b）

图 11-44

在“渐变”面板中，您只需通过拖动黑色圆圈更改“长宽比”，就可将径向渐变变为椭圆渐变，使渐变更匹配图稿的形状。

> 注意 长宽比越小，椭圆越扁。

5 将鼠标指针移动到虚线环上的双圆点上，如图 11-45（a）所示。当鼠标指针变为形状时，按住鼠标左键拖动可使渐变变大或变小。这里把它变小了一点儿，如图 11-45（b）所示。

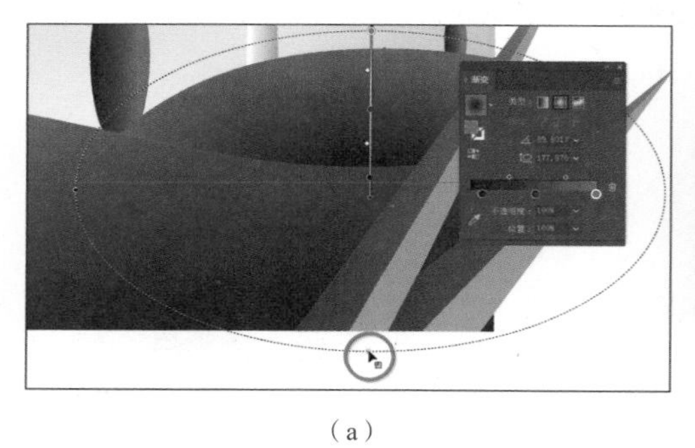

（a）

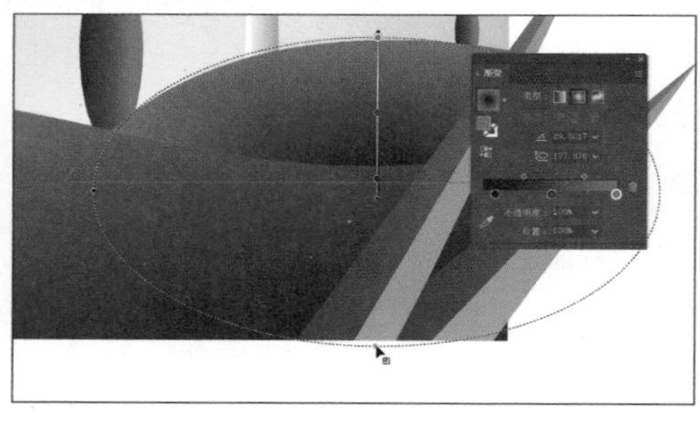

（b）

图 11-45

6 让“渐变”面板保持打开状态。

7 选择“选择”>“取消选择”，然后选择“文件”>“存储”，保存文件。

11.2.10 将渐变应用于多个对象

全选所有对象，对其应用一种渐变，或者使用“渐变工具”在对象之间拖动，就可以将渐变应用于多个对象。现在，您将对自行车的黄色车架图形应用线性渐变。

1 在文档窗口下方的“画板导航”下拉列表中选择 3 Bike 选项，并使该画板适合窗口大小。

> 提示 通过“Shift+ 单击”的方式选择所有自行车框架形状，然后选择“选择”>“存储所选对象”保存所选对象。

2 选择“选择工具”，选择“选择”>“Bike frame”，选择自行车车架的 5 个黄色部分，如图 11-46 所示。

3 单击“属性”面板中的“填色”框，在弹出的面板中确保选中了“色板”选项，然后选择 Background 渐变色板，如图 11-47 所示。

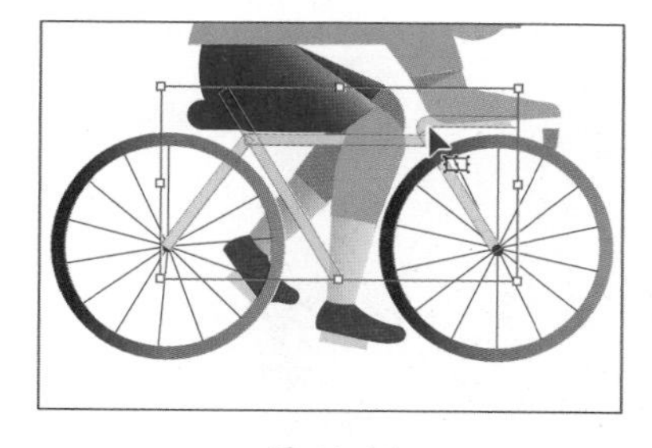

图 11-46

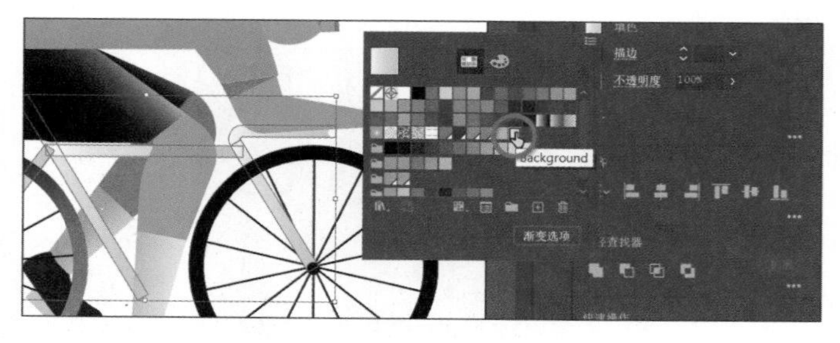

图 11-47

4 在工具栏中选择“渐变工具”。

现在，您会看到每个对象都单独应用了渐变填充，每个对象都有自己的渐变条，如图 11-48 所示。

5 以图 11-49 作为参考，按住鼠标左键从自行车左边车轮的左侧开始向右拖动。

图 11-48

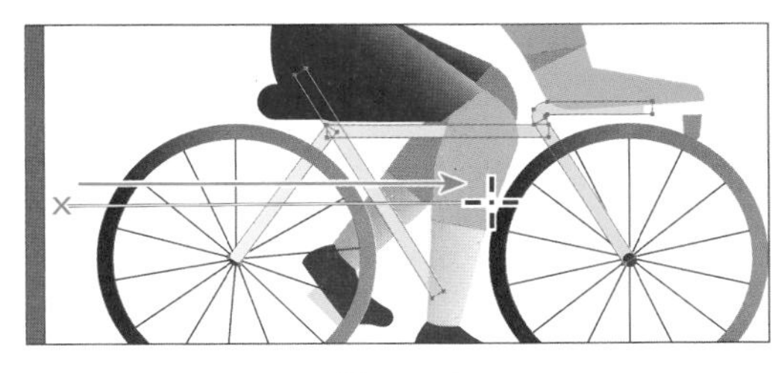

图 11-49

使用“渐变工具”在多个形状上拖动，即可在这些形状上都应用渐变。

注意 在本例中，开始拖动的地方是白色，但我们不希望自行车框架“消失”（背景也为白色），所以我们不从自行车框架的左边缘开始拖动。从左侧更远的地方开始拖动，当拖动到自行车框架的中间位置时，渐变色已经过渡到浅黄色。

11.2.11 为渐变设置不透明度

通过为渐变中的不同色标指定不同的“不透明度”值，可以创建淡入、淡出以及显示或隐藏底层图稿的渐变效果。本小节将为云朵形状应用淡入的透明渐变。

1 在文档窗口下方的“画板导航”下拉列表中选择 1 Presentation Slide 选项，并使画板适合窗口大小。

2 使用“选择工具”单击图稿中的红色云朵图形。

3 单击“属性”面板中的“填色”框，选择 Background 渐变色板，如图 11-50 所示。

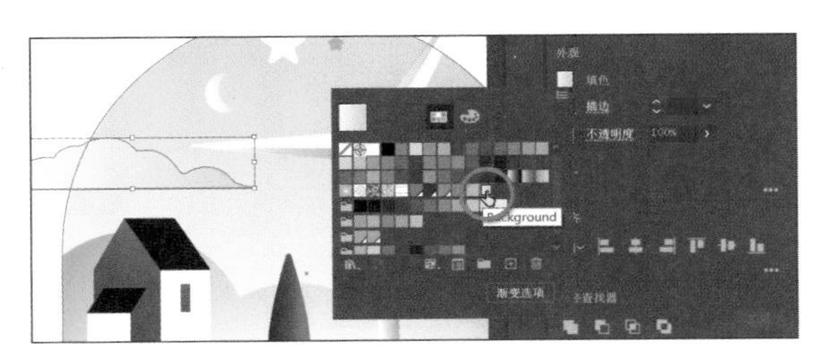

图 11-50

4 在工具栏中选择“渐变工具”，从云朵图形下方以小角度向上拖动到顶部边缘上方，如图 11-51 所示。

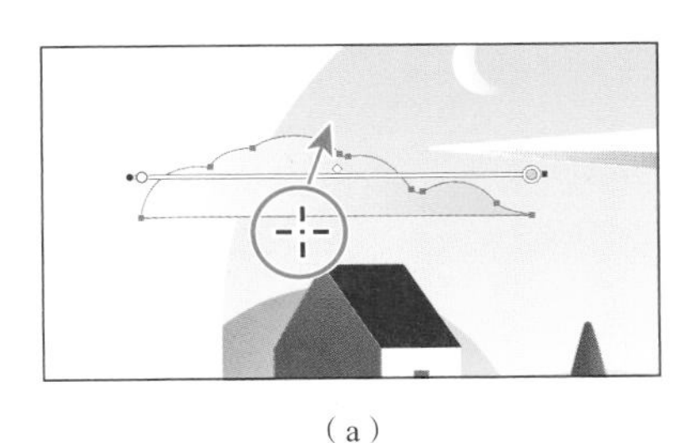

(a)

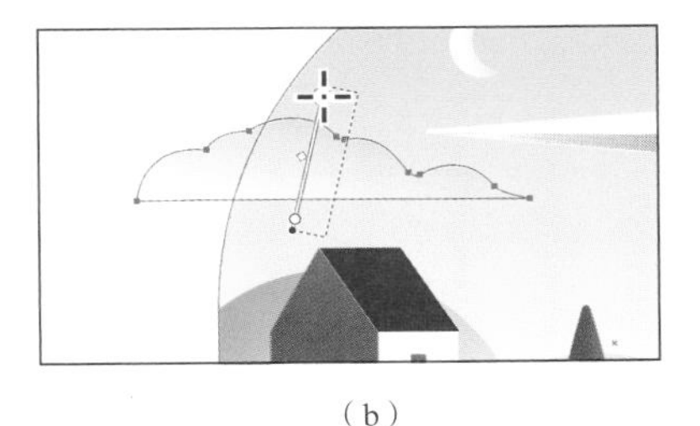

(b)

图 11-51

5 将鼠标指针放在形状上，双击顶部的黄色色标，如图 11-52 所示。

6 在弹出的面板中，确保选择了“色板”选项，选择白色色板，如图 11-53 所示。

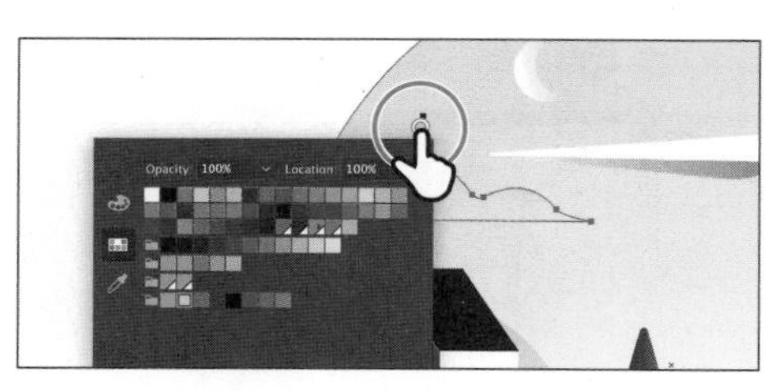

图 11-52

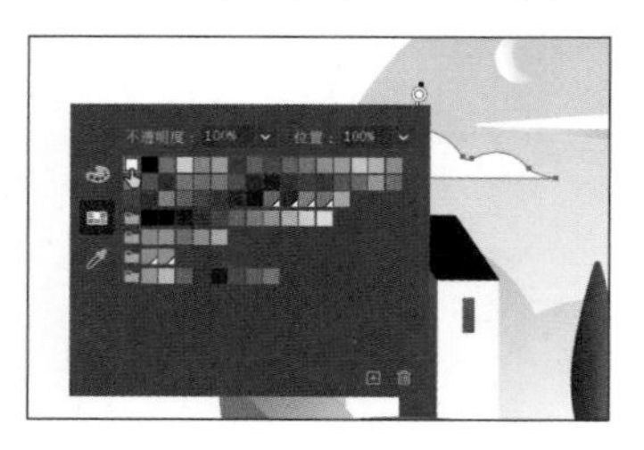

图 11-53

7 在“不透明度”下拉列表中选择 0% 选项，如图 11-54 所示。按 Esc 键隐藏“色板”面板。颜色在渐变结束时是完全透明的。

8 按住鼠标左键向上拖动底部色标以稍微缩短渐变，如图 11-55 所示。

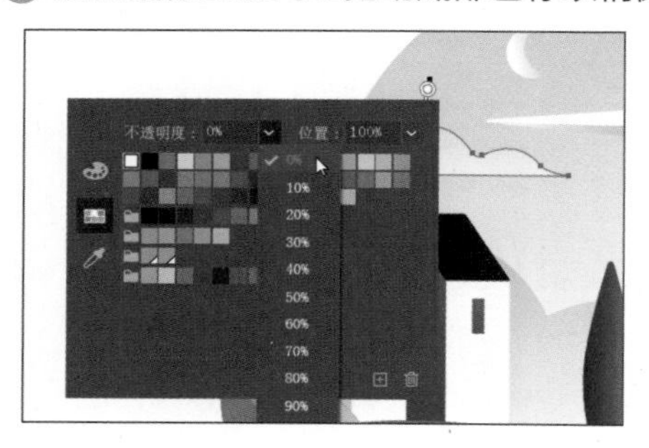

图 11-54

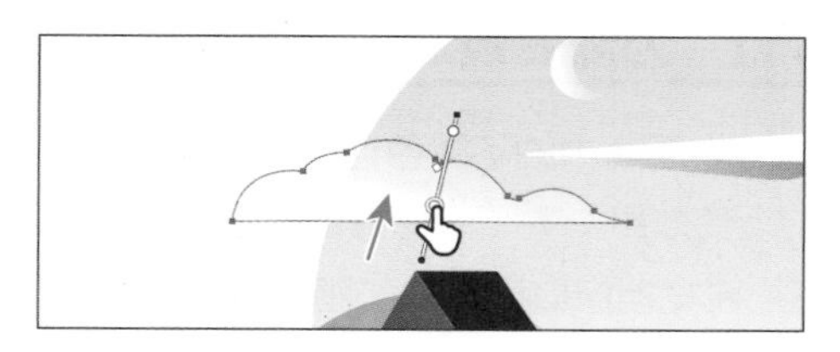

图 11-55

9 选择“选择工具”，按住 Option 键（macOS）或 Alt 键（Windows）并向右拖动云朵形状，制作其副本，如图 11-56 所示。

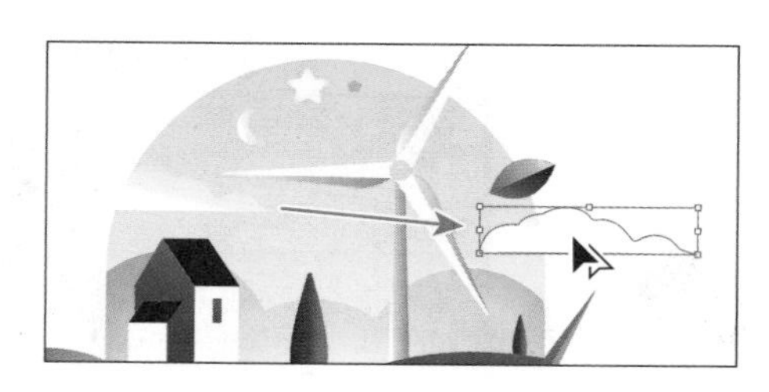

图 11-56

10 选择“文件”>“存储”。

11.2.12 应用任意形状渐变

除了可以创建线性渐变和径向渐变外，还可以创建任意形状渐变。任意形状渐变由一系列颜色点组成，可以将这些颜色点放在形状的任意位置。颜色在颜色点之间混合，从而创建出任意形状渐变。

任意形状渐变对于按照形状轮廓添加颜色混合、为图稿添加更逼真的阴影等非常有用。接下来，您将向自行车骑手的球衣图形应用任意形状渐变。

1 在文档窗口下方的“画板导航”下拉列表中选择 3 Bike 选项，并使该画板适应窗口大小。

2 使用“选择工具”选择骑手身上亮绿色的球衣图形。

③ 选择“视图”>“放大”。

④ 在工具栏中选择“渐变工具”。

⑤ 单击右侧“属性”面板中的“任意形状渐变”按钮，如图 11-57（a）所示。

⑥ 确保在“属性”面板的“渐变”选项组中选择了“点”选项，如图 11-57（a）中红色箭头所示。

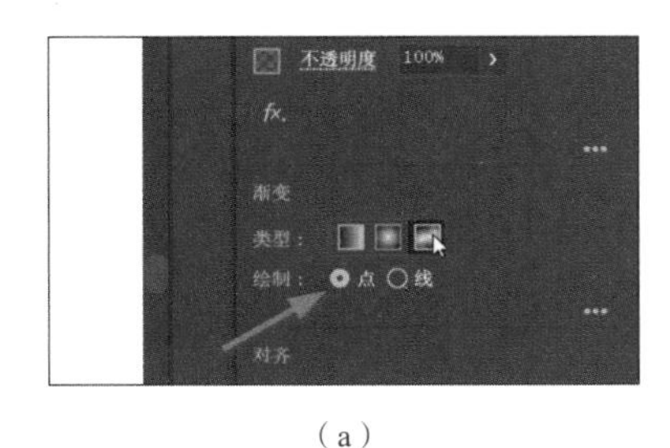

（a）

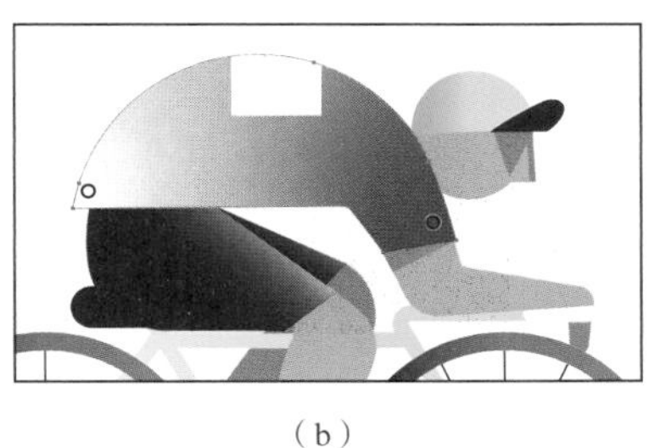

（b）

图 11-57

> 💡注意 默认情况下，Adobe Illustrator 从周围的图稿中选择颜色。这是由于首选项设置中勾选了“启用内容识别默认设置”复选框，即选择了 Illustrator>“首选项”>“常规”>“启用内容识别默认设置”（macOS）或“编辑”>“首选项”>“常规”>“启用内容识别默认设置”（Windows）。您可以取消勾选此复选框，然后创建自定义色标。

任意形状渐变默认以点模式应用。 Adobe Illustrator 会自动为对象添加颜色点，颜色点之间的颜色将自动混合。Adobe Illustrator 自动添加的颜色点数量取决于图稿的形状。您看到的每个颜色点的颜色以及颜色点的数量可能与图 11-43 所示的不同，这没关系。

11.2.13 在点模式下编辑任意形状渐变

选择点模式，您可以单独添加、移动、编辑或删除颜色点来改变整体渐变效果。本小节将编辑任意形状渐变中的默认颜色点。

> 💡注意 如果您没有看到图 11–57（b）中显示的色标，您可以拖动色标使它们处于相同的开始位置，也可以单击以添加新的色标。

① 双击球衣袖子上的颜色点以显示颜色选项。

② 显示色板后，选择并应用洋红色色板，如图 11-58 所示。

③ 按 Esc 键隐藏面板。

④ 将颜色点向上拖动到人物肩膀上，如图 11-59 所示。

图 11-58

图 11-59

可以看到渐变混合随着您的拖动而变化。对于每个颜色点，您可以进行拖动、双击以编辑其颜色等操作。

❺ 双击球衣背面的颜色点（本书为白色），然后将颜色更改为深绿色，如图 11-60 所示。

❻ 按住鼠标左键将深绿色颜色点向右拖动，如图 11-61 所示。

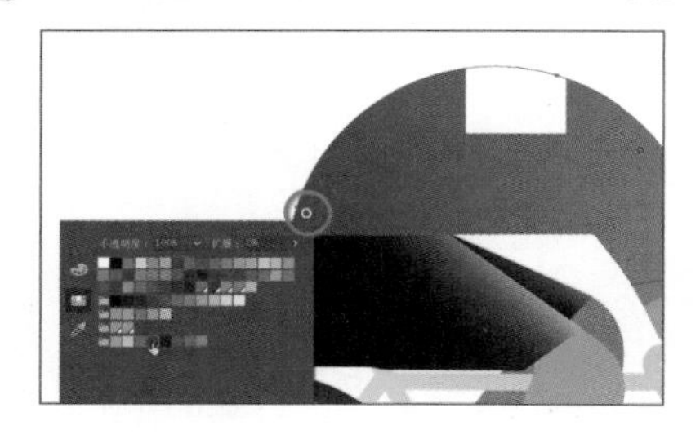

图 11-60

图 11-61

接下来将添加几个颜色点。

❼ 在骑手的背部单击两次，为球衣添加两个新的颜色点，如图 11-62 所示。

将新颜色设置为相同颜色（本书是白色）。

提示 如果您想删除颜色渐变，可以选择背面的一个色标，然后按 Delete 键或 Backspace 键将其删除。

❽ 双击每个颜色点，以编辑它们的颜色。您可以选择任何你喜欢的颜色，本书所选颜色如图 11-63 所示。

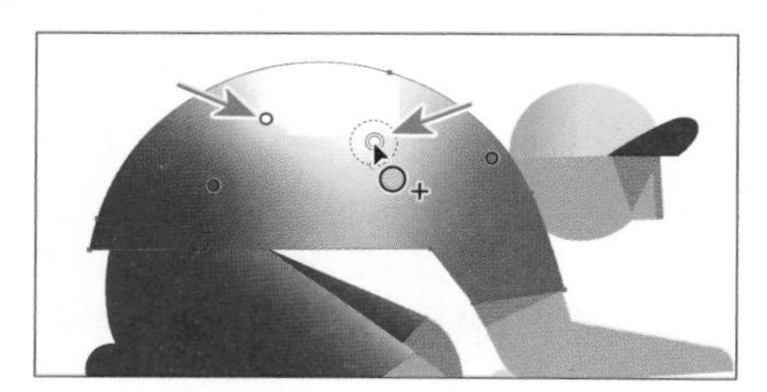

图 11-62

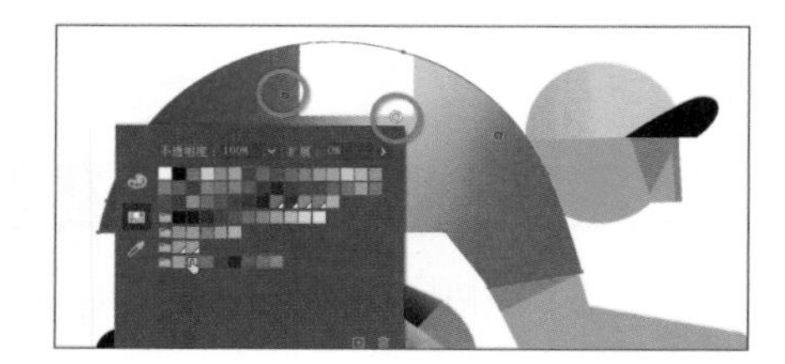

图 11-63

❾ 拖动颜色点来查看渐变混合，您可以看到图 11-64 所示的结果。

❿ 将鼠标指针移到球衣领口处的洋红色颜色点上，如图 11-65（a）所示，当您看到虚线圆圈出现时，将圆圈底部的小部件拖离颜色点，效果如图 11-65（b）所示。

来自该颜色点的颜色将“扩散”到离颜色点更远的地方。

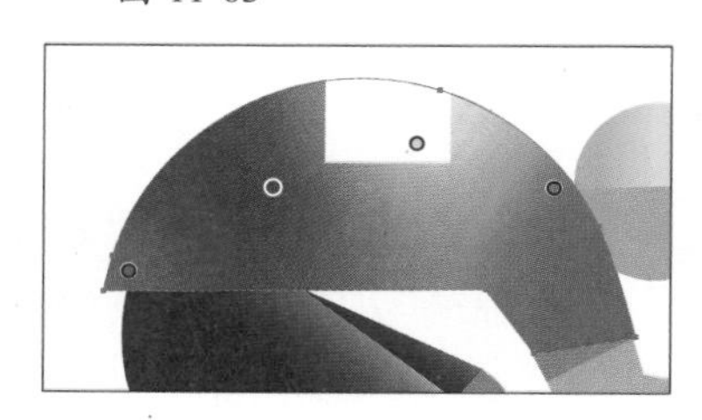

图 11-64

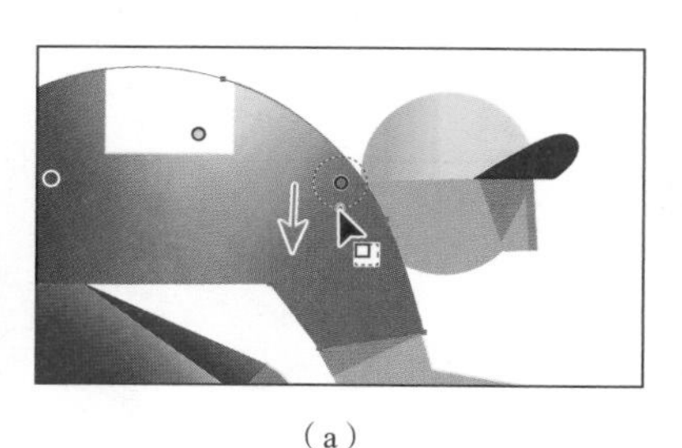

（a）

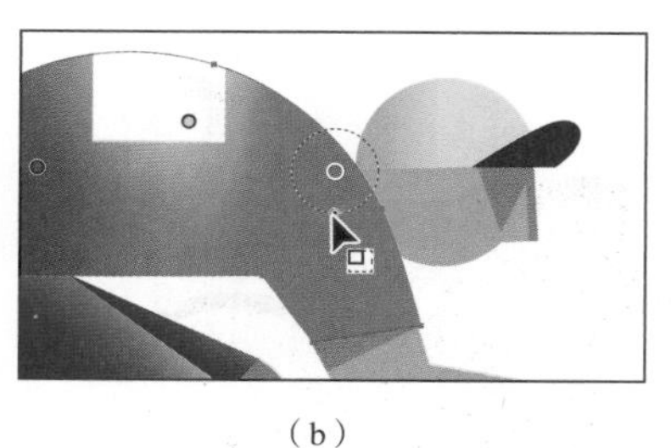

（b）

图 11-65

11.2.14 在线模式下应用颜色点

除了可以按点添加渐变，您还可以在线模式下，在一条线上创建渐变颜色点。本小节将在线模式下为骑手的球衣添加更多颜色和更深的阴影。

1. 单击袖子末端附近以添加新的色标，如图 11-66（a）所示。
2. 双击新颜色，并将颜色更改为 Purple，如图 11-66（b）所示。

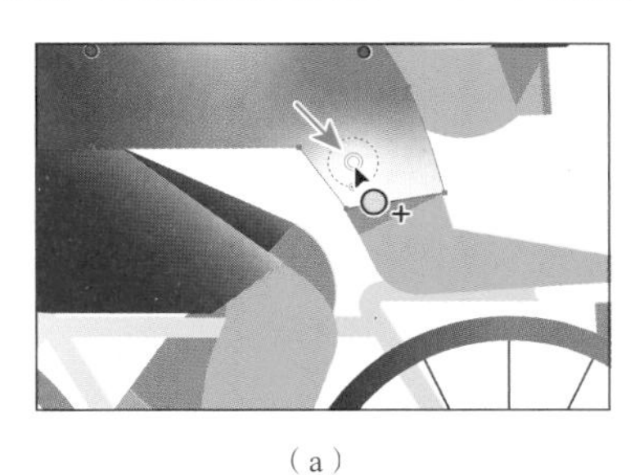

（a）

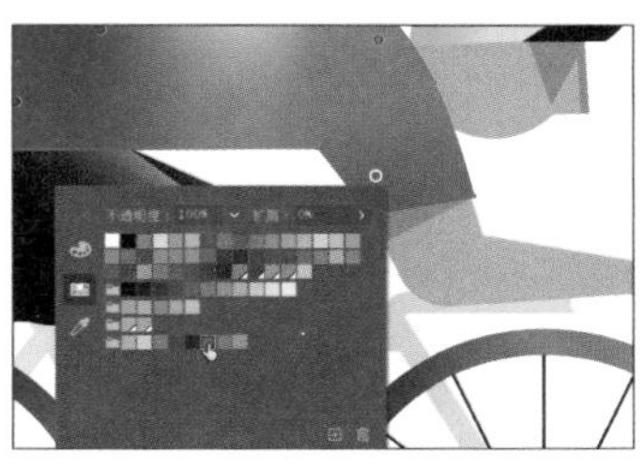

（b）

图 11-66

> **注意** 图 11–66（a）中添加了白色色标。你的可能是不同的颜色，这没关系。

3. 在“渐变”面板或“属性”面板中，选择“线”选项，如图 11-67 所示，以便沿路径绘制渐变。
4. 选择添加到袖子中的最后一个紫色颜色点，如图 11-68（a）所示。
5. 向上移动鼠标指针，您将看到路径预览效果。单击创建新的颜色点，如图 11-68（b）所示，您看到的也是紫色颜色点。

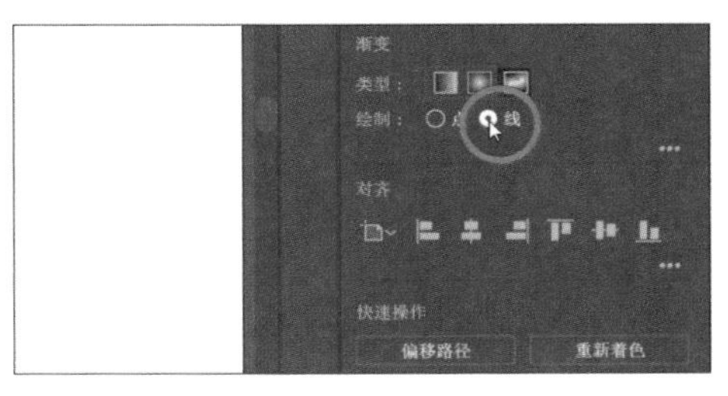

图 11-67

6. 单击添加球衣的最终颜色点，如图 11-68（c）所示，颜色点是弯曲路径的一部分。

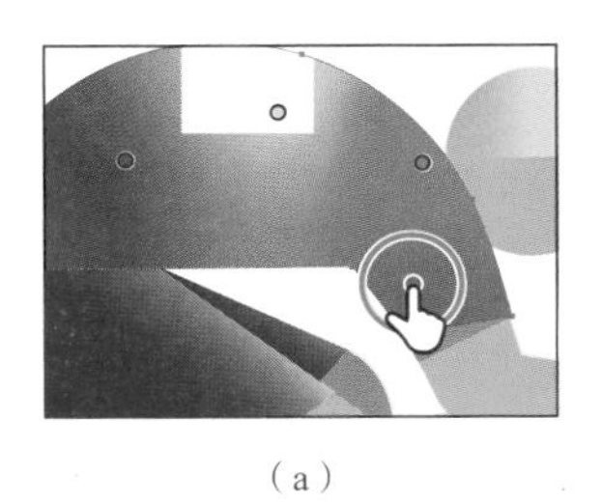

（a）

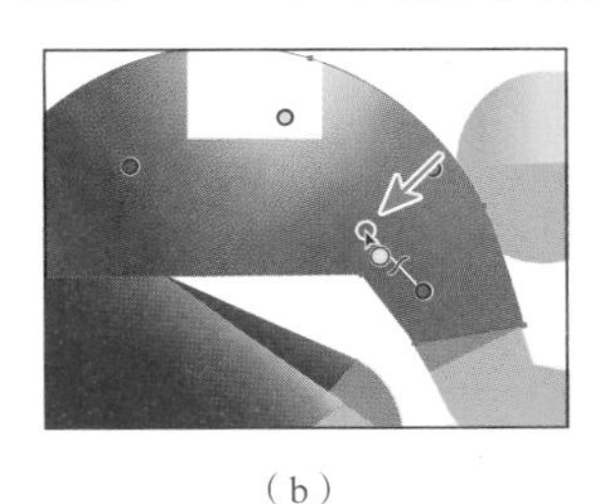

（b）

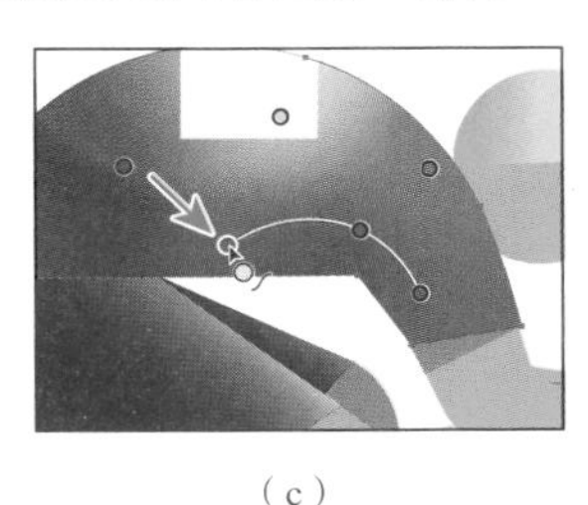

（c）

图 11-68

7. 向上拖动中间颜色点以重塑颜色渐变遵循的路径，如图 11-69 所示。
8. 关闭“渐变”面板。
9. 选择“选择”>“取消选择”，然后选择“文件”>“存储”。

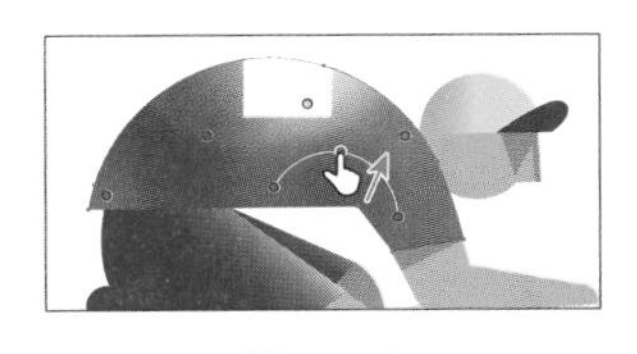

图 11-69

11.3 创建混合

您可以选择两个或多个对象并将它们“混合”在一起。在简单的“阶梯式”混合中，Adobe Illustrator

将在这两个对象之间创建多个形状并均匀分布它们。您混合的形状可以相同或不同。图 11-70 所示为“阶梯式”混合的几个例子。

图 11-70

您还可以混合两个开放路径，从而创建平滑的颜色过渡，也可以同时混合颜色和形状，以创建一系列颜色和形状平滑过渡的对象。图 11-71 所示为“平滑颜色”混合的示例。

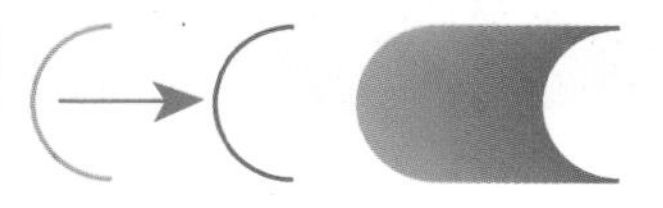

图 11-71

创建混合对象时，混合的对象将被视为一个整体。如果移动其中一个原始对象或编辑原始对象的锚点，混合对象将自动改变。您还可以扩展混合对象，将其分解为不同的对象。

11.3.1 具有指定步数的混合

本小节将使用“混合工具”混合两个形状，并创建一系列树木图形。

1. 在文档窗口左下角的“画板导航”下拉列表中选择 1 Presentation Slide 选项。
2. 放大画板右侧的树木形状。
3. 在工具栏中选择“混合工具”。
4. 将鼠标指针移动到房子右侧的树木上，鼠标指针中间的小方块会发生变化。黑色表示将单击一个锚点，如图 11-72（a）所示，白色表示将单击填色。
5. 当鼠标指针位于树木的中间且小方块显示为白色时单击，如图 11-72（b）所示。

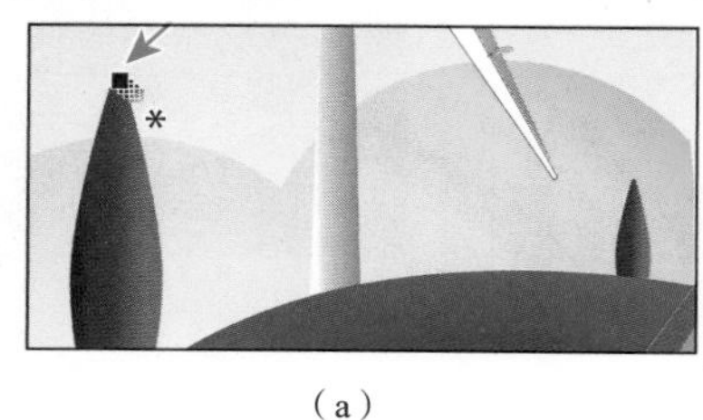

（a）

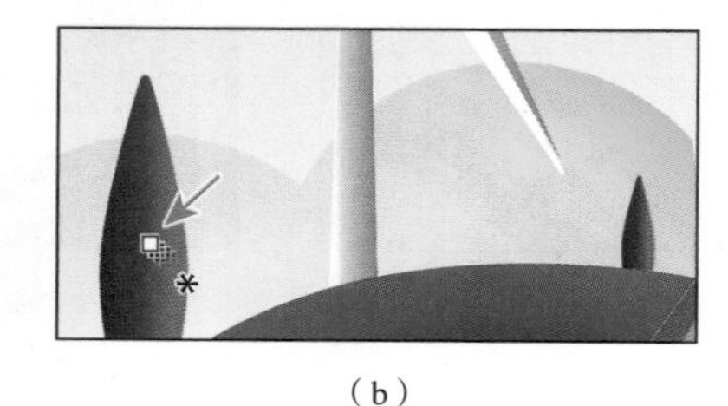

（b）

图 11-72

这里的单击是为了让 Adobe Illustrator 确定混合的起点，不会使图稿有任何改变。

> **提示** 您可以在混合时添加两个以上的对象。

6. 将鼠标指针向右移动到较小树木的中心，当鼠标指针变为形状时，单击以创建两棵树木之间的混合，如图 11-73 所示。
7. 在混合对象仍处于选中状态的情况下，选择“对象”>“混合”>“混合选项”。

提示 若要编辑对象的混合选项，可以选择混合对象，然后双击“混合工具”。您还可以在创建混合对象之前，双击工具栏中的“混合工具”来设置工具选项。

❽ 在“混合选项”对话框中，从“间距”下拉列表中选择“指定的步数”选项，将“指定的步数”更改为 3，如图 11-74 所示，查看它的外观——两棵树之间形成 3 个副本。您可能需要先取消勾选“预览”复选框，然后再勾选才能看到更改，单击“确定”按钮。

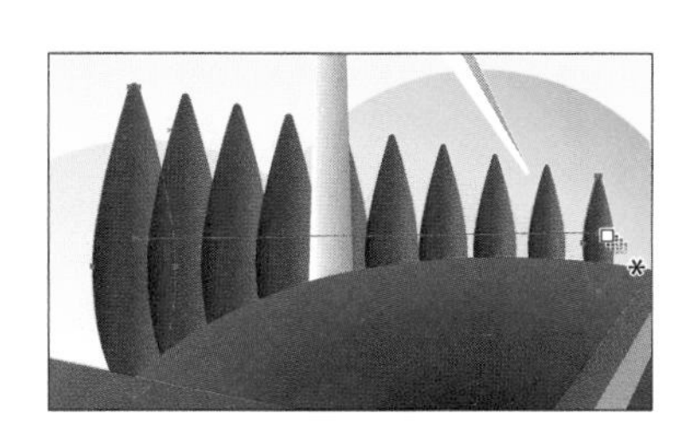

图 11-73

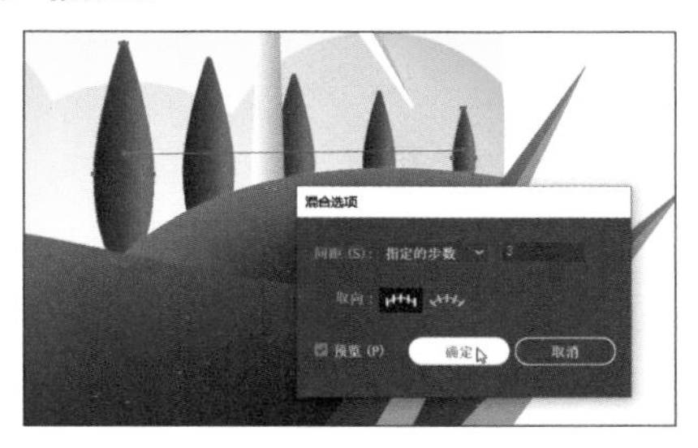

图 11-74

11.3.2 修改混合

本小节将编辑混合对象中的一个原始形状及混合轴，使形状沿曲线进行混合。

❶ 在工具栏中选择“选择工具”，然后在混合对象上的任意位置双击进入隔离模式。

这将暂时取消混合对象的编组，并允许您编辑每个原始形状以及混合轴。混合轴是混合对象中的各形状对齐的路径。默认情况下，混合轴是一条直线。

❷ 选择“视图”>“轮廓”。

在轮廓模式下，您可以看到两个原始形状的轮廓以及它们之间的直线路径（混合轴），如图 11-75 所示。默认情况下，这三者构成了混合对象。

注意 在图 11-75 中，除了混合对象之外的所有内容都会变暗，以便您可以更清楚地看到它们。

❸ 单击较大树木形状的边缘将其选中。按住 Shift 键拖动一个定界点，使其变得更高一点儿，如图 11-76 所示。

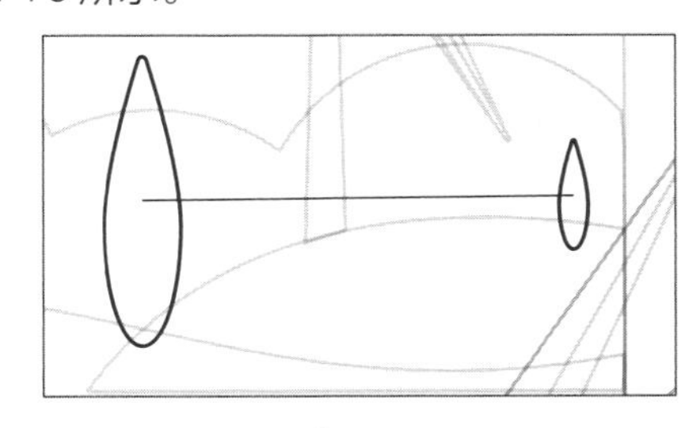

图 11-75

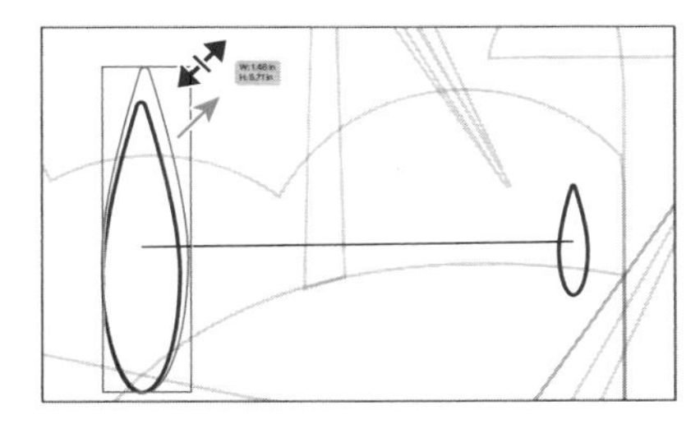

图 11-76

❹ 选择“选择”>“取消选择”，并保持处于隔离模式。

接下来，您将沿着混合轴弯曲混合。

❺ 在工具栏中选择“钢笔工具”。

按住 Option 键（macOS）或 Alt 键（Windows），然后将鼠标指针移动到树木之间的路径上。当鼠标指针变为形状时，将路径向上拖动一点儿，使路径沿着其下方山丘的轮廓起伏，如图 11-77 所示。

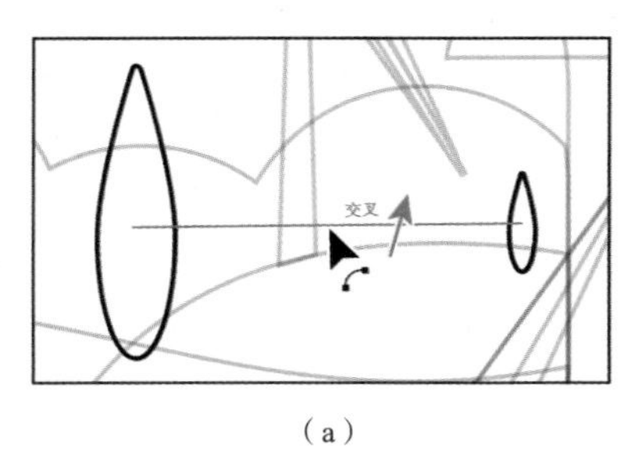

（a）

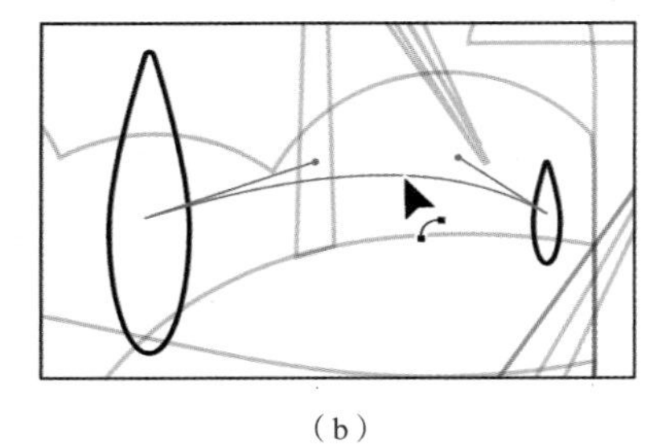
（b）

图 11-77

❻ 选择“视图”>“预览”(或“GPU 预览”)。

❼ 按 Esc 键退出隔离模式，效果如图 11-78 所示。

❽ 选择“选择”>“取消选择”。

图 11-78

11.3.3 创建平滑颜色混合

通过混合两个及以上的对象的形状和颜色创建新对象时，可以在“混合选项”对话框中选择不同的“间距”。当在“混合选项”对话框的“间距”下拉列表中选择“平滑颜色”选项时，Adobe Illustrator 将混合对象的形状和颜色，创建多个中间对象，从而在原始对象之间创建平滑过渡的混合效果，如图 11-79 所示。

现在您将组合两个形状来创建一个星形。

❶ 选择“选择工具”，在黄色天空中的树木图形上方单击较大的白色星形，然后按住 Shift 键单击右侧较小的橙色星形，以选择两者，如图 11-80 所示。

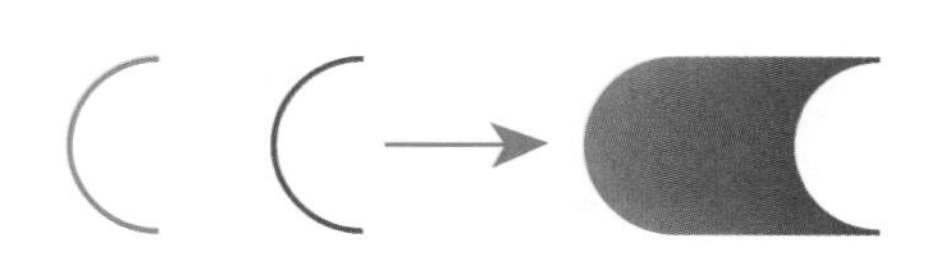
图 11-79

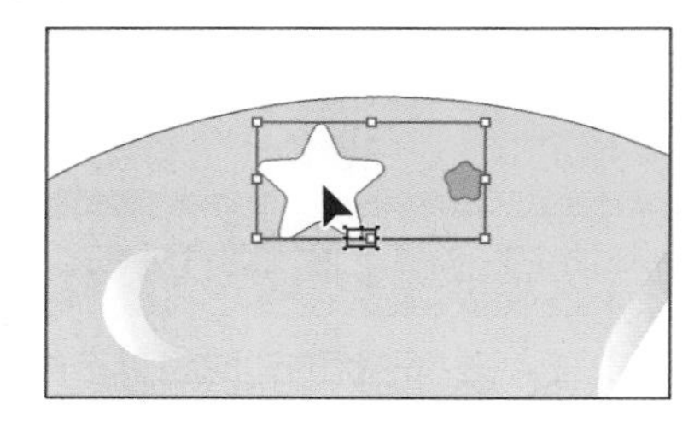
图 11-80

您可能需要使用“抓手工具”平移形状。

❷ 选择“视图”>“放大”。

❸ 选择“对象”>“混合”>“建立”，效果如图 11-81 所示。

这是另一种创建混合对象的方法。在直接使用“混合工具”创建混合对象有难度时，这种方法很有用。

❹ 在选中混合对象的情况下，双击工具栏中的“混合工具”。

❺ 在“混合选项”对话框中，确保在“间距”下拉列表中选择了“平滑颜色”选项，单击“确定”按钮，如图 11-82 所示。

> 提示 您还可以单击“属性”面板中的“混合选项”按钮，在打开的“混合选项”对话框中编辑所选混合对象的相关选项。

❻ 选择“选择”>“取消选择”。

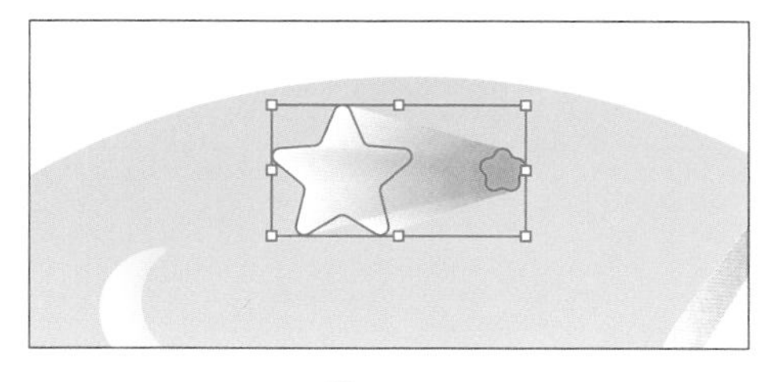

图 11-81

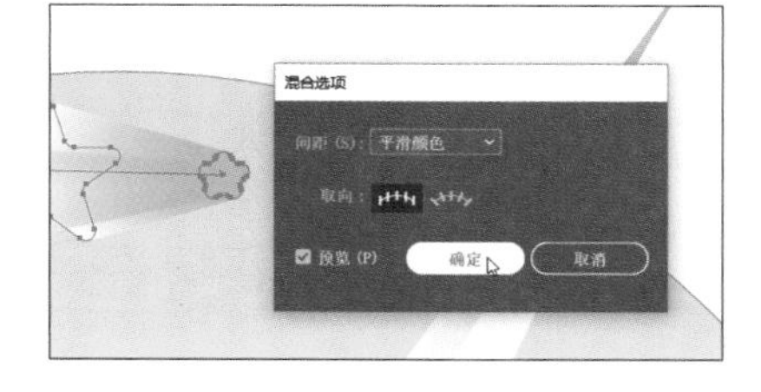

图 11-82

注意 在某些情况下，在路径之间创建平滑颜色混合是很困难的。例如，如果线相交或线太弯曲，可能会产生意想不到的结果。

11.3.4 编辑平滑颜色混合

接下来将编辑平滑颜色混合。

1. 使用“选择工具”双击任一星形以进入隔离模式。
2. 单击右侧较小的星形，将它拖到较大星形的中心，如图 11-83 所示。请注意，颜色现在已混合。

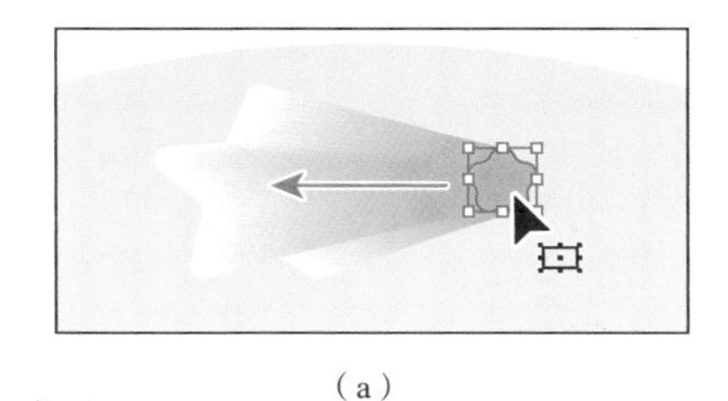

（a）

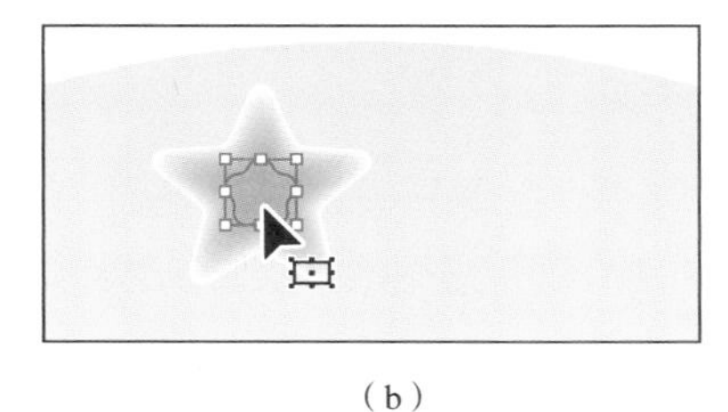

（b）

图 11-83

注意 当您创建平滑混合并拖动较小的星形时，它可能看起来不正确，具体取决于您的 Adobe Illustrator 版本。这个已知问题在更高版本的 Adobe Illustrator 中已得到解决。在您调整星形的大小后，它看起来就没问题了。

3. 将“属性”面板中较小星形的填充颜色更改为黄色。
4. 按 Esc 键退出隔离模式。
5. 选择“选择”>“取消选择”。
6. 再次选择星形混合对象，按住 Shift 键拖动，使其变小一点儿，如图 11-84 所示。
7. 按住 Option 键（macOS）或 Alt 键（Windows），将星形拖动到天空的另一部分，以制作其副本。松开鼠标左键，然后松开 Option 键（macOS）或 Alt 键（Windows），如图 11-85 所示。

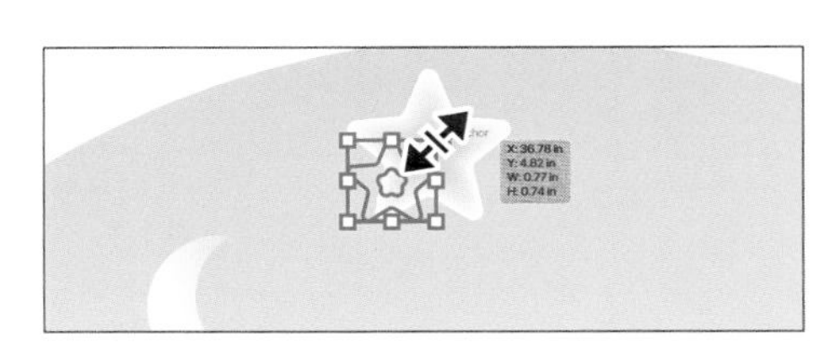

图 11-84

图 11-85

⑧ 选择“视图”>“画板适合窗口大小”，查看画板。

⑨ 选择“文件”>“存储”。

11.4 创建图案色板

除了印刷色、专色和渐变之外，“色板”面板还包含图案色板。图案色板是保存在“色板”面板中的图稿，可应用于对象的描边或填色。Adobe Illustrator 在默认的“色板”面板中以单独的库提供了各种类型的示例色板，并允许您创建自己的图案色板和渐变色板。本节将重点介绍如何创建、应用和编辑图案色板。

11.4.1 应用现有图案色板

您可以使用 Adobe Illustrator 应用现有图案色板和创建自定义图案色板。图案都是由单个形状平铺、拼贴形成的，平铺时形状从标尺原点一直向右延伸。本小节将把 Adobe Illustrator 附带的图案应用到骑手的球衣图形上。

① 在文档窗口左下方的“画板导航”下拉列表中选择 3 Bike 选项，使画板适应窗口大小。

② 使用“选择工具”▶单击骑手的彩色球衣图形，如图 11-86 所示。

③ 选择“窗口”>“外观”，打开“外观”面板。

④ 单击“外观”面板底部的“添加新填色”按钮，如图 11-87 所示。

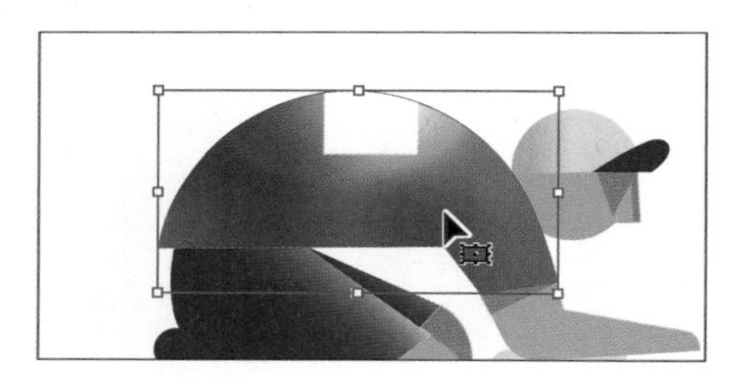

图 11-86

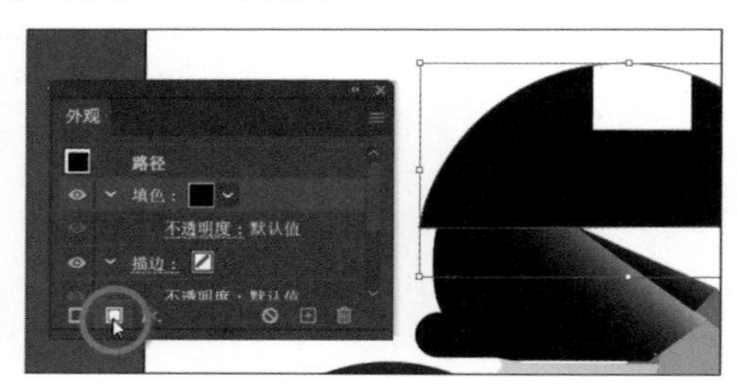

图 11-87

这会为形状添加一个新的黑色填色。新填色会叠加在现有的彩色填色上层。

⑤ 选择“窗口”>“色板库”（靠近菜单底部）>“图案”>“基本图形”>“基本图形_点”，打开对应的图案库。

⑥ 选择名为 6 dpi 40% 的图案色板，如图 11-88 所示。

所选图案色板将应用于所选形状。

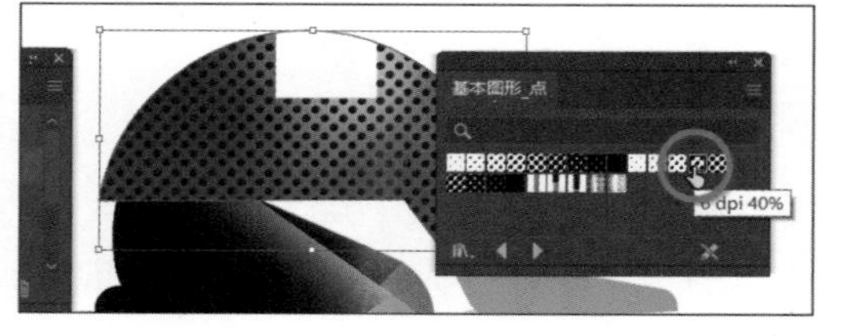

图 11-88

⑦ 在“外观”面板中，单击顶部文本“填色”左侧的折叠按钮以显示“不透明度”，如图 11-89（a）所示。

⑧ 单击“不透明度”文本，打开“不透明度”面板。在混合模式下拉列表中选择“滤色”选项，如图 11-89（b）所示，最终效果如图 11-89（c）所示。按 Esc 键隐藏“不透明度”面板。

⑨ 选择“选择”>“取消选择”，并使“外观”面板保持打开状态。

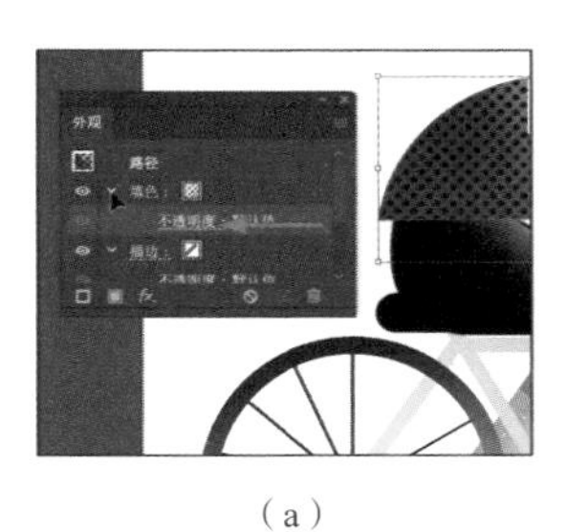

(a)

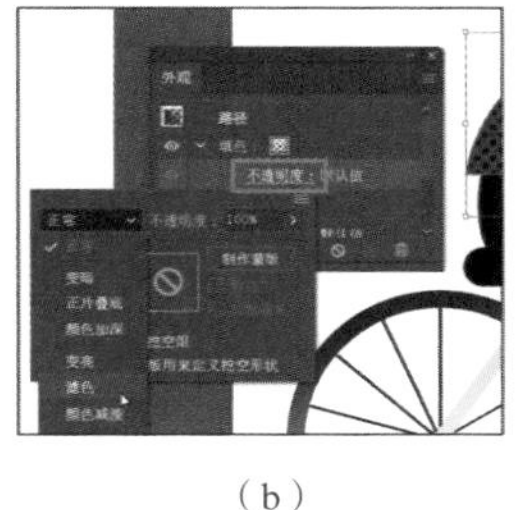

(b)

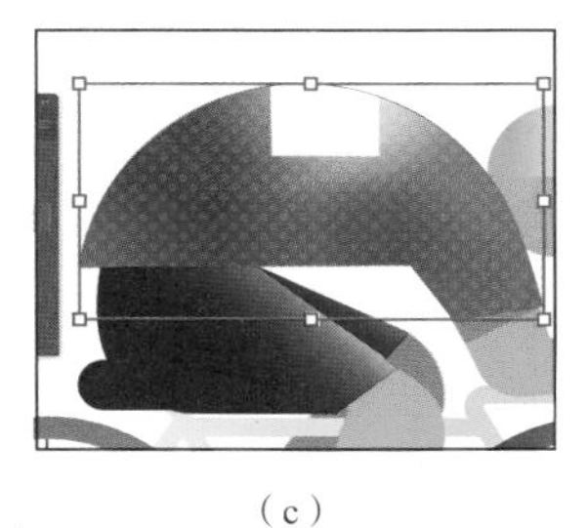

(c)

图 11-89

11.4.2 创建自定义图案色板

本小节将创建自定义图案色板。您创建的每个图案都将作为色板保存在您正在处理的文件的“色板”面板中。

❶ 在文档窗口左下方的“画板导航”下拉列表中选择 2 Pattern 选项，使画板适应窗口大小。

> **注意** 您在创建图案时不需要选择任何内容。在图案编辑模式下，您可以向图案中添加内容。

❷ 使用“选择工具”框选树叶形状，如图 11-90 所示。

您将基于这组对象创建一个图案色板。

❸ 选择“对象”>“图案”>“建立”。

> **注意** 图案可以由形状、符号或嵌入的位图以及可在图案编辑模式下添加的其他对象组成。例如，要为球衣图形创建法兰绒图案，可以创建 3 个彼此重叠、外观选项各不相同的矩形或直线。

❹ 在弹出的对话框中单击“确定”按钮，如图 11-91 所示。

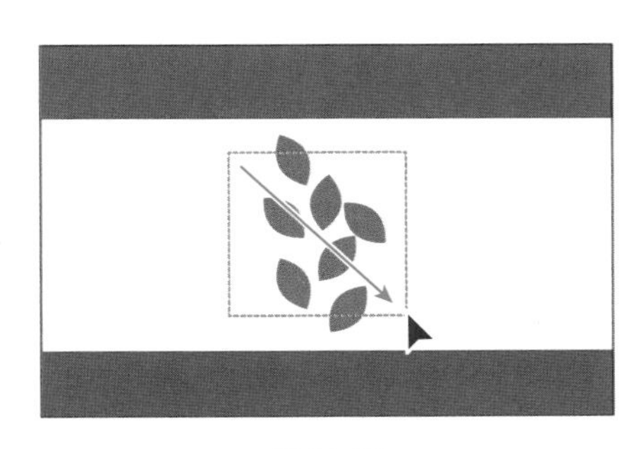

图 11-90

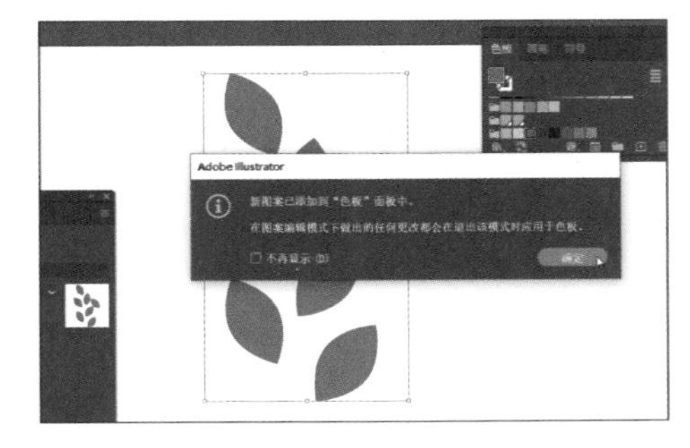

图 11-91

与之前的使用过的隔离模式类似，在创建图案时，Adobe Illustrator 将进入图案编辑模式。图案编辑模式允许您以交互的方式创建和编辑图案，同时在画板上预览对图案的更改。

在此模式下，其他所有图稿都不可见，且无法对其进行编辑，“图案选项”面板（或选择“窗口”>“图案选项”）也会打开。该面板为您提供了创建图案所需的选项。

❺ 选择“选择”>“现用画板上的全部内容”以全选图稿。

围绕中心图稿的一系列浅色对象是重复图案。它们可供预览但会变暗，让您可以专注于编辑原始图案。

❻ 在“图案选项”面板中，将“名称”更改为 Jersey Leaf。

⑦ 尝试在“拼贴类型”下拉列表中选择不同的选项以查看图案效果。在继续下一步操作之前，请确保在“拼贴类型”下拉列表中选择了“网格”选项，如图 11-92 所示。

在“图案选项”面板中设置的名称将作为色板名称保存在“色板”面板中。

“拼贴类型”决定图案的平铺方式，有 3 种主要的拼贴类型可以选择：“网格”（默认）、“砖形”和“十六进制”。

⑧ 在“图案选项”面板底部的“份数”下拉列表中选择 1×1 选项，如图 11-93 所示。这将删除重复的图案，并让您暂时专注于主要的图案图稿。

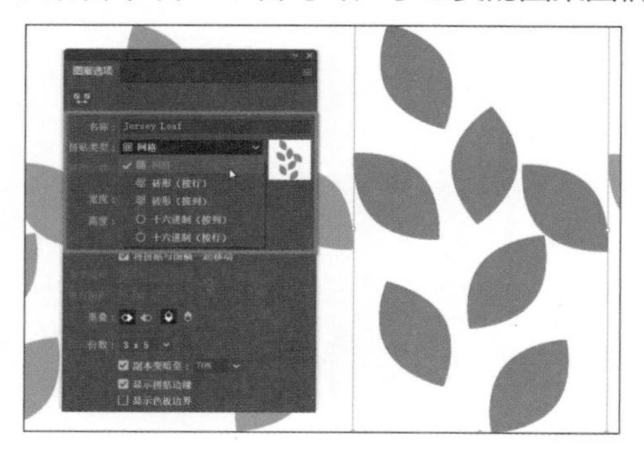

图 11-92

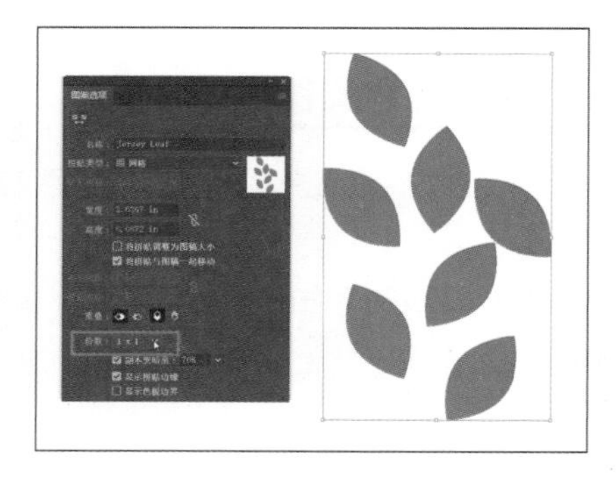

图 11-93

⑨ 选择“选择”>“取消选择”。

⑩ 单击并删除顶部、底部和最右侧的叶子图形，如图 11-94 所示。

原始图案组周围的蓝框是图案拼贴框（重复的区域）。

⑪ 在“图案选项”面板中，在“份数”下拉列表中选择 5×5 选项，可以再次看到重复图案，如图 11-95 所示。

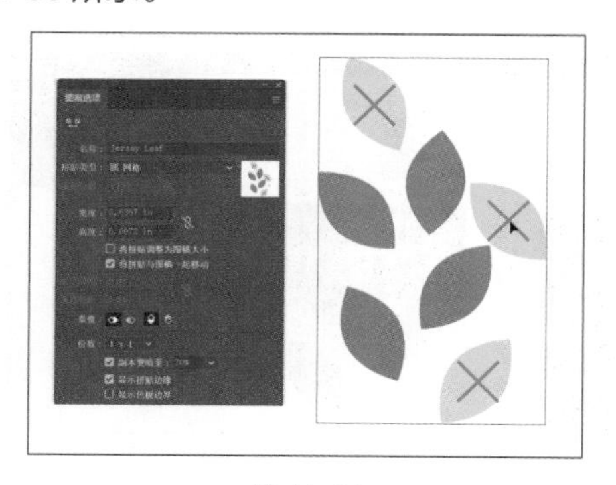

图 11-94

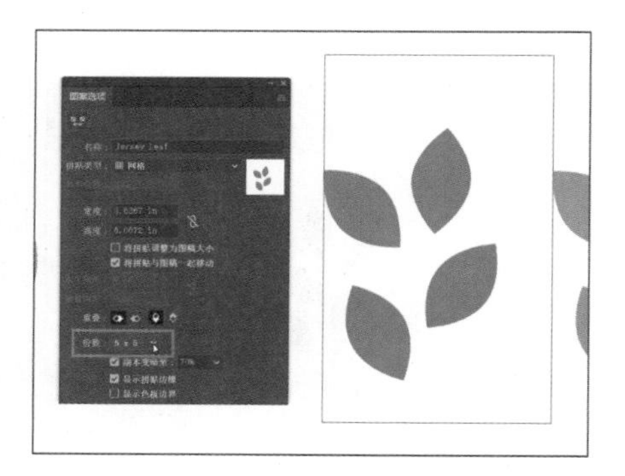

图 11-95

⑫ 在“图案选项”面板中，勾选“将拼贴调整为图稿大小”复选框，如图 11-96 所示。

勾选“将拼贴调整为图稿大小”复选框，会将拼贴区域调整为适合图稿的大小，从而改变重复对象的间距。取消勾选“将拼贴调整为图稿大小”复选框后，您可以在“宽度”和“高度”文本框中手动更改图案的宽度和高度值，以包含更多内容或编辑图案拼贴的间距。

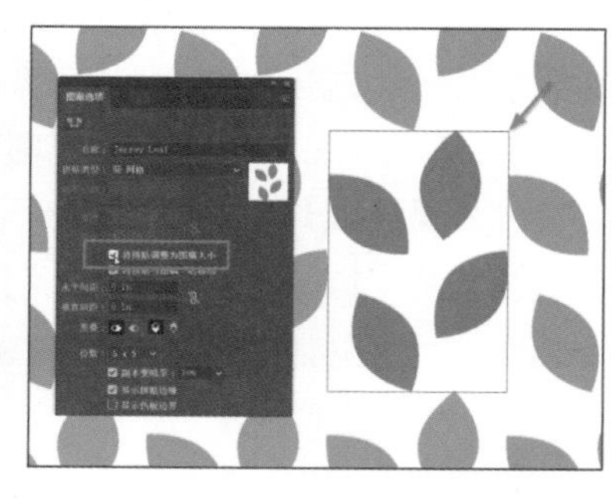

图 11-96

⑬ 要将叶子图形靠在一起，请在“图案选项”面板中将“垂

直间距”（重复对象的垂直间距）更改为 -0.5 in，如图 11-97 所示。

> 提示 水平间距和垂直间距值可以是正值或负值，它们会以水平或垂直的方式，将图案拼贴拉远或靠近。

> 提示 如果要创建图案变体，可以在图案编辑模式下单击文档窗口顶部的“存储副本”按钮。这将以副本形式保存“色板”面板中的当前图案，并允许您继续对该图案进行编辑。

14 单击文档窗口顶部的“完成”按钮，如图 11-98 所示。如果弹出对话框，请单击“确定”按钮。

图 11-97

图 11-98

15 选择“文件”>“存储”。

您在画板上仍然可以看到用来制作图案色板的原始图稿。

11.4.3 应用自定义图案色板

应用图案色板的方法有很多。本小节将使用“外观”面板中的“填色”选项来应用自定义图案色板。

> 注意 从技术上讲，单击“填色”下拉按钮可打开色板。如果单击“填色”框，很可能需要单击两次。

1 在文档窗口左下方的“画板导航”下拉列表中选择 3 Bike 选项，使画板适应窗口大小。

2 使用“选择工具”单击骑手的球衣图形。

3 在“外观”面板的“填色”文本右侧单击“填色”框以显示“色板”面板，选择 Jersey Leaf 图案色板，如图 11-99 所示。

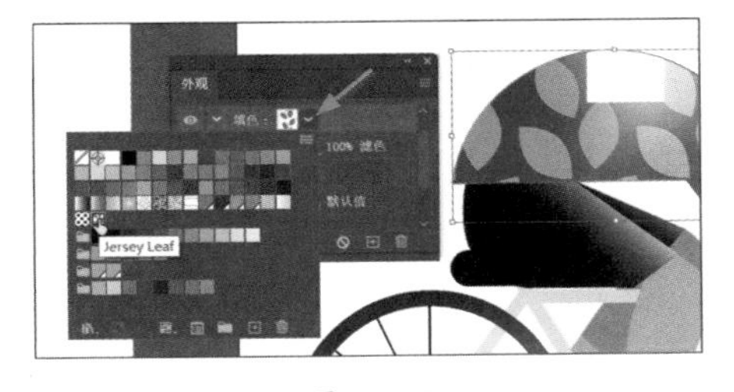

图 11-99

4 关闭“外观”面板。

11.4.4 编辑自定义图案色板

本小节将在图案编辑模式下编辑 Jersey Leaf 图案色板。

1 在球衣形状仍处于选中状态的情况下，单击“属性”面板中的“填色”框。

❷ 双击 Jersey Leaf 图案色板，如图 11-100 所示，进入图案编辑模式对其进行编辑。

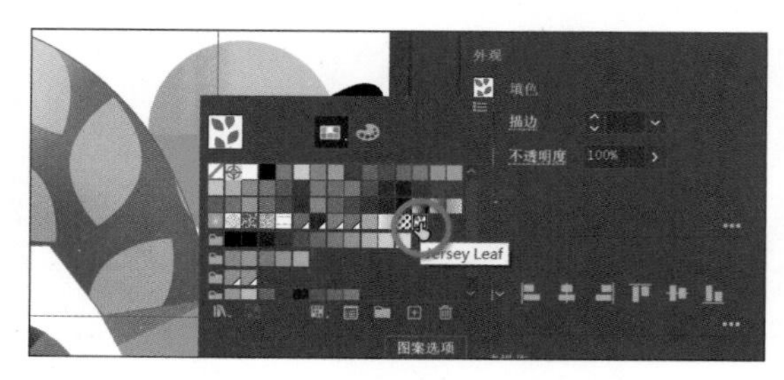

图 11-100

❸ 按 Command++ 组合键（macOS）或 Ctrl++ 组合键（Windows），放大视图。

❹ 选择“选择”>“全部”。

❺ 在“属性”面板中，将填充颜色更改为靛蓝色，如图 11-101 所示。

❻ 单击文档窗口顶部的“完成”按钮以退出图案编辑模式。

❼ 再次选择球衣图形并选择“对象”>“变换”>“缩放”。

❽ 在“比例缩放”对话框中，确保取消勾选“变换对象”复选框（不需要缩放球衣图形本身），勾选“变换图案”复选框，缩放图案；将“等比”设置为 60%，如图 11-102 所示。

❾ 单击“确定”按钮。

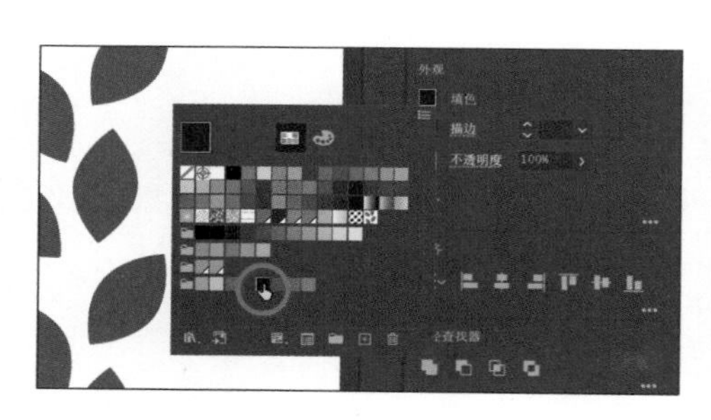

图 11-101

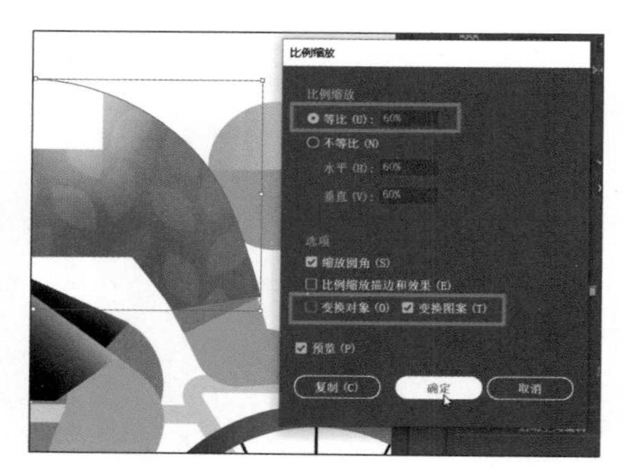

图 11-102

11.4.5 完成最终图稿

在本小节中，您将把画板上所有相关的图稿组合在一起。

❶ 选择“选择”>“现用画板上的全部对象”，选择整个骑手图稿。

❷ 单击“属性”面板中的“编组”按钮，对其进行编组。

❸ 选择“视图”>“全部适合窗口大小”。

❹ 将自行车骑手图稿编组拖动到左侧较大的画板上，并按照图 11-103 进行排列。

注意 本书的自行车图稿位于 1 Presentation Slide 画板上的图稿后层。如果您也一样，单击“属性”面板中的“排列”按钮，然后选择“置于顶层”命令。

❺ 按住 Shift 键，拖动自行车骑手图稿的一个定界点来缩小该图稿，使其更好地适应画板区域，

使最终结果如图 11-104 所示。

图 11-103

图 11-104

❻ 选择“文件”>“存储”，然后依次在所有打开的文件中选择“文件”>“关闭”。

复习题

1. 什么是渐变？
2. 如何调整线性或径向渐变中的颜色混合？
3. 列举两种向线性或径向渐变添加颜色的方法。
4. 如何调整线性渐变或径向渐变的方向？
5. 渐变和混合有什么区别？
6. 在 Adobe Illustrator 中保存图案时，它保存在哪里？

参考答案

1. 渐变是由两种或两种以上颜色相同或不同的色调组成的过渡混合，可应用于对象的描边或填色。
2. 若要调整线性渐变或径向渐变中的颜色混合，可选择“渐变工具”，并在渐变条上按住鼠标左键拖动菱形图标，或在“渐变”面板中，按住鼠标左键拖动渐变条下方的色标。
3. 若要将颜色添加到线性渐变或径向渐变中，可以在“渐变”面板中单击渐变条下边缘以添加渐变色标，然后双击色标，在弹出的面板中创建新的色板或直接应用现有色板，以达到编辑颜色的目的。您还可以在工具栏中选择“渐变工具”，将鼠标指针移动到填充渐变的对象上，然后单击图稿中显示的渐变条的下方以添加或编辑色标。
4. 要调整线性渐变或径向渐变的方向，您可以直接使用“渐变工具”拖动渐变。长距离拖动会逐渐改变渐变颜色，短距离拖动会使颜色变化得更明显。您还可以使用“渐变工具”旋转渐变，并更改渐变的半径、长宽比、起点等。
5. 渐变和混合之间的区别体现在颜色组合的方式上：对于渐变，颜色是直接混合在一起的；而对于混合，颜色以对象逐步变化的方式组合在一起。
6. 在 Adobe Illustrator 中保存图案时，该图案将保存为“色板”面板中的图案色板。默认情况下，保存的图案色板将与当前活动文件一起保存。

第 12 课

使用画笔创建广告图稿

本课概览

本课将学习以下内容。

- 使用 4 种画笔：书法画笔、艺术画笔、毛刷画笔和图案画笔。
- 将画笔应用于路径。
- 使用“画笔工具”绘制和编辑路径。
- 更改画笔颜色并调整画笔设置。
- 从 Adobe Illustrator 图稿创建新画笔。
- 使用“斑点画笔工具”和“橡皮擦工具”。

学习本课大约需要

Adobe Illustrator 提供了多种类型的画笔，您只需使用“画笔工具”或绘图工具进行上色或绘制，即可创建无数种绘画效果。您可以使用“斑点画笔工具”，或者选择艺术画笔、书法画笔、图案画笔、毛刷画笔或散点画笔，还可以根据您的图稿创建新画笔。

12.1 开始本课

在本课中，您将学习如何使用“画笔”面板中的不同类型的画笔，以及如何更改画笔选项和创建自定义画笔。在开始本课之前，您需要还原 Adobe Illustrator 的默认首选项，打开已完成的课程文件，查看最终的图稿效果。

1. 为了确保工具的功能和默认值完全如本课所述，请重置 Adobe Illustrator 的首选项文件。具体操作请参阅本书“前言”中的“还原默认首选项”部分。

2. 启动 Adobe Illustrator。

3. 选择“文件”>“打开”，在“打开”对话框中，找到 Lessons>Lesson12 文件夹，然后选择 L12_end.ai 文件，单击“打开”按钮，打开该文件，效果如图 12-1 所示。

4. 如果需要，请选择“视图”>“缩小”，缩小视图并保持图稿展示在您的屏幕上。

您可以使用“抓手工具”将图稿移动到文档窗口中合适的位置。如果不想让图稿保持打开状态，请选择“文件”>“关闭”。本小节将打开一个已有的图稿文件。

5. 选择“文件”>“打开”，在“打开”对话框中，定位到 Lessons >Lesson12 文件夹，然后选择 L12_start.ai 文件，单击“打开”按钮，打开文件，效果如图 12-2 所示。

图 12-1

图 12-2

6. 选择“视图”>“全部适合窗口大小”。

7. 选择“文件”>“存储为”。如果弹出云文档对话框，请单击“保存在您的计算机上”按钮。

8. 在“存储为”对话框中，将文件命名为 UpLiftAd.ai，选择 Lessons>Lesson12 文件夹。在“格式”下拉列表中选择 Adobe Illustrator（ai）选项（macOS）或在“保存类型”下拉列表中选择 Adobe Illustrator（*.AI）选项（Windows），单击“保存”按钮。

9. 在“Illustrator 选项”对话框中保持默认设置，然后单击“确定”按钮。

10. 选择“窗口”>“工作区”>“重置基本功能”，重置工作区。

12.2 使用画笔

通过画笔，您可以用图案、图形、画笔描边、纹理或角度描边来装饰路径。您可以修改 Adobe Illustrator 提供的画笔，或创建自定义画笔。

您可以将画笔描边应用于现有路径，也可以在使用“画笔工具”绘制路径的同时应用画笔描边。您还可以更改画笔的颜色、大小和其他属性，也可以在应用画笔后再编辑路径（包括添加填色）。

“画笔”面板（选择“窗口”>“画笔”）提供了 5 种画笔类型：书法画笔、艺术画笔、毛刷画笔、图案画笔和散点画笔，如图 12-3 所示。

接下来将介绍如何使用除散点画笔之外的画笔，“画笔”面板如图 12-4 所示。

提示 若要了解有关散点画笔的详细内容，请在“Illustrator”帮助（选择“帮助”>“Illustrator 帮助”）中搜索“散点画笔”。

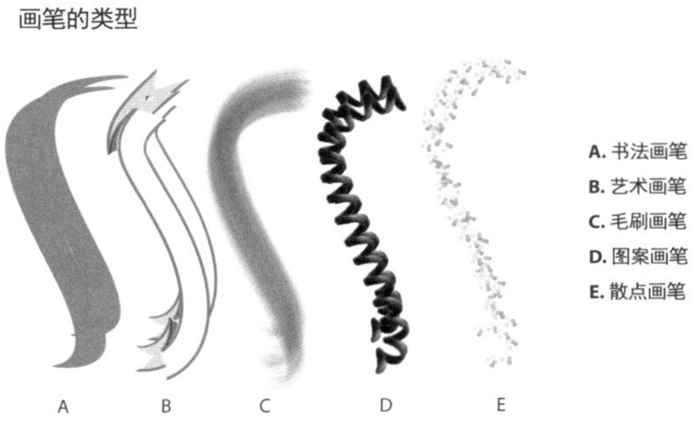

画笔的类型
A. 书法画笔
B. 艺术画笔
C. 毛刷画笔
D. 图案画笔
E. 散点画笔
A
B
C
D
E

图 12-3

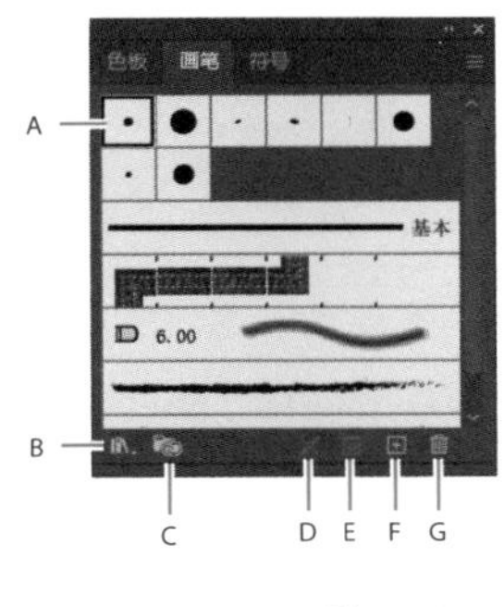

色板
画笔
符号
基本
6.00
A
B
C
D
E
F
G
A. 画笔
B. 画笔库菜单
C. 库面板
D. 移去画笔描边
E. 所选对象的选项
F. 新建画笔
G. 删除画笔

图 12-4

12.3 使用书法画笔

您将了解的第一种画笔类型是书法画笔。书法画笔的效果类似于用书法钢笔笔尖绘制出的效果。书法画笔由中心跟随路径的椭圆形来定义，您可以使用这种画笔创建类似于使用扁平、倾斜的笔尖绘制的手绘描边，如图 12-5 所示。

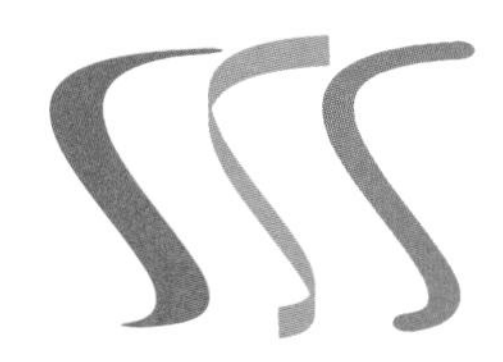

书法画笔示例

图 12-5

12.3.1 将书法画笔应用于图稿

本小节将过滤“画笔”面板中显示的画笔类型，使其仅显示书法画笔。

❶ 选择“窗口”>“画笔”，打开“画笔”面板。单击“画笔”面板菜单按钮☰，然后选择“列表视图”命令，如图 12-6 所示。

❷ 再次单击“画笔”面板菜单按钮☰，仅选择“显示书法画笔”命令，取消选择以下命令。

- 显示艺术画笔
- 显示毛刷画笔
- 显示图案画笔

“画笔”面板菜单中部分画笔类型前有对钩，表示对应画笔类型在“画笔”面板中可见。您不能一次性取消多个对钩，必须多次单击“画笔”面板菜单按钮☰来访问菜单进行取消。最终“画笔”面板如图 12-7 所示。

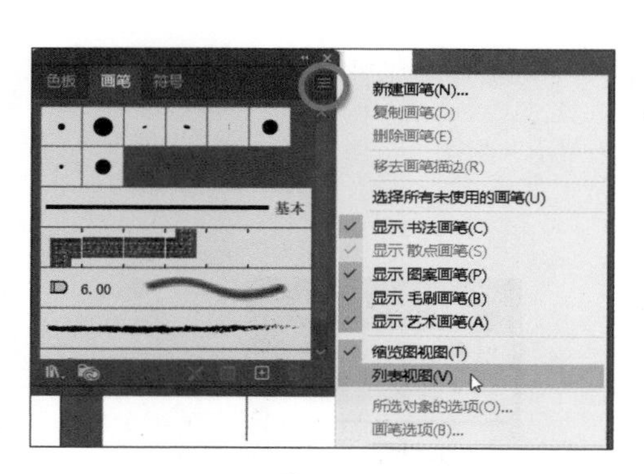

图 12-6

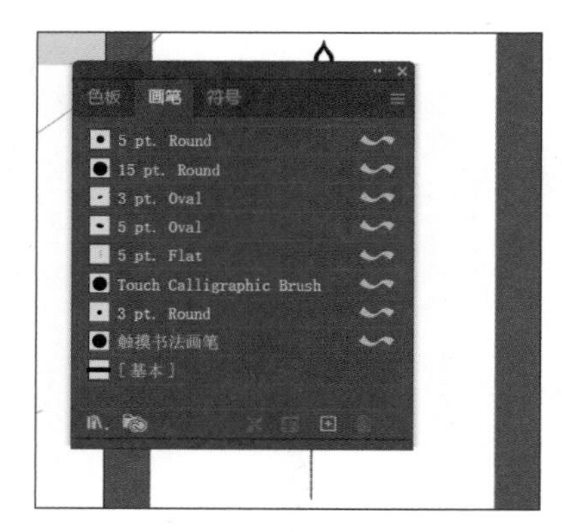

图 12-7

③ 在工具栏中选择“选择工具”▶，然后单击画板顶部的玫红色文本对象。该文本已转换为路径，因为它已经经过编辑并创建了您能看到的外观。

④ 按 Command ++ 组合键（macOS）或 Ctrl + + 组合键（Windows）几次，放大视图。

⑤ 单击“画笔”面板中名为 5 pt. Flat 的画笔，将其应用于玫红色文本对象，如图 12-8 所示，并将其添加到“画笔”面板。

图 12-8

⑥ 在“属性”面板中将描边粗细更改为 5 pt，以查看画笔的效果，如图 12-9 所示，然后将描边粗细更改为 1 pt。

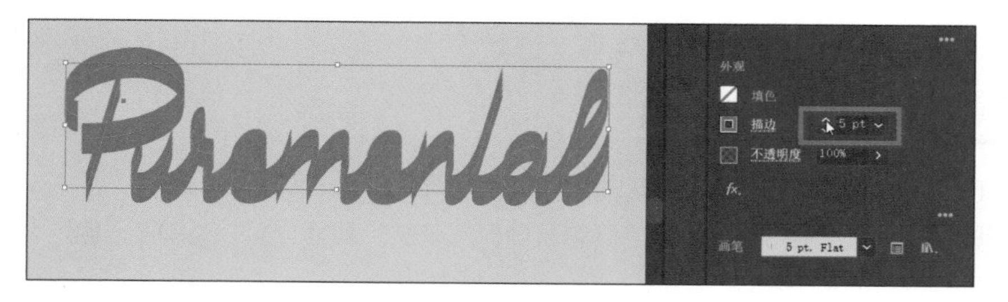

图 12-9

与现实中使用书法钢笔绘图一样，当您应用书法画笔（如 5 pt. Flat）时，绘制的路径越垂直，路径的描边就会越细。

⑦ 单击“属性”面板中的“描边”框，在弹出的面板中确保选择了“色板”选项▦，然后选择

Black 色板，如图 12-10 所示。如有必要，按 Esc 键隐藏“色板”面板。

图 12-10

8 选择“选择”>“取消选择”，然后选择“文件”>“存储”，保存文件。

12.3.2 编辑画笔

若要更改画笔选项，您可以在“画笔”面板中双击该画笔。编辑画笔时，您可以选择是否更新应用了该画笔的对象。本小节将更改 5 pt. Flat 画笔的外观。

1 在“画笔”面板中双击文本 5 pt. Flat 左侧的画笔缩略图或画笔名称的右侧区域，如图 12-11 所示，打开“书法画笔选项”对话框。

注意 您对画笔所做的修改仅在当前文件中有效。

2 在“书法画笔选项”对话框中进行以下更改，如图 12-12 所示。

图 12-11

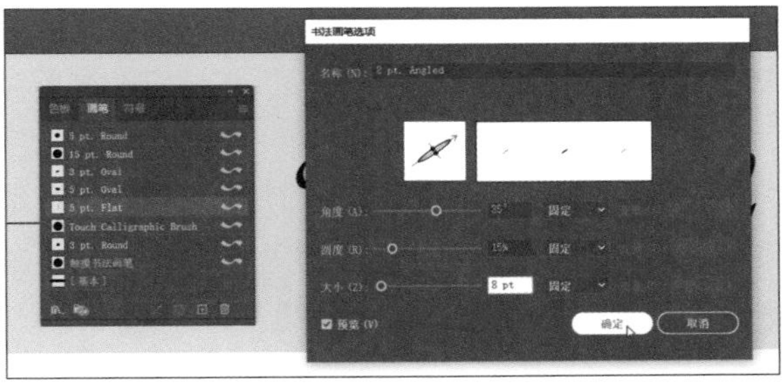

图 12-12

提示 对话框中的预览窗口（在“名称”字段下方）会显示您对画笔所做更改对应的效果。

- 名称：8 pt. Angled。
- 角度：35°。
- 在“角度”右侧的下拉列表中选择“固定”选项。（选择“随机”选项时，每次绘制时画笔角度都会随机变化。）
- 圆度：15%（此设置影响画笔描边的圆度）。
- 大小：8 pt。

3 单击“确定”按钮。

4 在弹出的对话框中单击“应用于描边”按钮，如图 12-13 所示，这样画笔修改将影响应用了该画笔的文本对象。

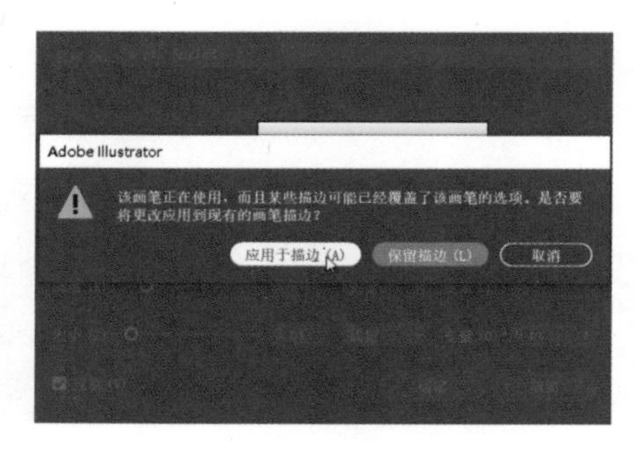

图 12-13

❺ 如有必要，请选择“选择”>“取消选择”，然后通过选择“文件”>“存储”来保存文件。

12.3.3 使用“画笔工具”绘图

“画笔工具”允许您在绘画时应用画笔。对于使用“画笔工具”绘制的矢量路径，您可以使用“画笔工具”或其他绘图工具来编辑。本小节将使用“画笔工具”以默认画笔库中的书法画笔来绘制文本中的字母 t。

❶ 在工具栏中选择“画笔工具”。

❷ 单击“画笔”面板底部的“画笔库菜单”按钮，然后选择“艺术效果”>“艺术效果 _ 书法”，如图 12-14 所示。此时将显示包含各种画笔的画笔库面板。

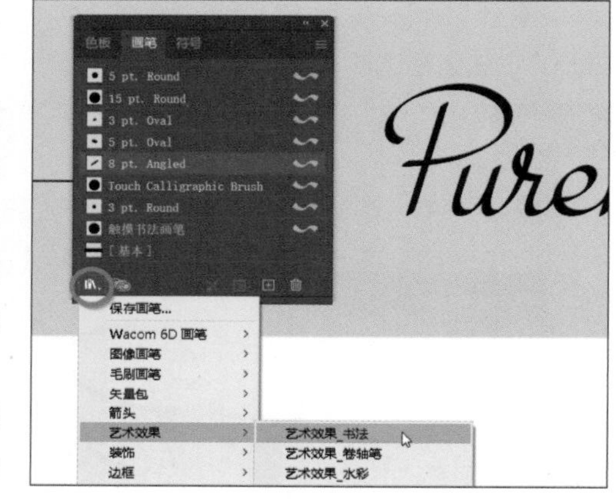

图 12-14

Adobe Illustrator 配备了大量的画笔库，供您在绘制中使用。每种画笔类型（包括前面讨论过的画笔类型）都有一系列库供您选择。

❸ 单击“艺术效果 _ 书法”面板菜单按钮，然后选择“列表视图”命令。单击名为“15 点扁平”的画笔，将其添加到“画笔”面板，如图 12-15 所示。

图 12-15

❹ 关闭“艺术效果 _ 书法”面板。

在画笔库面板（例如“艺术效果 _ 书法”面板）中选择一个画笔，只会将该画笔添加到当前文件的“画笔”面板中。

❺ 确保“属性”面板中的“填色”为“无”，描边颜色为黑色，描边粗细为 1 pt。

将鼠标指针置于文档窗口中，当鼠标指针变为✎形状时，即可绘制新路径。

6 将鼠标指针移动到 Puremental 中的字母 t 的左侧，按住鼠标左键从左到右绘制一条弯曲的路径，如图 12-16 所示。

（a）

（b）

图 12-16

注意 该书法画笔将创建随机角度的路径，所以您的路径可能不像您在图 12-16 中看到的那样，这没关系。

7 使用“选择工具”单击您绘制的新路径。在右侧的“属性”面板中将描边粗细更改为 0.5 pt，如图 12-17 所示。

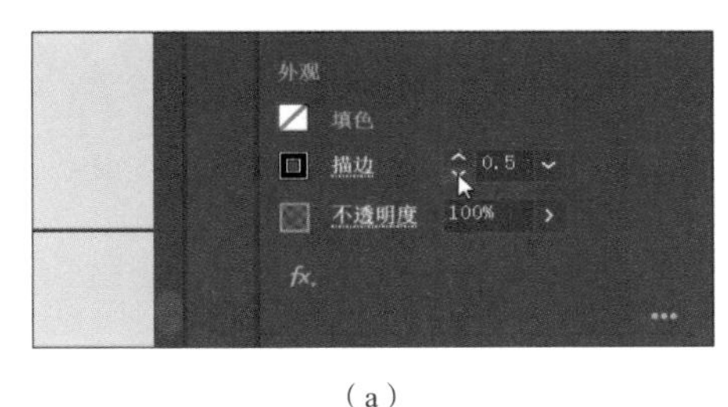

（a）

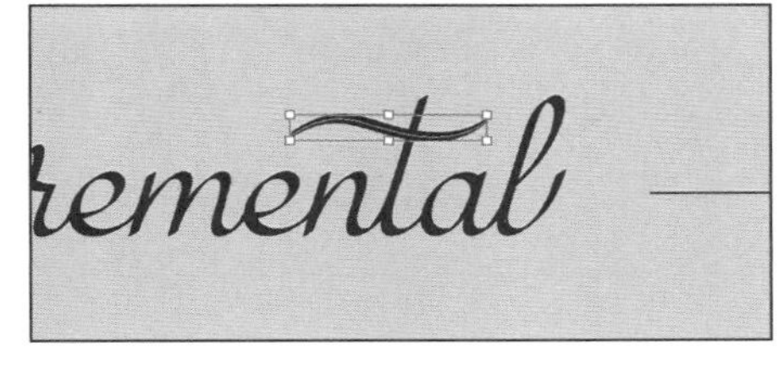

（b）

图 12-17

8 选择“选择”>“取消选择”（如有必要），然后选择“文件”>“存储”，保存文件。

12.3.4 使用“画笔工具”编辑路径

本小节将使用“画笔工具”来编辑您绘制的路径。

1 在工具栏中选择“选择工具”▶，单击 Puremental 文本对象。

2 在工具栏中选择“画笔工具”✎，将鼠标指针移到大写字母 P 上，如图 12-18（a）所示。当鼠标指针位于选定路径上时，不会有星号出现。按住鼠标左键拖动以重新绘制路径，如图 12-18（b）所示，所选路径将从重绘点进行延伸。

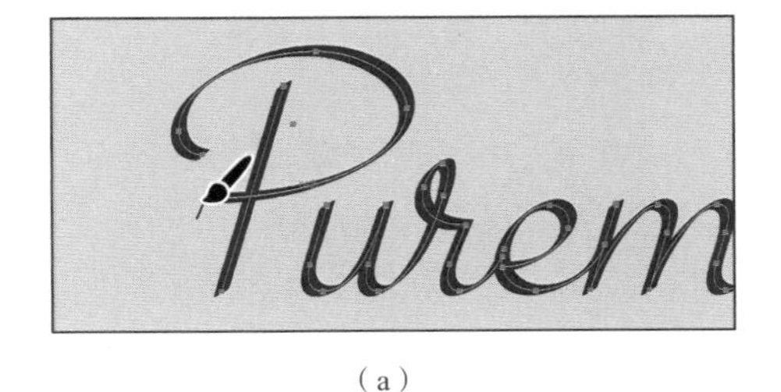

（a）

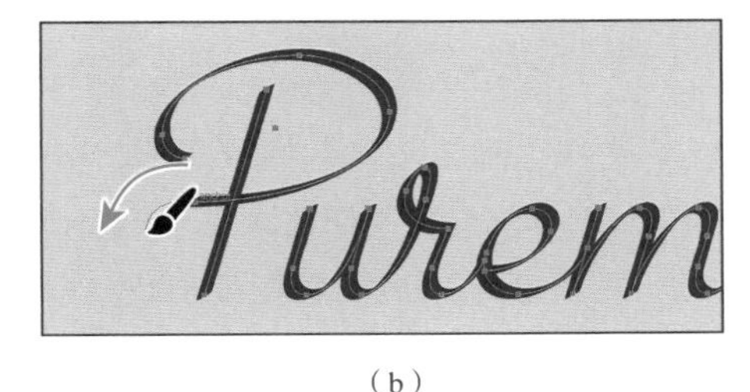

（b）

图 12-18

请注意，使用“画笔工具”完成绘制后将不再选择字母形状。默认情况下，路径被取消选择，如图 12-19 所示。

③ 按住 Command 键（macOS）或 Ctrl 键（Windows）切换到“选择工具”，单击您在字母 t 上绘制的曲线路径，如图 12-20 所示。单击后，松开 Command 键（macOS）或 Ctrl 键（Windows），返回“画笔工具”。

图 12-19

图 12-20

④ 选择“画笔工具”，将鼠标指针移动到所选路径的某个部分。当鼠标指针的星号消失时，按住鼠标左键向右拖动以重新绘制路径，如图 12-21 所示。

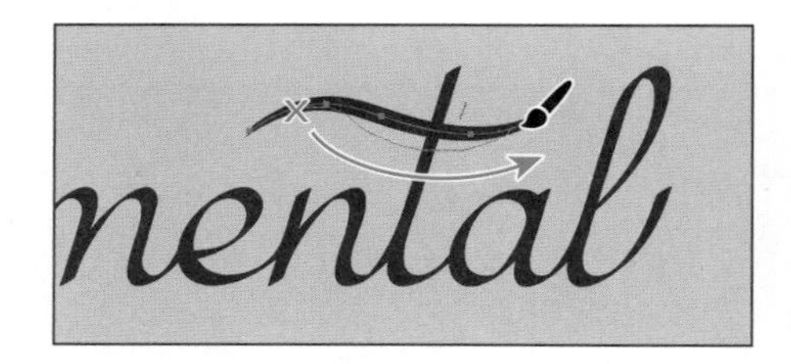

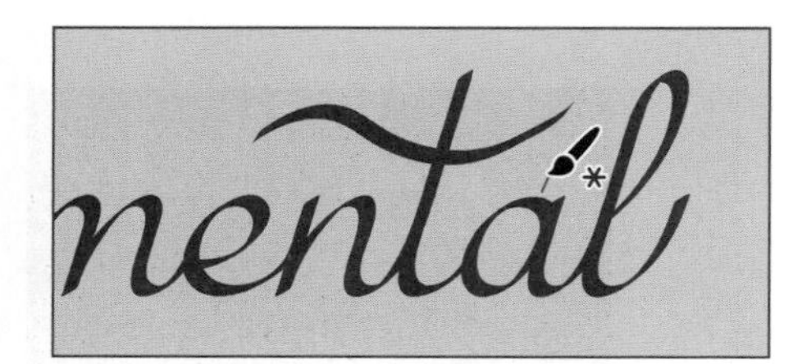

图 12-21

接下来将编辑画笔工具选项，更改“画笔工具”的工作方式。

⑤ 双击工具栏中的“画笔工具”，弹出“画笔工具选项”对话框，在其中进行以下更改，如图 12-22 所示。

- 保真度：将滑块一直拖动到“平滑”端（向右）。
- “保持选定”复选框：勾选。

⑥ 单击“确定”按钮。

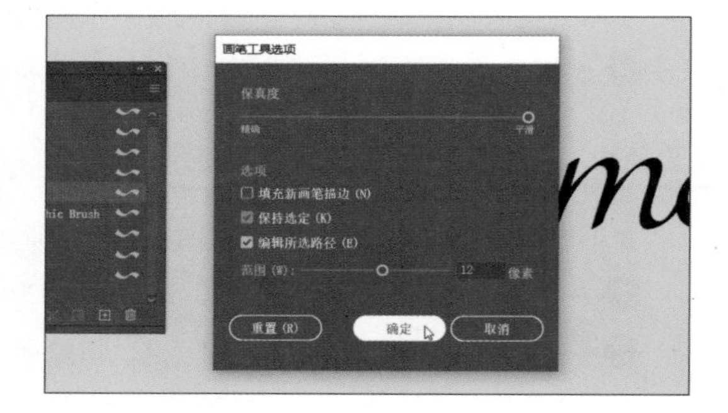

图 12-22

在“画笔工具选项”对话框中，对于“保真度”选项，滑块越接近“平滑”端，路径就越平滑，并且锚点越少。此外，由于勾选了“保持选定”复选框，在完成绘制路径后，这些路径仍将处于选中状态。

⑦ 在仍选择“画笔工具”的情况下，按住 Command 键（macOS）或 Ctrl 键（Windows）切换到“选择工具”，然后单击您在字母 t 上绘制的曲线路径。松开 Command 键（macOS）或 Ctrl 键（Windows），再次尝试重新绘制路径，如图 12-23 所示。

请注意，在绘制每条路径后，Adobe Illustrator 会默认选择该路径，因此您可以根据需要对其进行编辑。如果需要使用“画笔工具”绘制一系列重叠路径，最好将画笔工具选项设置为在完成绘制路径后不保持选中状态。这样，您就可以绘制重叠路径而无须更改先前绘制的路径。

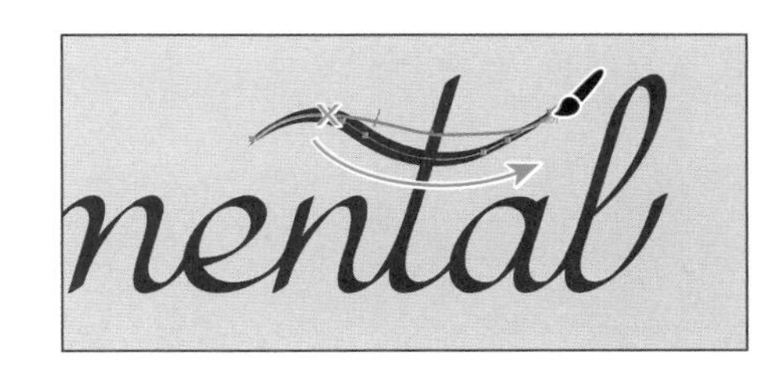

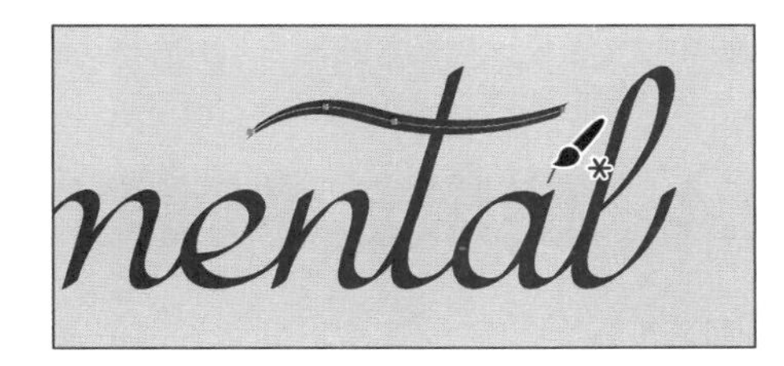

图 12-23

❽ 如有必要，请选择“选择”>“取消选择”，然后选择“文件”>“存储”，保存文件。

12.3.5 删除画笔描边

您可以轻松删除图稿上已应用的不需要的画笔描边。本小节将从路径的描边中删除画笔描边效果。

❶ 选择“视图”>“画板适合窗口大小”，查看画板上的所有内容。

❷ 使用“选择工具”▶单击黑色路径，其效果看起来像粉笔刻画的痕迹。

在创作图稿时，您在图稿上尝试了不同的画笔。现在需要移去应用于所选路径的画笔描边。

> **提示** 您还可以在“画笔”面板中选择“[基本] 画笔”，以删除应用于路径的画笔效果。

❸ 单击“画笔”面板底部的“移去画笔描边”按钮，如图 12-24 所示。

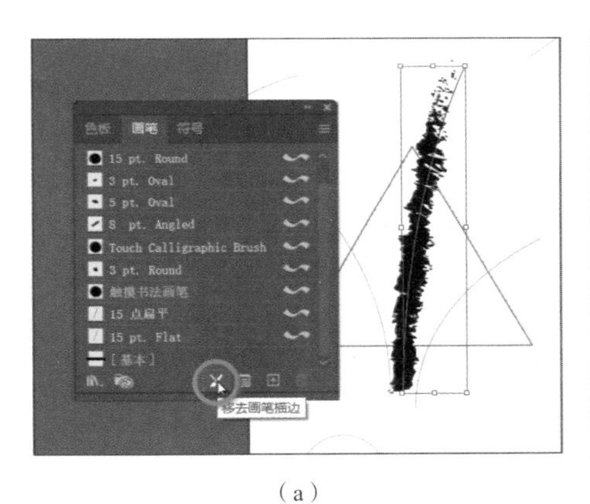

（a）

（b）

图 12-24

删除画笔描边不会删除描边颜色和粗细，它只是删除所应用的画笔效果。

❹ 在“属性”面板中将描边粗细更改为 1 pt，如图 12-25 所示。

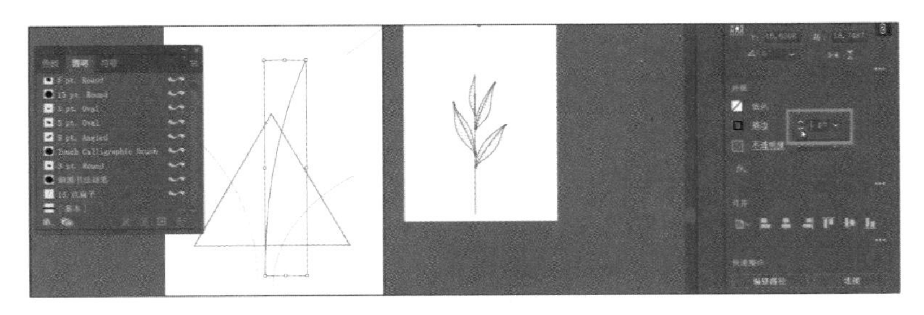

图 12-25

⑤ 选择“选择”>“取消选择”，然后选择“文件”>“存储”，保存文件。

12.4 使用艺术画笔

艺术画笔可沿着路径均匀地拉伸图稿或嵌入的位图，如图 12-26 所示。与其他画笔一样，您也可以通过编辑画笔工具选项来修改艺术画笔工作的方式。

艺术画笔示例

图 12-26

12.4.1 应用现有的艺术画笔

本小节将应用现有的艺术画笔于广告顶部编辑过的文本两侧的线条上。

① 在“画笔”面板中单击“画笔”面板菜单按钮☰，取消选择“显示书法画笔”命令，然后从同一面板菜单中选择“显示艺术画笔”命令，“画笔”面板中会显示各种艺术画笔，如图 12-27 所示。

② 单击“画笔”面板底部的“画笔库菜单”按钮，选择“装饰”>“典雅的卷曲和花形画笔组”命令，如图 12-28 所示。

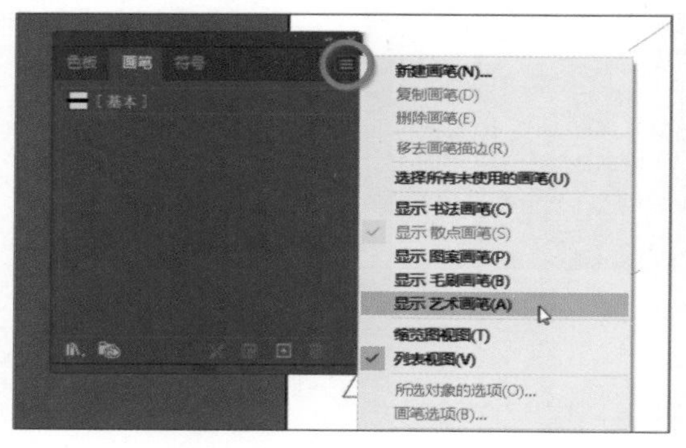

图 12-27

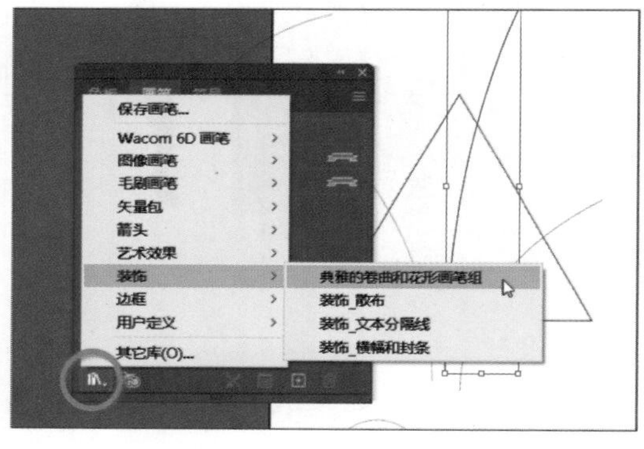

图 12-28

③ 单击“典雅的卷曲和花形画笔组”面板的菜单按钮☰，选择“列表视图”命令。单击画笔列表中名为“花茎 3”的画笔，将画笔添加到“画笔”面板，如图 12-29 所示。

④ 关闭“典雅的卷曲和花形画笔组”面板组。

⑤ 在工具栏中选择“选择工具”，单击画板顶部文本左侧的路径。

⑥ 按 Command++ 组合键（macOS）或 Ctrl++（Windows）组合键几次，放大视图。

⑦ 按住 Shift 键并单击文本右侧的路径以将其选中。

⑧ 单击“画笔”面板中的“花茎 3”画笔，如图 12-30 所示。

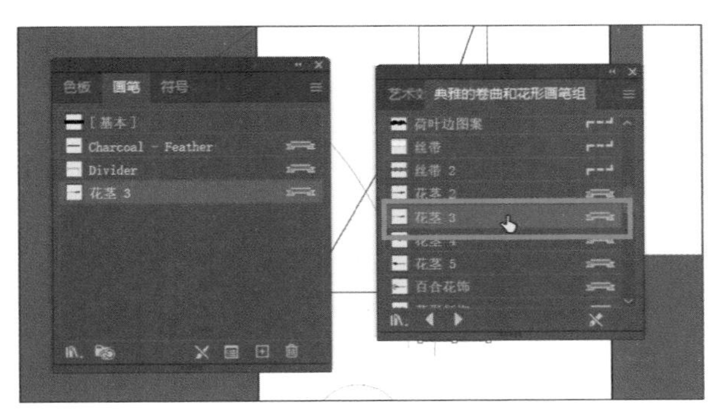

图 12-29

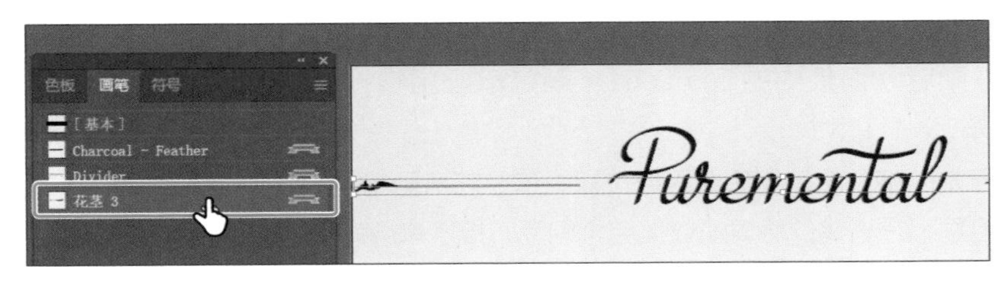

图 12-30

❾ 单击“属性”面板中的“编组”按钮，将所选路径编组在一起。

❿ 选择“选择”>“取消选择”，然后选择“文件”>“存储”，保存文件。

12.4.2 创建艺术画笔

本小节将基于现有图稿创建新的艺术画笔。您可以用矢量图稿或嵌入的位图创建艺术画笔，但该图稿不可以包含渐变、混合、画笔描边、网格对象、图形、链接文件、蒙版或尚未转换为轮廓的文本。

❶ 在“属性”面板的“画板”下拉列表中选择 2 选项，定位到包含茶叶图稿的画板。

❷ 使用“选择工具”单击茶叶图稿。

❸ 在图稿处于选中状态的情况下，在“画笔”面板中单击“画笔”面板底部的“新建画笔”按钮，如图 12-31 所示。

这将用所选图稿创建新画笔。

❹ 在“新建画笔”对话框中选择“艺术画笔”选项，然后单击“确定”按钮，如图 12-32 所示。

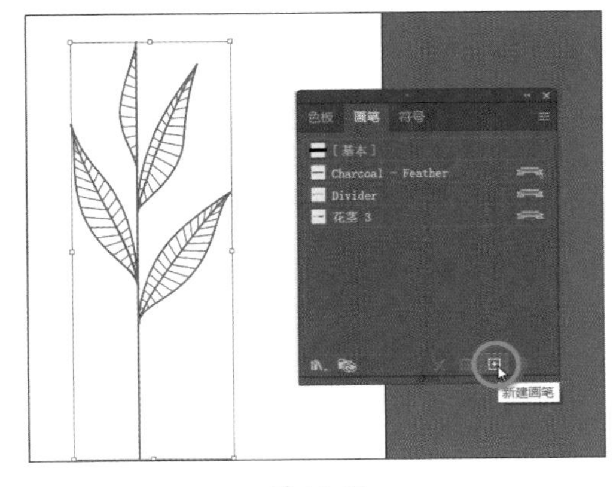

图 12-31

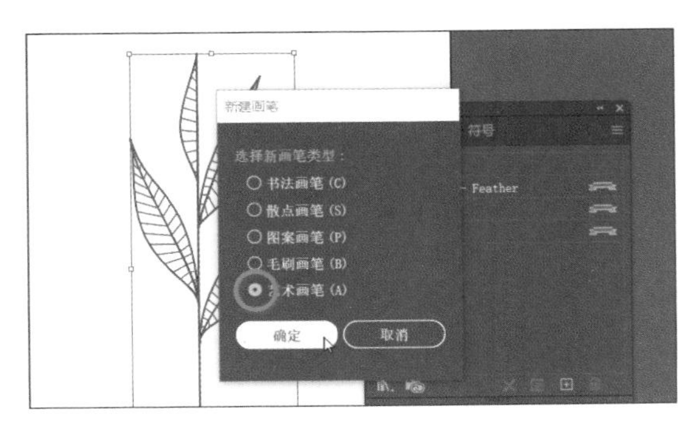

图 12-32

提示 您还可以通过将图稿拖动到“画笔”面板中，然后在弹出的“新建画笔”对话框中选择“艺术画笔”选项来创建艺术画笔。

5 在弹出的“艺术画笔选项”对话框中，将“名称”更改为 Tea Leaves，如图 12-33 所示，单击“确定”按钮。

6 选择“选择”>“取消选择”。

7 在“属性”面板的“画板”下拉列表中选择 1 选项以返回第一个画板。

8 选择“选择工具”，按住 Shift 键单击画板中心三角形上方的 3 条垂直曲线，如图 12-34 所示。

9 单击“画笔”面板中的 Tea Leaves 画笔以应用它，如图 12-35 所示。

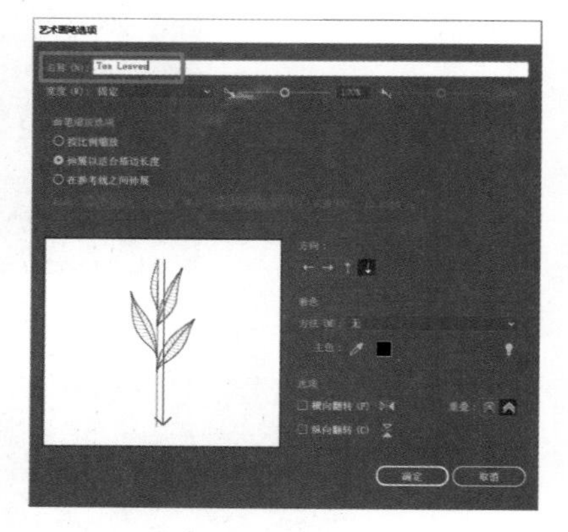

图 12-33

请注意，原始的茶叶图稿将沿着路径拉伸，这是艺术画笔的默认行为。但是，它与我们想要的效果完全相反，接下来会解决这个问题。

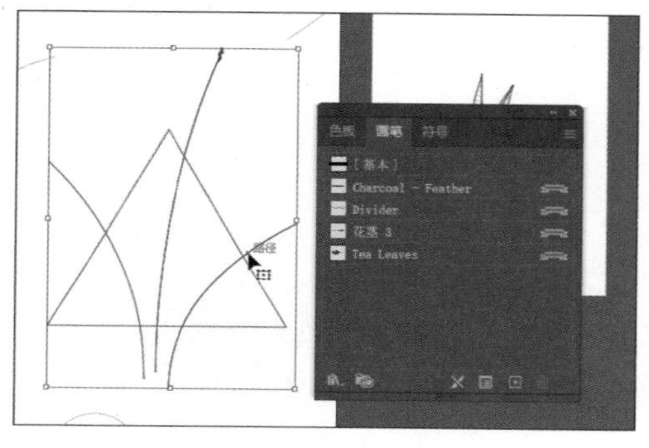

图 12-34

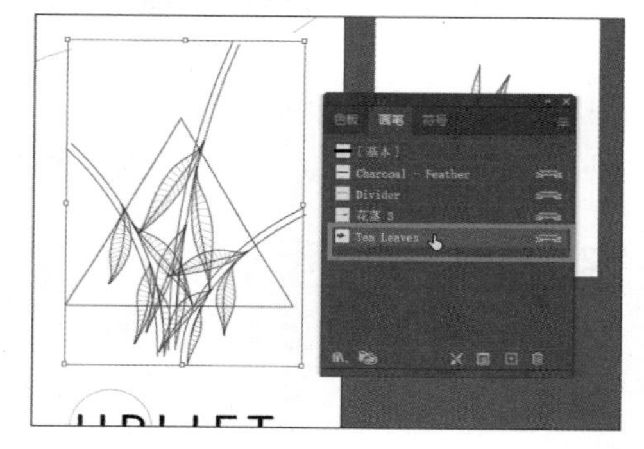

图 12-35

12.4.3 编辑艺术画笔

本小节将编辑应用于路径的 Tea Leaves 画笔，并更新画板上路径的外观。

1 在仍选择画板上 3 条路径的情况下，在“画笔”面板中双击文本 Tea Leaves 左侧的画笔缩略图或名称的右侧位置，如图 12-36 所示，打开“艺术画笔选项”对话框。

2 在“艺术画笔选项”对话框中勾选“预览”复选框，以便观察所做更改对应的效果。移动对话框，以便看到应用画笔后的路径，在对话框中进行以下更改，如图 12-37 所示。

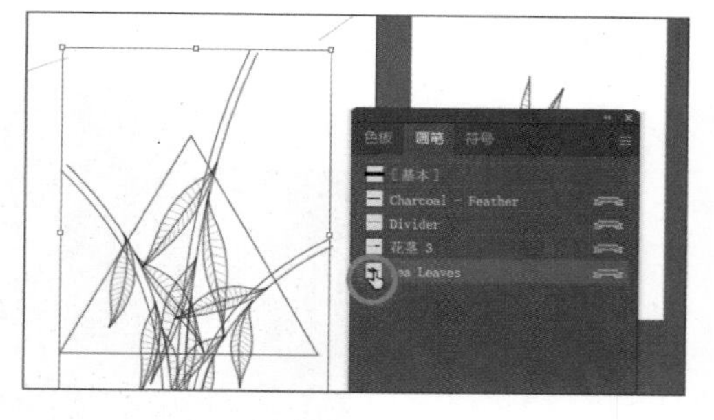

图 12-36

- 在参考线之间伸展：选择。这些参考线不是画板上的物理参考线。它们用于指示拉伸或收缩以使艺术画笔适合路径长度的图稿部分。不在参考线内的图稿的任何部分都可以被伸展或收缩。“起点”和“终点”设置用于指示参考线在原始图稿上的位置。
- 起点：7.375 in。

- 终点：10.8587 in（默认设置）。
- “横向翻转”复选框：勾选。

3 单击“确定”按钮。

4 在弹出的对话框中单击“应用于描边”按钮，修改应用了 Tea Leaves 画笔的路径。

接下来将制作画笔的副本，并使中心路径上的图稿沿路径延伸，就像没有设置参考线一样。

5 选择“选择”>“取消选择”，然后单击应用了 Tea Leaves 画笔的较大的中心路径。

6 在“画笔”面板中，将 Tea Leaves 画笔拖到底部的“新建画笔”按钮上进行复制，如图 12-38 所示。

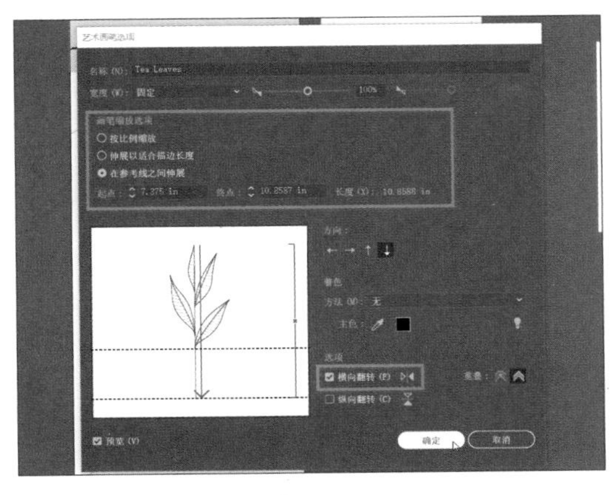

图 12-37

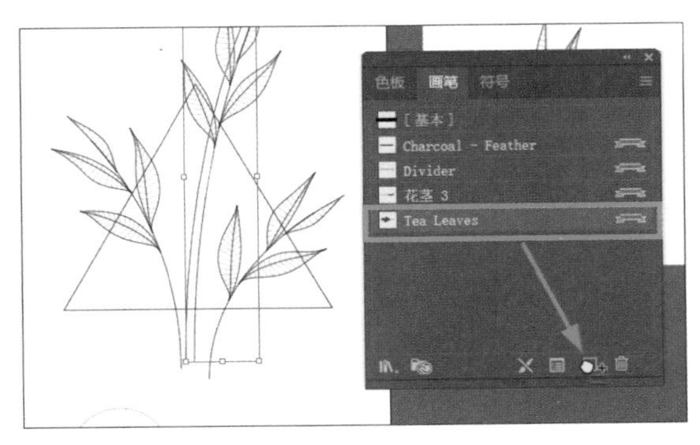

图 12-38

7 在“画笔”面板中双击“Tea Leaves_ 副本”画笔缩略图。

8 在“艺术画笔选项”对话框中，在“画笔缩放选项”选项组中选择“按比例缩放”选项，以便简单地沿路径拉伸图稿，如图 12-39 所示。

9 单击“确定”按钮。

10 在弹出的对话框中单击“应用于描边”按钮，将更改应用“Tea Leaves_ 副本”画笔的路径。

11 取消选择路径。

12 按住 Shift 键并单击画板周围的剩余路径，然后应用 Tea Leaves 画笔或“Tea Leaves_ 副本”画笔，如图 12-40 所示。

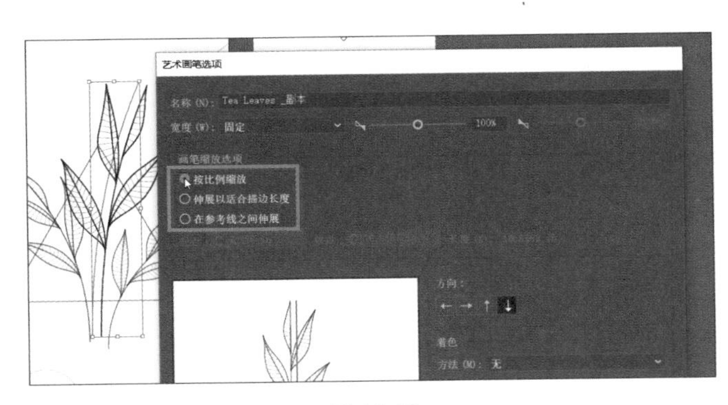

图 12-39

图 12-40

⑬ 选择“选择”>“取消选择”。

12.5 使用图案画笔

图案画笔用于绘制由不同部分或拼贴组成的图案，如图 12-41 所示。当您将图案画笔应用于图稿时，Adobe Illustrator 将根据路径位置（边缘、中点或拐点）绘制图案的不同部分（拼贴）。创建图稿时，您有数百种有趣的图案画笔可以选择，如草、城市风景等。

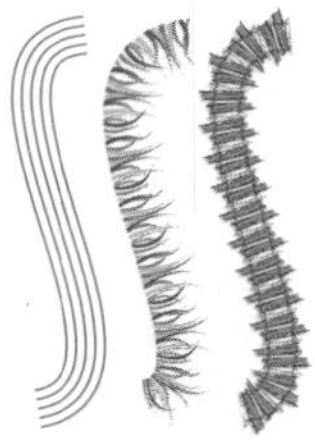

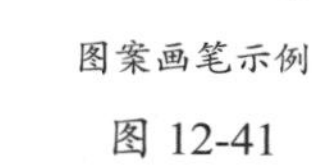

图案画笔示例

图 12-41

本节会将现有的图案画笔应用于广告图稿中间的三角形。

① 选择“视图”>“画板适合窗口大小”。

② 在“画笔”面板中，单击面板菜单按钮，选择“显示图案画笔”命令，取消选择“显示艺术画笔”命令。

③ 使用“选择工具”单击广告中间的三角形，如图 12-42 所示。

④ 在“画笔”面板的底部单击“画笔库菜单”按钮，然后选择“边框”>“边框 _ 几何图形”命令。

⑤ 单击画笔列表中名为“几何图形 17”的画笔，如图 12-43 所示，将其应用于所选路径，并将画笔添加到“画笔”面板。

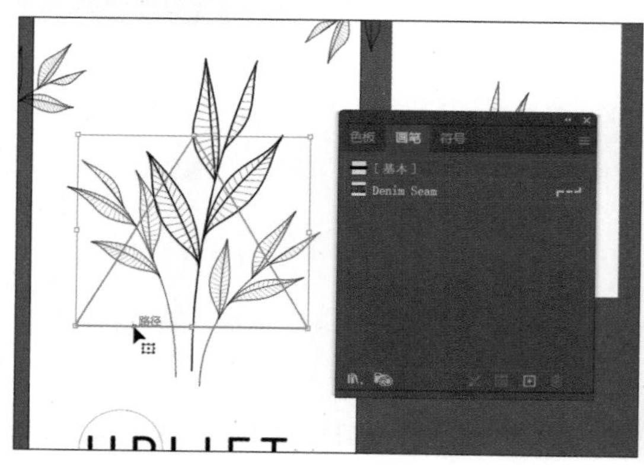

图 12-42

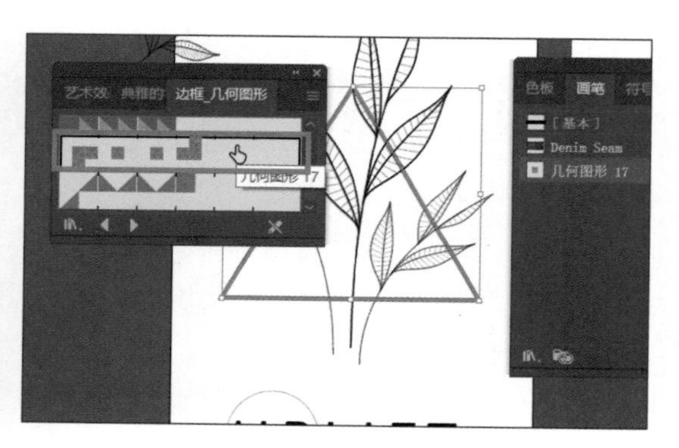

图 12-43

⑥ 关闭“边框 _ 几何图形”面板组。

⑦ 将“属性”面板中的描边粗细更改为 2 pt。

⑧ 单击“属性”面板中的“所选对象的选项”按钮，以便仅编辑画板上选定路径的画笔选项，如图 12-44 所示。

提示 您也可以在“画笔”面板底部看到“所选对象的选项”按钮。

⑨ 在“描边选项（图案画笔）”对话框中勾选“预览”复选框，拖动“缩放”滑块或直接输入值，将“缩放”更改为 120%，如图 12-45 所示，单击“确定”按钮。

编辑所选对象的画笔选项时，您只能看到一部分画笔选项。“描边选项（图案画笔）”对话框仅用于编辑所选路径的画笔属性，而不会更新画笔本身。

⑩ 选择“选择”>“取消选择”，然后选择“文件”>“存储”，保存文件。

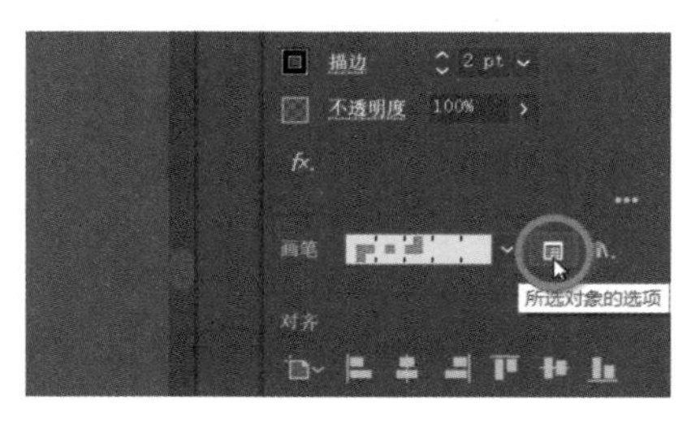

图 12-44

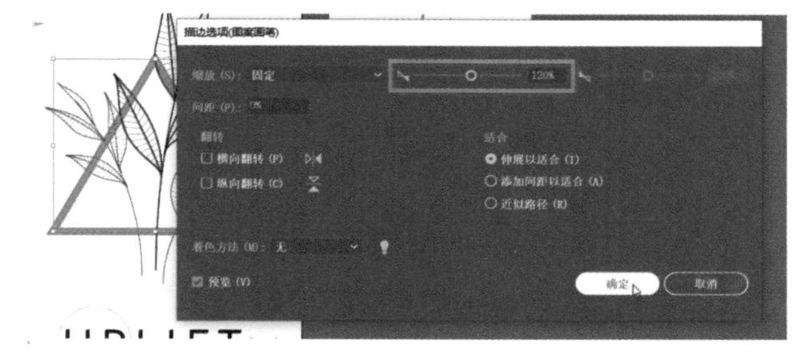

图 12-45

12.5.1 创建图案画笔

您可以通过多种方式创建图案画笔。例如，对于应用于直线的简单图案，您可以选择该图案图稿，然后单击“画笔”面板底部的“新建画笔”按钮。

若要创建具有曲线和角部对象的更复杂的图案画笔，您可以在文档窗口中选择用于创建图案画笔的图稿，然后在“色板”面板中创建相应的图案色板，甚至可以令 Adobe Illustrator 自动生成图案画笔的角部。在 Adobe Illustrator 中，只有边线拼贴需要定义。Adobe Illustrator 会根据用于边线拼贴的图稿，自动生成 4 种不同类型的角部拼贴，并完美地适配角部。

本小节将为 UPLIFT 文本周围的装饰创建图案画笔，效果如图 12-46 所示。

❶ 在未选择任何内容的情况下，在“属性”面板的“画板”下拉列表中选择 2 选项，切换到第二个画板。

❷ 使用“选择工具”单击画板顶部的图稿，如图 12-47 所示。

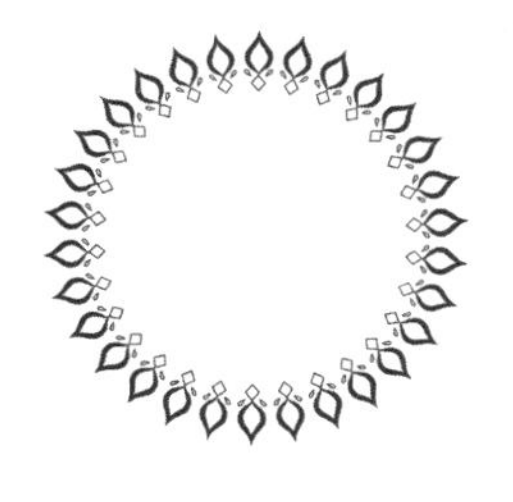

图 12-46

图 12-47

❸ 按 Command ++ 组合键（macOS）或 Ctrl + + 组合键（Windows）几次，放大视图。

❹ 单击“画笔”面板中的面板菜单按钮，选择“缩览图视图”命令。

请注意，“画笔”面板中的图案画笔在“缩览图视图”中进行了分段，每段对应一个图案拼贴。

❺ 在“画笔”面板中单击“新建画笔”按钮，如图 12-48（a）所示，创建图稿中的图案单元。

❻ 在“新建画笔”对话框中选择“图案画笔”选项，单击“确定”按钮，如图 12-48（b）所示。

无论是否选择了图稿，您都可以创建新的图案画笔。如果在未选择图稿的情况下创建图案画笔，则您需要在稍后将图稿拖到“画笔”面板或在编辑画笔时从图案色板中选择图稿。

❼ 在弹出的“图案画笔选项”对话框中，将画笔命名为 Decoration。

图案画笔最多可以有 5 个拼贴：边线拼贴、起点拼贴、终点拼贴，以及用于在路径上绘制锐角的外角拼贴和内角拼贴。

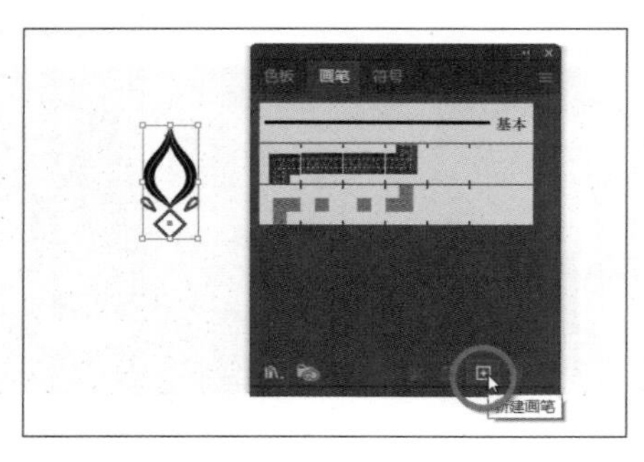

(a)

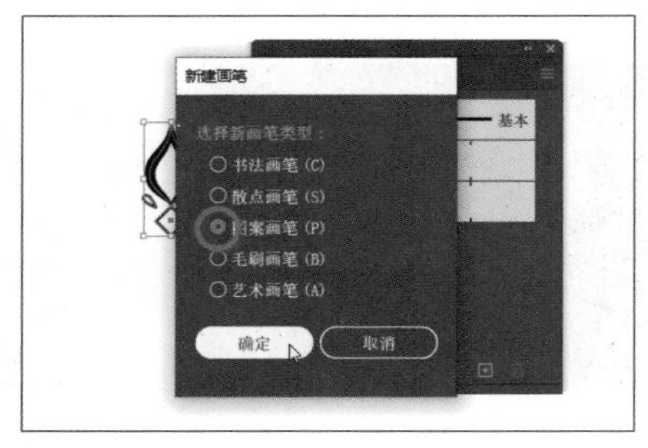

(b)

图 12-48

您可以在“图案画笔选项”对话框中的“间距”选项下看到这 5 种拼贴按钮，如图 12-49 所示。拼贴按钮允许您将不同的图稿应用于路径的不同部分。您可以单击拼贴按钮来定义所需拼贴，然后在弹出的下拉列表中选择自动生成选项（如果可用）或图案色板。

提示 将鼠标指针移动到“图案画笔选项”对话框中的拼贴按钮上，就会出现说明拼贴类型的提示。

❽ 在“间距”字段下方，单击“边线拼贴”框（左起第二个拼贴）。可以发现，除了“无”和其图案色板选项，最开始选择的“原始”图案色板也出现在列表中，如图 12-50 所示。

提示 在创建图案画笔时，所选图稿默认将成为边线拼贴。

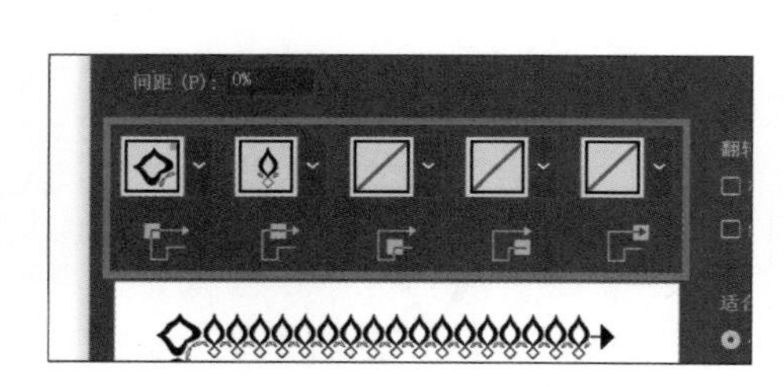

图 12-49

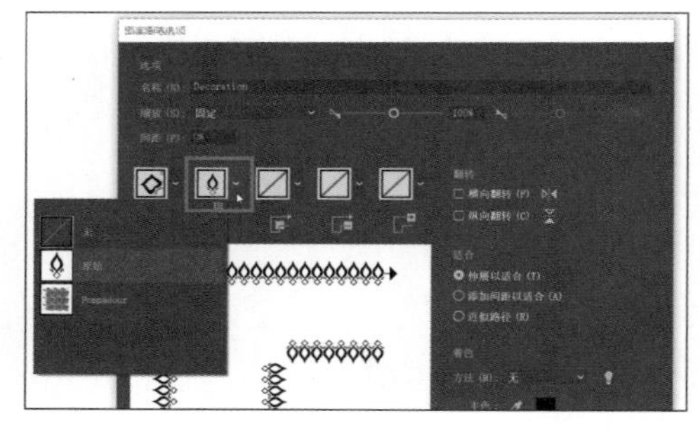

图 12-50

❾ 单击“外角拼贴”按钮以显示下拉列表，如图 12-51 所示。您可能需要单击两次，第一次单击关闭上一个下拉列表，第二次单击打开这个下拉列表。

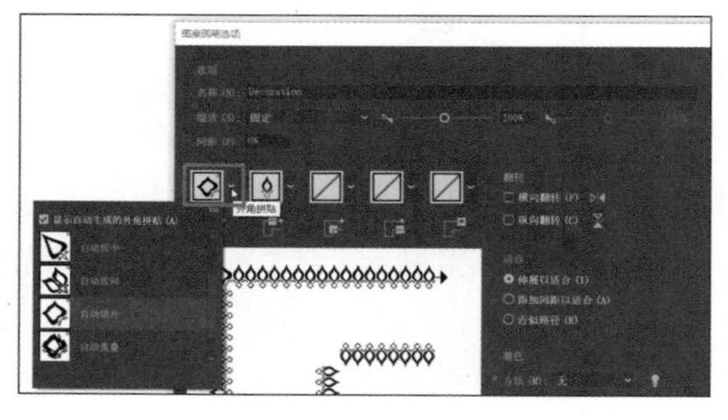

图 12-51

外角拼贴是由 Adobe Illustrator 根据原始图稿自动生成的。在下拉列表中，您可以从自动生成的以下 4 种类型的外角拼贴中进行选择。

- 自动居中：边线拼贴沿角部拉伸，并且在角部以单个拼贴副本为中心。
- 自动居间：边线拼贴副本一直延伸到角部，且角部每边各有一个副本，然后通过折叠消除的方式将副本拉伸成角部形状。
- 自动切片：将边线拼贴沿着对角线分割，再将切片拼接到一起，类似于木质相框的边角。
- 自动重叠：拼贴的副本在角部重叠。

⑩ 在“外角拼贴”下拉列表中选择“自动居间”选项，这会生成路径的外角，且图案画笔会把选择的装饰图稿应用到该路径。

⑪ 单击“确定”按钮，Decoration 画笔会出现在“画笔”面板中，如图 12-52 所示。

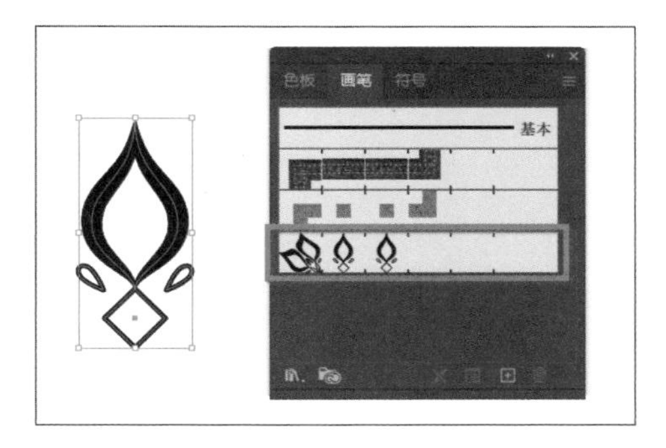

图 12-52

⑫ 选择“选择”>“取消选择”。

12.5.2 应用图案画笔

本小节将把 Decoration 图案画笔应用到第一个画板中心文本周围的圆形。正如您前面所了解到的，当使用绘图工具将画笔应用于图稿时，您需要先使用绘图工具绘制路径，再在“画笔”面板中选择画笔，将画笔应用于该路径。

① 在“属性”面板中的“画板”下拉列表中选择 1 选项，定位到第一个带有广告图稿的画板。

② 使用“选择工具”▶单击 UPLIFT 中 UP 周围的圆形。

③ 选择“视图”>“放大”，重复操作几次以放大视图。

④ 选择路径后，单击“画笔”面板中的 Decoration 画笔，将其应用到圆形路径上，如图 12-53 所示。

图 12-53

⑤ 选择“选择”>“取消选择”。

该路径是用 Decoration 画笔绘制的。由于路径不包括尖角，因此并不会对路径应用外角拼贴和内角拼贴。

12.5.3 编辑图案画笔

本小节将使用创建的图案色板来编辑 Decoration 图案画笔。

提示 有关创建图案色板的详细信息，请参阅“Illustrator 帮助”(选择“帮助”>“Illustrator 帮助”)中的“关于图案”。

❶ 在“属性”面板中的“画板”下拉列表中选择 2 选项，以定位到第二个画板。

❷ 使用“选择工具”▶单击画板顶部相同的装饰图稿。将描边颜色更改为浅绿色，如图 12-54 所示。按 Esc 键隐藏“色板”面板。

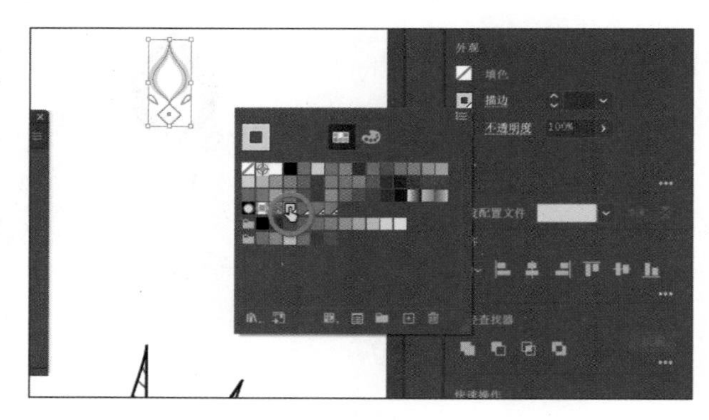

图 12-54

❸ 单击“画笔”面板组中的“色板”选项卡，以切换到“色板”面板。

❹ 将装饰图稿拖入“色板”面板，如图 12-55（a）所示。

图稿将在“色板”面板中存储为新的图案色板，如图 12-55（b）所示。创建了图案色板后，如果您不打算将图案色板用于其他图稿，也可以在“色板”面板中将其删除。

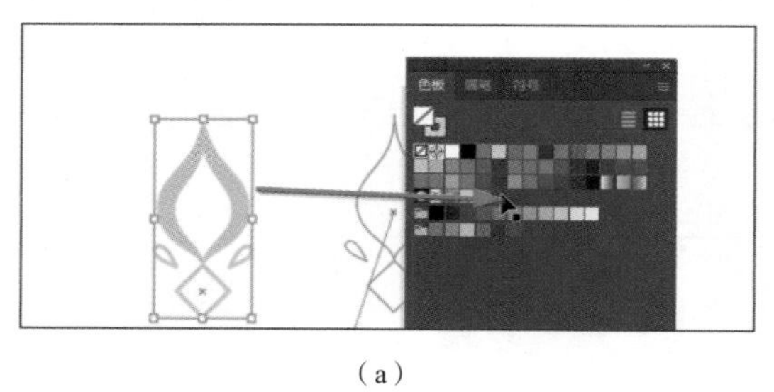

（a）

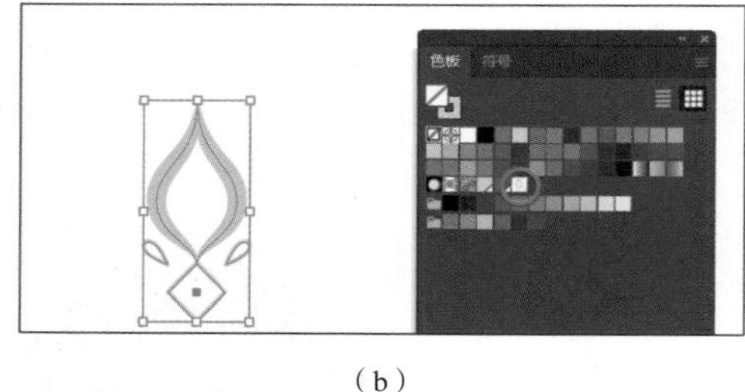

（b）

图 12-55

❺ 选择“选择”>“取消选择”。

❻ 在“属性”面板的“画板”下拉列表中选择 1 选项，以定位到第一个带有主场景图稿的画板。

提示 您还可以在按住 Option 键（macOS）或 Alt 键（Windows）的同时按住鼠标左键，将图稿从画板拖到在“画笔”面板中要更改的图案画笔拼贴上，以更改图案画笔中的图案拼贴。

❼ 切换到“画笔”面板，双击 Decoration 图案画笔打开“图案画笔选项”对话框，如图 12-56 所示。

❽ 单击“边线拼贴”按钮，然后在下拉列表中选择名为“新建图案色板 1”的图案色板，如图 12-56 所示，该图案色板是您刚刚创建的。

❾ 将“缩放”更改为 50%，如图 12-57 所示，单击“确定”按钮。

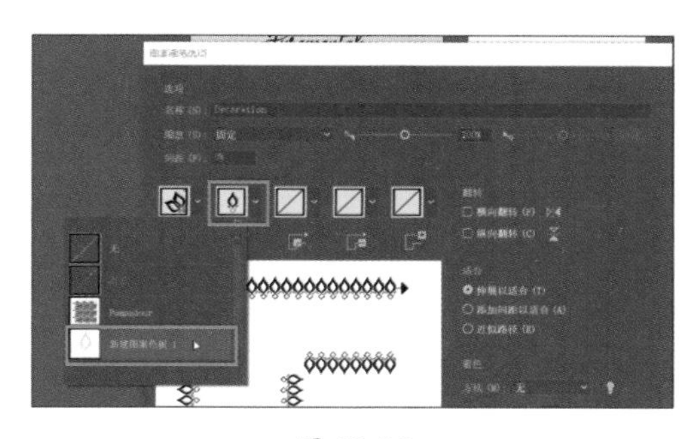

图 12-56

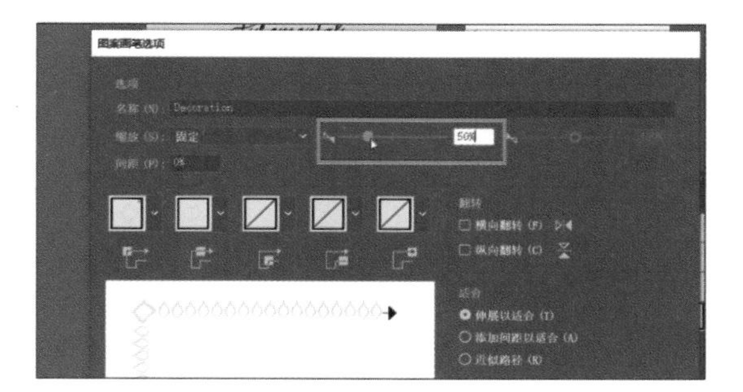

图 12-57

⑩ 在弹出的对话框中，单击“应用于描边”按钮，以更新 Decoration 图案画笔和应用在圆上的图案画笔效果，如图 12-58 所示。

⑪ 使用“选择工具”单击应用了“几何图形 17”图案画笔的三角形。此时可能需要放大视图。

⑫ 单击“画笔”面板中的 Decoration 画笔以应用该画笔，效果如图 12-59 所示。

图 12-58

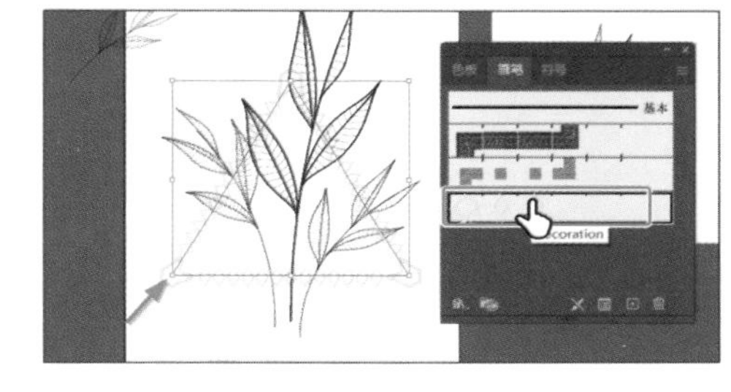

图 12-59

请注意，该三角形中出现了角（图 12-59 中红色箭头所示为其中之一）。此时路径由 Decoration 图案画笔的边线拼贴和外角拼贴绘制。

⑬ 单击“几何图形 17”图案画笔以再次应用它。

⑭ 选择“选择”>“取消选择”，然后选择“文件”>“存储”，保存文件。

12.6 使用毛刷画笔

毛刷画笔可以让您创建出具有实际刷毛绘制效果的描边。使用“画笔工具”中的毛刷画笔绘制的是带有毛刷画笔效果的矢量路径，如图 12-60 所示。

毛刷画笔示例

图 12-60

本节将先修改毛刷画笔的相关选项以调整其在图稿中的外观，然后使用“画笔工具”和毛刷画笔进行绘制。

> 注意 要了解更多关于“毛刷画笔选项”对话框及其设置的信息，请在“Illustrator 帮助”（选择“帮助”>“Illustrator 帮助”）中搜索“使用毛刷画笔”。

12.6.1 更改毛刷画笔选项

您可以在将画笔应用于图稿之前或之后，通过在“画笔选项”对话框中调整其设置来更改画笔的外观。对于毛刷画笔，通常最好在绘画前就调整好画笔设置，因为更新毛刷画笔描边可能需要较长时间。

❶ 在“画笔”面板中单击面板菜单按钮，选择“显示毛刷画笔”命令，然后取消选择“显示图案画笔”命令，选择“列表视图”命令。

> 提示 Adobe Illustrator 附带一系列默认的毛刷画笔，可单击“画笔”面板底部的“画笔库菜单”按钮，然后选择“毛刷画笔”>“毛刷画笔库”进行查看。

❷ 在“画笔”面板中，双击默认的 Mop 画笔的缩略图或名称右侧以更改该画笔的设置。在“毛刷画笔选项”对话框中进行图 12-61 所示的更改。

- 形状：团扇。
- 大小：10mm（画笔大小是画笔的直径）。
- 毛刷长度：150%（这是默认设置，毛刷长度是从刷毛与手柄相接的地方开始计算的）。
- 毛刷密度：33%（这是默认设置，毛刷密度是刷颈指定区域的刷毛数量）。
- 毛刷粗细：70%（刷毛粗细从细到粗可以设置为 1% ～ 100% 的值）。
- 上色不透明度：75%。（这是默认设置，使用此选项可以设置所使用的颜料的不透明度）。
- 硬度：50%。（这是默认设置，硬度是指刷毛的软硬程度）。

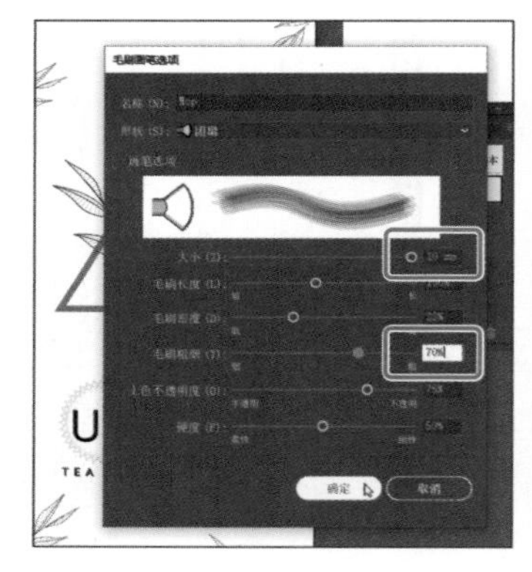

图 12-61

❸ 单击“确定”按钮。

12.6.2 使用毛刷画笔绘制

本小节将使用 Mop 画笔在图稿后面绘制一些笔触，为广告的背景添加一些纹理。使用毛刷画笔可以绘制生动、流畅的路径。

❶ 选择“视图”>“画板适合窗口大小”。

❷ 使用“选择工具”单击 UPLIFT 文本。

这将选择文本对象所在的图层，以便您绘制的任何图稿都位于同一图层上。UPLIFT 文本对象位于画板上大多数其他图稿下方的图层上。

❸ 选择“选择”>“取消选择”。

❹ 在工具栏中选择“画笔工具”，如果尚未选择 Mop 画笔，请在“属性”面板的“画笔”下拉列表中选择该画笔，如图 12-62 所示。

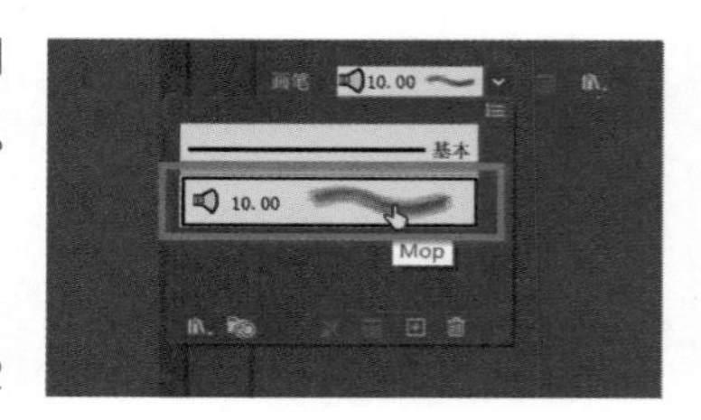

图 12-62

提示　您也可以在“画笔”面板（如果它已打开）中选择画笔。

⑤ 确保“属性”面板中的“填色”为“无”，并且描边颜色为与 Decoration 画笔相同的浅绿色。按 Esc 键隐藏“色板”面板。

⑥ 在“属性”面板中将描边粗细更改为 5 pt。

⑦ 将鼠标指针移动到页面中间的三角形右侧，按住鼠标左键稍微向左下方拖动，穿过画板，然后再次向右拖动，如图 12-63 所示。当到达要绘制的路径的末端时，松开鼠标左键。

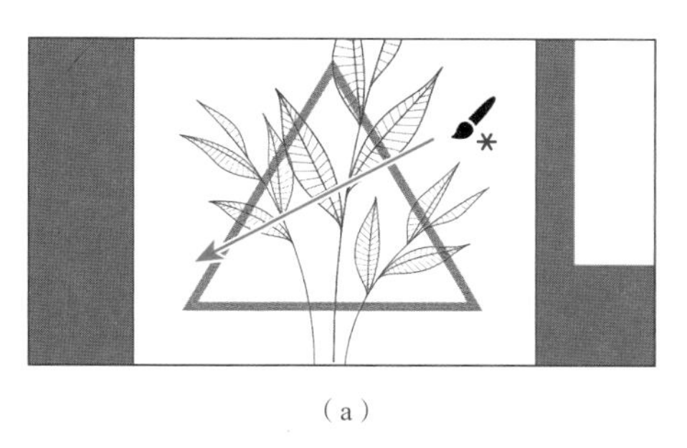

（a）

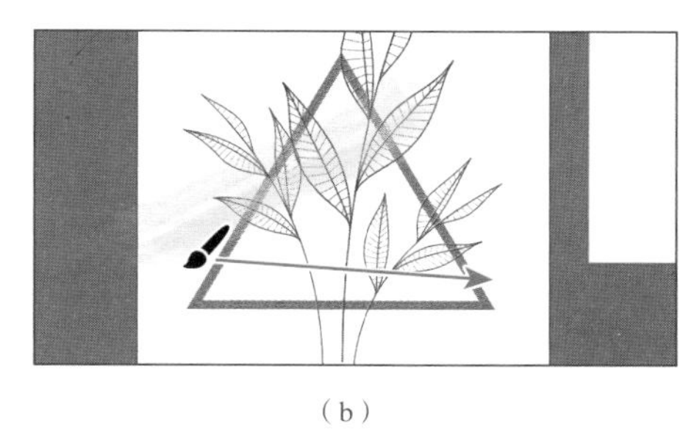

（b）

图 12-63

⑧ 使用 Mop 毛刷画笔在画板周围绘制更多路径，为广告图稿添加纹理。

图 12-64 中的玫红色路径展示了向广告图稿添加的另外两条路径的位置。

图 12-64

12.6.3　对毛刷画笔路径进行编组

本小节将对使用 Mop 毛刷画笔绘制的路径进行编组，以便以后更轻松地选择它们。

① 选择“视图”>“轮廓”，查看刚刚创建的所有路径。

接下来将选择您绘制的所有毛刷画笔路径并将它们编组在一起。

② 选择“选择”>“对象”>“毛刷画笔描边”以选择使用 Mop 毛刷画笔创建的所有路径。在图 12-65 中，玫红色路径显示了路径所在的位置。

③ 单击“属性”面板中的“编组”按钮，将它们组合在一起。

④ 选择“视图”>“预览”（或“GPU 预览”）。

⑤ 选择“选择”>“取消选择”，然后选择“文件”>“存储”，保存文件。

图 12-65

12.7 使用“斑点画笔工具”

您可以使用“斑点画笔工具”来绘制有填色的形状，并可将其与其他同色形状相交或合并。您可以像应用“画笔工具”那样，使用“斑点画笔工具”进行艺术创作。但是，“画笔工具”允许您创建开放路径，而“斑点画笔工具”只允许您创建只有填色（无描边）的闭合形状。另外，您可以使用“橡皮擦工具”或“斑点画笔工具”编辑该闭合形状，但不能使用“斑点画笔工具”编辑具有描边的形状，如图 12-66 所示。

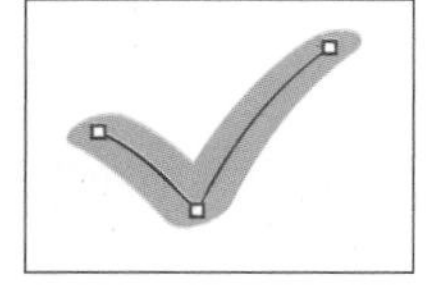

使用“画笔工具”创建的形状

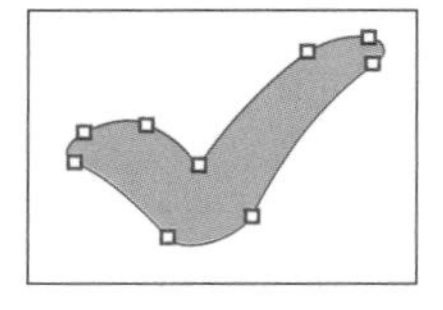

使用“斑点画笔工具”创建的形状

图 12-66

12.7.1 使用“斑点画笔工具”绘图

本小节将使用“斑点画笔工具”为叶子形状添加颜色。

1. 使用“选择工具”单击画板中心（三角形上方）最大的一束叶子。
2. 按 Command ++ 组合键（macOS）或 Ctrl + + 组合键（Windows）几次，放大视图。
3. 单击画板的空白区域，取消选择叶子。
4. 在“画笔工具”上按住鼠标左键，然后选择“斑点画笔工具”。

与“画笔工具”一样，您也可以双击“斑点画笔工具”来设置其选项。在本例中，只需调整画笔大小。

5. 在“画笔”面板组中切换到“色板”面板。单击“填色”框以编辑填充颜色，然后选择浅绿色色板。

单击“描边”框，选择“无”以删除描边，如图 12-67 所示。

使用“斑点画笔工具”进行绘图时，如果在绘图前设置了填色和描边，则描边颜色将成为绘制形状的填充颜色；如果在绘图之前只设置了填色，该填色将成为绘制形状的填充颜色。

6. 将鼠标指针移动到中心最大的一束叶子附近，如图 12-68 所示。为了更改斑点画笔的大小，请多次按右方括号键（]）以增大画笔。

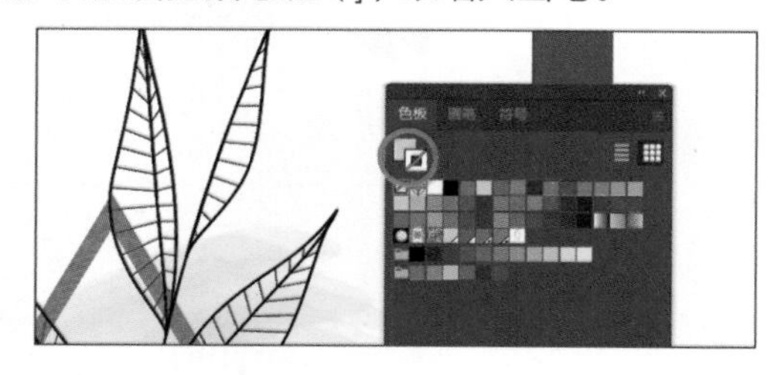

图 12-67

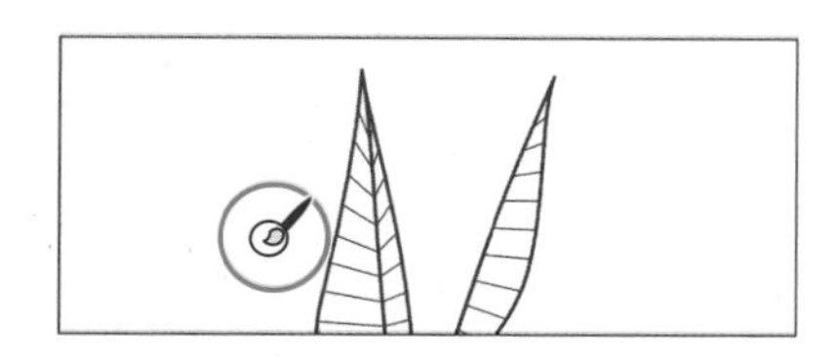

图 12-68

请注意，斑点画笔鼠标指针有一个圆圈，该圆圈表示画笔的大小。按左方括号键（[）将使画笔变小。

7. 在叶子形状的外侧拖动以松散地绘制叶子形状，如图 12-69 所示。

使用“斑点画笔工具”绘制时，将创建有填色的、闭合的形状。这些形状可以包含多种类型的填充，包括渐变、纯色、图案等。

8. 使用“选择工具”单击刚刚绘制的图稿，如图 12-70 所示。请注意，它是一个填充形状，而不是带有描边的路径。

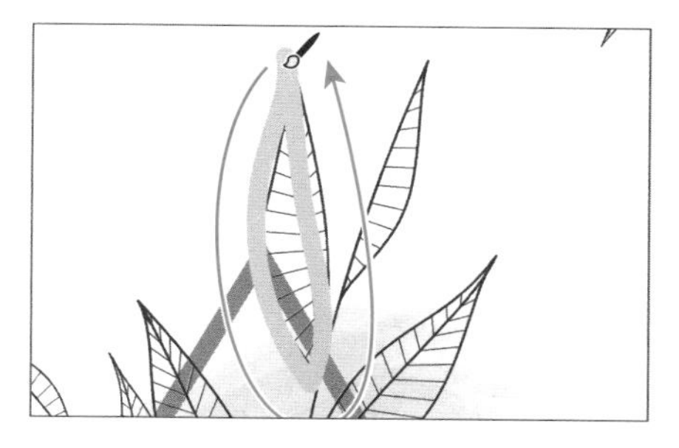

图 12-69

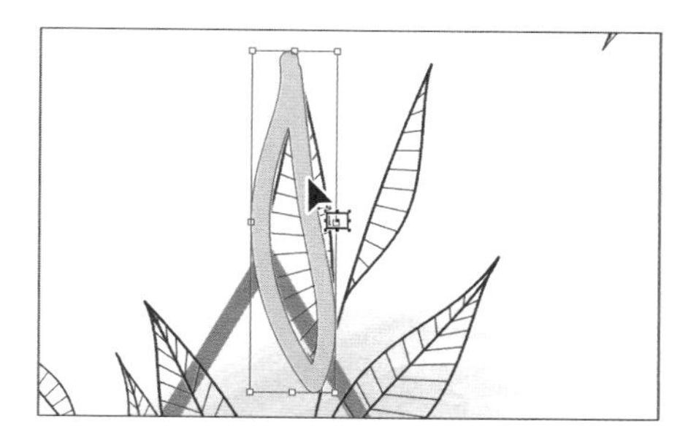

图 12-70

⑨ 单击画板的空白区域以取消选择，然后再次选择工具栏中的“斑点画笔工具”。

⑩ 按住鼠标左键拖动以填充图 12-70 所示的形状，您可能需要向其添加更多内容，如图 12-71 所示。

只要新图稿与现有图稿重叠并且具有相同的描边和填色，它们就会合并为一个形状。如果需要，请尝试按照相同的步骤向其他叶子形状添加更多形状。

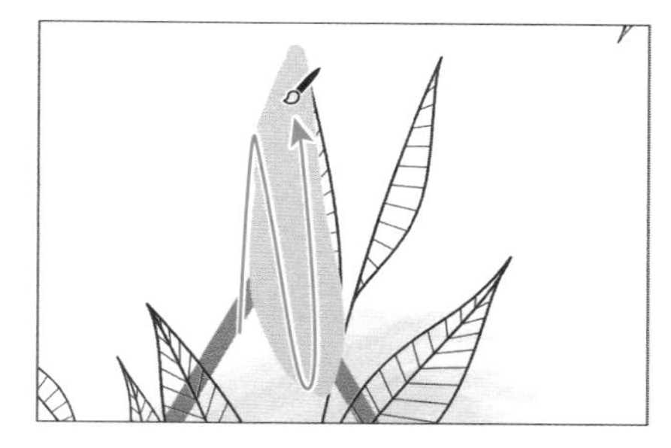

图 12-71

12.7.2 使用“橡皮擦工具”编辑形状

当您使用“斑点画笔工具”绘制和合并形状时，可能会出现一些不需要的多余内容。您可以将“橡皮擦工具”与“斑点画笔工具”结合使用，以调整形状，并纠正一些不理想的操作。

提示 当您使用“斑点画笔工具”和“橡皮擦工具”进行绘制时，建议您一次拖动较短的距离并经常松开鼠标左键。这样方便撤销所做的编辑。如果您在不松开鼠标左键的情况下进行长距离绘制，撤销时将删除全部编辑效果。

① 使用“选择工具”单击 12.7.1 小节制作的绿色形状。

② 单击“属性”面板中的“排列”按钮，选择“置于底层”命令，将其放置在应用了“Tea Leaves_ 副本”画笔的路径后面。

在擦除之前选择形状会将“橡皮擦工具”的工作方式限制为仅擦除所选形状。与“画笔工具”或“斑点画笔工具”一样，您也可以双击来设置“橡皮擦工具”的相关选项。本例只需调整画笔大小。

③ 在工具栏中选择“橡皮擦工具”，将鼠标指针移动到制作的绿色叶子形状附近，按右方括号键（]）增大橡皮擦。

使用“斑点画笔工具”和“橡皮擦工具”时，鼠标指针上都会带有圆圈，这个圆圈表示画笔和橡皮擦的大小。

④ 将鼠标指针移出绿色形状的左上角，选择“橡皮擦工具”，按住鼠标左键沿边缘拖动以删除其中的一些形状。尝试在“斑点画笔工具”和“橡皮擦工具”之间切换以编辑形状，如图 12-72 所示。

⑤ 选择“选择”>“取消选择”，然后选择“视图”>“画板适合窗口大小”。

在图 12-73 中，可以看到添加了更多使用“斑点画笔工具”和“橡皮擦工具”创建的绿色叶子形状，您可以据此进行一些练习。

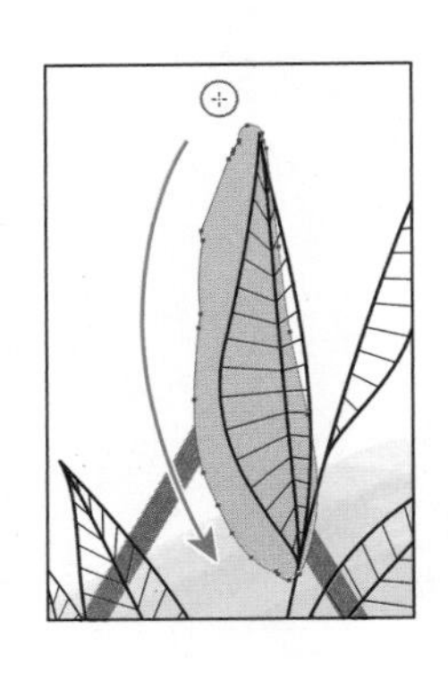

图 12-72

图 12-73

⑥ 选择“文件”>“存储”，然后关闭所有打开的文件。

复习题

1. 使用“画笔工具”将画笔应用于图稿和使用某种绘图工具将画笔应用于图稿有什么区别？
2. 如何将艺术画笔中的图稿应用于对象？
3. 如何编辑使用“画笔工具”绘制的路径？“保持选定”复选框是如何影响“画笔工具”的？
4. 在创建哪些类型的画笔时必须在画板上先选中图稿？
5. “斑点画笔工具”有什么作用？
6. 使用“橡皮擦工具”时，如何确保仅擦除某些图稿？

参考答案

1. 使用“画笔工具”进行绘制时，如果在“画笔”面板中选择了某种画笔，然后在画板上进行绘制，则画笔将直接应用于所绘制的路径。若要使用绘图工具来应用画笔，就要先选择绘图工具并在图稿中绘制路径，然后选择该路径并在“画笔”面板中选择某种画笔，才能将其应用于选择的路径。
2. 艺术画笔是由图稿（矢量图或嵌入的位图）创建的。将艺术画笔应用于对象的描边时，艺术画笔中的图稿默认会沿着所选对象的描边进行拉伸。
3. 要使用“画笔工具”编辑绘制的路径，请按住鼠标左键在选定路径上拖动，重绘该路径。使用“画笔工具”绘图时，勾选“保持选定”复选框将保持最后绘制的路径处于选中状态。如果要便捷地编辑之前绘制的路径，请勾选“保持选定”复选框。如果要使用“画笔工具”绘制重叠路径而不修改之前的路径，请取消勾选“保持选定”复选框。取消选择“保持选定”复选框后，可以使用“选择工具”选择路径，然后对其进行编辑。
4. 对于艺术画笔以及散点画笔，您需要在创建时先选择图稿，再使用“画笔”面板中的“新建画笔”按钮来创建画笔。
5. 使用“斑点画笔工具”可以编辑带填色的形状，使其与具有相同颜色的其他形状相交或合并，也可以从头开始创建图稿。
6. 使用“橡皮擦工具”时，为了确保仅删除某些图稿，需要先选择图稿，再在工具栏中选择“橡皮擦工具”对图稿进行修改。

第 13 课

效果和图形样式的创意应用

本课概览

本课将学习以下内容。

- 使用“外观”面板。
- 编辑和应用外观属性。
- 复制、启用、禁用和删除外观属性。
- 对外观属性重新排序。
- 应用和编辑各种效果。
- 使用 3D 效果。
- 将外观保存为图形样式并应用。
- 将图形样式应用于图层。
- 缩放描边和效果。

学习本课大约需要 60 分钟

在不改变对象结构的情况下，您可以通过简单应用“外观”面板中的属性（如填色、描边和效果等）来更改对象的外观。效果本身是实时的，您可以随时对其进行修改或删除。另外，您可以将外观属性保存为图形样式，并将它们应用于其他对象。

13.1 开始本课

本课将使用“外观”面板、各种效果和图形样式来更改图稿的外观。在开始之前，您需要还原 Adobe Illustrator 的默认首选项，然后打开一个包含最终图稿的文件，查看要创建的内容。

1. 为了确保工具的功能和默认值完全如本课所述，请重置 Adobe Illustrator 的首选项文件。具体操作请参阅本书“前言”中的“还原默认首选项”部分。
2. 启动 Adobe Illustrator。
3. 选择“文件”>“打开”，定位到 Lessons>Lessons13 文件夹，打开 L13_end.ai 文件。

该文件显示了生日贺卡的最终效果。

4. 在可能弹出的“缺少字体”对话框中，勾选所有缺少的字体对应的复选框并单击“激活字体”按钮以激活所有缺少的字体，如图 13-1 所示。激活它们后，您会看到一条消息提示不再缺少字体，单击“关闭”按钮。

> **注意** 您需要连接互联网才能激活字体。

如果无法激活字体，您可以访问 Adobe Creative Cloud 桌面应用程序，然后单击右上方的“字体”按钮 *f*，查看可能存在的问题（有关如何解决此问题的更多信息，请参阅 9.3.1 小节）。

您也可以在“缺少字体”对话框中单击“关闭”按钮，然后在后续操作中忽略缺少的字体。

您还可以单击“缺少字体”对话框中的“查找字体”按钮，然后使用计算机上的本地字体替代缺少的字体，或者在“Illustrator 帮助”（选择“帮助”>“Illustrator 帮助”）中搜索“查找缺少的字体”。

5. 如果弹出字体自动激活的对话框，请单击“跳过”按钮。
6. 选择“视图”>“画板适合窗口大小”，使文件保持打开状态作为参考，或选择“文件”>“关闭”以将其关闭。

下面您将打开一个现有图稿文件并开始工作。

7. 选择“文件”>“打开”。在“打开”对话框中定位到 Lessons>Lesson13 文件夹，选择 L13_start.ai 文件，单击“打开”按钮，效果如图 13-2 所示。

图 13-1

图 13-2

L13_start.ai 文件使用了与 L13_end.ai 文件相同的字体。如果您已经激活了字体，则无须再执行此操作。如果您没有打开 L13_end.ai 文件，则此步骤很可能会出现“缺少字体”对话框。

单击“激活字体”按钮以激活所有缺少的字体。激活它们后，您会看到消息提示“已成功激活字体”，单击“关闭”按钮。

8 选择“文件”>“存储为”，如果弹出云文档对话框，则单击“保存在您的计算机上”按钮。

9 在“存储为”对话框中，将文件命名为 ArtShow.ai，然后选择 Lesson13 文件夹。在“格式”下拉列表中选择 Adobe Illustrator（ai）选项（macOS）或在“保存类型”下拉列表中选择 Adobe Illustrator（*.AI）选项（Windows），单击“保存”按钮。

10 在“Illustrator 选项”对话框中保持默认设置，单击“确定”按钮。

11 选择“窗口”>“工作区”>“重置基本功能”，以重置工作区。

12 选择“视图”>“画板适合窗口大小”。

13.2 使用“外观”面板

外观属性是一种美学属性（如填充、描边、不透明度或效果），它会影响对象的外观，但通常不会影响其基本结构。到目前为止，您一直在“属性”面板、“色板”面板等面板中更改对象的外观属性。这些外观属性在所选图稿的“外观”面板中也可以找到。本节将重点使用“外观”面板来应用和编辑对象的外观属性。

下面您将编辑蛋糕架的颜色填充，在其顶部添加另一个填色以使其具有更大的尺寸。

1 使用“选择工具”单击蛋糕架的黑色底座图形。

2 在右侧“属性”面板的“外观”选项组中单击“打开‘外观’面板”按钮，打开“外观”面板，如图 13-3 所示。

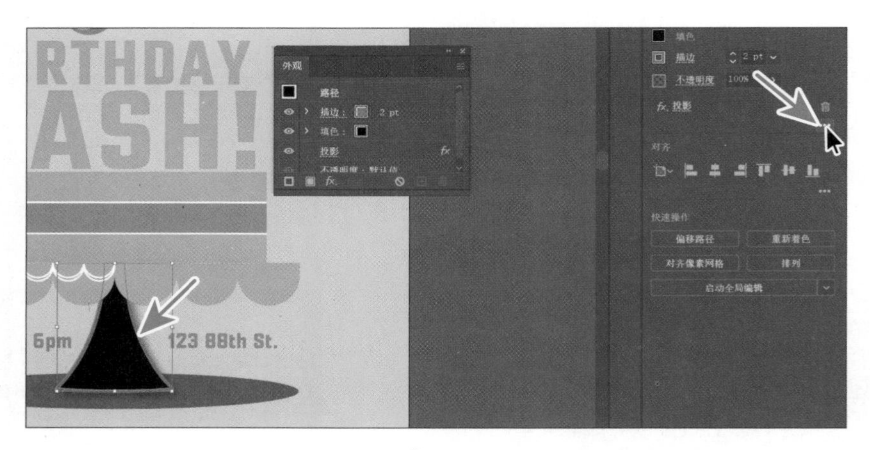

图 13-3

提示 您也可以选择“窗口 > 外观”以打开“外观”面板。

提示 您可能需要向下拖动“外观”面板的底边，使面板变长。

“外观”面板显示了所选对象类型（本例为路径）以及应用于该对象的外观属性（描边、填充等）。“外观”面板中可用的不同选项如图 13-4 所示。

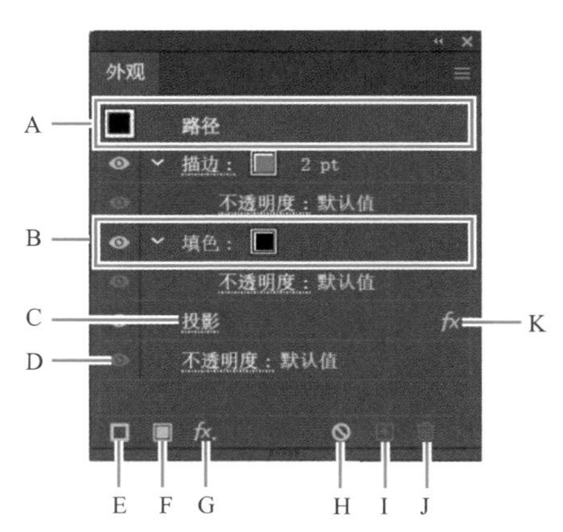

图 13-4

“外观”面板可用于查看和调整所选对象、编组或图层的外观属性。对象的“填色”和“描边”按堆叠顺序列出：它们在面板中从上到下的顺序对应了它们在图稿中从前到后的显示顺序。应用于图稿的效果按照它们的应用顺序在面板中从上到下列出。使用外观属性的优点是，在不影响底层图稿或“外观”面板中应用于该对象的其他属性的情况下，可以随时修改或删除外观属性。

13.2.1 编辑外观属性

本小节将使用“外观”面板更改图稿的外观。

❶ 选择蛋糕架底座图形后，在“外观”面板中，根据需要多次单击“填色”属性行中的黑色“填色”框，直到弹出“色板”面板。选择名为 Aqua 的色板，如图 13-5 所示。

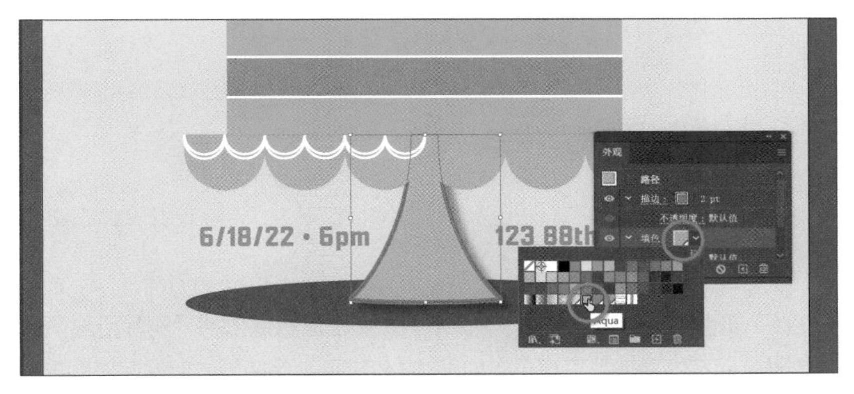

图 13-5

注意 您可能需要多次单击“填色”框才能打开“色板”面板。第一次单击“填色”框将选择面板中的“填色”行，再次单击才会显示“色板”面板。

❷ 按 Esc 键隐藏“色板”面板。

❸ 单击“描边”属性行中的 2 pt 字样以显示描边粗细选项。将描边粗细更改为 0 pt 以移除描边（描边粗细字段为空白），如图 13-6 所示。

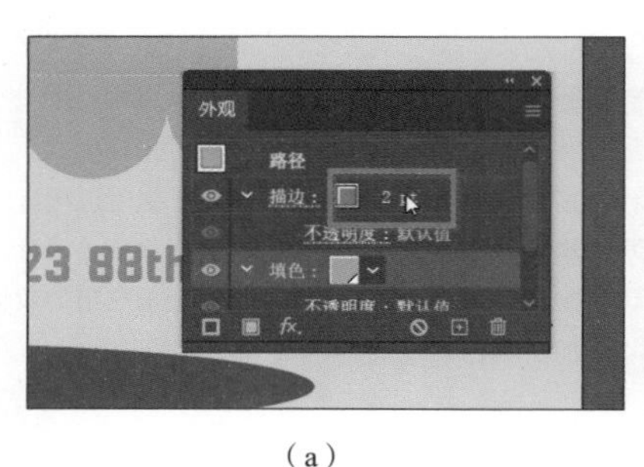

（a）

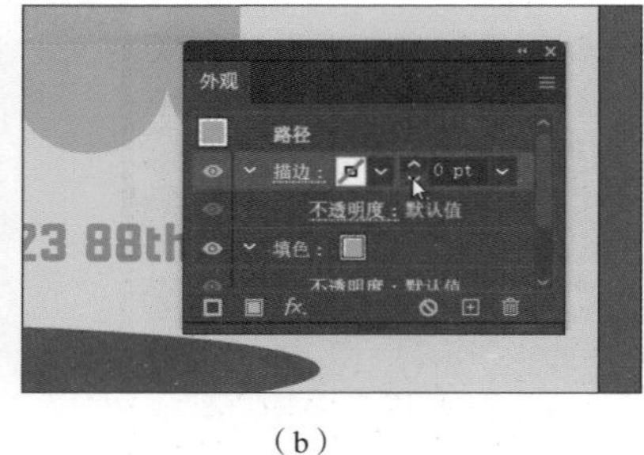

（b）

图 13-6

到目前为止，所做的所有更改都可以在“属性”面板中完成。现在，您将学习“外观”面板独有的内容：隐藏效果（不是删除它）。

④ 单击“外观”面板中“投影”属性名称左侧的眼睛图标，如图 13-7 所示。这里可能需要向下拖动“外观”面板的底边，使面板变长。

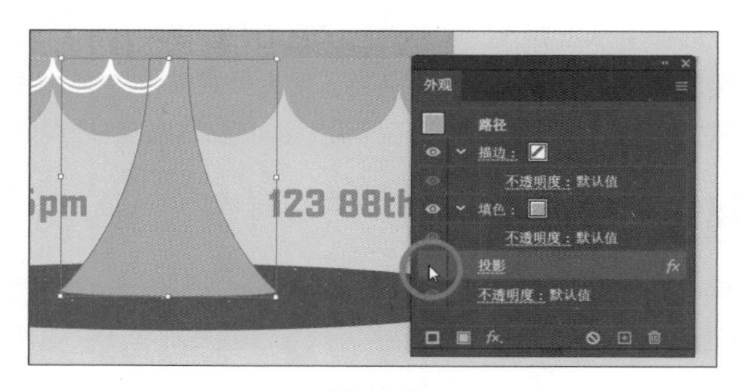

图 13-7

外观属性的“投影”效果会暂时被隐藏，不再应用于所选图稿。

提示 在“外观”面板中，可以将属性行（如“投影”）拖动到“删除所选项目”按钮上将其删除，也可以选择属性行，然后单击“删除所选项目”按钮将其删除。

提示 在“外观”面板菜单中选择“显示所有隐藏的属性”命令，可以查看所有隐藏的属性（已关闭的属性）。

⑤ 选择“投影”属性行（单击“投影”的右侧），单击面板底部的“删除所选项目”按钮，完全删除“投影”效果，而不仅是使其不可见，如图 13-8 所示。保持蛋糕架的底座图形处于选中状态。

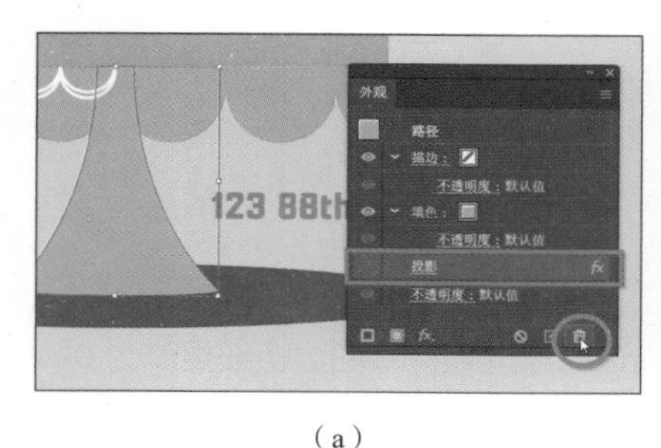

（a）

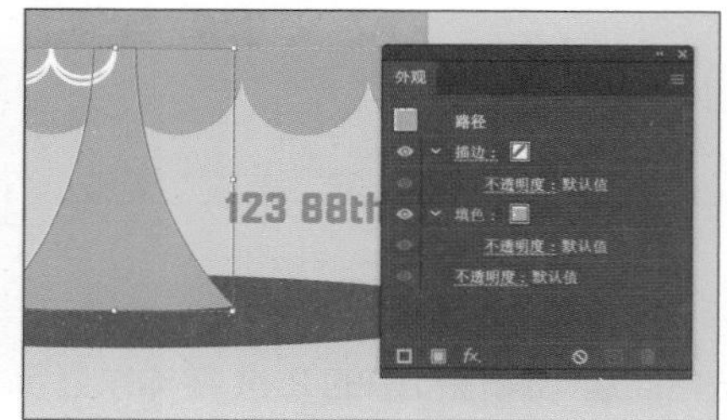

（b）

图 13-8

13.2.2 为内容添加新填色

Adobe Illustrator 中的图稿和文本可以应用多个描边和填色。应用多个填色和描边可能是增加作品受众对诸如形状和路径之类的设计元素的兴趣的好方法，而为文本添加多个描边和填色则可能是向文本中添加流行元素的好方法。

接下来将为蛋糕架底座添加另一个填色，以在颜色上添加纹理。

❶ 在蛋糕架的底座图形处于选中状态的情况下，单击“外观”面板底部的“添加新填色”按钮▣，如图 13-9 所示。

在“外观”面板中将添加第二个“填色”属性行。默认情况下，新的“填色”或“描边”等属性行会直接添加到所选属性行上方。如果没有选择属性行，则会被添加到“外观”面板属性列表的顶部。

❷ 单击底部“填色”属性行中的“填色”框几次，直到弹出“色板”面板。单击 6 lpi 10% 图案色板，将其应用于原来形状的填色，如图 13-10 所示。

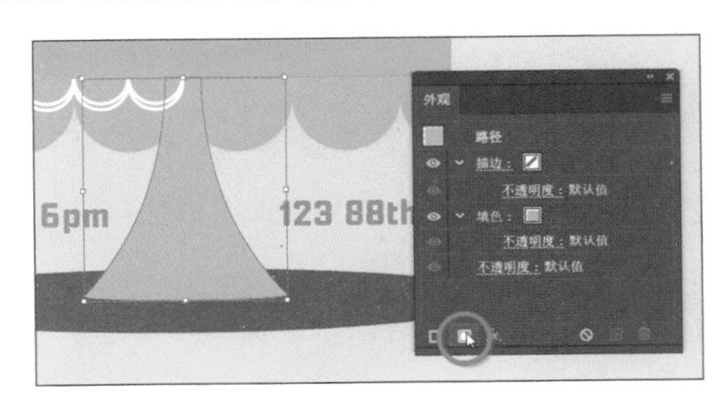

图 13-9

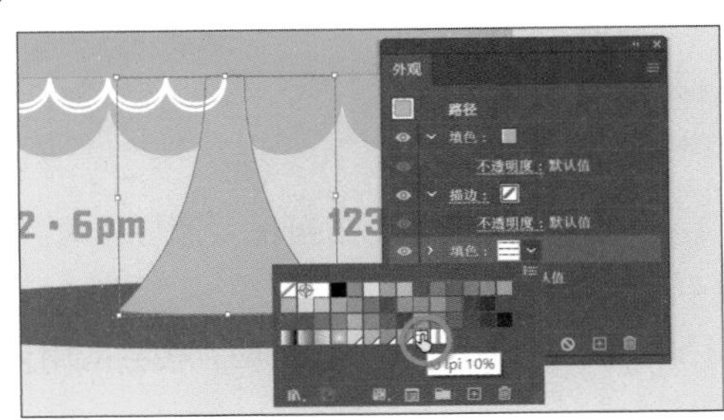

图 13-10

❸ 按 Esc 键隐藏“色板”面板。

此时，图案不会显示在所选图稿中，因为它被第①步中添加的填色覆盖了，即两个填色内容堆叠在一起了。

❹ 单击顶部湖绿色“填色”属性行左侧的眼睛图标👁，将其隐藏，如图 13-11 所示。

现在，您就会看到填充在形状中的图案了。13.2.4 小节将对“外观”面板中的属性行重新排序，使图案填充层位于颜色填充层的上层。

图 13-11

❺ 单击顶部“填色”属性行左侧的眼睛图标以再次显示它。

❻ 选择“选择”>“取消选择”，然后选择“文件”>“存储”，保存文件。

13.2.3 为文本添加多个描边和填色

除了给图稿添加多个描边和填色之外，您还可以对文本执行同样的操作。使文本保持可编辑状态，您就可以对其应用多种效果来获得所需的外观。现在，您将为 BIRTHDAY BASH! 文本添加多个描边和填色，使其变得更醒目。

❶ 使用“文字工具”T选择文本 BIRTHDAY BASH!，如图 13-12 所示。

图 13-12

请注意，此时在“外观”面板的顶部出现的“文字：无外观”是指文本对象，而不是其中的文本。您还将看到“字符”选项组，其中列出了文本（而不是文本对象）的格式，您应该会看到“描边”（无）和“填色”（粉红色）。

另请注意，由于面板底部的“添加新描边”按钮和“添加新填色”按钮变暗，因此您无法为文本添加其他描边或填色。若要为文本添加新的描边或填色，您需要选择文本对象，而不是其中的文本。

② 使用“选择工具”单击文本对象（而不是文本）。

> 提示 还可以单击“外观”面板顶部的“文字：无外观”，以选择文本对象（而不是其中的文本）。

③ 单击“外观”面板底部的“添加新填色”按钮，“字符”选项组上方会出现“填色”属性行，如图 13-13 所示。

当您将填色应用于文本对象时，也会应用无色描边，您不必管它。

图 13-13

新的黑色填色将覆盖文本的原始粉红色填色。如果在“外观”面板中双击“字符”文本，将选中文本并查看其格式选项（如填色、描边等）。

④ 单击“填色”属性行将其选中（如果尚未被选中）。单击黑色的“填色”框，然后选择 0 to 50% Dot Gradation 图案色板，如图 13-14 所示。

> 注意 0 to 50% Dot Gradation 图案色板并不是新创建的。默认情况下，在 Adobe Illustrator 中（选择“窗口”>“色板库”>“图案”>“基本图形”>“基本 Graphics_Dots”）可以找到该图案色板。

⑤ 按 Esc 键隐藏“色板”面板。

以后我将不再提醒您关闭面板，希望随手关闭不再需要的面板成为您的习惯。

⑥ 如有必要，单击“填色”左侧的折叠按钮以显示其他属性。单击“不透明度”文本，打开“透

明度”面板，将“不透明度”更改为“40%”，如图 13-15 所示。

图 13-14

图 13-15

每个外观属性行（如“描边”“填色”）都有对应的不透明度设置，您可以对其进行调整。“外观”面板底部的“不透明度”属性行会影响整个所选对象的不透明度。接下来您将使用“外观”面板在文本中添加两个描边，这是用单个对象实现独特设计效果的另一种好方法。

7 在“外观”面板中单击“描边”框几次以打开“色板”面板。选择白色色板，如图 13-16 所示。

图 13-16

8 确保描边粗细为 1 pt。

9 单击“外观”面板底部的“添加新描边”按钮▣，如图 13-17 所示。

图 13-17

现在将第二个描边（原来描边的副本）添加到文本中。这是一种增强设计趣味的好方法，使用这种方法无须复制形状，而是通过将它们相互叠加来添加多个描边。

⑩ 选择新的“描边”属性行，单击名为 Orange 的色板以应用它，如图 13-18 所示。

图 13-18

⑪ 确保描边粗细为 1 pt。

⑫ 在同一属性行中单击“描边”文本以打开“描边”面板。在面板的“边角”右侧单击“圆角连接”按钮，将描边的边角稍微圆化，如图 13-19 所示。按 Enter 键以确认更改并隐藏“描边”面板。使文字对象保持选中状态。

图 13-19

与“属性”面板一样，单击“外观”面板中带下画线的文本会显示更多格式选项，通常是“色板”面板或“描边”面板等。外观属性行（如“填色”或“描边”）中通常具有其他附加选项，例如“不透明度”，仅作用于该属性的效果。这些附加选项在属性行下以子级形式列出，您可以通过单击属性行左端的折叠按钮来显示或隐藏附加选项。

13.2.4 调整外观属性行的排列顺序

外观属性行的排列顺序可以极大地改变图稿的外观。在“外观”面板中，“填色”和“描边”按它们的堆叠顺序列出，即它们在面板中从上到下的顺序对应了它们在图稿中从前到后的显示顺序。类似于在“图层”面板中拖动图层来进行排序，您也可以拖动各属性行来对属性行重新排序。本小节将通过在“外观”面板中调整属性行的排列顺序来更改图稿的外观。

① 在文本仍处于选中状态的情况下，按 Command + + 组合键（macOS）或 Ctrl + + 组合键（Windows）几次，放大视图。

② 在“外观”面板中，单击白色“描边”属性行左侧的眼睛图标以将其暂时隐藏，如图 13-20 所示。

图 13-20

③ 单击所有“描边”和“填色”属性行左侧的折叠按钮，隐藏相应的“不透明度”选项。

注意 您可以拖动“外观”面板的底部，使面板变长。

④ 按住鼠标左键，将“外观”面板中的橙色“描边”属性行向下拖动到“字符”文本的下方。当“字符”文本的下方出现一条蓝线时，松开鼠标左键以查看效果，如图 13-21 所示。

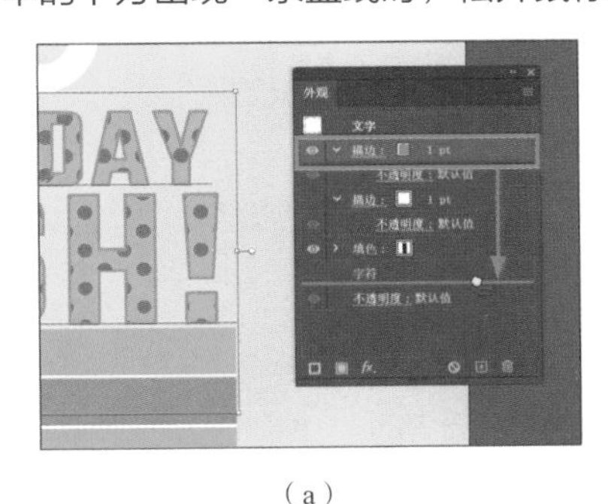

（a）

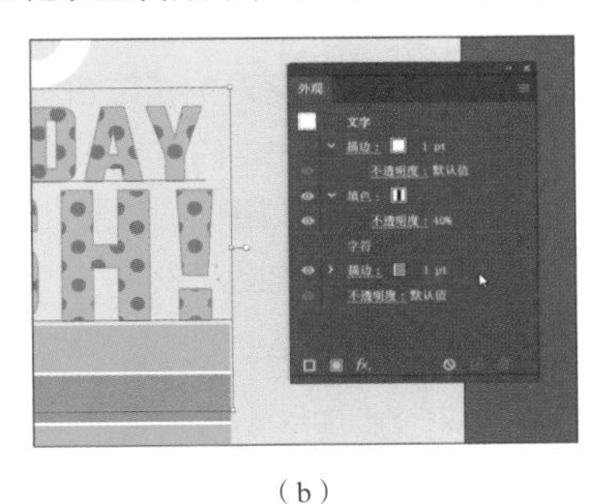

（b）

图 13-21

橙色描边现在位于所有填色和白色描边的下层。“字符”表示文本（不是文本对象）的描边和填色（粉红色）在堆叠顺序中的位置。

⑤ 单击白色“描边”属性行左侧的眼睛图标，再次显示白色描边效果，如图 13-22 所示。

图 13-22

⑥ 使用“选择工具”单击之前编辑的蛋糕架的底座图形。

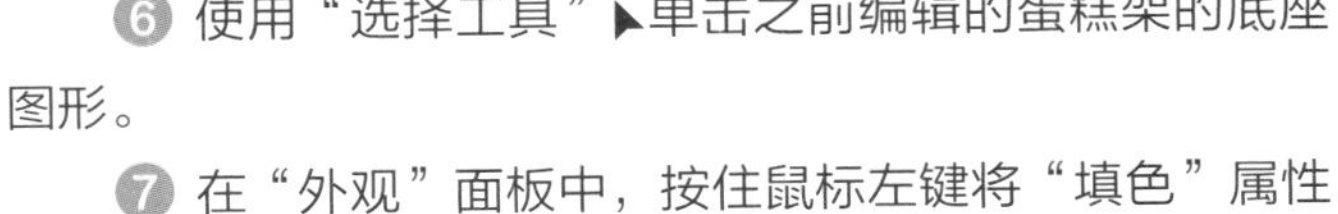

⑦ 在“外观”面板中，按住鼠标左键将“填色”属性行向下拖动到图案“填色”属性行下方，然后松开鼠标左键，如图 13-23 所示。

将湖绿色的“填色”属性行移动到图案“填色”属性行下方会更改图稿的外观。现在，图案填色位于纯色填色的上层，如图 13-24 所示。

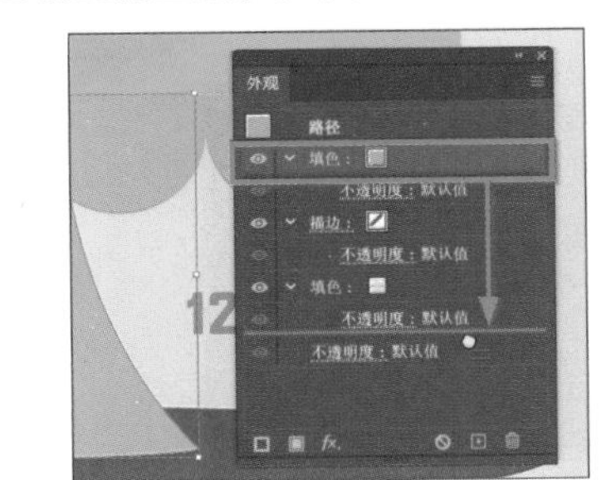

图 13-23

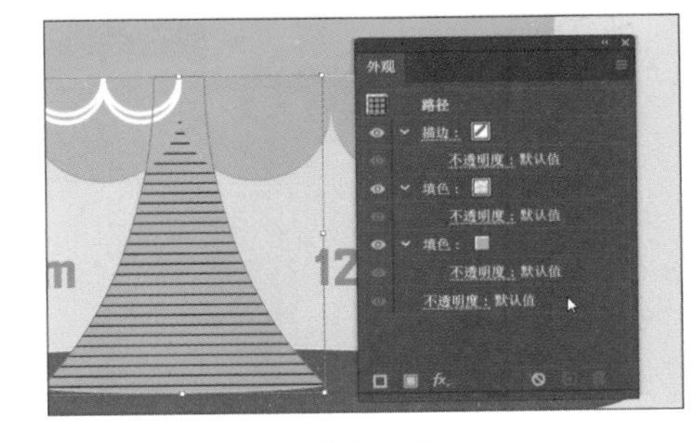

图 13-24

⑧ 选择“选择”>“取消选择”，然后选择“文件”>“存储”，保存文件。

13.3 应用实时效果

在大多数情况下，效果会在不改变底层图稿的情况下修改对象的外观。效果将添加到对象的外观属性中，您可以随时在“外观”面板中编辑、移动、隐藏、删除或复制相关效果。应用了“投影”效果的图稿如图 13-25 所示。

Adobe Illustrator 中有两种类型的效果：矢量效果和栅格效果。在 Adobe Illustrator 中，您可以在“效果”菜单中查看不同类型的可用效果。

- 矢量效果（Illustrator 效果）：“效果”菜单的上半部分为矢量效果，您可以在“外观”面板中将这些效果应用于矢量对象或矢量对象的填色或描边。而有的矢量效果可同时应用于矢量对象和位图对象，如 3D 效果、SVG 滤镜、变形效果、转换效果、阴影、羽化、内发光和外发光。
- 栅格效果（Photoshop 效果）：“效果”菜单的下半部分为栅格效果，您可以将它们应用于矢量对象或位图对象。

应用了“投影”效果的图稿

图 13-25

> **注意** 应用栅格效果时，使用文档的栅格效果设置会对原始矢量图进行栅格化，这些设置决定了生成图像的分辨率。若要了解文档栅格效果设置，请在“Illustrator 帮助”中搜索“文档栅格效果设置”。

本节将介绍如何应用和编辑效果。然后介绍 Adobe Illustrator 中一些常用的效果，讲解可用效果的应用范围。

13.3.1 应用效果

通过“属性”面板、“效果”菜单和“外观”面板，您可以将效果应用于对象、编组或图层。本小节将对画笔手柄应用“投影”效果使其更加透明。

1. 选择“视图”>“画板适合窗口大小”。
2. 使用“选择工具”单击蛋糕架上方的湖绿色扇贝形状，在按住 Shift 键的同时单击蛋糕架的底座图形。
3. 单击“属性”面板中的“编组”按钮，对所选对象进行编组。
4. 单击“外观”面板底部的“添加新效果”按钮，或单击“属性”面板的“外观”选项组中的“选取效果”按钮。
5. 在弹出的菜单的“Illustrator 效果”选项组中选择“风格化”>“投影”，如图 13-26 所示。

图 13-26

6. 在弹出的“投影”对话框中勾选“预览”复选框，并更改以下选项，如图 13-27 所示。

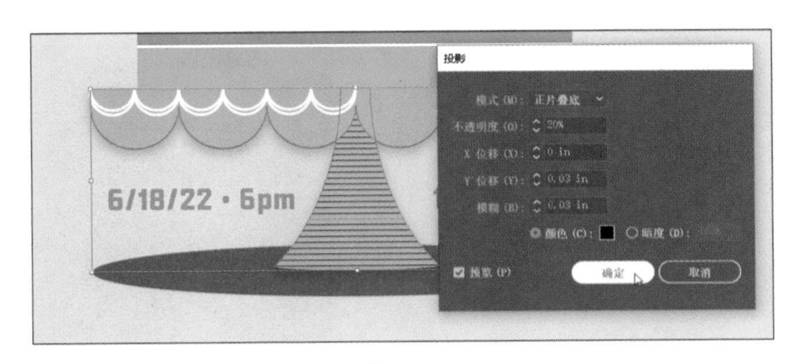

图 13-27

- 模式：正片叠底（默认设置）。
- 不透明度：20%。
- X 位移：0 in。
- Y 位移：0.03 in。
- 模糊：0.03 in。
- “颜色”选项：选择。

⑦ 单击“确定”按钮。

因为“投影”效果被应用于该组，所以它会出现在组的周围，而不是单独出现在组中的每个对象上。如果您现在查看“外观”面板，您将在面板中看到“编组”文本及应用的“投影”效果，如图 13-28 所示。面板中的“内容”是指编组中的内容。编组中的每个对象都可以有自己的外观属性。

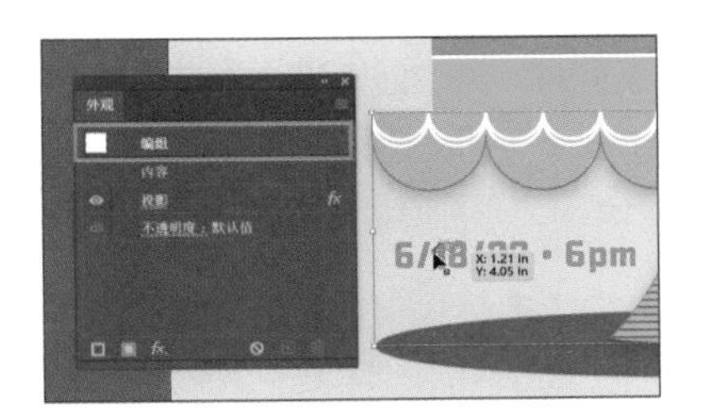

图 13-28

⑧ 选择“文件”>“存储”，保存文件。

13.3.2 编辑效果

效果是实时的，因此您可以在将效果应用于对象后对其进行编辑。您可以在“属性”面板或“外观”面板中编辑效果，方法是选择应用了效果的对象，然后单击效果的名称，或者在“外观”面板中双击属性行，打开该效果的对话框进行编辑。对效果所做的修改将在图稿中实时更新。本小节将对扭曲的文本 BIRTHDAY BASH! 应用“阴影”效果，并且该效果只应用到其中一个描边上，而不是整个对象。

注意 如果您尝试将效果应用到已经应用了相同效果的图稿，Adobe Illustrator 会警告您已经应用了相同的效果。

① 单击文本 BIRTHDAY BASH!。

② 在“外观”面板中选择白色的“描边”属性行，以便将效果仅应用于该外观属性。

③ 选择“效果”>“应用‘投影’”。如果需要，请单击白色“描边”属性行中“描边”文本左侧的折叠按钮以查看“投影”选项，如图 13-29 所示。

提示 如果选择“效果”>“投影”，则会弹出“投影”对话框，允许您在应用效果之前进行更改。

“应用‘投影’”会以相同的设置应用上次使用的效果。

图 13-29

4 放大所选文本。

5 在“外观”面板中，单击白色“描边”属性行下方的“投影”文本以编辑效果选项，如图 13-30 所示。

6 在“投影”对话框中，勾选“预览”复选框以预览效果。将“不透明度”更改为 40%，将“X 位移”和“Y 位移”更改为 0.01 in，“模糊”更改为 0.02 in，单击“确定”按钮，如图 13-31 所示。保持文本对象处于选中状态。

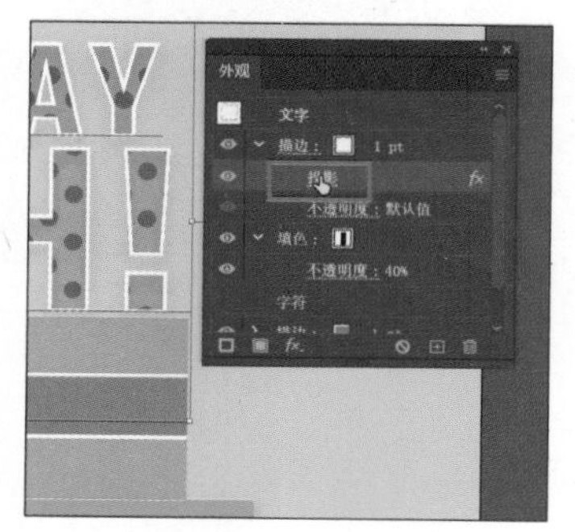

图 13-30

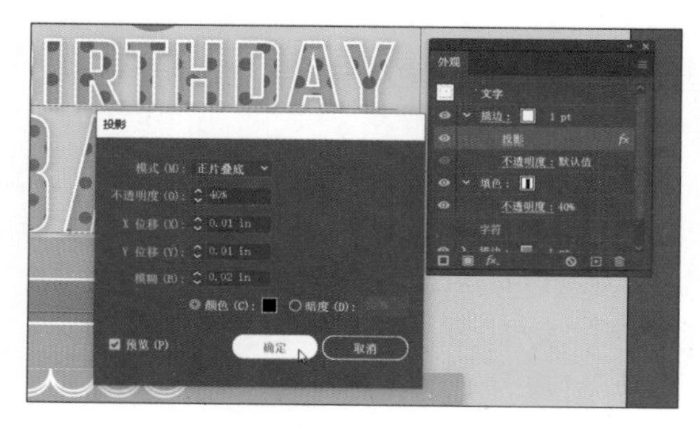

图 13-31

13.3.3 使用“变形”效果风格化文本

Adobe Illustrator 中有许多效果可以应用于文本，例如第 9 课中的文本变形。本小节将使用“变形”效果来变形文本。第 9 课中应用的文本变形与本小节的“变形”效果之间的区别在于，“变形”效果只是一种效果，可以轻松打开和关闭、编辑或删除。本小节将使用“变形”效果来扭曲 BIRTHDAY BASH! 文本。

1 在“外观”面板中单击面板顶部的“文字”文本，如图 13-32 所示。

单击“文字”文本将以文字为目标，而不仅仅是描边。

2 在文本处于选中状态的情况下，在“外观”面板中单击“添加新效果”按钮 fx，如图 13-33 所示。

3 选择“变形”>“上升”，如图 13-34 所示。

这是将效果应用于对象的另一种方法，如果打开了“外观”面板，该方法会很方便。

4 在弹出的“变形选项”对话框中，勾选“预览”复选框以预览效果。

尝试在“样式”下拉列表中选择其他样式并查看效果，然后选择“上弧形”选项，将“弯曲”设置为 15%。

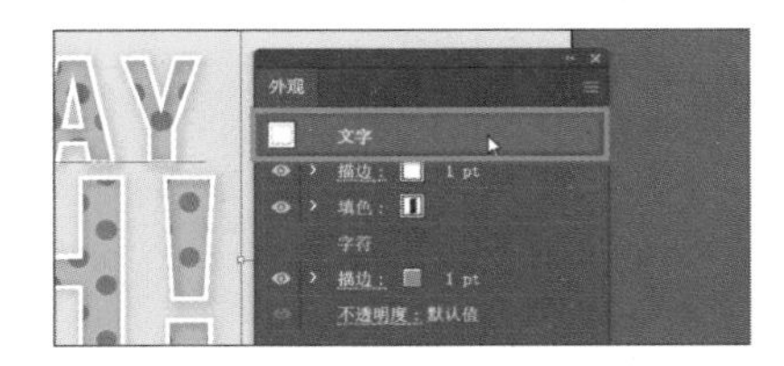

图 13-32

图 13-33

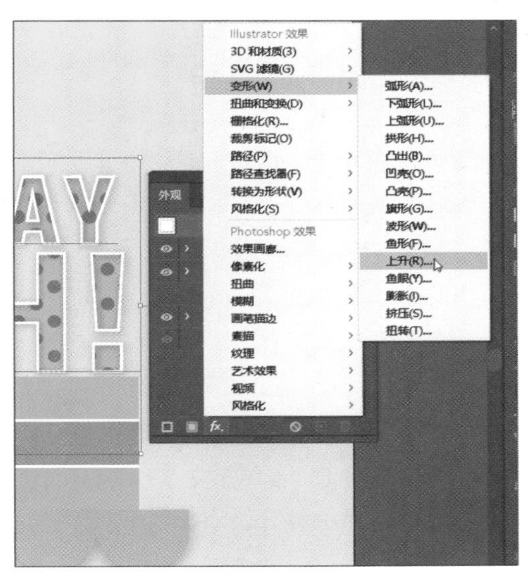

图 13-34

5 调整“水平”和“垂直”扭曲滑块并查看效果变化，最终确保两个“扭曲”值为 0%，然后单击“确定”按钮，如图 13-35 所示。保持文本对象处于选中状态。

图 13-35

13.3.4 临时禁用效果进行文本编辑

您可以在应用了“变形”效果的情况下编辑文本，但是有时关闭效果更容易对文本进行编辑，待编辑完文本之后重新打开效果。

1 选择文本对象，单击“外观”面板中“变形：上弧形”行左侧的眼睛图标，暂时关闭效果，如图 13-36 所示。

图 13-36

请注意，画板上的文本不再变形。

② 在工具栏中选择“文字工具”T，然后将文本更改为 BIRTHDAY PARTY，如图 13-37 所示。

图 13-37

③ 使用“选择工具”单击文本对象（而不是文本）。

④ 单击“外观”面板中“变形：上弧形”效果左侧的眼睛图标位置，启用效果，如图 13-38 所示。

图 13-38

此时文本会再次变形，但由于文本已更改，因此文本所需要的变形量可能要进行调整。

⑤ 在“外观”面板中，单击“变形：上弧形”文本以编辑效果，如图 13-39 所示。

⑥ 在弹出的“变形选项”对话框中，将“弯曲”更改为 30%，单击“确定”按钮，如图 13-40 所示。

图 13-39

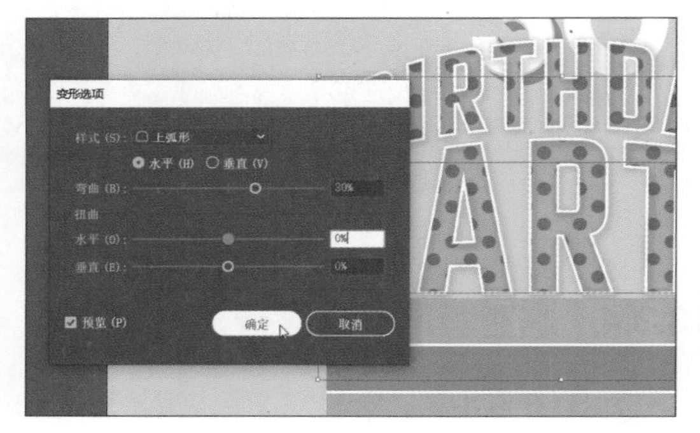

图 13-40

您可能需要将文本向下拖到蛋糕图形上方。

⑦ 关闭“外观”面板。

⑧ 选择“选择”>“取消选择”，然后选择“文件”>“存储”，保存文件。

13.4 应用栅格效果

栅格效果（Photoshop 效果）生成的是像素而不是矢量数据。栅格效果包括 SVG 滤镜、“效果”菜单下半部分的所有效果，以及“效果”>“风格化”中的“投影”“内发光”“外发光”“羽化”，您可以将它们应用于矢量对象或位图对象。本节将对蛋糕图形顶部的生日蜡烛的火焰图形应用栅格效果。

❶ 选择“视图”>“画板适合窗口大小”。

❷ 单击生日蜡烛 3 上方的火焰图形，在按住 Shift 键的同时单击生日蜡烛 0 上方的另一个火焰，以同时选择两者，如图 13-41 所示。

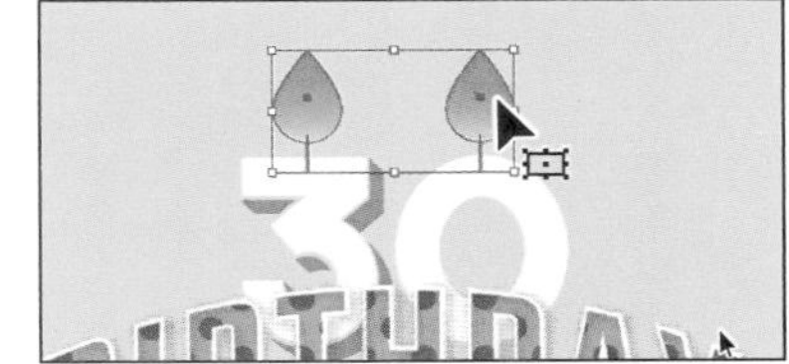

图 13-41

❸ 选择“效果”>“纹理”>“颗粒”。

在选择大多数（不是全部）栅格效果时，都会打开“滤镜库”对话框。

类似于在 Adobe Photoshop 滤镜库中使用滤镜，您也可以在 Adobe Illustrator 滤镜库中尝试不同的栅格效果，以了解它们如何影响您的图稿。

❹ 打开“滤镜库”对话框后，您可以在对话框顶部看到滤镜类型（本例为“颗粒”），在对话框的左下角单击加号按钮（+）以放大图稿，这里可能需要单击多次。

“滤镜库”对话框可调整大小，其中包含一个预览区域（标记为 A）、可以单击应用的效果缩略图（标记为 B）、当前所选效果的设置（标记为 C）及已应用的效果列表（标记为 D），如图 13-42 所示。如果要应用其他效果，请在对话框的中间面板（B 所在区域）中展开一个类别，然后单击效果缩略图。

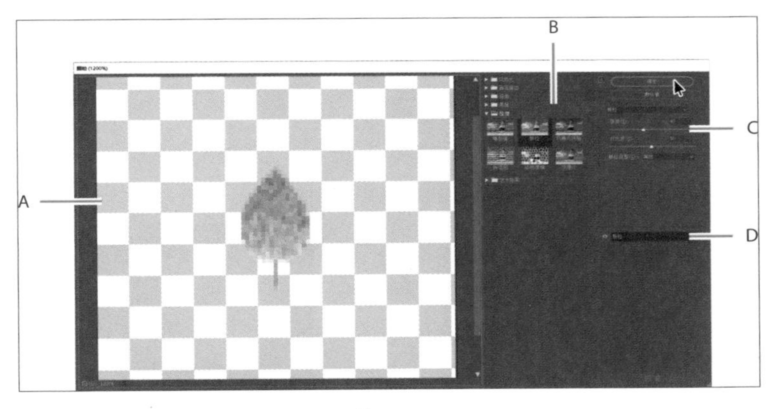

图 13-42

注意 当您打印或输出文件时，栅格效果本质上会栅格化火焰图形。在下方的提示中，将讨论如何将其设置为以更高的分辨率显示、打印和输出。

❺ 更改“颗粒”对话框右上角的设置（如有必要），如图 13-43 所示。

- 强度：51。
- 对比度：100。
- 颗粒类型：强反差。

❻ 单击“确定”按钮将栅格效果应用于火焰图形，效果如图 13-44 所示。

❼ 选择“选择 > 取消选择”，然后选择“文件”>“存储”，保存文件。

提示 应用效果后，火焰图稿看起来是否像素化？选择“效果 > 文档栅格效果设置”，在弹出的对话框中，在“分辨率”下拉列表中选择“高（300 ppi）”选项，然后单击“确定”按钮，像素化效果就可以得到改善。所有输出（和预览）时的栅格效果解决方案均由该对话框中的设置控制。在工作时，如果 Adobe Illustrator 的响应速度变慢，请将“分辨率”设置改回“屏幕（72 ppi）”。

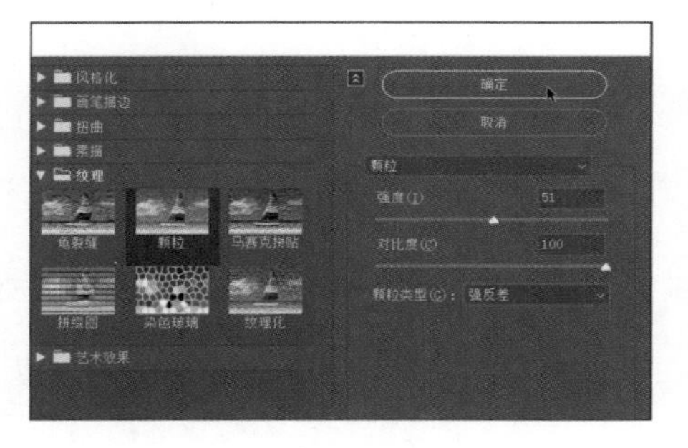

图 13-43

图 13-44

13.5 应用 3D 效果

您可以将强大的 3D 效果应用于矢量图稿，使图稿看起来就像逼真的 3D 图形一样。调整光照并应用真实纹理等材质后，您可以使用光线追踪技术渲染图稿并以指定的格式导出图稿。接下来，您将把湖绿色蛋糕架的底座下方的紫色形状变成木盘图形。

① 使用“选择工具”单击蛋糕架下方的紫色椭圆形状，如图 13-45 所示。

② 选择“效果”>“3D 和材质”>“凸出和斜角”。

“凸出”效果采用默认设置。此外，还会打开“3D 和材质”面板，您可以在其中设置 3D 图稿的相关选项。“3D”效果与其他效果一样，可以对其进行关闭、删除和编辑操作。

“3D 和材质”面板中主要有 3 组设置，如图 13-46 所示。

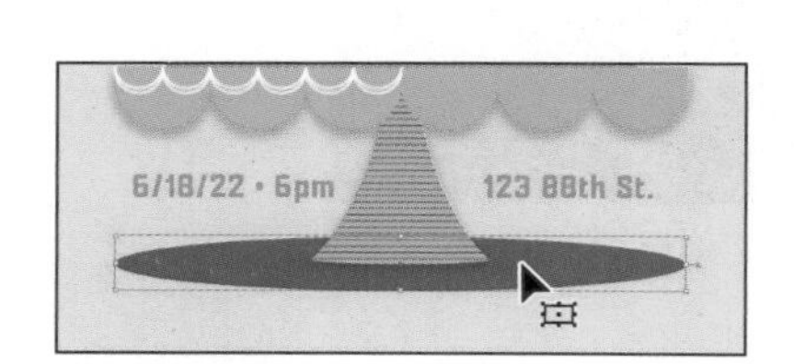

图 13-45

图 13-46

- 对象：在这里您可以设置对象的基本形状和位置选项，例如视角（旋转）、深度、是否需要斜角以及其他选项。
- 材质：您可以将默认或自定义材质和图形应用到 3D 对象的表面。
- 光照：应用光照选项，例如阴影、强度、方向和高度。

③ 在“3D 和材质”面板中，在顶部选择“对象”选项卡，如图 13-47 所示，设置以下内容。

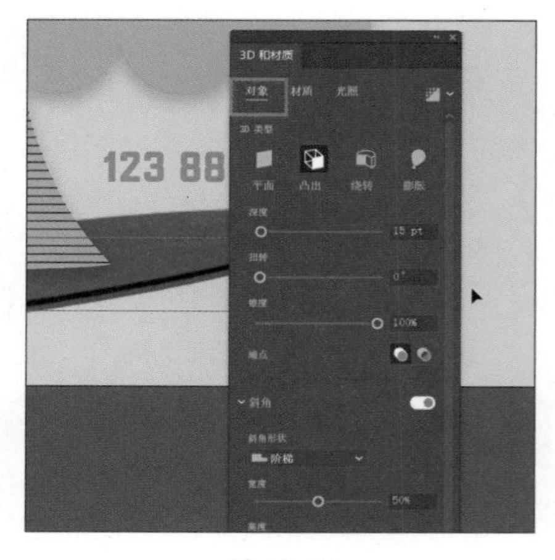

图 13-47

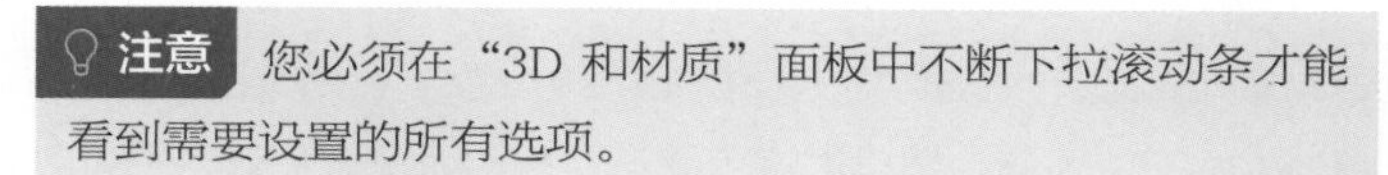

注意 您必须在“3D 和材质”面板中不断下拉滚动条才能看到需要设置的所有选项。

- 深度：15 pt。

- 斜角：开启（打开）。
- 斜角形状：阶梯。
- 宽度：50%。
- 高度：30%。
- 重复次数：1（默认设置）。
- 旋转：X=50°、Y=0°、Z=0°。
- 透视：160°。

接下来，您将探索“材质”选项并了解它们的含义。

④ 在“3D 和材质”面板中，单击顶部的“材质”选项组卡，如图 13-48 上方红框所示。

您可以应用纺织物、混凝土或木材等材质，还可以将自己的矢量图稿应用到图稿的表面。

⑤ 下拉滚动条到面板的“所有材质和图形”部分，查看您可以应用的所有默认材质。选择“刷清漆的落叶松”材质，如图 13-48 所示。

图 13-48

现在盘子看起来像是木制的。尝试其他材质，看看它们是什么样子。您可以通过设置大量选项来更改材质外观。

⑥ 在面板的“属性”部分中的材质列表下方，将“重复”更改为 120，如图 13-49 所示。您可能需要下拉“3D 和材质”面板下半部分的滚动条才能看到。

⑦ 单击“木材颜色”框（棕色方块），然后在拾色器中选择一种颜色，单击“确定”按钮，如图 13-50 所示。这里选择了紫色，类似于最初应用于形状的紫色。

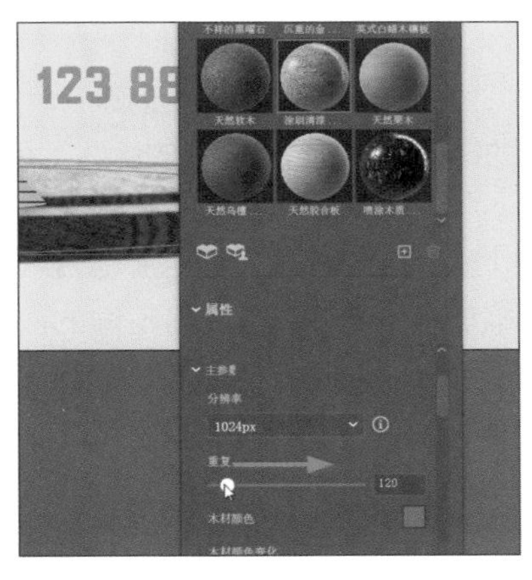

图 13-49

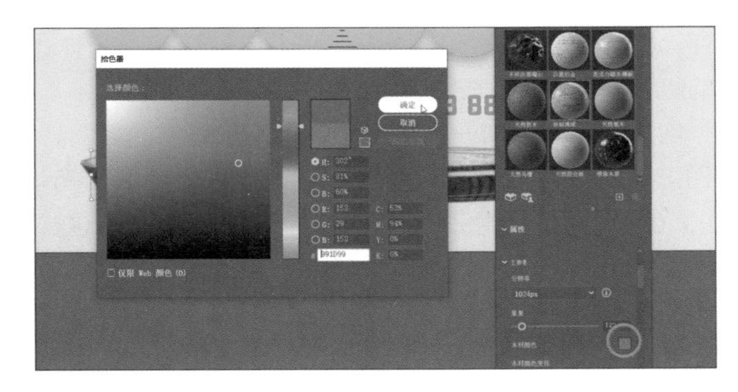

图 13-50

如果您滚动面板的“属性”部分，您将看到有大量选项需要设置。接下来，您将调整“光照”选项卡中的设置。

⑧ 在“3D 和材质”面板中单击顶部的“光照”选项卡，如图 13-51 红框所示。

⑨ 选择“扩散”预设。

使光照不那么刺眼。您现在可以调整所选预设的设置，例如高度或旋转。

⑩ 将“强度”设置为 100%，如图 13-52 所示，使其整体更亮。

图 13-51

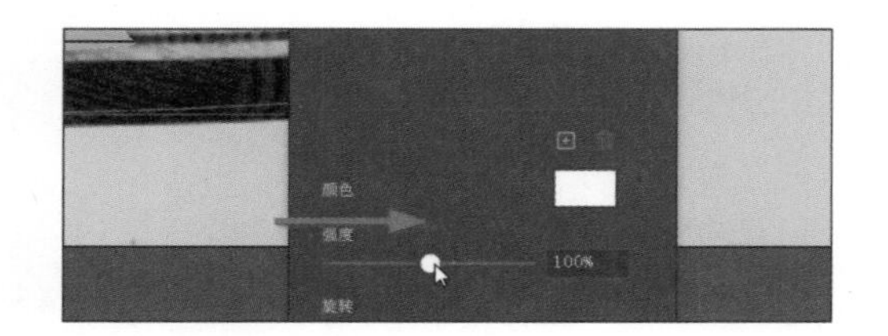

图 13-52

提示 您可以导出 3D 图稿以便在 Substance 等 3D 应用程序中使用，选择“文件”>“导出选择”并选择所需的格式，例如 OBJ、USDA 或 GLTF。

⑪ 单击面板右上角的“使用光线追踪进行渲染”按钮，查看具有真实阴影和光照的 3D 图稿效果，如图 13-53 所示。

操作过程中，最好不要开启光线追踪，因为它可能会导致电脑卡顿，查看导出或展示图稿的外观时再启用。

⑫ 关闭“3D 和材质”面板并将托盘图形向下拖动，使蛋糕架的底座看起来正好位于托盘中间。

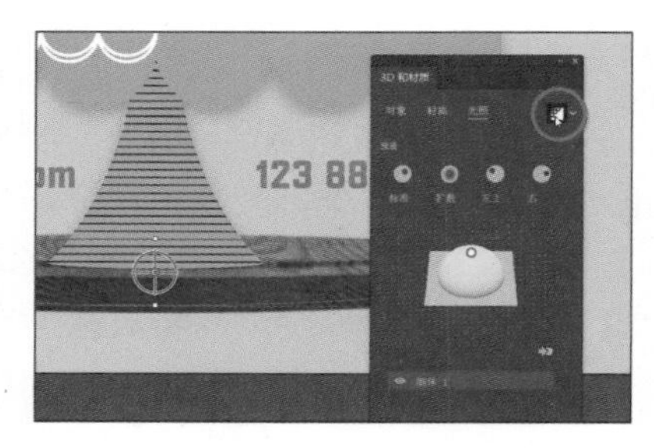

图 13-53

13.6 应用图形样式

图形样式是一组已保存的、可以重复使用的外观属性。通过应用图形样式，您可以快速地全局修改对象和文本的外观。

通过“图形样式”面板（选择“窗口”>“图形样式”），您可以为对象、图层、编组，创建、命名、保存、应用、删除效果和属性。还可以断开对象和图形样式之间的链接，并编辑该对象的属性，而不影响使用了相同图形样式的其他对象。

例如，想要绘制一幅使用形状来表示城市的地图，则可以创建形状填色为绿色并添加投影的图形样式，然后使用该图形样式绘制地图上的所有城市形状。如果您决定使用不同的颜色（如蓝色），则可以将图形样式的填色修改为蓝色。这样，使用了该图形样式的所有对象都将更新为蓝色。

您还可以通过选择“窗口”>“图形样式”，从 Adobe Illustrator 附带的图形样式库中选择图形样式应用到您的图稿。

13.6.1 创建和应用图形样式

本小节将为生日蜡烛 3 创建新的图形样式，并将创建的图形样式应用于生日蜡烛 0。

① 使用“选择工具”单击蛋糕顶部的生日蜡烛 3。

② 选择“窗口”>“图形样式”，打开“图形样式”面板。

③ 在“图形样式”面板底部单击“新建图形样式”按钮，如图 13-54 所示。所选蜡烛图形的外观属性将另存为图形样式。

提示 使用所选对象制作图形样式时，您可以将所选对象直接拖动到“图形样式”面板中。您也可以在“外观”面板中，将列表顶部的外观缩略图拖动到“图形样式”面板中。

④ 在“图形样式”面板中，双击新的图形样式的缩略图。在弹出的“图形样式选项”对话框中，将新样式命名为 Candle，单击“确定”按钮，如图 13-55 所示。

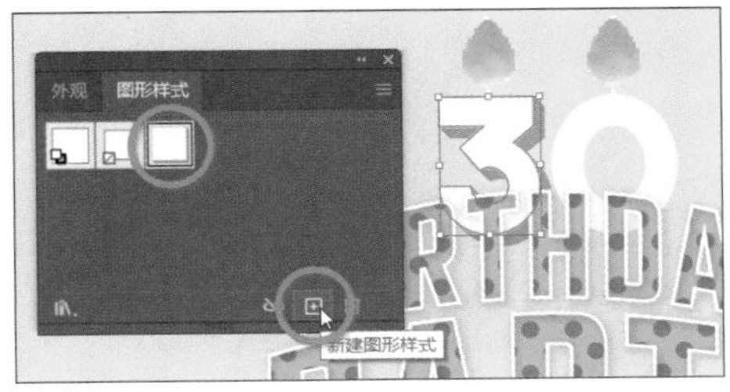

图 13-54

图 13-55

⑤ 切换到“外观”面板，在“外观”面板的顶部，您将看到“路径: Candle”，如图 13-56 所示。这表示已将名为 Candle 的图形样式应用于所选图稿。

⑥ 使用“选择工具”单击生日蜡烛 0。

⑦ 在“图形样式”面板中，单击 Candle 图形样式的缩略图以应用该样式，如图 13-57 所示。保持生日蜡烛 0 处于选中状态。

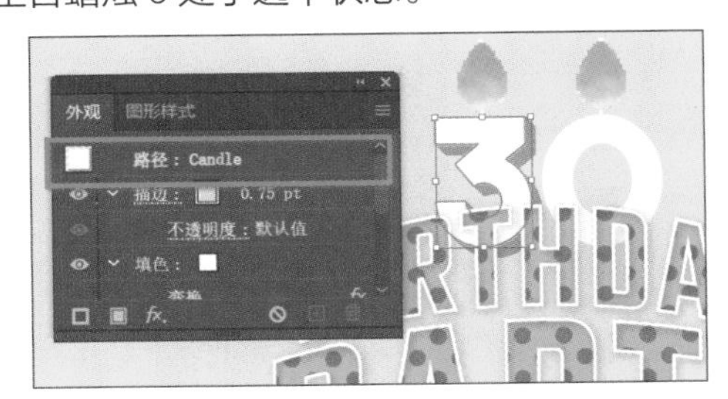

图 13-56

图 13-57

注意 您也可以将生日蜡烛 3 和 0 组合在一起并应用图形样式。但使用这种方式，如果取消对生日蜡烛图形的编组，生日蜡烛上应用的图形样式也将被删除，因为它的应用对象是组。

13.6.2 更新图形样式

创建图形样式后，您可以更新该图形样式，所有应用了该样式的图稿也会更新其外观。如果您编辑应用了图形样式的图稿外观，则该图形样式会被覆盖，并且在更新图形样式后图稿也不会发生变化。

图 13-58

① 在生日蜡烛 0 仍处于选中状态的情况下，查看“图形样式”面板，您将看到 Candle 图形样式缩略图高亮显示（其周围带有边框），这表明该图形样式已应用于所选对象，如图 13-58 所示。

② 切换到“外观”面板。

③ 在“外观”面板的橙色“填色”属性行中，多次单击“填色”框以打开“色板”面板。选择

Aqua 色板，如图 13-59 所示。按 Esc 键隐藏“色板”面板。

请注意，“外观”面板顶部的文本“路径：Candle”现在变成了“复合路径”，这表示 Candle 图形样式不再应用于所选图稿。

4 切换到“图形样式”面板，查看 Candle 图形样式，发现其缩略图不再高亮显示（其周围无边框），这意味着该图形样式不再应用于所选图稿。

提示 您还可以通过替换图形样式来更新图形样式。即选择具有所需属性的图稿（或在“图层”面板中定位项目），然后在“外观”面板菜单中选择“重新定义图形样式‘样式名称’”命令。

5 按住 Option 键（macOS）或 Alt 键（Windows），然后将选择的形状拖动到“图形样式”面板中 Candle 图形样式的缩略图上，如图 13-60 所示。在图形样式缩略图高亮显示时，松开鼠标左键，然后松开 Option 键（macOS）或 Alt 键（Windows）。

图 13-59

图 13-60

现在，由于Candle图形样式已应用于两个对象，因此生日蜡烛3和0外观相同，如图13-61所示。

6 选择“选择”>“取消选择”，然后选择“文件”>“存储”，保存文件。

7 切换到“外观”面板，您会在面板顶部看到“未选择对象：Candle”（您可能需要向上拖动滚动条才能看到），如图 13-62 所示。

图 13-61

图 13-62

13.6.3 将图形样式应用于图层

将图形样式应用于图层后，添加到该图层中的所有内容都会应用相同的样式。本小节将对名为 Cake 的图层应用 Drop Shadow 图形样式，这会将图形样式应用于当前图层上的每个对象以及您之后在该图层上添加的任何对象。您不需要单独将图形样式应用于蛋糕图形的每个部分，一次性应用图形样式可以节省时间和精力。

注意 如果先将图形样式应用于对象，然后将图形样式应用于对象所在的图层（或子图层），图形样式将再次被添加到对象的外观中，这是可以累积的，且容易给图稿带来意想不到的改变。

❶ 如有必要，选择“视图”>“画板适合窗口大小”。

❷ 切换到“图层”面板，单击 Cake 图层的目标图标◎，如图 13-63 所示。

这将选择图层内容（组成 Cake 图层的 3 个矩形）并将该图层作为外观属性的作用目标。

> **提示** 在“图层”面板中，您可以将图层的目标图标拖动到底部的“删除所选图层”按钮🗑上，以删除图层应用的外观属性。

❸ 切换到“图形样式”面板，单击 Drop Shadow 图形样式的缩略图，将该图形样式应用于所选图层及图层上的所有内容，如图 13-64 所示。

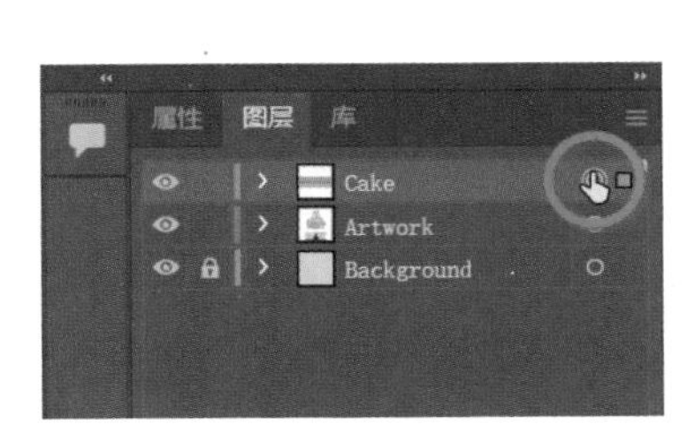

图 13-63

（a）

（b）

图 13-64

现在，“图层”面板中的 Cake 图层的目标图标◎已加上了投影，如图 13-65 所示。此外，在“图形样式”面板中，显示带有红色斜线的小框▱的图形样式缩略图表示该图形样式不包含描边或填色。如它可能只是一个投影或外发光效果。

❹ 在 Cake 图层上的所有图稿仍处于选中状态的情况下，切换到“外观”面板，您会看到“图层: Drop Shadow”字样，如图 13-66 所示。

这表示在“图层”面板中选择了图层目标图标，且为此图层应用了 Drop Shadow 图形样式。您可以关闭“外观”面板组。

❺ 如有必要，使用“选择工具”框选火焰和蜡烛图形，按住鼠标左键将所选对象朝上拖动，最终效果如图 13-67 所示。

图 13-65

图 13-66

图 13-67

应用多重图形样式

您可以将图形样式应用于已具有图形样式的对象。如果您要为对象添加另一种图形样式，这将非常有用。将图形样式应用于所选图稿后，按住 Option 键（macOS）或 Alt 键（Windows）并单击另一种图形样式的缩略图，可将新的图形样式添加到现有图形样式，而不是替换现有图形样式。

13.6.4 缩放描边和效果

在 Adobe Illustrator 中缩放（调整大小）内容时，默认情况下，应用于该内容的任何描边和效果都不会变化。例如，假设您将一个描边粗细为 2 pt 的圆圈放大到充满画板，虽然形状放大了，但默认情况下描边粗细仍为 2 pt，这可能会以意料之外的方式改变缩放图稿的外观，在转换图稿的时候尤其要注意这一点。本小节将使蛋糕上的白色路径变粗。

❶ 如有必要，选择“选择”>“取消选择”。

❷ 单击蛋糕底座图形上方的湖绿色扇贝图形上的白色曲线，如图 13-68（a）所示。

❸ 打开“属性”面板，注意描边粗细为 1 pt，如图 13-68（b）所示。

❹ 在“属性”面板的“变换”选项组中单击“更多选项”按钮 ，然后在展开的面板底部勾选“缩放描边和效果”复选框，如图 13-69 所示。按 Esc 键隐藏展开的选项。

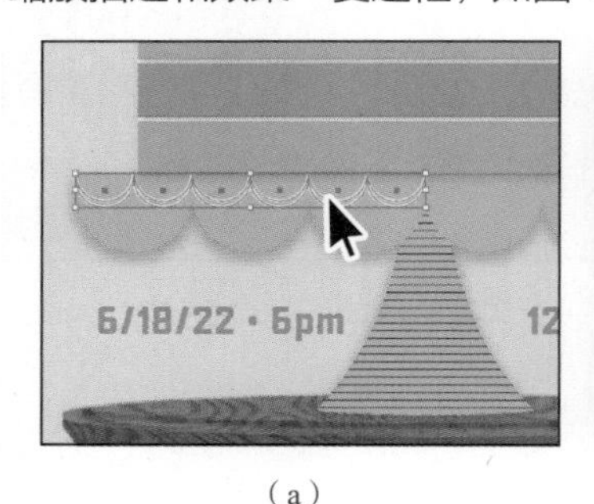

（a）

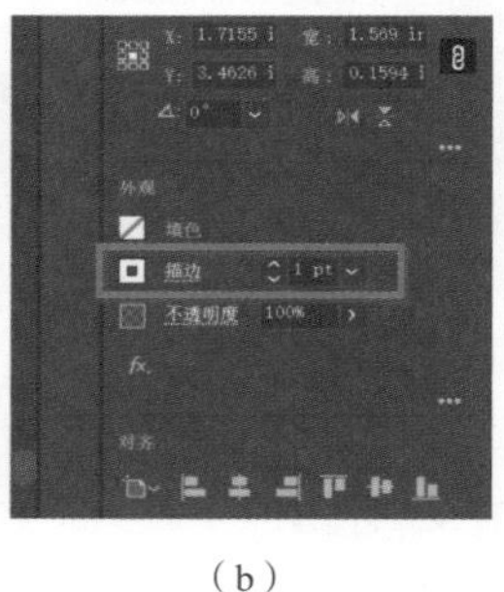

（b）

图 13-68

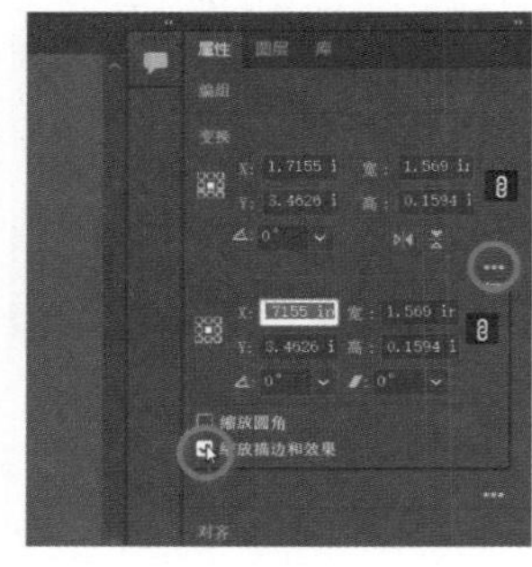

图 13-69

如果不勾选此复选框，则缩放图形时描边粗细或效果不会改变。勾选此复选框后，在缩小图形时描边也会等比例缩小，而不再是保持原来的描边粗细。

❺ 按住 Shift 键，按住鼠标左键拖动路径右下角的定界点使其变大，直到其宽度与它所在的湖绿色扇贝形状相等，如图 13-70 所示。松开鼠标左键，然后松开 Shift 键。

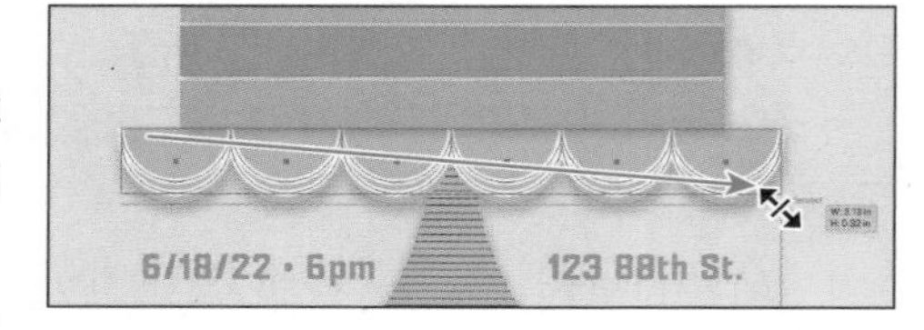

图 13-70

缩放图稿后，查看“属性”面板，会发现描边粗细值变大了，如图 13-71 所示。

❻ 选择“选择 > 取消选择”，最终图稿效果如图 13-72 所示。

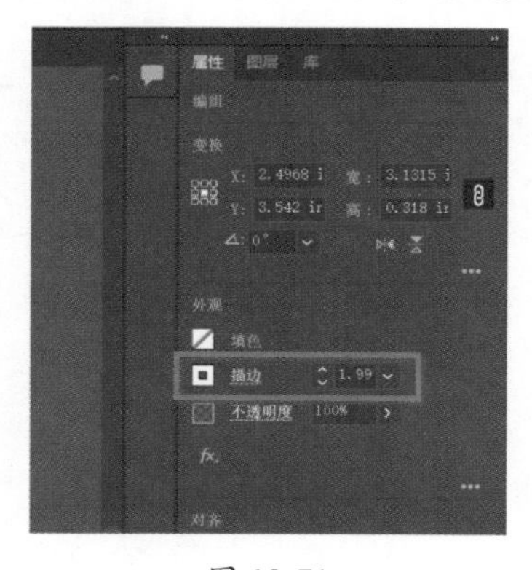

图 13-71

图 13-72

❼ 选择“文件”>“存储”，然后选择“文件”>“关闭”。

复习题

1. 如何为图稿添加第二个填色或描边？
2. 列举两种将效果应用于图稿的方法。
3. 将栅格效果应用于矢量图稿时，图稿将有何变化？
4. 在哪里可以访问应用于图稿的效果选项？
5. 将图形样式应用于图层与将其应用于所选图稿有什么区别？

参考答案

1. 若要向图稿添加第二个填色或描边，需要单击“外观”面板底部的“添加新描边”按钮或“添加新填色”按钮，也可以在“外观”面板菜单中选择“添加新描边”或“添加新填色”命令。这将在外观属性列表的顶部添加一个“描边”或“填色”属性行，它的相关设置与原来的“描边”或“填色”属性行相同。
2. 可以选中图稿，然后在“效果”菜单中选择要应用的效果。还可以选中图稿，单击“属性”面板中的“选取效果”按钮或“外观”面板底部的“添加新效果”按钮，然后在弹出的菜单中选择要应用的效果。
3. 将栅格效果应用于图稿后会生成像素而不是矢量数据。栅格效果包括“效果”菜单下半部分的所有效果及“效果”>“风格化”子菜单中的“投影”“内发光”“外发光”“羽化”，可以将它们应用于矢量对象或位图对象。
4. 通过单击“属性”面板或“外观”面板中的效果链接来访问效果选项，并编辑应用于所选图稿的效果。
5. 将图形样式应用于所选图稿时，图稿所在图层上的其他内容不会受到影响。例如，如果对三角形路径应用“粗糙化”效果，并且将该三角形移动到另一个图层，则该三角形将保留“粗糙化”效果。将图形样式应用于图层后，添加到图层中的所有内容都将应用该样式。例如，在“图层 1”上创建一个圆，然后将该圆移动到“图层 2”上，如果“图层 2”应用了“投影”效果，则该圆也会被添加“投影”效果。

第 14 课

创建 T 恤图稿

本课概览

本课将学习以下内容。

- 使用现有符号。
- 创建、修改和重新定义符号。
- 在“符号”面板中存储和检索图稿。
- 了解 Adobe Creative Cloud 库。
- 使用 Adobe Creative Cloud 库。
- 使用全局编辑。

学习本课大约需要 45 分钟

在本课中，您将了解各种在 Adobe Illustrator 中更轻松、更快速地工作的方法，如使用符号、Adobe Creative Cloud 库使设计资源在任何地方可用，以及使用全局编辑来编辑内容。

14.1 开始本课

本课将探索“符号”面板和“库”面板，以创建 T 恤图稿。在开始之前，您需要还原 Adobe Illustrator 的默认首选项。然后打开本课的最终图稿文件，以查看要创建的内容。

❶ 为了确保工具的功能和默认值完全如本课所述，请删除或停用（通过重命名）Adobe Illustrator 首选项文件。具体操作请参阅本书“前言”中的“还原默认首选项”部分。

❷ 启动 Adobe Illustrator。

❸ 选择“文件”>“打开”，然后在 Lessons > Lesson14 文件夹中打开 L14_end1.ai 文件，如图 14-1 所示。

您将使用 Adobe Illustrator 中的一些功能来创建 T 恤设计图稿，这些功能可以让您工作更便捷。

❹ 选择“视图”>“全部适合窗口大小”，使文件保持打开状态以供参考，或选择“文件”>“关闭”。

❺ 选择“文件”>“打开”。在“打开”对话框中定位到 Lessons > Lesson14 文件夹，然后选择 L14_start1.ai 文件。单击“打开”按钮打开文件，如图 14-2 所示。

图 14-1

图 14-2

❻ 选择“视图”>“全部适合窗口大小”。

❼ 选择“文件”>“存储为”，如果弹出云文档对话框，单击“保存在您的计算机上”按钮。

❽ 在“存储为”对话框中，并将文件命名为 TShirt.ai，选择 Lesson14 文件夹，在“格式”下拉列表中选择 Adobe Illustrator（ai）选项（macOS）或在“保存类型”下拉列表中选择 Adobe Illustrator（*.AI）选项（Windows），单击“保存”按钮。

❾ 在“Illustrator 选项”对话框中保持默认设置，单击“确定”按钮。

❿ 选择“窗口”>“工作区”>“重置基本功能”。

14.2 使用符号

符号是存储在“符号”面板（选择“窗口”>“符号”）中的可重复使用的图稿对象。例如，如果您用绘制的花朵图形创建符号，则可以快速地将该花朵符号的多个实例添加到图稿中，而不必逐个绘制花朵图形，如图 14-3 所示。

文件中的所有实例都链接到“符号”面板中的原始符号，编辑原始符号会更新链接到原始符号的所有实例。对于本例中的花朵图形，您可以立即把所有的花朵图形从白色变成红色，如图 14-4 所示。使用符号不仅可以节省时间，而且能大大减小文件体积。

图 14-3

图 14-4

14.2.1 使用现有符号库

本小节将使用 Adobe Illustrator 自带的符号库为项目添加符号。

① 使用“选择工具” 单击较大的画板，使其成为当前画板。

② 选择“视图”>“画板适合窗口大小”，使当前画板适合文档窗口的大小。

③ 单击“属性”面板中的“单击可隐藏智能参考线”按钮，暂时关闭智能参考线，如图 14-5 所示。

④ 选择“窗口”>“符号”，打开“符号”面板。

⑤ 在“符号”面板的底部单击“符号库菜单”按钮，如图 14-6 所示，选择“自然”命令。

图 14-5

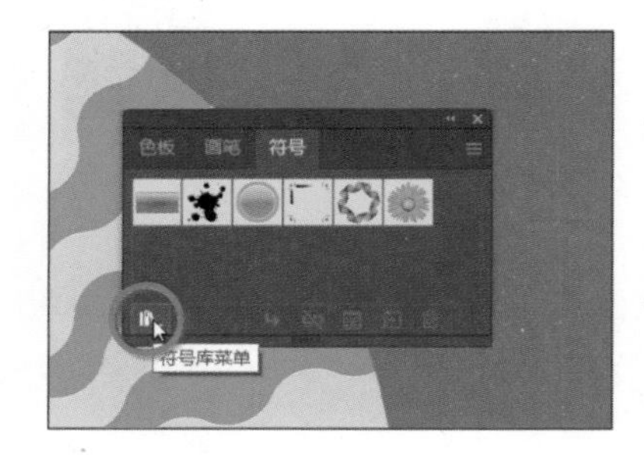

图 14-6

“自然”库会作为浮动面板打开。该库中的符号不在当前文件中，但是您可以将任意符号导入当前文件，并在图稿中使用它们。

⑥ 将鼠标指针移动到“自然”面板中的符号上，查看其名称。在面板中向下拖动滚动条（如有必要），单击名为“树木 1”的符号，将其添加到“符号”面板，如图 14-7 所示。

图 14-7

> **提示** 如果要查看符号名称及符号图片，请单击“符号”面板中的菜单按钮☰，选择“小列表视图”或“大列表视图”命令。

以这种方式添加到“符号”面板的符号只保存在当前文件中。

⑦ 关闭“自然”面板。

⑧ 选择“选择工具”▶，将“树木 1”符号从“符号”面板拖动到画板上，如图 14-8 所示。

⑨ 再次拖出相同的符号到画板上，这样画板上就有两组树木图形，如图 14-9 所示。

每次将“树木 1”等符号拖到画板上时，都会创建原始符号的实例。在画板上仍选中符号实例的情况下，请注意，在“属性”面板中，您会看到“符号（静态）”文本以及与符号相关的选项，如图 14-10 所示。

图 14-8

图 14-9

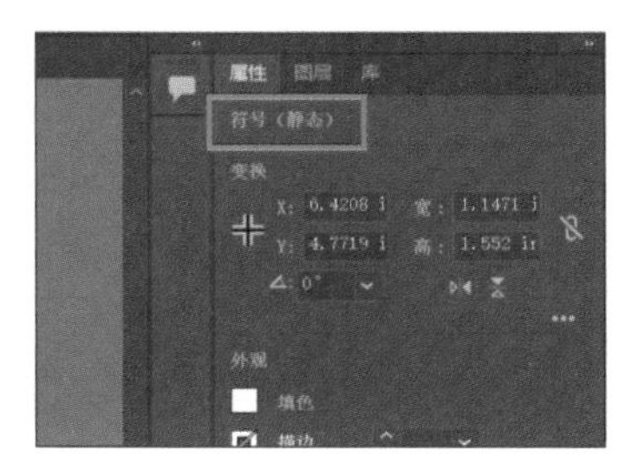

图 14-10

14.2.2 变换符号实例

符号实例被视为一组对象，只能更改某些变换属性和外观属性（缩放、旋转、移动、不透明度等）。您无法编辑构成符号实例的单个图稿，因为它是链接到原始元件的。接下来，您将调整符号实例的大小并制作副本。

① 选择右边的树木符号实例，按住 Shift 键的同时将右上角的定界点拖离中心，使符号实例等比例变大，如图 14-11 所示。松开鼠标左键，然后松开 Shift 键。

> **注意** 您是否觉得选择和移动树木图形具有挑战性？如果是，您可以暂时隐藏或锁定背景图形。

② 等比例调整另一个树木符号实例的大小，使其也等比例变大，如图 14-12 所示。

图 14-11

图 14-12

③ 将两个树木符号实例拖动到图 14-13 所示的位置。

④ 选择“选择”>“取消选择”，然后选择“视图”>“缩小”，以便看到更多的灰色画布区域。

⑤ 按住 Option 键（macOS）或 Alt 键（Windows），按住鼠标左键将画布左边的树木符号实

例拖动到图稿的右侧，制作树木实例的副本，如图 14-14 所示。松开鼠标左键，然后松开 Option 键（macOS）或 Alt 键（Windows）。

图 14-13

图 14-14

创建一个符号实例的副本与从“符号”面板中拖出一个符号实例效果是一样的。

⑥ 选择“视图”>“智能参考线”，启用智能参考线。

⑦ 按住 Shift 键，拖动新的树木符号实例的顶边中间定界点，使其等比例缩小，如图 14-15 所示。松开鼠标左键，然后松开 Shift 键。

您很快就会把它移到主要图稿上。

⑧ 选择“选择”>“取消选择”，然后选择“文件”>“存储”。

图 14-15

14.2.3　编辑符号

“树木 1”符号中有 3 个树木图形。如果只有两棵树，则会显得不那么拥挤。要一次更改所有符号实例，您可以编辑符号原始元件。在本小节中，您将从原始“树木 1”符号中删除一个树木图形，并且文档中的所有实例都将随之更新。

① 使用“选择工具”双击画板上右边较大的树木实例。此时会弹出一个警告对话框，表明您将编辑原始符号定义并且所有实例都将更新，单击“确定”按钮，如图 14-16 所示。

图 14-16

这将进入符号编辑模式，您无法编辑该页面上的其他任何对象。双击“树木 1”符号实例将其显示为原始符号图稿的大小。这是因为在符号编辑模式下，看到的是原始符号图稿，而不是变换后的符号实例。现在，您可以编辑构成符号的图稿。

提示 编辑符号有很多种方法：您可以在画板上选择符号实例，然后单击“属性”面板中的“编辑符号”按钮，或在“符号”面板中双击符号缩略图。

② 双击树木图形几次以进入隔离模式，选择图形组中最小的树木图形，如图 14-17（a）所示。

③ 按 Delete 键或 Backspace 键将其删除，效果如图 14-17（b）所示。

④ 在符号内容以外的位置双击，或在文档窗口的左上角单击“退出符号编辑模式”按钮，退出符号编辑模式，以便编辑其余内容。

请注意，画板上的所有“树木 1”符号实例都已发生改变，如图 14-18 所示。

（a）

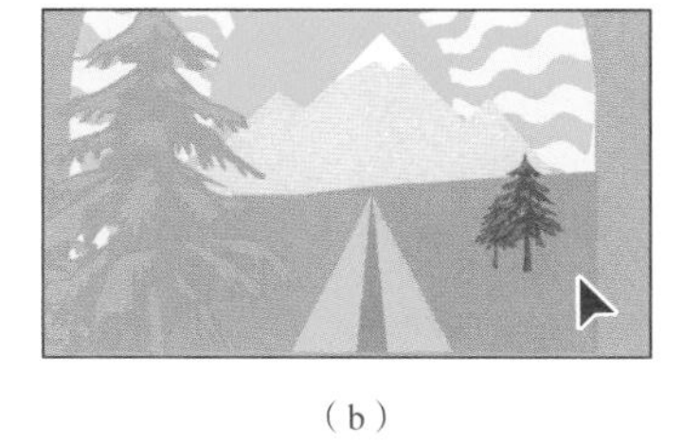

（b）

图 14-17

图 14-18

14.2.4 使用动态符号

编辑某个符号可以更新文件中所有该符号的实例。而符号也可以是动态的，这意味着您可以使用“直接选择工具”▷ 更改符号实例的某些外观属性，而无须编辑原始符号。本小节将编辑“树木 1”符号的属性，使其变为动态符号，从而可以分别编辑每个“树木 1”符号实例。

① 在“符号”面板中，单击“树木 1”符号的缩略图（如果尚未被选中）。单击“符号”面板底部的“符号选项”按钮，如图 14-19 所示。

② 在“符号选项”对话框中选择“动态符号”选项，然后单击“确定”按钮，如图 14-20 所示。

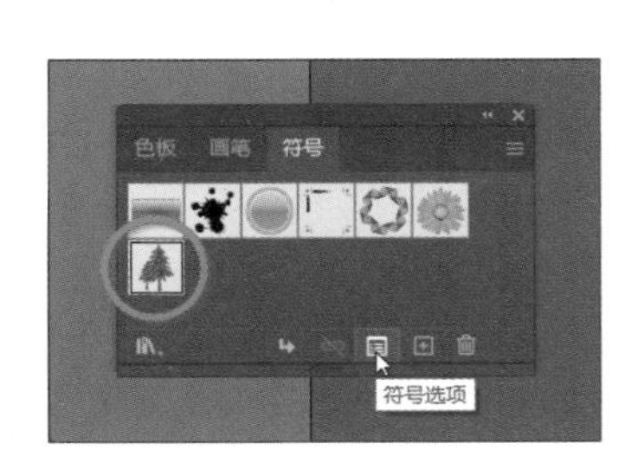

图 14-19

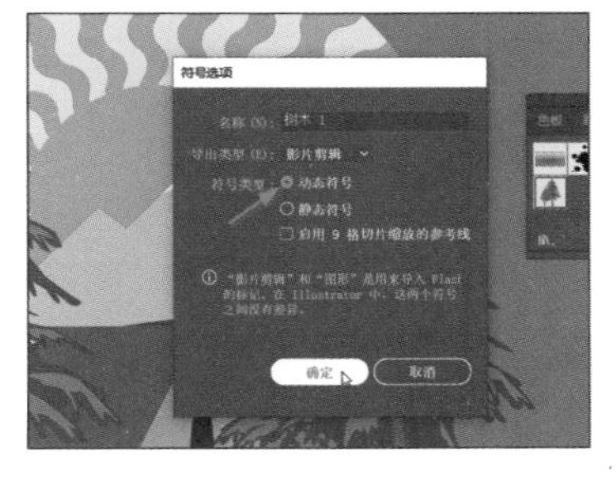

图 14-20

该符号及其实例现在都是动态的了。

您可以通过查看“符号”面板中的符号缩略图来判断符号是否是动态的。如果符号缩略图的右下角有一个小加号（+），那么它就是一个动态符号，如图 14-21 所示。

③ 使用“直接选择工具”▷框选右侧的小的树木图形实例，如图 14-22 所示。

请注意“属性”面板顶部的“符号（动态）”字样，表示这是一个动态符号。

④ 单击“属性”面板中的“填色”框，在弹出的“色板”面板确保选中“色板”选项，然后将填充颜色更改为深绿色，如图 14-23 所示。

⑤ 选择“选择”>“取消选择”，以便查看较小树木图形的颜色。

现在，这组“树木 1”符号实例与其他的“树木 1”符号实例不同了。如果像以前一样编辑原始符号图稿，那么对应的所有符号实例都会更新，但现在只有较小的“树木 1”符号实例发生了变化。

⑥ 选择“选择工具”，将选中的树木图形拖到画板中间的图稿上，如图 14-24 所示。

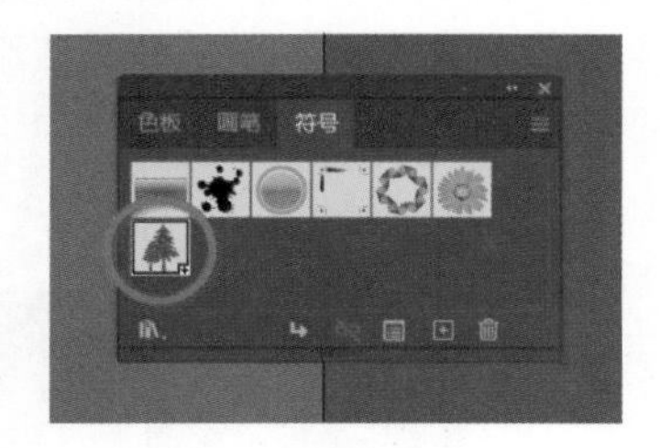

图 14-21

图 14-22

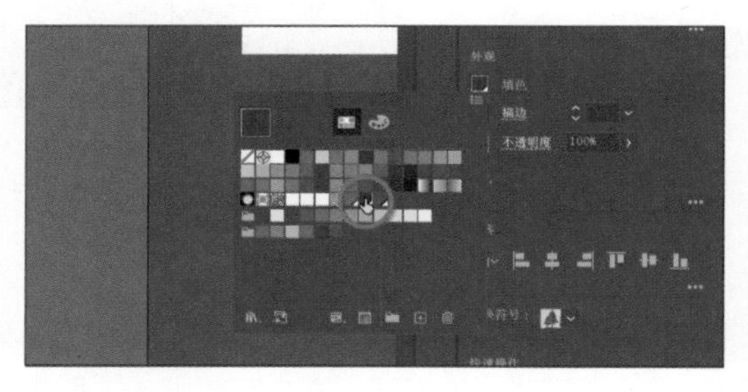

图 14-23

图 14-24

14.2.5 创建符号

Adobe Illustrator 允许您创建和保存自定义的符号。您可以使用对象来创建符号，包括路径、复合路径、文本、嵌入（非链接）的位图、网格对象和对象组。符号甚至可以包括活动对象，如画笔描边、混合、效果或其他符号实例。本小节将使用现有的图稿创建自定义符号。

① 在文档窗口左下角的“画板导航”下拉列表中选择 2 Symbol Artboard 选项。

② 使用“选择工具”单击画板上的飞鸟图形。

③ 单击“符号”面板底部的“新建符号”按钮，用所选图稿创建符号，如图 14-25 所示。

④ 在弹出的“符号选项”对话框中，将名称更改为 Bird。确保选择了“动态符号”选项，以防稍后要单独编辑某个实例的外观，单击“确定”按钮创建符号，如图 14-26 所示。

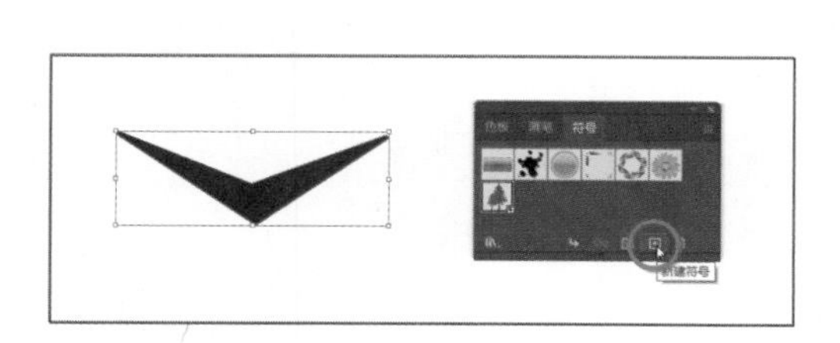

图 14-25

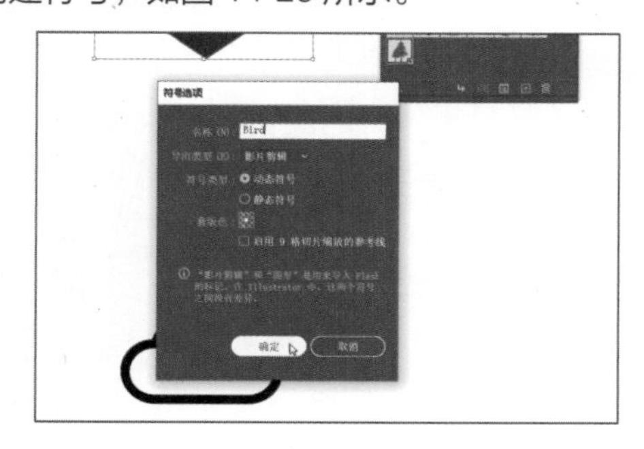

图 14-26

在“符号选项”对话框中，您将看到一个提示，表明 Adobe Illustrator 中的“影片剪辑”和“图形”之间没有区别。如果您不打算将此内容导出到 Adobe Animate，则无须在意选择哪种导出类型。创建符号后，画板上的飞鸟图形将转换为 Bird 符号的实例，该符号也会出现在“符号”面板中。接下来，通过将云朵图稿拖动到“符号”面板中来创建另一个符号。

提示 您可以在“符号”面板中拖动符号缩略图以更改其顺序。重新排序“符号”面板中的符号对图稿没有影响，它只是一种组织符号的方法。

5 将云朵图形拖到“符号”面板的空白区域，如图 14-27 所示。

6 在“符号选项”对话框中，将名称更改为 Cloud，单击“确定”按钮。

7 在文档窗口左下角的“画板导航”下拉列表中选择 1 T-shirt 选项。

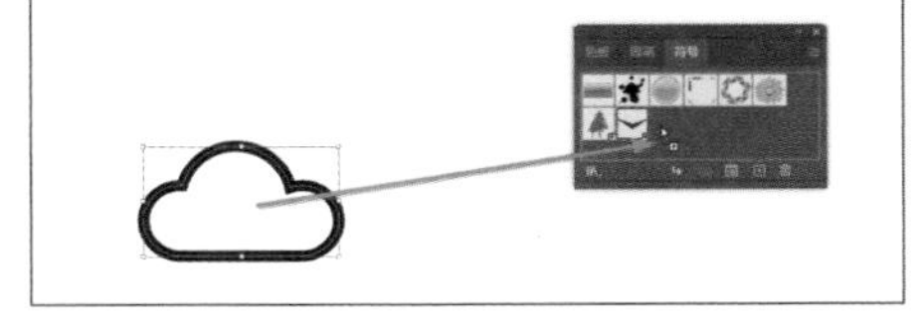

图 14-27

8 将 Bird 符号从“符号”面板拖到画板上两次，然后将 Bird 符号实例放置在群山上方的天空图形中，如图 14-28 所示。

9 使用“选择工具”调整画板上每个 Bird 符号实例的大小和角度，使其错落有致，如图 14-29 所示。确保在缩放时按住 Shift 键以约束长宽比例。

图 14-28

图 14-29

10 选择“选择”>“取消选择”，然后选择“文件”>“存储”。

14.2.6 练习编辑符号

现在将通过编辑符号来进行练习。您将从 Cloud 符号中移除描边。

1 选择“选择工具”，拖出几个 Cloud 符号实例到画板上其他图稿的上层，将它们安排在天空图形中。

提示 如果想轻松选择来自同一符号的所有实例，可以选择“选择”>“相同”>“符号实例”。如果希望成组选择或移动项目中的大量树木图形，这种选择方式将非常方便。

2 选择并调整每个 Cloud 符号实例的大小，切记调整大小时按住 Shift 键来限制其长宽比例。

3 选中其中一个 Cloud 符号实例，在“属性”面板中单击“水平翻转”按钮，翻转该符号实例，如图 14-30 所示。

4 双击其中一个 Cloud 符号实例。

5 在弹出的对话框中单击“确定”按钮来编辑 Cloud 符号原始图稿。

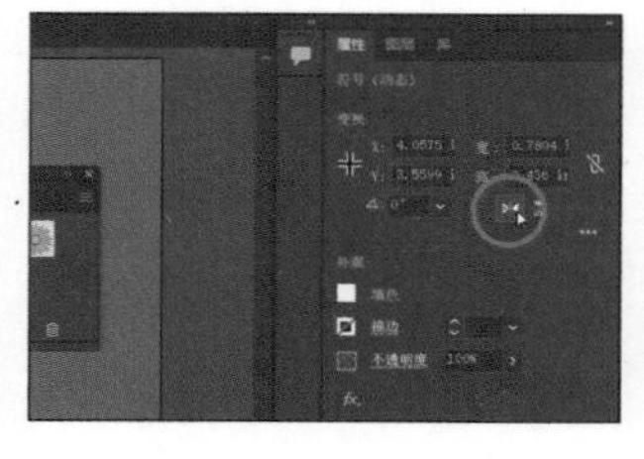

（a）

（b）

图 14-30

❻ 在隔离模式下选中云朵图形。

❼ 在“属性”面板中，将描边粗细更改为 0 pt，如图 14-31 所示。

图 14-31

❽ 按 Esc 键退出隔离模式。两朵云都不应再有描边。

❾ 选择“文件”>“存储”。

14.2.7 断开符号链接

有时，您需要编辑画板上的特定实例，这就要求您断开原始符号和实例之间的链接。由前面的内容可知，您可以对符号实例进行某些更改，如缩放、设置不透明度和翻转，而将符号保存为动态符号只允许您使用“直接选择工具”编辑某些外观属性。当断开原始符号和实例之间的链接后，如果编辑了原始符号，则其实例将不再更新。

接下来，您将了解如何断开指向某个符号实例的链接，以便仅更改某个实例。

❶ 选择右侧较大的“树木 1”符号实例。

❷ 在“属性”面板中单击“断开链接”按钮，如图 14-32 所示。

图 14-32

提示 您还可以选择画板上的符号实例，然后单击“符号”面板底部的“断开符号链接”按钮，断开指向符号实例的链接。

现在，该树木符号实例变成了一组路径，您在“属性”面板的顶部可以看到“编组”文本。您现在就可以直接编辑该图稿了，需注意，如果编辑了“树木 1”符号，该组树木图稿也不会再更新。

③ 选择“选择”>“取消选择”。

④ 使用“选择工具”双击树木图形以进入隔离模式。

⑤ 多次双击，不断进入编组，然后单击较小的树木图形。

⑥ 将较小的树木图形朝右侧拖动，以免它干扰帐篷图形，如图 14-33 所示。

图 14-33

⑦ 按 Esc 键退出隔离模式。

⑧ 选择“选择”>“取消选择”。

使用符号工具

假设您需要在作品中添加大量“树木 1”符号，可以使用“符号喷枪工具”将它们喷到画板上，而不是将它们一个个地从“画板”面板中拖出。

14.2.8 替换符号

您可以轻松地将文件中的一个符号实例替换为另一个符号实例。就算您已经对动态符号实例进行了更改，也一样可以替换它。接下来，您将对其中一个 Cloud 符号实例进行更改和替换。

① 使用“直接选择工具”▷选择一个 Cloud 符号实例。

由于 Cloud 符号是动态的，您可以选择其中一个云朵形状来单独更改它。

② 单击“属性”面板中的“填色”框，确保在弹出的“色板”面板中选择了“色板”选项，将填充颜色更改为蓝色（或其他颜色），如图 14-34 所示。

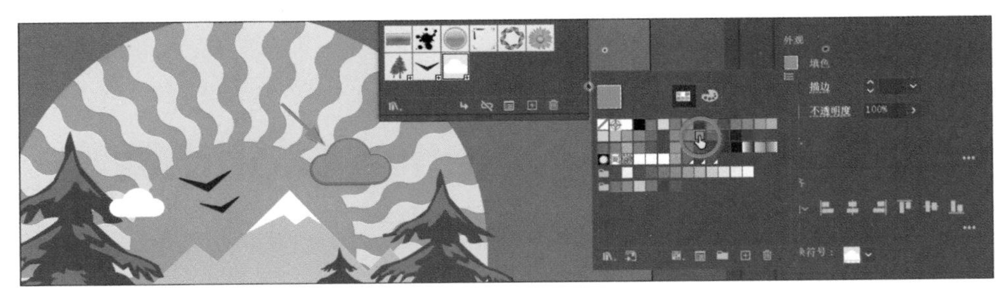

图 14-34

注意 使用“直接选择工具”编辑动态符号实例后，可以使用“选择工具”重新选择整个实例，然后单击“属性”面板中的“重置”按钮，将其外观重置为与原始符号相同的外观。

现在思考一下，如何恢复到原来的 Cloud 符号实例，或者如何用一个飞鸟图形代替云朵图形呢？可以替换符号实例。

③ 使用“选择工具”单击 Cloud 符号实例以外的地方以取消选择它，然后单击 Cloud 符号实例。这样，选择的是符号实例，而不仅仅是其中的云朵形状。

> 💡 注意 如果要替换的原始符号实例应用了变换（如旋转）操作，则替换它的符号实例也将应用相同的变换操作。

④ 在“属性”面板中，单击“替换符号”右侧的下拉按钮，在弹出的面板中单击 Bird 符号，如图 14-35 所示。

图 14-35

Cloud 符号实例已被 Bird 符号实例所替代。

⑤ 在画板上仍然选中 Bird 符号实例的情况下，在“属性”面板中单击“替换符号”右侧的下拉按钮，然后在面板中选择 Cloud 符号，如图 14-36 所示。

图 14-36

⑥ 选择“选择”>“取消选择”，然后关闭“符号”面板组。

14.3 使用 Adobe Creative Cloud 库

使用 Adobe Creative Cloud 库是在 Adobe Photoshop、Adobe Illustrator、Adobe InDesign 等许多 Adobe 应用程序和大多数 Adobe 移动应用之间创建和共享存储内容（如图像、颜色、文本样式、Adobe Stock 资源等）的一种简便方法。

> 💡 注意 若要使用 Adobe Creative Cloud 库，需要使用 Adobe ID 登录并连接互联网。

Adobe Creative Cloud 库可以连接您的创意档案，使您保存的创意资源触手可及。当您在 Adobe Illustrator 中创建内容并将其保存到 Adobe Creative Cloud 库后，该内容可在所有 AI 文件中使用。 这些资源将自动同步，并可与使用 Adobe Creative Cloud 账户的任何人进行共享。当您的创意团队跨 Adobe 桌面和移动应用工作时，您的共享库资源将始终保持最新并可随时使用。本节将介绍 Adobe Creative Cloud 库，并在项目中使用您保存在该库中的资源。

14.3.1 将资源添加到 Adobe Creative Cloud 库

您首先要了解的是如何使用 Adobe Illustrator 中的“库”面板（选择“窗口”>“库”），以及如何向 Adobe Creative Cloud 库添加资源。您将在 Adobe Illustrator 中打开一个现有文档，并从中捕获资源。

1. 选择“文件”>“打开”。在“打开”对话框中定位到 Lessons>Lesson14 文件夹，选择 Sample.ai 文件，单击“打开”按钮。

> **注意** 可能会弹出“缺少字体”对话框。您需要联网来激活字体。激活过程可能需要几分钟。单击“激活字体”按钮可激活所有缺少的字体。激活字体后，您会看到激活成功的提示消息，表示不再缺少字体，单击“关闭”按钮。如果您在激活字体方面遇到问题，可以在“Illustrator 帮助”（选择“帮助”>“Illustrator 帮助”）中搜索“查找缺少字体”。

2. 选择“视图”>“全部适合窗口大小”。

您将从此文件中捕获图稿、文本和颜色，它们将被应用到 TShirt.ai 文件中。

3. 选择“窗口”>“库”，或从“属性”面板直接切换到“库”面板。
4. 在“库”面板中单击“您的库”，以打开默认库（如果尚未打开），如图 14-37 所示。

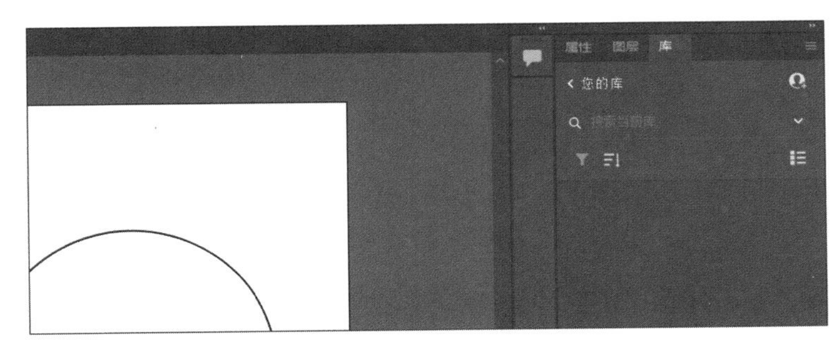

图 14-37

> **注意** 在早期版本的 Adobe Illustrator 中，默认库名为“我的库”。如果您没有看到名为“您的库”的库，请使用另一个库或单击“开始建库”按钮 + 创建新库并为其命名。

您会在顶部看到“您的库”文本和一个展开按钮。默认需要使用一个名为“您的库”的库。您可以将设计资源添加到此默认库中，也可以创建更多库（可以根据客户或项目保存资源）。

5. 如果选择了内容，请选择“选择”>“取消选择”。
6. 使用“选择工具”▶单击包含文本 MOUNTAIN EXPLORER 的文本组，该组由两个文本对象组成——其中一个是变形的文本对象。
7. 将文本组拖到“库”面板中，将其保存在库中，如图 14-38 所示。

文本仍然是可编辑文本，也保留了文本格式。正如您将看到的，当您在“库”面板中保存资源和格式时，内容是按资源类型（如图形、文本、颜色等）来组织的。您刚刚保存的新的库项目被视为“图稿”，因为它是一组内容。

8. 在“库”面板中双击名称“图稿 1”，将其更改为 Text。按 Return 键（macOS）或 Enter 键（Windows）确认修改，如图 14-39 所示。

图 14-38

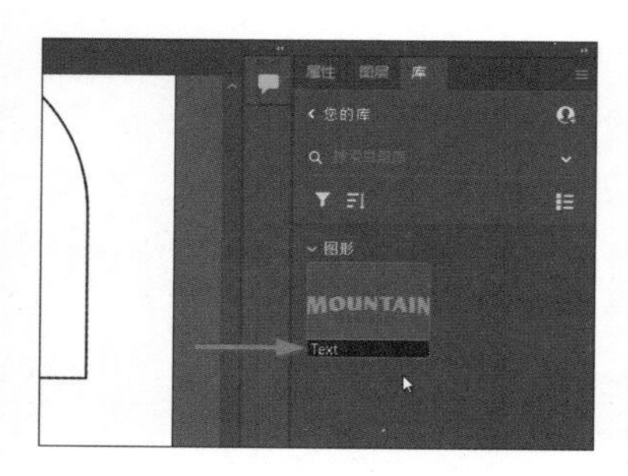

图 14-39

您也可以更改“库”面板中保存的其他资源的名称，例如图形、颜色、字符样式和段落样式。对于保存的字符样式和段落样式，您可以将鼠标指针移动到资源上，查看已保存样式的提示。

接下来，您将保存 MOUNTAIN 文本的颜色。

9 在画板上仍选中文本组的情况下，双击 MOUNTAIN 文本以进入隔离模式，然后选择文本组中的 MOUNTAIN 文本，如图 14-40 所示。

10 单击“库”面板底部的加号按钮 +，选择“文本填充颜色”命令以保存橙色，如图 14-41 所示。

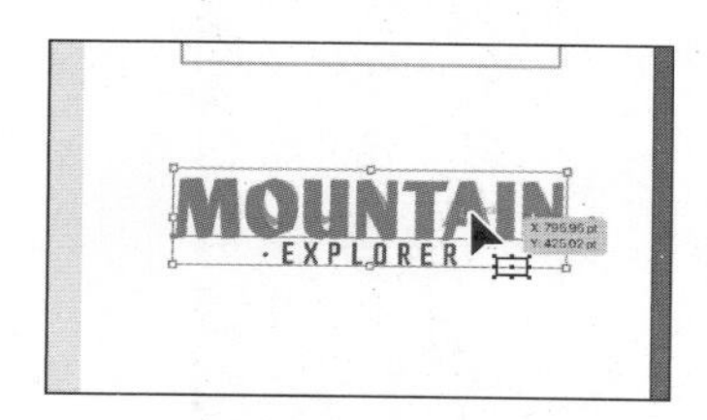

图 14-40

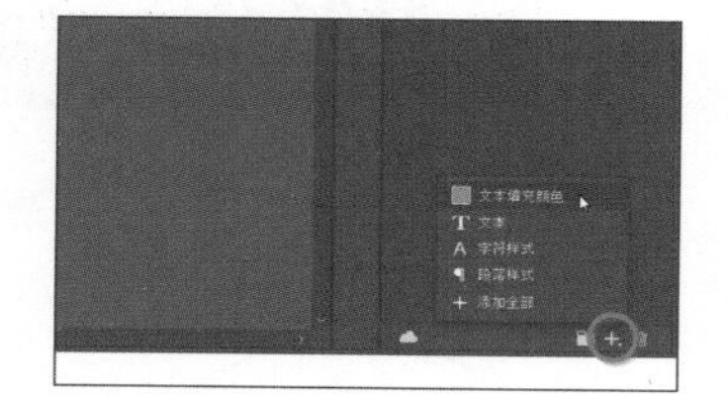

图 14-41

11 按 Esc 键退出隔离模式。

12 单击 T 恤图稿，将 T 恤图稿拖到“库”面板中。当“库”面板中出现加号（+）和名称（例如“图稿 1”）时，松开鼠标左键，将 T 恤图稿添加为图形，如图 14-42 所示。

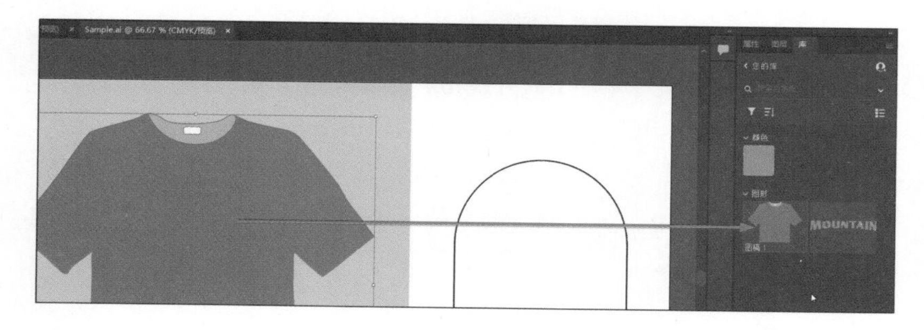

图 14-42

以图形形式存储在 Adobe Creative Cloud 库中的资源，无论您在哪里使用，它们仍然是可编辑的矢量格式。

13 单击画板上 MOUNTAIN EXPLORER 文本组上方的形状，如图 14-43 所示。

您需要复制此形状，用它来遮盖或隐藏图稿的部分内容。

⑭ 选择“编辑”>“复制”。

⑮ 选择“文件”>“关闭”以关闭 Sample.ai 文件，返回到 TShirt.ai 文件。如果跳出询问是否保存的提示对话框，请不要保存该文件。

请注意，即使打开了其他文件，“库”面板仍会显示库中的资源。无论在 Adobe Illustrator 中打开哪个文件，库及其中的资源都是可用的。

⑯ 选择“编辑”>“粘贴”以粘贴形状，将其拖到图稿的右侧，如图 14-44 所示。

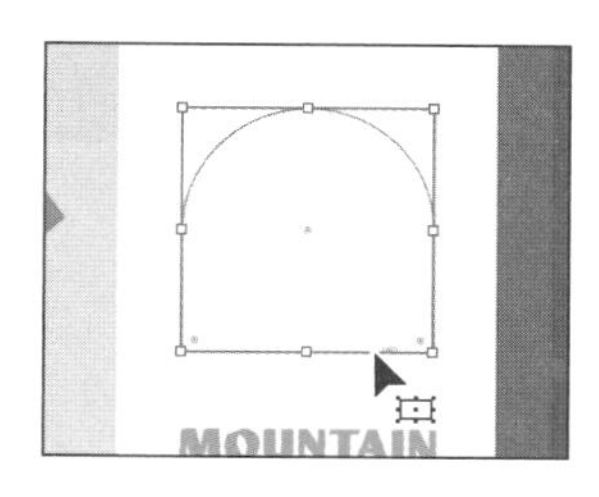

图 14-43

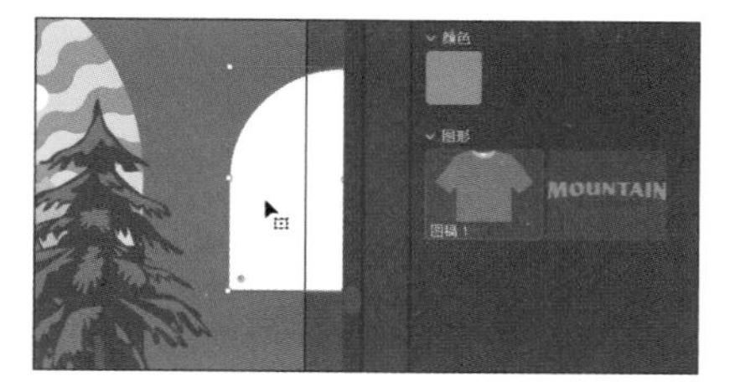

图 14-44

14.3.2 使用库资源

现在，您在“库”面板中存储了一些资源，一旦同步，只要您使用相同的 Adobe Creative Cloud 账户登录，这些资源就可用在支持库的其他应用程序中。本小节将在 TShirt.ai 文件中使用其中的一些资源。

① 在 1T-Shirt 画板上选择“视图”>“画板适合窗口大小”。

② 按住鼠标左键，将 MOUNTAIN EXPLORER 资源从“库”面板拖到画板上，如图 14-45 所示。

图 14-45

提示 如果您在保存在库中的文本上单击鼠标右键，则可以选择置入的文本带格式或不带格式。

③ 单击以置入该文本组，如图 14-46 所示。

注意 选择“视图”>“显示边缘”可以查看图稿边缘。

图 14-46

注意到 MOUNTAIN EXPLORER 文本组中间的蓝色“X”了吗？这意味着它链接到了原始的库资源。如果您在“库”面板中编辑该资源，那么从“库”面板拖出来的图稿也会随之更新。

④ 选择“选择工具”▶，将 T 恤图形资源从“库”面板拖到画

板上，拖放时需要单击画板，如图 14-47 所示。现在不要担心形状的具体位置。

图 14-47

⑤ 选择“选择”>“取消选择”。

14.3.3 更新库资源

将图形从 Adobe Creative Cloud 库拖到 AI 文件中时，图形将自动作为链接资源置入。从“库”面板中拖入的资源被选中时，其上会显示出一个带方框的“×”，表示该资源为链接资源。如果对库资源进行更改，项目中链接的实例也会更新。本小节将介绍如何更新库资源。

提示 您也可以通过单击“链接”面板底部的“编辑原稿”按钮来编辑链接的库资源（如 T 恤）。

① 在“库”面板中双击 T 恤资源的缩略图，如图 14-48 所示。图稿将在新的临时文件中打开。

② 使用“直接选择工具”单击深灰色 T 恤图形。

我们使用“直接选择工具”选择了 T 恤形状，因为它是一个图形组的一部分。

③ 在“属性”面板中，将填色更改为白色，如图 14-49 所示。

图 14-48

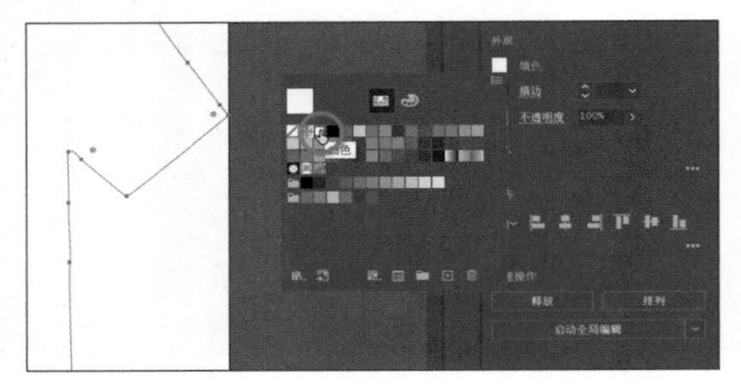
图 14-49

④ 选择“文件”>“存储”，然后选择“文件”>“关闭”。

在“库”面板中，资源缩略图会更新以反映所做的外观更改。回到 TShirt.ai 文件中，画板上的 T 恤图形也变成了白色。

注意 如图片未更新，选择 T 恤图形，单击“属性”面板顶部的文本“链接文件”。在显示的“链接”面板中，选中对应的资源行，单击面板底部的“更新链接”按钮。

⑤ 单击画板上的 T 恤图稿，在“属性”面板中单击“快速操作”选项组中的“嵌入”按钮，嵌入 T 恤图稿，如图 14-50 所示。

此时，图稿不再链接到库资源，并且如果库资源更新，图稿也不会更新。

这也意味着现在可以在 TShirt.ai 文件中编辑 T 恤图稿。“库”面板中的图稿在嵌入文件后，图稿上面的“X”也不见了。接下来将缩放 T 恤图稿。

6 使用“选择工具”选择 T 恤图稿，单击“属性”面板中的“排列”按钮，选择“置于底层”命令，将 T 恤图稿置于所有其他内容的下层。

7 按住 Shift 键，按住鼠标左键向外拖动 T 恤图稿的定界点，使其等比例变大。

8 将 T 恤图稿大致拖到画板的中心位置，如图 14-51 所示。

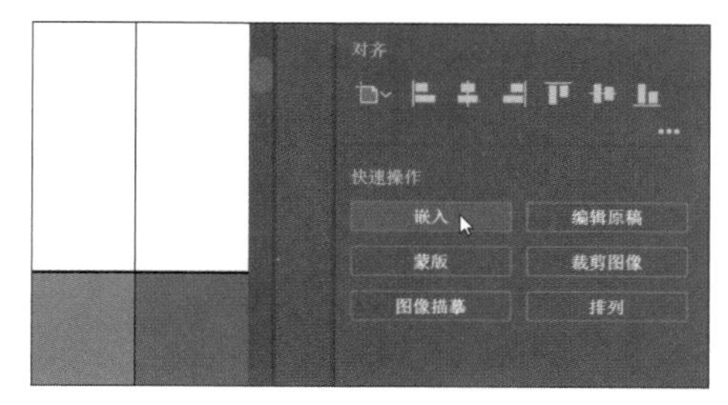

图 14-50

图 14-51

9 按 Command+2 组合键（macOS）或 Ctrl+2 组合键（Windows），锁定 T 恤图稿。

10 单击您粘贴到文件中的形状并将其拖动到图稿上方。将其左下角与画板中间场景的左下角对齐，如图 14-52 所示。

11 在“属性”面板的“变换”选项组中单击“更多选项”按钮，勾选“缩放圆角”复选框，如图 14-53 所示，这样形状圆角的半径会随着形状的缩放而缩放。

图 14-52

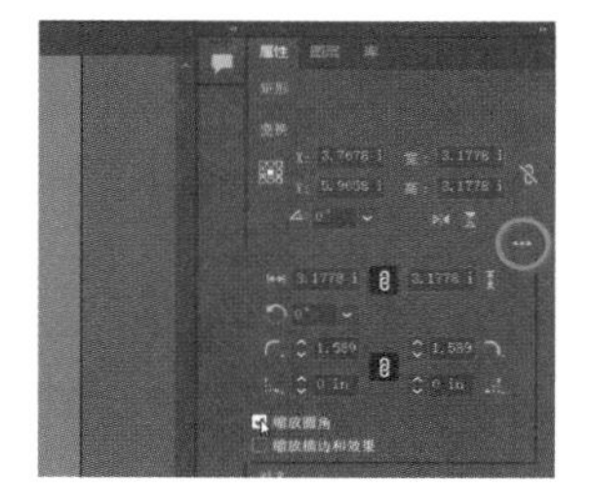

图 14-53

12 按住 Shift 键，拖动形状右上角的定界点，使其等比例变大；完成后松开鼠标左键和 Shift 键，形状覆盖了其下方的图稿，如图 14-54 所示。

该形状将用于隐藏其下层的内容。

13 框选树木、云彩、鸟类和白色形状等图稿，但不要选择 MOUNTAIN EXPLORER 文本或画板下方的 3 个小图标，如图 14-55 所示。

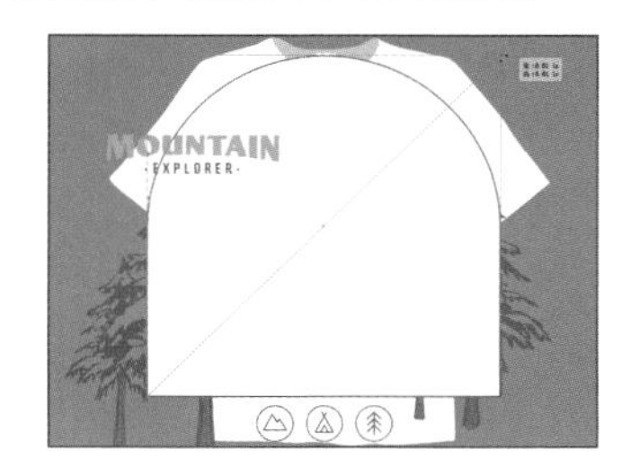

图 14-54

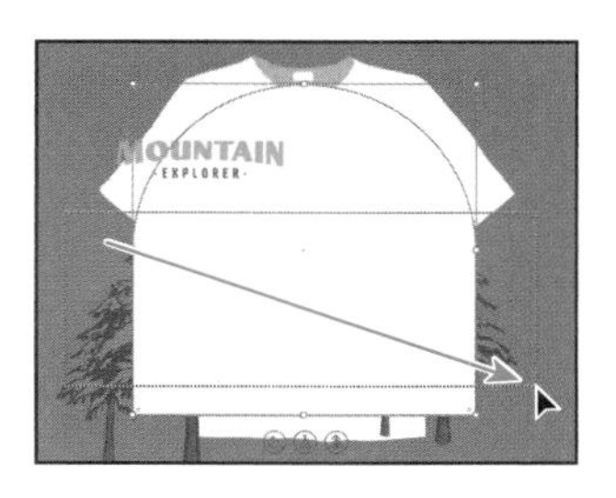

图 14-55

⑭ 选择“对象”>“剪切蒙版”>“建立”，效果如图 14-56 所示。

图 14-56

注意 如果在选择“剪切蒙版”命令后云朵图形或飞鸟图形消失，则表示它们未被选中。选择“编辑”>“还原建立剪切蒙版”并尝试再次选择所有内容。

现在，形状外的图稿部分被隐藏了。

⑮ 选择“选择”>“取消选择”。

14.3.4 完成 T 恤图稿

在进入全局编辑之前，让我们整理一下 T 恤图稿的所有内容。

① 单击刚刚应用了剪切蒙版的图稿，按住 Option+Shift 组合键（macOS）或 Alt+Shift 组合键（Windows）并拖动定界点使其等比例变小，如图 14-57 所示。

② 拖动 MOUNTAIN EXPLORER 文本和图标到图 14-58 所示的位置。需要按住 Shift 键并拖动，调整文本和图标的大小。

图 14-57

图 14-58

14.4 使用全局编辑

有时您会创建多个图稿的副本，并在文件的各个画板中使用它们。如果要对所有类似的对象进行修改，则可以使用全局编辑来实现。本小节将打开一个带有图标的新文件，并对其内容进行全局编辑。

① 选择“文件”>“打开”，打开 Lessons>Lesson14 文件夹中的 L14_start2.ai 文件。

② 选择“视图”>“全部适合窗口大小”。

③ 使用“选择工具”单击较大的麦克风图标后面的黑色圆形，如图 14-59 所示。

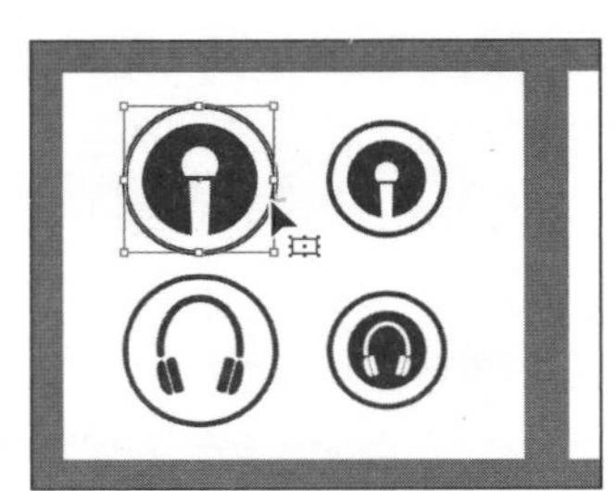
图 14-59

如果需要编辑每个图标后面的圆形，可以使用多种方法来选择它们，如选择“选择”>“相同”，使用这种方法的前提是它们都具有相似的外观属性。

若要使用全局编辑，您可以在同一画板或所有画板上选择具有共同属性（如描边、填色、大小）的对象。

④ 单击“属性”面板的“快速操作”选项组中的“启动全局编辑”按钮，单击之后该按钮变为“停

止全局编辑”按钮，如图 14-60 所示。

提示 也可以选择“选择” > “启动全局编辑”来进行全局编辑。

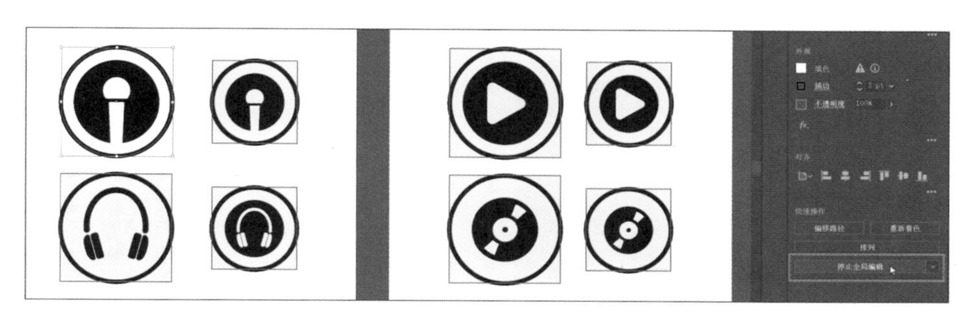

图 14-60

现在，所有圆形都被选中了，您可以对它们进行编辑。最初选择的对象以红色定界框高亮显示，而类似的对象则用蓝色高亮显示。您还可以使用“全局编辑”选项进一步缩小需要选定的对象的范围。

注意 默认情况下，当所选内容包括插件图或网格图时，将启用“外观”选项。

5 单击“停止全局编辑”按钮右侧的下拉按钮，展开更多选项，勾选“外观”复选框以选择具有与所选圆形相同外观属性的所有内容，如图 14-61 所示。保持下拉面板处于显示状态。

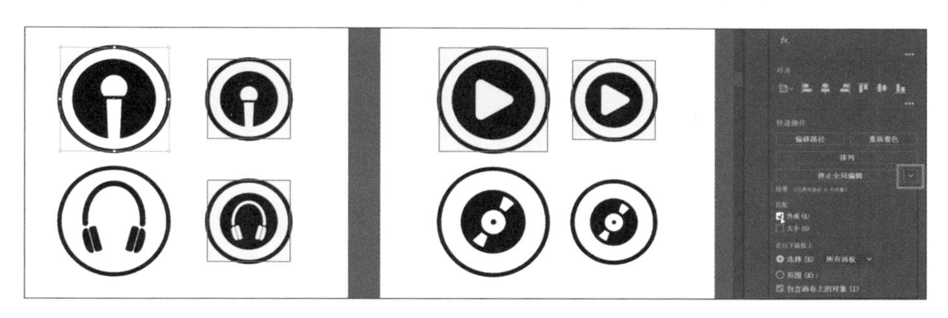

图 14-61

6 在“停止全局编辑”下拉面板中勾选“大小”复选框以进一步优化搜索，从而选择具有相同形状、外观属性和大小的对象，现在应该只选中了两个圆形，如图 14-62 所示。

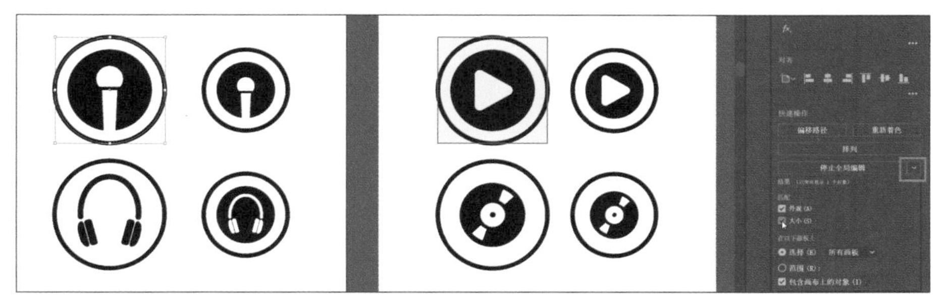

图 14-62

您可以在指定画板上选择搜索类似对象来进一步优化您的选择。

7 在“属性”面板中单击“描边”框，在弹出的面板中选择“色板”选项，对描边应用图 14-63

所示的红色色板。如果弹出警告对话框，单击“确定”按钮。

⑧ 在面板以外的区域单击以隐藏“色板”面板，两个所选对象的外观都会发生变化，如图 14-64 所示。

⑨ 选择“选择”>“取消选择”，然后选择“文件”>“存储”，保存文件。

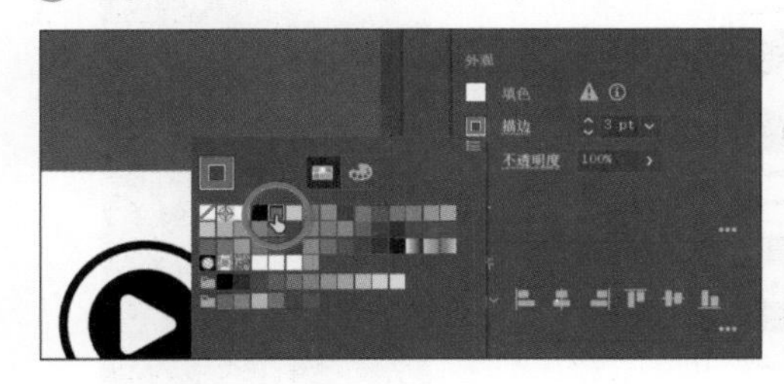

图 14-63

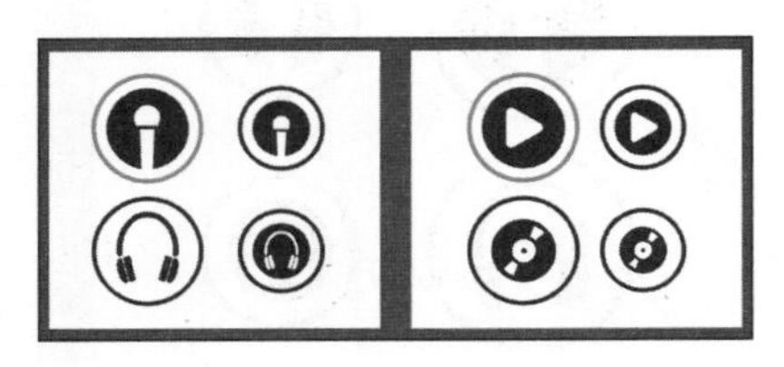

图 14-64

⑩ 选择“文件”>“关闭”。

复习题

1. 使用符号有哪 3 个优点？
2. 如何更新现有符号？
3. 什么是动态符号？
4. 在 Adobe Illustrator 中，哪种类型的内容可以保存到库中？
5. 如何嵌入链接的库中的图形资源？

参考答案

1. 使用符号的 3 个优点如下。
- 编辑一个符号，它所有的实例都将自动更新。
- 使用符号可以减小文件体积。
- 应用符号实例要快得多。
2. 要更新现有符号，可以双击“符号”面板中相应符号的图标、画板上的符号实例，或在画板上选择相应实例后单击“属性”面板中的“编辑符号”按钮，然后在隔离模式下进行编辑。
3. 当符号保存为动态符号时，您可以使用“直接选择工具”▷ 更改实例的某些外观属性，而无须编辑原始符号。
4. 目前在 Adobe Illustrator 中，可以将颜色（填充颜色和描边颜色）、文字对象、图形资源和文字格式等内容保存到库中。
5. 默认情况下，将图形资源从“库”面板拖动到文件中时，会创建指向原始库资源的链接。若要嵌入图形资源，请在文件中选择该资源，然后在“属性”面板中单击“嵌入”按钮。一旦嵌入，对原始库资源进行的更新不会再同步给图形。

第 15 课

置入和使用图像

本课概览

本课将学习以下内容。

- 在 AI 文件中置入链接图像和嵌入图像。
- 变换和裁剪图像。
- 创建和编辑剪切蒙版。
- 使用文本创建蒙版。
- 创建和编辑不透明蒙版。
- 使用“链接”面板。
- 嵌入和取消嵌入图像。

学习本课大约需要 60 分钟

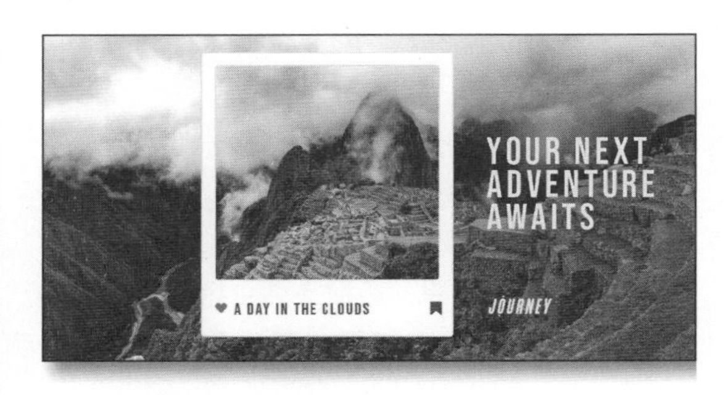

您可以轻松地将图像添加到 Adobe Illustrator 文件中，这是将位图与矢量图结合的好方法。

15.1 开始本课

在开始本课之前，请还原 Adobe Illustrator 的默认首选项。然后，您将打开本课最终完成的图稿文件，以查看您将创建的内容。

1 为了确保工具的功能和默认值完全如本课所述，请重置 Adobe Illustrator 的首选项文件。具体操作请参阅本书“前言”中的“还原默认首选项”部分。

2 启动 Adobe Illustrator。

3 选择“文件”>“打开”，然后在 Lesson>Lesson15 文件夹中打开 L15_end.ai 文件。

该文件包含旅游公司的一系列社交内容图像和 App 界面设计，如图 15-1 所示。L15_end.ai 文件中的字体已转换为轮廓（选择“文字”>“创建轮廓”）以避免字体丢失，并且图像也已嵌入文件。

4 选择“视图”>“全部适合窗口大小”，使该文件保持打开状态以供参考，或选择“文件”>“关闭”。

5 选择“文件”>“打开”。在“打开”对话框中定位到 Lessons>Lesson15 文件夹，然后选择 L15_start.ai 文件，单击“打开”按钮，打开文件，效果如图 15-2 所示。

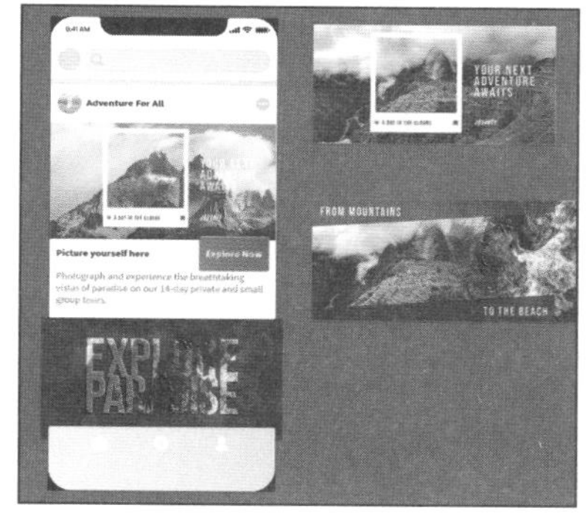

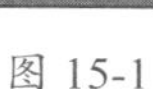
图 15-1

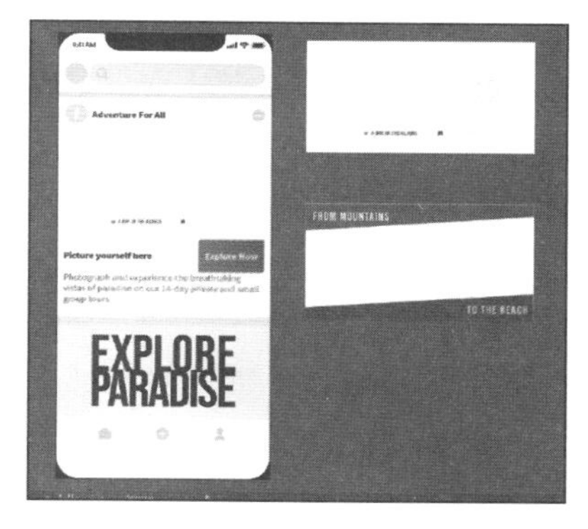

图 15-2

这是旅行公司社交内容的未完成版本，本课将为其添加图形并编辑图形。

6 此时很可能会弹出“缺少字体”对话框，如图 15-3 所示，勾选所有缺少的字体对应的复选框，单击“激活字体”按钮激活所有缺少的字体。

> 注意 您需要联网以激活字体。该过程可能需要几分钟。

7 激活字体后，您会看到消息提示不再缺少字体，单击“关闭”按钮。

如果无法激活字体，则可以转到 Adobe Creative Cloud 桌面应用程序，然后在右上角单击“字体”按钮 *f* 来查看具体的问题（有关如何解决该问题的更多内容，请参阅 9.3.1 小节）。

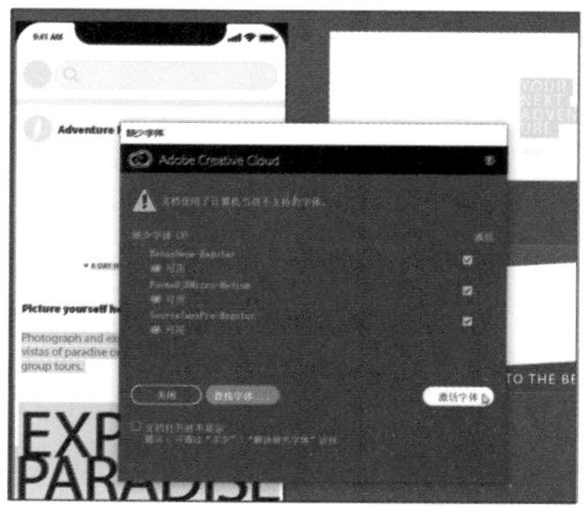

图 15-3

您也可以单击“缺少字体”对话框中的“关闭”按钮，然后在后续操作中忽略缺少的字体。您还可以单击“缺少字体”对话框中的“查找字体”按钮，并将缺少的字体替换为计算机上的本地字体。

注意 您还可以在“Illustrator 帮助”（选择“帮助”>“Illustrator 帮助”）中搜索“查找缺少字体”来查看激活字体的更多内容。

8 选择“文件”>“存储为”，如果弹出云文档对话框，单击“保存在您的计算机上”按钮。

9 在“存储为”对话框中定位到 Lesson15 文件夹，打开该文件夹，并将文件命名为 Social Travel.ai。在“格式”下拉列表中选择 Adobe Illustrator（ai）选项（macOS）或在“保存类型”下拉列表中选择 Adobe Illustrator（*.AI）选项（Windows），单击“保存”按钮。

10 在“Illustrator 选项”对话框中保持默认设置，然后单击“确定”按钮。

11 选择“窗口”>“工作区”>“重置基本功能”以重置基本工作区。

12 选择“视图”>“全部适合窗口大小”。

15.2 组合图稿

您可以通过多种方式将 AI 文件中的图稿与其他图形应用程序中的图像组合起来，以获得各种创意效果。通过在应用程序之间共享图稿，您可以将连续色调绘图、照片与矢量图结合起来。虽然 Adobe Illustrator 允许您创建某些类型的位图，但是 Adobe Photoshop 更擅长处理多图像编辑任务。因此，您可以在 Adobe Photoshop 中编辑或创建图像，然后将其置入 Adobe Illustrator。

本课将引导您创建一幅组合图，将位图与矢量图组合起来。首先，将在 Adobe Photoshop 中创建的照片图像添加到在 Adobe Illustrator 中创建的社交内容中，然后为图像创建蒙版，并更新置入的图像。

15.3 置入图像文件

您可以使用“打开”命令、“置入”命令、“粘贴”命令、拖放操作和“库”面板，将 Adobe Photoshop 或其他应用程序中的位图添加到 Adobe Illustrator。Adobe Illustrator 支持大多数 Adobe Photoshop 数据，包括图层、图层组、可编辑的文本和路径。这意味着，您可以在 Adobe Photoshop 和 Adobe Illustrator 之间传输文件，并且仍然能够编辑文件中的图稿。

选择“文件”>“置入”命令置入图像文件时，无论图像文件是什么类型（如 JPG、GIF、PSD、AI 等），都可以被嵌入或链接。嵌入文件将在 AI 文件中保存该图像的副本，因此会增大 AI 文件。链接文件只在 AI 文件中创建指向外部图像的链接，所以不会明显增大 AI 文件。链接到图像可确保 AI 文件能够及时反映图像更新。但是，链接的图像必须始终跟随 AI 文件，否则链接将中断，且置入的图像也不会再出现在 AI 文件的图稿中。

15.3.1 置入图像

本小节将向文档置入一个 JPEG（.jpg）图像。

1 选择“文件”>“置入”。

2 在弹出的“置入”对话框中定位到 Lessons>Lesson15>images 文件夹，然后选择 Mountains2.jpg 文件。确保在“置入”对话框中勾选了“链接”复选框，如图 15-4 所示。

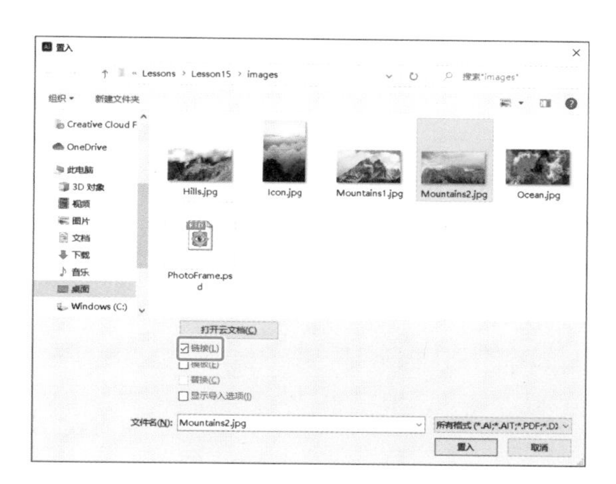

图 15-4

注意 在 macOS 上，您可能需要单击“置入”对话框中的“选项”按钮来显示“链接”选项。

③ 单击“置入”按钮。

鼠标指针图标现在应显示为加载图形的图标。可以在鼠标指针旁边看到 1/1，表示即将置入的图像数量，另外还有一个缩略图，可以看到置入的是什么图像。

④ 将鼠标指针移动到左侧画板的左边缘附近，单击以置入图像，如图 15-5 所示。保持图像处于选中状态。

图像将以原始尺寸显示在画板上，而且图像的左上角就是单击的位置。所选图像上的 × 表示置入的是链接的图像（要显示边缘，请选择“视图”>“显示边缘”）。

请注意，选择图像后，您会在“属性”面板顶部看到“链接的文件”文本，表示图像已链接到其源文件，如图 15-6 所示。默认情况下，置入的图像是链接到源文件的。因此，如果在 Adobe Illustrator 外部编辑了源文件，则在 Adobe Illustrator 中置入的图像也会更新。如果在置入时取消勾选“链接”复选框，则图像文件会直接嵌入 AI 文件中。

图 15-5

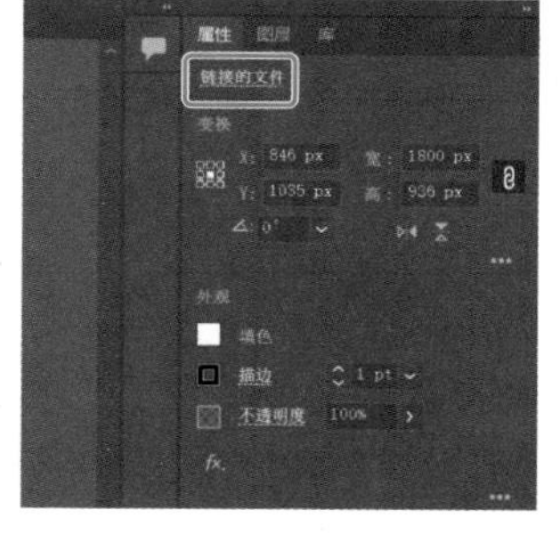

图 15-6

提示 若要变换置入的图像，还可以打开“属性”面板或“变换”面板（选择“窗口”>“变换”），并在其中更改设置。

15.3.2 变换置入的图像

像在 AI 文件中操作其他对象那样，您也可以复制和变换置入的位图。与矢量图不同的是，对于位图，您需要考虑图像分辨率，因为分辨率较低的位图在打印时可能会出现像素锯齿。在 Adobe Illustrator 中操作时，缩小图像可以提高其分辨率；而放大图像则会降低其分辨率。在 Adobe Illustrator 中对链接的图像执行的变换以及任何导致分辨率变化的操作都不会改变原始图像。所做的更改仅影响图像在 Adobe Illustrator 中渲染的方式。本小节将变换 Mountains2.jpg 图像。

提示 与其他图稿类似，您也可以按住 Option + Shift 组合键（macOS）或 Alt + Shift 组合键（Windows），拖动图像的定界点，基于图像中心调整大小，同时保持图像比例不变。

① 选择“选择工具”，同时按住 Shift 键，按住鼠标左键将图像右下角的定界点向中心拖动，直到其宽度略大于画板，如图 15-7 所示。松开鼠标左键，然后松开 Shift 键。

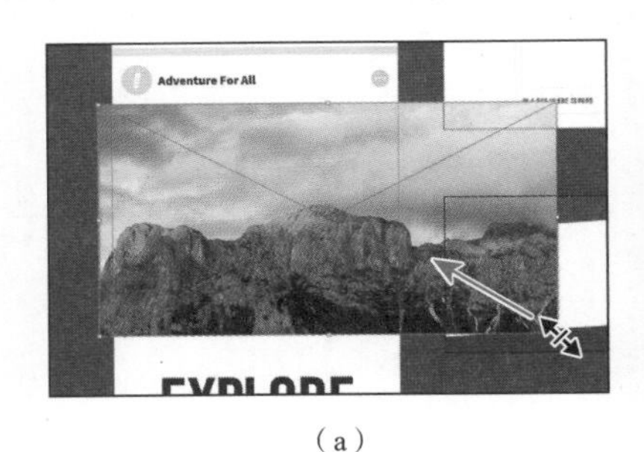

（a）

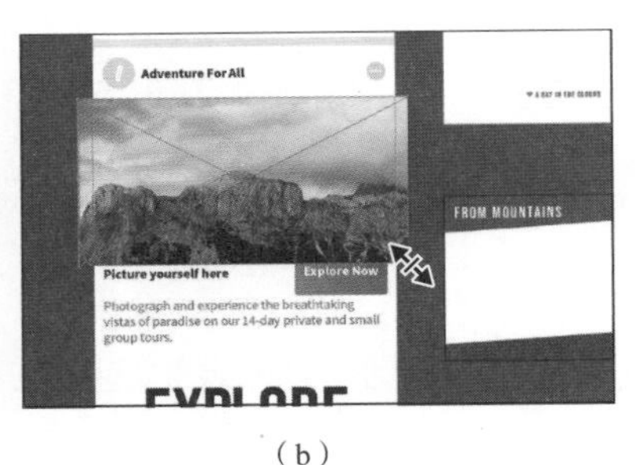

（b）

图 15-7

② 在“属性”面板中，单击“属性”面板顶部的文本“链接的文件”以打开“链接”面板。

③ 在“链接”面板中选择 Mountains2.jpg 文件后，单击面板左下角的“显示链接信息”折叠按钮可查看图像的相关信息，如图 15-8 所示。

您可以查看缩放百分比、旋转角度、大小等内容。注意，PPI（像素 / 英寸）值大约为 100。PPI 是指图像的分辨率。

如果像第①步那样缩放置入的位图，则图像分辨率会发生变化（置入的原始图像不受影响）。如果将图像拉大，其分辨率会降低；相反，如果将图像缩小，则其分辨率会提高。其他变换（如旋转）也可以通过第 5 课“变换图稿”中介绍的各种方法应用到图像中。

④ 按 Esc 键隐藏“链接”面板。

⑤ 单击“属性”面板中的“水平翻转”按钮，沿中心水平翻转图像，如图 15-9 所示。

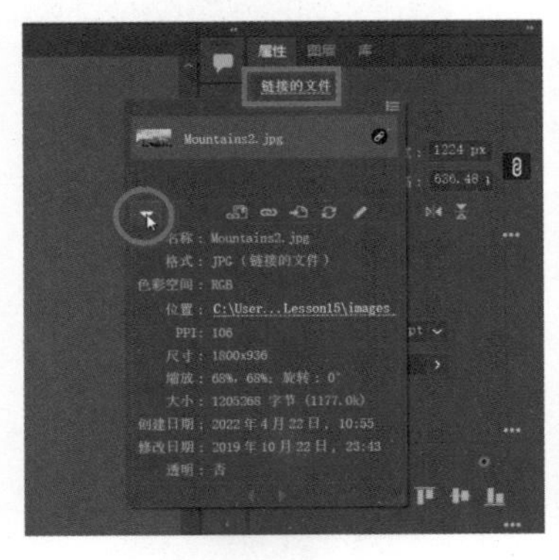

图 15-8

图 15-9

⑥ 使图像保持选中状态，然后选择“文件”>“存储”，保存文件。

15.3.3 裁剪图像

在 Adobe Illustrator 中，您可以遮挡或隐藏图像的一部分，也可以裁剪图像以永久删除部分图像。在裁剪图像时，您可以定义分辨率，这是减小文件和提高系统性能的有效方法。在 Windows 系统（64 位）和 macOS 上裁剪图像时，Adobe Illustrator 会自动识别所选图像的视觉重要部分。这由 Adobe Sensei 提供的内容感知裁剪功能实现。本小节将裁剪部分山峰图像。

提示 选择“Illustrator ”>“首选项”>“常规”（macOS）或“编辑”>“首选项”>“常规”（Windows），然后取消勾选“启用内容识别默认设置”复选框，可以关闭内容感知裁剪功能。

❶ 在选中图像的情况下，单击“属性”面板中的“裁剪图像”按钮，如图 15-10（a）所示，在弹出的警告对话框中单击“确定”按钮，如图 15-10（b）所示。

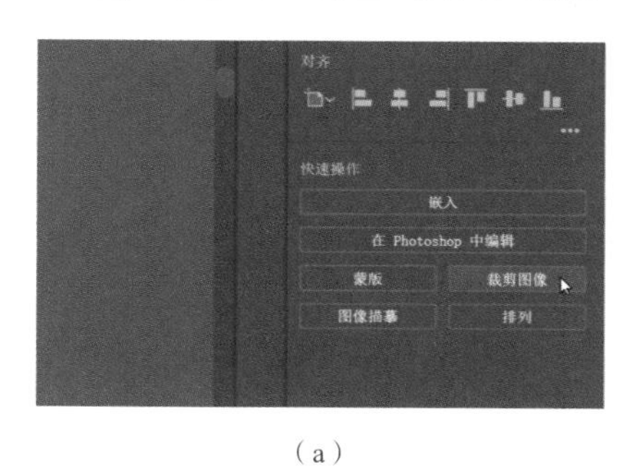

（a）

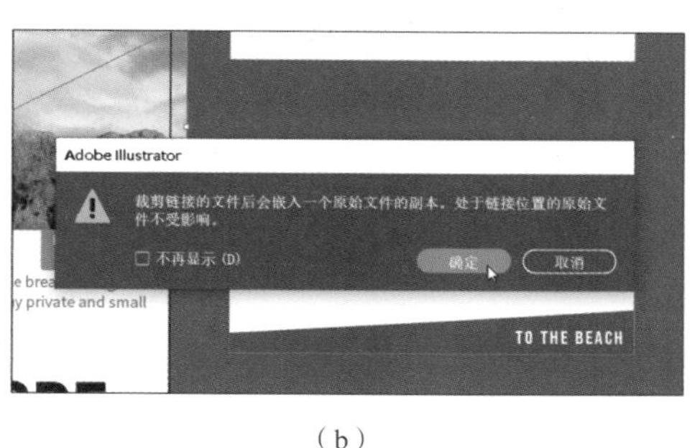

（b）

图 15-10

提示 若要裁剪所选图像，您还可以选择“对象”>“裁剪图像”或从快捷菜单中选择“裁剪图像”命令（右击图像或按住 Ctrl 键并单击图像）。

链接的图像（如山峰图像）在被裁剪后，会嵌入 AI 文件中。Adobe Illustrator 会自动识别所选图像的视觉重要部分，而且图像上会显示一个默认裁剪框。如果有必要，您可以调整此裁剪框的尺寸，而剪裁框以外的图稿部分会变暗，在完成裁剪之前无法对其进行选择。

❷ 按住鼠标左键拖动裁剪手柄，裁掉图像的底部和顶部，并且将其剪裁到与画板边缘齐平。您最初看到的剪裁框可能与图 15-11（a）的有所不同，这没关系。您在操作时可以将图 15-11（b）作为最终参考。

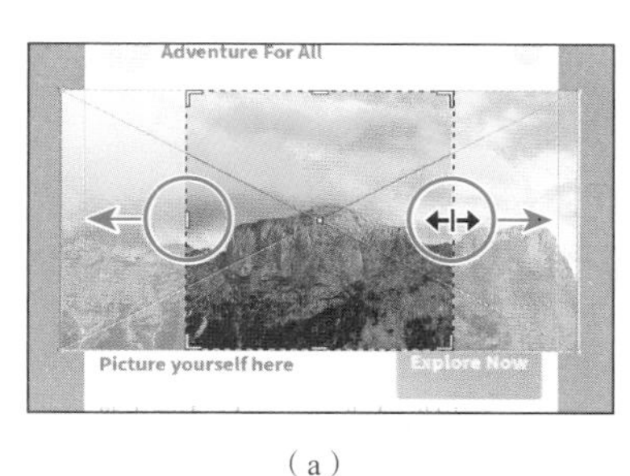

（a）

（b）

图 15-11

您可以拖动出现在图像周围的手柄来裁剪图像的不同部分，还可以在“属性”面板中定义要裁剪区域的大小（宽度和高度）。

③ 打开“属性”面板中的 PPI（分辨率）下拉列表，如图 15-12 所示。

PPI 下拉列表中任何高于图像原始分辨率的选项都将被禁用。您可以输入的最大值等于原始图像分辨率，而链接图稿的 PPI 可设为 300。如果要缩小文件大小，请选择比原始分辨率更低的分辨率，但这有可能造成图像不适合打印。

注意 根据图像的大小，“中（150 ppi）”选项可能不会变暗，这是正常的。

④ 将鼠标指针移动到图像的中心，然后将裁剪框向下拖动，在图像的顶部进行更多裁剪，如图 15-13 所示。

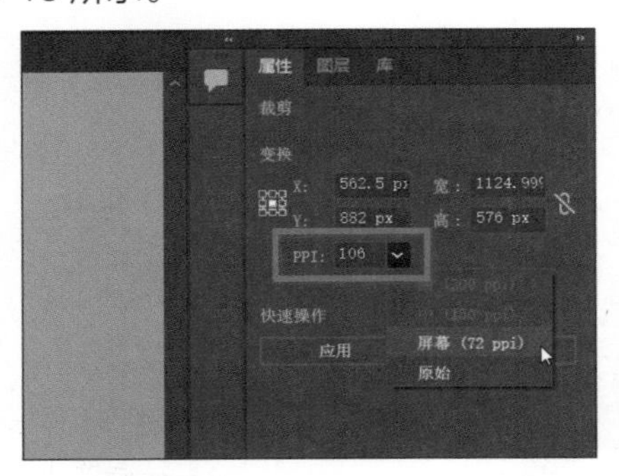

图 15-12

图 15-13

提示 如果无法向上或向下拖动，请尝试向右或向左拖动剪裁框。

提示 您可以按 Enter 键应用裁剪或按 Esc 键取消裁剪。

⑤ 在“属性”面板中单击“应用”按钮，如图 15-14 所示，永久性裁剪图像。

由于图像在裁剪时已经嵌入，因此裁剪不会影响置入的原始图像文件。

⑥ 如果有需要，将图像拖动到图 15-15 所示的位置。

⑦ 单击“属性”面板中的“排列”按钮，然后选择“后移一层”命令，执行此操作几次，使图像位于图稿和文本的下层，如图 15-15 所示。

⑧ 选择“选择”>“取消选择”，然后选择“文件”>“存储”，保存文件。

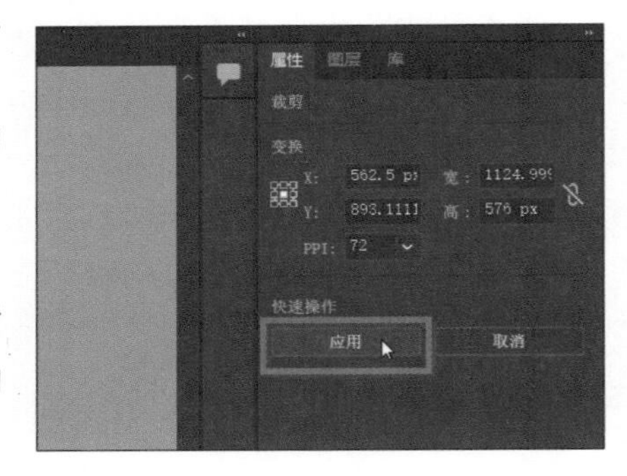

图 15-14

图 15-15

15.3.4 置入 PSD 文件

在 Adobe Illustrator 中置入包含多个图层的 PSD 文件（本地文件 .psd 或云文档 .psdc）时，您可以在置入该文件时更改图像选项。例如，如果置入 PSD 文件，则可以选择拼合图像，或者保留文件中的原始 Photoshop 图层。本小节将置入一个 PSD 文件，设置相关选项后将其嵌入 AI 文件中。

❶ 选择“文件”>“置入”。

❷ 在“置入”对话框中定位到 Lessons>Lesson15>images 文件夹，选择 PhotoFrame.psd 文件。在“置入”对话框中，设置以下选项（在 macOS 中，如果看不到这些选项，请单击“选项”按钮），如图 15-16 所示。

图 15-16

- “链接”复选框：取消勾选（取消勾选“链接”复选框可将图像文件嵌入 AI 文件中）。
- “显示导入选项”复选框：勾选（勾选此复选框，在单击“置入”按钮后将打开“导入选项”对话框，您可以在置入之前设置导入选项）。

注意 如果文件没有多个图层，即使在“置入”对话框中勾选“显示导入选项”复选框，单击“置入”按钮后也不会显示导入选项对话框。

❸ 单击“置入”按钮。

由于文件具有多个图层，且在“置入”对话框中勾选了“显示导入选项”复选框，因此会弹出“Photoshop 导入选项”对话框。

❹ 在“Photoshop 导入选项”对话框中设置以下选项，如图 15-17 所示。

- 图层复合：Beach（图层复合是您在 Adobe Photoshop 中创建的“图层”面板状态的快照。在 Adobe Photoshop 中，您可以在单个 PSD 文件中创建、管理和查看图层布局。PSD 文件中图层复合关联的所有注释都将显示在“注释”区域中）。

提示 若要了解有关图层复合的详细内容，请参阅“Illustrator 帮助”中的“从 Photoshop 导入图稿”（选择“帮助”>“Illustrator 帮助”）。

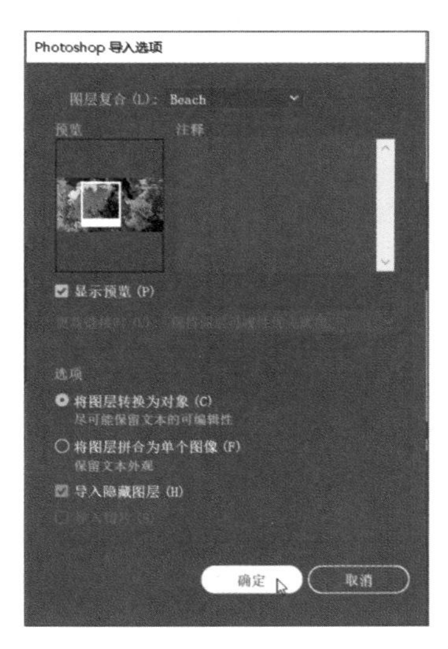

图 15-17

- “显示预览”复选框：勾选（在预览框中显示所选图层复合的预览图）。
- “将图层转换为对象”选项：选择（仅当取消勾选“链接”复选框，并选择嵌入 PSD 文件时，此选项和“将图层拼合为单个图像”选项才可用）。

> **提示** 您可能在对话框中看不到预览图，这没关系。

- “导入隐藏图层”复选框：勾选（这将导入在 Adobe Photoshop 中被隐藏的图层）。

⑤ 单击“确定”按钮。

⑥ 将鼠标指针移动到右侧画板的左上角，按住鼠标左键从画板的左上角拖动到画板的右下角以置入图像并调整其大小，确保该图像覆盖整个画板，如图 15-18 所示。

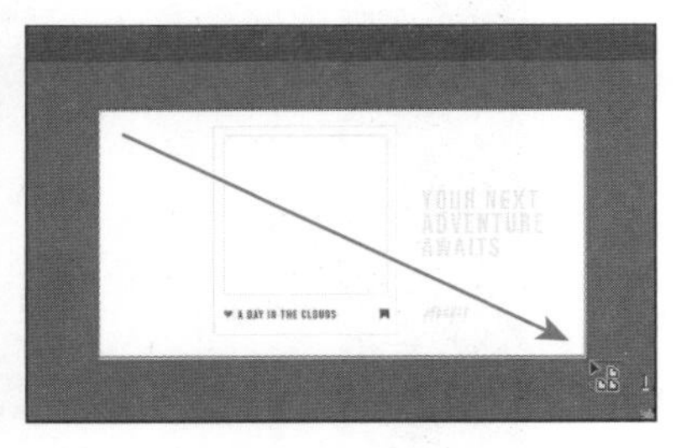

图 15-18

您已将 PhotoFrame.psd 文件中的图层变换为可以在 Adobe Illustrator 中显示和隐藏的图层，而不是将整个文件拼合为单个图像。如果在置入 PSD 文件时勾选了“链接”复选框（链接到原始 PSD 文件），那么“Photoshop 导入选项”对话框的“选项”选项组中仅有“将图层拼合为单个图像”选项可用。请注意，在画板上仍选择图像的情况下，“属性”面板的顶部会显示“编组”文本。在保存和置入时，原来的图层将编组在一起。

⑦ 选择“对象”>“排列”>“置于底层”，将图像置于画板上内容的底层。

⑧ 切换到“图层”面板，按住鼠标左键将“图层”面板的左边缘向左侧拖动，使面板变宽，以便查看图层的完整名称。

⑨ 单击面板底部的“定位对象”按钮，在“图层”面板中显示图像内容，如图 15-19 所示。

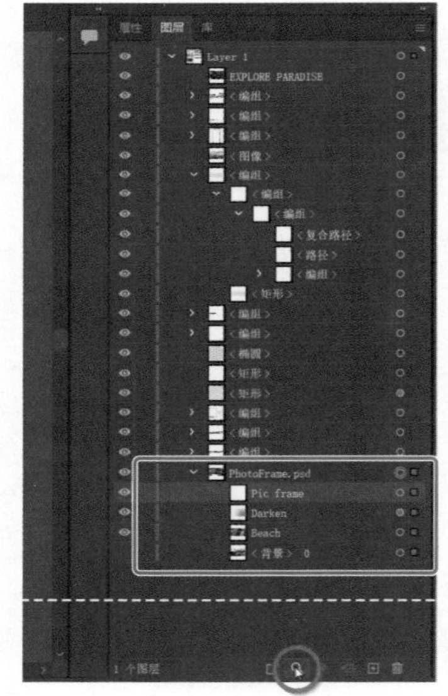

图 15-19

> **提示** 如果 PhotoFrame.psd 文件在“图层”面板中不是最后一个（底部）对象，请将其向下拖动到图 15-19 所示的位置。

注意 PhotoFrame.psd 文件的子图层。这些子图层是 PSD 文件中的图层，现在出现在 Adobe Illustrator 的“图层”面板中，这是因为在“置入”图像时没有选择“将图层拼合为单个图像”选项。

当您置入带有图层的 PSD 文件并在“Photoshop 导入选项”对话框中选择“将图层转换为对象”选项时，Adobe Illustrator 将图层视为编组中的单独子图层。PSD 文件中有一个白色相框，但是画板上已经有一个相框，因此接下来您需要隐藏 PSD 文件中的白色相框及其中的图像。

10 在“图层”面板中，单击子图层 Pic Frame 和 Beach 图像左侧的眼睛图标，将其隐藏。

11 单击山峰图像对应图层的眼睛图标位置（本例中山峰图像图层已被命名为“< 背景 > 0”），显示山峰图像，如图 15-20 所示。

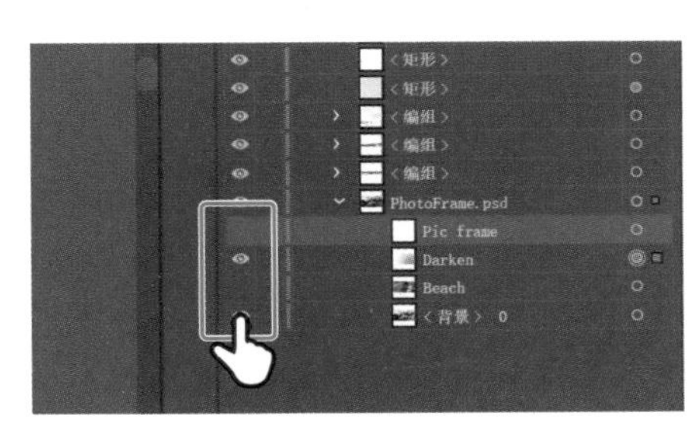

图 15-20

15.3.5　置入多个图像

在 Adobe Illustrator 中，您还可以一次性置入多个图像文件。本小节将同时置入多个图像，然后将它们放置在画板上。

1 选择“文件”>“置入”。

2 在“置入”对话框中打开 Lesson>Lesson15>images 文件夹，选择 Hills.jpg 文件，然后按住 Command 键（macOS）或 Ctrl 键（Windows）单击名为 Icon.jpg 的图像以选中这两个图像文件，如图 15-21 所示。

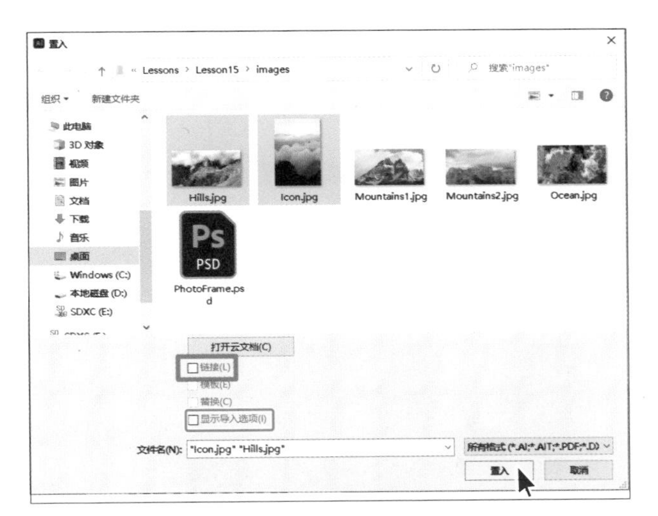

图 15-21

注意 您在 Adobe Illustrator 中看到的“置入”对话框可能会以不同的视图（如“列表视图”）显示图像，这不影响操作。

3 在 macOS 中，如有必要，单击“选项”按钮以显示更多选项。取消勾选“显示导入选项”复选框，并确保未勾选“链接”复选框。

4 单击“置入”按钮。

> 💡 **提示** 若要丢弃已加载并准备置入的资源，请使用方向键定位到相应资源，然后按 Esc 键。

❺ 将鼠标指针移到带有 Adventure For All 文本的画板的左侧，按向右箭头键或向左箭头键（或向上箭头键和向下箭头键）几次，观察鼠标指针旁边的图像缩略图，它们会循环切换。在看到 Icon.jpg 图像的缩略图时，按住鼠标左键并拖动，以较小的尺寸置入图像，如图 15-22 所示。

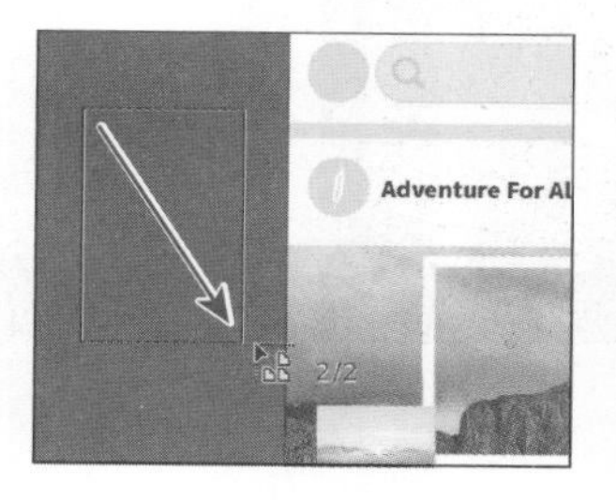

图 15-22

您可以在文档窗口中单击，将图像直接以原始图像的大小置入，也可以按住鼠标左键拖动来置入图像。置入图像时，按住鼠标左键并拖动可以调整图像的大小。在 Adobe Illustrator 中调整图像大小可能会导致图像分辨率与原始分辨率不同。另外，当您在文档窗口中单击或拖动时，无论鼠标指针中显示的是哪个图像的缩略图，其都是要置入的图像。

❻ 将鼠标指针移动到右侧底部的画板的左上角，然后按住鼠标左键拖过画板的右下角以置入和缩放图像，如图 15-23 所示。保持图像处于选中状态。

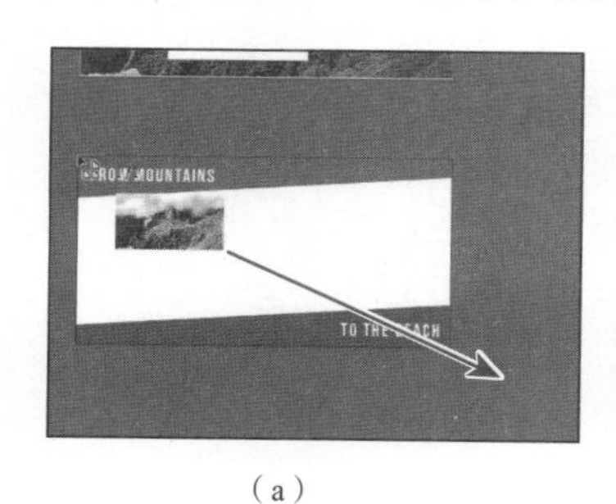

（a）

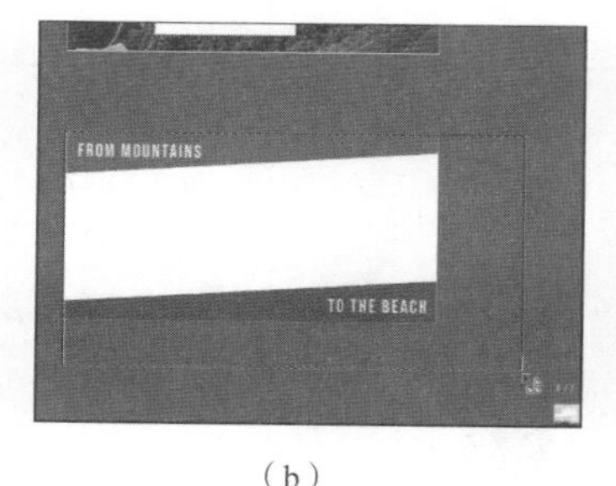

（b）

（c）

图 15-23

❼ 切换到“属性”面板，单击“属性”面板中的“排列”按钮，然后选择“置于底层”命令，将图像排列在画板上其他内容的下层，如图 15-24 所示。

图 15-24

❽ 保持图像处于选中状态，并选择“文件”>“存储”，保存文件。

置入云文档

在 Adobe Illustrator 中，您还可以置入 PSD 格式的云文档，具体操作如下。

1. 选择“文件” > “置入”。

2. 在“置入”对话框中单击“打开云文档”按钮，如图 15-25 所示，以打开云文档的资源选择器。

在资源选择器中选择文件 [如 PSD 云文档（扩展名为 .psdc）] 后，您可以勾选或取消勾选“已链接”复选框，然后单击“置入”按钮，如图 15-26 所示。

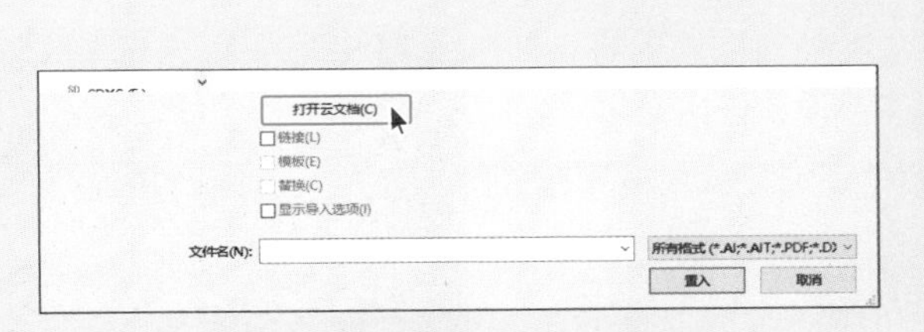

图 15-25

图 15-26

15.4 给图像添加蒙版

为了实现某些设计效果，可以为图像内容应用剪切蒙版（剪贴路径）。剪切蒙版是一种对象，其形状会遮罩其他图稿，只有位于形状内的图稿才可见。图 15-27（a）所示为顶层带有白色圆形的图像，图 15-27（b）中，白色圆形被用来遮罩或隐藏部分图像。

注意 通常，“剪切蒙版”“剪贴路径”“蒙版”的意思是一样的。

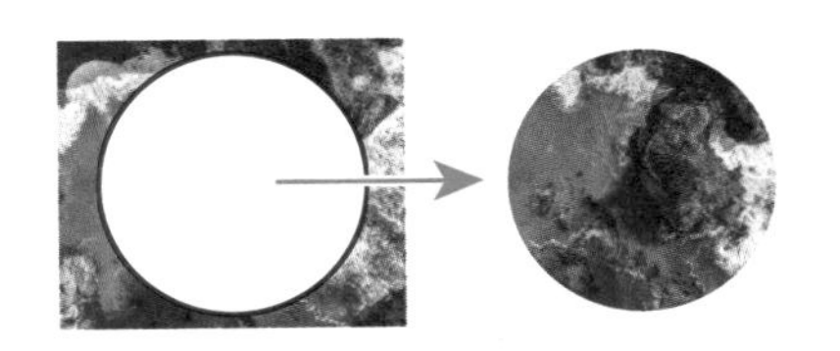

图像顶层有一个白色圆形　遮罩或隐藏部分图像

（a）　（b）

图 15-27

只有矢量对象才能成为剪切蒙版，但是可以对任何图稿添加剪切蒙版。您还可以导入在 PSD 文件中创建的蒙版。剪切蒙版和被遮罩对象称为剪切组。

15.4.1 给图像添加简单蒙版

本小节将在 Hills.jpg 图像上创建一个简单的剪切蒙版，以便隐藏部分图像。

❶ 在选择 Hills.jpg 图像的情况下，在“属性”面板中单击“快速操作”选项组中的“蒙版”按钮，

如图 15-28 所示。

图 15-28

> 提示　您还可以通过选择“对象”>“剪切蒙版”>“制作”来创建剪切蒙版。

单击“蒙版”按钮，可将一个形状和大小均与所选图像相同的剪切蒙版应用于图像。在这种情况下，图像看起来并没有任何变化。

② 在“图层”面板中，单击面板底部的“定位对象”按钮，如图 15-29 中红圈所示。

注意包含在“<剪切组>”图层中的“<剪贴路径>”和“<图像>”子图层，如图 15-29 中红框所示。“<剪贴路径>”是创建的剪切蒙版，“<剪切组>”是包含蒙版和被遮罩对象（被裁剪后的嵌入图像）的集合。

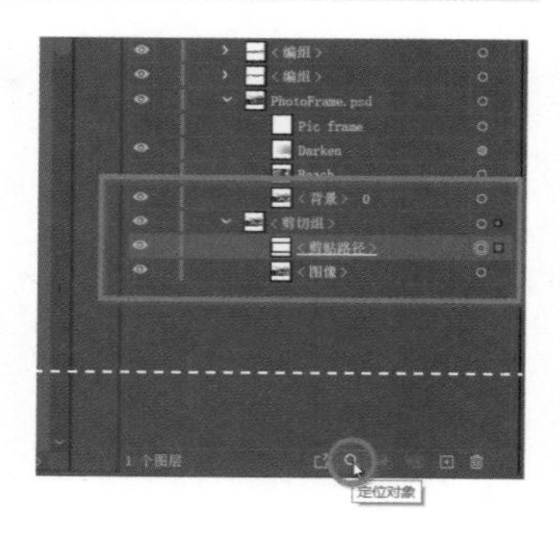

图 15-29

15.4.2　编辑剪切蒙版

要编辑剪切蒙版，需要先选中对应路径。Adobe Illustrator 提供了多种方法来选择蒙版。本小节将编辑刚创建的剪切蒙版。

① 在画板上仍选择 Hills.jpg 图像的情况下，单击“属性”面板顶部的“编辑内容”按钮，如图 15-30（a）所示。

> 提示　您还可以双击剪切组（带有剪切蒙版的对象）进入隔离模式。然后，您可以单击被遮罩的对象（在本例中为图像），也可以单击剪切蒙版边缘以选择剪切蒙版。完成编辑后，您可以使用前面课程介绍的各种方法（如按 Esc 键）退出隔离模式。

② 切换到“图层”面板，您会注意到“<图像>”子图层（在“<剪切组>”图层中）名称最右侧出现了选择指示器（小蓝色框），如图 15-30（b）所示，这意味着该子图层在画板上被选择了。

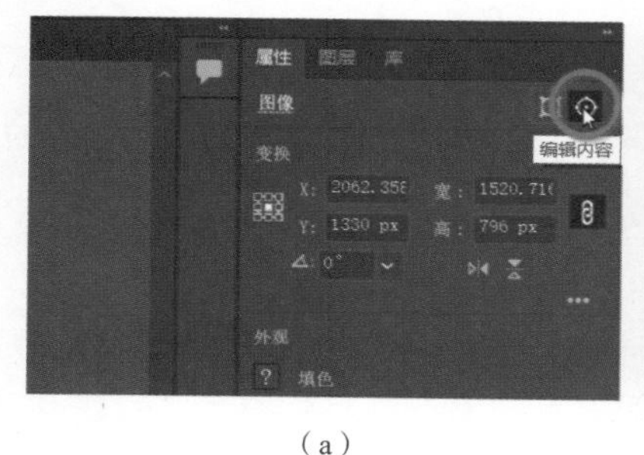

（a）

（b）

图 15-30

③ 切换到“属性”面板，在“属性”面板顶部单击“编辑剪贴路径”按钮，以在“图层”面板中选择“< 剪贴路径 >”子图层，如图 15-31 所示。

提示 您还可以使用变换选项（如旋转、倾斜等）或“直接选择工具”编辑剪切蒙版。

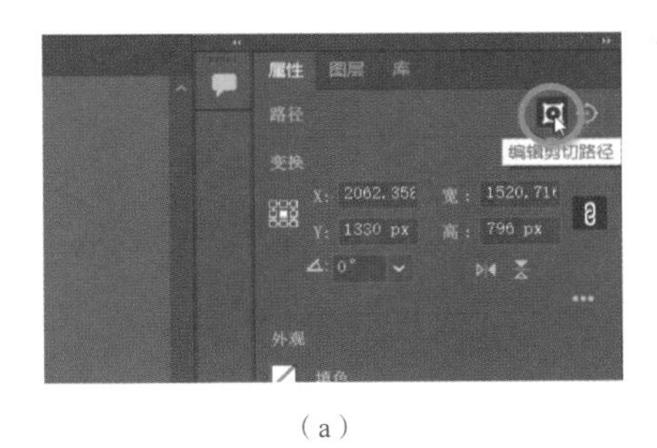

（a）

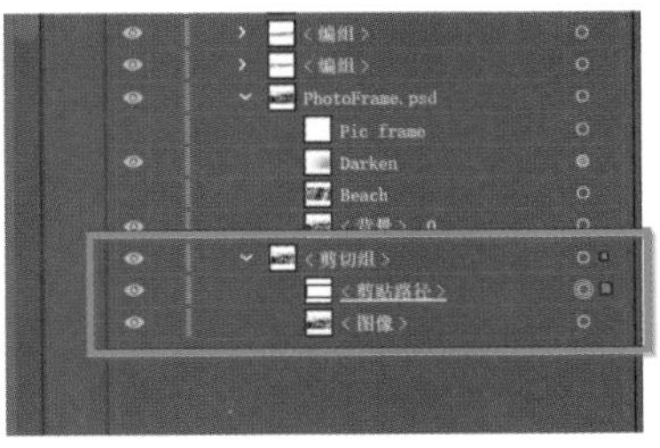

（b）

图 15-31

对象被遮罩时，您可以编辑剪切蒙版和遮罩的对象。使用“编辑内容”按钮和“编辑剪贴路径”按钮可选择要编辑的对象。首次单击选择被遮罩的对象时，将同时编辑剪切蒙版和被遮罩对象。

④ 选择“选择工具”，按住鼠标左键拖动所选剪切蒙版右下角的定界点，使其适合画板大小，如图 15-32 所示。

图 15-32

⑤ 单击“属性”面板顶部的“编辑内容”按钮，编辑 Hills.jpg 图像，而不是剪切蒙版，如图 15-33（a）所示。

提示 您还可以按方向键来重新定位图像。

⑥ 选择“选择工具”，在蒙版范围内按住鼠标左键小心地拖动，以将图像重新定位在蒙版的中央，如图 15-33（b）所示，松开鼠标左键。请注意，您正在移动的是图像而不是剪切蒙版。

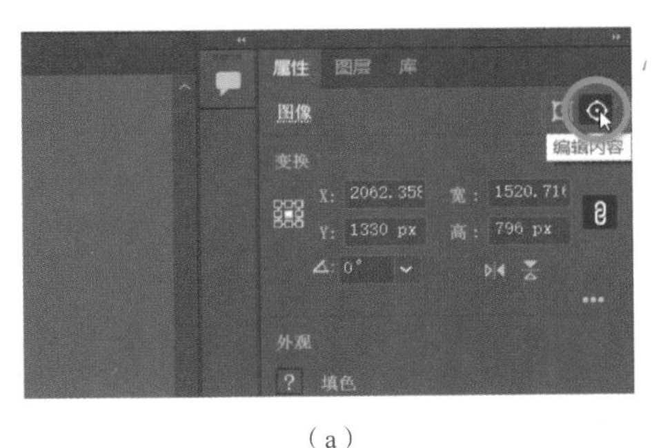

（a）

（b）

图 15-33

单击“编辑内容”按钮后，可以对图像应用多种变换，包括缩放、移动、旋转等。

⑦ 选择“视图”>“全部适合窗口大小”。

⑧ 选择“选择”>“取消选择”，然后选择“文件”>“存储”，保存文件。

15.4.3 使用形状创建蒙版

您还可以使用形状来创建蒙版。本小节将使用一个圆形来制作一个图像图标。

❶ 选择Adventure For All文本左侧的灰色圆形，并按住鼠标左键将其拖动到Icon.jpg图像的上层，如图15-34所示。

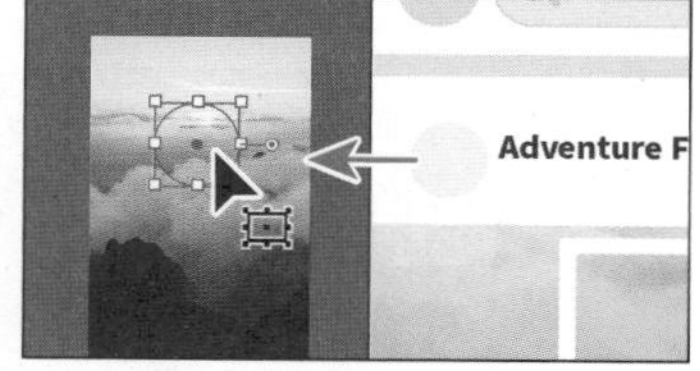

图 15-34

圆形将被放置在图像的下层。

❷ 按Command++组合键（macOS）或Ctrl++组合键（Windows）4次，放大视图。

❸ 单击"属性"面板中的"排列"按钮，然后选择"置于顶层"命令，将圆形排列在Icon.jpg图像的上层。

❹ 按住Shift键并单击图像以选择圆形和图像，单击"属性"面板的"快速操作"选项组中的"建立剪贴蒙版"按钮，以圆形遮罩图像，如图15-35所示。

此时已经隐藏了圆形范围之外的图像。

❺ 在圆形中双击以进入隔离模式，调整图像的大小和位置。

❻ 将鼠标指针移动到图像上方，单击图像。

❼ 按住Shift键，拖动图像一角的定界点，以缩小图像，如图15-36（a）所示。松开鼠标左键，然后松开Shift键。

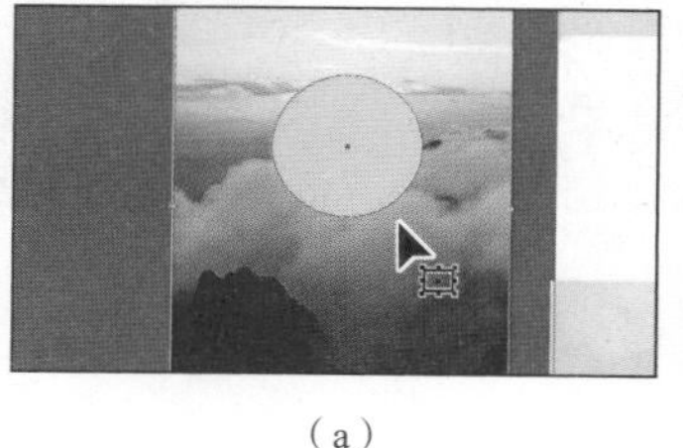

（a）

（b）

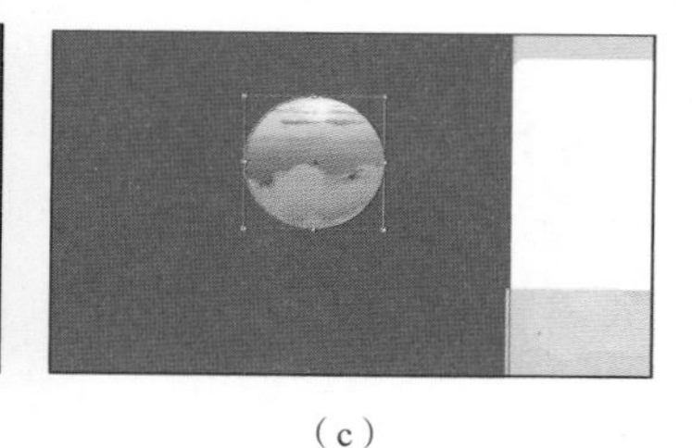

（c）

图 15-35

❽ 将鼠标指针移动到图像上，当其变为形状时，按住鼠标左键拖动图像以调整图像位置，如图15-36（b）所示。

❾ 按Esc键退出隔离模式。

❿ 在图像以外的地方单击以取消选择图像，按住鼠标左键将圆形拖到画板上的Adventure For All文本的左侧。

⓫ 选择"对象">"排列">"后移一层"几次，将圆形置于白色图标下层，如图15-37所示。

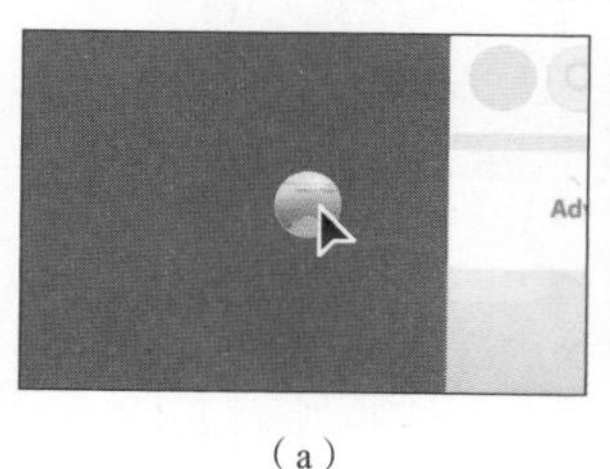

（a）

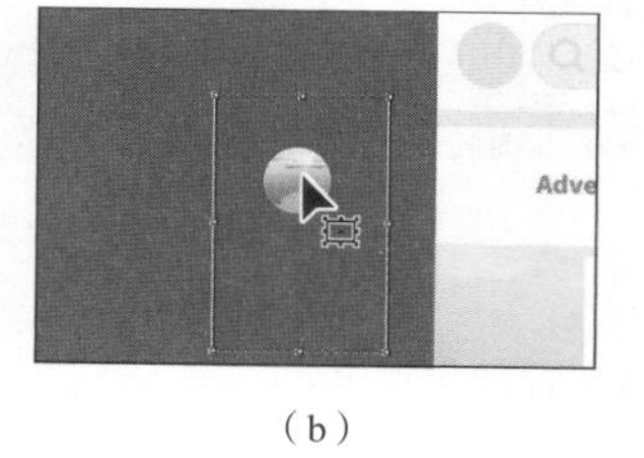

（b）

图 15-36

图 15-37

⓬ 选择"选择">"取消选择"，然后选择"视图">"全部适合窗口大小"以再次查看所有内容。

15.4.4 用文本创建蒙版

本小节将使用文本作为置入图像的蒙版。在本例中，文本将保持可编辑状态，而不是转换为轮廓。另外，您将使用 PSD 文件的一部分来置入图像。

❶ 选择“选择工具”，在右上方的画板中单击之前置入的 PSD 文件。

❷ 在“图层”面板中单击“定位对象”按钮，突出显示“图层”面板中置入的图像内容。

❸ 单击海滩图像（Beach 子图层）左侧的眼睛图标位置，显示该图像，如图 15-38（a）左侧红圈所示。

❹ 单击“图层”面板中海滩图像的选择指示器以仅选择该图像，如图 15-38（a）右侧红圈所示，效果如图 15-38（b）所示。

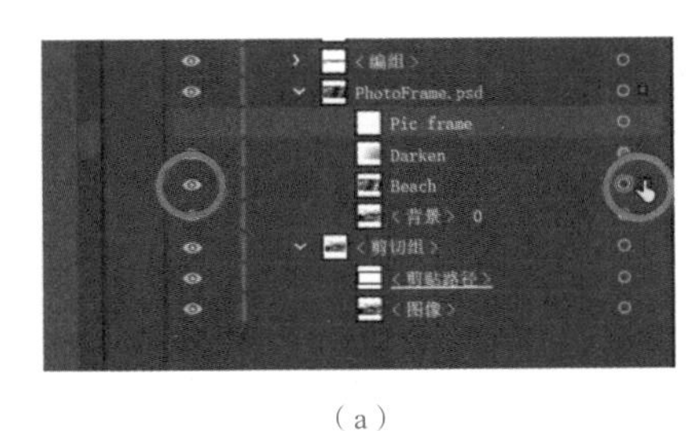

（a）

（b）

图 15-38

❺ 选择“编辑”>“复制”，然后选择“编辑”>“粘贴”。

❻ 选择“编辑”>“粘贴”，粘贴另一个副本，然后按住鼠标左键将其拖动到空白区域，如图 15-39 所示。现在有 3 个图像副本了。

❼ 在“图层”面板中单击 PotoFrame.psd 图层中 Beach 子图层左侧的眼睛图标，将其隐藏。

❽ 拖动图像的第一个副本到大型文本 EXPLORE PARADISE 上方，不用考虑其具体位置。

❾ 切换到“属性”面板，单击“属性”面板中的“排列”按钮，选择“置于底层”命令，效果如图 15-40 所示。

图 15-39

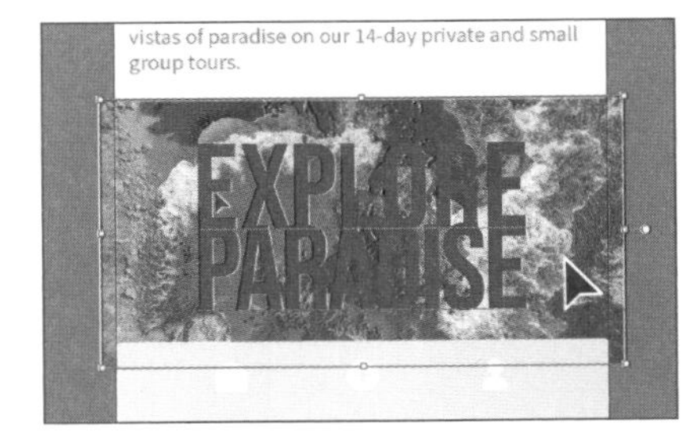

图 15-40

您现在能看到 EXPLORE PARADISE 文本。要使用文本创建蒙版，文本需要在图像的上层。

❿ 选择“编辑”>“复制”，复制图像，然后选择“编辑”>“贴在前面”。

⓫ 选择“对象”>“隐藏”>“所选对象”，隐藏副本。

⓬ 单击文本下方的图像，然后按住 Shift 键单击 EXPLORE PARADISE 文本，同时选中它们。

⓭ 在“属性”面板中单击“建立剪贴蒙版”按钮，此时图像被文本遮罩，如图 15-41 所示。

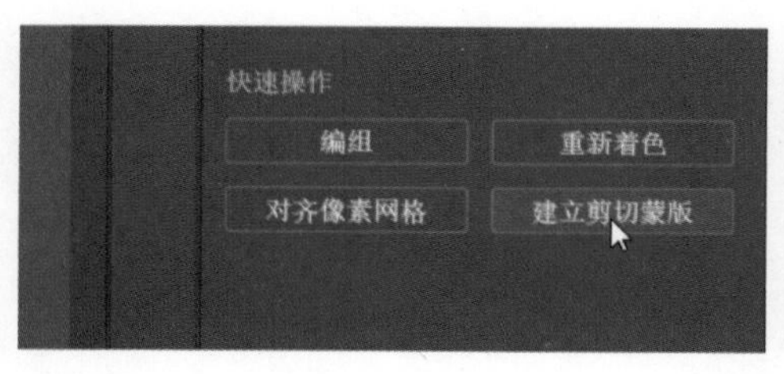

（a）

（b）

图 15-41

15.4.5　完成文字蒙版

接下来，您将在文本下层添加一个深色矩形来使文本和下层的图像从视觉上区分开来。

❶ 在“图层”面板中，单击“图层”面板底部隐藏的 Beach 图层的眼睛图标位置，以显示该图层上的内容，如图 15-42 所示。

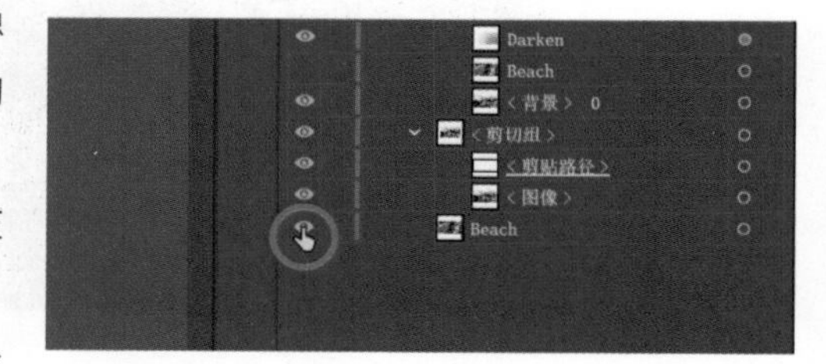

图 15-42

❷ 在工具栏中选择“矩形工具”，按住鼠标左键绘制一个和图像等大的矩形并覆盖该图像。

❸ 单击“属性”面板中的“填色”框，选择一个深灰色色板。

❹ 在“属性”面板中将“不透明度”更改为“80%”，如图 15-43 所示。

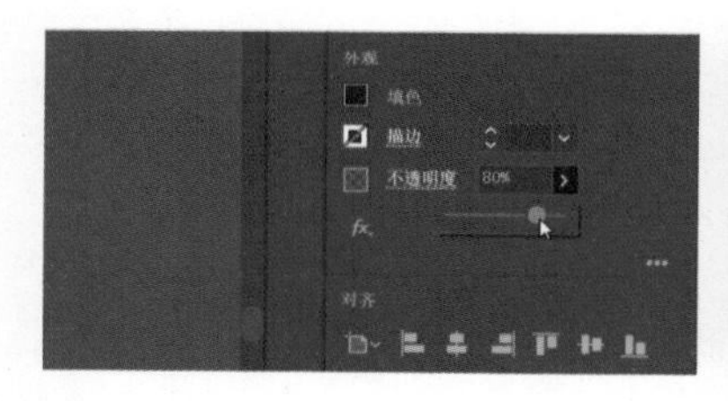

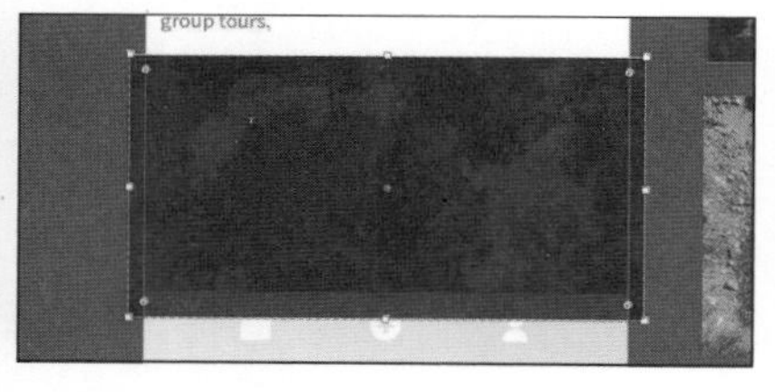

图 15-43

❺ 单击“排列”按钮，然后选择“置于底层”命令，将矩形置于剪切蒙版的下层。

❻ 单击“排列”按钮，然后选择“前移一层”命令，将其置于未遮盖的图像上层，如图 15-44 所示。

图 15-44

❼ 选择“选择”>“取消选择”。

15.4.6　创建不透明蒙版

不透明蒙版不同于剪切蒙版，因为它允许您遮罩对象并改变图稿的透明度。您可以使用“透明度”面板制作和编辑不透明蒙版。本小节将为海滩图像副本创建一个不透明蒙版，使其逐渐融入另一个图像。

❶ 使用“选择工具”▶选择复制得到的海滩图像并将其拖动到图 15-45 所示的位置。

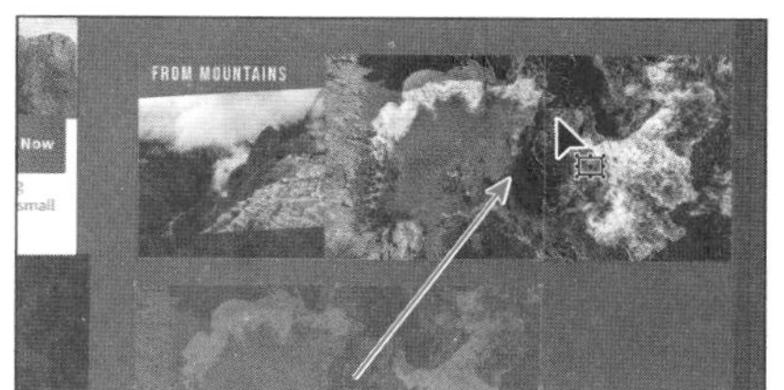

图 15-45

❷ 在工具栏中选择“矩形工具”，按住鼠标左键拖动以创建一个覆盖大部分海滩图像的矩形，如图 15-46（a）所示，它将成为蒙版。

❸ 按 D 键设置矩形为默认描边（黑色，1 pt）和填色（白色）效果，如图 15-46（b）所示，以便更轻松地选择和移动它。

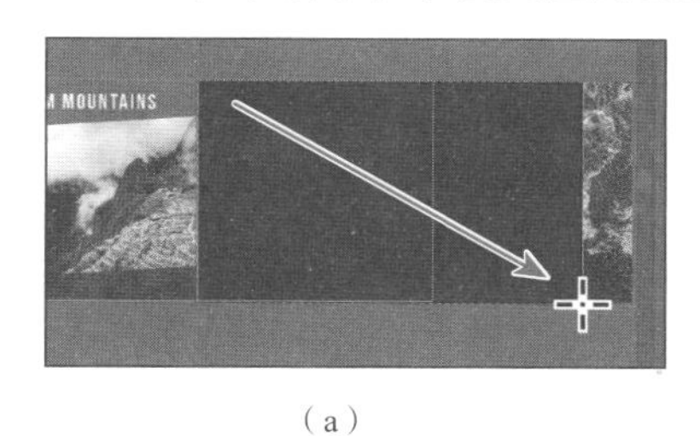

（a）

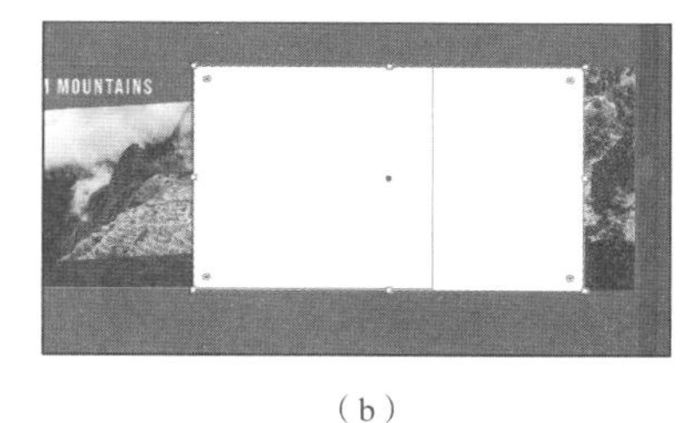

（b）

图 15-46

❹ 选择“选择工具”▶，在按住 Shift 键的同时单击沙滩图像以将其选中。

注意 如果要创建与图像具有相同尺寸的不透明蒙版，则不需要绘制形状，只需单击“透明度”面板中的“制作蒙版”按钮即可。

❺ 单击“属性”面板选项卡以再次查看“属性”面板。单击“不透明度”文本打开“透明度”面板，单击“制作蒙版”按钮，然后保持图稿处于选中状态，面板处于显示状态，如图 15-47 所示。

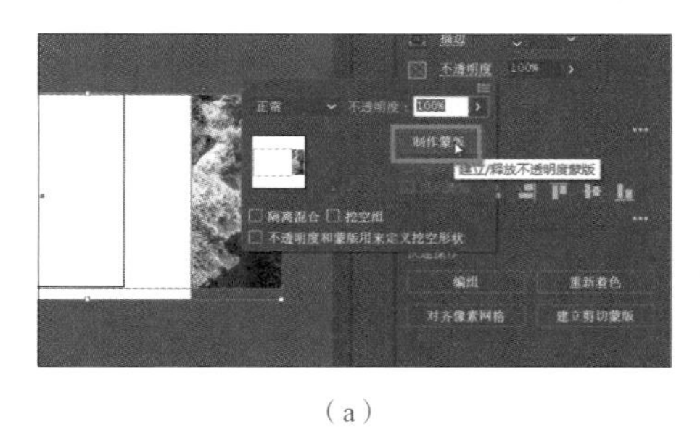

（a）

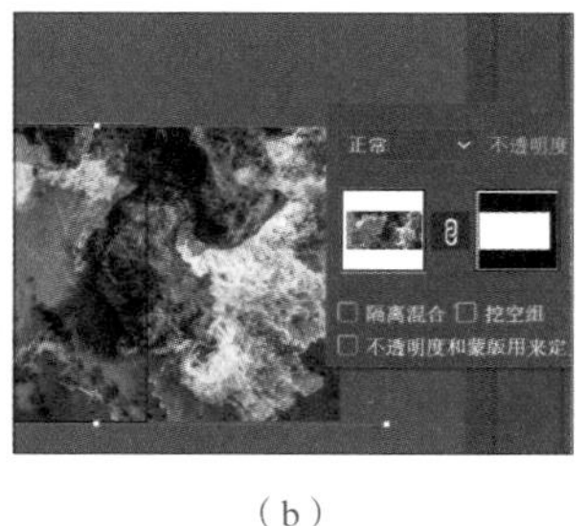

（b）

图 15-47

单击“制作蒙版”按钮后，该按钮现在显示为“释放”。如果再次单击该按钮，该图像将不再被遮罩。

15.4.7 编辑不透明蒙版

本小节将调整 15.4.6 小节中创建的不透明蒙版。

❶ 选择“窗口”>“透明度”，打开“透明度”面板。

您将看到与单击“属性”面板中的“不透明度”文本时打开的面板相同的面板。若您是单击“不透明度”文本打开的“透明度”面板，您需要隐藏该面板，才能使本小节中所做的更改生效，而在自由浮动的“透明度”面板中，更改将自动生效。

❷ 在“透明度”面板中，按住Shift键并单击蒙版缩略图（由黑色背景上的白色矩形表示）以禁用蒙版。

> 提示 若要禁用和启用不透明蒙版，您还可以单击“透明度”面板菜单按钮，然后选择“停用不透明蒙版”或“启用不透明蒙版”命令来实现。

请注意，“透明度”面板的蒙版上会出现一个红色的“X”，并且整个海滩图像会重新出现在文档窗口中，如图 15-48 所示。

如果您需要对遮罩对象进行任何操作，禁用蒙版对再次查看所有被遮罩的对象（在本例中为图像）很有用。

> 提示 要在画板上单独显示蒙版（如果原始蒙版有其他颜色的话，则以灰度显示），还可以按住 Option 键（macOS）或 Alt 键（Windows），在“透明度”面板中单击蒙版缩略图。

❸ 在“透明度”面板中，按住 Shift 键并单击蒙版缩略图，再次启用蒙版。

❹ 单击“透明度”面板右侧的蒙版缩略图，如图 15-49 所示，如果未在画板上选择蒙版，请使用“选择工具”▶单击蒙版缩略图以选中它。

图 15-48

图 15-49

单击“透明度”面板右侧的不透明蒙版缩略图可在画板上选中蒙版（矩形）。选中蒙版后，您将无法在画板上编辑其他图稿。另外，请注意，文档选项卡中会显示文本“（< 不透明蒙版 > / 不透明蒙版）”，表示您正在编辑该蒙版。

❺ 确保在“透明度”面板和画板上的蒙版仍处于选择状态，在“属性”面板中将“填色”更改为由白色到黑色的线性渐变（名称为 White, Black），如图 15-50 所示。

图 15-50

现在可以看到，蒙版白色部分的海滩图像会显示出来，而蒙版黑色部分的海滩图像会被隐藏起来。这种渐变蒙版会逐渐显示图像。

❻ 确保已选择了工具栏底部的“填色”框。

⑦ 选择“渐变工具”■，将鼠标指针移动到海滩图像的右侧，按住鼠标左键向左拖到海滩图像的左边缘，如图 15-51 所示。

请注意，此时不透明蒙版在“透明度”面板中的外观已发生改变。接下来将移动图像，但不移动不透明蒙版。在“透明度”面板中选择图像缩略图后，默认情况下，图像和不透明蒙版会链接在一起，所以在移动图像时，不透明蒙版也会随之移动。

⑧ 在“透明度”面板中单击图像缩略图，停止编辑蒙版。单击图像缩略图和蒙版缩略图之间的链接按钮■，如图 15-52 所示。这样就可以只移动图像或不透明蒙版，而不会同时移动它们。

注意 只有在“透明度”面板中选择了图像缩略图（而不是蒙版缩略图）时，您才能单击链接按钮。

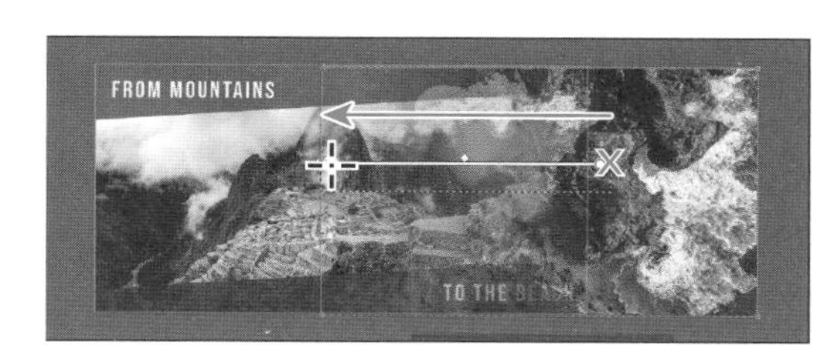

图 15-51

图 15-52

⑨ 选择“选择工具”，按住鼠标左键将海滩图像向左侧稍微拖动，如图 15-53 所示，然后松开鼠标左键以查看其位置。

注意 海滩图像的位置不需要与图 15-53 中的完全一致。

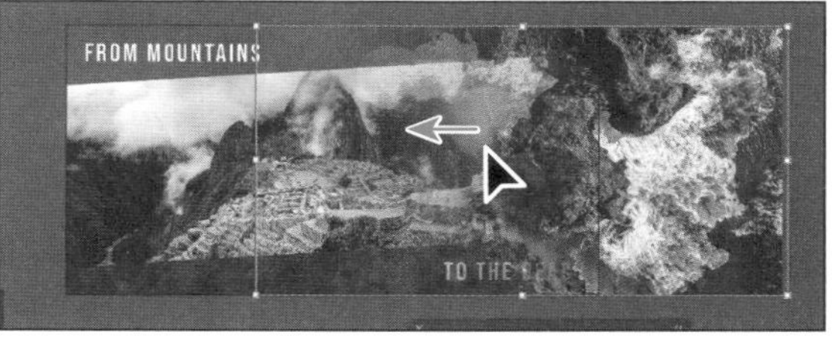

图 15-53

⑩ 在“透明度”面板中，单击图像缩略图和蒙版缩略图之间的断开链接按钮■，将两者再次链接在一起，如图 15-54 所示。

⑪ 按住鼠标左键将海滩图像向左侧拖动，以覆盖更多的山峰图像。

⑫ 按住 Shift 键单击山峰图像，选择“对象”>“排列”>“置于底层”，将其置于画板上的文本下层，如图 15-55 所示。

图 15-54

图 15-55

⑬ 选择“选择”>“取消选择”，然后选择“文件”>“存储”，保存文件。

15.5 使用图像链接

当您将图像置入 Adobe Illustrator 中时，可以选择链接图像或嵌入图像。您可以使用“链接”面板查看和管理所有链接图像或嵌入图像。“链接”面板显示了图稿的缩略图，并使用各种图标来表示图像的状态。在“链接”面板中，您可以查看已链接或嵌入的图像、替换置入的图像、更新在 Adobe Illustrator 外部编辑的链接图像，或在链接图像的原始应用程序（如 Adobe Photoshop）中编辑它。

> **注意** 有关如何使用链接和 Adobe Creative Cloud 库项目的更多内容，请参阅第 14 课。

15.5.1 查找链接信息

当置入图像时，了解原始图像的位置、对图像应用的变换（如旋转和缩放）以及更多其他信息很重要。在本小节，您将浏览“链接”面板来了解图像信息。

① 选择“窗口”>“工作区”>“重置基本功能”。

② 选择“窗口”>“链接”，打开“链接”面板。

③ 在“链接”面板中选择 Icon.jpg 图像，单击“链接”面板左下角的折叠按钮，以在面板底部显示链接信息，如图 15-56 所示。

在“链接”面板中，您将看到已置入的所有图像的列表。您可以通过图像名称或缩略图右侧的嵌入图标 判断图像是否已被嵌入。如果在“链接”面板中看不到图像的名称，则通常表示该图像是在置入时嵌入的，或者是与保留了图层的分层 PSD 文件一起使用的，抑或是粘贴到 Adobe Illustrator 中的。您还可以看到图像的相关信息，例如格式（嵌入的文件）、分辨率、变换信息等。

> **提示** 您还可以双击“链接”面板列表中的图像来查看其具体信息。

> **注意** 实际操作时，您看到的链接信息可能与您在图 15-57 中看到的信息不同，不用在意。

④ 单击图像列表下方的“转至链接”按钮，Icon.jpg 图像将被选择并居中显示在文档窗口中，如图 15-57 所示。

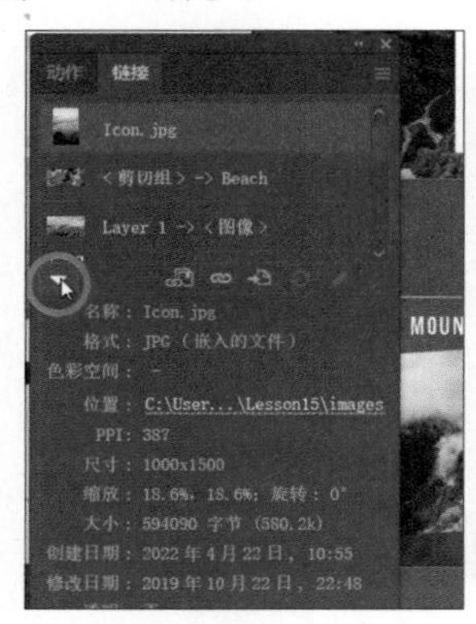

图 15-56

图 15-57

⑤ 选择“选择”>“取消选择”，然后选择“文件”>“存储”，保存文件。

15.5.2 嵌入和取消嵌入图像

如果您选择在置入图像时不链接到该图像，则该图像将嵌入 AI 文件中。这意味着图像数据存储在 AI 文件中。您也可以在置入并链接到图像后，再选择嵌入图像。此外，您可能希望在 Adobe Illustrator 外部使用嵌入图像，或在 Adobe Photoshop 等图像编辑应用程序中对其进行编辑。Adobe Illustrator 允许您取消嵌入图像，从而将嵌入的图像作为 PSD 文件或 TIFF 文件（您可以选择）保存到您的文件系统，并自动将其链接到 AI 文件。本小节将在文件中取消嵌入图像。

① 选择“视图”>“全部适合窗口大小”。

② 单击右侧下方画板上的 Hills.jpg 图像（山峰图像），“链接”面板中的对应内容如图 15-58 所示。

最初置入 Hills.jpg 图像时勾选了“嵌入”复选框，而嵌入图像后，您可能需要在 Adobe Photoshop 中对该图像进行编辑。此时，您需要取消嵌入该图像以便对其进行编辑，这是接下来将对图像所做的处理。

③ 单击“属性”面板中的“取消嵌入”按钮，如图 15-59 所示。

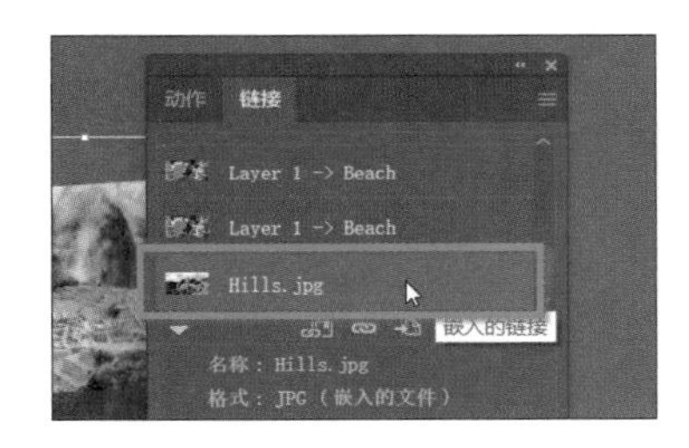

图 15-58

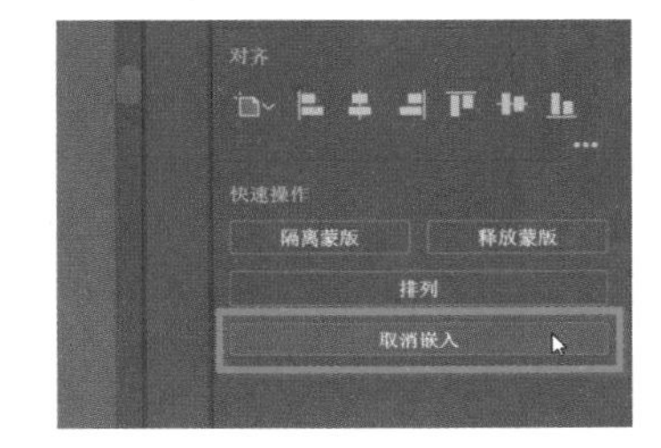

图 15-59

提示 您也可以单击“链接”面板菜单按钮☰，选择“取消嵌入”命令来取消嵌入图像。

注意 嵌入的 Hills.jpg 图像数据从文件中解压缩，并作为 PSD 文件保存在 images 文件夹中。画板上的图像现在链接到 PSD 文件。您可以说这是一个链接的图形，因为当选择它时，它会在边界框中显示“×”。

④ 在弹出的对话框中定位到 Lessons>Lesson15>images 文件夹。确保在“文件格式”下拉列表（macOS）或“保存类型”（Windows）下拉列表中选择 Photoshop（.PSD）选项，单击“保存”按钮，如图 15-60 所示。

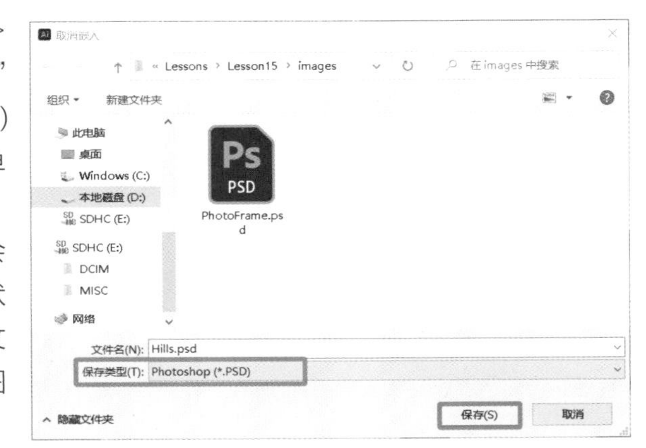

图 15-60

如果图像处于选中状态，那么现在图像上会出现一个“X”，这表示图像是链接而不是嵌入状态。如果在 Adobe Photoshop 中编辑 Hills.psd 文件，由于图像已链接，Adobe Illustrator 中的图像会自动更新。

⑤ 选择“选择>取消选择”。

15.5.3 替换链接图像

您可以轻松地将链接或嵌入的图像替换为另一个图像来更新图稿。替换图像要放置在原始图像所在的位置，如果新图像具有与原始图像相同的尺寸，则无须进行调整。如果缩放了要替换的图像，则可能需要调整替换图像的大小以匹配原始图像。本小节将替换图像。

❶ 单击左侧画板上的 Mountains2.jpg 图像。这是您置入的第一个图像。

❷ 在“链接”面板中，在图片列表下方单击“重新链接”按钮，如图 15-61 所示。

❸ 在弹出的对话框中定位到 Lessons> Lesson15> images 文件夹，然后选择 Mountains1.jpg 图像。确保已勾选“链接”复选框，单击“置入”按钮以替换图像，如图 15-62 所示，替换链接图像后的效果如图 15-63 所示。

❹ 选择“选择”>“取消选择”，最终效果如图 15-64 所示，然后选择“文件”>“存储”，保存文件。

图 15-61

图 15-62

图 15-63

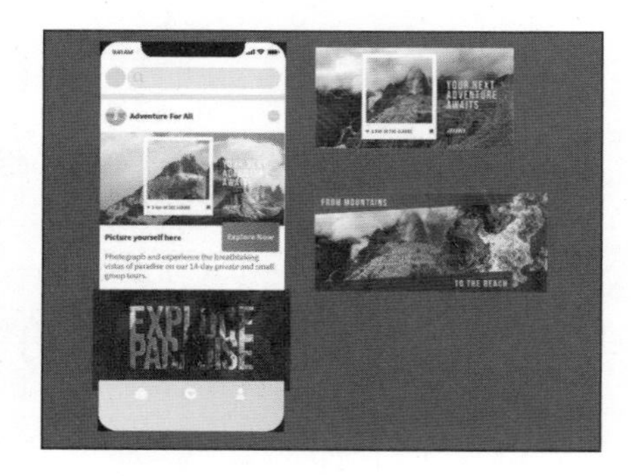

图 15-64

❺ 根据需要，选择“文件”>“关闭”几次，关闭所有打开的文件。

复习题

1. 在 Adobe Illustrator 中，链接文件和嵌入文件之间的区别是什么？
2. 导入图像时如何显示导入选项？
3. 哪些类型的对象可用作蒙版？
4. 如何为置入的图像创建不透明蒙版？
5. 如何替换置入的图像？

参考答案

1. 链接文件是一个独立的外部文件，通过链接与 AI 文件关联。链接文件不会明显增大 AI 文件。为保留链接并确保在打开 AI 文件时显示置入文件，被链接的文件必须随 AI 文件一起提供。嵌入文件将成为 AI 文件的一部分，因此嵌入文件后，AI 文件会相应增大。嵌入文件将成为 AI 文件的一部分，所以不存在断开链接的问题。无论是链接文件还是嵌入文件，都可以使用“链接”面板中的“重新链接”按钮来更新。
2. 使用“文件”>“置入”置入图像时，在“置入”对话框中勾选“显示导入选项”复选框，将打开导入选项对话框，可以在其中设置导入选项，然后再置入图像。在 macOS 中，如果在“导入选项”对话框中看不到更多选项，则需要单击“选项”按钮。
3. 蒙版可以是简单路径，也可以是复合路径，可以通过置入 PSD 文件来导入蒙版（例如不透明蒙版），还可以使用位于对象组或图层上层的任何形状来创建剪切蒙版。
4. 将用作蒙版的对象放在要遮罩的对象上层，可以创建不透明蒙版。选择蒙版和要遮罩的对象，然后单击“透明度”面板中的“制作蒙版”按钮，或在“透明度”面板菜单中选择“建立不透明蒙版”命令，可以创建不透明蒙版。
5. 要替换置入的图像，可以在“链接”面板中选择该图像，然后单击“重新链接”按钮，选择用于替换的图像后，单击“置入”按钮 。

第 16 课

分享项目

本课概览

本课将学习以下内容。

- 打包文件。
- 创建 PDF 文件。
- 创建像素级优化的图稿。
- 使用“导出为多种屏幕所用格式”命令。
- 使用“资源导出”面板。

学习本课大约需要 30 分钟

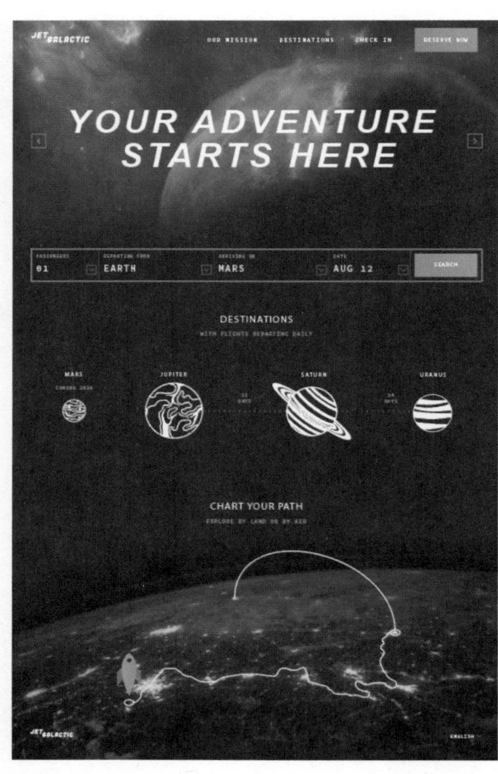

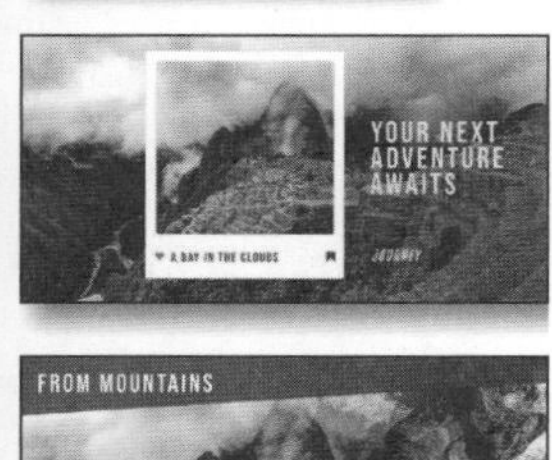

您可以使用多种方法分享和导出您的项目为 PDF 文件，或者优化您在 Adobe Illustrator 中创建的内容，以便在 Web、App 以及演示文稿中使用。

16.1 开始本课

开始本课之前，请还原 Adobe Illustrator 的默认首选项，并打开课程文件。

❶ 为了确保工具的功能和默认值完全如本课所述，请重置 Adobe Illustrator 的首选项文件。具体操作请参阅本书“前言”中的“还原默认首选项”部分。

❷ 启动 Adobe Illustrator。

❸ 选择“文件”>“打开”。在“打开”对话框中，定位到 Lessons > Lesson16 文件夹，选择 L16_start1.ai 文件，单击“打开”按钮。

❹ 在弹出的警告对话框中勾选“应用于全部”复选框，单击“忽略”按钮，如图 16-1 所示。

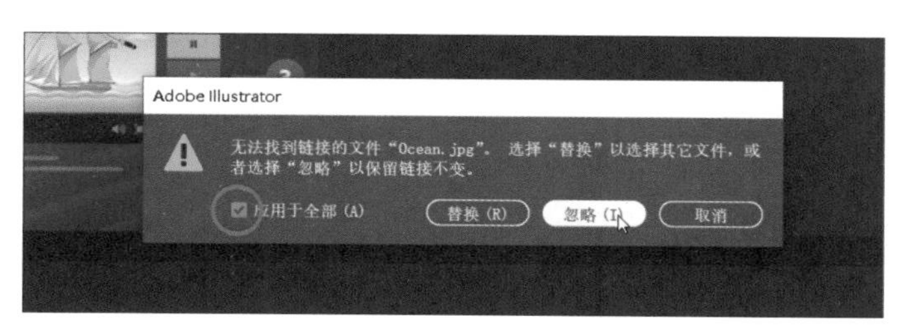

图 16-1

注意 本课所用课程文件由 Meng He 设计。

此时至少有一张图像（Ocean.jpg）链接到了该 AI 文件，但 Adobe Illustrator 无法从计算机上找到该图像，您需要打开“链接”面板查看哪个文件丢失了，然后替换它们，而不是直接在对话框中替换丢失的图像。

❺ 如果您跳过了第 15 课，“缺少字体”对话框很有可能再次弹出。单击“激活字体”按钮以激活所有缺少的字体（您的缺少字体列表可能和图 16-2 中的有所不同）。字体被激活之后，您会看到一条信息，提示没有缺少字体，单击“关闭”按钮。

图 16-2

❻ 如果弹出字体自动激活的对话框，单击“跳过”按钮。

❼ 选择“文件”>“存储为”，如果弹出云文档对话框，单击“保存在您的计算机上”按钮。

❽ 在“存储为”对话框中定位到 Lesson16 文件夹，打开该文件夹，并将文件命名为 Travel App.ai。在“格式”下拉列表中选择 Adobe Illustrator（ai）选项（macOS）或在“保存类型”下拉列表中选择 Adobe Illustrator（*.AI）选项（Windows），单击“保存”按钮。

❾ 在“Illustrator 选项”对话框中保持默认设置，然后单击“确定”按钮。

❿ 选择“窗口”>“工作区”>“重置基本功能”，确保工作区设置为默认设置。

⑪ 选择“视图”>“画板适合窗口大小”。

修复缺失的图片链接

由于您在打开文件时忽略了提示丢失链接的对话框，如果希望打印或导出此文件，则应修复缺失的图像链接。如果在未修复缺失图像链接的情况下创建 PDF 文件或打印此文件，Adobe Illustrator 将使用每个缺失图像的低分辨率版本。

① 选择“窗口”>“链接”，打开“链接”面板。

② 在“链接”面板中，选中第一行右侧带有图标的 Ocean.jpg 图像，该图标表示链接的图像缺失。在面板底部单击“转至链接”按钮，查看哪一个图像缺失了，如图 16-3 所示。

③ 在面板底部单击“重新链接”按钮，链接缺失的图像到原始位置，如图 16-4 所示。

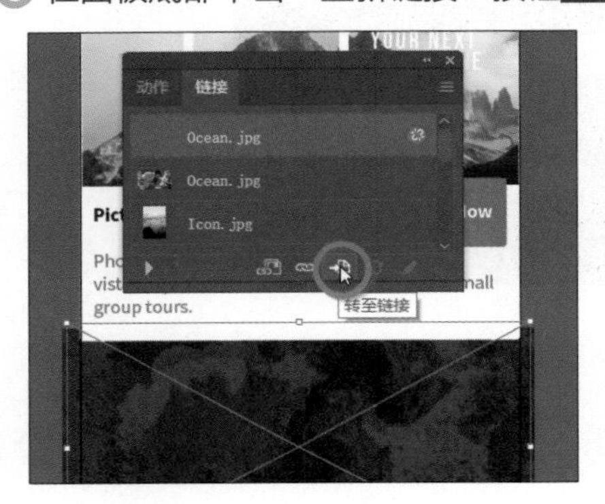

图 16-3

图 16-4

④ 在弹出的对话框中定位到 Lessons >Lesson16 > images 文件夹，选择 Ocean 图像，勾选“链接”复选框，单击“置入”按钮，如图 16-5 所示。

重新链接的 Ocean.jpg 图像现在将显示一个链接图标，表示已经链接到了图像，如图 16-6 所示。

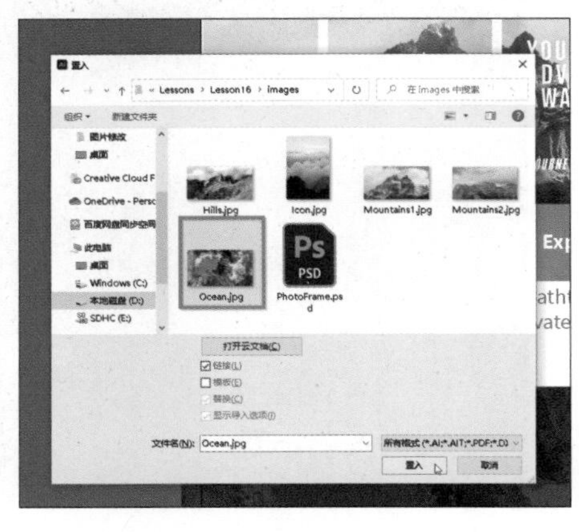

图 16-5

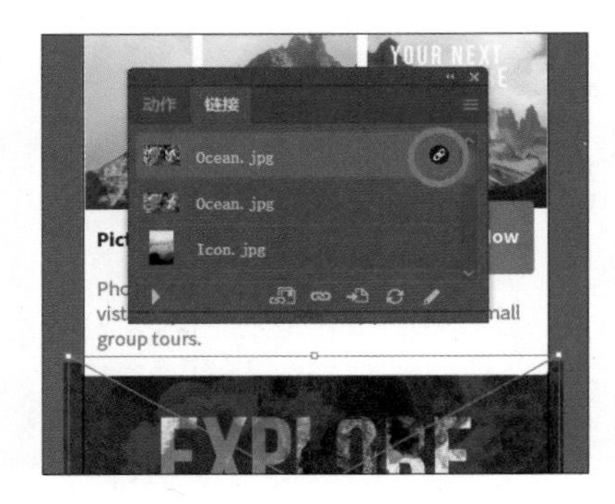

图 16-6

⑤ 选择“选择”>“取消选择”，然后选择“文件”>“存储”，保存文件。

⑥ 关闭“链接”面板。

16.2　打包文件

Adobe Illustrator 打包文件时会创建一个文件夹，其中包括 AI 文件的副本、所需字体、链接图像的副本以及一个关于打包文件信息的报告。这是一个用来分发 AI 文件中所有必需文件的简便方法。本小节将打包打开的文件。

> **注意** 如果需要保存文件，Adobe Illustrator 会弹出一个提示对话框。

① 选择“文件”>“打包”，如果弹出对话框询问是否保存，选择保存。在弹出的“打包”对话框中设置如下选项，如图 16-7 所示。

- 单击文件夹图标，定位到 Lesson16 文件夹。单击“选择”（macOS）或“选择文件夹”（Windows）按钮，返回“打包”对话框。
- 文件夹名称：Social。
- 其他选项：保持默认设置。

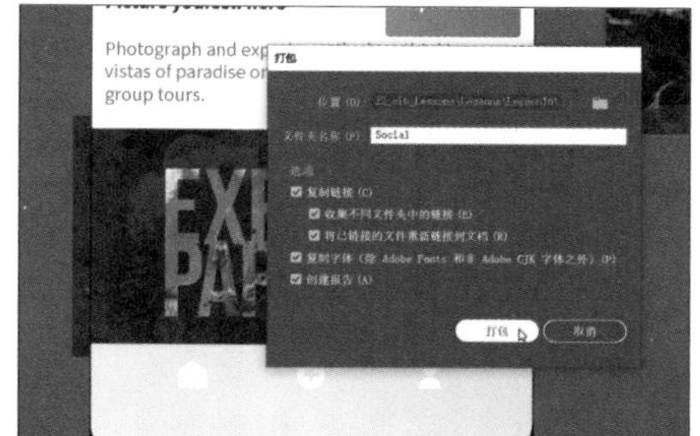

图 16-7

勾选“复制链接”复选框会把所有链接文件复制到新创建的文件夹中。勾选“收集不同文件夹中的链接”复选框将会创建一个名为 Links 的文件夹，并将所有链接复制到该文件夹。勾选“将已链接的文件重新连接到文档”复选框将会更新 AI 文件中的链接，使其链接到打包时新创建的副本中。

> **注意** 勾选“创建报告”复选框后，Adobe Illustrator 将以 .txt（文本）文件形式创建打包报告（摘要），该文件默认放在打包文件夹中。

② 单击“打包”按钮。

③ 在弹出的提示字体授权信息的对话框中，单击“确定”按钮。单击“返回”按钮，取消勾选“复制字体”（Adobe 字体和非 Adobe CJK 字体除外）复选框。

④ 在最后弹出的对话框中单击“显示文件包”按钮，如图 16-8 所示，查看打包的文件夹。

在打包文件夹中应该有 AI 文件的副本和一个名为 Links 的文件夹，Links 文件夹中包含所有链接的图像，如图 16-9 所示。L16_start1 报告（.txt 格式）文件中包含有关文档内容的信息。

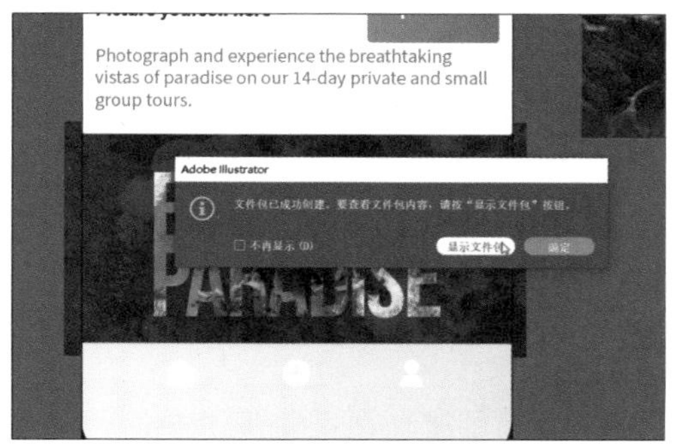

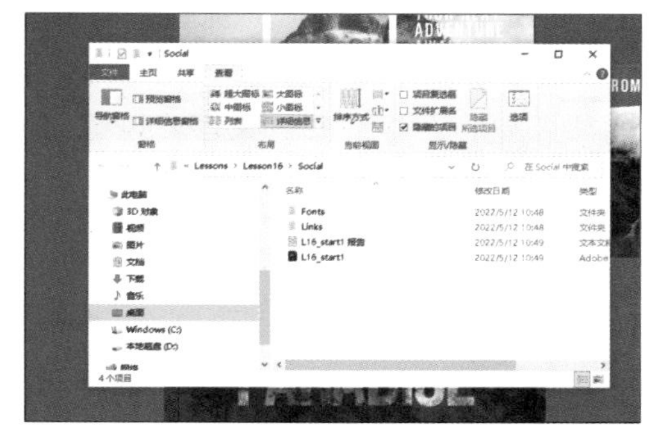

图 16-8　　　　图 16-9

⑤ 返回 Adobe Illustrator。

16.3 创建 PDF 文件

便携式文档格式（PDF）是一种通用文件格式，可保留在各种应用程序和平台上创建的源文件的字体、图像和版面。PDF 是在全球范围内安全、可靠地分发和交换电子文档和表单的标准文件格式。PDF 文件结构紧凑而完整，任何人都可以使用免费的 Adobe Acrobat Reader 或其他与 PDF 文件兼容的应用程序来共享、查看和打印 PDF 文件。

您可以在 Adobe Illustrator 中创建不同类型的 PDF 文件，如多页 PDF、分层 PDF 和 PDF/x 兼容的文件。分层 PDF 允许您存储一个带有图层、可在不同上下文中使用的 PDF 文件。PDF/x 兼容的文件减少了打印中的颜色、字体和陷印问题。本小节将把打开的项目存储为 PDF 格式，以便将其发送给别人查看。

1 选择“文件”>“存储为”，如果弹出云文档对话框，单击“保存在您的计算机上”按钮。

> 注意 创建 PDF 文件时，如果要保存所有画板到一个 PDF 文件，请选择“全部”选项；如果保存部分画板为一个 PDF 文件，则选择“范围”选项，并输入画板范围。例如，某个文件中有 3 个画板，范围“1–3”表示保存所有 3 个画板，而范围“1，3”，则表示保存第一个和第三个画板。

2 在“存储为”对话框中，在“格式”下拉列表中选择 Adobe PDF（pdf）选项（macOS）；或在“保存类型”下拉列表中选择 Adobe PDF（*.PDF）选项（Windows），如图 16-8 所示。

3 定位到 Lessons > Lesson16 文件夹。

在对话框的底部，您可以选择保存全部画板或部分画板到 PDF 文件。选择“全部”选项，单击“保存”按钮，如图 16-10 所示。

4 在“存储 Adobe PDF”对话框中打开“Adobe PDF 预设”下拉列表，查看所有可用的 PDF 预设。确保选择了“[Illustrator 默认值]”，然后单击“存储 PDF”按钮，如图 16-11 所示。

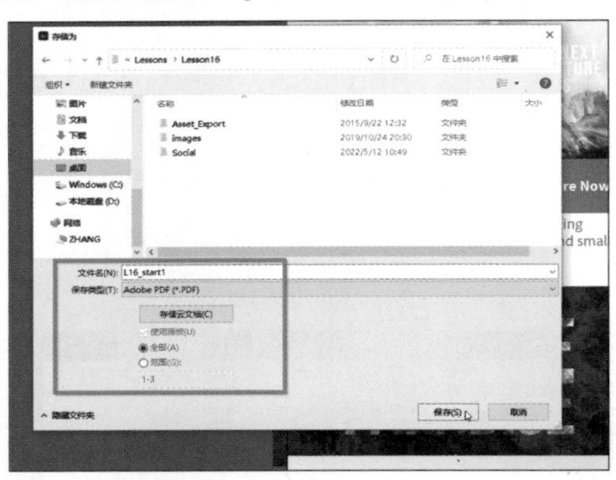

图 16-10

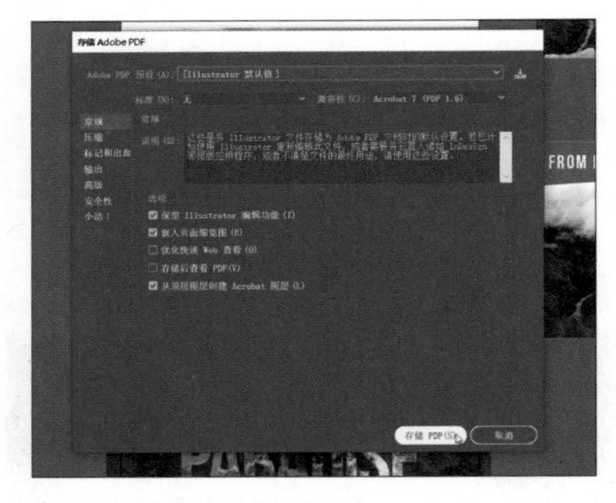

图 16-11

> 注意 如果要了解更多“存储 Adobe PDF”对话框中的选项和其他预设内容，可以选择“帮助”>“Illustrator 帮助”，并搜索“创建 Adobe PDF 文件”。

创建 PDF 的方法有很多种。使用“[Illustrator 默认值]”预设将创建一个保留所有数据的 PDF 文件。在 Adobe Illustrator 中重新打开使用此预设创建的 PDF 文件时，不会丢失任何数据。如果出于特定目的（如在 Web 上查看或打印）保存 PDF，则可能需要选择其他预设或调整相关选项。

❺ 选择“文件”>“关闭”，关闭 PDF 文件。

16.4 创建像素级优化图稿

当创建用于 Web、App、演示文稿等的内容时，将矢量图形保存成清晰的位图就很重要了。为了创建像素级精确的设计稿，您可以使用“对齐像素”选项将图稿与像素网格对齐。像素网格是一个每英寸长宽各有 72 个小方格的网格，在启用像素预览模式（选择“视图”>“像素预览”）的情况下，将视图缩放比例调到 600% 或更高时，您可以看到像素网格。

对齐像素是一个对象级属性，它使对象的垂直和水平路径都与像素网格对齐。只要为对象设置了该属性，修改对象时对象中的任何垂直或水平路径都会与像素网格对齐。

16.4.1 在像素预览模式下预览图稿

以 GIF、JPG 或 PNG 等格式导出图稿时，任何矢量图稿都会在生成的文件中被栅格化。启用像素预览模式是一种查看图稿被栅格化后的外观的好方法。本小节将使用像素预览模式查看图稿。

❶ 选择“文件”>“打开”，在“打开”对话框中定位到 Lessons>Lesson16 文件夹，选择 L16_start2.ai 文件，然后单击“打开”按钮。

❷ 选择“文件”>“文档颜色模式”，您将发现此时选择了“RGB 颜色”。

> **提示** 创建文件后，可以选择“文件”>“文档颜色模式”来更改文件的颜色模式。这将为所有新建的颜色和现有色板设置默认的颜色模式。RGB 是为 Web、App 或演示文稿等创建内容时使用的理想颜色模式。

针对屏幕查看（如 Web、App 等）进行设计时，RGB（红色、绿色、蓝色）是 AI 文件的首选颜色模式。创建新文件（选择“文件”>“新建”）时，可以通过“颜色模式”选项选择要使用的颜色模式。在“新建文档”对话框中，选择除“打印”以外的任何文档配置文件，“颜色模式”都会默认设置为 RGB 颜色。

❸ 使用“选择工具”▶单击页面中间的 JUPITER 的图形。按 Command++ 组合键（macOS）或 Ctrl ++ 组合键（Windows）几次，放大所选图稿。

❹ 选择“视图”>“像素预览”，预览整个设计的栅格化版本，如图 16-12 所示。

预览模式

像素预览模式

图 16-12

16.4.2 将新建图稿与像素网格对齐

启用像素预览模式后，您能够看到像素网格，以便将图稿与像素网格对齐。启用对齐像素（选择“视图”>“对齐像素”）后，绘制、修改或变换生成的形状将会对齐到像素网格且显示得更清晰。这也使得大多数图稿（包括大多数实时形状）将自动与像素网格对齐。本小节将查看像素网格，并了解如何将新建图稿与之对齐。

> 提示 您可以通过选择 Illustrator >“首选项”>“参考线和网格”（macOS）或“编辑”>“首选项”>“参考线和网格”（Windows），并取消勾选“显示像素网格（放大 600% 以上）”复选框来关闭像素网格。

① 选择“视图”>“画板适合窗口大小”。

② 使用“选择工具”单击带有文本 SEARCH 的蓝色按钮形状，如图 16-13 所示。

③ 连续按 Command++ 组合键（macOS）或 Ctrl ++ 组合键（Windows）几次，直到在文档窗口左下角的状态栏中看到“600%”。

图 16-13

将图稿放大到至少 600%，并启用像素预览，您就可以看到像素网格。像素网格将画板划分为边长为 1 pt（1/ 72 英寸）的小格子。在接下来的步骤中，您需要使像素网格可见（缩放级别为 600% 或更高）。

④ 按 Delete 键或 Backspace 键删除选中的矩形。

⑤ 选择工具栏中的“矩形工具”，绘制一个与第④步删除的矩形大小大致相同的矩形，如图 16-14（a）所示。

您可能会注意到，矩形的边缘看起来有点模糊，如图 16-14（b）所示，这是因为本文件中禁用了对齐像素。因此，默认情况下，矩形的直边不会对齐到像素网格。

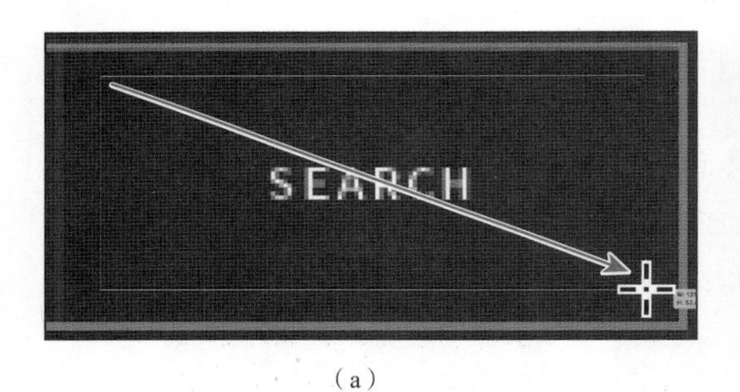

（a）　　（b）

图 16-14

> 注意 在编写本书时，受“对齐像素”影响的工具有钢笔工具、曲率工具、形状工具（如椭圆工具和矩形工具）、线段工具、弧形工具、网格工具和画板工具。

> 提示 您也可以在选择“选择工具”但不选中任何内容的情况下，单击“属性”面板中的“对齐像素”按钮。您还可以在“控制”面板（选择“窗口”>“控制”）右侧单击“创建和变换时将贴图对齐到像素网格”选项来启用对齐像素。

⑥ 按 Delete 键或 Backspace 键删除矩形。

⑦ 选择“视图”>“对齐像素”，启用对齐像素模式。

现在，绘制、修改或变换的任意形状都将对齐到像素网格。当您使用 Web 或 App 配置文件创建新文件时，默认将启用对齐像素模式。

⑧ 选择“矩形工具”，绘制一个简单的矩形来代表按钮，此时其边缘将比第⑤步创建的图形边缘更清晰，如图 16-15 所示。

绘制的图稿的垂直边和水平边都对齐到了像素网格。在 16.4.3 小节中，您将把现有图稿对齐到像素网格。在本例中，重绘形状只是为了让您了解启用与不启用对齐像素模式的区别。

⑨ 单击“属性”面板中的“排列”按钮，选择“置于底层”命令，将绘制的矩形排列在 SEARCH 文本的下层。

⑩ 选择“选择工具”，按住鼠标左键将矩形拖动到图 16-16 所示的位置。

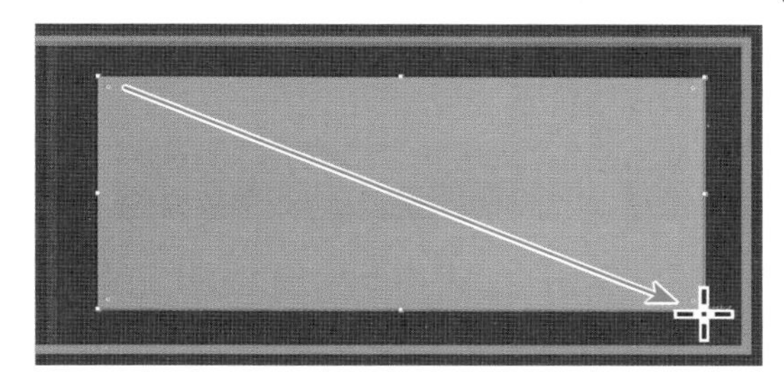

图 16-15

图 16-16

拖动过程中，您可能会注意到图稿会自动对齐到像素网格。

提示 您可以按方向键移动所选图稿，图稿将对齐到像素网格。

16.4.3 将现有图稿与像素网格对齐

您还可以通过多种方式将现有图稿与像素网格对齐。

① 按 Command+- 组合键（macOS）或 Ctrl +- 组合键（Windows），缩小视图。

② 使用“选择工具”▶单击您绘制的矩形周围的蓝色描边矩形，如图 16-17 所示。

③ 单击“属性”面板中的“对齐像素网格”按钮，如图 16-18 所示，或选择“对象”>“设为像素级优化”。

注意 在这种情况下，“属性”面板中的“对齐像素网格”按钮和“设为像素级优化”命令作用相同。

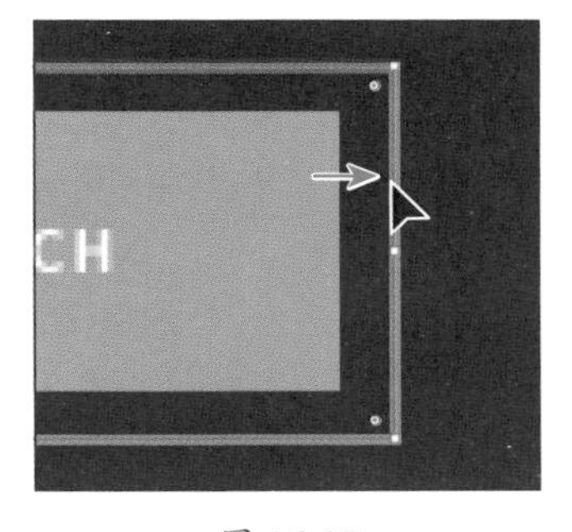

图 16-17

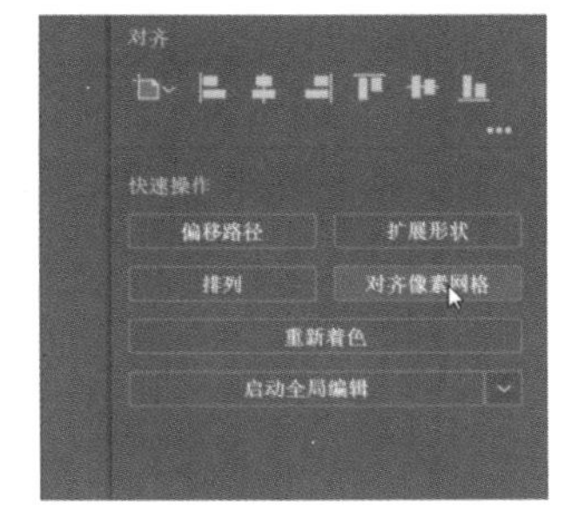

图 16-18

描边矩形是在未选择“视图”>“对齐像素”时创建的，因此将矩形对齐到像素网格后，其水平边和垂直边都会与最近的像素网格线对齐，如图16-19所示。完成此操作后，实时形状和实时角将被保留。

对齐像素的对象如果没有垂直线段或水平线段，则不会被微调到与像素网格对齐。例如，倾斜旋转的矩形没有垂直线段或水平线段，因此在为其设置像素对齐属性时不会产生微移并形成清晰的路径。

> **注意** 选择开放路径时，“对齐像素网格”按钮不会出现在“属性”面板中。

④ 单击按钮形状左侧的蓝色 V 形状（您可能需要向左拖动视图），如图 16-20 所示。

图 16-19

图 16-20

⑤ 选择“对象”>“设为像素级优化”。

您将在文档窗口中看到一条消息，提示“选区包含无法设为像素级优化的图稿”，这意味着所选对象没有垂直线段或水平线段能与像素网格对齐。

⑥ 单击V形状周围的蓝色正方形，按Command+ +组合键（macOS）或Ctrl + +组合键（Windows）几次，连续放大所选图稿。

⑦ 按住鼠标左键拖动正方形顶部中间的定界点，使正方形变大一些，如图 16-21 所示。

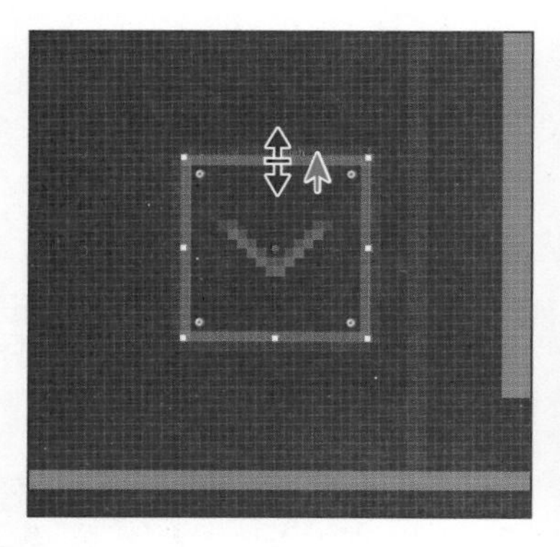

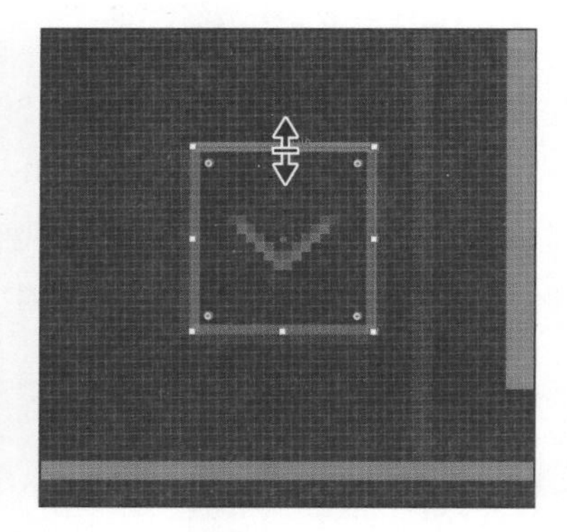

图 16-21

拖动后，请注意使用角部或侧边的定界点来调整形状的大小，以修复相应的边缘（将其对齐到像素网格）。

> **注意** 通过“选择工具”、“直接选择工具”、实时形状的中心构件、箭头键和画板工具进行变换时，移动图稿的单位被限制为像素。

⑧ 选择“编辑”>“还原缩放”，使其保持为正方形。

❾ 单击“属性”面板中的“对齐像素网格”按钮，确保所有垂直边或水平边都与像素网格对齐。

需要注意的是，当对这么小的形状对齐像素时，它的位置可能会发生变化，所以它不再与 V 形状的中心对齐。您将需要再次将 V 形状与正方形中心对齐。

❿ 按住 Shift 键，单击 V 形状；松开 Shift 键，然后单击正方形的边缘，使其成为关键对象，如图 16-22 所示。

⓫ 单击“水平居中对齐”按钮以及“垂直居中对齐”按钮，如图 16-23 所示，使 V 形状和正方形中心对齐，如图 16-24 所示。

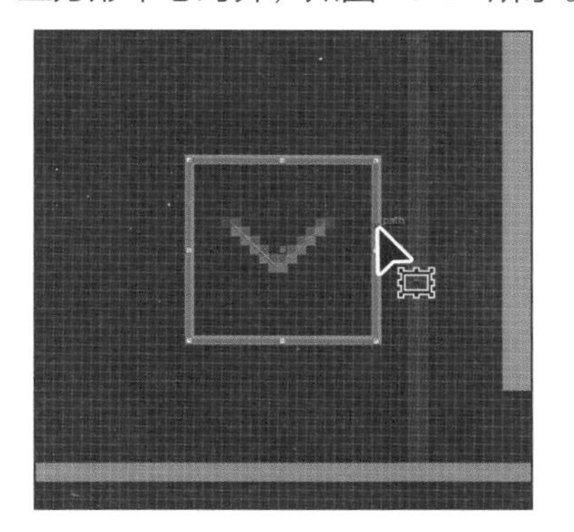

图 16-22

图 16-23

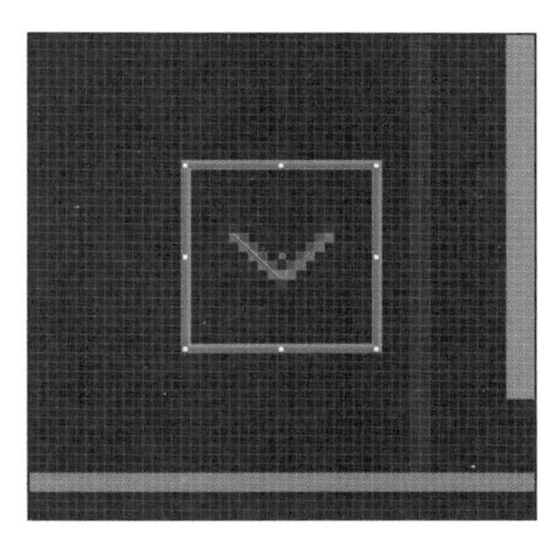

图 16-24

⓬ 选择“选择”>“取消选择”（如果可用），然后选择“文件”>“存储”，保存文件。

16.5 导出画板和资源

在 Adobe Illustrator 中，使用“文件”>“导出”>“导出为多种屏幕所用格式”命令和“资源导出”面板，可以导出整个画板，或者显示正在进行的设计或所选资源（本书中，“导出资产”和“导出资源”是一个意思）。导出的内容可以用不同的文件格式保存，如 JPEG、SVG、PDF 和 PNG。这些格式适用于 Web、App 和屏幕演示文稿，并且与大多数浏览器兼容，当然每种格式具有不同的功能。所选图稿将自动与设计的其余内容隔离，并保存为单独的文件。

提示 要了解有关使用 Web 图形的详细内容，请在“Illustrator 帮助”（选择“帮助”>“Illustrator 帮助”）中搜索“导出图稿的文件格式”。

16.5.1 导出画板

本小节将介绍如何导出文件中的画板。如果您希望向某人展示您正在进行的设计，或预览演示文稿、网站、App 等设计，则可以导出文件中的画板。

❶ 选择“视图”>“像素预览”，将其关闭。

❷ 选择“视图”>“画板适合窗口大小”。

❸ 选择“文件”>“导出”>“导出为多种屏幕所用格式”。

在弹出的“导出为多种屏幕所用格式”对话框中，您可以在“画板”和“资产”之间进行选择；确定要导出的内容后，您可以在对话框的右侧进行导出设置。

④ 选择“画板”选项卡，在对话框的右侧确保选择了“全部”选项，如图 16-25 所示。

您可以选择导出所有画板或指定画板。本文件只有一个画板，因此选择“全部”与选择“范围”为 1 选项的效果是一样的。选择“整篇文档”选项会将所有图稿导出为一个文件。

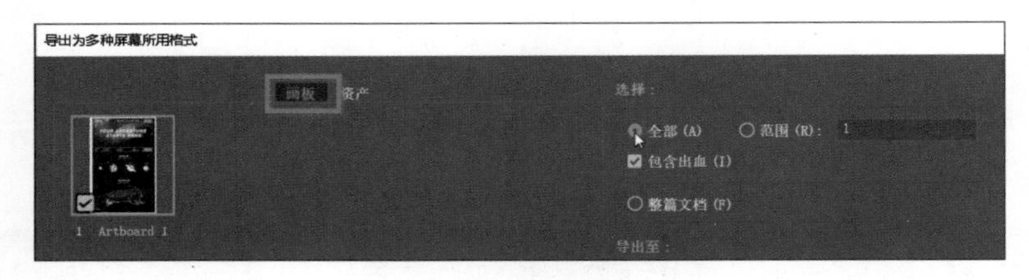

图 16-25

⑤ 单击“导出至”文本框右侧的文件夹图标，定位到 Lessons >Lesson16 文件夹，单击“选择”（macOS）或“选择文件夹”（Windows）按钮。在“格式”下拉列表中选择 JPG 80 选项，如图 16-26 所示。

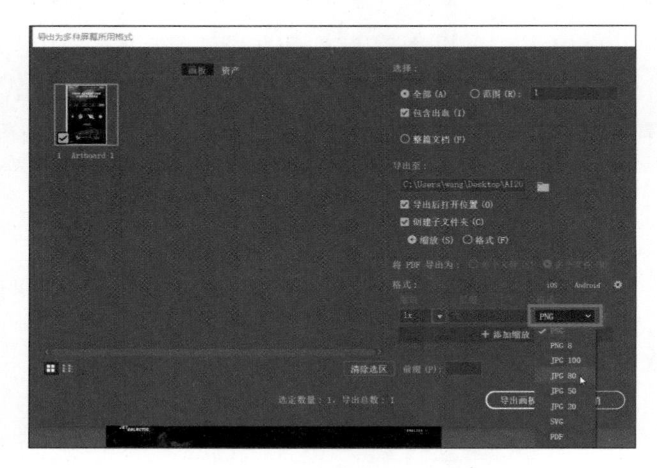

图 16-26

在“导出为多种屏幕所用格式”对话框的“格式”选项组中可以为导出的资产设置缩放、添加（或直接编辑）后缀并更改格式，还可以通过单击“添加缩放”按钮，使用不同缩放比例和格式来导出多个版本。

⑥ 单击“导出画板”按钮。

此时将打开 Lesson16 文件夹，您会看到一个名为 1x 的文件夹，在该文件夹里面有所需的 JPEG 图像。

> 提示 为了避免创建子文件夹（如文件夹 1x），您可以在导出时，在“导出为多种屏幕所用格式”对话框中取消勾选“创建子文件夹”复选框。

⑦ 关闭该文件夹，并返回 Adobe Illustrator。

16.5.2 导出资源

您还可以使用“资源导出”面板快速、轻松地以多种文件格式（如 JPG、PNG 和 SVG）导出各个资源。“资源导出”面板允许您收集您可能频繁导出的资源，并且适用于 Web 和移动工作流，因为它支持一次性导出多种资源。本小节将打开“资源导出”面板，并介绍如何在面板中收集图稿，然后将其导出。

> 注意 有多种方法可以用不同格式导出图稿。您可以在 AI 文件中选择图稿，然后选择“文件”>“导出所选项目”。这会将所选图稿添加到“资源导出”面板，并打开“导出为多种屏幕所用格式”对话框。您可以选择与 16.5.1 小节相同的格式导出资源。

① 使用“选择工具”▶单击位于画板中间、标记为 JUPITER 的图形，如图 16-27 所示。

② 按 Command++ 组合键（macOS）或 Ctrl ++ 组合键（Windows），重复操作几次，连续放大视图。

③ 按住 Shift 键，单击图稿右侧标记为 SATURN 的图形，如图 16-28 所示。

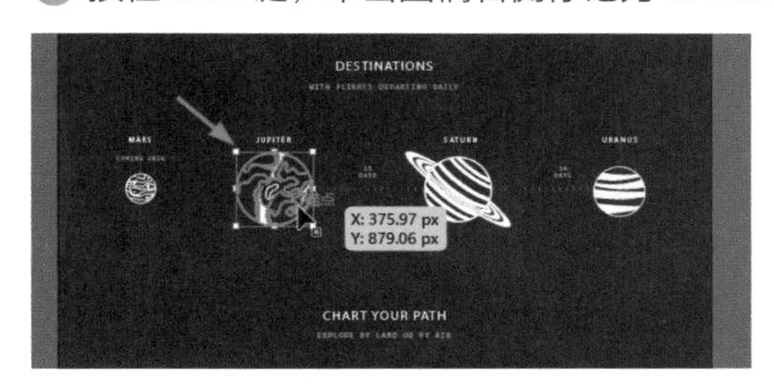

图 16-27

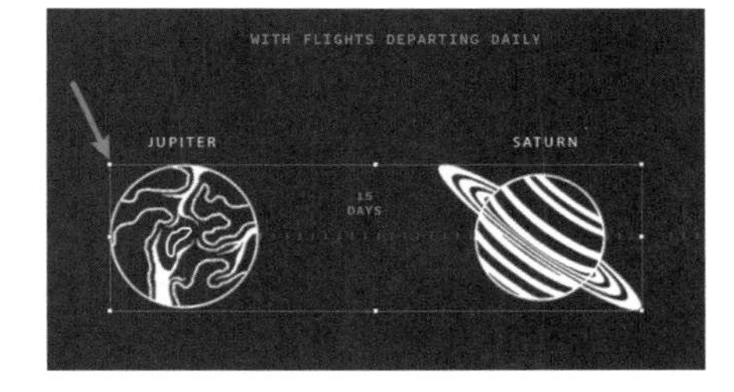

图 16-28

> 提示 要将图稿添加到“资源导出”面板，您还可以在文档窗口中的图稿上单击鼠标右键，然后选择“收集以导出”>“作为单个资源”/“作为多个资源”命令或选择“对象”>“收集以导出”>“作为单个资源”/“作为多个资源”。

④ 选择图稿后，选择“窗口”>“资源导出”以打开“资源导出”面板。

在“资源导出”面板中，您可以保存内容以便立即或之后导出。它可以与“导出为多种屏幕所用格式”对话框结合起来使用，为所选资源设置导出选项。

⑤ 将所选图稿拖到“资源导出”面板的顶部。当您看到加号 + 时，松开鼠标左键，将图稿添加到“资源导出”面板，如图 16-29 所示。

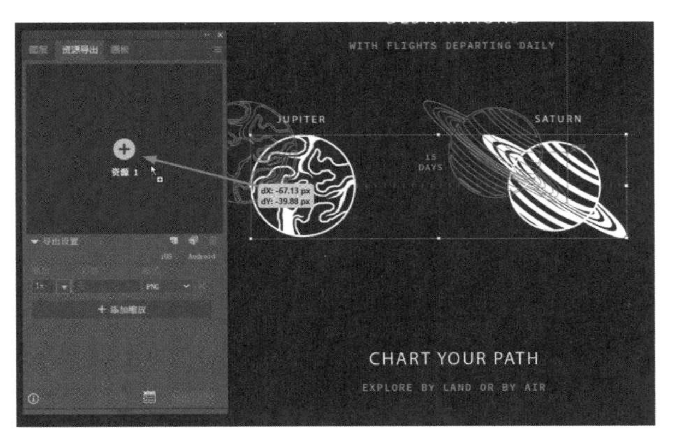

图 16-29

> 提示 要在“资源导出”面板中删除资源，您可以删除文档中的原始图稿，也可以在“资源导出”面板中选择资源缩略图，然后单击“从该面板删除选定的资源”按钮。

这些资源与文档中的原始图稿相关联。换句话说，如果更新文件中的原始图稿，则“资源导出”面板中相应的资源也会更新。添加到“资源导出”面板中的所有资源都将与此面板保存在一起，除非您将其从文件或“资源导出”面板中删除。

⑥ 在“资源导出”面板中，单击与 JUPITER 图形相对应的项目名称，将其重命名为 Jupiter；单击与 SATURN 图形相对应的项目名称，并将其重命名为 Saturn，如图 16-30 所示。按 Enter 键确认重命名。

提示 如果按住 Option 键（macOS）或 Alt 键（Windows）加选多个对象，然后将其拖动到“资源导出”面板中，则所选内容将成为“资源导出”面板中的单个资源。

显示的资源名称将取决于“图层”面板中图稿的名称。此外，如何在“资源导出”面板中命名资源将由您自行决定。命名资源后，您将能更方便地跟踪每种资源的用途。

⑦ 在“资源导出”面板中单击 Jupiter 资源的缩略图。当您使用各种方法将资源添加到面板后，导出资源之前您需要选中资源。

⑧ 在“资源导出”面板的“导出设置”选项组中，在“格式”下拉列表中选择 SVG 选项（如果有必要），如图 16-31 所示。

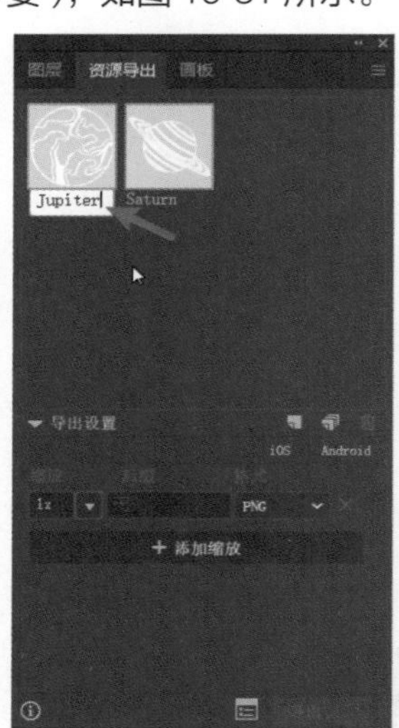

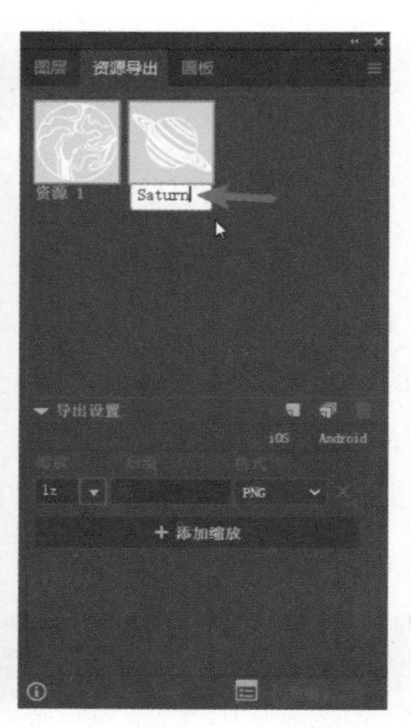

图 16-30

图 16-31

注意 如果要创建在 iOS 或 Android 平台上使用的资源，则可以选择 iOS 或 Android 选项，以显示适合对应平台的缩放导出预设列表。

SVG 是网站 Logo 的较好格式选择，但有时合作者可能会要求提供 PNG 格式或其他格式的文件。

⑨ 单击“添加缩放”按钮，以其他格式导出图稿（在本例中），如图 16-32（a）所示。

⑩ 在“缩放”下拉列表中选择 1x 选项，并确保“格式”为 PNG，如图 16-32（b）所示。

这会为“资源导出”面板中的所选资源创建 SVG 文件和 PNG 文件。如果您需要所选资源的多个缩放版本（例如，JPEG 或 PNG 等位图格式的 Retina 显示屏和非 Retina 显示屏显示形式），也可以设置不同的缩放级别（如 1x、2x 等）。您还可以向导出的文件名添加后缀，如 @ 1x，表示导出资源的 100% 缩放版本。

（a）

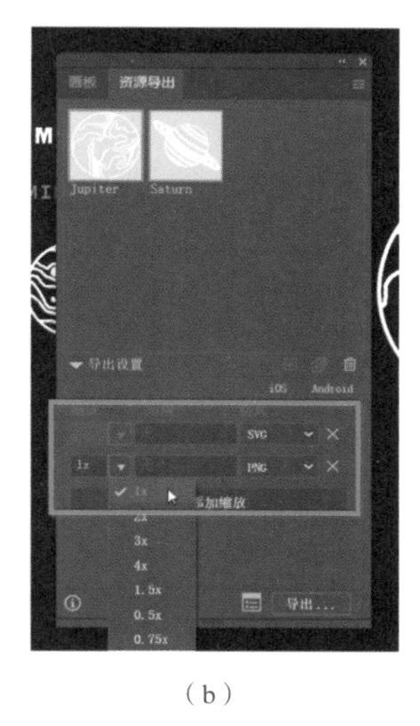

（b）

图 16-32

> 提示 您还可以单击“资源导出”面板底部的“启动‘导出为多种屏幕所用格式’”按钮，打开“导出为多种屏幕所用格式”对话框，此对话框和选择“文件” > “导出” > “导出为多种屏幕所用格式”弹出的对话框一致。

⑪ 在“资源导出”面板顶部单击 Jupiter 缩略图，单击“资源导出”面板底部的“导出”按钮，导出所选资源。在弹出的对话框中定位到 Lessons > Lesson16 > Asset_Export 文件夹，然后单击“选择”(macOS) 或“选择文件夹”(Windows) 按钮，以导出资源，如图 16-33 所示。

图 16-33

SVG 文件 (Jupiter. svg) 和 PNG 文件 (Jupiter. png) 都将导出到 Asset_Export 文件夹下的独立子文件夹中。

⑫ 根据需要选择“文件” > “关闭”几次，以关闭所有打开的文件。

复习题

1. 打包 AI 文件的作用是什么？
2. 为什么要将内容与像素网格对齐？
3. 如何导出图稿？
4. 指出可以在“导出为多种屏幕所用格式”对话框和“资源导出”面板中选择的图像文件类型。
5. 简述使用“资源导出”面板导出资源的一般过程。

参考答案

1. 打包可用于收集 AI 文件所需的全部文件。打包将创建 AI 文件、链接图像和所需字体（如果有要求）的副本，并将所有副本文件收集到一个文件夹中。
2. 将内容与像素网格对齐可生成清晰的图稿边缘。为所选图稿启用对齐像素模式时，对象中的所有水平和垂直线段都将与像素网格对齐。
3. 要导出画板，需要选择“文件”>“导出”>“导出为”（本课中未涉及），或者选择“文件”>“导出”>“导出为多种屏幕所用格式”。在弹出的“导出为多种屏幕所用格式”对话框中，您可以选择导出图稿或导出资源，还可以选择导出全部画板或指定范围的画板。
4. 在“导出多种屏幕所用格式”对话框和“资源导出”面板中可以选择的图像文件类型有 PNG、JPEG、SVG 和 PDF。
5. 要使用“资源导出”面板导出资源，需要在“资源导出”面板中收集要导出的图稿。在“资源导出”面板中，您可以选择要导出的资源，设置导出选项后导出。

附录　Adobe Illustrator 2023 的新功能

Adobe Illustrator 2023 具有全新而又富有创意的功能，可帮助您高效地为打印物、Web 和数字视频出版物制作图稿。本书的功能和练习基于 Adobe Illustrator 2023 来呈现。在这里，您将了解 Adobe Illustrator 2023 的众多新功能。

缠绕

现在可以重新排列或重叠文本、形状和对象，以在作品中创建不同的重叠图案，如附图 1 所示。

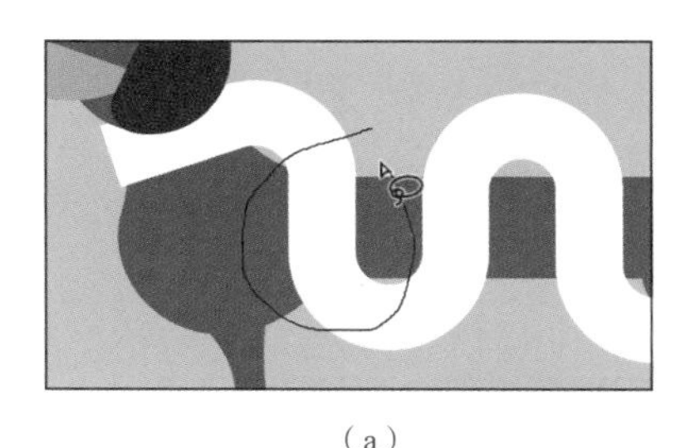

（a）

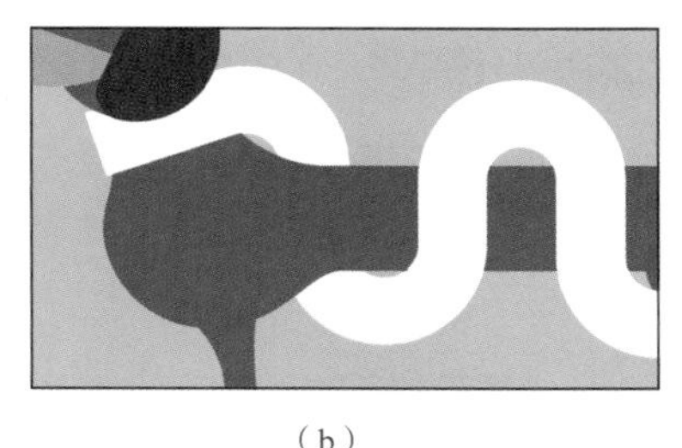

（b）

附图 1

共享 Adobe Illustrator 文档以供审阅（Beta）

共享以供审阅可以创建一个共享链接，如附图 2 所示。将该链接发送给任何人，即使没有 Adobe 账户，相关者也可以在该链接上提供反馈。用户可以在 Adobe Illustrator 中自动获取审阅反馈，并做出回复等，还可以更新审阅链接以继续审阅。

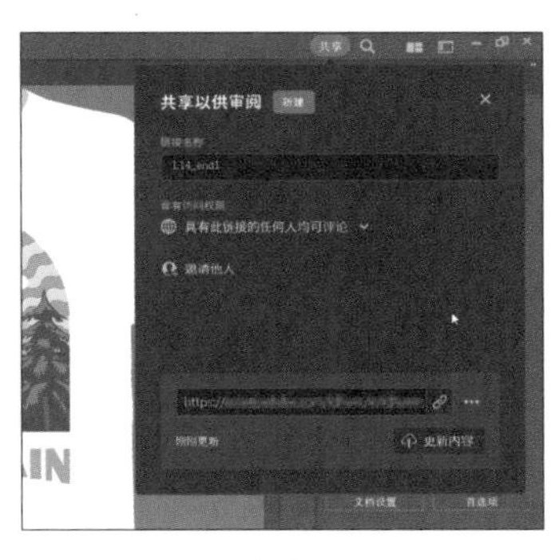

附图 2

在 Adobe Illustrator 和 Adobe InDesign 之间粘贴文本时保留格式

现在可从 Adobe InDesign 复制任意文本并将其粘贴到您的 Adobe Illustrator 文档中，同时保留文本样式、格式和效果。

使用快速操作使 Adobe Illustrator 工作流自动化

通过最近向“发现”对话框添加的快速操作，可一键完成工作流程，如附图 3 所示。

附图 3

使用“快速操作”列表中的选项可为文本即刻赋予复古风格、老派风格或霓虹灯效果，还可以将手绘的草图转换为矢量图或为图稿重新着色。

更多 3D 对象的导出格式

通过 Adobe Illustrator 可将 3D 对象导出为与 Adobe Substance 3D 和其他 3D 应用程序广泛兼容的 GLTF 和 USD 文件格式，如附图 4 所示。可将 Adobe Illustrator 3D 中的资源导入其他 3D 应用程序中以编辑和增强这些资源的效果。

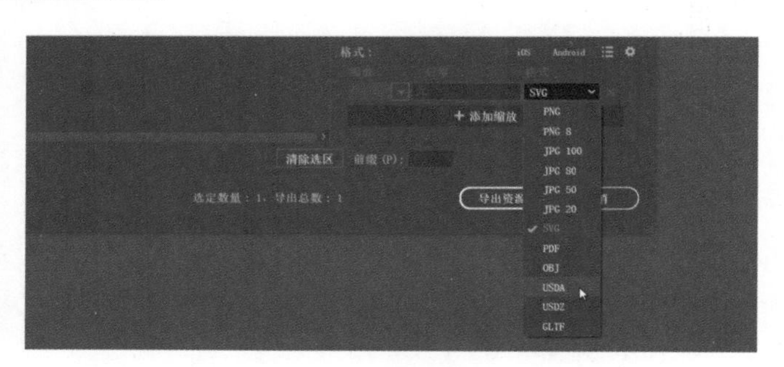

附图 4

改进了置入多个链接文件的性能

在置入多个链接文件或 PNG 格式的图像时，加载和打开文件的速度更快。

Adobe 致力于为您的发布需求提供更好的工具。我们希望您和我们一样喜欢使用 Adobe Illustrator 2023。

Adobe Illustrator2023 经典教程团队